U0333683

深度学习

理论、方法与PyTorch实践

翟中华 孟翔宇 ◎ 编著

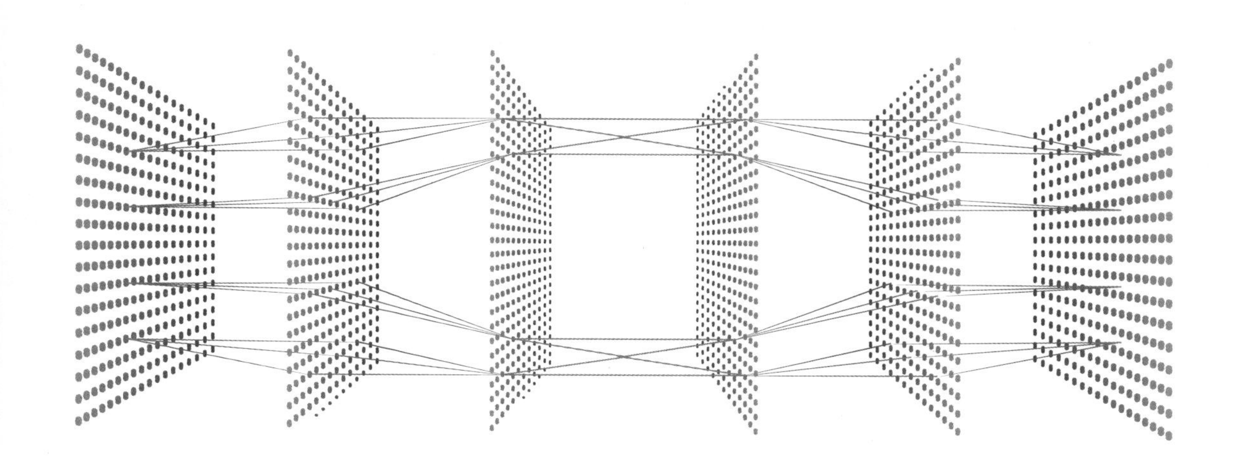

清華大學出版社
北京

内容简介

本书深入浅出地讲解深度学习，对复杂的概念深挖其本质，让其简单化；对简单的概念深挖其联系，使其丰富化。从理论知识到实战项目，内容翔实。

本书分为两篇，基础篇主要讲解深度学习的理论知识，实战篇是代码实践及应用。基础篇（第1～13章）包括由传统机器学习到深度学习的过渡、图像分类的数据驱动方法、Softmax损失函数、优化方法与梯度、卷积神经网络的各种概念、卷积过程、卷积神经网络各种训练技巧、梯度反传、各种卷积网络架构、递归神经网络和序列模型、基于深度学习的语言模型、生成模型、生成对抗网络等内容；实战篇（第14～19章）包括应用卷积神经网络进行图像分类、各种网络架构、网络各层可视化、猫狗图像识别、文本分类、GAN图像生成等。

本书适合人工智能专业的本科生、研究生，想转型人工智能的IT从业者，以及想从零开始了解并掌握深度学习的读者阅读。

图书在版编目（CIP）数据

深度学习：理论、方法与PyTorch实践/翟中华，孟翔宇编著. —北京：清华大学出版社，2021.8
ISBN 978-7-302-56848-3

Ⅰ. ①深…　Ⅱ. ①翟…②孟…　Ⅲ. ①机器学习　Ⅳ. ①TP181

中国版本图书馆CIP数据核字（2020）第225298号

责任编辑：赵佳霓
封面设计：吴　刚
责任校对：李建庄
责任印制：宋　林

出版发行：清华大学出版社
网　　址：http://www.tup.com.cn，http://www.wqbook.com
地　　址：北京清华大学学研大厦A座　　**邮　　编**：100084
社 总 机：010-62770175　　**邮　　购**：010-83470235
投稿与读者服务：010-62776969，c-service@tup.tsinghua.edu.cn
质量反馈：010-62772015，zhiliang@tup.tsinghua.edu.cn
课件下载：http://www.tup.com.cn，010-83470236
印 装 者：三河市君旺印务有限公司
经　　销：全国新华书店
开　　本：186mm×240mm　　**印　　张**：28　　**字　　数**：630千字
版　　次：2021年8月第1版　　**印　　次**：2021年8月第1次印刷
印　　数：1～2000
定　　价：109.00元

产品编号：086133-01

序

FOREWORD

这是一个人工智能时代。可以说，深度学习不仅是学习算法的升级，更是思维模式的升级。其带来的颠覆性在于，它把人类过去痴迷的算法问题演变成基于数据的端到端的计算问题。《智能时代》作者吴军博士更是断言，未来只有2%的人有能力在智能时代独领风骚，成为时代的弄潮儿。所以，拥抱人工智能，掌握深度学习，不仅是一种时代的召唤，而且顺应了当前科学技术对人才的紧迫需求。

我们生活在人工智能的时代，对于已经在翻阅这本书的读者，我想已经无须再多解释什么是人工智能和机器学习了。随着最近几年深度学习技术爆发式的发展，越来越多的不可能正在变成可能，我们的生活也越来越离不开深度学习技术。从每天习以为常的人脸识别、语音助手，到与每个人日常阅读、购物息息相关的个性化推荐，再到颠覆出行体验的自动驾驶，深度学习技术已经成为人类社会不可或缺的一部分。对于2020年年初全球爆发的COVID-19疫情，深度学习技术在传播预测、人流分析控制和体温测量等领域做出了前所未有的贡献，使得我们有了更有效的方法对抗疫情的传播。可见在不久的将来，人类社会的分工也会发生巨大的变革，人工智能会在越来越多的领域大展身手。

纵观人工智能的发展史，其实早在20世纪五六十年代就出现了神经元基础理论，20世纪八九十年代神经网络已经被提出，但是人工智能的真正突破发生在近10来年。2012年AlexNet在ImageNet竞赛中击败传统方法大获全胜，掀起了人工智能的第三次浪潮，把人工智能提升到了前所未有的高度。

芯片技术和工艺的提升，计算机算力指数级上升，使得大规模的模型训练成为可能；在深度学习算法基础上，更方便的深度学习框架促使人们对神经网络的兴趣增加；在可用性方面有了巨大进步，例如TensorFlow、PyTorch之类的深度学习框架允许非专家构建复杂的神经网络来解决实际问题。这使过去需要数月或数年手工编码的工作变成了可以在一个下午或是几天内完成的工作。可用性的提高极大地增加了可以从事深度学习问题的研究人员的数量。

随着互联网的发展，数据规模也在以指数级的速度上升，为深度学习提供了海量的素材，出现了免费可用的大型数据集。Google、Facebook等每天新增数十亿张图片、几十亿用户评论，这些数据都来源于现实生活中无数个真实的个人。与此同时，私人公司已经开始生产和收集更多数量级的数据，这使得整个深度学习领域突然变得非常有趣。海量级数据加上对深度学习的深入学习，可以让区分猫狗差异的模型达到极致，准确率可超过98%。

深度学习矗立于人工智能的前沿。远眺它容易,近爱它却不易。在信息过剩的时代,我们可能会悲哀地发现,知识鸿沟横在我们面前。的确,大量有关深度学习的书籍占据着我们的书架。然而,很多时候,我们依然对深度学习敬而远之。因为逻辑地、系统地、通俗易懂地、抽丝剥茧地讲解深度学习的书很少,从入门到精通不是一件容易的事情。对于急需工程实践的读者,本书中的案例可以直接作为实际工程中的参考;对于需要钻研深度学习技术并创新的读者,本书中的理论讲解可以作为非常实用的参考资料。

本书的最大特点是深入浅出,理论与实践相结合,为读者展示了现代深度学习技术的全局框架。书中不但通过具体的案例,让读者可以按照教程步骤完成自己的深度学习模型,而且对其中的理论知识进行了充分讲解,让读者知其然的同时知其所以然。本书的另一特点是案例生动而且图文并茂,书中大量直观有趣的插图会让读者身临其境地感受深度学习的魅力,相信阅读本书的过程将是一趟非常愉悦的深度学习之旅。

王晓光

advance.ai合伙人

2021年6月于北京

前言

PREFACE

自从2012年AlexNet在ImageNet大赛中成功击败传统方法，深度学习兴起，掀起了人工智能的第三次高潮！仅仅在几年之内，深度学习便令全世界大吃一惊。它非常有力地挑战了很多领域的传统方法，例如计算机视觉、自然语言处理、语音识别、强化学习和统计建模等，这些领域都因深度学习实现了跨越式发展。人脸识别、自动驾驶、工业机器人、智能推荐、智能客服，都是深度学习成功落地的现实应用。这些由深度学习带来的人工智能新方法、新工具也正产生着广泛的影响：它们改变了电影制作和疾病诊断的方式，从天体物理学到生物学等各个基础科学中扮演着越来越重要的角色。事实上，我们已经进入了人工智能时代，尽管人工智能才刚刚起步。

于是，各行各业学习并研究深度学习的热情空前高涨，然而，深度学习涉及了很多数学知识，以及从其他学科（如生物学）借鉴的各种原理，并且随着神经网络深度的不断加大，网络架构越来越复杂，其学习曲线异常陡峭。

本书的写成源于AI火箭营的初心，我们希望在人工智能时代来临之际，能够帮助更多的人进入人工智能技术的殿堂，使更多的人利用人工智能解决现实中的实际问题，让更多的人在各行各业中用人工智能升级改造传统产业或技术体系。配套本书，笔者精心设计了“深度学习入门系列讲解”这一深度学习课程，学习人数累计超过20万人次，内容通俗易懂、代入有方、深入浅出、抽丝剥茧。

以简驭繁

网络上讲解深度学习的资料很多，我们曾经作过横向对比，这些资料与我们的理念相距甚远。

首先是原理讲解方面。好多书或技术博客，或者就原理讲原理，没有深挖原理背后的思想；或者泛泛而谈，没有深入浅出，只是知识的堆叠；或者逻辑不紧密，没有形成环环相扣的整体。

其次是实践代码方面。博客和GitHub上有大量的演示特定深度学习框架或实现特定模型（例如Resnet等）的代码。这些代码的目的是复现论文或者原理，让我们真正理解算法，并且提供应用算法的工程方式。所以原理是根，代码是叶。然而很多学习者拿来代码，调试出结果后就以为完成了学习过程，将这些代码束之高阁。这其实什么也没学到，实际上只充当了一个“调包侠”而已。本书的实战案例重在与原理的呼应，重在算法设计的探究及实现细节的解释。

尽管现在随着互联网的便捷，网上资料繁多，然而对于初学者，往往不得不参考来源不同的多种资料，所获甚微，而且没有感觉到学习深度学习真正的乐趣。如果你正亲身经历这一过程，那么本书正是你所需要的。

本书理念

本书有以下几大理念：

（1）学习思路，理论先行。深度学习理论点比较多，知识体系庞大，学习深度学习一定要先把理论吃透，深度学习理论蕴含着丰富的思维、方法和技巧，如果没把理论吃透就开始用代码实践，则不能系统化地学习，知识体系会比较乱，不利于创新思维体系的构建。本书构建了非常系统化的理论知识体系，助力读者透彻理解深度学习的基础知识。

（2）学习原理，思维先行。学习一种新的方法、新的算法，一定要先从本质上剖析其来源，分析提出这种新方法的思维是什么。不能仅仅从原理上、技术上搞懂，更重要的应该是明白这种方法的来龙去脉，即其思维根源。

（3）抽丝剥茧、深挖本质。深度学习涉及非常多的网络架构和技巧，如批归一化、串接、丢弃、残余连接等。学习一种新的网络架构时，需要透过其繁杂的表面，深挖其本质。

（4）纵向学习、横向比较。深度学习技术发展非常迅速，同一种技术也会不断改进、创新。例如注意力机制作为语言模型中很有用的一种技巧，在很多方法中被借鉴和使用，如Transformer、Bert 等。Transformer 中用到的自注意力，是对注意力的一个纵向借鉴和创新改进，Bert 当然不能抛弃这种有效的方法。

（5）实践有章可循，拒绝举轻若重。本书将实践分为原理实践和应用实践。原理实践注重案例与原理的呼应，增强对于原理的理解和认识；代码实践增强不同场景下的实践技能，提高 Python 实践水平。除此之外，本书注重重点、次重点的合理分配，例如在 DCGAN 的代码实践中，首先要学会的是生成器的实现，其次是损失函数，再次是判别器的实现。

本书坚持培养读者阐述剖析问题所需的批判性思维、解决问题所需的数学知识，以及实现解决方案所需的工程技能。本书对所有涉及的技术点进行了背景介绍，写作风格严谨。书中所有的代码执行结果都是自动生成的，任何改动都会触发对书中每一段代码的测试，以保证读者在动手实践时能复现结果。

感谢对本书的编写提出宝贵修改意见的贡献者，他们查阅资料、字斟句酌；感谢孙玉龙、袁海滨、陆澍旸等学员对书中的一些内容提供了很有价值的反馈。

我们的初衷是让更多人更轻松地使用深度学习！由于笔者水平有限，书中难免存在疏漏，敬请原谅，并恳请读者批评指正。

附上苏轼的一段词，希望各位读者像欣赏美景一样开启深度学习之旅：

“一叶舟轻，双桨鸿惊。水天清、影湛波平。鱼翻藻鉴，鹭点烟汀。过沙溪急，霜溪冷，月溪明。”

本书源代码下载

翟中华　孟翔宇

2021 年 7 月

目录

CONTENTS

基　础　篇

实　战　篇

基 础 篇

第1章 什么是深度学习

各位读者朋友们大家好，从本章开始将要为读者们打开深度学习的大门。一说到深度学习，大多数人立即想到的就是图像识别，通过堆叠多层神经网络（本书后面会介绍）可以识别图片中的图案是猫还是狗等，但实际上图像识别只是深度学习领域中的一个分支，可以说深度学习所包含的领域超乎你的想象，我们每一天的日常生活中无时无刻不在使用它，例如使用谷歌搜索引擎搜索信息的背后就是搜索引擎，使用新闻 App 或新闻资讯类 App 翻看新闻的背后就是推荐系统，使用谷歌翻译进行一段对话翻译的背后就是机器翻译技术，使用变声软件来把自己的声音变成明星的声音背后就是语音识别技术，等等。深度学习由很多的分支所组成，而每一个分支又是一个很庞大的知识领域。

提示

本章不深入到某一具体领域去讲解，而是带领读者从一个很高、很感性的维度去认知深度学习，不会一开始就堆叠公式，这样初学者就不会两眼一抹黑，有利于初学者快速进入深度学习领域。

1.1 通过应用示例直观理解深度学习

由卡耐基·梅隆大学（CMU）和佐治亚理工学院（Georgia Tech）两所学校共同完成的可视化问答项目（Visual Dialog），并成功进入计算机视觉的顶级会议 CVPR2017，项目组的成员如图 1-1 所示。

该项目将图片当成问答的主题，所有的问答围绕这幅图片进行，类似小学生的看图说话，左边是图片，右边是用户的提问，如图 1-2 所示。

我们来分析一下用户的第一个问题“what color is his umbrella?”然后机器人回答：“His umbrella is black”，可以看出机器人能知道用户问的主语是“his”而不是“her”，并且知道宾语是“umbrella”而不是“car”，进而在对图片进行目标检测时直接找到它们，再进行智能化解析给出答案。我们先不去深究其工作原理，大致抽象一下把其流程细分为以下 4 步，如图 1-3 所示。

图 1-1　Visual Dialog 项目成员

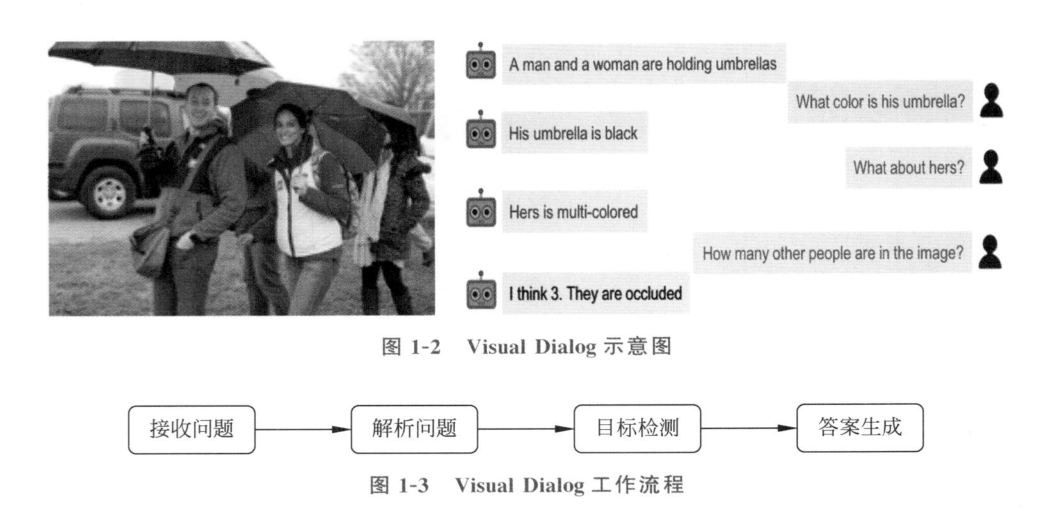

图 1-2　Visual Dialog 示意图

图 1-3　Visual Dialog 工作流程

经过这几个步骤之后，机器人就会变得十分聪明，对于所给出的问题能对答如流，颇有几分魔幻色彩，其实这就是深度学习的魅力，1.2 节让我们更进一步地揭开它神秘的面纱。

1.2　3 个视角解释深度学习

1.1 节通过一个形象的例子，对深度学习如何应用于人工智能进行了直观的展示，深度学习是一个非常强大的人工智能技术，激发了我们深入理解深度学习的兴趣和好奇心。本节从 3 个视角来剖析深度学习的原理，换句话说，从更高的维度理解深度学习，为以后掌握各种深度学习技术提供强有力的支撑。

现阶段大部分对深度学习的认知观点有：表征学习(Representation Learning)、神经网络(Neural Networks)、深度无监督学习(Unsupervised Learning)、强化学习(Reinforcement Learning)和结构学习(Structured Learning)，但仅仅通过这几个层次去认知深度学习是比较碎片化的、浅层次的，没有对深度学习进行高度的抽象和系统化。

> **提示**
>
> 本节将从分层组合性、端到端的学习、分布式表示这3个维度展开详细说明。

1.2.1　分层组合性

分层组合性其本质就是将非线性的变换进行级联，即一层一层地串联组合，从而形成对事物的多层表示。下面由一个例子来展示，如图1-4所示。

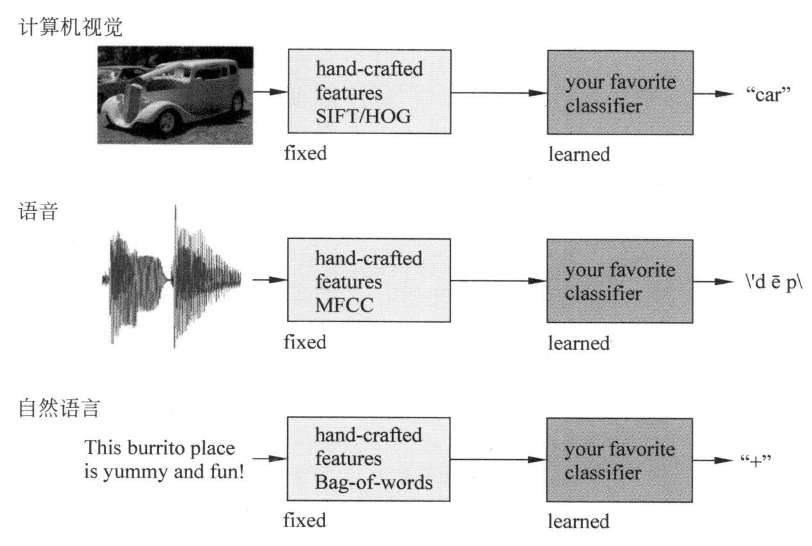

图1-4　传统机器学习在不同领域的工作流程

通过图1-4我们可以看到，传统机器学习在计算机视觉(Vision)、语音(Speech)和自然语言(NLP)的工作流程大致分为3个阶段，第1阶段是获得数据，在视觉中数据就是图片，在语音中数据是语音信号，在自然语言中数据就是一段文本或者字词；第2阶段分别对原始数据进行特征提取，使得这些特征可以被计算机所识别；第3阶段选用一个合适的分类器对上一步的特征进行有效的识别，识别完后输出有用的信息，例如在计算机视觉的图像分类任务中会告诉用户这个图片是一个"car"，而语音识别中输出的是语音的发音，自然语言处理中会把这段文字的情感告诉你，是积极的还是消极的。读者可以把这一过程类比于挑选成熟的西瓜，原始数据就是西瓜，抽取的特征就是西瓜的大小、花纹、重量、弹击的声音等，那么分类器就相当于挑选西瓜的人，正如不同的人对于挑选成熟西瓜的水平不一样，同样，在传统机器学习中分类器也有分类好坏优劣之分。

接下来利用分层组合性的概念来理解刚才的图片，如图 1-5 所示，是针对不同的任务进行的抽象。

计算机视觉

像素 → 边缘 → 纹理 → 主题 → 部分 → 物体

语音

样本 → 光谱带 → 共振峰 → 主题 → 音素 → 单词

自然语言

字母 → 单词 → NP/VP/.. → 从句 → 句子 → 故事

图 1-5 使用分层组合示意图

通过图 1-5 我们可以看到每一个任务学习的目标是不一样的，但是它们的趋势都是在逐渐地靠近、合并原来的特征，是一个由部分到整体的过程，非常符合现实世界的发展特性。通过这 3 个任务我们发现这一过程其实是揭示了一个道理，即如果想要表达一个物体就需要从部分开始抽象，一层一层地逐步概括和组合。

接下来从数学的角度来看待分层组合这一概念，一般来说深度神经网络其实就是在构建一个复杂的数学函数，其每一层就是一个函数。给定一个简单的函数库，然后将每个简单的函数通过组合变成一个复杂的函数，其组合方式有两种，图 1-6 所示为线性组合，即通过叠加将不同的函数相加最终得到一个线性组合的函数，如 Boosting 算法。

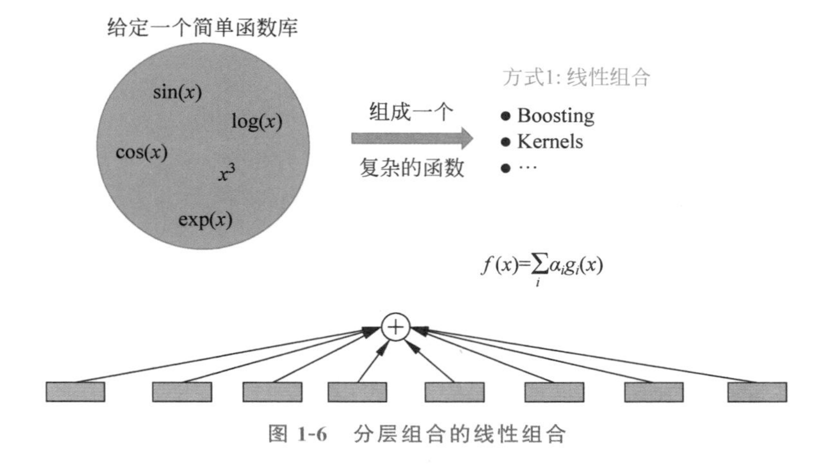

图 1-6 分层组合的线性组合

如果将它们串联起来会是什么情况呢？函数套函数，最终会得到一个复杂的函数。其典型代表就是深度学习（Deep Learning）和语义模型（Grammar Models）等，如图 1-7 所示。

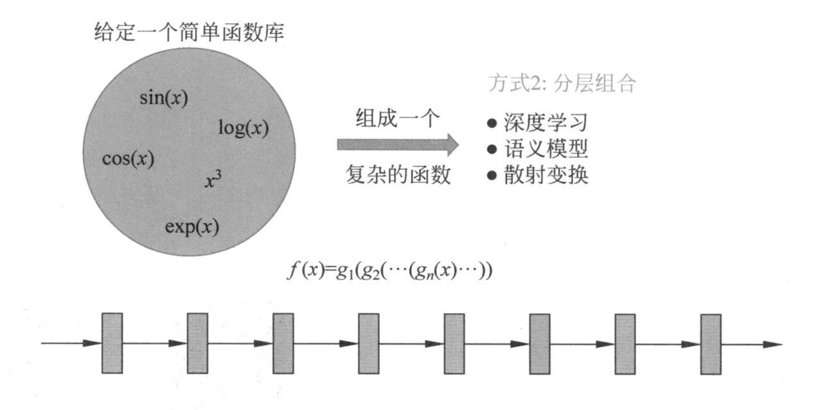

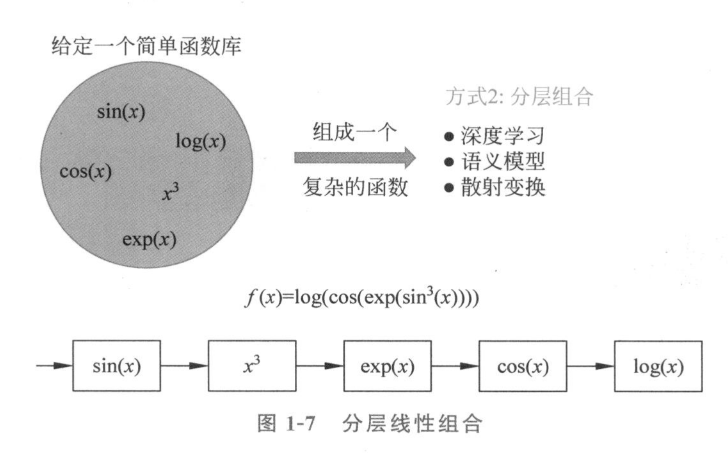

图 1-7　分层线性组合

可以说深度学习就是一个层次结构，通过一层一层地抽象可以将原始数据变为另外一种可以代表原始数据的展现形式，如图 1-8 所示。

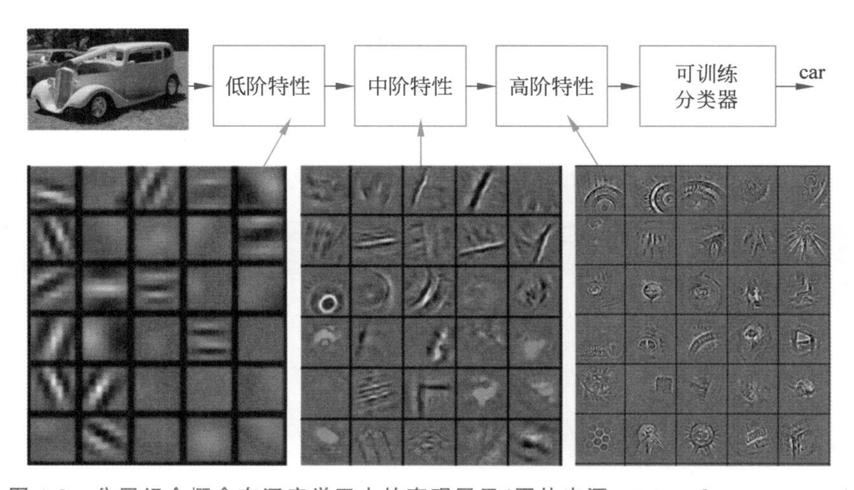

图 1-8　分层组合概念在深度学习中的直观展示（图片来源：Zeiler & Fergus 2013）

1.2.2 端到端学习

还是以图 1-4 为例，在每一个任务中都不可避免地需要进行特征抽取，那么在这一过程中特征工程就变得非常重要，因为特征工程做得好坏直接决定了模型精度的高低，而特征工程又非常耗时和复杂，并且每一种不同的特征抽取方法都需要特别巧妙的方法来构造，所以特征工程对工程师的能力和经验要求比较高，下面列举了一些特征抽取的方法，如图 1-9 所示。

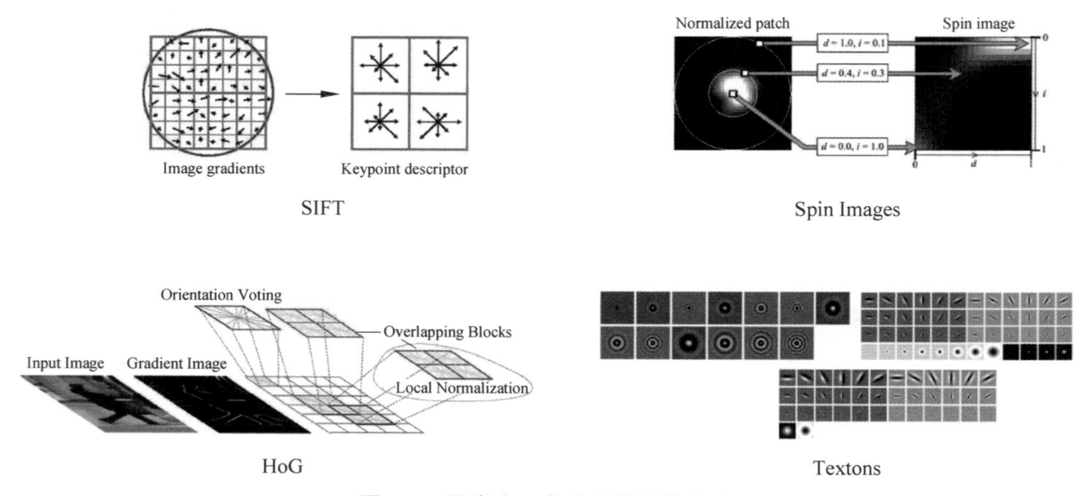

图 1-9 图像中一些特征抽取的方法

除了烦琐的特征工程外，在传统机器学习中，由图像抽取出来的特征与最后由分类器给出结果之间还要经过另一个无监督学习的步骤，在视觉中是池化操作、在语义识别中是高斯混合模型、在自然语言处理中则是 n-gram 语言模型处理方法。如果应用端到端的思想，特征提取和无监督学习的过程统统可以省略不要，相当于把学习前移，前移到数据阶段，直接从数据到输出，这就是深度学习的端到端思维，如图 1-10 所示。

所以深度学习端到端的本质就是绕过传统机器学习中通常需要的中间步骤，直接将输入数据转化为输出数据，它强调处理整个任务的序列而不是任务的某一步骤或部分，缓解了机器学习低效率、高耗时、易出错的缺点。“浅”模型和“深”模型的区别如图 1-11 所示。

总结

由于深度学习模型使用的是多层组合的结构，相比于传统机器学习模型特征工程的一个步骤能学到数据更多的隐含表示和特征，这样自然的效果就优于传统的机器学习模型。

1.2.3 分布式表示

分布式(Distributed)表示方法是相对于本地(Local)表示方法而言的，典型的本地表示

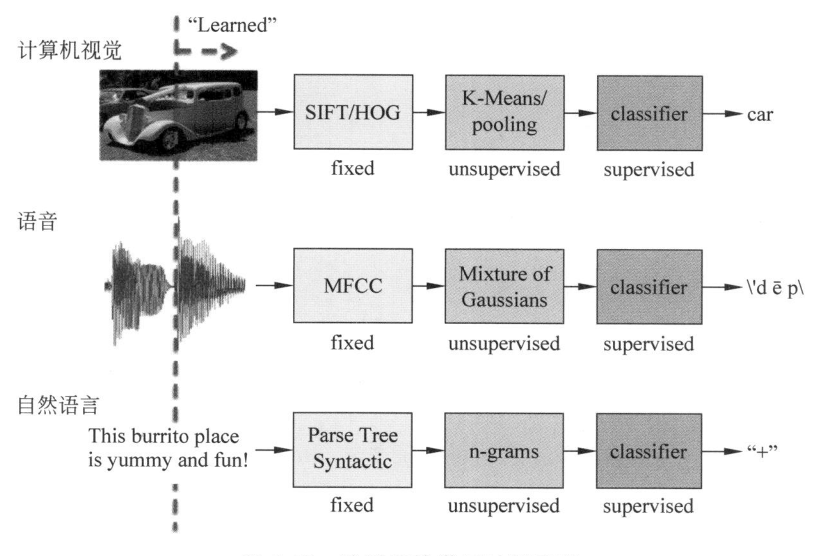

图 1-10　端到端的学习过程前移

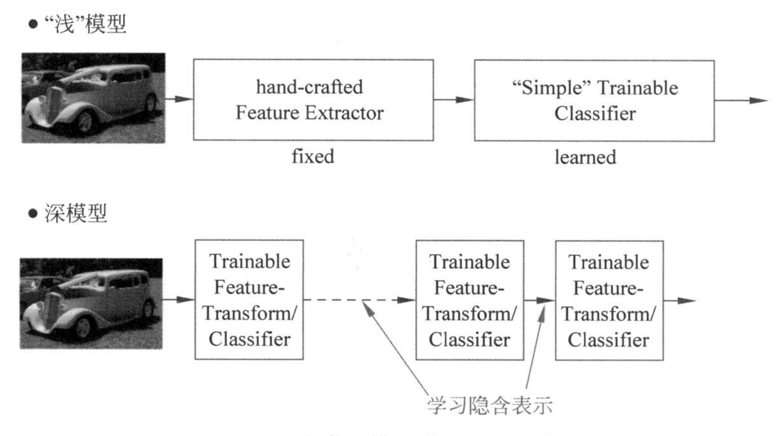

图 1-11　深度学习模型学习过程中的优势

方法是 one-hot 方法，分布式表示方法不使用独立单元来表示物体，而是将表征单元分散，由多个单元共同表征一个物体。

先来看一个例子，如图 1-12(a)所示，有 4 个形状，竖直矩形、水平矩形、竖直椭圆和水平椭圆，如果使用 one-hot 编码方式(一个位置代表一个事物)，那么点阵的第 1 个位置标记为竖直矩形(VR)，第 2 个位置标记为水平矩形(HR)，第 3 个位置标记为竖直椭圆(VE)，第 4 个位置标记为水平椭圆(HE)。虽然这种方式很简单而且也能表征 4 个图形，但是这种方法有个缺点，如果物体不断地增加，那么点阵的位置也要增加，否则就不能表达所有的物体。分布式表达方法解决了这个问题，如图 1-12(b)所示，它把 4 个物体进行抽象，并提取出了 4 个特征，竖直(V)、水平(H)、矩形(R)、椭圆(E)，4 个物体用两个特征就能满足，并且如果出现了第 3 个形状如菱形，只需增加一行菱形的特征维度即可，无须另外表征竖直菱形和水平菱形。

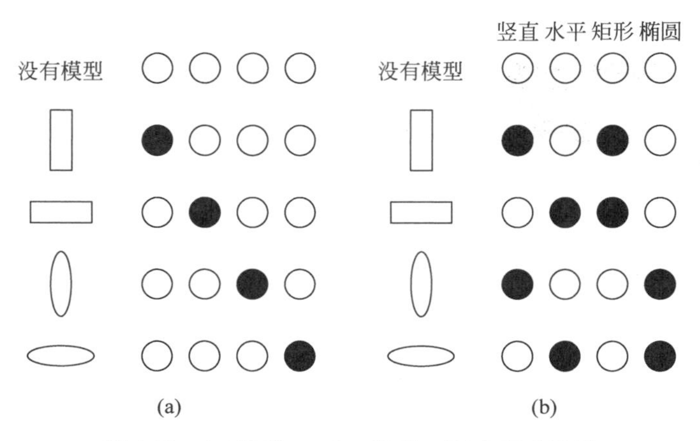

图 1-12 (a)传统 one-hot 表示；(b)分布式表示

除此之外，分布式表示方法还能进行特征的叠加，如图 1-13 所示，如果该点阵中同时标记了竖直、水平和椭圆这 3 个特征，其实也就是说明这个图形就是一个圆，但是 one-hot 表示方法就不能如此，因为它在表征物体时没有考虑特征的因素。

再看另一个例子，一个正常人的面部图像大约有 1000×1000＝1 000 000 个维度，有 3 个笛卡儿坐标和欧拉角，而人类脸部肌肉少于 50 个，所以人的多种面部图像是少于 56 维度的，那么如何来表示人类的面部表情呢？最好的解决办法就是使用面部流形上的坐标，也就是说使用相对于这些流形的坐标来表达，如图 1-14 所示。

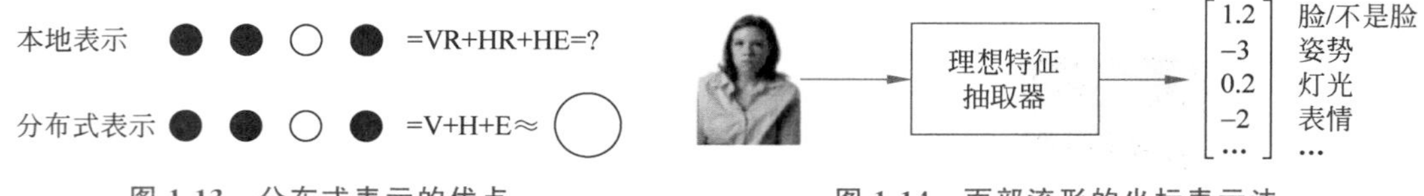

图 1-13 分布式表示的优点　　图 1-14 面部流形的坐标表示法

分布式表示是理想的、进行特征解构的提取器，它把一个表情拆解为视图（View）和表情（Expression）等，如图 1-15 所示。

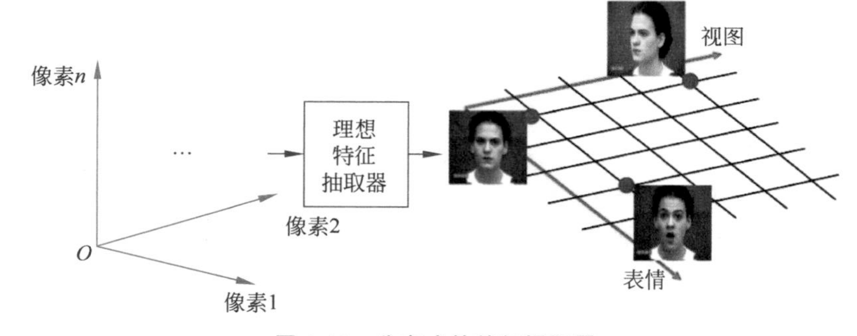

图 1-15 分布式的特征提取器

再例如,如图 1-16 所示,如果问一幅图片中有哪些对象,分别在哪里,最好的表示方法就是事物加方位词。

图 1-16　在图片中寻找物体对象

再举一个很通俗的例子,一辆汽车如图 1-17 所示,如何用计算机的内存单元来描述这一款汽车？一种办法是使用单一内存单元来储存,例如给定输入,如果这个单元被激活也就是 1,你就会知道它是小型的黄色大众汽车,但问题是现实中不只有这一辆车,还有绿色的丰田汽车、白色的雷克萨斯汽车等,如果为每辆汽车分配一个内存单元,那么我们可能会需要大量的内存来进行存储,但是如果采用另一种表示方法,用 3 个单元,一个表示颜色,一个表示型号,一个表示品牌,那么将这 3 个内存单元进行组合,就可以表示任何一款车型并且相比于前一种表示方法可节省很多的内存。

图 1-17　分布式存储汽车表示

所以分布式表示有几个好处：节省空间、明确事物的本质属性、便于逐层抽取。这也是其高效的原因。

1.3　深度学习面临的挑战

1.3.1　深度学习的工作机制

讲到深度学习不得不提的就是可微分计算图,如图 1-18 所示,可微分计算图首先是一个图,各个模块均是一个转换函数,然后这个函数一定是可微的,这样就组成了一个函数工作机器,它就可以实现可微分。可微分的好处就是可以对目标实现微调,从而达到真实的结果。

这里给出一个逻辑回归的例子，如图 1-19 所示。逻辑回归，众所周知就是给定一个样本来确定二分类。逻辑回归的函数其实就是一个可微分的函数，接下来具体介绍一下它是怎样进行可微计算的。

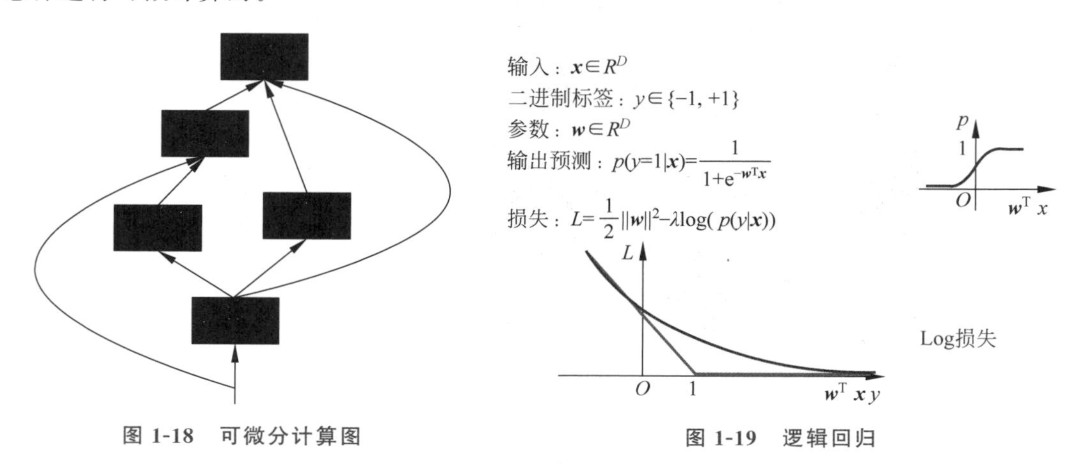

输入：$\boldsymbol{x} \in R^D$
二进制标签：$y \in \{-1, +1\}$
参数：$\boldsymbol{w} \in R^D$
输出预测：$p(y=1|\boldsymbol{x})=\frac{1}{1+e^{-\boldsymbol{w}^T\boldsymbol{x}}}$
损失：$L=\frac{1}{2}||\boldsymbol{w}||^2-\lambda\log(p(y|\boldsymbol{x}))$
p
1
O
$\boldsymbol{w}^T x$
L
O
1
$\boldsymbol{w}^T \boldsymbol{x} y$
Log损失

图 1-18　可微分计算图　　　　图 1-19　逻辑回归

逻辑回归的函数其实可以从级联的思想出发，它是将一些简单的函数进行组合得到的，如图 1-20 所示。负对数损失函数越小，表明概率越大，这正是我们期望的。

如前文所述，函数可能增加系统的复杂度，但要让其工作，还必须进一步微分，在此之中一个很重要的方法就是链式法则，也就是一个环环相扣的计算规则，如输入 x 输出 y，如果反过来也可以通过某种串行链路进行反向计算，前向就是将损失函数达到最小，反向就是微分的传递，所以要求目标函数对 x 微分，那么就可以运用链式准则进行计算，如图 1-21 所示。

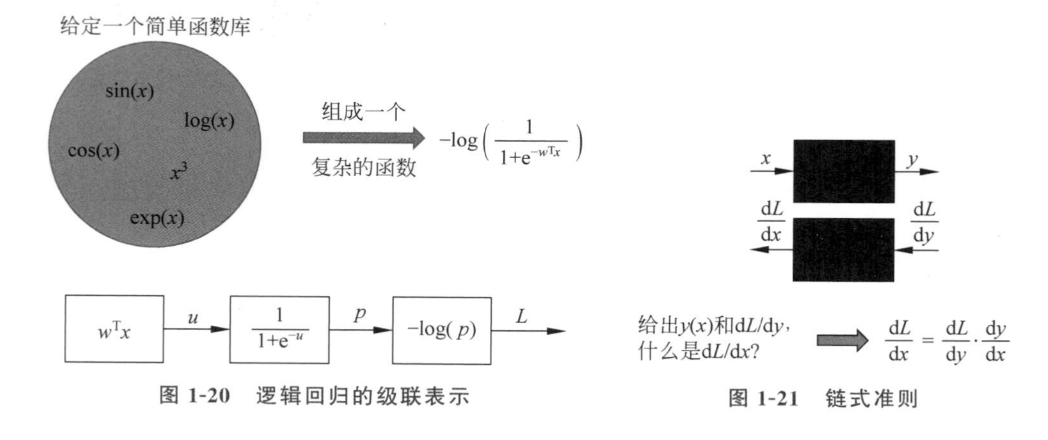

图 1-20　逻辑回归的级联表示　　　　图 1-21　链式准则

级联思想的逻辑回归示意图如图 1-22 所示。

反向微分其实就是 BP 算法，即反向误差计算，它在深度神经网络中是非常有效的一种计算方法。本质上 BP 思想是一种快速求导的方法，但是现在要用前向思维来表示反向微分，如图 1-23 所示。从左到右是 x 到 z 的输出，但是反向微分是从右到左的，这里是看成从右到左的一个“前向”，非常容易理解。

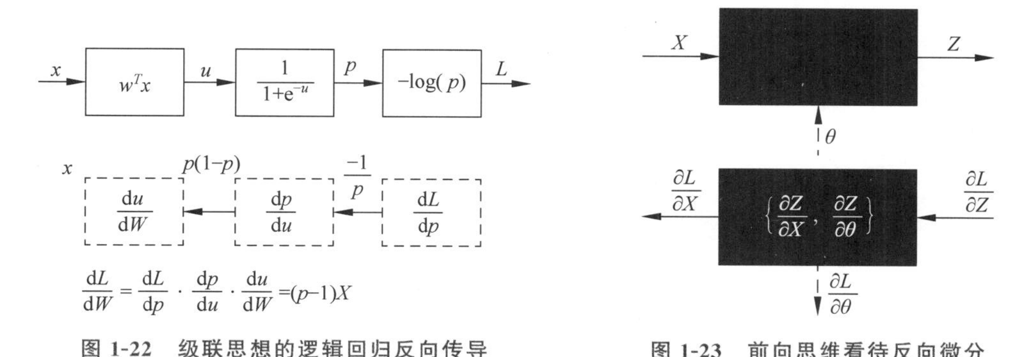

图 1-22　级联思想的逻辑回归反向传导

图 1-23　前向思维看待反向微分

所以神经网络的计算就可以归结为以下两步。

第 1 步是计算样本的损失，如图 1-24 所示。

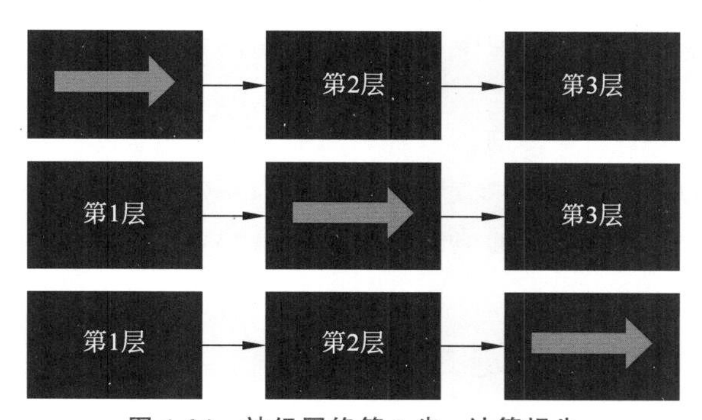

图 1-24　神经网络第 1 步：计算损失

第 2 步是计算参数的梯度，如图 1-25 所示。

图 1-25　神经网络第 2 步：计算参数的梯度

1.3.2　非凸的问题

深度学习非常强大，它可以不需要进行特征工程，但是它也有一些缺点，首当其冲的就是非凸问题。先来介绍几个概念：凸集和凸函数。如图 1-26 所示，图 1-26(a)为凸集(Convex set)，而图 1-26(b)是非凸集(Non-convex set)，那么如何来区分凸集和非凸集呢？这里我们来定义一下：如果集合中任意两个元素连线上的点也在该集合中，那么该集合就为凸集，否则就为非凸集。

再来看凸函数(Convex function),如图 1-27 所示,其定义为某函数上两点的连线上的函数值均大于或等于对应的自变量处的函数值,否则为非凸函数。

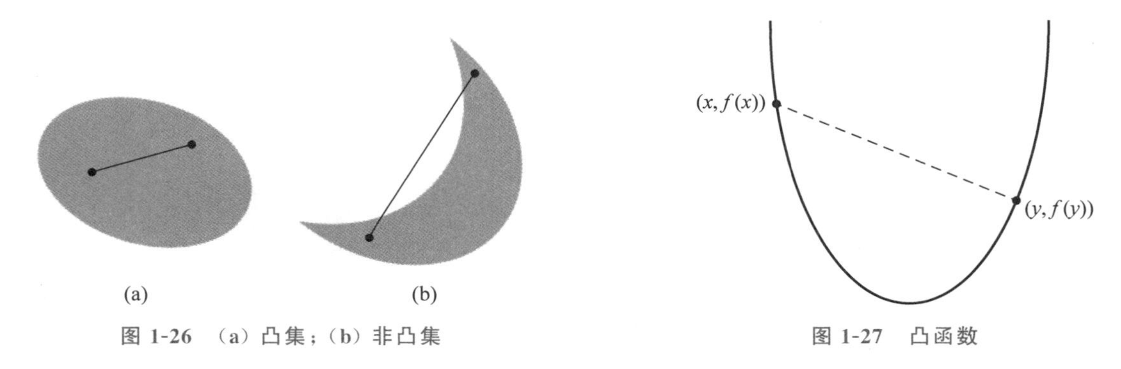

图 1-26 (a) 凸集;(b) 非凸集

图 1-27 凸函数

用数学表达式来表示即为

$$f(\theta x+(1-\theta)y) \leqslant \theta f(x)+(1-\theta)f(y) \tag{1-1}$$

凸函数有一个优点,即局部最小点一定是全局最小点,如果是非凸函数,那么局部最小点不一定是全局最小点,这一点类似于高中数学所学的极大、极小值和最大、最小值之间的区别。

回到深度学习中,我们在神经网络中所用到的损失函数大多数情况下是非凸函数,那么就会给后续的数据训练带来一定的难度,因为迭代到一定程度会陷入局部最小值使得训练停滞不前,不能找到一个全局最佳的值使损失函数最小,就会大大降低模型的精度,导致训练模型失败。

1.3.3 可解释性的问题

深度学习不同于传统机器学习的流程化管道式的学习模式,它是端到端的学习模式:人工只给输入,然后深度学习自动给出输出,中间不需要人工干预,所以这就不可避免地使这个流程“黑盒化”,操作人员很难洞察在哪一步出现了差错,而传统的机器学习任务是分步、分阶段地执行,每一步都可以去评估该阶段性能的好坏,也就是说传统机器学习任务中会自然地伴随着可监控、可定位和可分析的特点,如图 1-28 所示。在特征工程阶段均可以进行校验,如果发现有问题立刻可以重新进行学习和改进,其发现问题到改进之间的链路环很短。

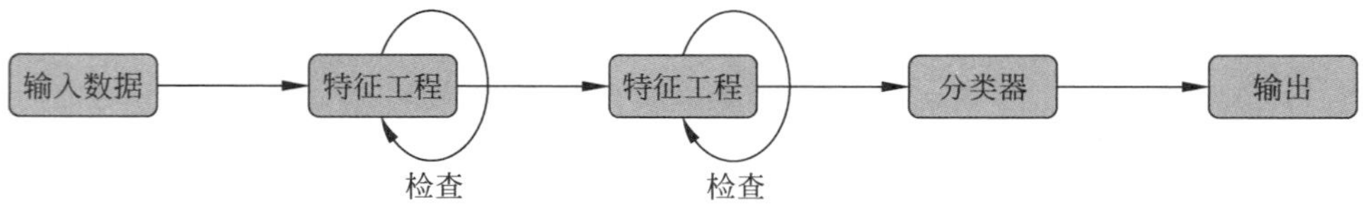

图 1-28 机器学习流程

然而深度学习在解放了工作人员的劳动力，把输出前移到输入数据源时，其算法的内部实现和输出与输入之间的映射关系很难对应，所以很难知晓事情为什么会如此，给整个任务带来了不可解释性和不可预测性，如图 1-29 所示。

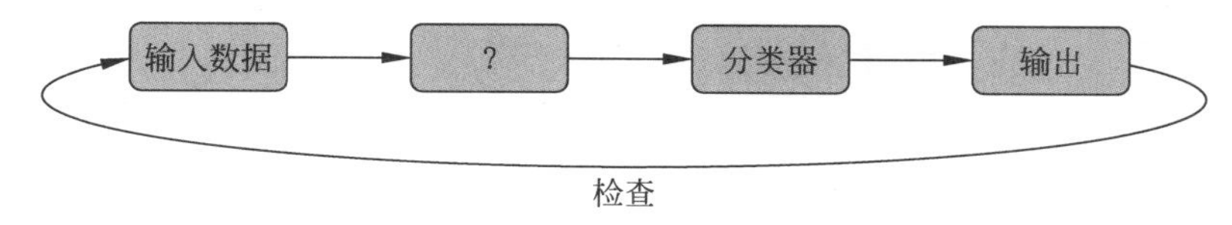

图 1-29　深度学习端到端模式

深度学习模式下，只有在最后一步输出结果后(或者打印训练日志)才能知道其学习阶段的一些信息，如果发现了问题只能从头开始训练，而在输入数据到分类器输出结果之间，其内部是如何实现的或者在学习什么样的抽象意义的特征我们并不能得知，就算能得到这些特征我们也不知道其在自然界中所表达的含义，这就给后续改进分类精度和可解释性增加了难度。

总结

深度学习尽管有这样 3 个挑战，甚至还有其他缺点，如对硬件资源的要求、训练过程耗时，但无可否认的是，其强大的魔力使传统机器学习算法相形见绌，任何一个新事物都有优点和缺点，是我们未来努力改进的方向。作为人工智能第三次兴起的推动，深度学习必将展示越来越大的魅力！

第2章 图像识别及 *K*-NN 算法

深度学习最先崭露头角的领域是图像，而在图像领域目前最普遍的算法就是卷积神经网络。本章不直接讲解卷积神经网络，直接讲解会很突兀，并且不容易理解其原理和由来，所以本章重点是讲解深度学习在图像识别领域中的传统思维和方法，为深层次理解深度学习提供学习对比，为后续章节介绍卷积神经网络做铺垫。

2.1 图像分类

图像分类是计算机视觉的核心任务，即让计算机可以“认出”图像中的对象是什么。给定一幅图像让计算机去识别图像中是猫还是狗等，但是存在一个最大的问题就是怎样让计算机去区分此图像非彼图像，它们的差别到底在哪？

在计算机眼中看到的猫的样子如图 2-1 所示，就是一个二维矩阵，在矩阵中的数字介于 0～255，每个数字的值代表的是像素的强度值，所以说图像在计算机眼中就是一个数字网格。

```
[[105 112 108 111 104  99 106  99  96 103 112 119 104  97  93  87]
 [ 91  98 102 106 104  79  98 103  99 105 123 136 110 105  94  85]
 [ 76  85  90 105 128 105  87  96  95  99 115 112 106 103  99  85]
 [ 99  81  81  93 120 131 127 100  95  98 102  99  96  93 101  94]
 [106  91  61  64  69  91  88  85 101 107 109  98  75  84  96  95]
 [114 108  85  55  55  69  64  54  64  87 112 129  98  74  84  91]
 [133 137 147 103  65  81  80  65  52  54  74  84 102  93  85  82]
 [128 137 144 140 109  95  86  70  62  65  63  63  60  73  86 101]
 [125 133 148 137 119 121 117  94  65  79  80  65  54  64  72  98]
 [127 125 131 147 133 127 126 131 111  96  89  75  61  64  72  84]
 [115 114 109 123 150 148 131 118 113 109 100  92  74  65  72  78]
 [ 89  93  90  97 108 147 131 118 113 114 113 109 106  95  77  80]
 [ 63  77  86  81  77  79 102 123 117 115 117 125 125 130 115  87]
 [ 62  65  82  89  78  71  80 101 124 126 119 101 107 114 131 119]
 [ 63  65  75  88  89  71  62  81 120 138 135 105  81  98 110 118]
 [ 87  65  71  87 106  95  69  45  76 130 126 107  92  94 105 112]
 [118  97  82  86 117 123 116  66  41  51  95  93  89  95 102 107]
 [164 146 112  80  82 120 124 104  76  40  45  66  88 101 102 109]
 [157 170 157 120  93  86 114 132 112  97  69  55  70  82  99  94]
 [130 128 134 161 139 100 109 118 121 134 114  87  65  53  69  86]
 [128 112  96 117 150 144 120 115 104 107 102  93  87  81  72  79]
 [123 107  96  86  83 112 153 149 122 109 104  75  80 107 112  99]
 [122 121 102  80  82  86  94 117 145 148 153 102  58  78  92 107]
 [122 164 148 103  71  56  78  83  93 103 119 139 102  61  69  84]]
```

图 2-1　计算机眼中的猫

例如一个 800×600×3 的图像，即图像高为 800 像素，宽为 600 像素，包含 3 个通道，分别是红(R)、绿(G)和蓝(B)。虽然这样表示图像很简单也很高效，但存在以下几个缺点，即视点挑战、光照挑战、变形挑战、遮蔽挑战、背景混淆挑战和类内变异。

视点挑战即计算机在观察图像时，由于其视角位置的不同，同一幅图像的像素矩阵可能会变得不同，如图 2-2 所示。现实生活中我们在对某一物体拍照时也会发现这样的现象。

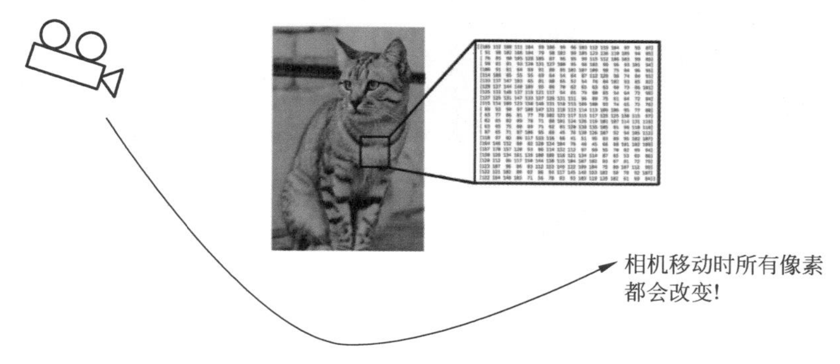

图 2-2　图像的视点挑战

光照挑战同理，同一幅图像在不同的光照条件下也会出现不一样的效果，有的很亮有的很暗，如图 2-3 所示。

图 2-3　图像的光照挑战

形变挑战意思为对于同一物体，它可能由于动态变化所展现的图像与之前不相同，但是图像的主体还是同一个事物，如果使用固定的像素值来识别一定会有干扰，如图 2-4 所示。

图 2-4　图像的形变挑战

遮蔽挑战,即图像中的主体在有物体遮挡时,人来识别并没有什么难度,但是计算机分不清楚图像中的东西到底是什么,增加了图像识别任务的难度,如图 2-5 所示。

图 2-5　图像的遮蔽挑战

背景混淆挑战,即图像中的主体由于跟背景太过于相似,导致在识别时很容易判别错误,即使人去识别也有很大概率会出错,可想而知把这样的任务交给计算机挑战有多大,如图 2-6 所示。

图 2-6　图像的背景混淆挑战

最后一个是类内变异挑战,也就是在同一幅图像中含有多个同一类别的主体,如图 2-7 所示,图像中包含了多个品种的猫,每个品种的猫其形态都有些许区别。想要识别出不同品种的猫,识别算法需要一定的鲁棒性和健壮性。

图 2-7　图像的类内变异挑战

经过了以上的介绍可以知道，在传统的图像识别中有很多这样或者那样的问题，图像分类器不同于排序算法（如冒泡排序），没有明显的方法来硬编码算法，换句话来说它不可能由多个规则进行叠加组合出一个鲁棒的、识别精度非常高的算法。然而还是有前人尝试了一些比较经典的算法，例如总结归纳出物体的边缘信息，然后高度抽象为几十个或者几个通用特征边缘，如图 2-8 所示。

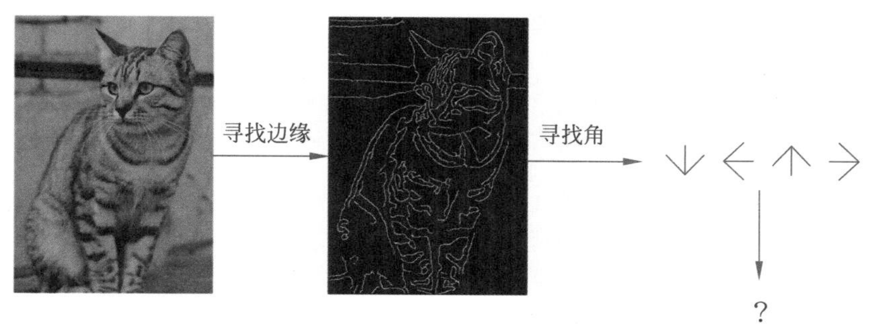

图 2-8　前人的一些尝试

然而可想而知，这种方法并不奏效，原因在于采用此方法只有在物体与其他物体有较大差异性的时候，如猫和大象、狗和青蛙等之间才适用，对于比较类似的物体，如猫和猞猁就不太奏效了。

综上可知，使用传统方法来解决图像识别的问题其实不太理想，所以机器学习的数据驱动方法就应运而生了。

使用机器学习的数据驱动方法主要有以下几个步骤：第一，收集一些有一定量级的图像本身和图像标签的数据集作为训练集，即数据采集和整理步骤；第二，使用机器学习方法来训练分类器，即训练步骤；第三，使用训练集之外的新的数据来验证第二步所训练的分类器的性能，即评估步骤，如图 2-9 所示。

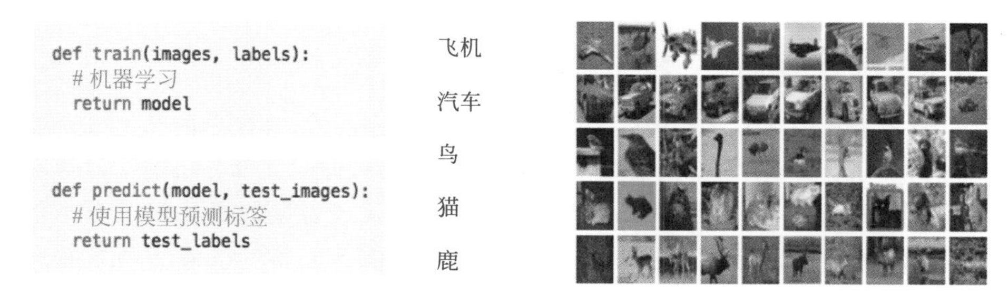

图 2-9　训练数据集

而如果想使用这种机器学习的数据驱动方法并让其奏效，其中一个非常重要的核心就是数据，也就是说收集的包含该主题的数据要足够多、足够全面，如各种光照条件、各种姿势、各种角度都要涵盖，这样机器学习算法才会自动地归纳总结出该主体的本质特征。

机器学习可以分为两个大类，一类是监督学习，即收集的数据是有标注的，表明了该数据的主题是什么；另一类是无监督学习，与监督学习相对，它所收集的数据是没有标签标注的，由算法自动进行归纳和分类。数据驱动方法其实就是机器学习方法中的监督学习，输入是一个图像的数据，输出是对图像中主题的识别，如果某一个识别算法足够好，那么它对图像识别的错误率是非常小的。但是当我们一开始不知道如何达到这样好的准确度时，就需要不断地调整算法来达到最优。一开始我们会设置一个假设函数，假设这个函数能很有效地区分图像，然后不断用数据来训练这个函数。

其实这个过程就像上学时做考试题一样，一开始基础不扎实，直接上来就考试成绩会很不理想，但是如果做过几次5年高考和3年模拟的试卷练习后，水平会越来越高，直至达到"上知天文、下知地理"的水平，当然也并不是每个人都能考上清华，所以其中的学习方法和自己的学习能力就显得很重要，那么学习方法在机器学习中对应的就是优化方法，而学习能力就是学习器，大家可以仔细琢磨这个类比。

从程序代码的角度看，整个监督学习过程就是两个阶段，第一个是训练阶段，将假设函数尽可能地学好，即使用数据学习做试卷的能力；第二个阶段就是测试阶段，使用一次模拟考试来测试学习的这个假设函数的好坏。

另外还有一种统计估计的观点也很重要，即如果想要表达真实的数据情况，那么用于训练模型的数据集和评估模型准确性的测试集一定要从真实的数据中采集而来，并且数据集越大越好，因为从概率上数据越大就越接近真实的情况。举个例子，假设一共有100万只麻雀，如果训练集只包含了60万只，从概率上来说用这60万只麻雀训练出来的分类器其准确度代表60%的样本，如果训练集逐渐扩大，直至包含所有样本，其准确率能代表100%的样本。所以统计估计的观点就是，近似地将训练集中的数据代表为真实的所有数据全集来训练分类器，使分类器更有效。

2.2 误差分解和 *K*-NN 算法

2.2.1 误差分解

在大多数机器学习实践中，往往会碰到在模型训练完成后，对模型的结果或者准确度不满意的情况，换句话说就是模型的效果没有预期的效果好，此时大部分机器学习学习者会认为是模型的复杂度不够，或者是选择的超参数不够好，又或者是特征处理得不够完备导致的。以上是一些经验做法，本节会梳理一下有哪些原因会导致这样的结果，从而能帮助读者更好地分析误差产生的本质，同时为以后能设计出良好运行的机器学习算法打下扎实的基础。

还是以图像识别为例，如图2-10所示，图中包含了两个主体，一个是马，另一个是人。任务就是能准确识别其中的两个主体。

如果想要识别主体，先要选择一些能胜任此任务的算法，例如各种神经网络，把它们作为入选的模型类。但是必须要承认的是不管模型选得好坏，模型输出的结果与真实值总会存在一些偏差，这个误差叫作模型误差，如图2-11所示。

图 2-10　人马识别任务

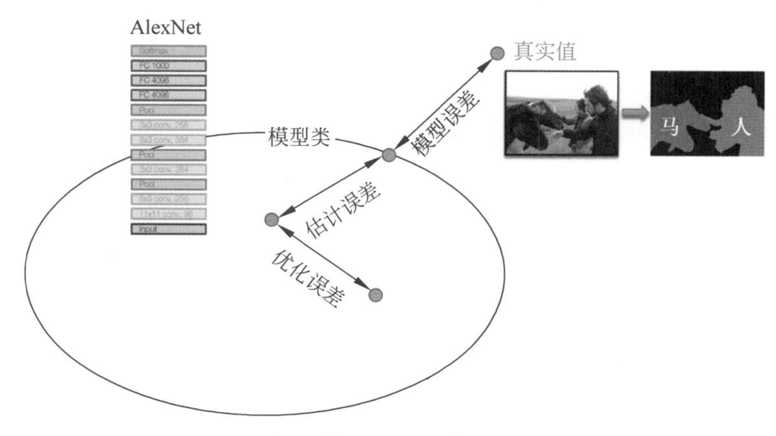

图 2-11　误差

与此同时，在使用某一算法进行逼近真实值的过程中，由于输入训练数据的多少、质量的好坏等模型的表达能力距离实际情况会有一个沟壑，而这个沟壑会随着输入数据量的增多和质量的提升变得越来越小，只能无限逼近却不能为 0，原因是在算法输入的数据中不可能包含所有自然界中的实际数据，只能采用一部分来近似拟合自然界的全集。这个误差就叫作估计误差，如图 2-11 所示。

除此之外，在训练模型的阶段，优化器的选择同样也会导致模型与现实之间产生误差，好的优化器可以令模型达到一个全局最优的状态，而差一点的优化器则有可能会陷入局部最优，使模型不能够达到最好的训练效果，而这种误差一般称为优化误差，如图 2-11 所示。

综上所述，整个误差其实包含了 3 个部分，分别是模型误差、估计误差和优化误差。所以整个误差是由这 3 个误差的总和导致的，如果想要降低整体误差，那么需要降低这 3 个误差中的任意一个或者任几个。但是这 3 个误差是相互制约和协调的，如果想只降低某一个误差，很有可能会导致另外一个或者多个误差增大。这里举例说明一下，如图 2-12 所示。

图 2-12 所示的图像识别任务替换了比较复杂的神经网络模型，转而使用比较简单的模型，与复杂模型相比，其训练起来相对较容易，使用较为简单的优化器就能达到一个比较好的全局最优的状态，同理，使用比较少的数据就能使模型表达效果达到该模型的上限，所以它的优化误差和估计误差相对较小。但是由于该模型比较简单，其对真实世界的表达能力不是很全面，所以就会拉大模型误差。

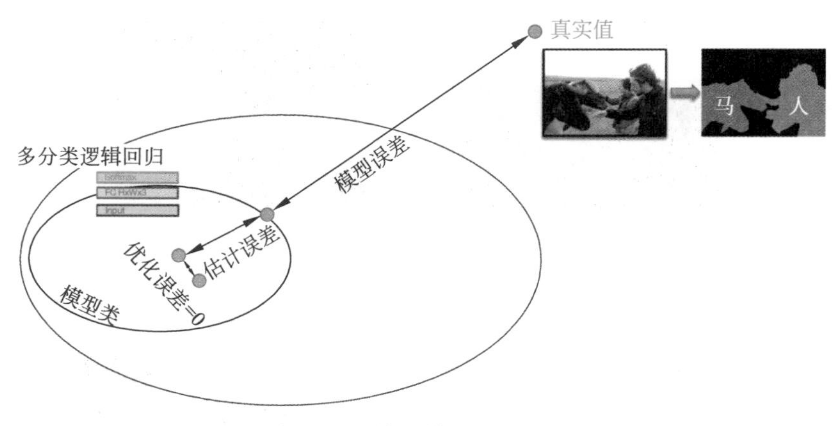

图 2-12 简单模型误差举例

再如，选用更复杂的模型来切入此任务，如图 2-13 所示。虽然复杂的模型表达能力更强更接近真实的现实世界，但是由于其模型的复杂度太高导致对它的训练优化难度也加大，如果想令其达到与简单模型相同的水平能力需要更多的数据来训练，所以导致其估计误差和优化误差都增大了。如果想要降低整体的误差，那么就需要综合考虑这 3 个因素，令其能相互调和。

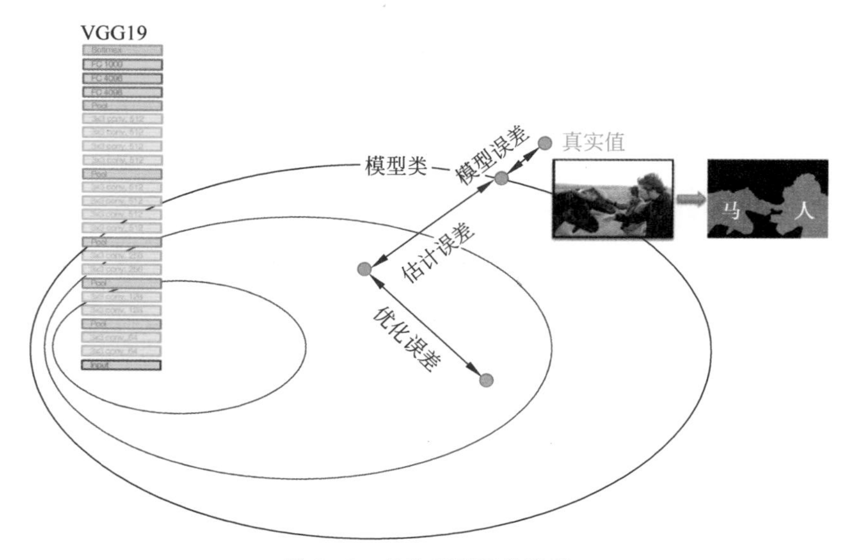

图 2-13 复杂模型误差举例

总结一下，导致模型与真实值的差异或者模型训练的效果不如预期的好，其原因就是在选择模型时不同模型能力的不同所导致的模型误差，使用有限数据训练模型导致的估计误差，使用优化器在寻找最优值时的优化误差和在现实中不可避免会碰到的异常数据、人为测量导致的贝叶斯误差，也就是现实误差。

2.2.2 K-NN 算法运行过程

K-NN(K-Nearest Neighbor)算法的中文名称是 K 近邻算法,它是监督学习算法中的一种,但比较特殊的是 K-NN 算法是没有训练过程的,原因是 K-NN 算法是一种记忆型的算法,它把每个样本的模样记住,然后在预测阶段使用距离来度量输入与所有训练样本之间的相似性,所以 K-NN 是一个在预测阶段比较耗时的算法。

我们用一个例子来进一步说明 K-NN 算法的运行过程,如图 2-14 所示,最左列是想要预测的输入,可以看到每一个预测输入其实在右侧的矩阵中都有与之最为类似的某一类主体,所以 K-NN 比较的就是输入和样本集之间的相似性。

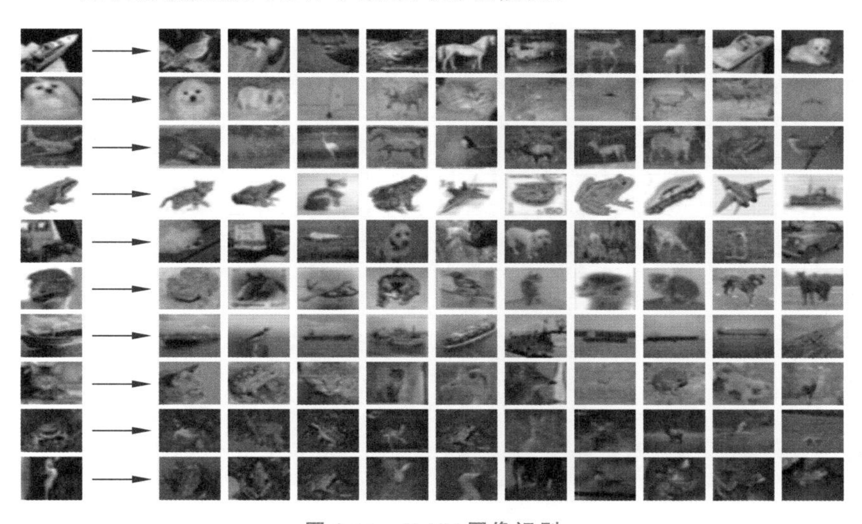

图 2-14 K-NN 图像识别

但是 K-NN 是如何计算输入与样本之间的相似性的呢? 在 2.1 节中讲解过,在计算机中图像都是一个个的二维数字矩阵,相同事物的矩阵数据应该是相同的,所以 K-NN 也是一样的原理,它将所有图像都转为二维矩阵,如图 2-15 所示。

测试图像

56	32	10	18
90	23	128	133
24	26	178	200
2	0	255	220

−

训练图像

10	20	24	17
8	10	89	100
12	16	178	170
4	32	233	112

=

像素级别绝对误差

46	12	14	1
82	13	39	33
12	10	0	30
2	32	22	108

→ 456

图 2-15 K-NN 在图像识别中计算相似性过程

然后将输入即测试图像与训练集一个个做矩阵减法,最后得到的矩阵再按元素相加得到一个实数,K-NN 算法比较测试图像与哪一个图像得到的值最小,判断与哪个图像最为

相似。这种计算距离的方法叫作 L1 范数，其公式为

$$d_1(I_1, I_2) = \sum |I_1 - I_2| \tag{2-1}$$

K-NN 算法中 K 的选取也会影响算法的准确度，一般如果 $K=1$，会将测试数据预测为与其最为接近的最相似的样本的标签，即该样本是什么，预测的测试数据就是什么；但是如果 $K=3$ 或者 $K=5$ 等其他的数字，就会在样本数据中抽取出最接近的 3 条或者 5 条数据，然后以少数服从多数的原则投票决定该测试数据的标签。

总结

本章是一个铺垫，包括 3 个方面，第一，怎样进行图像识别；第二，图像识别数据驱动的方法；第三，机器学习算法误差分类。尽管 3 个方面的逻辑比较松散，却是深度学习方法引入的重要基础。图像识别是理解深度学习最直观、最容易的切入点，所以必须理解图像识别。数据驱动是一个非常接近人类思维训练的机器学习训练思维，也是深度学习得以落地的思想根源，所以同样要理解数据驱动的思维方法。机器学习算法误差分类可以让我们深刻理解设计一个好模型的几个必要条件，有的放矢地去创建这些条件，改进我们的模型。最后列举的 K-NN 算法，是为了与深度学习方法作对比。

第3章 线性分类器

第2章介绍了K-NN在图像分类中的原理和应用，K-NN在进行图像分类时实现比较简单，但是不难发现K-NN存在两个弊端，一个是K-NN分类器必须记住全部的训练数据，而实际的图像识别的训练数据是非常庞大的，如果像K-NN一样一次性将所有的训练数据都载入内存，不管对速度还是空间都将是一个极大的挑战；另一个是在分类时必须要遍历所有的图像来判断输入的图像到底与哪个图像最为相似，同样也是相当耗时的。本章将会介绍新的分类器方法，这种方法的改进和启发能够帮助我们自然而然地过渡到深度学习中的卷积神经网络。所以在接下来的讲解中会涉及两个比较重要的概念，一个是将原始数据映射到每一个分类类别的打分函数，用于确定数据属于哪个类别；另一个是量化模型预测结果和实际结果吻合度的函数即损失函数，吻合度越高的模型的损失函数值越小，反之越大。

3.1 线性分类器用于图像分类的3个观点

本节介绍关于线性分类器的一些基本概念，有助于后续在深度神经网络上的过渡。线性分类器很重要，因为实际的世界是非线性的，而线性是非线性的重要组成，例如在高等数学中，求一段曲线的阴影面积是将该曲线拆成一段段的、近似"直线"来求解的，在机器学习中原理一样，线性分类是构成非线性分类的重要基础。使用线性分类进行介绍的原因有如下4个。

第一，可解释性。线性分类有很好的可解释性，我们总能观察到预测变量与结果之间的关系，通过数值数据可以获得可量化的特征变量对于解释变量的贡献程度，换句话说，线性分类器对于解释模型预测的结果有很明显的依据。在应用机器学习中，把结果转化为人类可以理解的、可解释的结果是非常重要的。

第二，对特征的选择分析。在线性分类器中很容易看到分类器分配给所有特征的权重，假设在模型训练阶段之前采用了很多特征，而在实际应用中为了降低模型的过拟合风险，通常只会挑选某些比较重要的特征而忽略其他不重要的特征。线性分类器能够通过权重很容易地对所有特征进行排序，非常直观。

第三，易于训练。线性分类器相比于接下来要讲的神经网络在时间复杂度和空间复杂度上远远要低，所以在模型的训练阶段使用同样的时间其更容易达到较好的分类精度。

第四，泛化性能良好。也可以理解为线性分类器不易过拟合，因为其模型的复杂度不高。

3.1.1 线性分类的代数观点

线性分类应用于图像的过程如图 3-1 所示。左边的猫图像是一个 32×32×3 的三维数字矩阵，将该数字矩阵通过一个线性分类函数 $f(x,w)$，x 即输入图像的像素数值也就是数字矩阵的值，w 是模型不断优化后学习得到的一个权重值，b 代表偏置项，最后将结果映射到由 0～9 标识的类别上，例如用 0 代表猫，用 1 代表狗，用 9 代表大象等。

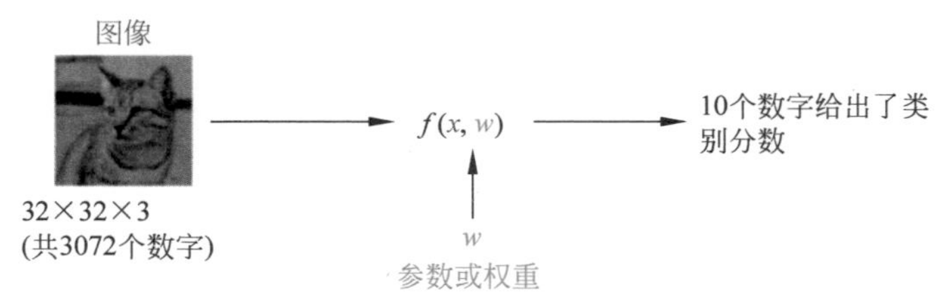

图 3-1　线性分类应用于图像的过程

图像的数值矩阵需要转化为可输入的列向量，矩阵是二维的，列向量是一维的，所以需要将矩阵的数值按照从左到右，从上到下的原则变成列向量，如图 3-2 所示。

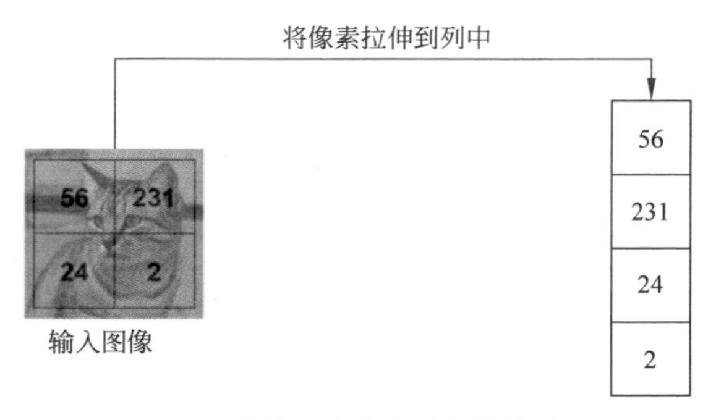

图 3-2　数值矩阵变为列向量的过程

将线性分类的全部过程 $xw+b$ 补充后如图 3-3 所示，也引出了第一个线性分类的观点——代数观点。什么是代数观点呢？也就是我们经常说的代数求加减最后得到结果。2×2 的图像变为列向量后与 w 相乘有几个类别，w 就有几行，然后与偏置项 b 相加得到每一个类别的分数，最终狗分类得分最高，所以此时模型将本来是猫的图像判定为狗，原因是我们取的 w 权重是随机的、不正确的，这里只是给大家做个演示。

将图 3-3 拆解为可以更直观表示每一个分类的计算过程，如图 3-4 所示。在图 3-4 中把列向量表示的图像还原成二维矩阵，把行向量表示的 w 还原成二维矩阵，讲解卷积中的空间计算时会用到这个知识。

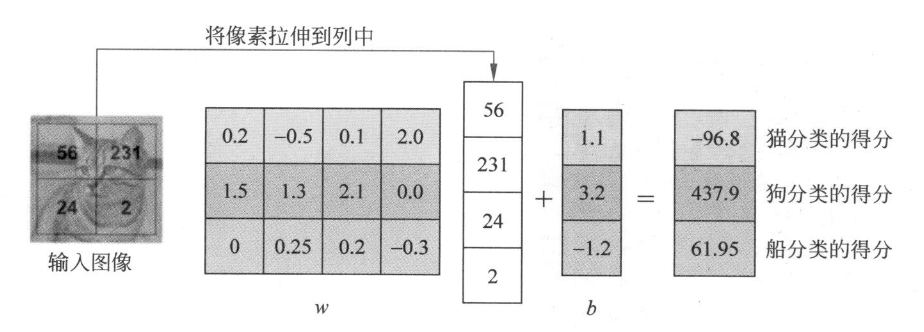

图 3-3 测试图像矩阵的计算过程

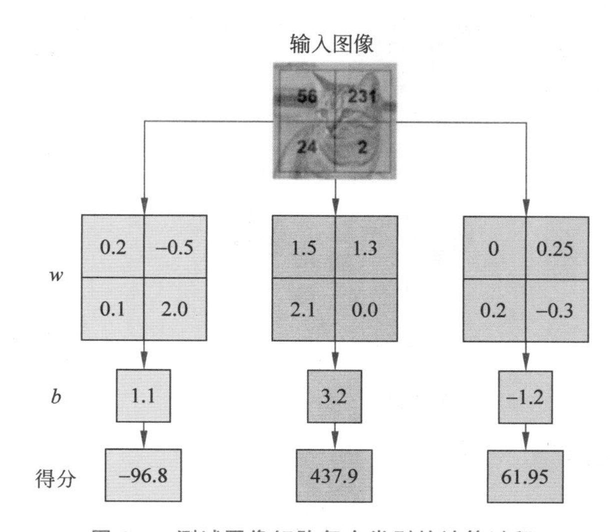

图 3-4 测试图像矩阵每个类别的计算过程

3.1.2 线性分类的视觉观点

如图 3-5 所示，如果将所有类别的图像抽取出一个共性图像，那么这个共性图像就是这个类的一个模板图像，可以把权重矩阵当作一个模板像素值，计算输入图像与各个类别的得分其实就是输入图像与参数矩阵的点积，如果输入的图像矩阵值越接近某一类模板数值，那么其得到的分数就会越高。这就是视觉观点的理论。

3.1.3 线性分类的几何观点

几何观点实际上就是把图像看作空间中的一个点，然后用线或者超平面将这些点进行分割。w 是这些线的斜率，b 是截距。当我们改变 w 和 b 时，分割线也会跟着变化，如图 3-6 所示。

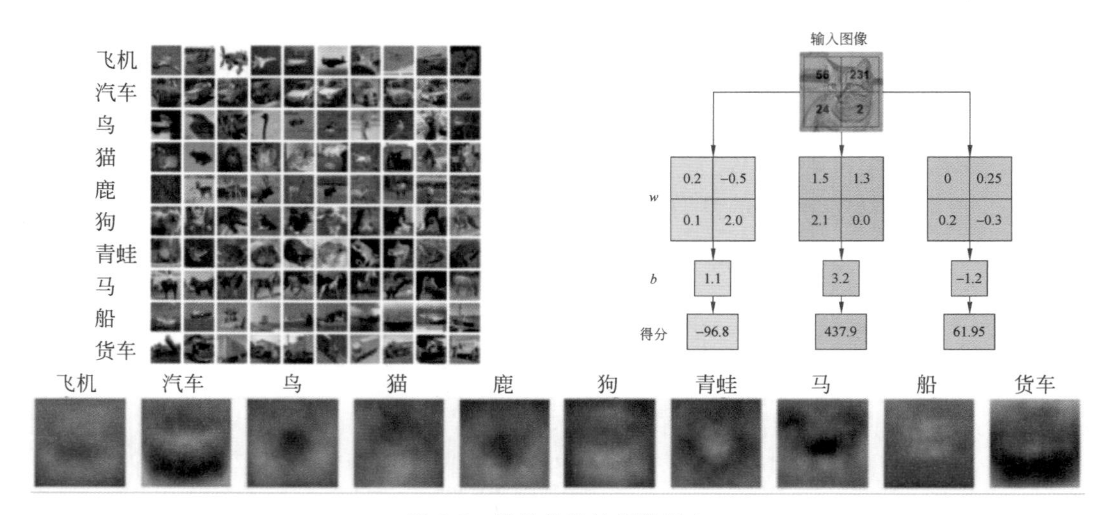

图 3-5 线性分类的视觉观点

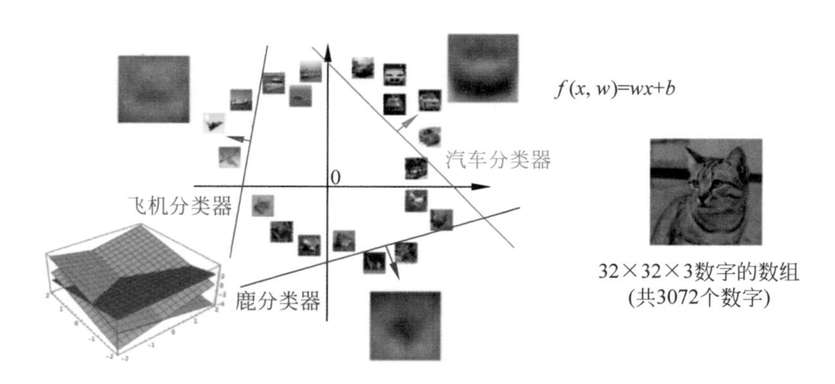

图 3-6 线性分类的几何观点

3.2 合页损失函数原理推导及图像分类举例

3.1 节讲解了线性分类在图像识别中的应用，总的来说就是如何让线性分类器对图像进行正确的分类进而给出准确的标签。其实，从本质上来说，线性分类器就是一个"打分函数"，用来标记图像属于哪一个类别、打一个分数，所以问题就归结为如何寻找"打分函数"中的最佳参数，那么就需要设计一个损失函数来代表这个"打分函数"的好坏程度。损失函数的值越小代表"打分函数"区分越准确，值越大则代表越不准确。所以本节讲解用于多分类的铰链损失函数。

3.2.1 合页损失函数的概念

合页也叫铰链，是在安装门的时候与门框联结的设备，可以让门固定在门框上，实现门的开合关闭，如图 3-7 所示。接下来要讲解的铰链损失函数的数学图像与铰链非常相似，所以把这种类型的损失函数叫作铰链损失函数，有时也叫作合页损失函数或者 hinge 损失函数。

图 3-7 生活中的铰链

在讲解合页损失之前先来看一下 0-1 损失。0-1 损失的含义是在分类正确时损失函数的值为 0，分类错误时损失函数的值为 1。如图 3-8 所示，图像中的横坐标是函数间隔，纵坐标是损失函数的函数值。横坐标 $y(wx+b)$ 也可以写成 $y\hat{y}$，y 是数据的真实分类，$\hat{y}$ 是数据的预测分类。在二分类中，正类为 $+1$，负类为 -1，所以如果预测正确为 $1\times1=1$ 或 $(-1)\times(-1)=1$；如果分类错误为 $1\times(-1)=-1$ 或 $(-1)\times1=-1$。也就是说如果分类正确，那么 $y\hat{y}$ 的值就越大，对应纵坐标的损失函数为 0；反之就会越小，对应纵坐标的损失函数值为 1，以此来区分分类的好坏。那么合页损失与 0-1 损失有什么区别呢？由合页损失的函数图像可知，只有当函数间隔大于或等于 1 时，其纵坐标的损失函数值为 0，除此之外，损失函数的值只会随着函数间隔的变小而增大，函数为 $\max(0,1-y(wx+b))$。

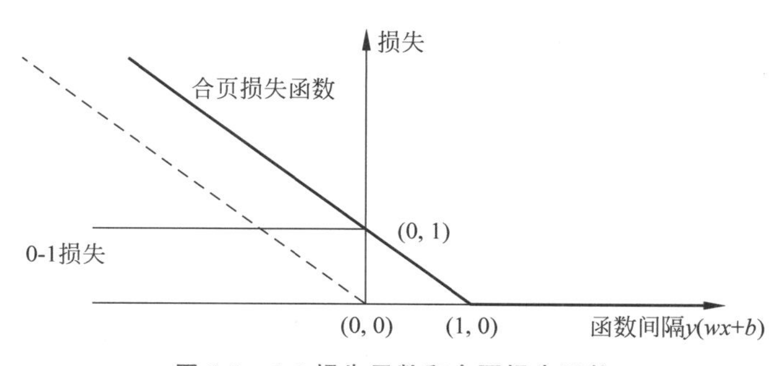

图 3-8 0-1 损失函数和合页损失函数

0-1 损失其本质就是在正负两个类别之间画了一条分割线，线的一侧是正例，另一侧是负例。如图 3-9 所示，直线的左侧代表真实值为正例，右侧代表真实值为负例，蓝色点代表预测为正例的点，红色点代表预测为负例的点。绝大多数的蓝色点和红色点被正确分类，它们的 0-1 损失函数均为 0。但是也有少部分点分类错误，如 A 点，本来是负例却预测为了正例，B、C 点本来为正例却预测为负例，那么这 3 个点的 0-1 损失函数值就为 1 了。

合页损失是 0-1 损失的升级版，它不仅要求分类正确，还要求将正负两类尽量分得开一些；不仅有一条线来区分，还要求一个“分隔带”，只有在这个“分隔带”的两侧才算分类正确，如图 3-10 所示。合页损失如果想要为 0，每一类别中的点要尽量地远离分割线且距离分割线的距离要大于或等于 1。使用合页损失使原来 0-1 损失函数认为是 0 的值如 D 点，变成了在“分割带”内的点，D 点到分割线的距离小于 1，被认为不满足合页损失函数为 0 的条件，所以 D 点的合页损失不为 0。

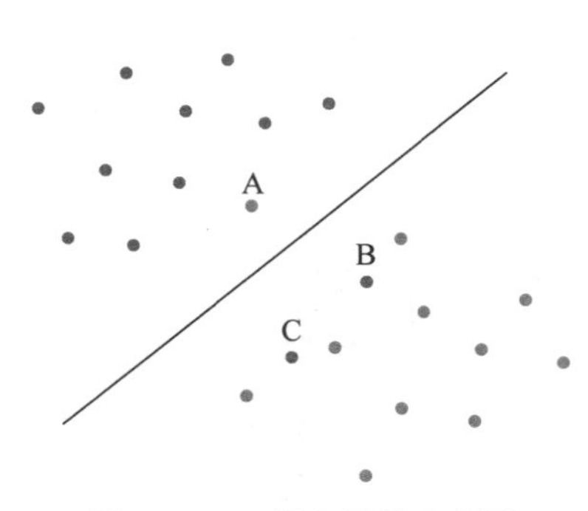

图 3-9　0-1 损失函数示意图

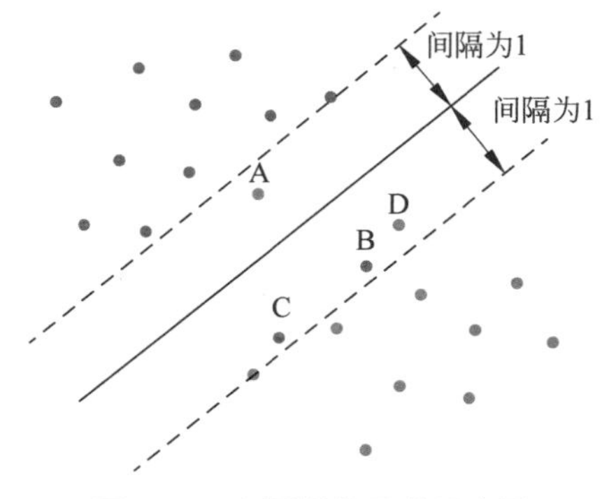

图 3-10　合页损失函数示意图

3.2.2　多分类合页损失函数的推导

支持向量机(SVM)中的目标函数如式(3-1)～式(3-3)所示。

$$\underset{\boldsymbol{w},\zeta}{\operatorname{argmin}} \frac{1}{2}\|\boldsymbol{w}\|^2 + C\sum_i \zeta_i \tag{3-1}$$

$$st.\ y_i\boldsymbol{w}^{\mathrm{T}}x_i \geqslant 1-\zeta_i \tag{3-2}$$

$$\zeta_i \geqslant 0 \tag{3-3}$$

其中 $st.\ y_i\boldsymbol{w}^{\mathrm{T}}x_i \geqslant 1-\zeta_i$ 和 $\zeta_i \geqslant 0$ 是约束条件，ζ_i 是一个松弛变量，如果松弛变量 $\zeta_i=0$，那么 $y_i\boldsymbol{w}^{\mathrm{T}}x_i \geqslant 1$，样本被正确分类；反之，样本被错误分类。$\zeta_i$ 的大小代表样本被分类错误的程度，它的值越大，样本被分类错误的程度就越大，这就是合页损失的意义：函数间隔(也就是标签乘以函数值)，大于 1 这个点，损失为 0；小于 1 这个点，损失随着函数间隔的减小而增大。

在可以用一个“分隔带”将多个类别区分的 SVM 的硬间隔分类中是没有松弛变量的，没有松弛变量是一种理想情况，在现实中通常不存在这种现象，即无法用一条“分隔带”将类别区分，总是有那么少数几个点在“分隔带”中捣乱使得分类不纯净，所以才引入了松弛变量，允许少数几个点落在“分隔带”之内，甚至另一侧，使 SVM 的分类不会变得那么苛刻，因此区别于硬间隔分类，叫作软间隔分类，如图 3-11 所示。

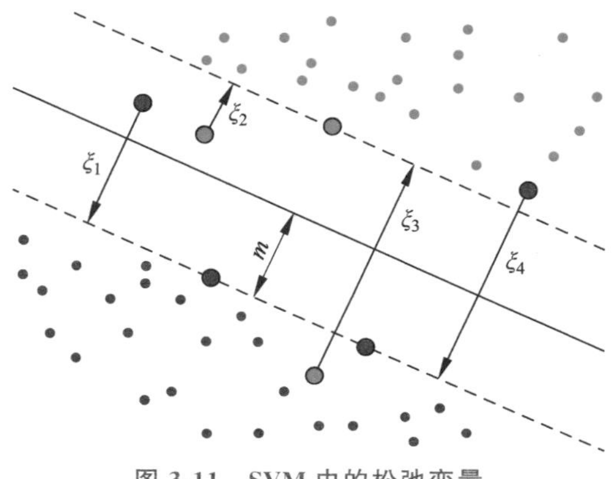

图 3-11　SVM 中的松弛变量

以合页损失表达的方式变换式(3-1)，统一在一个式子里，就是二分类 SVM 的损失函数，如式(3-4)所示。

$$L=\frac{1}{2}\|\boldsymbol{w}\|^{2}+C\sum_{i}\max(0,1-y_{i}\boldsymbol{w}^{\mathrm{T}}x_{i})\tag{3-4}$$

以上是二分类情况下的损失函数，大部分现实情况下是多分类，多分类合页损失函数是怎么样的呢，我们先看一个例子，如图 3-12 所示。

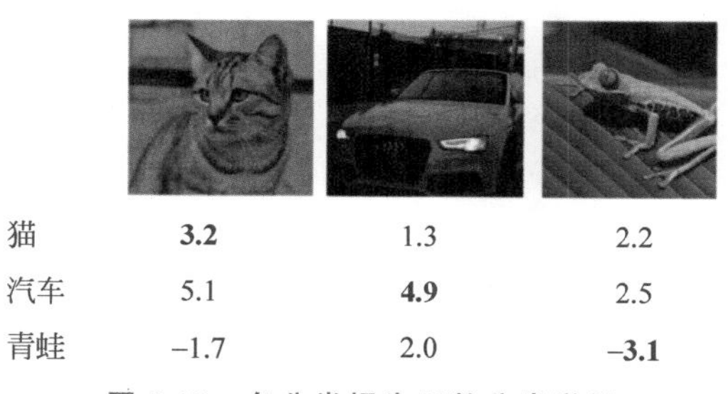

猫	**3.2**	1.3	2.2
汽车	5.1	**4.9**	2.5
青蛙	−1.7	2.0	**−3.1**

图 3-12　多分类损失函数分类举例

3.1.1 节讲过，有多少个类别，$\boldsymbol{w}$ 就有多少行，现在有猫、汽车和青蛙 3 个类别，那么 $\boldsymbol{w}$ 有 3 行，$\boldsymbol{w}$ 矩阵的行分别与原图像进行点积可表示为

$$\begin{bmatrix}\boldsymbol{w}_{\text{cat}}\\\boldsymbol{w}_{\text{car}}\\\boldsymbol{w}_{\text{frog}}\end{bmatrix}\cdot[\boldsymbol{I}_{\text{cat}},\boldsymbol{I}_{\text{car}},\boldsymbol{I}_{\text{frog}}]\tag{3-5}$$

所以，结果为 3×3 的矩阵，第 1 列代表 $\boldsymbol{w}_{\text{cat}}$ 与 3 个输入图像相乘后的结果，我们希望第 1 个值最大；第 2 列，我们希望第 2 个值最大；第 3 列，我们希望第 3 个值最大，也就是希望结果矩阵的对角线上的值最大，不在对角线上的值就是损失。在式(3-6)中 j 和 y_i 都指代标签，如果当前是猫，也就是 $y_i=\text{cat}$，那么计算损失时就要计算结果中所有与 y_i 不相等的 j 的损失。如果在正确类别的得分大于当前这个 j 类别的得分加 1，按照之前的分隔带思想，即认为在当前类别没有损失，因为它比正确类别得分减 1 还小；否则，就要计算，因为它和正确类别得分很接近，没拉开距离。这个损失，按照合页损失，就是 1－函数间隔，这里函数间隔用正确类别得分减去当前错误类别得分，如式(3-6)所示。

$$L=\begin{cases}0, & S_{\text{right}}\geqslant S_{\text{wrong}}+1\\S_{\text{wrong}}-S_{\text{right}}+1, & 其他\end{cases}\tag{3-6}$$

如果把 s_{y_i} 当作 x 轴，固定 s_j，那么这个损失函数的图像如图 3-13 所示，显然这是一个严格的“合页”。

接下来计算图 3-12 所示的多分类例子的合页损失。

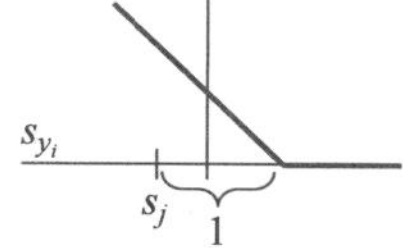

图 3-13　多分类合页损失图像

第 1 行代表图像的真实值是猫、汽车和青蛙，第 1 列代表分类器预测图像为猫、汽车和青蛙，例如 3.2、5.1、−1.7 分别指图像的真实标签是猫，但预测为猫的分数是 3.2，预测为汽

车的分数是 5.1,预测为青蛙的分数是−1.7。那么运用合页损失函数可以计算出真实标签为猫的合页损失为

$$\begin{aligned}L &= \max(0,1-3.2+5.1)+\max(0,1-3.2-1.7)\\ &= \max(0,2.9)+\max(0,-3.9)\\ &= 2.9+0\\ &= 2.9\end{aligned}$$

同理可以得出真实标签是汽车和青蛙的合页损失值,如图 3-14 所示。

	猫	汽车	青蛙
猫	3.2	1.3	2.2
汽车	5.1	4.9	2.5
青蛙	−1.7	2.0	−3.1
损失	**2.9**	**0**	**12.9**

图 3-14 多分类合页损失计算结果

3.3 Softmax 损失函数与多分类 SVM 损失函数的比较

在数学或者统计学领域中,Softmax 函数称为归一化指数函数。它将一个 K 维向量压缩到另一个 K 维向量空间中,使得每一个元素的范围都在[0,1]之间,且所有元素的和为 1。Softmax 函数实际上是对数进行归一化,因此在多项逻辑回归、多项式判别分析、朴素贝叶斯等基于概率的分类方法中应用很广泛。

3.3.1 Softmax 分类与损失函数

Softmax 函数是将分类函数得到的结果转化为一个概率分布的函数,其公式为

$$\text{Softmax}=\frac{\mathrm{e}_k^{\text{score}}}{\sum_j^K \mathrm{e}_j^{\text{score}}} \tag{3-7}$$

由分类器得到的图像对应预测每一类的分数,经过 Softmax 函数计算的过程如图 3-15 所示。经过 Softmax 计算后的各个分数转变成预测各个类别的概率值,所以各个类别的概率值相加一定等于 1。交叉熵(Cross entropy)的公式为

$$H(p,q)=-\sum_x p(x)\log q(x) \tag{3-8}$$

其中,$p(x)$为分类的期望输出;$q(x)$为预测的概率值,每一类的期望输出不是 0 就是 1,所以将 Softmax 函数和交叉熵结合起来就为 Softmax 交叉熵损失函数,即

$$L=-\log(\text{Softmax}) \tag{3-9}$$

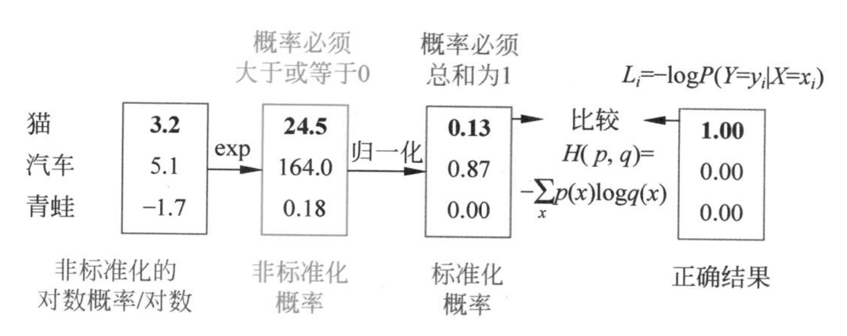

图 3-15 Softmax 函数计算过程及损失函数

3.3.2 Softmax 损失函数与合页损失函数的比较

接下来看一下 Softmax 损失函数与 SVM 合页损失函数的计算过程有哪些差异，如图 3-16 所示。图像的真实标签是第 2 类也就是矩阵的第 3 行(因为索引从 0 开始)，图中蓝色方框中是由线性分类器得到的分数，红色方框中是经由合页损失函数计算得到的损失值，绿色方框中是经由 Softmax 交叉熵得到的损失值。

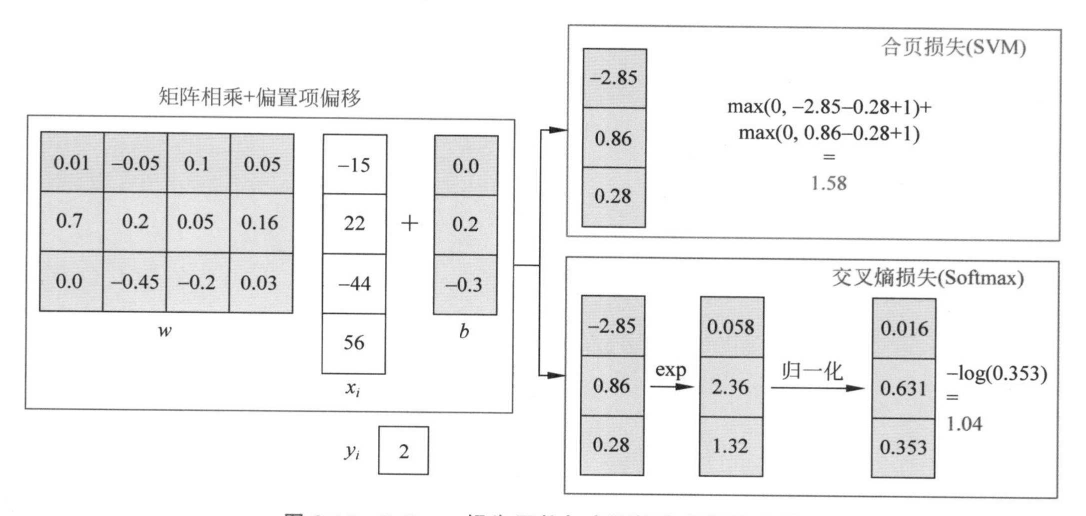

图 3-16 Softmax 损失函数与合页损失函数的比较

最后思考一个问题，Softmax 损失函数相比于 SVM 合页损失函数有什么优点呢？来看一个例子，如图 3-17 所示，假设有 3 个类别，真实类别是第 1 类，得到的分数是[10，−2，3]，SVM 合页函数的损失值为 0。如果将[10，−2，3]替换成[10，9，9]与[10，−100，−100]后 SVM 合页损失的值依旧是 0 保持不变，但是 Softmax 的交叉熵损失函数则有非常巨大的变化，SVM 对于满足最大间隔的点不再敏感，它只是把握整体所有样本的分类正确性，忽略了每个样本的分类强度变化，而 Softmax 的交叉熵损失函数对每个样本的变化都非常敏感，这也就是二者最大的不同。

$$L_i=-\log\left(\frac{e^{s_{y_i}}}{\sum_j e^{s_j}}\right) \qquad L_i=\sum_{j\neq y_i}\max(0, s_j-s_{y_i}+1)$$

假设得分：

[10, −2, 3]

[10, 9, 9]

[10, −100, −100]

和 $y_i=0$

图 3-17 举例

第4章 优化与梯度

在深度神经网络建模中，对于特定目标值在设计好网络结构和初始化参数后，最重要的、最关键的就是通过训练数据来优化这些参数，寻找使损失函数最小的最优参数。深度神经网络的参数成千上万，层数多的甚至过亿。求解目标函数参数的最优解没有封闭形式的解法，只能采用启发式的、探索式的方法，而这其中最重要、最著名的就是梯度下降法。梯度下降法是迄今优化神经网络时最常用的方法，在每一个深度学习库中都包含了各种梯度下降法的实现，然而我们在深度学习实践中，如果只会调用这些优化方法而不知道其内部的工作原理，实际上是在把它当成黑盒使用，对其中的优点和缺点没有深入理解，所以没有办法对其进行灵活运用。本章的目的就是让读者对不同的优化梯度下降的算法有直观的认识、透彻的理解，在实践项目中能够灵活地应用这些算法。本章先讲解优化，再讲解如何计算梯度。优化包含各种梯度算法，如普通梯度下降算法和改进的梯度下降算法等。

4.1 梯度下降法工作原理及3种普通梯度下降法

4.1.1 梯度下降的概念

先来看一下梯度下降法背后的指导思想。其实梯度下降法来源于生活体验，我们每个人都有上山和下山的生活经历，如图4-1所示。怎样才能最快到达山脚，答案肯定是从最陡峭的地方下山。因为对于同一个出发点从最陡峭的地方下山下降得最多，所以我们从初始出发点沿着当前点最陡峭的地方往下走，到达下一个点后再从下一个点最陡峭的地方走，最后到达山脚。如果把山的表面当成一个三维曲面，这个最陡峭的方向就是梯度所指的反向。

为了分析下山的过程把山的表面画成等高线，如图4-2所示。在同一个环线的点处于同一高度，每两个相邻环线的高度差距都是一样的。现在如果从 x_0 出发沿着最陡峭的方向也就是梯度的方向，垂直于等高线，迈了一步到达了 x_1，继续沿着梯度方向往下走到达 x_2，以此类推。我们发现刚开始步子比较大，后来比较小，这跟生活中下山的实际体验是一样的，刚开始下坡比较平缓，步子当然要迈得大些，后来比较陡，步子要小一些。反过来，假

图 4-1 下山过程

设在平缓的地方步子比较小，下山的过程就会很慢。陡的地方步子小是因为这些地方梯度变化比较快，需要随时捕捉下山最快的方向，如果此时步子比较大，会越过梯度下降最快的方向，可能发生来回振荡。所以说下山的速度与我们每一步的步伐有很大关系。

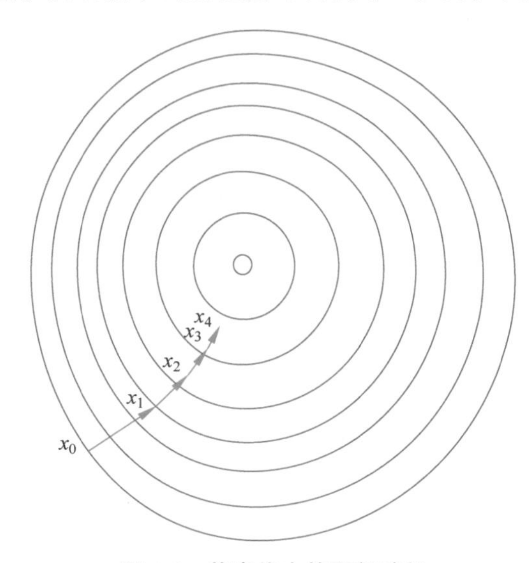

图 4-2 等高线中的更新过程

4.1.2 梯度下降法求解目标函数

梯度下降法是一种最小化目标函数 $J(\theta)$ 的方法，在梯度的相反方向上更新参数，参数的更新方程为

$$\theta = \theta - \eta \nabla_\theta J(\theta) \tag{4-1}$$

其中，$\theta \in R^d$ 是模型参数；η 是学习率；$\nabla_\theta J(\theta)$ 是目标函数关于参数的梯度。

如果当前位置在抛物线的左侧，此时梯度为负，通过公式可以得知参数 θ 会逐渐增大，在 x 轴上为向右调整，直到 θ^* 的位置；如果当前位置在抛物线的右侧，此时梯度为正，通过公式可得知参数 θ 会逐渐减小，在 x 轴上为向左调整，直到 θ^* 的位置，如图 4-3 所示。

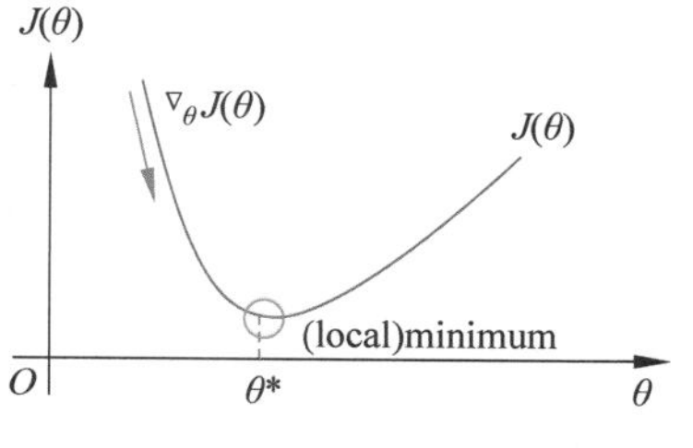

图 4-3 参数更新示意图

4.1.3 学习率的重要性

在梯度下降法中学习率非常重要，如果设置不合理就有可能出现问题。例如步长比较大极有可能不会达到最小值，它会在函数曲线的点之间来回反弹，如图 4-4(a)所示；如果将学习速率设置为非常小的值，步长较小确实可以达到最小值点，但是会花费太多时间，如图 4-4(b)所示。这就是学习率不应该太高也不应该太低的原因。如何设置这个学习率就是接下来要讲解的内容。

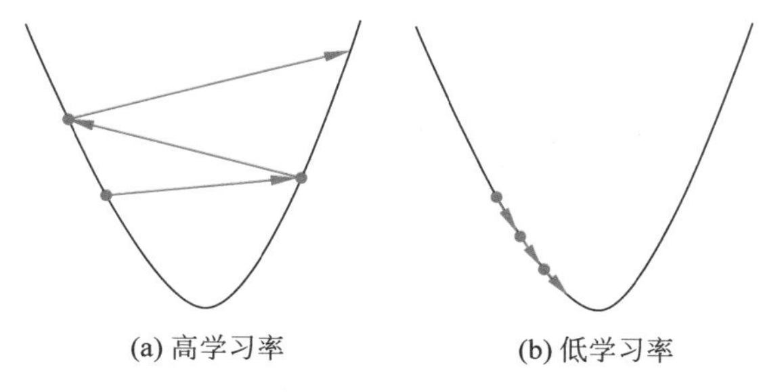

图 4-4 学习率对优化速度的影响

4.1.4 3 种梯度下降法

本节介绍 3 种非常重要的梯度下降方法，分别是批量梯度下降法、随机梯度下降法和小批量梯度下降法。它们之间的区别在于计算目标函数梯度时使用多少样本数据。根据数据量的不同，我们要在参数更新的精度以及更新过程中所花费的时间这两个方面进行权衡。

1. 批量梯度下降法

批量梯度下降法(GD)是在整个训练数据集上计算损失函数关于参数 θ 的梯度，其更新公式为

$$\theta = \theta - \eta \nabla_\theta J(\theta) \tag{4-2}$$

代码实现如下：

```
for i in range(nb_epochs):
  params_grad = evaluate_gradient(loss_function, data, params)
  params = params - learning_rate * params_grad
```

批量梯度下降法的优点是保证收敛到凸面误差表面的全局最小值，并保证收敛到非凸

面的局部最小值。因为每次更新都需要在所有训练数据上计算，所以该方法的缺点是更新速度非常慢，对于超过内存容量的数据难以处理，无法在线学习。

2. 随机梯度下降法

随机梯度下降法(SGD)每次针对一个样本 $x^{(i)}$、$y^{(i)}$ 进行梯度更新，其更新公式为

$$\theta=\theta-\eta\nabla_{\theta}J(\theta;x^{(i)};y^{(i)}) \tag{4-3}$$

代码实现如下：

```
for i in range(nb_epochs):
        np.random.shuffle(data):
    for example in data:
        params_grad = evaluate_gradient(
    loss_function, example, params)
        params = params - learning_rate * params_grad
```

对于大数据集的批量梯度下降法，每更新一次参数会对所有样本计算梯度，所以计算会产生冗余，随机梯度下降法在每一次更新时只针对一个样本计算梯度，消除了冗余，所以运行非常快，可以在线学习。但随机梯度下降法是以高方差进行频繁的更新，导致目标函数会出现如图 4-5 所示的剧烈波动。

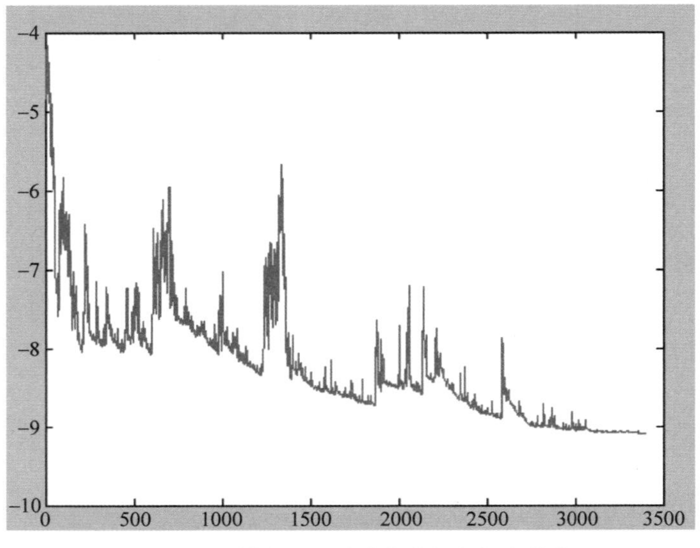

图 4-5　随机梯度下降法迭代次数与损失的关系

很多初学者在刚开始学习随机梯度下降法时会对其为什么能够工作感觉到困惑，举个例子，第 1 次更新的梯度在第 2 次更新时其梯度替换了第 1 次的梯度，从而适应下一次的变化，那么如何才能很好地工作呢？可以这样想，一个学习器不断的学习过程其实是在不断增加鲁棒性的过程，也就是说在每一次学习时都会对那一个样本产生“记忆”，但是整个过程是

在抽取共性。如果一个学习器有很好的鲁棒性，那么它就会消除偏差抽取共性，所以随机梯度下降法可以很好地工作，只不过其在学习过程中会出现抖动振荡，只要训练样本均服从同一分布，那么算法一定会收敛。

随机梯度下降法会出现波动，不像批量梯度下降法方向永远是正确的。如果学习速率随着时间缓慢降低（退火算法），则随机梯度下降法与批量梯度下降法有相同的收敛行为，如图 4-6 所示。

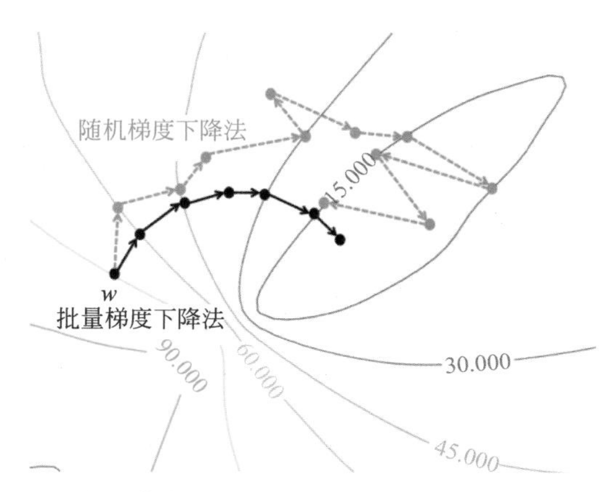

图 4-6　随机梯度下降法与批量梯度下降法参数更新曲线

3. 小批量随机梯度下降法

小批量梯度下降法是随机梯度下降法和批量梯度下降法样本的折中，是取小部分样本进行训练。它结合了以上两种方法的优点，每次更新使用 n 个小批量样本，所以它的表达形式为

$$\theta=\theta-\eta\nabla_{\theta}J(\theta;x^{(i:i+n)};y^{(i:i+n)}) \tag{4-4}$$

代码实现如下：

```
for i in range(nb_epochs):
        np.random.shuffle(data):
    for batch in get_batches(data, batch_size = 50):
        params_grad = evaluate_gradient(loss_function, batch, params)
        params = params - learning_rate * params_grad
```

这种方法主要有两个优点，第一，减少了参数更新的方差，可以得到更加稳定的收敛结果；第二，可以利用最新深度学习库中高度优化的矩阵优化方法，高效地求解每个小批量数据的梯度。所以此种梯度下降法的优点是减少更新的方差，可以利用矩阵计算；缺点是小批量的大小是一个超参数，常见的设置是 50～256。在以后的深度学习实践中会经常看到小批量梯度下降法，mini-batch 是典型的学习方法。当使用小批量梯度下降法时，有时也把 mini-batch 称作 SGD。

4.2 动量 SGD 和 Nesterov 加速梯度法

4.2.1 SGD 存在的问题

SGD 存在一些问题，第一，损失函数在一个方向快速变化而在另一个方向缓慢变化，如图 4-7 所示，来回发生剧烈的振荡然后衰减直到到达最小值，换句话说，在平缓方向进展非常缓慢，沿陡峭方向剧烈抖动，像一个振荡衰减波一样，非常耗费训练时间。

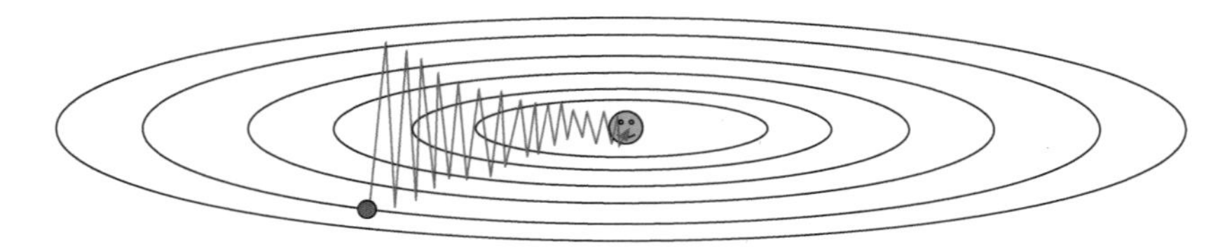

图 4-7 SGD 迭代过程中伴随振荡

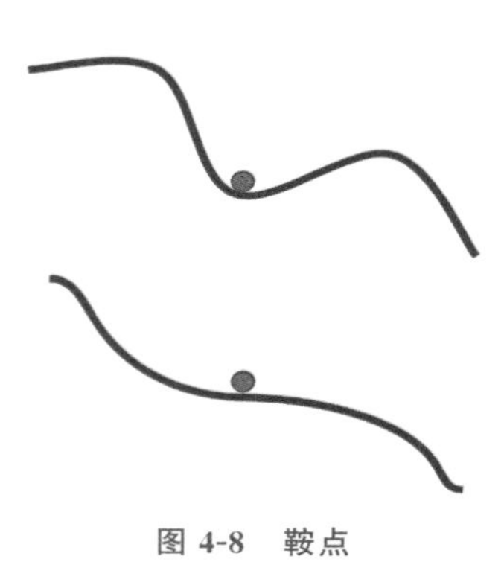

图 4-8 鞍点

第二，如果损失函数具有局部最小值或者鞍点，如图 4-8 所示，在小红点的位置梯度为零，所以参数不再继续更新。也就是说小球在这里被卡住了，停住了。所以 SGD 会令更新过程陷入局部最优点停滞不前。

4.2.2 动量法

SGD 难以驾驭沟壑，而动量法（Momentum）可以帮助 SGD 加速，避免振荡。具体的方法就是将上一步骤 V_{t-1} 的更新矢量乘以系数 γ，与本次更新矢量进行矢量相加，得到 V_t。动量系数 γ 通常设定为 0.9，公式为

$$V_t = \gamma V_{t-1} + \eta \nabla_\theta J(\theta) \tag{4-5}$$

$$\theta = \theta - V_t \tag{4-6}$$

如图 4-9(a)所示，可以看到没有使用动量的 SGD 会来回摇摆慢慢到达最小值点，而使用动量法后很明显摇摆次数减少，动量法把上一步的速度考虑进来，这样新的梯度并不会全部主导其下降的方向，实现了稳定性和持续性，对摇摆实现了抑制，这就是动量法得到的效果，如图 4-9 所示。

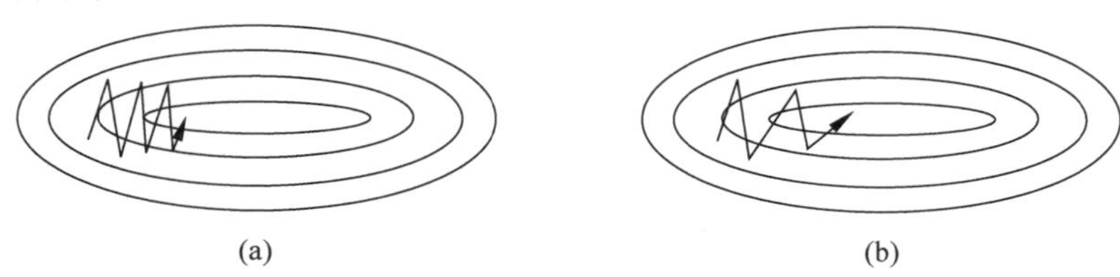

(a) (b)

图 4-9 (a)非动量法；(b)动量法

从本质上来说，动量法就像我们从山上推下一个球，小球在滚下来的过程中累积动量，速度变得越来越快。在参数更新时也是同样的道理，在当前梯度方向与上次梯度相同的维度上其动量增大，在改变梯度的维度上其动量减小。因此我们可以得到更快的收敛速度，同时减少振荡，具体更新轨迹如图 4-10 所示。

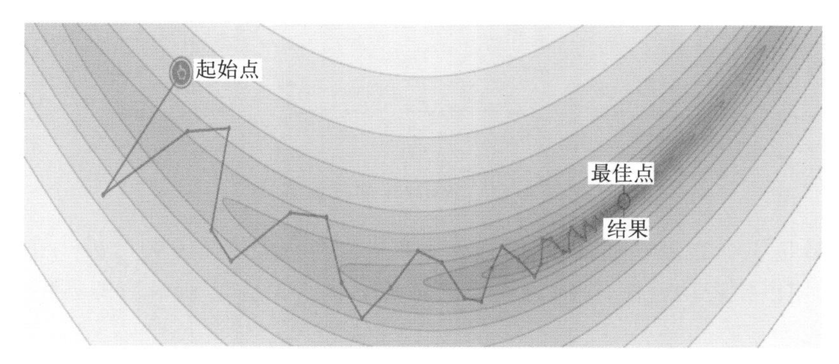

图 4-10　动量法更新轨迹

SGD＋Momentum 的代码实现如下：

```
vx = 0
while True:
    dx = compute_gradient(x)
    vx = gamma * vx + dx
    x = x - learning_rate * vx
```

总结一下，SGD＋Momentum 就是把“速度”作为梯度的运行平均值，gamma 相当于摩擦力，通常设置为 0.9 或者 0.99。SGD＋Momentum 有不同的方式，但它们是等效的，因为给出的都是相同的 x 序列。SGD＋Momentum 方法的动量更新如图 4-11 所示。

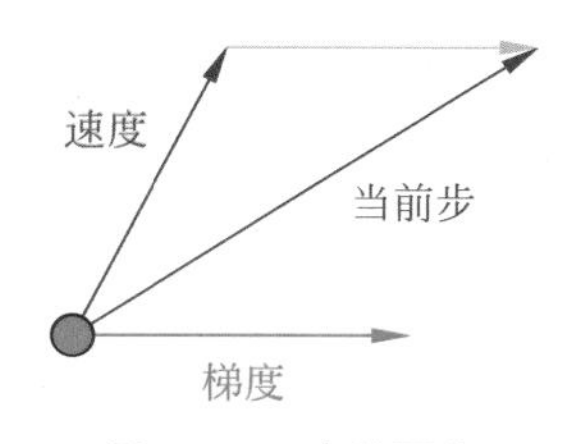

图 4-11　动量更新

红色直线是当前的梯度，绿色直线是之前的梯度相当于速度，然后二者矢量相加就是下一次更新的方向。所以动量法实际上就是“知过去”。它保留一些不断更新的历史信息，如果用物理实例来类比，就是移动的球获得“动量”，此时它对直接力（梯度）变得不那么敏感了。

4.2.3　Nesterov 加速梯度法

动量法把原来的梯度变化考虑进来，避免了剧烈的振荡，但仍然是比较盲目的。Nesterov 加速梯度法正是要改善这种盲目加速的情况，不仅考虑过去的动量，而且把下一步的累积梯度也考虑进来，然后测量最终结果并进行校正，从而得到完整的更新向量，其公式为

$$V_t = \gamma V_{t-1} + \eta \nabla_\theta J(\theta - \gamma V_{t-1}) \tag{4-7}$$

$$\theta = \theta - V_t \tag{4-8}$$

Nesterov 加速梯度法把未来考虑进来，即把向前一步考虑了进来，首先在前一个累积梯度的方向上进行大的跳跃 $\theta - \gamma v_t$，计算跳跃处的梯度，并与动量相加得到新的速度，然后更新参数，如图 4-12 所示。

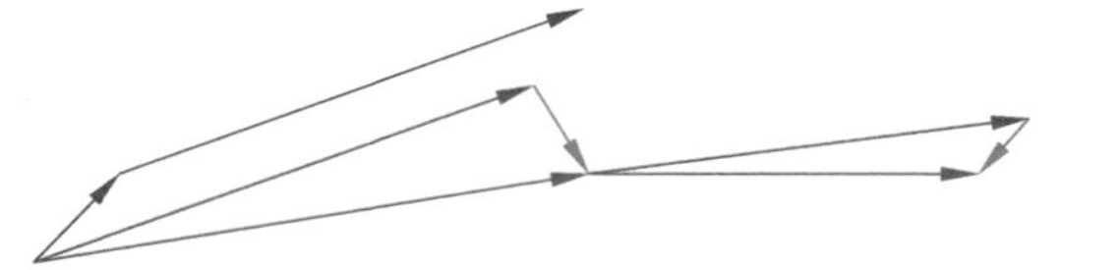

图 4-12　Nesterov 梯度更新

棕色向量是 γv_t，也就是动量项，即惯性跳跃；红色向量是 $-\eta \nabla_\theta J(\theta - \gamma v_t)$，也就是下一步的梯度，用以校正动量性，进而得到绿色向量 $\gamma v_t - \eta \nabla_\theta J(\theta - \gamma v_t)$，即累积梯度，代表实际移动。

需要指出的是在图 4-12 中有两个三角形，在第 2 个三角形中的棕色向量与第 1 个三角形中的绿色向量方向一致，表示下一步的动量项方向与当前实际移动方向一致，第 2 个三角形中的红色向量，又是下一步的校正，通过两步，把 Nesterov 加速梯度法实际运行情况直观地刻画出来。这里的蓝色动量是标准动量法运行情况，短蓝向量是当前梯度，长蓝向量是动量项，跟第 1 个三角形中的棕色向量方向和大小一样，意义也一致。

现在比较一下动量法参数更新和 Nesterov 加速梯度更新的区别，如图 4-13 所示，图 4-13(a)中将当前点的梯度与速度组合以获得用于更新权重的步骤，图 4-13(b)的含义是向前看，把道路当前点的梯度考虑进来，即“抬头看路”，把道路前边的梯度与速度矢量相加，以获得实际的前进(更新)方向。

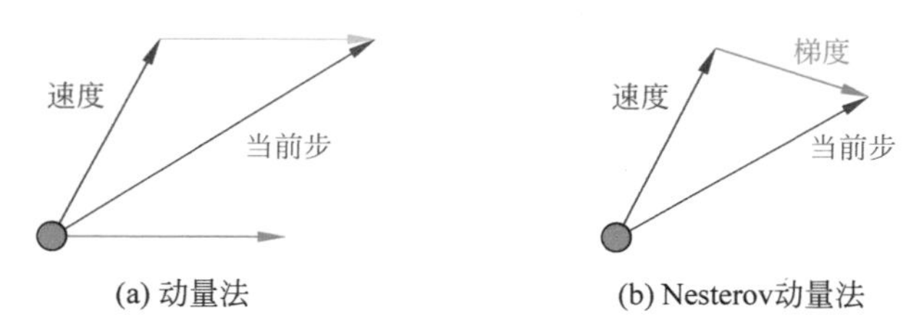

图 4-13　两种梯度下降法对比

总结一下，经典的动量法首先要校正速度，然后根据速度向前迈出一大步。而 Nesterov 动量法首先假设向当前速度方向迈出一步，然后结合(矢量相加)新位置的速度向量(梯度)进行校正，得到当前位置校正后的更新矢量。Nesterov 动量法的指导思想是“知过去、预未来”。最后来看一下二者的收敛过程对比，如图 4-14 所示，图 4-14(a)是普通动量法的收敛过程，可以看到还是有许多振荡，图 4-14(b)是 Nesterov 动量法，可以看到其方向非常明确，在简单的摇摆之后直奔最小点。

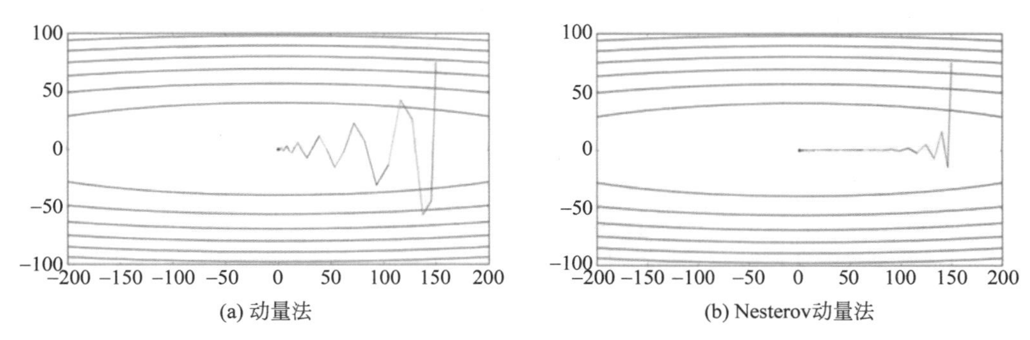

图 4-14　两种方法的收敛过程对比

4.3　自适应学习速率优化方法

4.2 节讲解了更新量的选择方法，即在某一点如何以梯度来确定参数更新的方向和大小，在参数更新的过程中，除了更新量比较重要外，还有一个非常重要的因素就是学习速率的选择，本节将介绍自适应的学习速率的几种优化方法。

4.3.1　指数加权平均值处理数字序列

在介绍自适应学习速率的几种方法之前，先介绍一下指数加权平均值的概念。指数加权平均值可以用于处理数字序列，如图 4-15 所示，使用一条曲线来模拟所有数据点的走势。

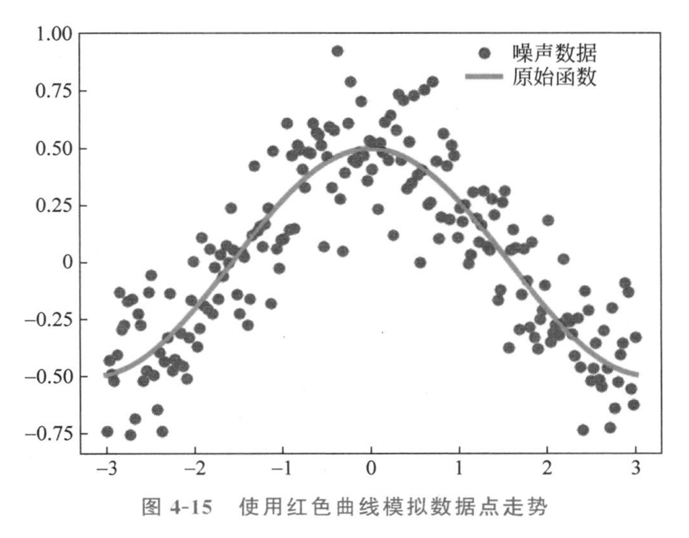

图 4-15　使用红色曲线模拟数据点走势

此时就可以使用指数加权平均值来解决这个问题。假设这些点都是一些序列点，即从左到右都有先后、有序号，在使用此方法后得到如图 4-16 所示的曲线。

加权平均的意思就是根据各个元素的权重来计算平均值，指数加权平均值方法中的指

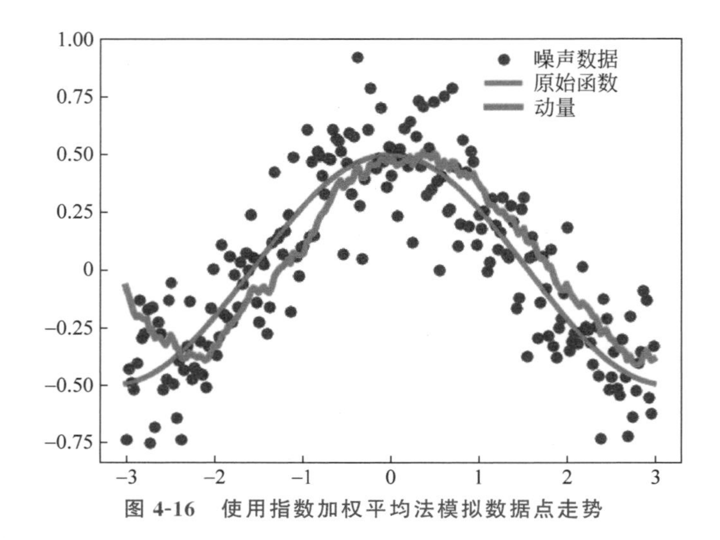

图 4-16 使用指数加权平均法模拟数据点走势

数指各个元素的权重是呈指数分布的，公式为

$$V_t = \beta V_{t-1} + (1-\beta)S_t \tag{4-9}$$

$$\beta \in [0,1]$$

其中，S_t 为在时刻 t 的实际的值；V_{t-1} 是在上一时刻的指数加权平均值；β 是一个超参，代表了贡献的权重值。将式(4-9)展开，可以得到如下公式：

$$V_t = \beta(\beta(\beta V_{t-3} + (1-\beta)S_{t-2}) + (1-\beta)S_{t-1}) + (1-\beta)S_t \tag{4-10}$$

式(4-10)只写到了从 $t-2$ 时刻到 t 时刻的展开，因为 β 是一个[0,1]的值，所以随着距离 t 时刻越来越远，β 的幂越来越高，最后导致对 t 时刻的贡献越来越小，即有一个"遗忘"的作用。可以理解为距离 t 时刻越近的点对于 t 时刻加权平均值计算的贡献越大，反之越来越小。

超参 β 值对衰减速率的影响如图 4-17 所示。β 越小衰减速率越快，越容易收敛，说明对过去遗忘的速率越快。

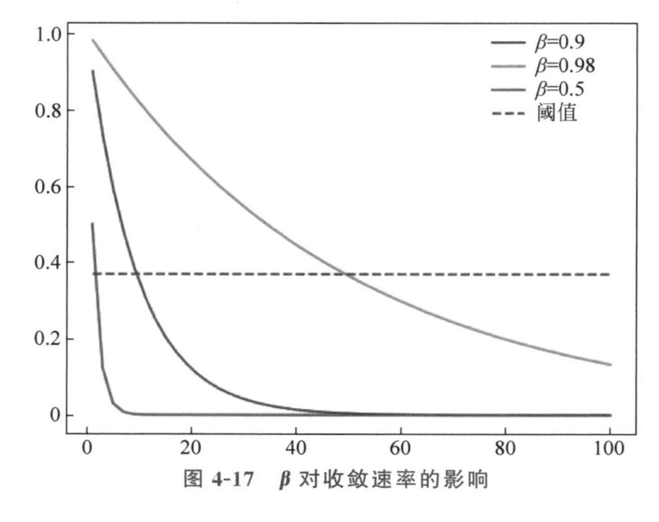

图 4-17 β 对收敛速率的影响

4.3.2　自适应学习速率 AdaGrad 方法

之前所讲的方法都是对参数 θ 使用同样的学习速率 η，所谓自适应学习速率是不固定 η 的值，采用一种变化的学习率使优化达到最优。在这其中 AdaGrad 就是一个典型的代表，它使得梯度越大越陡峭，学习率越小，希望更新步长越小，这样就不会因为步长较大跨越了全局最小点；梯度越小越平缓的值学习率越大，希望更新步长越大加速更新速度。

AdaGrad 算法使用一个小批量随机梯度按元素平方的累加变量 S_t，相当于一个梯度存储缓存。在时间步 0，AdaGrad 将 S_0 中每个元素初始化为 0；在时间步 t，AdaGrad 将小批量随机梯度按元素平方后累加到变量 S_t，即

$$S_t = S_{t-1} + \nabla_\theta J(\theta)\, \nabla_\theta J(\theta) \tag{4-11}$$

接着，将目标函数自变量中每个元素的学习速率通过暗元素运算重新调整，如式(4-12)所示。

$$\theta = \theta - \frac{\eta}{\sqrt{S_t + \varepsilon}} \nabla_\theta J(\theta) \tag{4-12}$$

其中，η 是学习速率；ε 是保证分母不为 0 并维持竖直稳定性所添加的一个非常小的常数，一般取值为 1e-7。代码实现如下：

```
Grad_squared = 0
while True:
     dx = compute_gradient(x)
     grad_squared += dx * dx
     x -= learning_rate * dx / (np.sqrt(grad_squared) + 1e - 7)
```

总结一下 AdaGrad 的优缺点，AdaGrad 算法因为其算法特性非常适合处理系数数据，显著提高 SGD 的稳健性，不需要手动调节学习速率；但是缺点也是显而易见的，其在分目中累积平方梯度，导致学习率变小并变得无限小，由此导致还未收敛就已经停滞不前，出现提前停止的现象。

4.3.3　自适应学习速率 RMSProp 方法

RMSProp 方法由 Geoff Hinton 在课堂中提出，暂未进行论文发表。AdaGrad 算法会出现提前停止的现象，在 RMSProp 算法中解决了这个问题，它采用指数加权平均的思想，只将最近的梯度进行累加计算平方，其公式为

$$S_t = \gamma S_{t-1} + (1-\gamma)\, \nabla_\theta J(\theta)\, \nabla_\theta J(\theta) \tag{4-13}$$

$$\theta = \theta - \frac{\eta}{\sqrt{S_t + \varepsilon}} \nabla_\theta J(\theta) \tag{4-14}$$

γ 是一个衰减速率，跟指数加权平均方法中的 β 一样，通常设置为 0.9，而学习率 η 一般设置为 0.001。其算法代码实现如下：

```
Grad_squared = 0
while True:
    dx = compute_gradient(x)
    grad_squared = decay_rate * grad_squared + (1 - decay_rate) * dx * dx
    x -= learning_rate * dx / (np.sqrt(grad_squared) + 1e - 7)
```

4.3.4 自适应学习速率 Adadelta 方法

Adadelta 算法也像 AdaGrad、RMSProp 算法一样，使用了小批量随机梯度$\nabla_\theta J(\theta)$按元素平方的指数加权平均值 S_t。在时间步 0，它的所有元素被初始化为 0。给定超参数 $\gamma \in [0,1]$，其公式为

$$S_t = \gamma S_{t-1} + (1-\gamma)\nabla_\theta J(\theta)\nabla_\theta J(\theta) \tag{4-15}$$

和 RMSProp 算法不同的是，Adadelta 算法需要使用一个单独的变量 Δx_{t-1} 来记录参数的变化量，Δx_t 的初始值被设置为 0，如式(4-16)和式(4-17)所示。

$$\nabla_\theta J(\theta)' = \sqrt{\frac{\Delta x_{t-1} + \varepsilon}{S_t + \varepsilon}}\nabla_\theta J(\theta) \tag{4-16}$$

$$\Delta x_t = \Delta x_{t-1} - \nabla_\theta J(\theta)' \tag{4-17}$$

最后，使用 Δx_t 来记录自变量的变化量$\nabla_\theta J(\theta)'$按元素平方的指数加权移动的平均值，可以看到如果不考虑 ε 的影响，Adadelta 算法与 RMSProp 算法的不同之处在于使用 $\sqrt{\Delta x_{t-1}}$ 来替代超参数 η，如式(4-18)所示。

$$\theta = \gamma\theta + (1-\gamma)\nabla_\theta J(\theta)'\nabla_\theta J(\theta)' \tag{4-18}$$

4.4 最强优化方法 Adam

Adam 优化算法是梯度下降算法家族中的一员，近几年广泛用于深度学习应用中，尤其是计算机视觉和自然语言处理等任务，Adam 是迄今为止用得最多、最受欢迎的深度神经网络优化算法。Adam 算法与其他各算法收敛的路径对比图如图 4-18 所示。

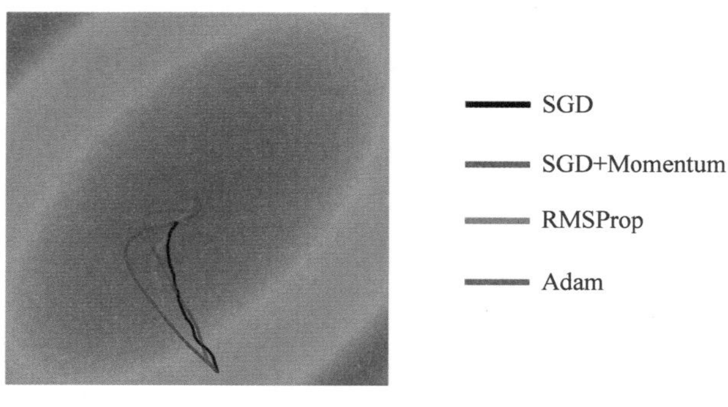

图 4-18　Adam 与其他算法收敛路径对比

从图 4-18 可以看到，Adam 算法在收敛的过程中其收敛路径曲线光滑且直接，更重要的是其最快到达最小值点，而此时 SGD 还在半路中。

4.4.1　为什么 Adam 性能如此卓越

在展开 Adam 之前需要回顾一下 4.2 节和 4.3 节的内容，它们是梯度下降法两种非常重要的改进思想。动量法实际上是在梯度上做文章，把历史梯度考虑进来。自适应学习速率的算法是在学习率也可以说是在步长上做文章，让步长随当前梯度进行自动调整。从本质上说，动量法是纵向地考虑梯度的联系，自适应学习速率是横向把步长与梯度联系起来，Adam 算法实际上综合了这两个算法的优点，把 RMSProp 与 Momentum 算法相结合，所以 Adam 才更加强大。

Adam 是自适应矩估计的缩写，在 2015 年由 Kingma 和 Ba 提出，采用了过去累加的动量和梯度即 Adam＝RMSProp＋Momentum，其公式为

$$V_t=\beta_1 V_{t-1}+(1-\beta_1)\nabla_\theta J(\theta) \tag{4-19}$$

$$S_t=\beta_2 S_{t-1}+(1-\beta_2)\nabla_\theta J(\theta)\nabla_\theta J(\theta) \tag{4-20}$$

$$V_t'=\frac{V_t}{1-\beta_1'} \tag{4-21}$$

$$S_t'=\frac{S_t}{1-\beta_2^t} \tag{4-22}$$

$$\theta=\theta-\frac{\eta}{\sqrt{S_t'+\varepsilon}}V_t' \tag{4-23}$$

一般设置 $\beta_1=0.9$，$\beta_2=0.999$，V_t 相当于动量法，是一阶梯度矩阵；S_t 相当于 RMSProp 法，是二阶梯度矩阵。

4.4.2　偏差矫正

在式(4-211)和式(4-23)中，V_t'和 S_t'分别是对原始值的偏差修正。采用偏差矫正是因为采用移动指数平均方法并且在 V_0 和 S_0 初始值都为 0 向量，所以在刚开始阶段如果不进行修正，算法会给梯度分配很小的权重，得到不真实的结果。指数加权平均值的权值挤压现象如图 4-19 所示。像这种当前权值随着迭代增加逐渐偏向于 0 的趋势叫作权值挤压。

可以举个简单的例子来说明，$V_0=0$，$S_0=0$，$\beta_1=0.9$，$\beta_2=0.999$，那么根据式(4-19)和式(4-20)可得

$$V_1=0.9\times 0+0.1\times\nabla_\theta J(\theta)=0.1\times\nabla_\theta J(\theta)$$

$$S_1=0.999\times 0+0.001\times\nabla_\theta J(\theta)\nabla_\theta J(\theta)=0.001\times\nabla_\theta J(\theta)\nabla_\theta J(\theta)$$

可以看到，原本的一阶梯度和二阶梯度由于 β_1 和 β_2 的作用权重比原来小了很多，如果想要使梯度发挥更大的作用，就要进行修正。

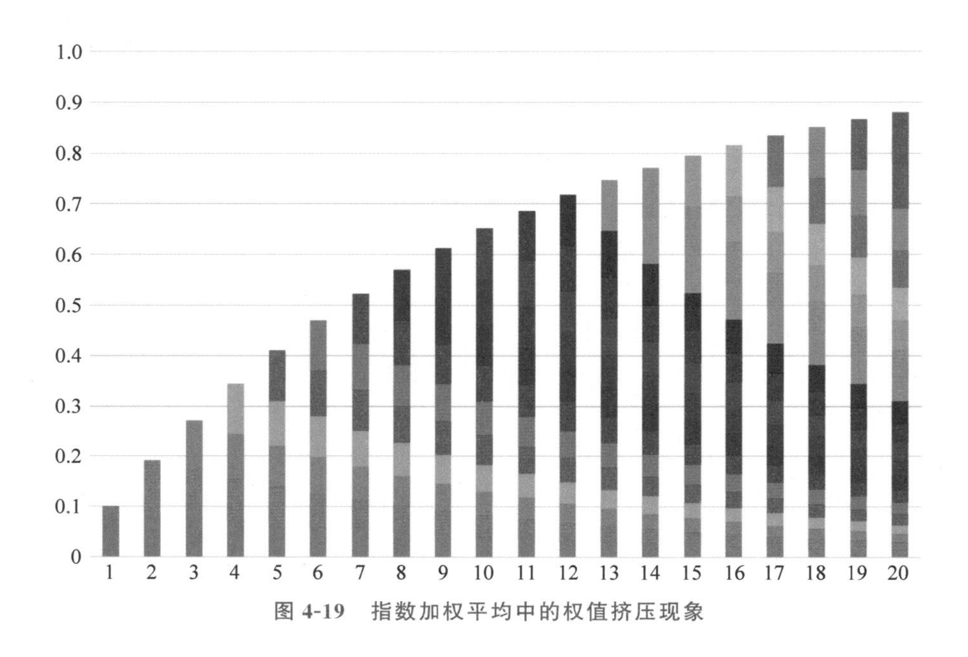

图 4-19 指数加权平均中的权值挤压现象

4.4.3 如何矫正偏差

知道了偏差的原因，那么就需要对偏差进行矫正，也就是偏差矫正公式的推导了，由于

$$V_t = \beta_1 V_{t-1} + (1-\beta_1)\nabla_\theta J(\theta) \tag{4-24}$$

将时间放到 t 步之后

$$V_t = (1-\beta_1)\sum_{i=1}^{t}\beta_1^{t-i}\nabla_\theta J(\theta)_i \tag{4-25}$$

又因为等比数列前 t 项和为

$$V_t = (1-\beta_1)\left(\beta_1^0 \times \frac{1-\beta_1^t}{1-\beta_1}\right)\sum_{i=1}^{t}\beta_1^t\ \nabla_\theta J(\theta)_i = (1-\beta^t)\sum_{i=1}^{t}\beta_1^{t-i}\ \nabla_\theta J(\theta)_i \tag{4-26}$$

所以有 $V_t' = \dfrac{V_t}{1-\beta_1^t}$，同理可证 S_t'。

第5章 卷积神经网络

卷积神经网络可以说是深度学习中最重要的角色之一了，但是本书没有在第1章就直接讲解卷积神经网络，是因为这样会缺乏连贯性。如果想要学习卷积神经网络，需要大量相关的知识点，所以我们进行了很多前期铺垫，例如与传统机器学习的对比、数据驱动的意义、优化与梯度等，如果不进行这些前期铺垫，则很难对其有深入、透彻的理解。现在有了前期的知识储备，到本章就可以全面开展神经网络的知识体系、原理体系及其各种网络类型、架构和应用了。

5.1 卷积核

5.1.1 卷积核简介

如果是单通道(一般图像为RGB 3个通道)的图像，卷积核是一个二维矩阵，在原图像上按照该二维矩阵进行矩阵计算，如图5-1所示，源像素是一个8×8的矩阵，而卷积核是一个3×3的矩阵，在两个矩阵的各个位置上都有数值标识像素的大小，那么卷积过程就是卷积核在源像素矩阵上投影，得到一个与卷积核一样大小的区域，将此区域元素与卷积核的元素进行对应位置元素相乘，最后把所得到的结果进行求和得到这片区域元素卷积的最终结果。所以说，对于图像和卷积核进行逐个元素相乘再相加的操作就相当于将一个二维的函数滤波器移动到另一个函数的所有位置，这个操作就叫作卷积。这种一个函数滑过另一个函数的动作与信号中的卷积非常类似，所以这样去理解图像的卷积比较直观和形象。

卷积核也叫作滤波器，其设计一般有以下几个原则：第一，卷积核一般是奇数的，如3×3、5×5、7×7，这样可保证一定会有个中心点，因为卷积是一个中心元素及其邻域元素与卷积核进行矩阵计算；第二，卷积核的各个元素值相加等于1，以保证原图像经过卷积核的作用亮度保持不变(但该原则不是必须)；第三，如果卷积核上的所有元素相加之后大于1，那么卷积之后的图像亮度一定比原图像亮，反之会暗，如果为0，那么图像会非常暗。

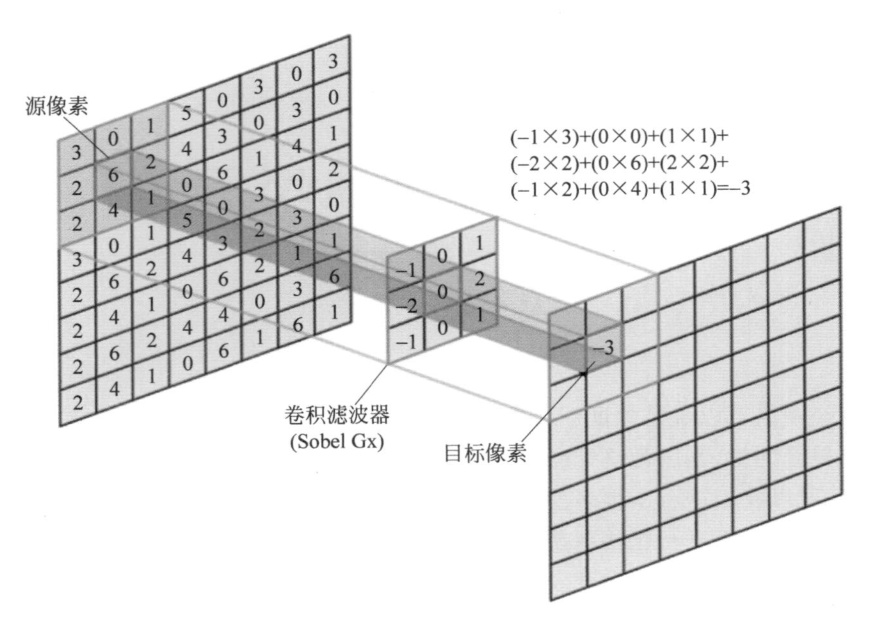

图 5-1 卷积过程

5.1.2 卷积核的作用

如图 5-2 所示，左侧花朵是原图像，右侧的花朵是卷积之后的图像，可以看到两幅图像没有差别，那么如果卷积之后想得到与原图像一模一样的图像该如何设计卷积核呢？利用 5.1.1 节提到的内容，如果卷积核元素相加等于 1，那么卷积之后的图像与原图像的亮度保持一致，但是只有一样的亮度不行，还要保证同样的像素位置，所以设置卷积核中心位置上的元素值为 1，其余位置的元素值为 0，因为卷积过程是中心元素与其邻域元素和卷积核进行矩阵乘法，所以如果卷积核的周围元素是 0，中心元素为 1，那么原图像的中心元素卷积后还是一样的结果，并且能保证中心元素的邻域元素不会对其产生影响。

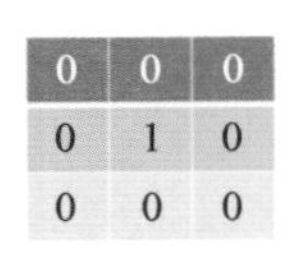

0	0	0
0	1	0
0	0	0

图 5-2 维持原图像卷积核

再来看个例子，如果想要通过卷积操作把原图像的水平边缘显示出来该如何设计卷积核呢？可以这样想，如果想要刻画水平边缘，就需要在卷积核的水平线位置进行改动，即图 5-3 所示的卷积核。但是这样的卷积核为什么就能够刻画水平边缘呢？

0	0	0	0	0
0	0	0	0	0
−1	−1	2	0	0
0	0	0	0	0
0	0	0	0	0

图 5-3　刻画原图像水平边缘卷积核

假设第 1 个−1 对应的像素是 x_0，第 2 个−1 对应的像素是 x_1，−2 对应的像素是 x_2，因为图像边缘的像素基本保持一致，所以会有 $2x_2-x_1-x_0\approx 0$。本节开头介绍过如果卷积核所有元素相加的值为 0，卷积后的图像会非常暗，就可以将这样的水平线以比较暗的图像展示出来。

有了刚才刻画水平边缘的例子，如果想要刻画垂直边缘就很好理解了，一定是在卷积核的垂直方向上进行改动，卷积核如图 5-4 所示。

0	0	−1	0	0
0	0	−1	0	0
0	0	4	0	0
0	0	−1	0	0
0	0	−1	0	0

图 5-4　刻画原图像垂直边缘卷积核

同样，刻画 45°边缘轮廓一定是在卷积核的对角线上做文章，使对角线上的元素值相加等于 0，卷积核如图 5-5 所示。

−1	0	0	0	0
0	−2	0	0	0
0	0	6	0	0
0	0	0	−2	0
0	0	0	0	−1

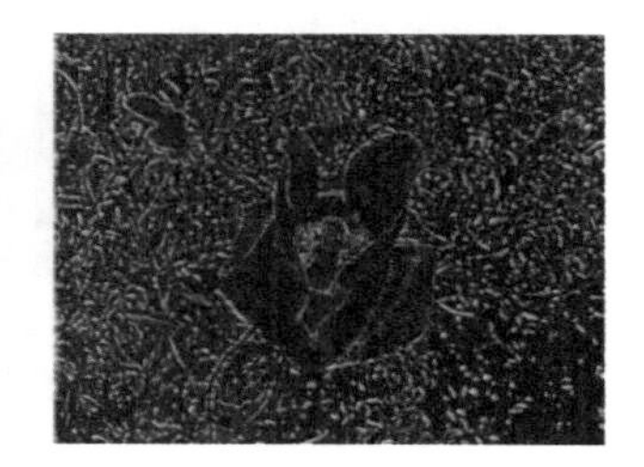

图 5-5　刻画原图像 45°边缘卷积核

再来看设置锐化效果的例子，锐化效果其实就是把主题轮廓都变得清晰、明显，也就是将不那么突出的点变得突出，增强像素之间的差异。在卷积核上的体现就是中心元素与邻域元素的对比度增大，元素相加为 1，卷积核如图 5-6 所示。

同理，如果想要突出图像的边缘轮廓就要把主体变得模糊才能突出边缘，所以同样是增

-1	-1	-1
-1	9	-1
-1	-1	-1

图 5-6 锐化效果卷积核

大像素之间的差异，只不过跟锐化效果相反，现在是增强边缘的突出效果所以需要将中心元素降低提高邻域元素的值，卷积核如图 5-7 所示。

1	1	1
1	-7	1
1	1	1

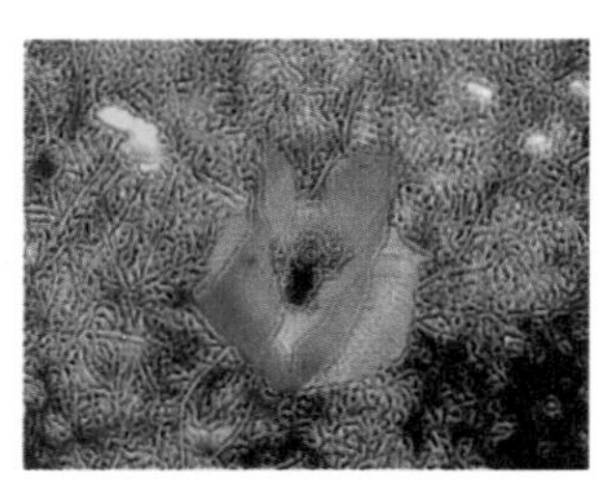

图 5-7 突出边缘高亮效果卷积核

最后一个例子是显示图像的浮雕效果，浮雕效果就是将原图像显示为具有 3D 效果的图片，它不是那么强调颜色，而是通过立体的效果来替代颜色，所以在设计卷积核时需要把图像的立体感刻画出来。只需把卷积核的对角一侧全置为同样的负值，另外一侧设置为正值，对角线全为 0 即可，这样才能将其立体的感觉突出出来，卷积核如图 5-8 所示。

-1	-1	0
-1	0	1
0	1	1

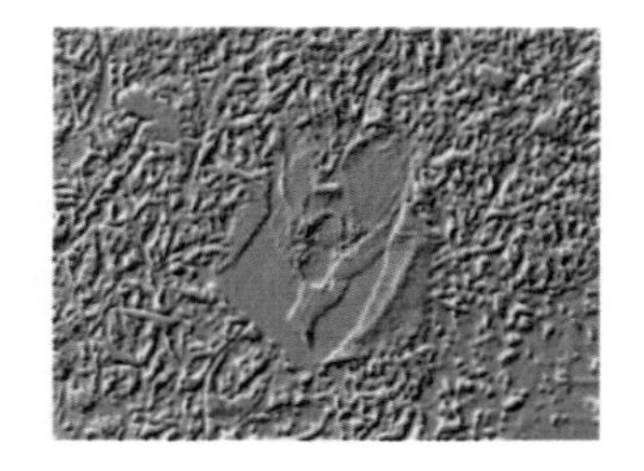

图 5-8 浮雕效果卷积核

5.2 卷积神经网络中步长、填充和通道的概念

5.2.1 步长

步长是卷积核在原始图像中投影时进行移动的距离，步长对于神经网络的特征抽取影响较大，如图 5-9 所示。

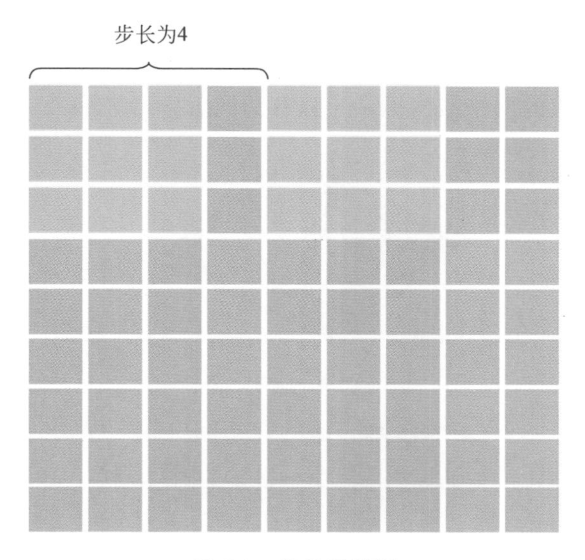

图 5-9　步长示意图

一般步长越大对原始图像的特征抽取就越薄弱，步长越小对原始图像的特征抽取就越充分。可以类比概率论中的采样概念，步长越大相对于采样次数越少，卷积核在原始图像上面的投影次数就越少；步长越小相对于采样次数就越多，卷积核在原始图像上面的投影次数就越多。

5.2.2　填充

如图 5-10 所示，对 6×6 的原图像使用 3×3、步长为 1 的卷积核进行卷积操作后得到的是一个 4×4 的图像(6－3＋1＝4)，也就是说每次进行卷积后，原始图像都会变小、失真，所以没有办法设计层数足够多的深度神经网络。除此之外，另一个重要的原因是，原始图像中的边缘像素永远不会位于卷积核的中心，只有原始图像中间 4×4 的像素会位于中心，这样会使得边缘像素对网络的影响小于位于中心点的像素的影响，不利于抽取特征。

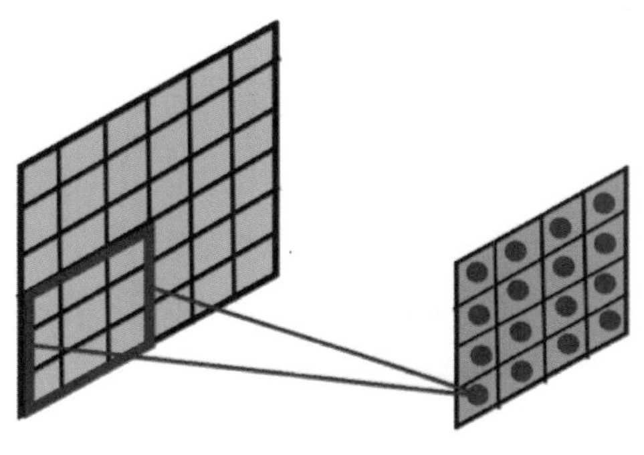

图 5-10　无 Padding 卷积结果

所以为了解决这个问题，一般会在原始图像的周围填充一圈像素值（通常使用 0 元素来填充）来补充原始图像的形状大小，这样“变大”的原始图像在经过卷积核的卷积后就不会缩小了，为后续设计深层次的网络结构提供了强有力的后盾，如图 5-11 所示。

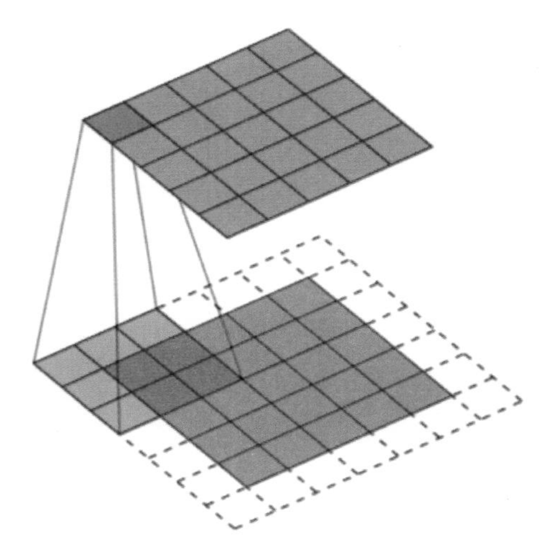

图 5-11 使用 Padding 后的卷积结果

5.2.3 通道

一般的图像是三通道的，分别为 R(Red)、G(Green)、B(Blue)，所以卷积核也应该为 3 个通道，分别对原始图像的各个通道进行卷积，通过卷积核作用后生成的图像也会有 3 个，如图 5-12 所示。

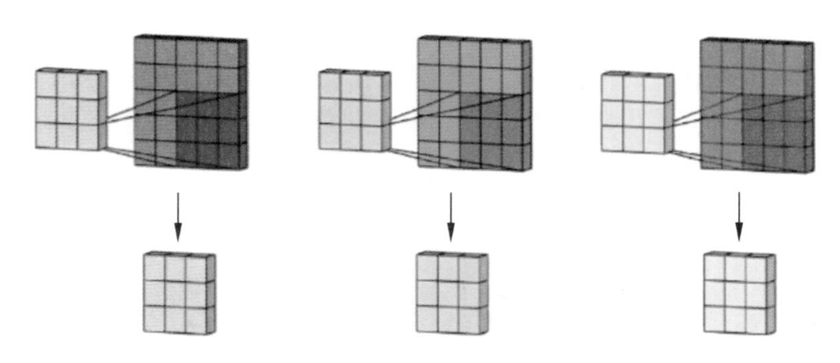

图 5-12 RGB 三通道示意图

经过卷积得到 3 个图像后，把这 3 个图像通过矩阵相加的计算原则合并得到一个“合成”图像，如图 5-13 所示。

最后，将这个图像与一个偏置项(Bias)相加就会得到一个最终结果。偏置项相当于一个调节器，通过调节偏置项可以改变整个矩阵的数值，可以认为在进行抽取特征时又多了一道保障，但是偏置项不影响矩阵形状，只影响矩阵的数值，如图 5-14 所示。

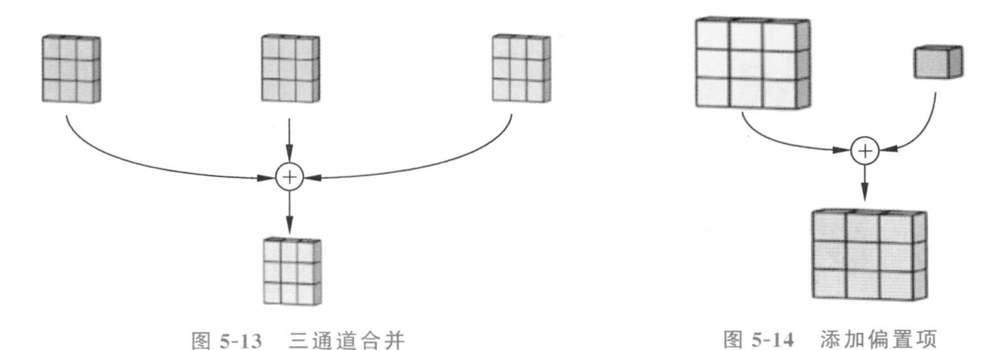

图 5-13 三通道合并　　图 5-14 添加偏置项

也就是说图像如果是单通道的，那么卷积核也是单通道的；如果图像是多通道的，那么卷积核也一定是多通道的。但是不论图像和卷积核是不是多通道的，经过叠加以后的结果图像的数量一定与卷积核的数量保持一致。例如，对于一个三通道即 32×32×3 的图像，使用一个 5×5×3 的卷积核，最终会得到一个 28×28×1 的特征图，如图 5-15 所示。

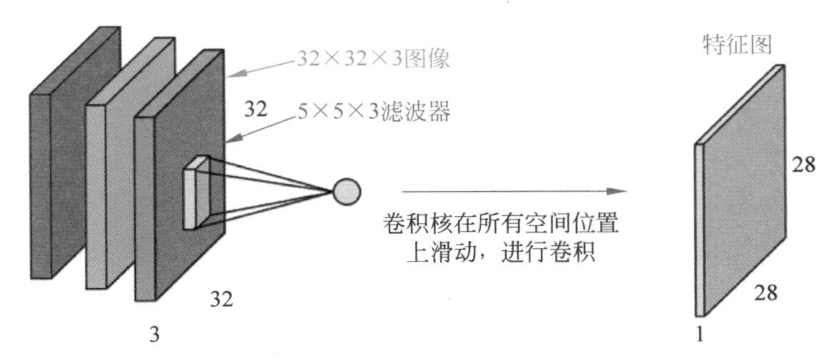

图 5-15 一个卷积核的卷积结果

如果使用两个 5×5×3 的卷积核，最终会得到两个 28×28×1 的特征图，即 28×28×2，如图 5-16 所示。

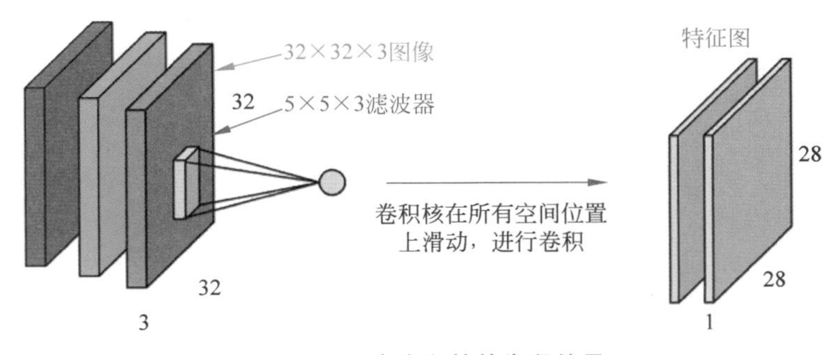

图 5-16 两个卷积核的卷积结果

这里卷积核的数量是 6 个，那么如果使用 6 个 $5\times5\times3$ 的卷积核，最终会得到 6 个 $28\times28\times1$ 的特征图，即 $28\times28\times6$，如图 5-17 所示。

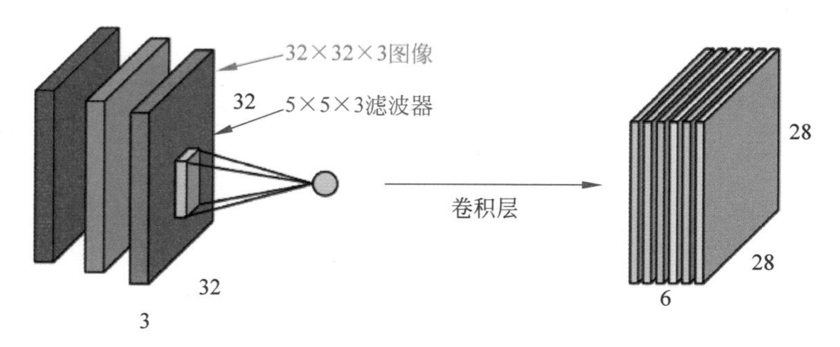

图 5-17 6 个卷积核的卷积结果

总结

在卷积过程中输入层有多少个通道，卷积核就有多少个通道。但是卷积核的数量是任意的，卷积核的数量决定了卷积后特征图的数量。

5.3 快速推导卷积层特征图尺寸计算公式

在学习卷积神经网络及其后续的代码开发中，经常需要计算原始图像经过卷积后的图的形状大小，我们可以死记硬背其推导公式：对于一个 $N\times N$ 的原图像，通过填充 P(Padding)像素，经过一个步长是 S(Stride)的 F 大小(Filter)的卷积核，最终特征图的尺寸为

$$M=\frac{N-F+2P}{S}+1 \tag{5-1}$$

但是这样很难深层次地理解其中的含义，殊不知这样的推导公式其实是由卷积神经网络的原理推算出来的，只要能明白卷积的过程，这个公式自然而然就会记住，永远也不会忘记，接下来直观地介绍一下这个公式的由来。

5.3.1 计算过程直观展示

如图 5-18 所示，$N\times N$ 的原始图像在经过一个填充层后变成了$(N+2P)\times(N+2P)$，而卷积核的大小是 $F\times F$，假设卷积核最右侧到达图像右侧，这是卷积核卷积过程中的最右位置，从图像左侧到右侧，卷积核左侧边缘在原始图像上所走的距离是 $N+2P-F$，又因为卷积核不是连续地移动，而是经过步长为 S 的跳跃所得，所以其真正的移动次数需要除以步长 S，但是一定要保证这里的结果是可以被 S 整除的。这里需要注意的一点是，在卷积核卷积的最后一个位置，卷积结果是 1 像素，所以需要加 1。这幅图把公式的各个部分展示得很明白、很直观，知道了原理和过程，万一忘记公式只需稍微推导就可以得出。

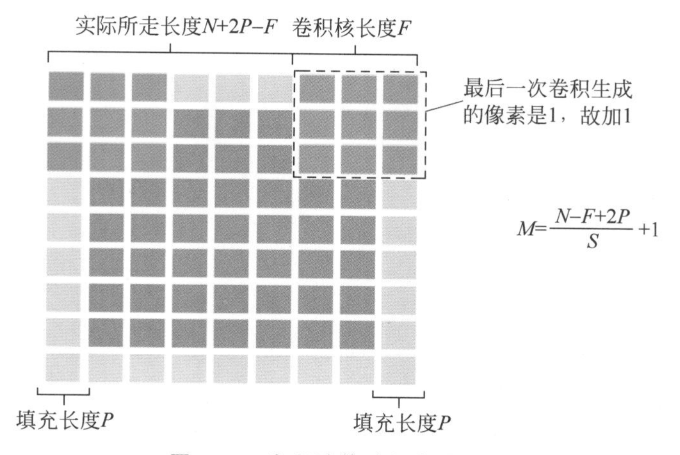

图 5-18　卷积计算过程直观展示

5.3.2　计算过程总结

经过 5.3.1 节简单的形象化推导，本节继续来深究一下这里面的通用公式。给定输入大小 $N_1 \times H_1 \times D_1$，需要 4 个超参数，卷积核个数 K，卷积核边长 F，步长 S，零填充的数量 P，得到输出结果为 $N_2 \times H_2 \times D_2$，其中 N_2 的计算方法为

$$N_2 = \frac{N_1 - F + 2P}{S} + 1 \tag{5-2}$$

其中 H_2 的计算方法为

$$H_2 = \frac{H_1 - F + 2P}{S} + 1 \tag{5-3}$$

其中 D_2 的计算方法为

$$D_2 = K \tag{5-4}$$

每一个卷积核都有 $F \times F \times D_1$ 个权重参数，共有 $F \times F \times D_1 \times K$ 个权重参数和 K 个偏差，通常设置 K 为 2 的指数，如 32、64、128、256、512。这里总结了一些通用的公式，现在我们来看一个例子。

输入图像是一个 32×32×3 的图像，如果使用 10 个 5×5 大小的卷积核对其进行卷积，步长为 1，填充为 2，那么输出的图像尺寸大小是多少？直接使用公式计算得到(32+2×2−5)/1+1=32，但是不要忘了这里是 10 个卷积核，所以其最后的图像尺寸是 32×32×10。

5.4　极简方法实现卷积层的误差反传

传统误差反传的公式罗列不利于记忆理解和代码书写，所以这里使用卷积思维、计算图和反向自动微分的知识辅助实现误差反传，如图 5-19 所示。

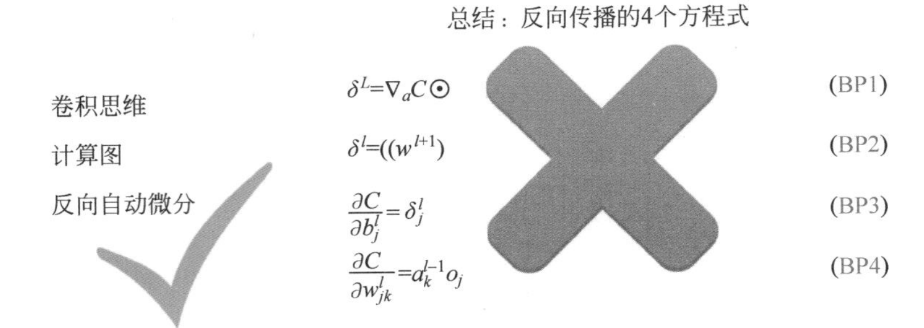

图 5-19　拒绝死板记忆公式

5.4.1　误差反传举例说明

假设输入是一个 3×3 的矩阵，卷积核是 2×2 的矩阵，步长为 1，输出为 2×2，如图 5-20 所示。

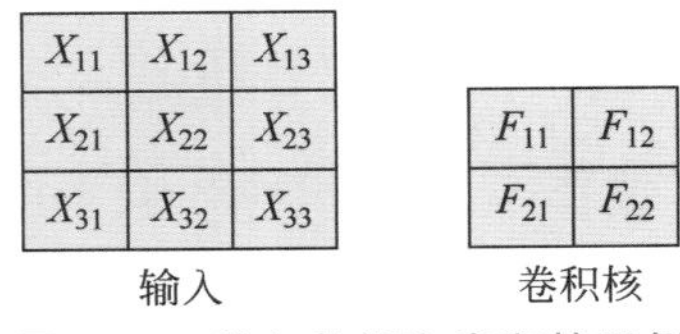

图 5-20　输入数据和卷积核示例

那么输入与卷积核前向相乘的结果如图 5-21 所示。

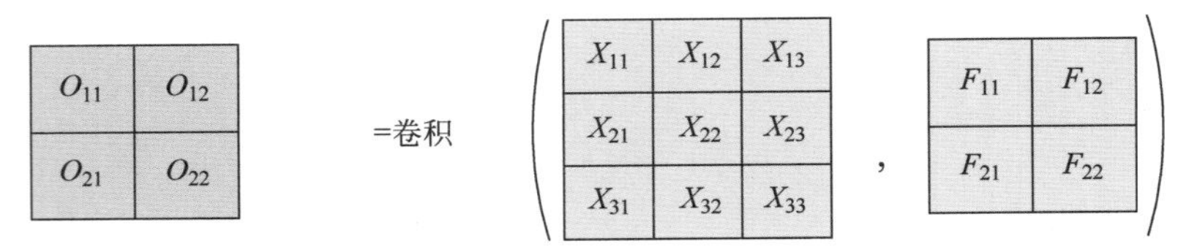

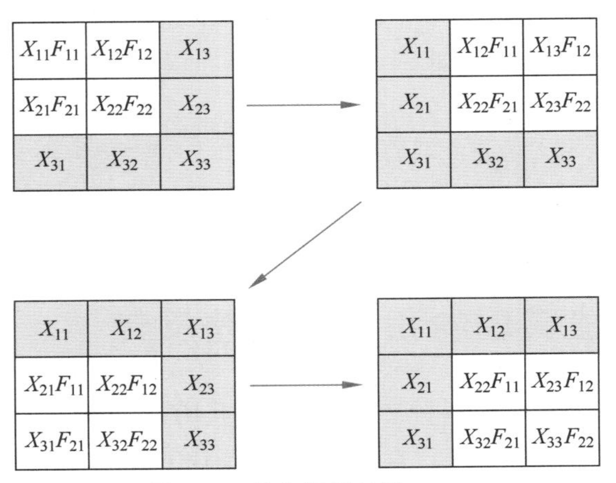

图 5-21　前向相乘结果

得到

$$\begin{cases} O_{11}=F_{11}X_{11}+F_{12}X_{12}+F_{21}X_{21}+F_{22}X_{22} \\ O_{12}=F_{11}X_{12}+F_{12}X_{13}+F_{21}X_{22}+F_{22}X_{23} \\ O_{21}=F_{11}X_{21}+F_{12}X_{22}+F_{21}X_{31}+F_{22}X_{32} \\ O_{22}=F_{11}X_{22}+F_{12}X_{23}+F_{21}X_{32}+F_{22}X_{33} \end{cases} \tag{5-5}$$

而其中误差 E 对卷积核 F 的偏导如下，我们知道卷积核有 4 个位置 F_{11}、F_{12}、F_{21}、F_{22}，所以需要分别对其求导。

$$\begin{cases} \dfrac{\partial E}{\partial F_{11}}=\dfrac{\partial E}{\partial O_{11}}\dfrac{\partial O_{11}}{\partial F_{11}}+\dfrac{\partial E}{\partial O_{12}}\dfrac{\partial O_{12}}{\partial F_{11}}+\dfrac{\partial E}{\partial O_{21}}\dfrac{\partial O_{21}}{\partial F_{11}}+\dfrac{\partial E}{\partial O_{22}}\dfrac{\partial O_{22}}{\partial F_{11}} \\ \dfrac{\partial E}{\partial F_{12}}=\dfrac{\partial E}{\partial O_{11}}\dfrac{\partial O_{11}}{\partial F_{12}}+\dfrac{\partial E}{\partial O_{12}}\dfrac{\partial O_{12}}{\partial F_{12}}+\dfrac{\partial E}{\partial O_{21}}\dfrac{\partial O_{21}}{\partial F_{12}}+\dfrac{\partial E}{\partial O_{22}}\dfrac{\partial O_{22}}{\partial F_{12}} \\ \dfrac{\partial E}{\partial F_{21}}=\dfrac{\partial E}{\partial O_{11}}\dfrac{\partial O_{11}}{\partial F_{21}}+\dfrac{\partial E}{\partial O_{12}}\dfrac{\partial O_{12}}{\partial F_{21}}+\dfrac{\partial E}{\partial O_{21}}\dfrac{\partial O_{21}}{\partial F_{21}}+\dfrac{\partial E}{\partial O_{22}}\dfrac{\partial O_{22}}{\partial F_{21}} \\ \dfrac{\partial E}{\partial F_{22}}=\dfrac{\partial E}{\partial O_{11}}\dfrac{\partial O_{11}}{\partial F_{22}}+\dfrac{\partial E}{\partial O_{12}}\dfrac{\partial O_{12}}{\partial F_{22}}+\dfrac{\partial E}{\partial O_{21}}\dfrac{\partial O_{21}}{\partial F_{22}}+\dfrac{\partial E}{\partial O_{22}}\dfrac{\partial O_{22}}{\partial F_{22}} \end{cases} \tag{5-6}$$

式(5-6)中$\dfrac{\partial O}{\partial F}$输出对卷积核的偏导其实就是输入，所以可转化为

$$\begin{cases} \dfrac{\partial E}{\partial F_{11}}=\dfrac{\partial E}{\partial O_{11}}X_{11}+\dfrac{\partial E}{\partial O_{12}}X_{12}+\dfrac{\partial E}{\partial O_{21}}X_{21}+\dfrac{\partial E}{\partial O_{22}}X_{22} \\ \dfrac{\partial E}{\partial F_{12}}=\dfrac{\partial E}{\partial O_{11}}X_{12}+\dfrac{\partial E}{\partial O_{12}}X_{13}+\dfrac{\partial E}{\partial O_{21}}X_{22}+\dfrac{\partial E}{\partial O_{22}}X_{23} \\ \dfrac{\partial E}{\partial F_{21}}=\dfrac{\partial E}{\partial O_{11}}X_{21}+\dfrac{\partial E}{\partial O_{12}}X_{22}+\dfrac{\partial E}{\partial O_{21}}X_{31}+\dfrac{\partial E}{\partial O_{22}}X_{32} \\ \dfrac{\partial E}{\partial F_{22}}=\dfrac{\partial E}{\partial O_{11}}X_{22}+\dfrac{\partial E}{\partial O_{12}}X_{23}+\dfrac{\partial E}{\partial O_{21}}X_{32}+\dfrac{\partial E}{\partial O_{22}}X_{33} \end{cases} \tag{5-7}$$

误差对卷积核的偏导相当于误差对输出的偏导与输入的卷积，如图 5-22 所示。

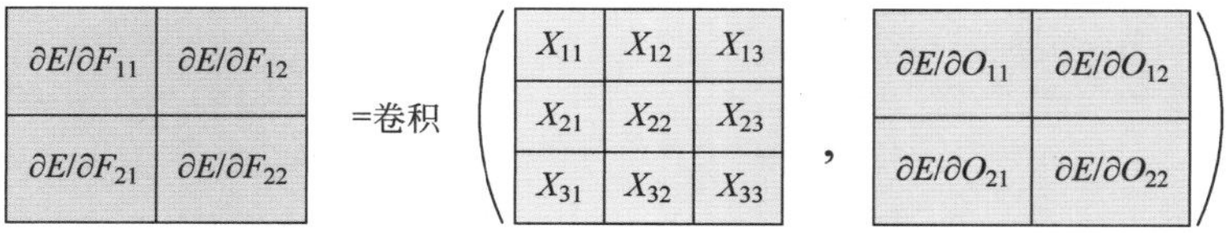

$$\begin{bmatrix} \partial E/\partial F_{11} & \partial E/\partial F_{12} \\ \partial E/\partial F_{21} & \partial E/\partial F_{22} \end{bmatrix} = \text{卷积}\left(\begin{bmatrix} X_{11} & X_{12} & X_{13} \\ X_{21} & X_{22} & X_{23} \\ X_{31} & X_{32} & X_{33} \end{bmatrix}, \begin{bmatrix} \partial E/\partial O_{11} & \partial E/\partial O_{12} \\ \partial E/\partial O_{21} & \partial E/\partial O_{22} \end{bmatrix} \right)$$

图 5-22 误差对卷积核的偏导

误差 E 对输入 X 的偏导为

$$\begin{cases}
\frac{\partial E}{\partial X_{11}}=\frac{\partial E}{\partial O_{11}}F_{11}+\frac{\partial E}{\partial O_{12}}0+\frac{\partial E}{\partial O_{21}}0+\frac{\partial E}{\partial O_{22}}0 \\
\frac{\partial E}{\partial X_{12}}=\frac{\partial E}{\partial O_{11}}F_{12}+\frac{\partial E}{\partial O_{12}}F_{11}+\frac{\partial E}{\partial O_{21}}0+\frac{\partial E}{\partial O_{22}}0 \\
\frac{\partial E}{\partial X_{13}}=\frac{\partial E}{\partial O_{11}}0+\frac{\partial E}{\partial O_{12}}F_{12}+\frac{\partial E}{\partial O_{21}}0+\frac{\partial E}{\partial O_{22}}0 \\
\frac{\partial E}{\partial X_{21}}=\frac{\partial E}{\partial O_{11}}F_{21}+\frac{\partial E}{\partial O_{12}}0+\frac{\partial E}{\partial O_{21}}F_{11}+\frac{\partial E}{\partial O_{22}}0 \\
\frac{\partial E}{\partial X_{22}}=\frac{\partial E}{\partial O_{11}}F_{22}+\frac{\partial E}{\partial O_{12}}F_{21}+\frac{\partial E}{\partial O_{21}}F_{12}+\frac{\partial E}{\partial O_{22}}F_{11} \\
\frac{\partial E}{\partial X_{23}}=\frac{\partial E}{\partial O_{11}}0+\frac{\partial E}{\partial O_{12}}F_{22}+\frac{\partial E}{\partial O_{21}}0+\frac{\partial E}{\partial O_{22}}F_{11} \\
\frac{\partial E}{\partial X_{31}}=\frac{\partial E}{\partial O_{11}}0+\frac{\partial E}{\partial O_{12}}0+\frac{\partial E}{\partial O_{21}}F_{21}+\frac{\partial E}{\partial O_{22}}0 \\
\frac{\partial E}{\partial X_{32}}=\frac{\partial E}{\partial O_{11}}0+\frac{\partial E}{\partial O_{12}}0+\frac{\partial E}{\partial O_{21}}F_{22}+\frac{\partial E}{\partial O_{22}}F_{21} \\
\frac{\partial E}{\partial X_{33}}=\frac{\partial E}{\partial O_{11}}0+\frac{\partial E}{\partial O_{12}}0+\frac{\partial E}{\partial O_{21}}0+\frac{\partial E}{\partial O_{22}}F_{22}
\end{cases} \tag{5-8}$$

由上面的计算结果可以发现，有些位置为 0，即并不是每一个输入元素都对卷积核的元素有影响，可以画图说明，如图 5-23 所示。

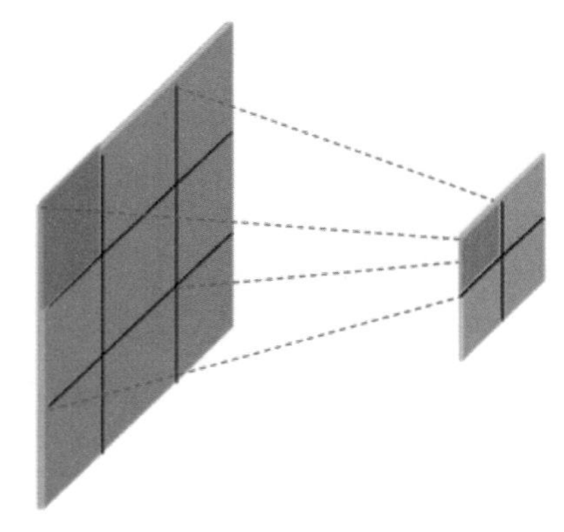

图 5-23 输入元素对卷积核的影响

拿 X_{11} 举例，它只参与 F_{11} 的运算，F_{12}、F_{21}、F_{22} 都与 X_{11} 无关，从式(5-5)可以看出除第 1 项之外，X_{11} 没有参与其他 3 项的计算，其中对后续影响最多的是 X_{22}，它对 F_{11}、F_{12}、F_{21}、F_{22} 都进行了运算，其他输入元素同理。再次运用卷积的思维，误差对输入的偏导相当于转置的卷积核与误差对输出偏导的完全卷积，如图 5-24 所示。

$$\begin{bmatrix} \partial E/\partial X_{11} & \partial E/\partial X_{12} & \partial E/\partial X_{13} \\ \partial E/\partial X_{21} & \partial E/\partial X_{22} & \partial E/\partial X_{23} \\ \partial E/\partial X_{31} & \partial E/\partial X_{32} & \partial E/\partial X_{33} \end{bmatrix} = \text{完全卷积}\left(\begin{bmatrix} \partial E/\partial O_{11} & \partial E/\partial O_{12} \\ \partial E/\partial O_{21} & \partial E/\partial O_{22} \end{bmatrix}, \begin{bmatrix} F_{22} & F_{21} \\ F_{12} & F_{11} \end{bmatrix} \right)$$

图 5-24 误差对输入的偏导

5.4.2 完全卷积过程简介

什么是完全卷积呢，它与卷积有什么联系呢？完全卷积是输入矩阵和转置的卷积核从左到右、从下到上的计算过程,如图 5-25 所示。

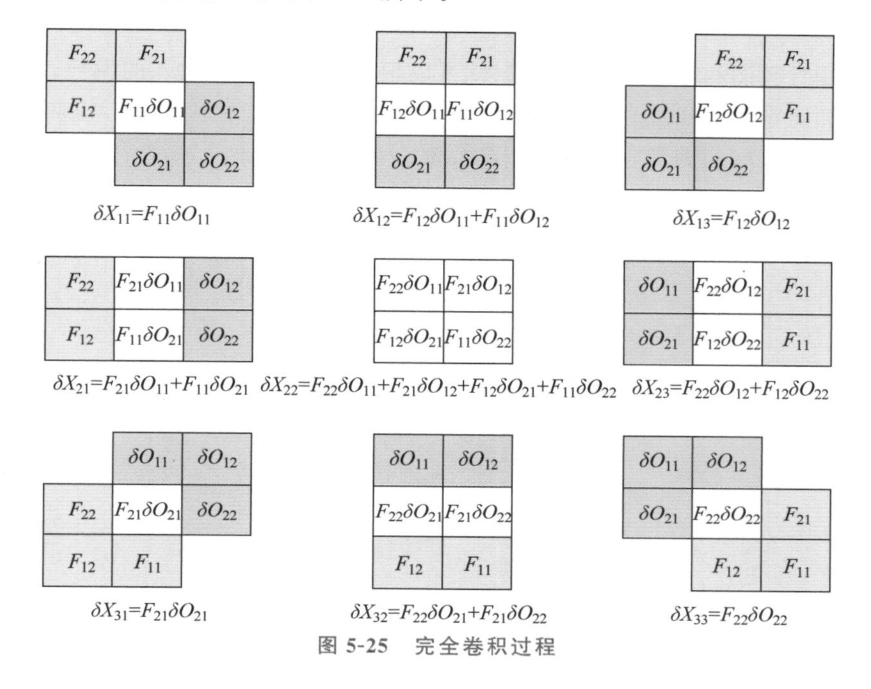

图 5-25　完全卷积过程

5.4.3　把卷积过程写成神经网络形式

如图 5-26 所示,把卷积过程写成普通的神经网络形式时,并不是每个输入元素(蓝色)对输出(黄色)都有线连接,也就是说卷积操作相比于全连接的神经网络省去了部分连接,也就是节省了参数,即共享参数。

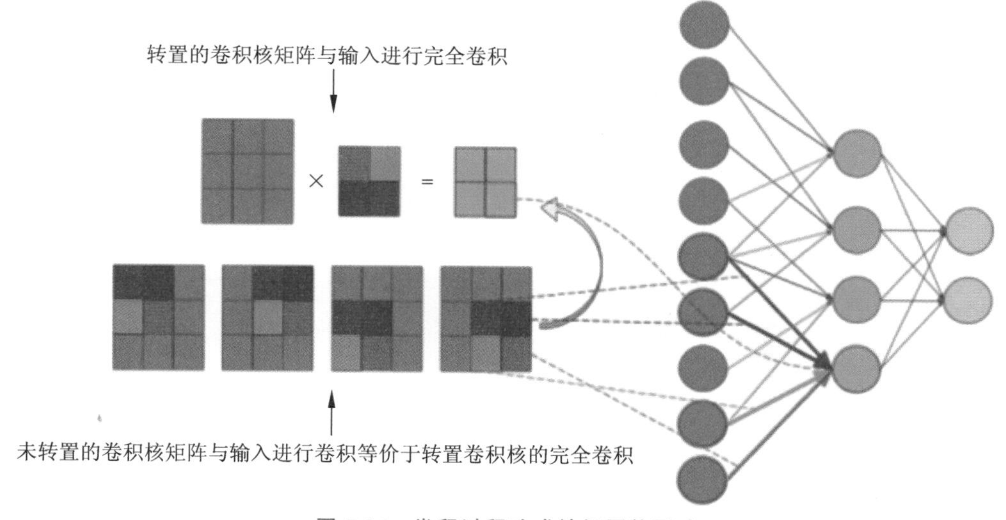

图 5-26　卷积过程改成神经网络形式

5.4.4 应用计算图的反向模式微分

如果应用计算图和反向微分的模式，就可以很容易地理解对输入的偏导。所以构建出的神经网络图将误差和权重直接在图的右边标出，然后将误差和权重进行相乘，此过程也模拟了误差反传从后向前的过程，如图 5-27 所示。

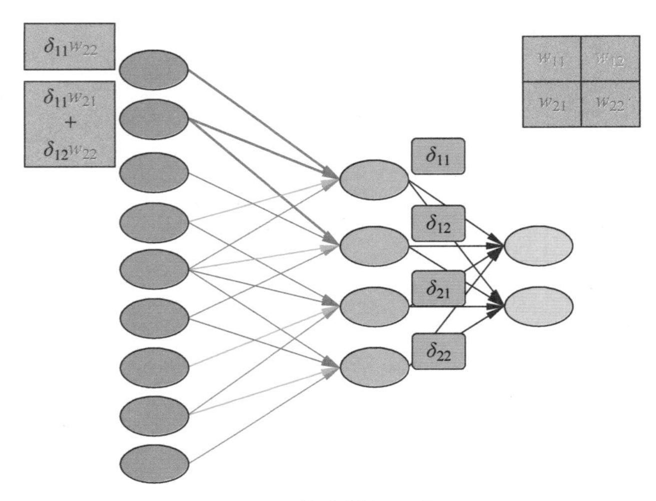

图 5-27 构建神经网络图

得到的翻转 180°的权重矩阵和对输入的误差矩阵如图 5-28 所示，最终将误差和权重进行相乘得到误差对输入的微分结果。

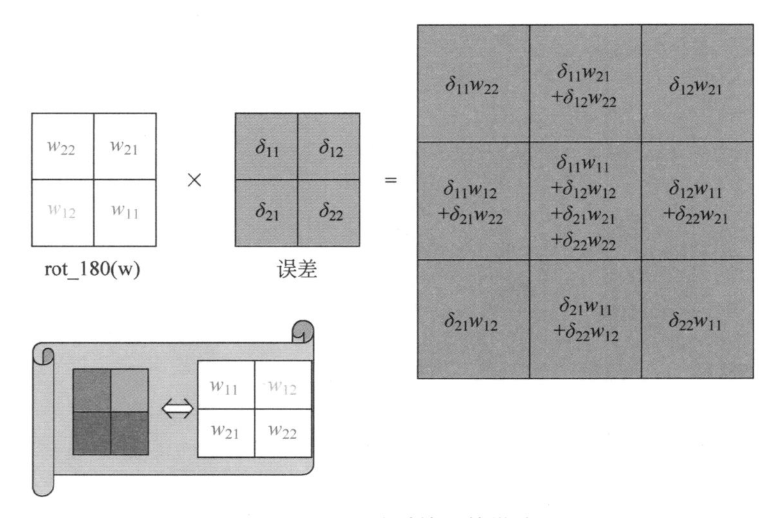

图 5-28 误差对输入的微分

5.5 极池化层的本质思想及其过程

池化层在深度神经网络中非常普遍，而在传统的神经网络中却很少见，原因是传统的神经网络的输入特征很少，深度学习中特别是图像领域输入特征非常多，所以在卷积过程中有必要把主要的特征抽取出来，这就是池化层的由来。接下来看一个图像识别中池化层特征图的可视化例子，如图 5-29 所示。

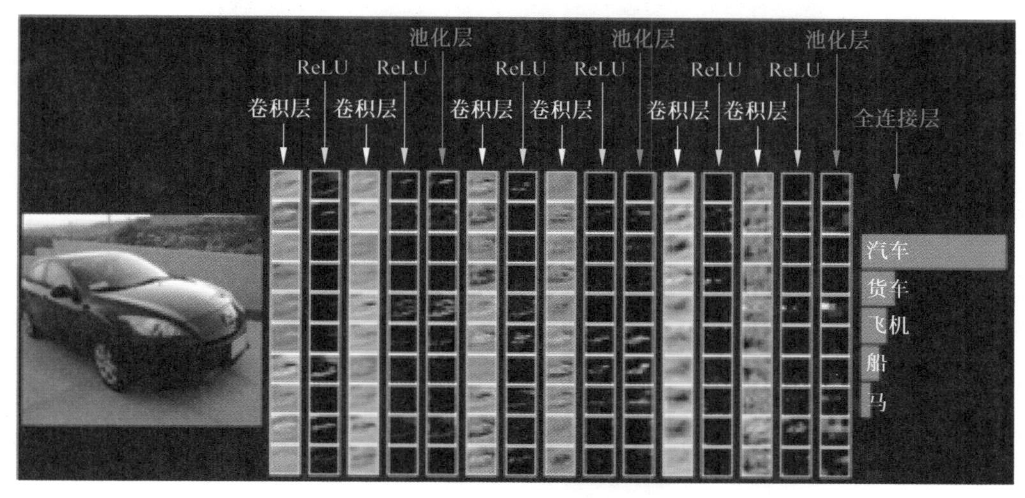

图 5-29 图像识别各层的特征图可视化

每次图像经过池化层之后，有些特征变得突出，而有些特征进行了弱化。所以池化层可以通过图像的突出特征定位图像的位置，而不用管具体细节。池化层实际上提高了对于图像进行识别检测的鲁棒性，因为池化层可以抽取图像中最为明显、最为突出的特征，对于图像检测来说就可以通过这些突出特征来识别图像而不用管具体的细节。

5.5.1 池化层的分类

最常用的池化手段就是最大池化，最大池化在机器学习中就是降维的思维。一幅地球夜景的俯瞰图如图 5-30 所示，首先映入眼帘的是那些灯光最亮的地区，越亮的地方意味着聚集的人口越密集。而抓住我们眼球的神秘力量其实就是我们人脑中最大池化的思维，去繁就简，找到最突出的特征来帮助我们快速定位。

最大池化的过程如图 5-31 所示，将左图 4×4 的矩阵，使用大小为 2×2、步长为 2 的池化层抽取最大的特征像素，最终得到一个 2×2 的结果矩阵。

除此之外，经常使用到的还有平均池化技术，它不同于最大池化抽取最显著特征，平均池化抽取的是图像的背景特征，如图 5-32 所示。

平均池化的过程如图 5-33 所示，将左图 4×4 的矩阵，使用大小为 2×2、步长为 2 的池化层抽取原始像素的平均特征像素，最终得到一个 2×2 的结果矩阵。

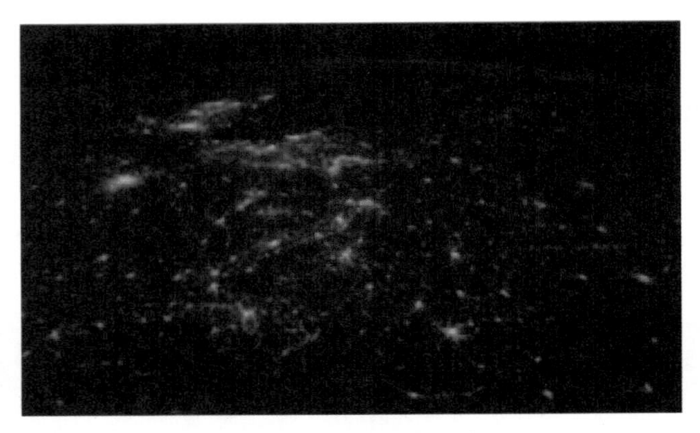

图 5-30　地球夜景俯瞰

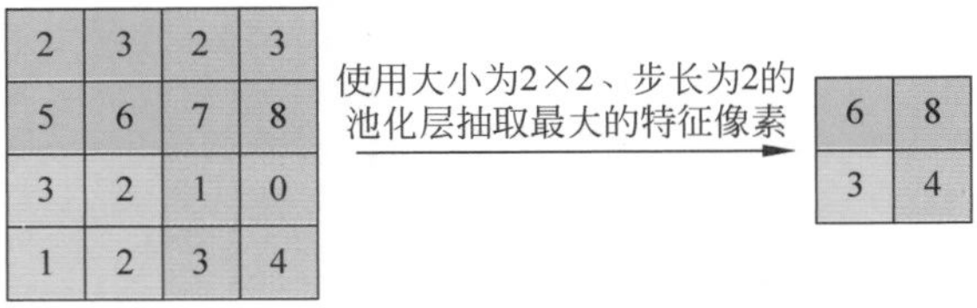

2	3	2	3
5	6	7	8
3	2	1	0
1	2	3	4

使用大小为2×2、步长为2的池化层抽取最大的特征像素 →

6	8
3	4

图 5-31　最大池化过程

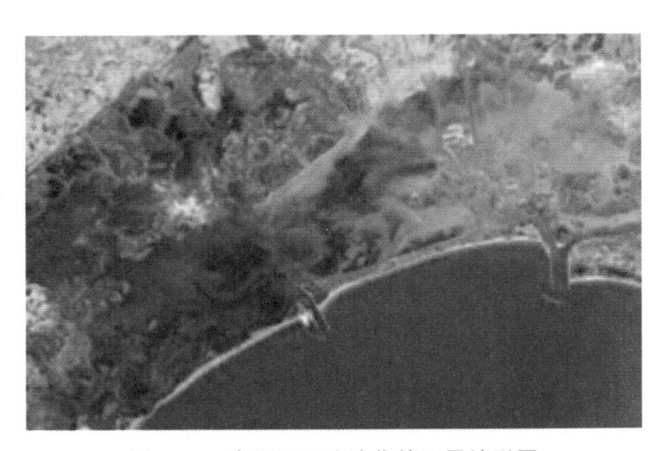

图 5-32　类似于平均池化的卫星地形图

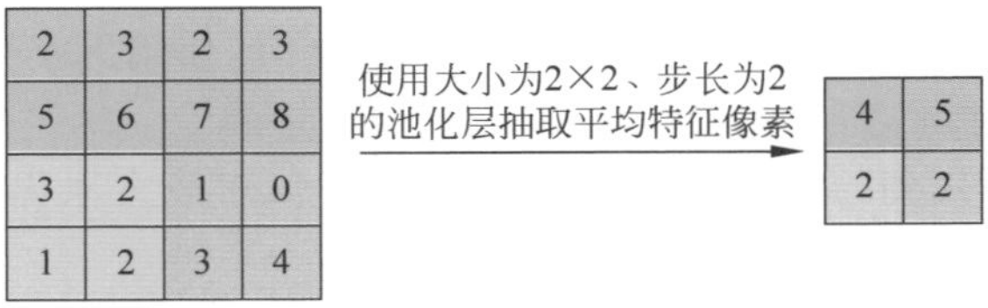

2	3	2	3
5	6	7	8
3	2	1	0
1	2	3	4

使用大小为2×2、步长为2的池化层抽取平均特征像素 →

4	5
2	2

图 5-33　平均池化过程

5.5.2 池化后图像尺寸

池化层在神经网络中有两个很重要的作用,第1个是抽取后的参数更少,相当于降维的作用;第2个是把明显特征抽取出来,类似于下采样的作用。最后做一下总结和归纳。假设输入的图像尺寸是 $N_1 \times H_1 \times D_1$,池化层边长为 F,使用步长为 S 的池化层进行操作,那么得到输出图像尺寸为 $N_2 \times H_2 \times D_2$,其中

$$N_2 = \frac{N_1 - F}{S} + 1$$

$$H_2 = \frac{H_1 - F}{S} + 1$$

$$D_2 = D_1$$

第 6 章

卷积神经网络训练技巧

6.1 ReLU 激活函数的优势

6.1.1 为什么需要激活函数

激活函数的作用是增加神经网络的非线性,只有增加了神经网络的非线性后网络的表征能力才会有大幅度的提高。如图 6-1 所示,图中每个神经元中都存在一个激活函数 f,设想,如果没有激活函数的非线性作用,每经过一个神经元都只是矩阵之间的相乘或者相加、相减,得到的结果没有任何的非线性可言,所以要让神经网络具有非线性效果,激活函数 f 是一个非常关键的结构。

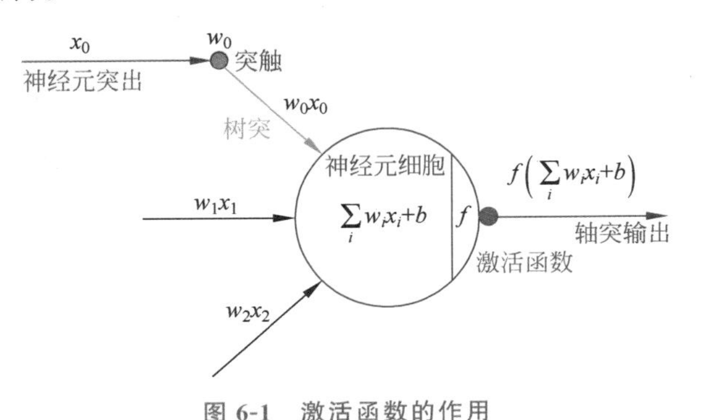

图 6-1 激活函数的作用

6.1.2 主流激活函数介绍

下面来看一下目前深度神经网络中一些主流的激活函数,这些激活函数的函数图像以及数学表达形式如图 6-2 所示。

最为大家所熟知就是 sigmoid 激活函数,有时也称为 S 型激活函数,其函数图像如图 6-3 所示。它的数学表达式如式(6-1)所示。

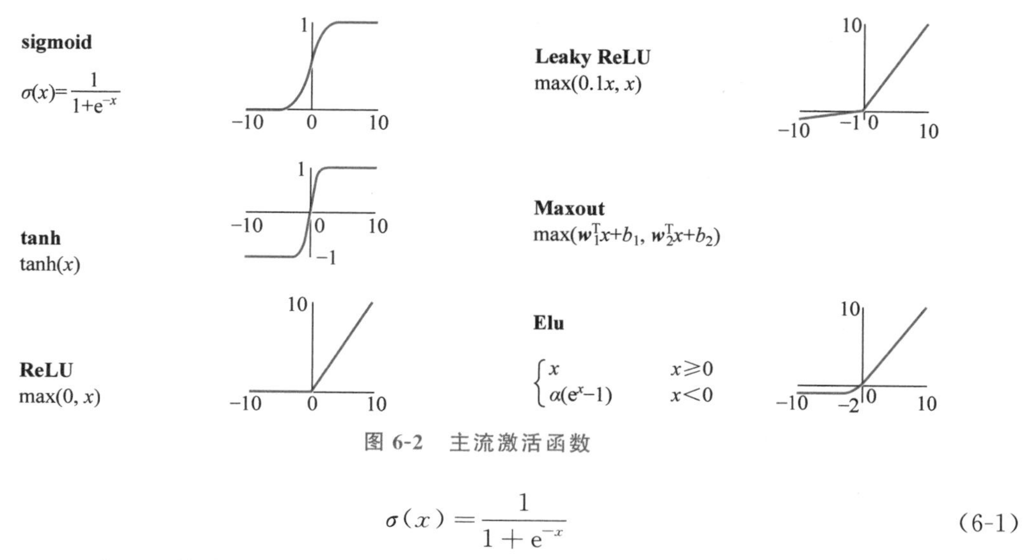

图 6-2 主流激活函数

$$\sigma(x)=\frac{1}{1+\mathrm{e}^{-x}} \tag{6-1}$$

sigmoid 激活函数将数值压缩到[0,1]范围内,曾经在传统的神经网络上非常流行,因为它对神经元的饱和激发率有着很好的解释,即控制神经元的激活状态,除此之外,sigmoid 激活函数还能将所有数值映射到[0,1]范围内,这一点与概率非常吻合,所以其得出的结果也可以近似代替概率分布。

但是随着深度学习的发展,发现 sigmoid 函数不再适合深度神经网络,并发现 sigmoid 函数有三大缺陷。

第 1 个缺陷是 sigmoid 激活函数饱和神经元会"杀死"梯度。那么什么叫作饱和神经元呢?我们通过图 6-3 所示的函数图像可以看到在自变量取值范围逐渐向 x 轴两端扩大的过程中,函数值逐渐趋于稳定,非 0 即 1,也就是说在这些区域内,函数值会越来越接近一个天花板并且在很长的时间内都不会发生较大的变化,这种现象就叫作神经元的饱和状态。那么当神经元处于饱和状态时为什么会"杀死"梯度呢?我们来看一个例子。

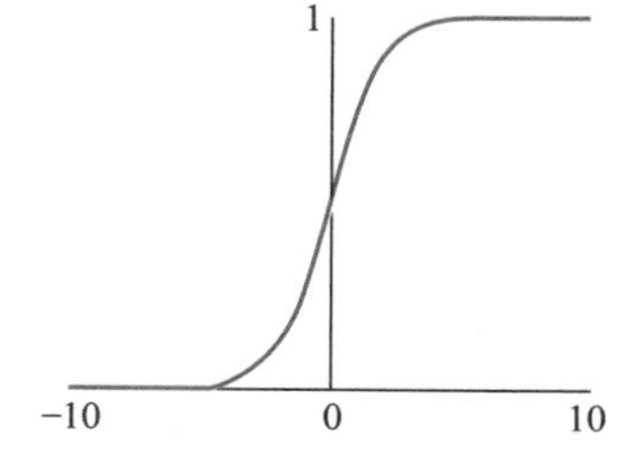

图 6-3 sigmoid 激活函数

由 sigmoid 的函数数学表达式可知,它关于 x 的梯度为 $\sigma(x)(1-\sigma(x))$,如果取 $x=10$ 则 $\sigma(x)\approx 1$,$1-\sigma(x)\approx 0$,它的梯度近似于 0;如果 $x=-10$ 则 $\sigma(x)\approx 0$,$1-\sigma(x)\approx 1$,它的梯度也近似于 0。出现这种情况会将本来包含信息的梯度强制变成 0,所以在神经网络的反向传播中会在一定程度上丢失信息没有办法很好地完成权重的更新,并且这种情况在深度神经网络中会越来越明显。

同时可以发现,关于 x 的梯度 $\sigma(x)(1-\sigma(x))$,其最大值为 1/4(令其导数为 0,解得 $\sigma(x)=1/2$,代入原公式为 1/4)。也就是说在每一次经过该 sigmoid 激活函数时,梯度都会被压缩为原来的 1/4,如果经过 10 层,原来的梯度将会变为 1/1 048 576,设想如果神经网络足够深,那么原来的梯度将会变得非常小使神经网络无法训练。这种现象叫作梯度弥散。

第 2 个缺陷是 sigmoid 激活函数的输出值不是以 0 为中心的。它的输出值是恒大于 0 的，这样的输出值会导致训练过程变慢。我们来看一下损失函数关于权重 $\boldsymbol{w}$ 的梯度有什么特性，如式(6-2)激活函数、式(6-3)关于 $\boldsymbol{w}$ 的梯度所示。

$$f = f(\boldsymbol{w}x + b) \tag{6-2}$$

$$\frac{\partial \text{Loss}}{\partial \boldsymbol{w}} = \frac{\partial \text{Loss}}{\partial f}\frac{\partial f}{\partial \boldsymbol{w}} = \frac{\partial \text{Loss}}{\partial f}x \tag{6-3}$$

因为本次输入的 x 依赖于上一个神经元的输出，而我们知道上一个神经元的输出全都为正值即 x 全部为正，那么$\frac{\partial \text{Loss}}{\partial \boldsymbol{w}}$的符号一定与$\frac{\partial \text{Loss}}{\partial f}$的符号相同，也就是说关于 $\boldsymbol{w}$ 的梯度不是全都为负就是全都为正，那么就会导致模型在训练过程中呈锯齿状走势，一定会使训练过程变慢，如图 6-4 所示。

所以这就是 sigmoid 激活函数不是以 0 为输出中心的缺陷，于是我们就知道如果想要加快训练速度是一定需要 0 均值化的。

第 3 个缺陷是 sigmoid 激活函数的幂运算相对来说比较耗时。在神经网络训练中，前向训练和反向误差传播都涉及幂运算，所以导致计算量很大，也导致训练时间变慢。

看一下 tanh 函数的图像和性质，如图 6-5 所示。

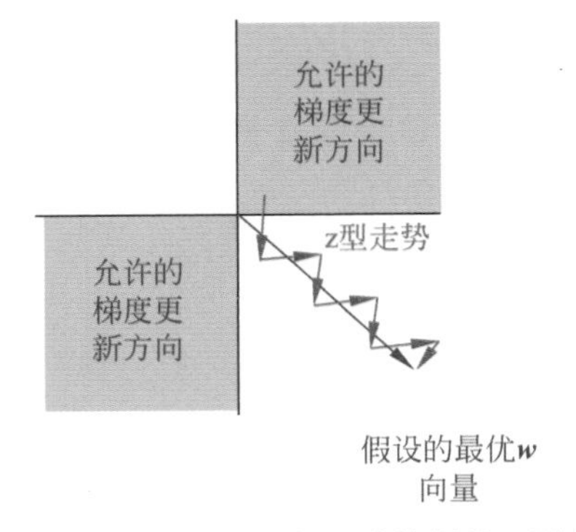

图 6-4　sigmoid 激活函数导致的训练 z 型走势

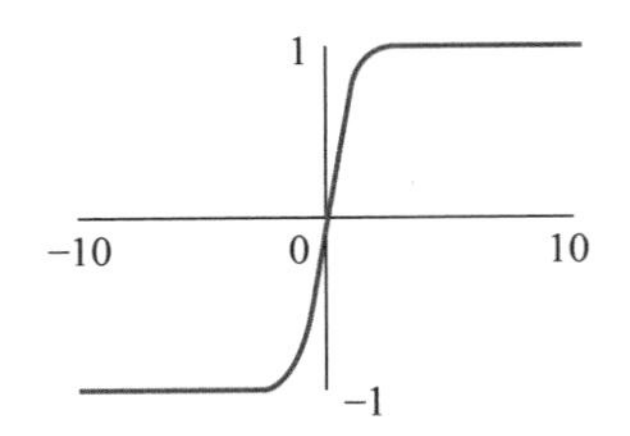

图 6-5　tanh 激活函数图像

tanh 函数将函数的输出值规整化到[−1,1]，避免了输出不是以 0 为中心的缺陷，使训练速度加快，但是也可以发现 tanh 函数仍然有梯度弥散问题。$\tanh(x)$梯度为 $1-\tanh^2(x)<1$，只要小于 1，就存在梯度弥散问题。

接下来要介绍的是目前深度学习中运用非常广泛的 ReLU 激活函数，英文全称为 Rectified Linear Unit。它的函数图像如图 6-6 所示，函数数学表达式如式(6-4)所示。

$$f(x) = \max(0, x) \tag{6-4}$$

该函数相比于 sigmoid 激活函数计算效率高出 6 倍左右。另外，ReLU 激活函数的激活区域比较宽阔，在大于 0 的区间内没有饱和状态。而在另一侧不被激活，也就是说该函数具有单侧抑制，说明它具有系数激活的特性。

除此之外，在生物学上，ReLU 激活函数被证明比 sigmoid 激活函数更符合实际，神经科学家从生物学角度模拟出的脑神经元接收信号的激活模型如图 6-7 所示，它为 ReLU 激活函数能够很好的工作提供了生物学角度的论证。

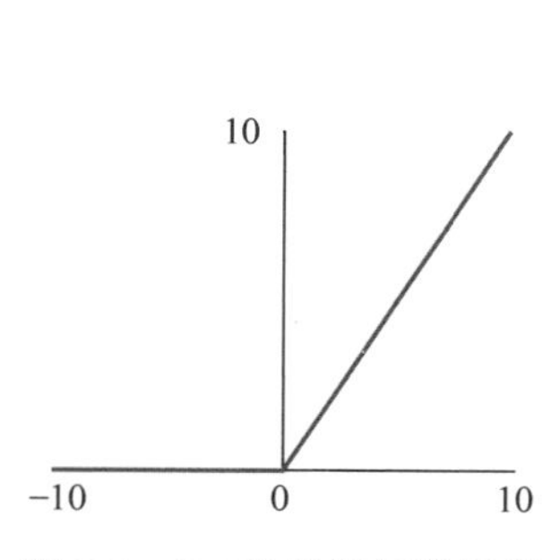

图 6-6 ReLU 激活函数图像

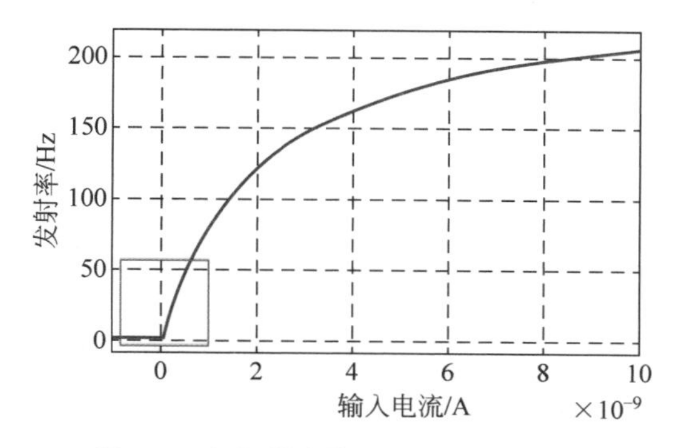

图 6-7 生物学脑神经元激活函数图像

此时看到 ReLU 激活函数的图像可能有很多人会有疑问，该图像在输入值为负的情况下不激活会不会使得神经网络不能工作？答案是否定的，因为如果输入 x 为负，那么有可能 x 的权重 $\boldsymbol{w}$ 也为负，那么 $\boldsymbol{w}x+b$ 共同作为激活函数的输入值时就有可能为正，同样也会令激活函数工作。

当然 ReLU 也有缺陷，ReLU 激活函数不是以 0 为中心的输出函数，但这不是 ReLU 最大的缺陷，最大的缺陷是当自变量的输入小于 0 时会"杀死"梯度，比 sigmoid 近似等于 0 更为严重，会令输出直接等于 0。所以就有了 ReLU 激活函数的改进版本 Leaky ReLU 激活函数，其函数图像如图 6-8 所示，数学表达式如式(6-5)所示。

$$f(x)=\max(\alpha x, x) \tag{6-5}$$

Leaky ReLU 激活函数不存在饱和区域，并且继承了 ReLU 计算效率高的特点，同时在输入小于 0 的区域不会"杀死"梯度。通常把 α 设置为一个很小的正数，使其有一定的斜率。

另外一个 ReLU 的改进版本就是 Elu 激活函数，其函数图像和数学表达式如图 6-9 及式(6-6)所示。

$$f(x)=\begin{cases}x, & x>0\\ \alpha(\mathrm{e}^x-1), & x\leqslant 0\end{cases} \tag{6-6}$$

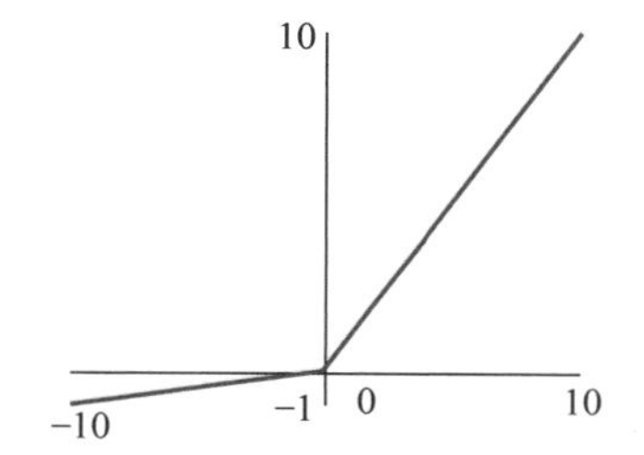

图 6-8 Leaky ReLU 激活函数图像

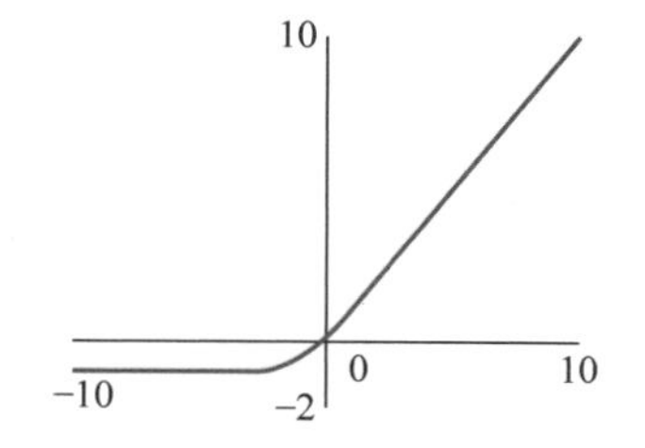

图 6-9 Elu 激活函数图像

Elu 激活函数拥有 ReLU 激活函数的所有优点，并且相对于 ReLU 是 0 均值输出保证了训练过程的速度，除此之外，与 Leaky ReLU 相比，其负饱和状态对噪声有一定的鲁棒性，但是 Elu 激活函数需要计算幂运算。

经过以上目前主流激活函数的介绍我们可以总结得到在实际运用时的一些小窍门。不建议使用 tanh 函数更不建议使用 sigmoid 函数，建议使用 ReLU 函数但是要注意初始化和学习率的选择。同时也可以尝试 Leaky ReLU 和 Elu 激活函数。

6.2 内部协变量偏移

批归一化是深度神经网络中一种非常重要的网络训练技巧，但是在学习归一化之前需要先知道为什么要使用批归一化，批归一化方法解决了什么样的问题。所以就引出了本节内部协变量偏移，英文全称是 Internal covariate shift。

先看一个小例子，一共有 4 个人，每个人手里都有一个用线连接的杯子，上一个人通过这个杯子来对下一个人传达信息，如图 6-10 所示。

图 6-10 消息传递的红杯子效应

第 1 个人告诉第 2 个人“给植物浇水”，第 2 个人告诉第 3 个人“你的裤子里有水”，直到最后一个人听到的信息是“风筝吃猴子”这样让人啼笑皆非的答案，这种滑稽的场景其实蕴含着非常深奥的道理，就是在消息传递的期间，信息被人为地、无意识地降低或者改写了，从而导致了信息传递的失真。解决这种问题的办法当然有很多种，例如更换传输信息质量更好的传输工具，统一讲话者之间的语言等。

其实这种信息失真在神经网络中的每一层同样存在，除了输入层的输入数据外，在神经网络中的中间层都会进行权重的更新，每一层的输出值也会变得不一样，如果在一开始的输出就发生了信息失真，那么随着网络层数的递增，信息失真的程度也会越来越大。神经网络在最初的输入层数据和输出层数据的数据分布的对比如图 6-11 所示，可以看到差别是如此之大。

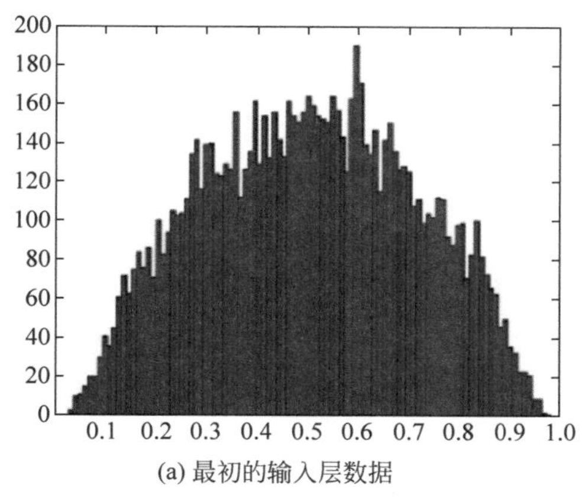

(a) 最初的输入层数据

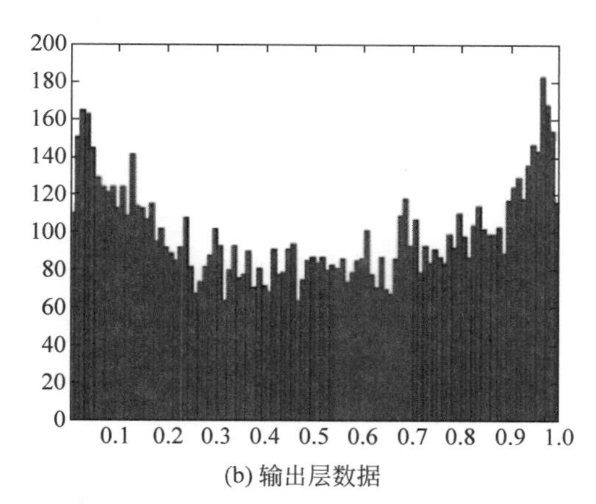

(b) 输出层数据

图 6-11　内部协变量偏移导致的数据分布发生的变化

导致的后果就是神经网络可能会陷入饱和区，使学习速率下降，另外由于数据分布的变化也导致了最佳学习率发生改变，所以只能采取较小的步长进行学习来防止振荡。

其实内部协变量偏移并不是深度神经网络才出现的问题，在传统机器学习中同样存在，在机器学习中把它叫作独立同分布假设(Independent and identically distributed)。它的意思是说只有在满足训练数据集与测试集同一数据分布的假设的前提下才有可能得到较为置信和较为满意的效果。

综上所述，可以把内部协变量偏移总结为两种情况，第 1 种是训练数据与测试数据不遵循同一数据分布；第 2 种是深度神经网络的上一层与下一层不遵循同一数据分布。

6.3　批归一化

批归一化(Batch Normalization，BN)由谷歌于 2015 年提出[1]，这是一个深度神经网络训练的技巧，它不仅加快了模型的收敛速度，而且更重要的是在一定程度上缓解了深层网络中梯度弥散的问题，使训练深层网络模型更加容易和稳定，所以目前 BN 已经成为绝大多数卷积神经网络的标配技巧了。BN 的作用如图 6-12 所示，它把每一层神经网络中原始分散的数据分布都规整化到一个高斯分布的区间内，使得每次的下一层输入都变得“规范”。

从字面意思看来，Batch Normalization 就是对每一批数据进行归一化，确实如此，对于训练中某一个 batch 的数据$\{x_1, x_2, \cdots, x_n\}$，注意这个数据可以是输入也可以是网络中间的某一层输出。在 BN 出现之前，归一化操作一般在数据输入层，对输入的数据进行求均值以及求方差做归一化，BN 的出现打破了这个规定，在网络中任意一层都可以进行归一化处理，因为现在所用的优化方法大多是 min-batch SGD，所以归一化操作就称为批归一化。

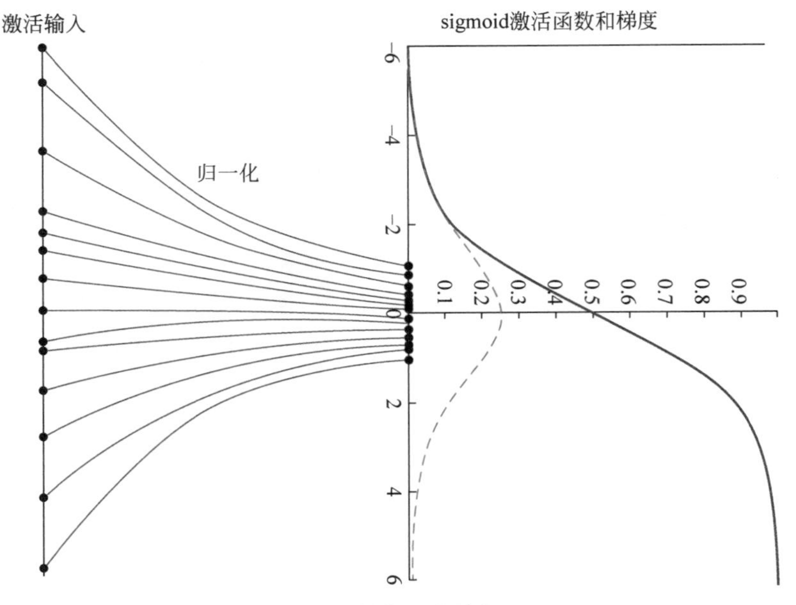

图 6-12 批归一化的作用

6.3.1 为什么需要批归一化

网络一旦训练起来，参数就要发生更新，除了输入层的数据外（因为输入层数据已经人为地为每个样本归一化了），后面网络每一层的输入数据分布是一直在发生变化的，因为在训练的时候，前面层训练参数的更新将导致后面层输入数据分布的变化。以网络第 2 层为例，网络的第 2 层输入是由第 1 层的参数和输入计算得到的，而第 1 层的参数在整个训练过程中一直在变化，因此必然会引起后面每一层输入数据分布的改变。网络中间层在训练过程中数据分布的改变称为内部协变量偏移。BN 的提出就是要解决在训练过程中，中间层数据分布发生改变的情况。

6.3.2 批归一化的工作原理

批归一化的工作原理和工作流程如图 6-13 所示。

BN 主要分为 4 步。第 1 步，求每一个训练批次数据的均值；第 2 步，求每一个训练批次数据的方差；第 3 步，使用求得的均值和方差对该批次的训练数据做归一化，其中 ε 是为了避免除数为 0 所使用的微小正数；第 4 步，尺度变换和偏移。将 x_i 乘以 γ 调整数值大小，再加上 β 增加偏移后得到 y_i，这里的 γ 是尺度因子，β 是平移因子。这一步是

输入：批处理 (mini-batch) 输入x：$\beta=\{x_{1,\cdots,m}\}$

输出：规范化后的网络响应$\{y_i=\mathrm{BN}_{\gamma,\beta}(x_i)\}$

① $\mu_\beta \leftarrow \frac{1}{m}\sum_{i=1}^{m} x_i$ //计算批处理数据均值

② $\mu_\beta^2 \leftarrow \frac{1}{m}\sum_{i=1}^{m} (x_i-\mu_\beta)^2$ //计算批处理数据方差

③ $\hat{x}_i \leftarrow \frac{x_i-\mu_\beta}{\sqrt{\sigma_\beta^2+\varepsilon}}$ //规范化

④ $y_i \leftarrow \gamma\hat{x}_i+\beta=\mathrm{BN}_{\gamma,\beta}(x_i)$ //尺度变换和偏移

⑤ 返回学习的参数γ和β。

图 6-13 批归一化工作流程

BN 的精髓，由于归一化后的 x_i 基本被限制在正态分布下，会使网络的表达能力下降。为解决该问题引入两个新的参数 γ 和 β。二者均是在训练时网络自己学习得到的，如果 $\gamma=\sqrt{\sigma^2+\varepsilon}$，而 $\beta=\mu$，那么就会恢复到之前的原数据。

6.3.3 批归一化的优势

批归一化对于训练神经网络可谓是有诸多好处，下面进行详细的介绍。

第一，批归一化可以解决内部协变量偏移。如果仅做了减均值除方差归一化的操作，那么就会把输入数据都框定在以 0 为中心的一块区域内，如图 6-14 所示。

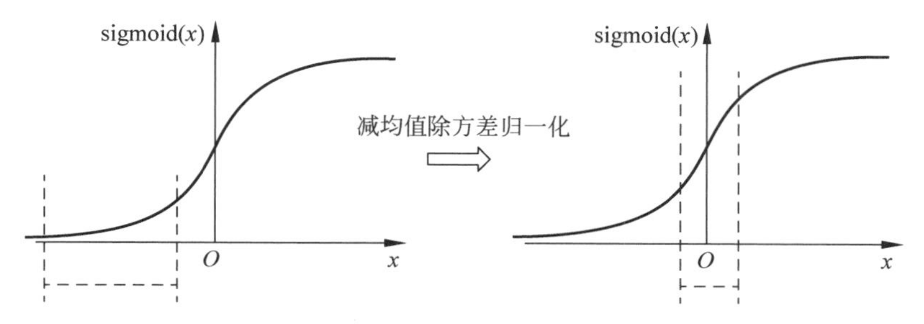

图 6-14　对输入数据减均值除方差归一化在 sigmoid 函数的效果

在这块区域内绝大多数激活函数会存在这样一个问题，函数梯度变化呈线性增长，不能保证数据的非线性变换，从而影响数据的表征能力，降低神经网络的作用。tanh 函数和 ReLU 函数在 0 两侧附近区域范围内函数梯度呈线性变化，如图 6-15 所示。

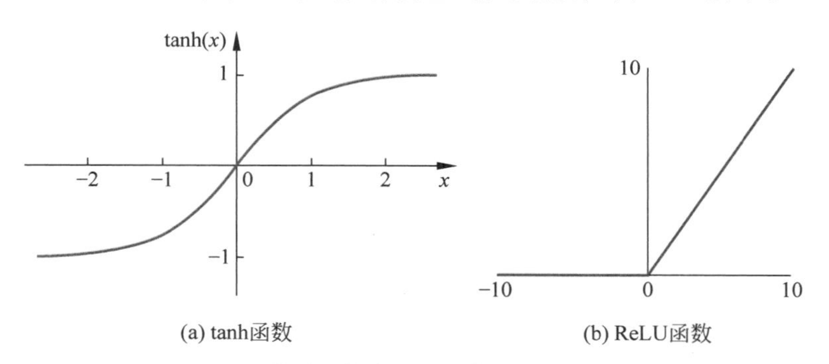

图 6-15　激活函数在 0 区间内梯度呈线性增长

BN 的本质就是利用优化变一下方差大小和均值位置，使新的分布更切合数据的真实分布，保证模型的非线性表达能力。BN 的极端情况就是这两个参数等于 mini-batch 的均值和方差，那么经过批归一化之后的数据和输入的数据分布基本保持一致。批归一化后在 sigmoid 函数上的效果如图 6-16 所示。

第二，批归一化使得梯度变平缓。之前的章节介绍过如果梯度比较平缓就可以使用较大的学习率进行训练，从而使学习速度变快，加速收敛到最优点所需要的时间。不使用批归一化和使用批归一化后的梯度如图 6-17 所示。

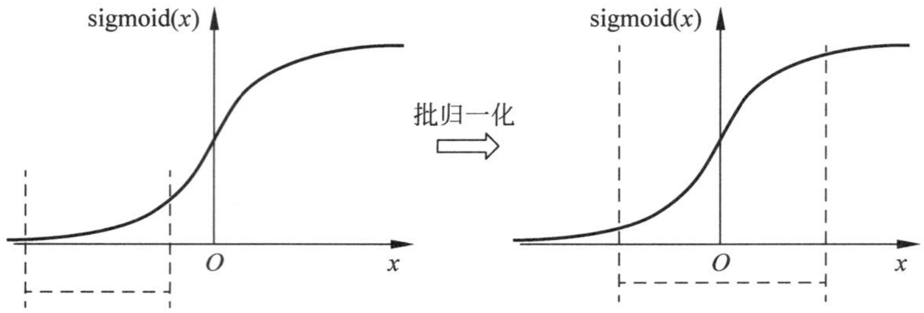

图 6-16 批归一化在 sigmoid 函数上的效果

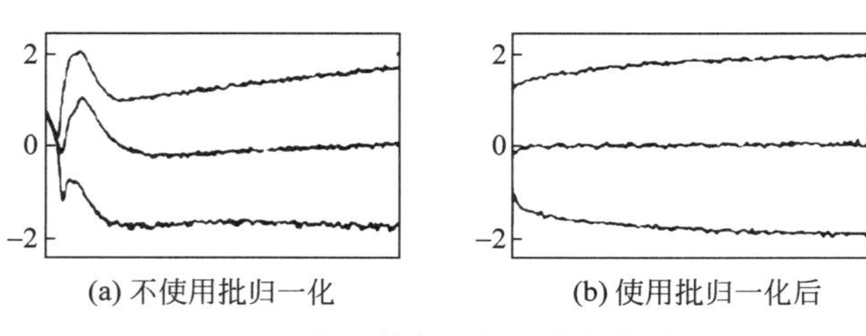

(a) 不使用批归一化　　(b) 使用批归一化后

图 6-17 使用批归一化后梯度的对比

第三，批归一化可以增强激活函数的作用。同样的激活函数使用批归一化和不使用批归一化有着明显的差异，如图 6-18 所示，在使用批归一化技术后可以在更短的时间内达到收敛状态。

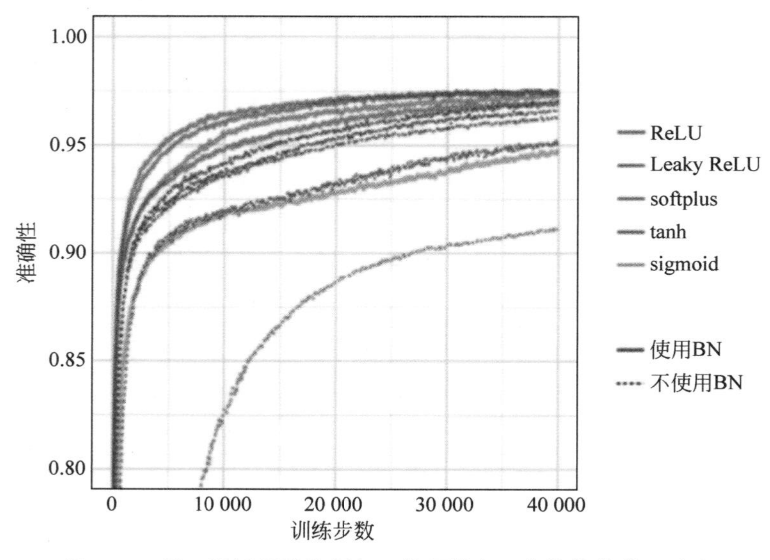

图 6-18 同一激活函数使用与不使用批归一化的收敛效果对比

第四，批归一化可以增强优化器的作用。不使用批归一化训练过程比较振荡、不稳定，但是在对同一优化器使用批归一化后训练曲线变得非常平稳，极大地改善了之前振荡、不稳定的情况，如图 6-19 所示。

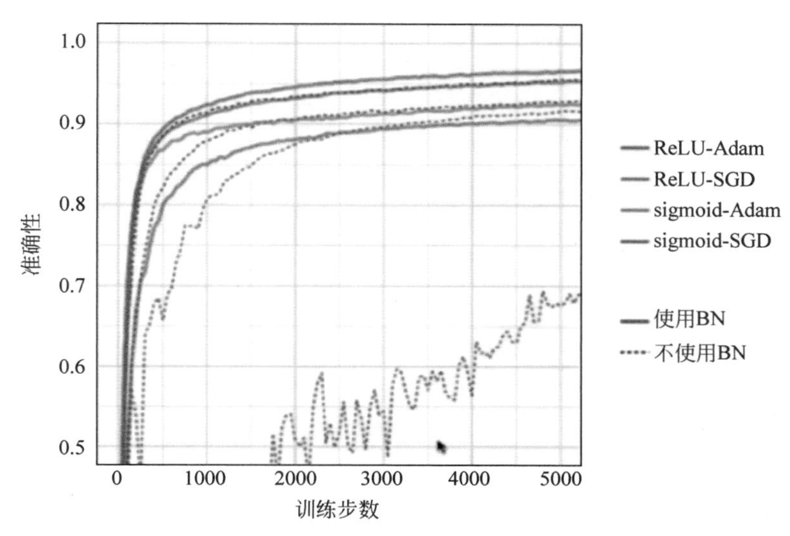

图 6-19 同一优化器使用与不使用批归一化的收敛效果对比

第五，批归一化可以使模型具有正则化效果。采用批归一化技术后可以选择更小的 L2 正则项约束参数，如图 6-20 所示，因为批归一化本身具有提高网络泛化能力的特性。

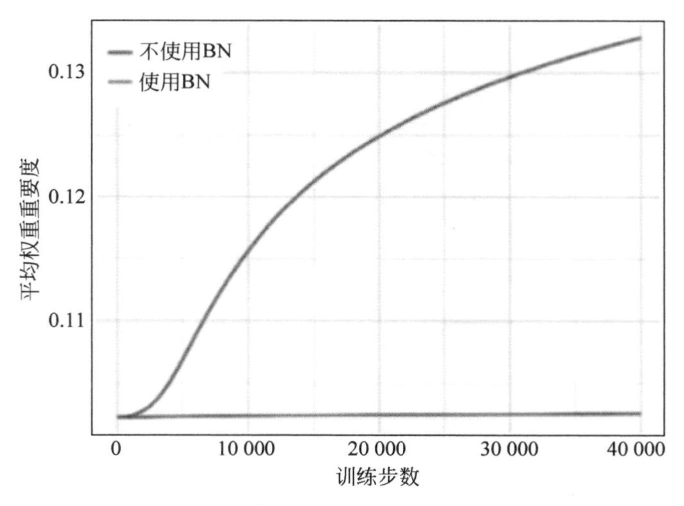

图 6-20 同一正则化参数使用与不使用批归一化的效果对比

6.4 Dropout 正则化及其集成方法思想

Dropout 中文的意思是丢弃，Dropout 技术是 Hinton 在 2014 年提出的针对深度神经网络正则化的一项重要技术，也是神经网络的重要训练技巧[2]。在介绍 Dropout 之前先了解一下什么是特征共适应性。

6.4.1 特征共适应性

当在构建具有一定数量的神经元网络时，理想情况下我们希望每一个神经元作为独立的特征检测器进行工作，如果两个或者更多的神经元重复检测相同的特征，这种现象就叫作共适应性。出现这种现象网络就不能充分地利用计算机的资源和神经网络的容量，因为有重复的神经元在做同样的事情，所以这种神经元的激活冗余是对计算机资源的严重浪费。

究其共适应性的根源，是因为在神经网络训练时会根据梯度的指示引导损失函数向损失值小的方向移动，此时有些神经元的损失值降低是因为其他有依赖的多个神经元的修正使整体损失值降低导致的，并不是该神经元自己产生了修正。而这种共适应性不会对训练数据集之外的数据有泛化作用，所以一定会导致神经网络过拟合。

如果想要打破共适应性，必须要打破神经元之间的这种依赖关系，因此 Dropout 技术应运而生。Dropout 技术随机丢弃一些神经元，使单个神经元每一次的训练可能都会与不同的神经元集合工作，提高了单个神经元在不同的神经元周围环境的性能，阻止某些特征仅在其他特征下才有效果的现象，降低了复杂的共适应性。

6.4.2 Dropout 正则化思想

由于每一次的前向传播中都会随机的删除节点，丢弃的概率是一个超参数，通常设置为 0.5，下一个神经元节点的输出不再依赖于所有的上一层的神经元节点，也就是说在分配权重时会有侧重地分配保留下来的神经元，这种思想其实与正则化的思想非常契合，所以通常也会把 Dropout 归类为正则化技术，如图 6-21 所示。

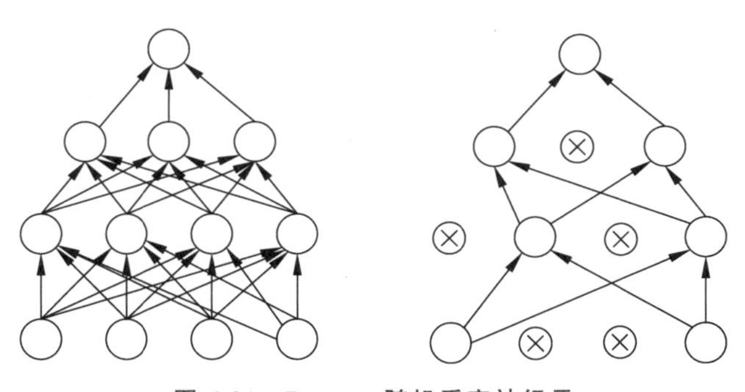

图 6-21　Dropout 随机丢弃神经元

因为使用了 Dropout 技术，所以在每一次训练神经网络时某几个冗余的特征共同作用来进行检测输入数据的现象将大大降低，如图 6-22 所示是一个示例，Dropout 技术将某些建立在其他特征上的冗余特征随机删除、失活，使神经网络其他神经元的效率大大提高。

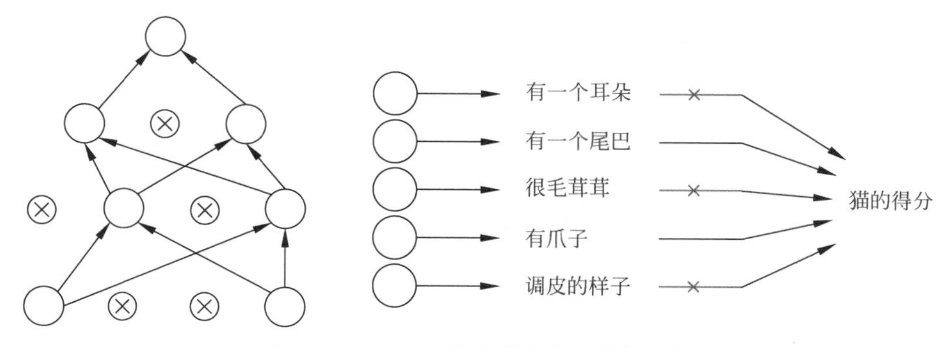

图 6-22 Dropout 防止特征共适应性示意

6.4.3 Dropout 集成思想

同时,Dropout 也体现了集成思想,在集成学习中使用一些较弱的学习器组合形成一个大的学习器后会使得弱学习器的精度大大提高。

在每一次使用 Dropout 后,原始的神经网络都会随机丢弃一些神经元,这使得每次 Dropout 之后神经网络都会不同,而最后的训练结果是由多次训练得来的,因此最终的结果可以看成由多个子网络的集成所得。

6.4.4 预测时需要恢复 Dropout 的随机性

因为神经网络在训练阶段使用了 Dropout 技术按概率 p 随机丢弃了一些神经元,所以在使用训练好的神经网络时需要"平均"这种随机概率 p,使其在预测时同样保持随机,所以在计算结果时需要使用式(6-7)。

$$y=f(x)=E(f(x,z))=\int p(z)f(x,z)\mathrm{d}z \tag{6-7}$$

但是这种积分计算是非常不容易计算的,所以需要另外一种简单的计算方法,来看一个神经元依赖于两个神经元 x、y 的例子,如图 6-23 所示。

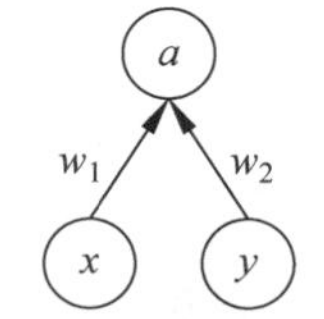

图 6-23 预测时简单计算随机平移示例

如果使用了 Dropout,那么本来依赖于 x、y 的神经元会有概率只依赖于 x 或者只依赖于 y 或者两个都不依赖,因此,x、y 神经元要么出现要么不出现,所以就会有 4 种可能(假设随机丢弃概率为 0.5),把这 4 种可能都相加起来就是 a 神经元可能出现的所有情况。如式(6-8)所示,是神经网络在训练时的所有可能期望。

$$\begin{aligned}E(a)&=\frac{1}{4}(w_1x+w_2y)+\frac{1}{4}(w_1x+0y)+\frac{1}{4}(0x+w_2y)+\frac{1}{4}(0x+0y)\\&=\frac{1}{2}(w_1x+w_2y)\end{aligned} \tag{6-8}$$

在测试时需要把丢弃概率 p 也考虑进来,将神经元的保留概率 $q=1-p$ 与之相乘即可。

第 7 章

卷积神经网络架构

本章将介绍多种深度神经网络的架构，自从深度学习越来越受重视后，神经网络的架构可谓是层出不穷，从 LeNet 到 ResNet 不断地在优化和改进。本章主要介绍四大网络架构，分别是 AlexNet、VGG、GoogLeNet、ResNet。这 4 种网络是目前所有深度网络架构的基石，更多的是在这 4 种主要的网络架构上进行改进，学好它们有助于后续的学习和提高。

7.1 掀起深度学习风暴的 AlexNet 网络架构

首当其冲的就是 AlexNet，它是由 Hinton 的学生在 2012 年提出的，并在 2012 年的 ImageNet 比赛中拔得头筹，相比于上一届比赛大幅度减小错误率，它标志着深度学习的崛起[3]。

7.1.1 卷积神经网络的开端 LeNet

CNN 的开山鼻祖是 LeNet，是由 YannLeCun 在 1997 年设计的神经网络[4]，它是最早的卷积神经网络，网络结构如图 7-1 所示。

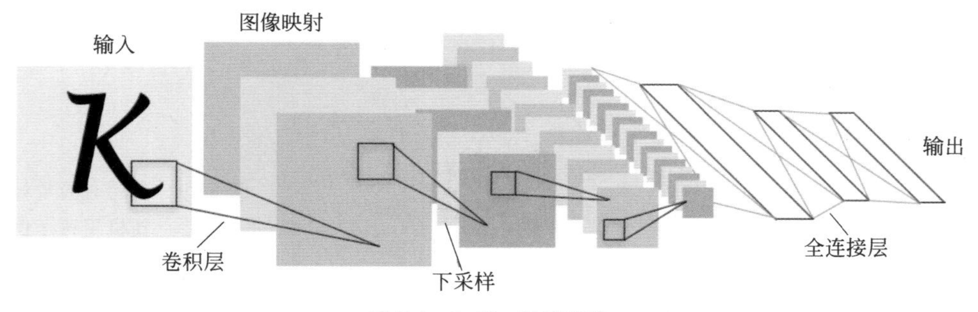

图 7-1 LeNet 网络架构

LeNet 的主要结构由 2 个卷积层、2 个池化层组成，虽然网络结构比较简单，但是对于当时的手写数字识别是一个非常好的算法。

7.1.2　AlexNet 架构

AlexNet 是在 2012 年由 Hinton 的学生 Krizhevsky 提出的，AlexNet 的网络架构如图 7-2 所示。

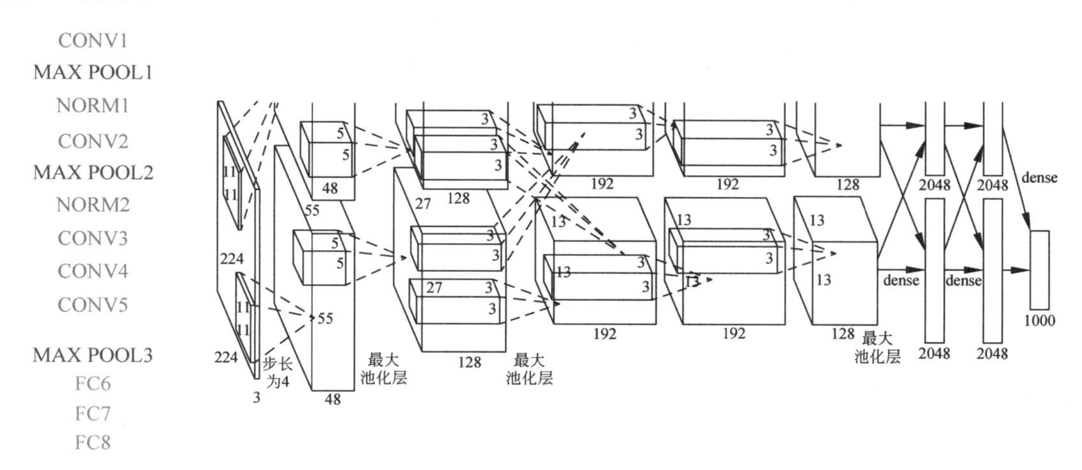

图 7-2　AlexNet 网络架构

AlexNet 由 5 个卷积层、3 个最大池化层、2 个归一化层和 3 个全连接层组成，很明显这个网络结构要比 LeNet 网络复杂得多，所以接下来仔细地分析一下这个网络结构。

在图 7-2 中，AlexNet 的输入标识的是 224×224，但是在实际输入中经过预处理变成了 227×227 的图像，又因为彩色图像一般会分成 3 个通道，所以最终的输入即为 227×227×3。在第 1 个卷积层中，AlexNet 使用了 96 个 11×11、步长为 4 的卷积核，如图 7-3 所示，那么在经过第 1 个卷积层后，得到的特征图的尺寸为(227－11)/4＋1＝55，最后得到的每一个卷积核的特征图是 55×55 的图像，也就是说最后得到的特征图是 96×55×55。因为有 3 个通道，所以在这一层的参数数量为(11×11×3)×96＝34 848≈35k。

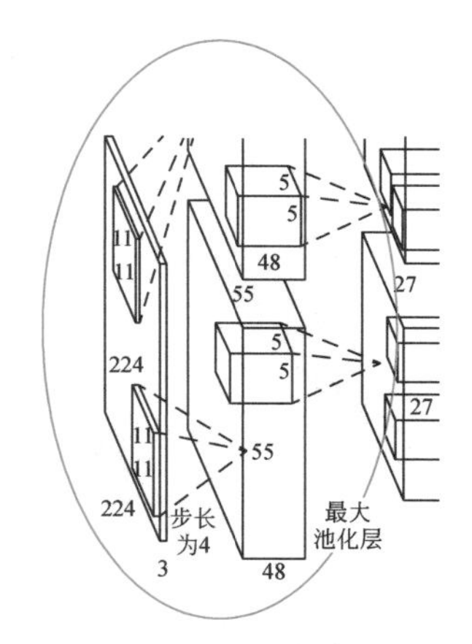

图 7-3　AlexNet 网络的第 1 个卷积层

在第 2 层的最大池化层中，采用大小为 3×3，步长为 2 的最大池化，所以输出得到的图像大小为(55－3)/2＋1＝27，也就是 96×27×27。在这一层中因为没有其他操作，仅做了一个最大池化操作，所以它的参数量为 0。

分析了两个层之后其实 AlexNet 的其他层同理，剩余的其他层的结果如图 7-4 所示。

综上可以得出，在 AlexNet 网络中总共有 6230 万个参数，11 亿个计算单元，卷积层占了不到 6%的参数，却消耗了 95%的计算量。需要注意的是，AlexNet 在卷积层中，使用了

[227×227×3]输入

[55×55×96]CONV1: 96个11×11滤波器，步长4，填充0
[27×27×96]MAX POOL1: 3×3个滤波器，步长2[27×27×96]
NORM1: 归一化层

[27×27×256]CONV2: 256个5×5滤波器，步长1，填充2
[13×13×256]MAX POOL2: 3×3个滤波器，步长2[13×13×256]
NORM2: 归一化层

[13×13×384]CONV3: 384个3×3滤波器，步长1，填充1
[13×13×384]CONV4: 384个3×3滤波器，步长1，填充1
[13×13×256]CONV5: 256个3×3滤波器，步长1，填充1

[6×6×256]MAX POOL3: 3×3个滤波器，步长2

[4096]FC6: 4096全连接

[4096]FC7: 4096全连接

[1000]FC8: 1000全连接(class scores)

图 7-4　AlexNet 网络中每层的详细结构

GPU 分布式运行，这样做的目的是节约运算量，以空间换取时间。如果不参考原作者的结构图，一个比较直观的结构图如图 7-5 所示。

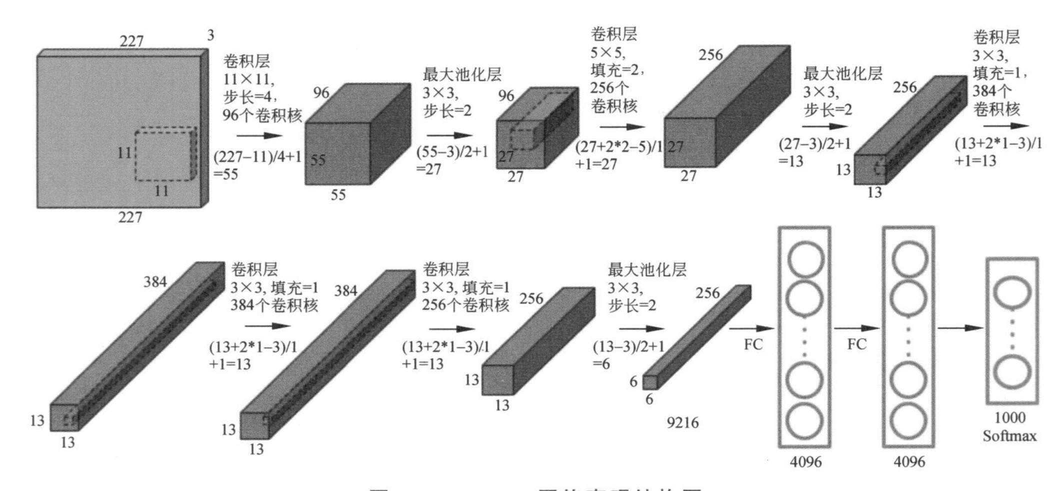

图 7-5　AlexNet 网络直观结构图

7.2　神经网络感受野及其计算

7.2.1　生物学中的感受野

神经网络中的感受野其实是受到生物学中的感受野的启发，来源于生物神经学。Levine 和 Shefner(1991 年)将感受野(Receptive field)定义为“刺激导致特定感觉神经元反应的区域”。换句话说，每个神经元只能感受某个特定区域的刺激。举个例子，用光照射眼睛，或者用热源靠近皮肤，人的眼睛或者皮肤受到外界的刺激会把这种刺激反馈给中枢神经，但并不是由一个神经元来完成这个过程，而是由多个神经元一起组合来完成的，也就是说单个的神经元只能感受某一个或者某几个区域的刺激。每个神经元所能够接收到刺激的区域就叫作感受野。如图 7-6 所示，该图是皮肤疼痛范围的感受区域，图中的 3 块疼痛感受野分别由 3 个疼痛感受细胞承接，而每个疼痛细胞的感受野又被疼痛细胞本身的感受范围所制约。

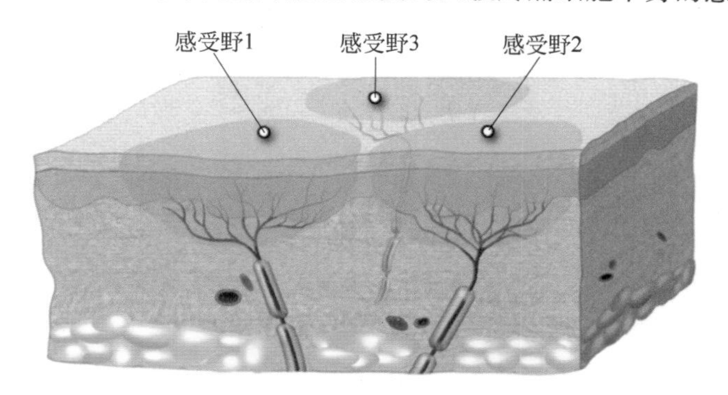

图 7-6　皮肤疼痛细胞的感受野

7.2.2　CNN 中的感受野

神经网络中的感受野如图 7-7 所示，经过一个卷积核的卷积操作后，原始的 3×3 图像被卷积为一个 1×1 的图像点，那么对于这个 1×1 的图像点来说它的感受野就是原始的 3×3 图像。

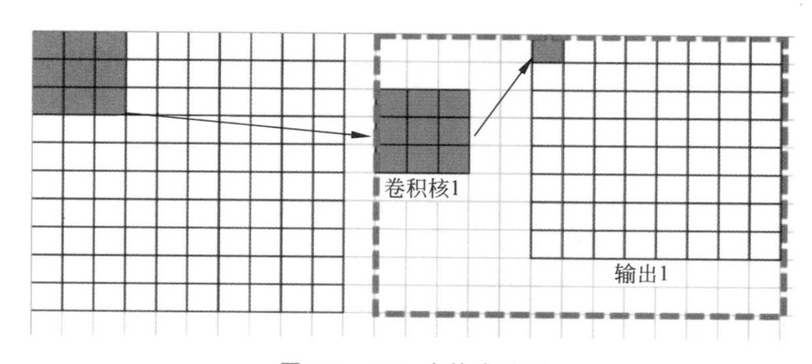

图 7-7　CNN 中的感受野

如图 7-8 所示，原始图像是 5×5 且填充为 1 的图像，对其使用步长为 2，3×3 的卷积核进行卷积操作，最终 3×3 图像中的每一个像素的感受野大小均是 3×3。而后对特征图再进行一次步长为 1，2×2 的卷积核卷积，它的感受野大小是 7×7。由此可见，卷积层越深，感受野越大。

保持每次卷积后的特征图不变，将抽取的特征点放置在原图像的中间位置，可以更好地理解感受野的概念，如图 7-9 所示。

通过图 7-8 和图 7-9 我们来总结一下感受野的几个规律：第一，初始卷积层的输出特征

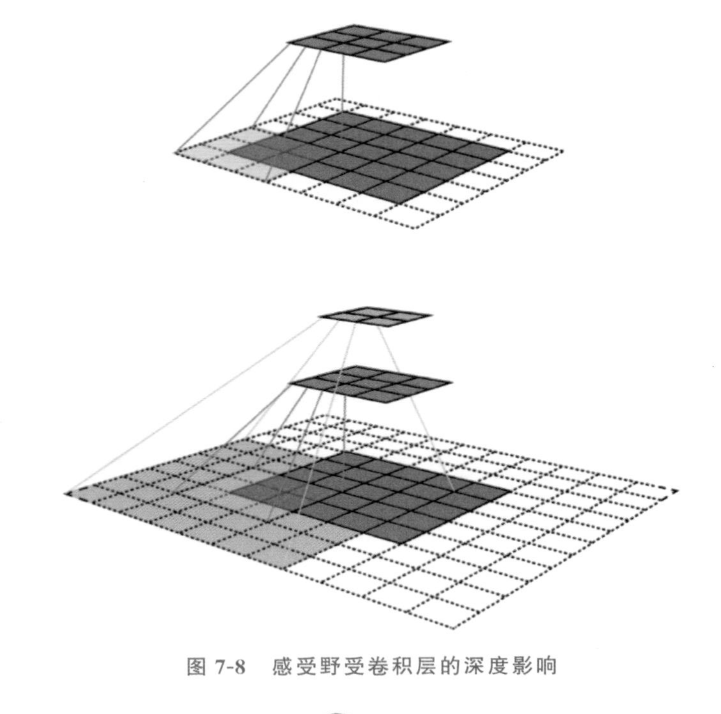

图 7-8 感受野受卷积层的深度影响

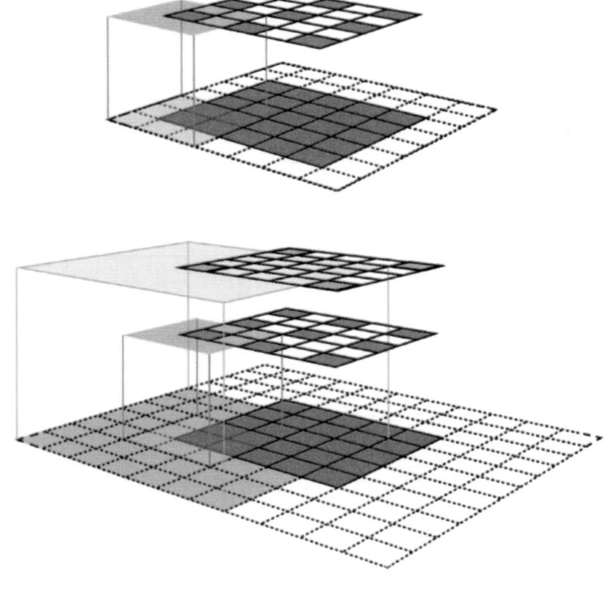

图 7-9 感受野形象认识

图一个像素的感受野的大小等于卷积核的大小；第二，深层卷积层的感受野大小和它之前所有层的卷积核大小和步长有关；第三，计算感受野大小时，不受图像填充边缘的影响。

知道了感受野的几个规律后，接下来需要计算感受野的大小，感受野的计算公式如式(7-1)～式(7-3)所示。

$$n_{\text{out}}=\left\lfloor\frac{n_{\text{in}}+2p-k}{s}\right\rfloor+1 \tag{7-1}$$

$$j_{\text{out}}=j_{\text{in}}\times s \tag{7-2}$$

$$r_{\text{out}}=r_{\text{in}}+(k-1)\times j_{\text{in}} \tag{7-3}$$

$$\text{start}_{\text{out}}=\text{start}_{\text{in}}+\left(\frac{k-1}{2}-p\right)\times j_{\text{in}} \tag{7-4}$$

式(7-1)计算经过卷积核计算后的特征图的大小，n_{in} 是输入图像大小，p 是填充大小，k 是卷积核的大小，s 是卷积核的步长。式(7-2)计算输出特征图特征之间的间隔，如果是原始图像，那么 $j_{\text{in}}=1$。式(7-3)计算感受野的大小，r_{in} 是前一层感受野的大小，j_{in} 代表的是特征之间的间隔。式(7-4)计算输出特征第 1 个点的中心坐标。

下面举个例子，如图 7-10 所示。

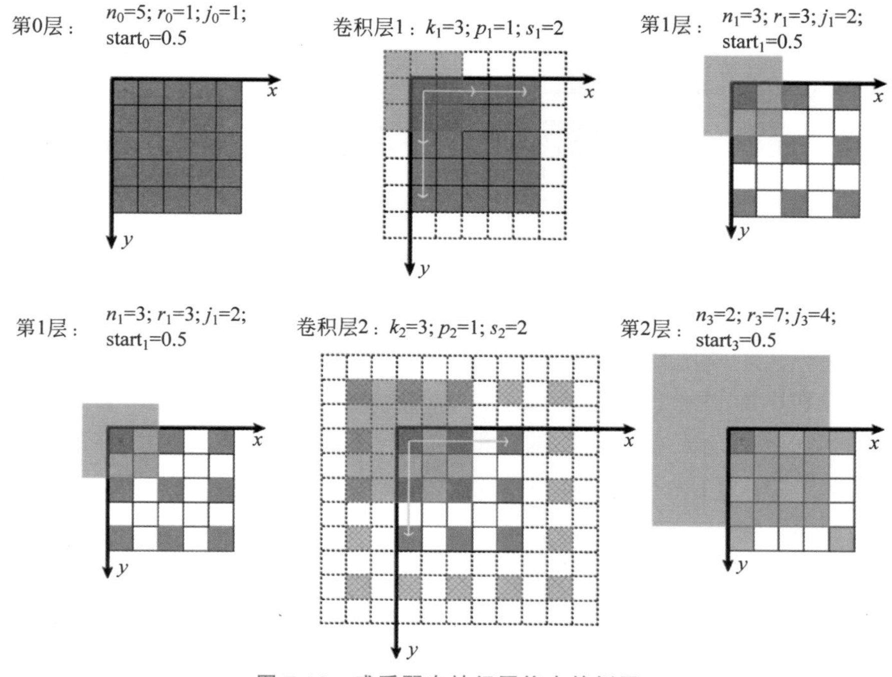

图 7-10　感受野在神经网络中的例子

$$n_1=\frac{n_0+2p_1-k_1}{s}+1=\frac{5+2\times 1-3}{2}+1=3$$

$$j_1=j_0\times s=1\times 2=2$$

$$r_1=r_0+(k_1-1)\times j_0=1+(3-1)\times 1=3$$

$$\text{start}_1=\text{start}_0+\left(\frac{k_1-1}{2}-p_1\right)\times j_0=0.5+\left(\frac{3-1}{2}-1\right)\times 1=0.5$$

n_3、r_3、j_3 和 start_3 以此类推。最终得到，经过两个卷积层，感受野大小为 7。

7.3 VGGNet 网络结构相比较 AlexNet 的优势

7.3.1 VGGNet 简介

VGGNet 是牛津大学提出的一种网络结构[5]，在 2014 年的 ImageNet 视觉挑战大赛中获得了冠军。历届 ImageNet 大赛获奖冠军使用的网络信息如图 7-11 所示。

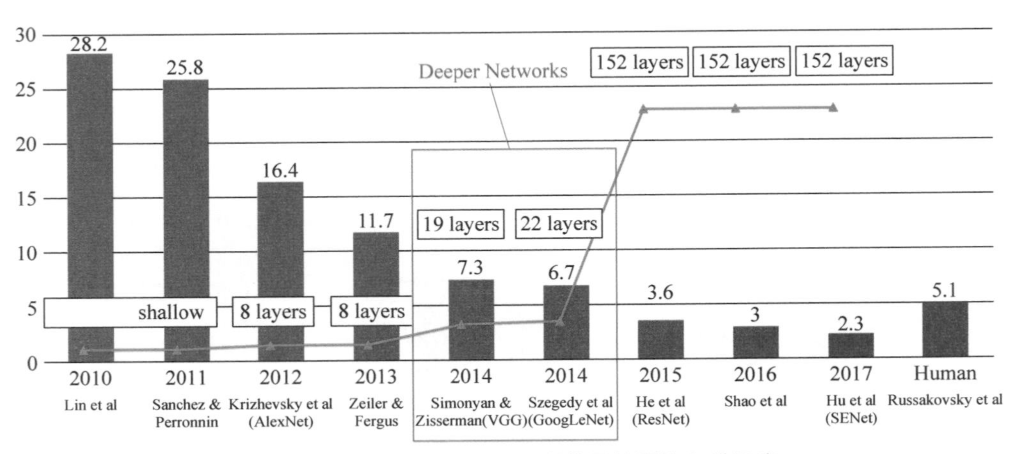

图 7-11 历届 ImageNet 冠军所使用的网络和错误率

目前 VGGNet 中最常使用的 VGGNet-16 的网络结构图如图 7-12 所示，可以看到其网络由 2 个通道数是 64 的 224×224(卷积输出特征图大小)的卷积层，2 个通道数是 128 的 112×112 的卷积层，3 个通道数是 256 的 56×56 的卷积层，3 个通道数是 512 的 28×28 的卷积层，3 个通道数是 512 的 14×14 的卷积层，1 个通道数是 4096 的全连接层，1 个通道数是 4096 的全连接层，1 个通道数是 1000 的全连接层加一个 Softmax 层组成的。

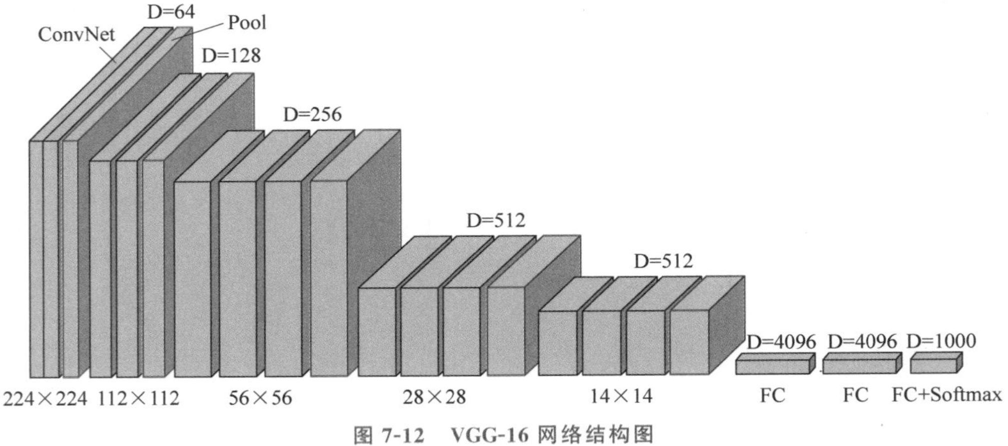

图 7-12 VGG-16 网络结构图

2+2+3+3+3+1+1+1=16，VGG-16 就是这样由来的。

当然，VGGNet 除了 16 层的网络结构还有其他样式的网络结构，但是在这些网络中性能比较好且参数又适中的只有 VGG-16，如图 7-13 所示。

ConvNet Configuration					
A	A-LRN	B	C	D	E
11 weight layers	11 weight layers	13 weight layers	16 weight layers	16 weight layers	19 weight layers
input(224×224 RGB imag)					
conv3-64	conv3-64 **LRN**	conv3-64 **conv3-64**	conv3-64 conv3-64	conv3-64 conv3-64	conv3-64 conv3-64
maxpool					
conv3-128	conv3-128	conv3-128 **conv3-128**	conv3-128 conv3-128	conv3-128 conv3-128	conv3-128 conv3-128
maxpool					
conv3-256 conv3-256	conv3-256 conv3-256	conv3-256 conv3-256	conv3-256 conv3-256 **conv1-256**	conv3-256 conv3-256 **conv3-256**	conv3-256 conv3-256 conv3-256 **conv3-256**
maxpool					
conv3-512 conv3-512	conv3-512 conv3-512	conv3-512 conv3-512	conv3-512 conv3-512 **conv1-512**	conv3-512 conv3-512 **conv3-512**	conv3-512 conv3-512 conv3-512 **conv3-512**
maxpool					
conv3-512 conv3-512	conv3-512 conv3-512	conv3-512 conv3-512	conv3-512 conv3-512 **conv1-512**	conv3-512 conv3-512 **conv3-512**	conv3-512 conv3-512 conv3-512 **conv3-512**
maxpool					
FC-4096					
FC-4096					
FC-1000					
soft-max					

图 7-13　VGG 网络家族图

以最常用的 VGG16，即图 7-13 中的 D 为例简单描述一下，卷积层数量分别是 2、2、3、3 和 3，按照相同通道分组，通道数分别是 64、128、256、512 和 512，最后是 3 个全连接层。

我们分析 VGG 网络家族图可以知道，在众多网络中只有 VGG-16 和 VGG-19 的性能比较优异，究其原因是它们都采用了 3×3 大小的卷积核，所以可以看出 3×3 大小的卷积核发挥了巨大的作用。

7.3.2　VGGNet 与 AlexNet 网络结构对比

VGGNet 除了层数比 AlexNet 多外，不管是 VGG-16 还是 VGG-19，其使用的均是堆叠的 3×3 的卷积核，而非 AlexNet 的 11×11 或者 5×5 的卷积核，如图 7-14 所示。

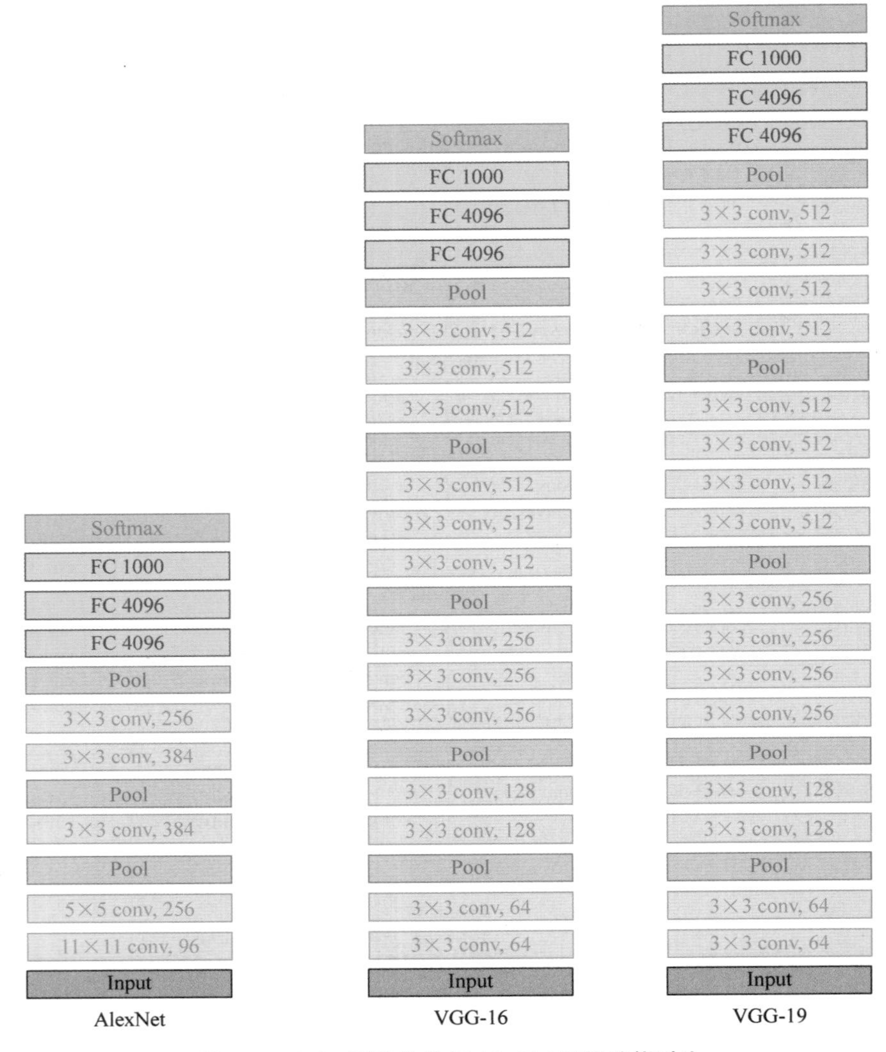

图 7-14　VGG 网络结构与 AlexNet 网络结构对比

那么为什么 VGG 使用堆叠的小卷积核会比大卷积核的效果要好呢？这里我们使用 7.2 节中感受野的知识点来回答。把 3 个 3×3 的卷积核堆叠起来：第 1 个 3×3 的卷积核的感受野是 3×3；第 2 个 3×3 的卷积核的感受野是 5×5；第 3 个 3×3 的卷积核的感受野是 7×7。也就是说，经过 3 次卷积运算后其对原始图像的感受野是 7×7 的，相当于一个 7×7 的卷积核的感受野。但是为什么不直接使用一个 7×7 的卷积核呢？原因是虽然 3 个 3×3 的卷积核的感受野与 1 个 7×7 的卷积核的感受野一样，但是前者可以经过 3 次激活函数的非线性变换，比 1 次非线性变化得到的特征抽象程度更高，因为经过了两次非线性，其非线性复杂度更高。除此之外，使用小的卷积核还能够节省参数量，例如上一层的特征图的通道数是 C 个，那么 3 个 3×3 卷积核的参数量是 $3\times(C\times(3\times3\times C))=27C^2$，1 个 7×7

卷积核的参数量是 $C\times(7\times7\times C)=49C^2$。而这样做的唯一缺点就是在神经网络进行反向误差传播时需要更多的存储单元来储存中间节点参数。

总结一下,采用多个小卷积核而非单一的大卷积核可以进行多次非线性变换提高卷积核对特征的抽取,除此之外参数量更少,方便计算和存储。

VGG-16 网络结构每一层的参数量如图 7-15 所示,需要说明的是,在训练该网络时大部分的内存开销在开始的卷积层,大部分的参数在最后的 3 个全连接层。

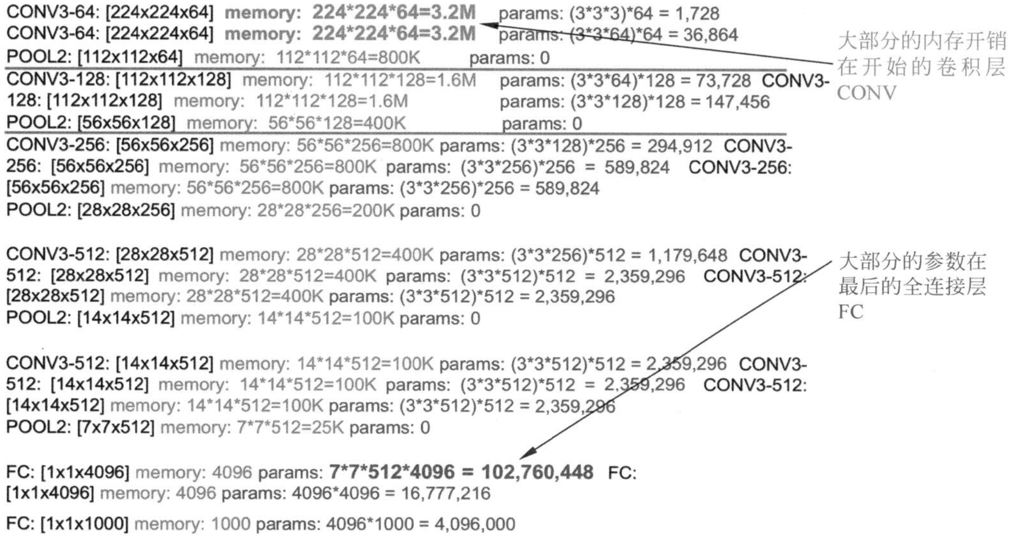

CONV3-64: [224x224x64] memory: 224*224*64=3.2M params: (3*3*3)*64 = 1,728
CONV3-64: [224x224x64] memory: 224*224*64=3.2M params: (3*3*64)*64 = 36,864
POOL2: [112x112x64] memory: 112*112*64=800K params: 0
CONV3-128: [112x112x128] memory: 112*112*128=1.6M params: (3*3*64)*128 = 73,728 CONV3-128: [112x112x128] memory: 112*112*128=1.6M params: (3*3*128)*128 = 147,456
POOL2: [56x56x128] memory: 56*56*128=400K params: 0
CONV3-256: [56x56x256] memory: 56*56*256=800K params: (3*3*128)*256 = 294,912 CONV3-256: [56x56x256] memory: 56*56*256=800K params: (3*3*256)*256 = 589,824 CONV3-256: [56x56x256] memory: 56*56*256=800K params: (3*3*256)*256 = 589,824
POOL2: [28x28x256] memory: 28*28*256=200K params: 0

CONV3-512: [28x28x512] memory: 28*28*512=400K params: (3*3*256)*512 = 1,179,648 CONV3-512: [28x28x512] memory: 28*28*512=400K params: (3*3*512)*512 = 2,359,296 CONV3-512: [28x28x512] memory: 28*28*512=400K params: (3*3*512)*512 = 2,359,296
POOL2: [14x14x512] memory: 14*14*512=100K params: 0

CONV3-512: [14x14x512] memory: 14*14*512=100K params: (3*3*512)*512 = 2,359,296 CONV3-512: [14x14x512] memory: 14*14*512=100K params: (3*3*512)*512 = 2,359,296 CONV3-512: [14x14x512] memory: 14*14*512=100K params: (3*3*512)*512 = 2,359,296
POOL2: [7x7x512] memory: 7*7*512=25K params: 0

FC: [1x1x4096] memory: 4096 params: 7*7*512*4096 = 102,760,448 FC: [1x1x4096] memory: 4096 params: 4096*4096 = 16,777,216
FC: [1x1x1000] memory: 1000 params: 4096*1000 = 4,096,000

大部分的内存开销在开始的卷积层 CONV

大部分的参数在最后的全连接层 FC

图 7-15 VGG-16 网络每一层的参数信息

7.4 GoogLeNet 1×1 卷积核的深刻意义及其作用

7.4.1 深度神经网络的缺陷

我们知道在设计神经网络时最保险的就是增加网络的深度和宽度,增加深度就是要设计更多的网络层数,增加宽度就是增加卷积核的个数。但是网络越深越宽容易出现两个缺陷,第一,参数太多,在训练数据集有限的情况下容易出现过拟合;第二,网络越大计算复杂度越高。

GoogLeNet 在保证神经网络的深度和宽度的情况下有效地减少参数个数,从而实现一个高效的网络结构。决定其高效性能的重要组成结构有 3 个,分别是 1×1 卷积核、使用赫布规则指导思想的初始化模块和全局平均汇集。说到 1×1 卷积核的作用还要从特征图讲起。

7.4.2 多通道卷积中特征图映射太多的问题

如图 7-16 所示,对于一个 RGB 3 通道的 32×32×3 的图像,如果使用 6 个 5×5 的卷积核对其进行卷积，可以获得 6 个单独的特征图，而这些特征图的尺寸均是 28×28×1，将 6 张特征图堆叠也就是 28×28×6 尺寸的特征图，可见特征图的数据量只跟卷积核的数量有关，跟原始图像的通道无关。

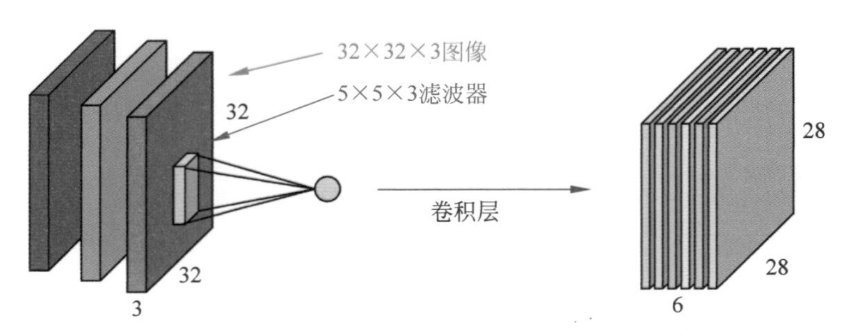

图 7-16 图像经卷积核得到特征图

在设计神经网络时，卷积核的数量会随着层数的增加而增加，这样会导致神经网络的深层原始图像经过大量的卷积核卷积后其特征图数量也急剧增加。而池化层并不会改变模型中卷积核的数量，也就不会改变输出特征图的数量，所以需要一种类似池化层的装置来减少特征图的深度（数量）。

7.4.3 1×1 卷积核卷积过程

由 1×1 卷积核所得到的特征图如图 7-17 所示。可以看到，卷积核输出的特征图与原始图像的长宽并没有改变，只是改变了图像的深度，就像压缩了一样。

本质上 1×1 卷积核是对原始图像的一种线性加权，提供了一种对原始图像抽象、总结的办法。采用 1×1 卷积核实际上也是对原始特征的下采样，1×1 卷积核可以控制特征图在卷积后的深度，也就是说可以增加特征图的数量。那么，如果 1×1 卷积核的个数比原始特征图的数量多，则为上采样，反之就是下采样，如图 7-18 所示。

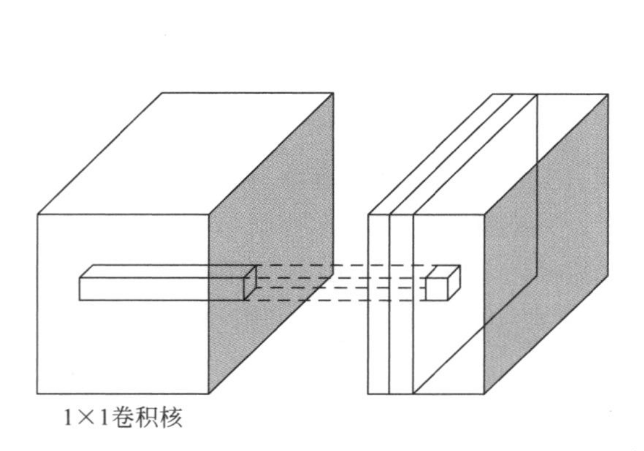

图 7-17 1×1 卷积核得到的特征图

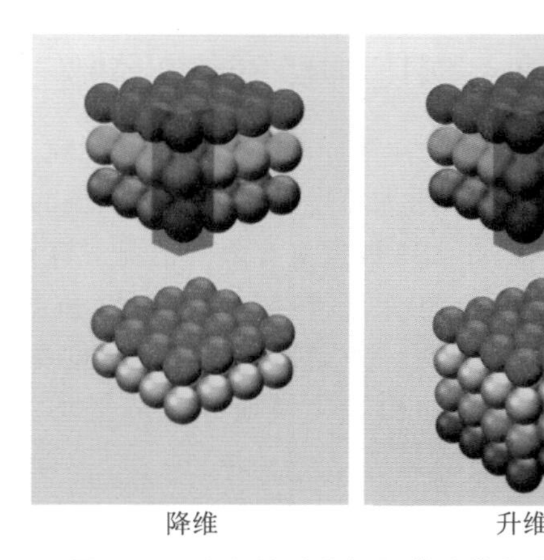

图 7-18 卷积核对特征图的降维和升维作用

1×1 卷积核除了有降维、升维的作用还有减少运算量的作用，图 7-19 为不使用 1×1 卷积核时的运算量与使用后的运算量的对比。

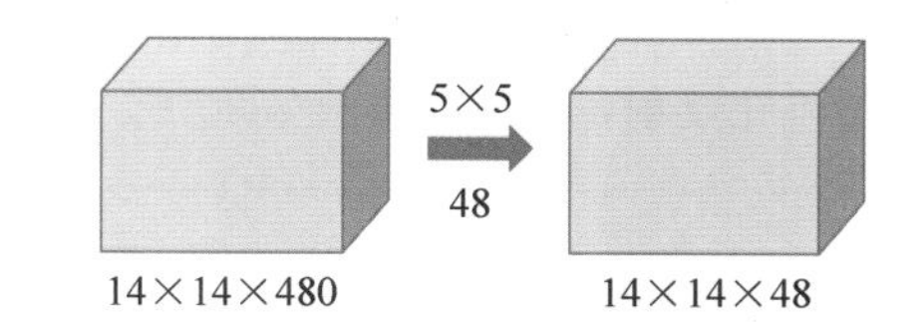

操作次数=(14×14)⊙(5×5)×480×48=112.9M

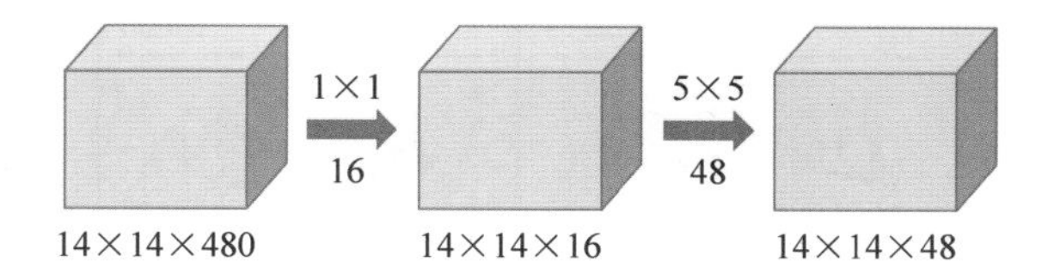

1×1的操作次数=(14×14)⊙(1×1)×480×16=1.5M

5×5的操作次数=(14×14)⊙(5×5)×16×48=3.8M

图 7-19　1×1 卷积核的节省运算的作用

由图 7-19 可知，在使用 5×5 卷积核卷积时，5×5 的卷积核需要对 480 个 14×14 的图像进行 48 次卷积操作，单个图像卷积次数为 $14\times14\left(\frac{14-5+2\times2}{1}+1=14\right)$，2 个填充，每次卷积有 5×5 的乘法操作，所以共有 14×14×5×5＝48 个卷积核，每个卷积核有 480 个输入通道，所以最后总共为 14×14×5×5×48×48＝112 896 000≈112.9M，得到的参数量是 112.9M；而使用 1×1 卷积核后先进行 1×1 卷积，再进行 5×5 卷积，参数量只有 1.5M＋3.8M＝5.3M，远远小于 112.9M。所以，1×1 卷积核可以减少模型特征图个数，在某种程度上也可以达到降低过拟合的作用。

7.5　GoogLeNet 初始模块设计指导思想

本节介绍 GoogLeNet 初始模块，而指导初始模块的思想就是大名鼎鼎的赫布规则。GoogLeNet 非常高效，原因就是它使用稀疏层替换完全连接层，有时甚至是在卷积内。

它来源于一项重大的理论突破，由 S. Aroa、A. Bhaskara、R. Ge 和 T. Ma 等人在 *Provable Bounds for Learning Some Deep Representations*[6] 提出。在这篇论文中有一个很重要的结论，“如果数据集的概率可以由大的、非常稀疏的神经网络结构表示，则可以通过分析前一层激活的相关统计和具有高度相关输出的聚类神经元来逐层构建最优的网络拓扑”。

这句话的意思就是把高度相关的神经元进行聚类，然后逐层地构建深度网络结构。而这篇论文的根源就是赫布规则（Hebbian principle），激发的神经元连接会加强，反之则减弱。

7.5.1　赫布学习规则

我们来简单介绍一下赫布规则，赫布规则是一个神经科学理论，解释了在学习过程中大脑中神经元的变化，描述了突触可塑性原理，即突触前神经元向突触后神经元的持续重复的刺激，可以导致突触传统效能的增加。此理论又称为细胞集结理论，是神经科学非常重要的发现。

赫布规则其实受巴甫洛夫条件反射的影响，如图 7-20 所示。

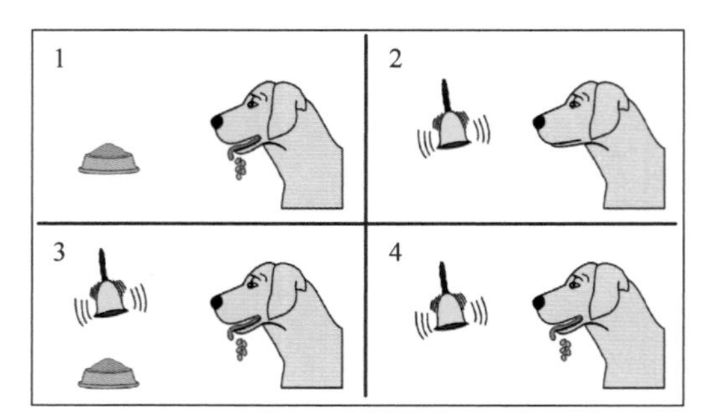

图 7-20 巴甫洛夫条件反射

在给狗喂食时，狗由于条件反射会流口水，但是如果单独对其进行铃铛响声的刺激时狗不会流口水，之后每次喂食我们都给它一个铃铛的刺激，长此以往，尽管没有食物只有铃铛响声狗也会流口水了。

那么该如何解释这种现象呢？当神经元接受刺激时会产生兴奋，然后将兴奋传递给多个神经元，如果这种兴奋被多次传递，那么相关的神经元的连接将被加强，当连接达到一定的阈值时，不同的神经元之间便产生了新的回路。

7.5.2 人工神经网络中的赫布学习规则

在人工神经网络中，神经元网络图中相应的权重变化可以看作模仿突触间传递作用的变化。如果两个神经元同步激发，它们的权重增加；如果单独激发，权重减少。那么我们在深度神经网络中该如何应用赫布规则呢？如图 7-21 所示。

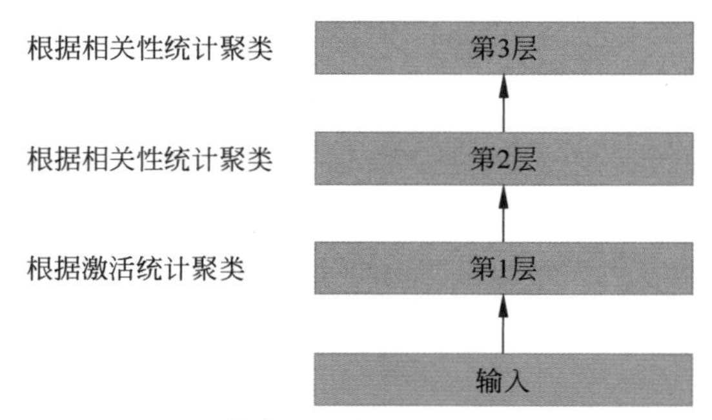

图 7-21 赫布规则在深度网络中的应用

在第 1 层根据神经元是否被激活进行统计，然后在以后的每一层根据神经元之间的相关性进行聚类即可。

在图像中使用赫布规则时往往会根据 3 个原则，第一，在图像中相关性通常是局部的，例如对于图像中的颜色，只有在局部区域才是一个颜色，但是如果跨度很大它的颜色反而不会相似；第二，使用1×1卷积核来覆盖非常局部的簇，使用3×3卷积核来覆盖大范围的局部簇，使用5×5卷积核来覆盖更大范围的局部簇，如图7-22所示；第三，将多个卷积核输出按深度连接在一起，如图7-23所示。

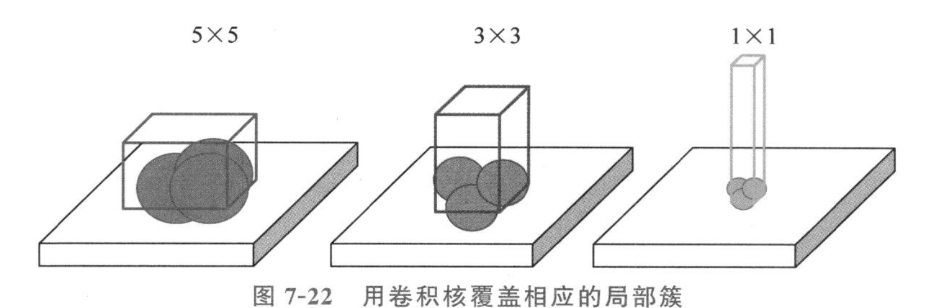

图7-22　用卷积核覆盖相应的局部簇

最后在GoogLeNet中融合了上述的所有思想，得到了非常高效的初始模块(Inception modules)，如图7-24所示。

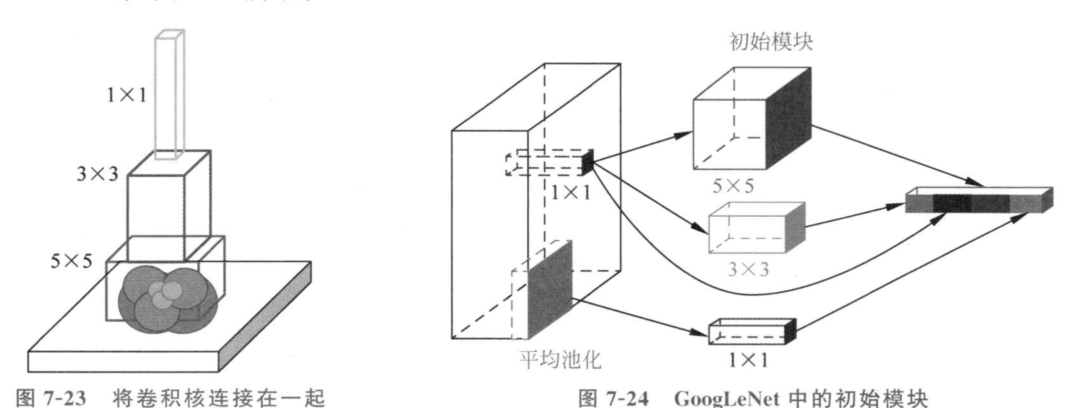

图7-23　将卷积核连接在一起

图7-24　GoogLeNet中的初始模块

7.6　透彻理解GoogLeNet全景架构

7.5节提到使用1×1、3×3、5×5卷积核组成的初始模块是为了提取局部相关性，对其进行聚类，除此之外，还有个更为现实的原因，对某个图像而言其到底是应用1×1、3×3还是5×5的卷积核是有不同效果的，那么到底哪种方式才能更好地提取图像的抽象特征呢？使用初始模块将多个类型尺寸的卷积核并行应用在图像中，让初始模块自己决定卷积的最佳配置。这一重要思想也正是初始模块最核心所在。

7.5节介绍了朴素版本的初始化模块(Naïve inception module)，如图7-25所示。

它由1×1、3×3、5×5卷积核和一个最大池化层及在最后将卷积层串联拼接起来的拼接层组成，虽然可以提取图像的局部信息，但是由于计算量庞大导致了计算复杂度太高，影响了后续训练的效率，朴素版初始模块的计算量如图7-26所示。

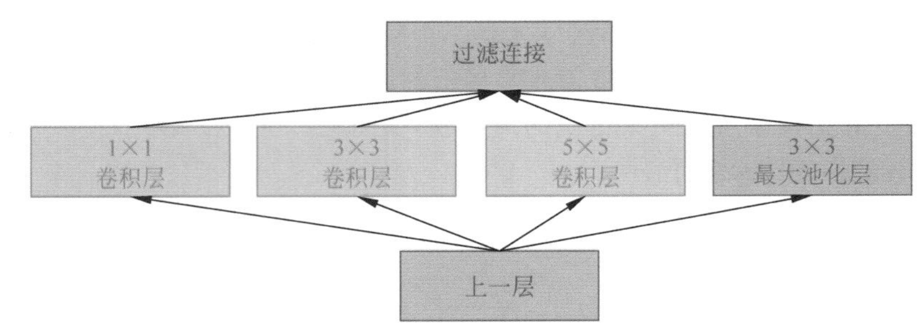

图 7-25 GoogLeNet 中朴素版本初始模块

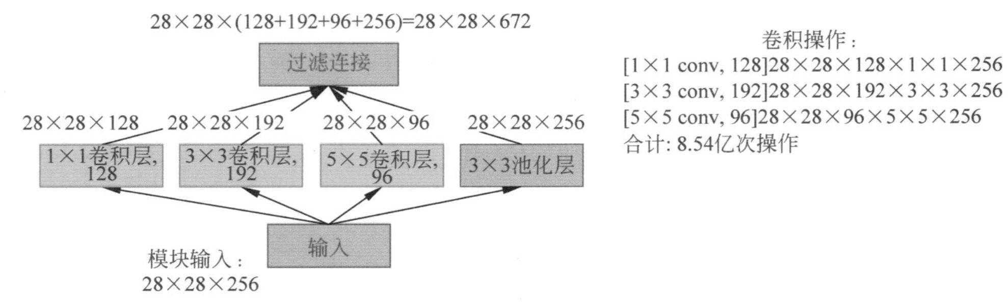

图 7-26 朴素版本初始模块计算量

输入是 256 个通道的 28×28 尺寸的图像，经过 128 个 1×1 的卷积核后的特征图尺寸是 28×28×128，在这一步中的计算量为 28×28×1×1×256×128；经过 192 个填充为 1、步长为 1 的 3×3 卷积核卷积后特征图尺寸为 28×28×192，在这一步中的计算量为 28×28×3×3×256×192；经过填充为 2、步长为 1 的 5×5 卷积核卷积后特征图尺寸为 28×28×96，这一步的计算量为 28×28×5×5×256×96；经过 3×3 大小的池化层后特征图尺寸变为 28×28×256，在这一步中的计算量为 0；加起来总共的计算量约为 8.54 亿次操作，这是非常庞大的，尽管在这其中使用了池化层技术降低了特征图的深度，但是这意味着拼接后的总深度在每一层都会增加，这非常可怕。

解决的办法就是使用 1×1 卷积核的“瓶颈层”。使用 1×1 卷积核的“瓶颈层”主要是可以减少特征图的数量，除此之外还能额外地增加非线性变化的效果，如图 7-27 所示。

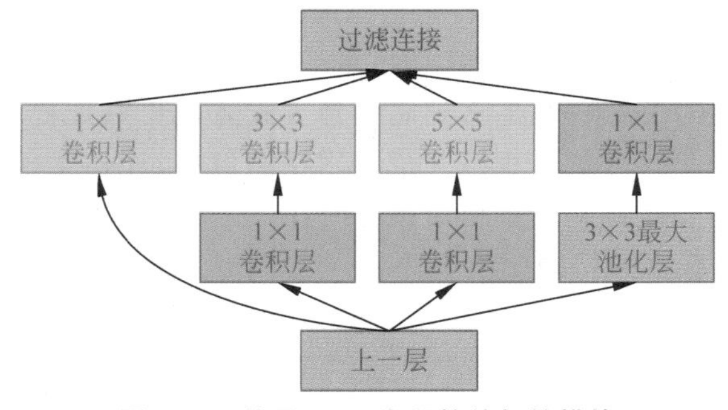

图 7-27 使用 1×1 卷积核的初始模块

添加 1×1 卷积核的初始模块具有降维的作用。下面我们来看一下升级版本的初始模块的计算量是多少，如图 7-28 所示。

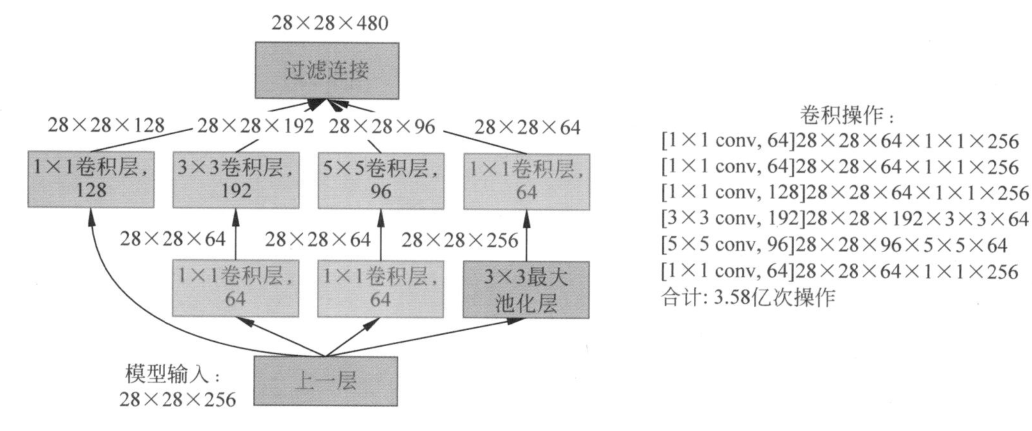

图 7-28　使用 1×1 卷积核的初始模块计算量

比较图 7-28 与图 7-26 可以发现，升级版本的初始模块将本来是 8.54 亿次的计算量降到了 3.58 亿次，大大节省了计算资源。如果将此版本的初始模块堆叠，每一层的特征图数量均可以在上一层的基础上减少，如图 7-29 所示。

在 GoogLeNet 中除了创新性地使用初始模块外，另一个比较重大的创新就是将网络最后的全连接层替换为全局平均池化层，直接实现了降维，更重要的是极大地节省了网络的参数，我们知道在神经网络最后的全连接层参数其实是整个网络占比最高的，通过这一技术直接可以大幅度地节省参数数量，如图 7-30 所示。

举个例子，原始输入是 7×7×1024 的图像，在经过 1024 个神经元节点的全连接层后的计算量是 7×7×1024×1024＝5130 万，但是在使用全局平均池化层后参数量瞬间降到了 0，如图 7-31 所示。

正如 GoogLeNet 原始论文中所说的那样，经过全局平均池化层的技术后，将最后的分类精度提高了约 0.6%，可见这一技术是非常有效的。

学习了 GoogLeNet 网络中两个关键的技术后，来看一下 GoogLeNet 的全局网络结构的详细信息，如图 7-32 所示。

由图 7-32 可知，将 depth 列中所有不为 0 的层数相加为 22，即为 GoogleNet 的层数，其中包含了 9 个初始模块。需要特别说明的是，在 GoogleNet 网络中包含了两个额外的辅助分类输出，如图 7-33 所示。

这两个辅助分类模块有两个作用，第一，辅助分类模块是将网络中的中间层参数作为一个较小的权重参与最后的分类，例如占比 30%，这样可以使网络中的中间层更具有辨别力，提取更好的特征，相当于做了模型融合；第二，可以在误差反传时提供一个额外的梯度，使网络更加高速地训练。

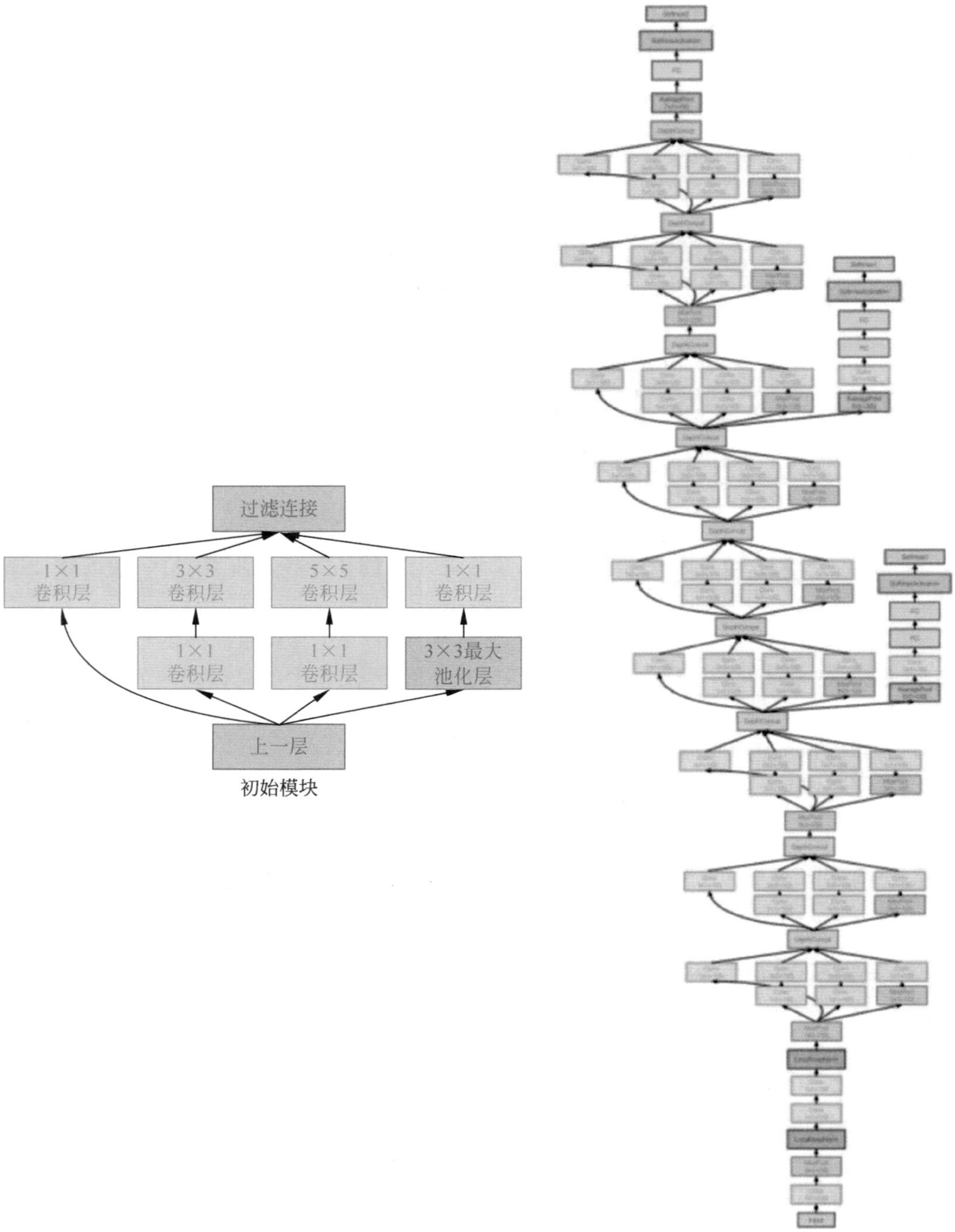

图 7-29 GoogLeNet 中初始模块的堆叠

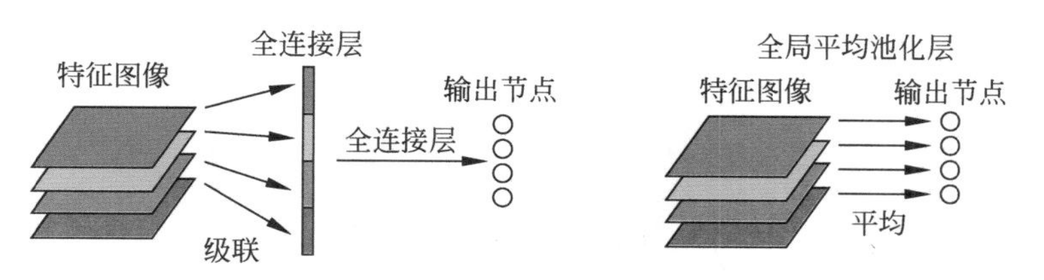

图 7-30　GoogLeNet 中的全局平均池化层

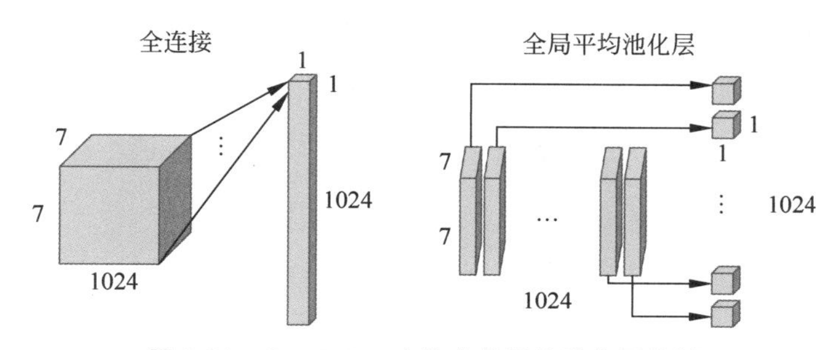

图 7-31　GoogLeNet 中的全局平均池化层举例

type	patch size/stride	output size	depth	#1×1	#3×3 reduce	#3×3	#5×5 reduce	#5×5	pool proj	params	ops
convolution	7×7/2	112×112×64	1							2.7K	34M
max pool	3×3/2	56×56×64	0								
convolution	3×3/1	56×56×192	2		64	192				112K	360M
max pool	3×3/2	28×28×192	0								
inception(3a)		28×28×256	2	64	96	128	16	32	32	159K	128M
inception(3b)		28×28×480	2	128	128	192	32	96	64	380K	304M
max pool	3×3/2	14×14×480	0								
inception(4a)		14×14×512	2	192	96	208	16	48	64	364K	73M
inception(4b)		14×14×512	2	160	112	224	24	64	64	437K	88M
inception(4c)		14×14×512	2	128	128	256	24	64	64	463K	100M
inception(4d)		14×14×528	2	112	144	288	32	64	64	580K	119M
inception(4e)		14×14×832	2	256	160	320	32	128	128	840K	170M
max pool	3×3/2	7×7×832	0								
inception(5a)		7×7×832	2	256	160	320	32	128	128	1072K	54M
inception(5b)		7×7×1024	2	384	192	384	48	128	128	1388K	71M
avg pool	7×7/1	1×1×1024	0								
dropout(40%)		1×1×1024	0								
linear		1×1×1000	1							1000K	1M
softmax		1×1×1000	0								

图 7-32　GoogLeNet 架构详细信息

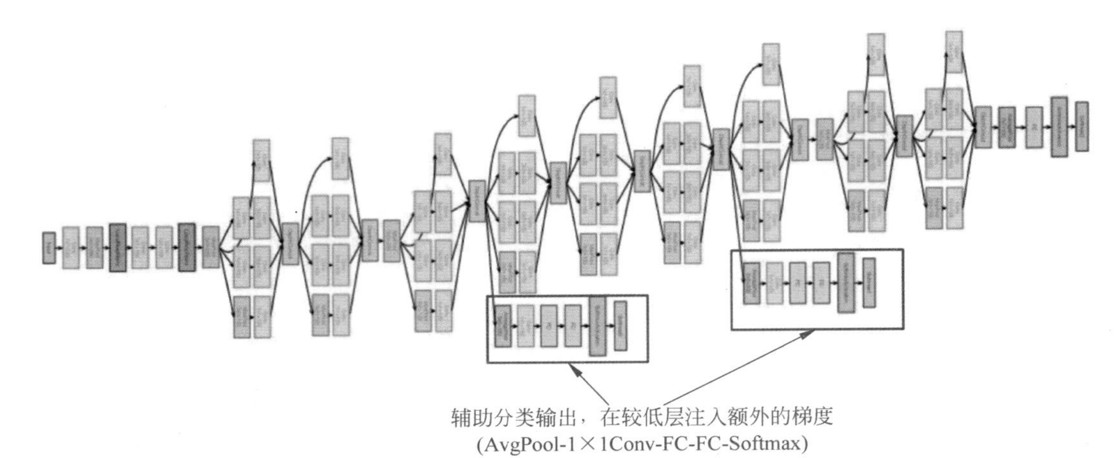

辅助分类输出，在较低层注入额外的梯度
(AvgPool-1×1Conv-FC-FC-Softmax)

图 7-33　GoogLeNet 中的辅助分类模块

7.7　ResNet 关键结构恒等映射背后的思想及原理

本节将要介绍 ResNet 残差网络。在介绍 ResNet 网络时一定绕不过其中的恒等映射结构(Identity Mapping)。恒等映射是 ResNet 网络非常关键且灵魂的结构，使 ResNet 网络在设计很多层的情况下也能很好地工作。

ResNet 网络的架构如图 7-34 所示。ResNet 是使用残差连接的非常深的网络。

ResNet 在 ImageNet 大赛中使用的是 152 层网络结构，并在 2015 年获得了 Top 5 错误率为 3.57%的好成绩，一举夺得冠军，比 2014 年的 GoogLeNet 还要出色。

在深入讲解之前，我们来回顾一下在“普通”卷积神经网络上堆叠更深层时会发生什么情况，如图 7-35 所示。

图 7-35(a)所示的为在训练时网络分别是 20 层和 56 层的训练误差，图 7-35(b)所示的为在测试时网络分别是 20 层和 56 层的测试误差。对比两个图片可以发现不管是在训练阶段还是在测试阶段，更深层的网络并没有带来效果的提升，反而让人大跌眼镜。导致此结果的原因并不是模型过拟合所致，而是由于在更深网络中信息传递会出现偏差，同时也有梯度消失和梯度爆炸的因素，所以是由以上几个问题综合所致的。

在设计深度网络模型学习中，一般会考虑 3 个方面：表示能力，该深度网络能否找到一个对数据拟合非常好的假设；优化能力，在实际中并非所有的模型都能够进行优化和训练，只有找到一个可以训练且优化的网络才是后续的前提；泛化能力，一个好的模型在训练数据上拟合较好，那么它一定也可以在测试数据上有好的表现。在这 3 个方面 ResNet 都有较好的解决办法，在表示能力上，ResNet 随着层数的不断增加，可以对更复杂的非线性关系进行表示。在优化能力上，尽管层很深，但是由于残余连接，不会出现梯度滑失，更容易优化；在泛化能力上，强大的非线性表示能力使优化更容易，如果训练数据可以良好驱动，则 ResNet 必然表现出出色的泛化能力。

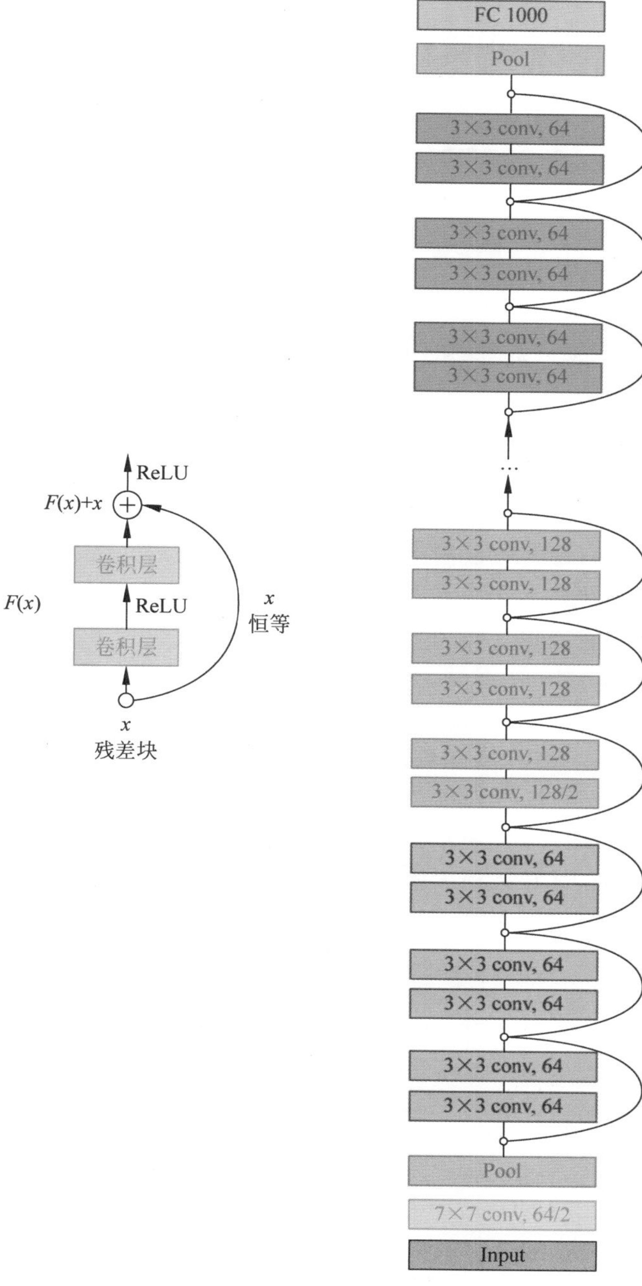

图 7-34　ResNet 网络架构

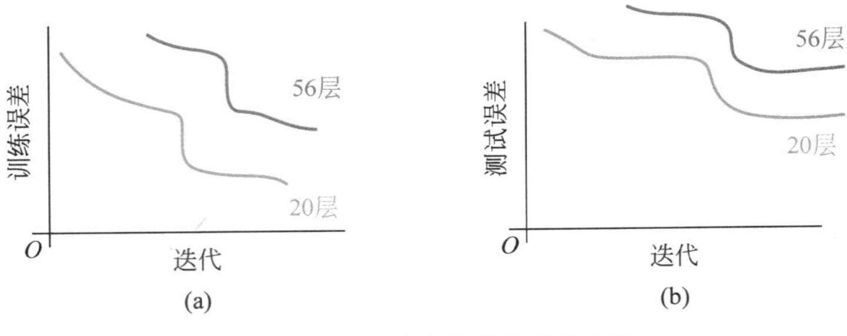

图 7-35 更深层次的网络效果不佳

在 ResNet 中，恒等映射结构背后的指导思想其实可以分别在哲学和数学两个方面进行阐述，在哲学方面，它保持了事物的本来面貌，可以令模型“不忘初心”；在数学方面，它时时刻刻都有原特征的参照，可以随时纠正变换的错误。另外，恒等映射也受 Highway Network 的启发，这种技术允许信息跨层传递，使网络深度在理论上可以无限扩充。但是恒等映射的结构更加简单和高效，如图 7-36 所示。

在 ResNet 设计之前，有这样一个假设，是不是目前大多数的深度网络其中的某些层是“冗余”的呢？如果训练一个 10 层网络和训练一个 100 层的网络，假设 100 层的网络有 90 层是冗余的，那么其得到的效果一定与 10 层的网络类似。如果一定要设计成 100 层的网络，该如何让模型自己来确定这 90 层是冗余的呢？

如图 7-36 所示，x 是输入，$F(x)$是经过卷积层和激活函数 ReLU 输出的结果，暂时假设该层是一个冗余层。如果当前还没有引入输入 x，那么 $F(x)$得到的结果一定近似等于 x，即 $F(x)=x$，但是让包含众多参数的网络共同调整来使最后输出与输入相等显然很困难，如果将 $F(x)=x$ 改为 $H(x)=F(x)+x$，由于该层是冗余层，那么 $F(x)+x$ 一定近似等于 x，即 $F(x)$近似等于 0，令网络中的权重参数迭代使 $F(x)=0$ 要比 $F(x)=x$ 容易得多也更高效，用更专业的术语来描述就是它更容易收敛，这就是恒等映射的奥妙所在。

如果将 $H(x)$替换，可得 ResNet 网络在前向传播时的递推公式，如图 7-37 所示。

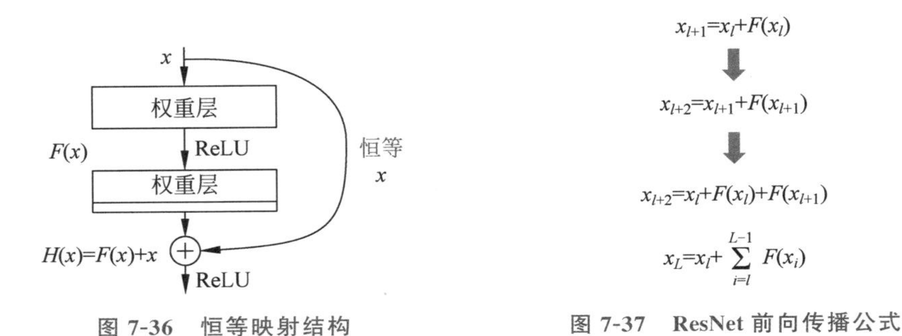

图 7-36 恒等映射结构

图 7-37 ResNet 前向传播公式

通过递推公式可以知道，前向过程非常平滑，任何的 x_c 加上残差都可以直接向 x_g 前进，而且任何的 x_g 都是一个相加的结果，如图 7-38 所示。

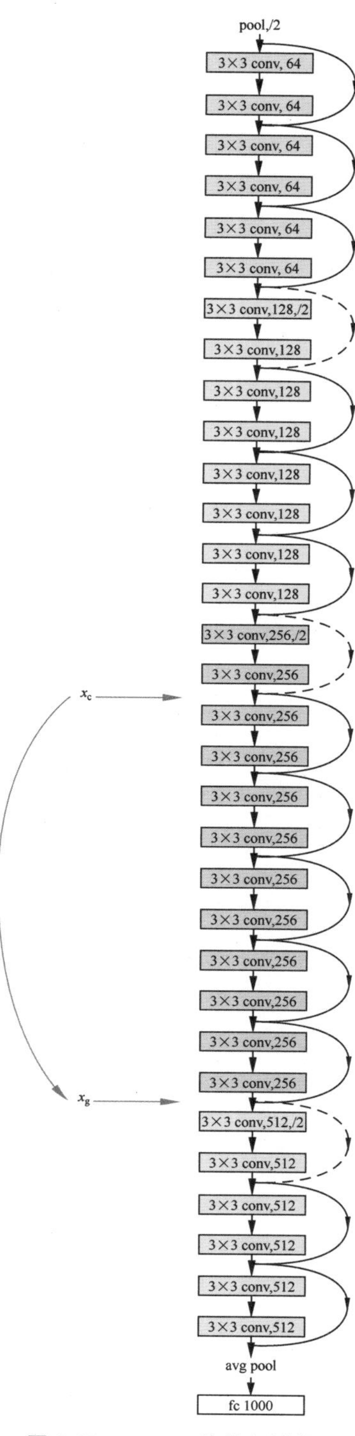

图 7-38　ResNet 的前向过程

ResNet 的误差反传如图 7-39 所示，反向过程同样非常平滑。

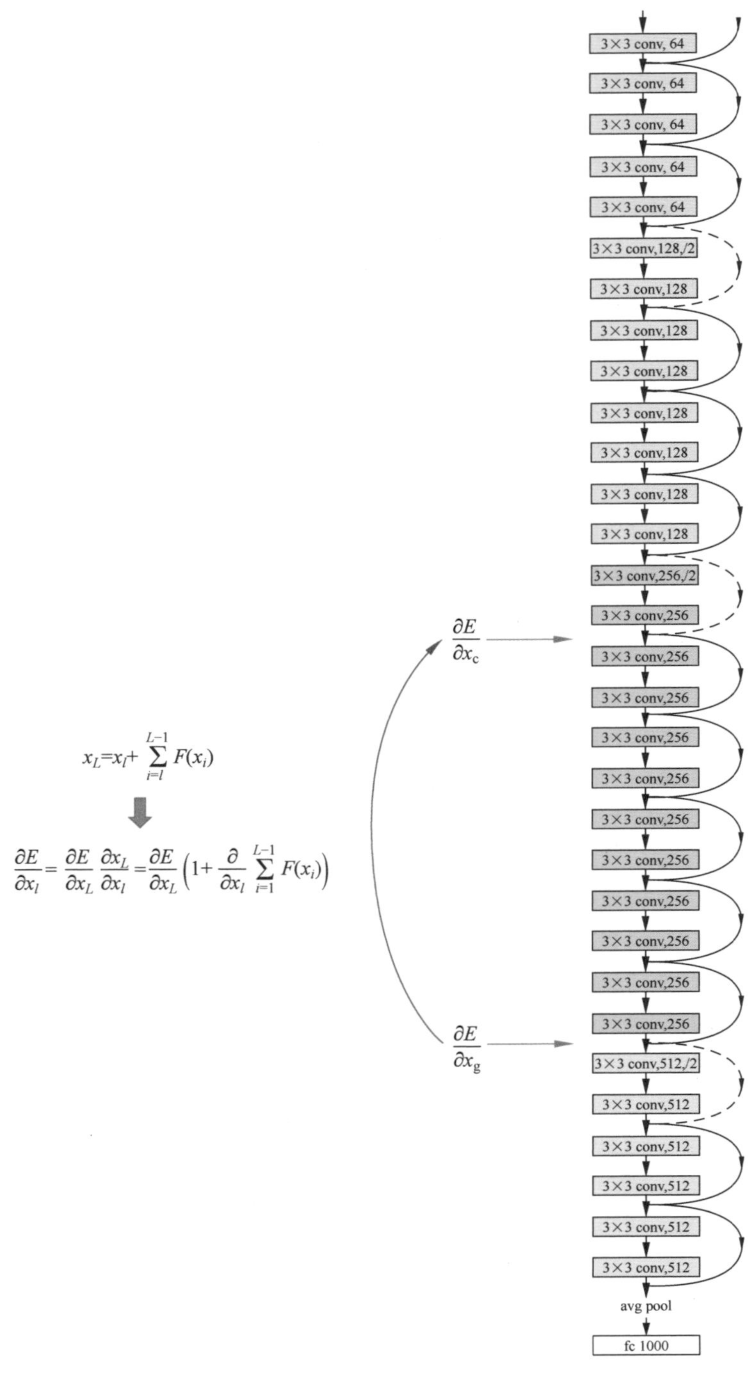

图 7-39 ResNet 的误差反传过程

7.8　全面理解 ResNet 全景架构

本节将在 7.7 节恒等映射的基础上介绍 ResNet 的整体架构。首先来回顾一下 7.7 节中关于 ResNet 恒等映射的概念。恒等映射拟合残差，利用原特征来辅助卷积变换，避免偏离正确方向。在本质上，恒等映射发挥了深层网络“追逐目标”的导航作用，保证了航向不偏离。

在图像识别中，对原始图像进行一步步地卷积，就变成了如图 7-40 所示的特征图。

 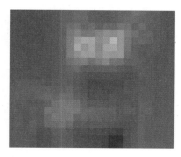

图 7-40　对图像卷积后的特征图

虽然已经将原始图像的轮廓大致勾勒出来，但是依然很模糊、很粗糙。此时如果想要设计一个很深层次的网络，那么在网络中的特征图很有可能会出现偏差，而使用拟合残差映射技术，可以帮助我们利用原始图像的特征来辅助卷积变换，时刻校正信息方向，不会令信息出现较大偏差。

在数学上，残差网络其实就是控制激活函数与原始特征输入的融合比例，即 $F(x)$和 x 两个部分。在网络训练中如果由激活函数得到的输出不起作用(即冗余)，就可以直接使用原始特征的输入 x。一般情况下，二者均会有相应的比例，如图 7-41 所示。

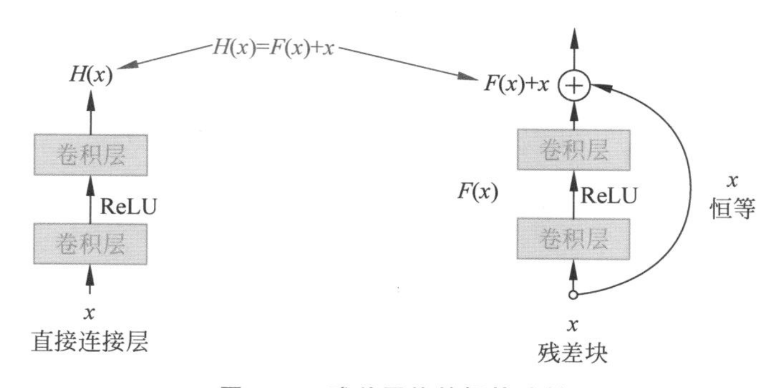

图 7-41　残差网络的恒等映射

VGG 网络和残差网络的对比如图 7-42 所示。二者其实主要应用的还是 3×3 的卷积模块，而 ResNet 关键就是多了一个恒等映射的结构。

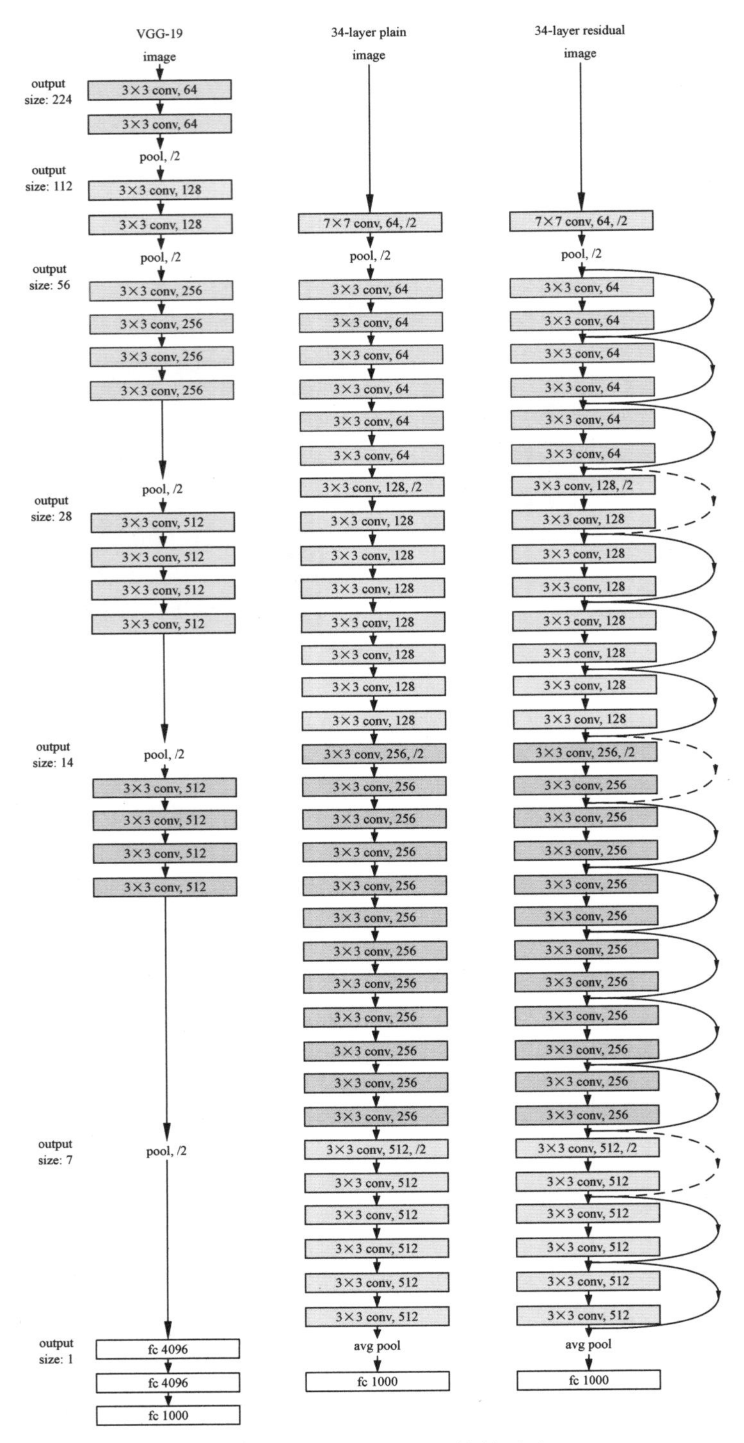

图 7-42　VGG 与残差网络的对比

如图 7-43 所示，残差网络的结构本质上就是堆叠残差块，而在每个残差块中都是使用 2 个 3×3 的卷积核，值得注意的是，ResNet 在最后没有 FC 层，仅有 FC1000 到输出类别。纵观 ResNet，它不仅使用了 GoogLeNet 的全局平均池化层，还使用了 VGG 的小卷积核的思想，所以 ResNet 可谓是站在了两个巨人的肩上。

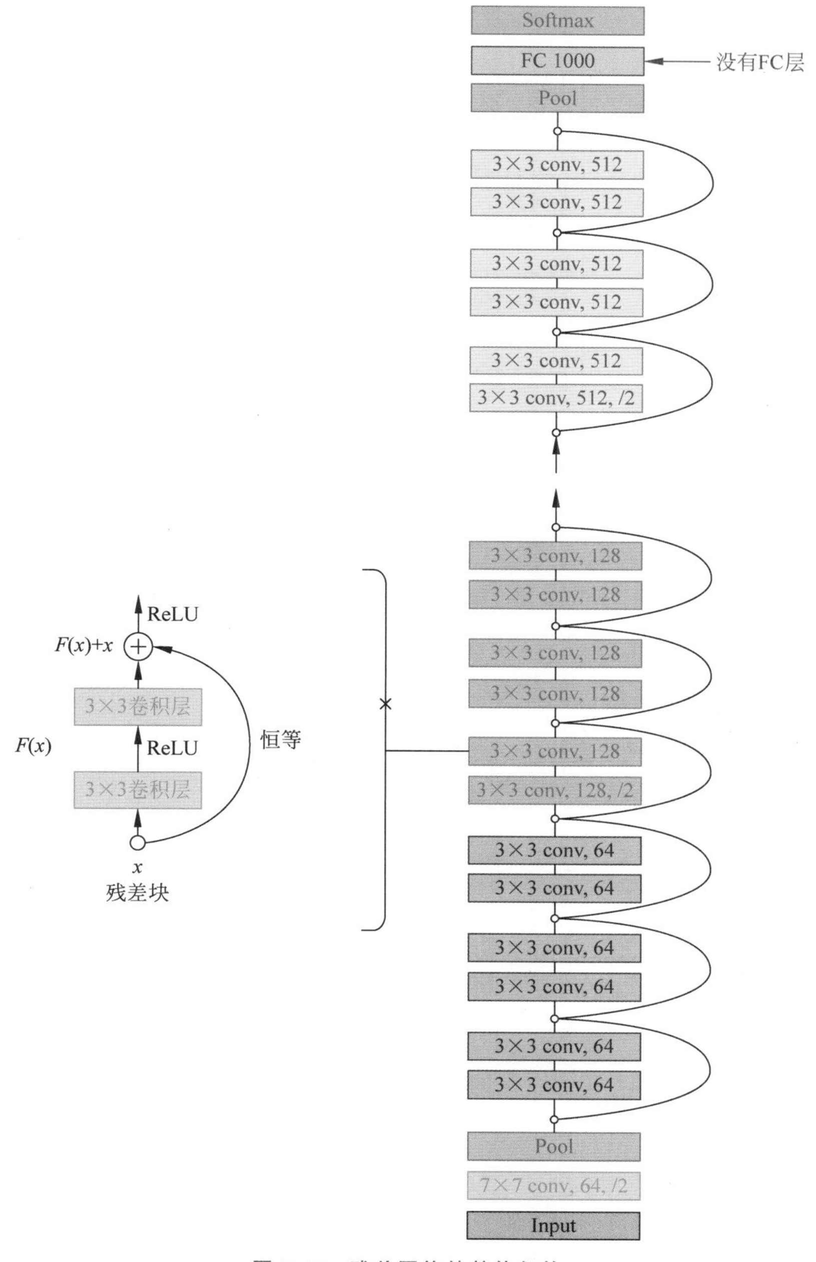

图 7-43　残差网络的整体架构

不同层数的残差网络的结构如图 7-44 所示，包含了 18 层、34 层、50 层、101 层和 152 层的详细介绍。

层名称	输出大小	18层	34层	50层	101层	152层
conv1	112×112	7×7, 64, 步长2				
conv2_x	56×56	3×3最大池化, 步长2				
		$\begin{bmatrix}3\times3, 64\\3\times3, 64\end{bmatrix}\times2$	$\begin{bmatrix}3\times3, 64\\3\times3, 64\end{bmatrix}\times3$	$\begin{bmatrix}1\times1, 64\\3\times3, 64\\1\times1, 256\end{bmatrix}\times3$	$\begin{bmatrix}1\times1, 64\\3\times3, 64\\1\times1, 256\end{bmatrix}\times3$	$\begin{bmatrix}1\times1, 64\\3\times3, 64\\1\times1, 256\end{bmatrix}\times3$
conv3_x	28×28	$\begin{bmatrix}3\times3, 128\\3\times3, 128\end{bmatrix}\times2$	$\begin{bmatrix}3\times3, 128\\3\times3, 128\end{bmatrix}\times4$	$\begin{bmatrix}1\times1, 128\\3\times3, 128\\1\times1, 512\end{bmatrix}\times4$	$\begin{bmatrix}1\times1, 128\\3\times3, 128\\1\times1, 512\end{bmatrix}\times4$	$\begin{bmatrix}1\times1, 128\\3\times3, 128\\1\times1, 512\end{bmatrix}\times8$
conv4_x	14×14	$\begin{bmatrix}3\times3, 256\\3\times3, 256\end{bmatrix}\times2$	$\begin{bmatrix}3\times3, 256\\3\times3, 256\end{bmatrix}\times6$	$\begin{bmatrix}1\times1, 256\\3\times3, 256\\1\times1, 1024\end{bmatrix}\times6$	$\begin{bmatrix}1\times1, 256\\3\times3, 256\\1\times1, 1024\end{bmatrix}\times23$	$\begin{bmatrix}1\times1, 256\\3\times3, 256\\1\times1, 1024\end{bmatrix}\times36$
conv5_x	7×7	$\begin{bmatrix}3\times3, 512\\3\times3, 512\end{bmatrix}\times2$	$\begin{bmatrix}3\times3, 512\\3\times3, 512\end{bmatrix}\times3$	$\begin{bmatrix}1\times1, 512\\3\times3, 512\\1\times1, 2048\end{bmatrix}\times3$	$\begin{bmatrix}1\times1, 512\\3\times3, 512\\1\times1, 2048\end{bmatrix}\times3$	$\begin{bmatrix}1\times1, 512\\3\times3, 512\\1\times1, 2048\end{bmatrix}\times3$
	1×1	平均池化, 1000-d fc, softmax				
FLOPs		1.8×10^9	3.6×10^9	3.8×10^9	7.6×10^9	11.3×10^9

图 7-44　不同层数的残差网络架构

除此之外，ResNet 为了提高效率、减少参数也借鉴了 1×1 卷积核的瓶颈层思想，如图 7-45 所示。

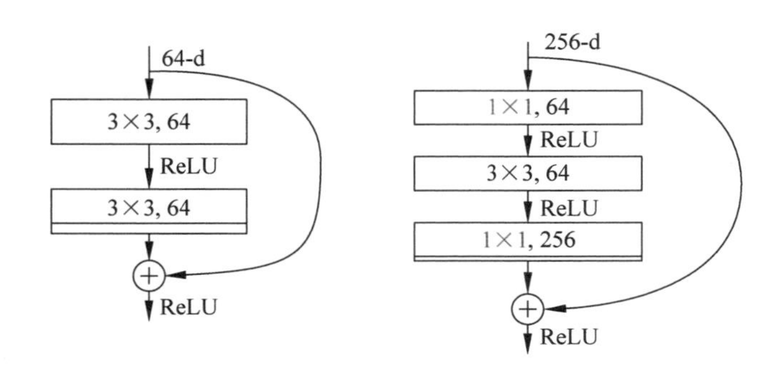

图 7-45　ResNet 中 1×1 卷积核的应用

经过以上的 ResNet 网络分析，我们对其有了一定的理解，而正因为有这些结构的优势，ResNet 才能在 2015 年的 ImageNet 图像分类大赛中获得冠军，如图 7-46 所示。

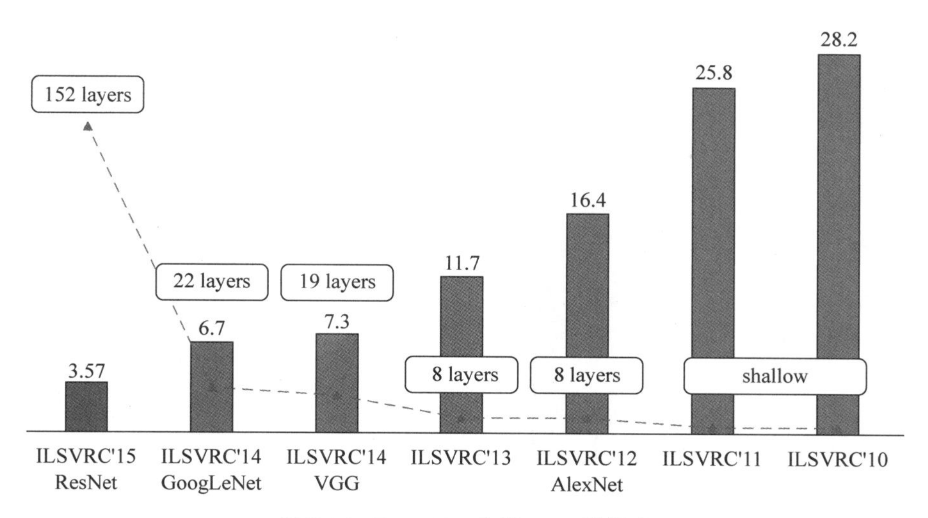

图 7-46 ImageNet 分类 Top5 错误率

第 8 章

循环神经网络

8.1 为什么要用递归神经网络

8.1.1 为什么需要递归神经网络

卷积神经网络(CNN)本质上就是学习空间结构,它对一个图像中的对象以及对象结构进行学习,从而得出一个类别。而递归神经网络(RNN)本质学习的是一种时间结构,通过学习时间序列上的关系得出一个时间序列。CNN 与 RNN 最主要的区别就是空间与时间上的区别。

递归神经网络也叫循环神经网络,它是主要用于处理时间序列数据的一类神经网络。我们会发觉从卷积神经网络到递归神经网络思维上要有一个转变,卷积神经网络比较容易理解,有一个很好的视觉感受。但是递归神经网络因为它的用处非常多,在非可视环境下有时候我们不明白为什么 RNN 能够起作用。这需要我们在学习 RNN 的过程中,理解 RNN 的工作方式。

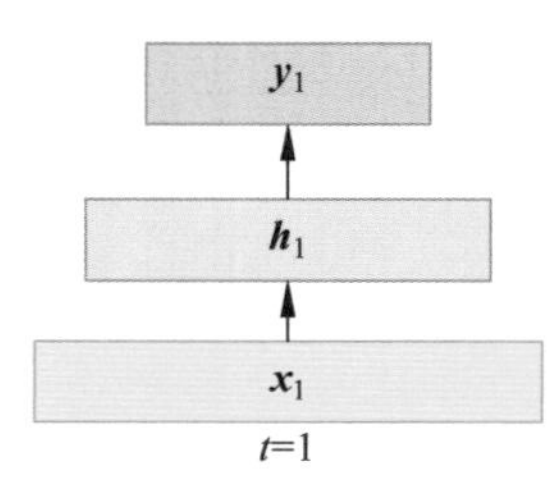

图 8-1　前馈网络

首先来看一下普通的前馈网络,如图 8-1 所示。输入一个 $\boldsymbol{x}_1$,经过隐含层 $\boldsymbol{h}_1$ 得到一个输出 $\boldsymbol{y}_1$。如果有第二个输入 $\boldsymbol{x}_2$、第三个输入 $\boldsymbol{x}_3$,它们之间是有序列关系的。我们要学习的是这样一个时间序列所蕴含的逻辑结构,所以要把上一层中隐含层的输出也作为下一层隐含层的输入,这样就形成了一个 RNN 的结构,如图 8-2 所示。现在我们发觉如果用卷积神经网络学习这个空间结构输出只有一个数据,而递归神经网络得到的是多个数据。这个意义非常重大,也就是说本质上 RNN 学习的是一种内在结构、一种逻辑关系。这也是神经网络能发挥强大作用的关键。在普通的机器学习中,例如逻辑回归、支持向量机等,让它们学习的大部分是一种类别、一个数值,但是很少让它们得出一系列的数据。而一系列的数据就意味着它是一种结构,是一种逻辑关系。在现实世界中我们往往学习的是一件事务的内在结构和逻辑关系,而非是单一的数据或类别。所以 RNN 是一种更有前途、更有实际应用前景的神经网络架构。

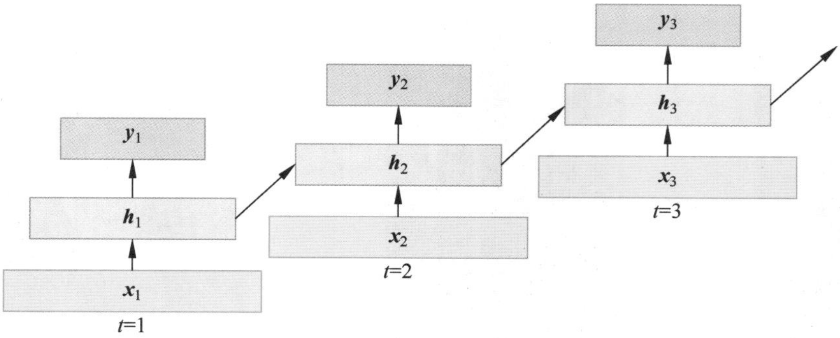

图 8-2 RNN 样本结构

8.1.2 RNN 结构以及应用

本节将介绍递归神经网络的多种不同结构，并讲解它们在实际中的应用，如图 8-3 所示，其中红色部分为输入层，绿色为隐含层，蓝色为输出层。首先，我们来看"一对一"结构，也叫作"香草"结构(Vanilla Neural Networks)，这是一种一对一的、原始的、普通的神经网络。接下来我们可以看到由一对一结构演绎出来的 3 种网络结构，它们是"一对多""多对一"以及"多对多"。其中"多对多"有 2 种不同结构，第 1 种是隐含层比较多的"多对多-多隐含层"结构；第 2 种是隐含层与输入、输出层一样多的"多对多-严格对应"结构。

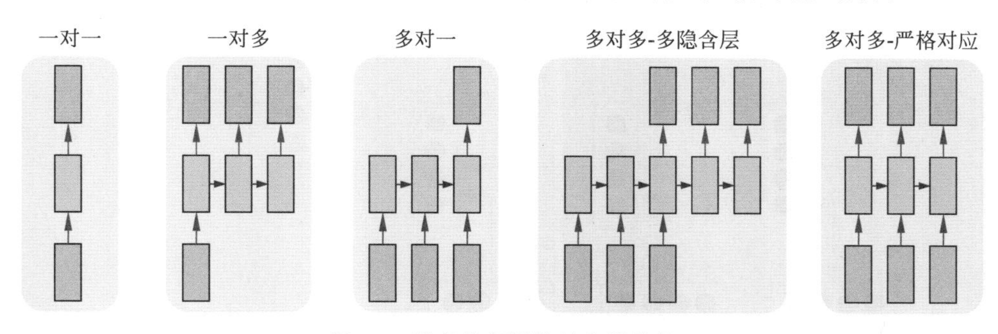

图 8-3 递归神经网络的各种结构

"一对多"的网络结构用于图像标题应用，也叫生成图像描述，即一幅图像到底描述了什么，该图像有什么内容、事物。来看一下具体的例子，如图 8-4 所示。图中左侧是一只狗的图片，RNN 不但标注了静态的事物 dog、ball、wooden 等，还能给出动态的标注 plays、catch 等信息。再例如图中间是一个演奏手风琴的男人，图中右侧是一个穿着白色连衣裙拿着网球拍的女人。RNN 学习生成图像描述，可以给出一张图片中所包含的非常多的内容。

"多对一"的网络结构应用于对情感进行分类，给出一系列的单词序列，例如一个人说的几句话，可以给出他说此话时的情绪。在电子商务平台的购物评论中，就可以应用情感分类

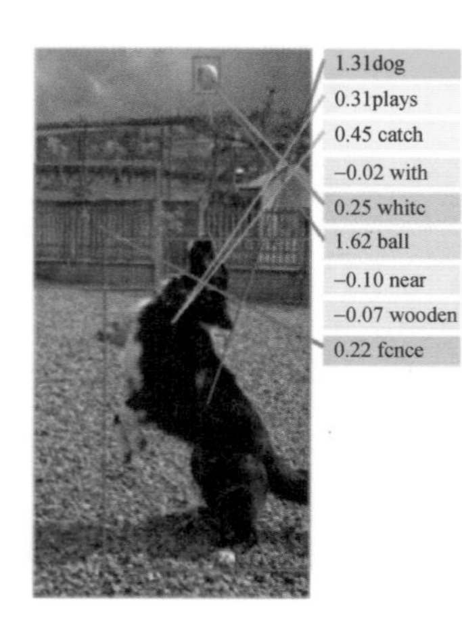

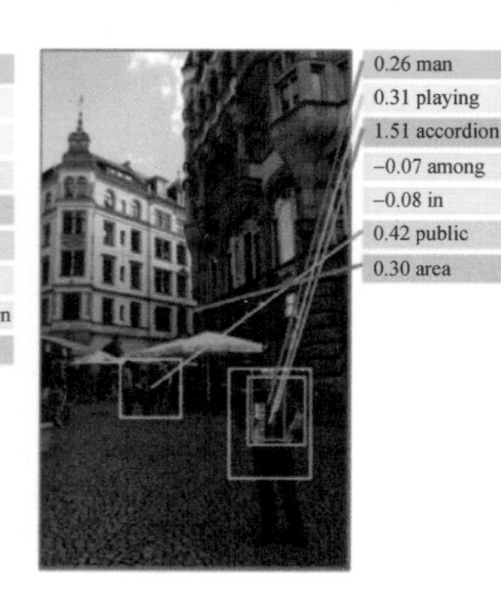

图 8-4 生成图像描述

抽取出购物者做出当前评论所反映的情绪。

“多对多-多隐含层”的网络结构应用于机器翻译，即将一个单词序列翻译为另一个单词序列。例如将德语翻译成英语，德语单词 Echt、dicke、Kiste 组成的含义是“很棒的酱”，翻译成英语就是“Awesome sauce”，如图 8-5 所示。

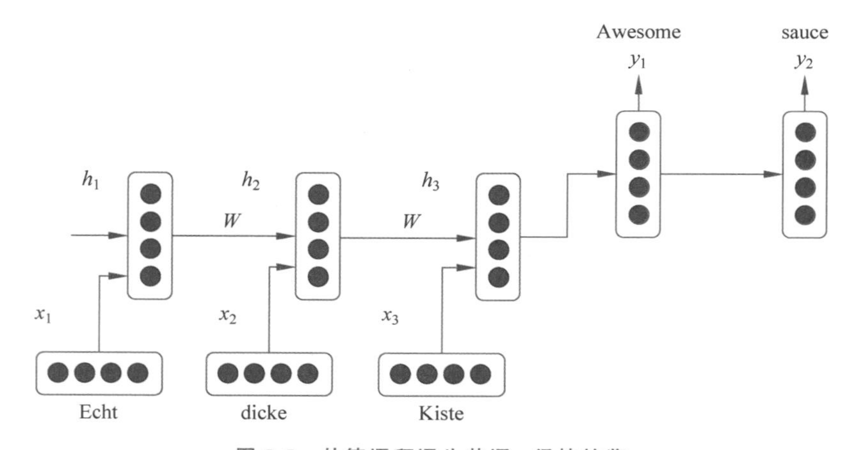

图 8-5 从德语翻译为英语：很棒的酱

最后一种“多对多-严格对应”的网络结构应用于帧级视频分类。众所周知，视频由一帧一帧的图像组成，那么对每一帧如何进行分类就是多对多的关系。如果一个视频有 1024 帧，就要对这 1024 帧给出 1024 个类别。

RNN 除了上述的应用之外，还可以很好地应用于非序列数据，就是用 RNN 对非序列数据进行序列化的处理。例如对于图 8-6，我们通过一系列的“瞥见”(Glimpses)对图像进行分类，即看一次得到一次分类。

图 8-6 非序列数据的序列处理

8.2 RNN 计算图

计算图是对神经网络前向传播、后向传播的一个非常优雅的便于计算的数学描述工具，非常便于直观理解。图 8-7 所示的递归神经网络与普通神经网络最大的不同就在于中间层不断循环。每一层既接收新的输入，又接收上一层的输出。其关键思想是 RNN 具有“内部状态”，在处理序列时进行更新。在之前学习神经网络的过程中不知道大家是否有这样的疑惑：一个神经网络从数据中学习了一定的模式，但是这个神经网络在学习模式的同时能把之前的模式记下来，那么这样的一个神经网络是否具有更强的推理判断能力呢？对！这就是 RNN 工作的原理。

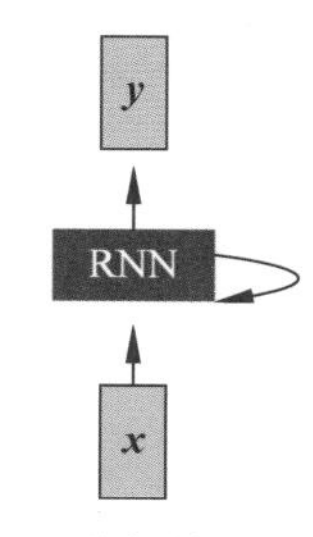

图 8-7 递归神经网络结构

来看一下 RNN 的数学表达形式，我们可以通过在每个时间步应用递推公式来处理一系列的向量 $\boldsymbol{x}$，它的数学表达式为

$$\boldsymbol{h}_t = \boldsymbol{f}_W(\boldsymbol{h}_{t-1}, \boldsymbol{x}_t) \tag{8-1}$$

其中，$\boldsymbol{x}_t$ 是某些时刻的输入向量，旧的状态是 $\boldsymbol{h}_{t-1}$，然后应用拥有参数 $\boldsymbol{W}$ 的函数 $\boldsymbol{f}_W$，得到新的状态 $\boldsymbol{h}_t$。这样一个简单的递推公式就表达了 RNN 实际工作的状态。

回想一下，在卷积神经网络中，一个卷积核从左到右、从上到下对原图像或者特征图进行卷积的过程中，这个卷积核的参数是保持不变的，可以说对于一张图像这样一个空间它共享参数。在递归神经网络中仍然有共享参数，它的共享参数是针对时间实现的，即每个时间步都使用相同的函数和相同的参数集。那么为何要共享同一个参数呢？

我们看一下 RNN 输入输出函数的关系，对于隐藏向量 $\boldsymbol{h}$，它的函数关系是式(8-1)，然后经过激活函数，如式(8-2)所示，激活函数包括两个部分，一个是当前输入 $\boldsymbol{x}_t$，另一个是上一层的隐藏向量输出 $\boldsymbol{h}_{t-1}$，二者对应乘上它们的参数。最后对于输出 $\boldsymbol{y}_t$，仍然用一个参数

$\boldsymbol{W}_{hy}$ 乘以隐含层的输出 $\boldsymbol{h}_t$，在同样的时间步共享参数，如式(8-3)所示。

$$\boldsymbol{h}_t = \tanh(\boldsymbol{W}_{hh}\boldsymbol{h}_{t-1} + \boldsymbol{W}_{xh}\boldsymbol{x}_t) \tag{8-2}$$

$$\boldsymbol{y}_t = \boldsymbol{W}_{hy}\boldsymbol{h}_t \tag{8-3}$$

我们来更形象地看一下 RNN 的计算图，如图 8-8 所示。首先输入是 $\boldsymbol{x}_1$ 和上一层的隐含层输入 $\boldsymbol{h}_0$，最后得到 $\boldsymbol{h}_1$。然后再继续，$\boldsymbol{h}_1$ 和 $\boldsymbol{x}_2$ 成为下一层的输入，最后得到 $\boldsymbol{h}_2$。以此类推，按照这样的过程不断地得到新的隐含层的输出。我们在每个时间步重复使用相同的权重矩阵，所以图 8-8 中的参数 $\boldsymbol{W}$ 都是一样的。

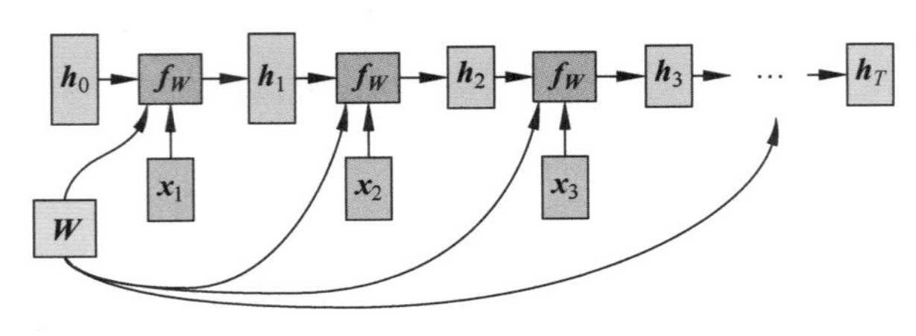

图 8-8　RNN 计算图

刚才得到了每个隐含层的输出，如果是多对多的关系，如图 8-9 所示，那么每一个隐含层对应的都有一个输出。有了多个输出后，再计算每个输出与真实目标的损失函数 L_1、L_2、L_3，…，L_T，然后进行误差反传不断去调整我们的参数，期望损失函数 L 越小越好。

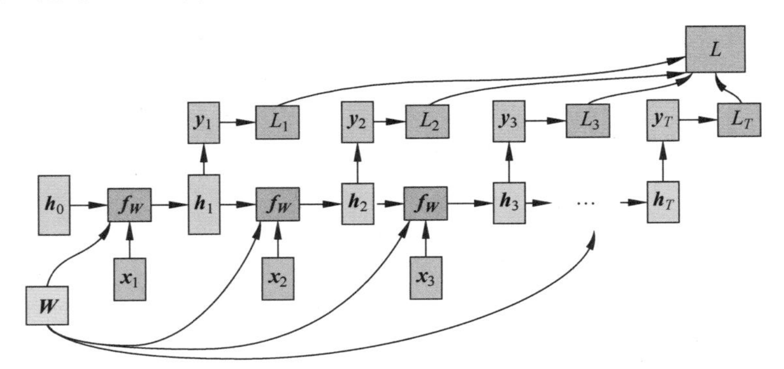

图 8-9　RNN 多对多结构的计算图

多对一的 RNN 计算图如图 8-10 所示，只对应最后一个隐含层的输出 $\boldsymbol{y}$。

一对多的 RNN 计算图如图 8-11 所示，图中只有一个输入 $\boldsymbol{x}$，输出为 $\boldsymbol{y}_1$，$\boldsymbol{y}_2$，…，$\boldsymbol{y}_T$，一共 T 个输出。

如果是序列到序列的情况，就要设计多对一加上一对多的结构，如图 8-12 所示。对于多对一而言就是在单个向量中编码输入序列；对于一对多而言就是从单输入向量生成输出序列，例如图 8-12 中的 $\boldsymbol{y}_1$、$\boldsymbol{y}_2$。

现在举一个最简单的字符级语言模型的例子，如图 8-13 所示。对于词汇[h, e, l, o]，我们要输出后面的几个字母，也就是要得到完整的单词“hello”。图中的输入为“h”“e”“l”“l”，那么它是怎样编码的呢？“h”是第 1 个位置为 1，“e”是第 2 个位置为 1，“l”是第 3 个位

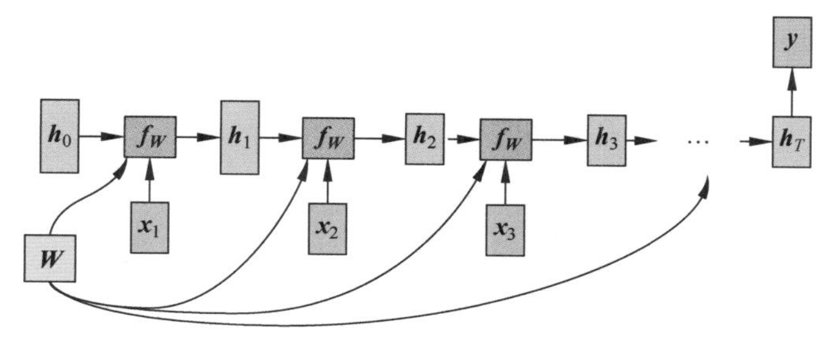

图 8-10　RNN 多对一结构的计算图

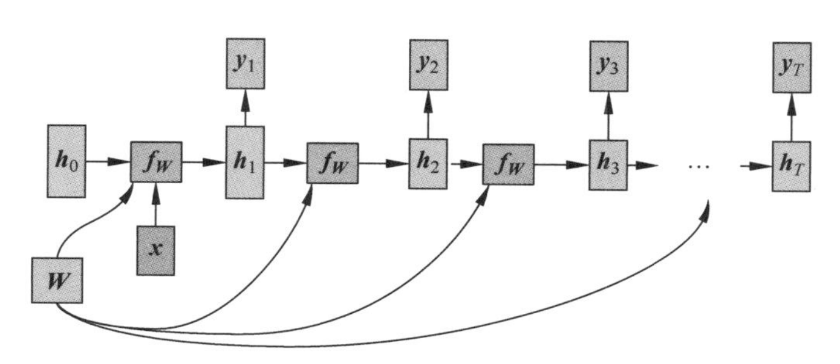

图 8-11　RNN 一对多结构的计算图

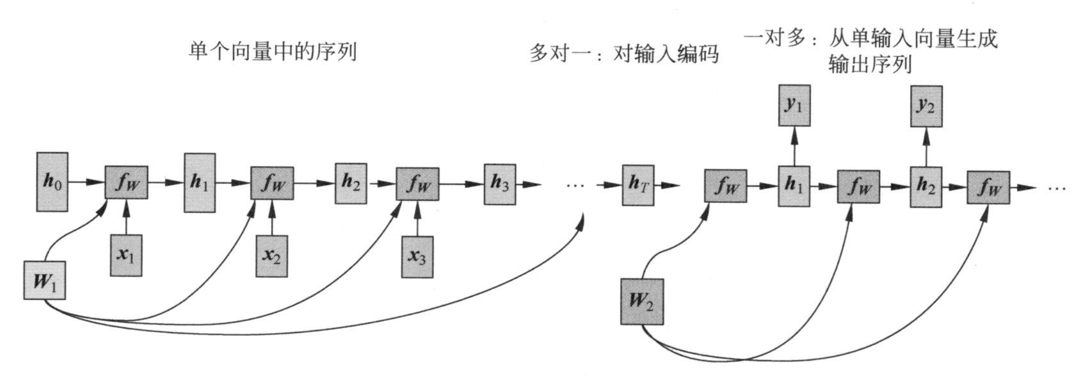

图 8-12　RNN 序列到序列结构的计算图

置为 1。接着经过权重参数 W_xh 和 W_hy，再经过式(8-2)的激活函数得到 $\boldsymbol{h}_t$，即 t 时刻隐含层的输出。那么就可以得到输出层的向量，它对应位置的数值代表了它出现的分值。第 1 个输出向量第 1 个分值 1.0，代表"e"出现的概率；第 2 个输出向量第 2 个分值 0.3，代表第 1 个"l"出现的概率；第 3 个输出向量第 3 个分值 1.9，代表第 2 个"l"出现的概率；第 4 个输出向量第 4 个分值 2.2，代表"o"出现的概率。这样就可以得到一个"e""l""l""o"的序列。

在测试的时候，一次一个样本字符地反馈给模型如图 8-14 所示。一次一个字符地输入模型中，首先得到的是"e"，然后是两个"l"，最后输出"o"。

示例：字符级语言模型
词汇：[h, e, l, o]
示例训练序列：“你好”

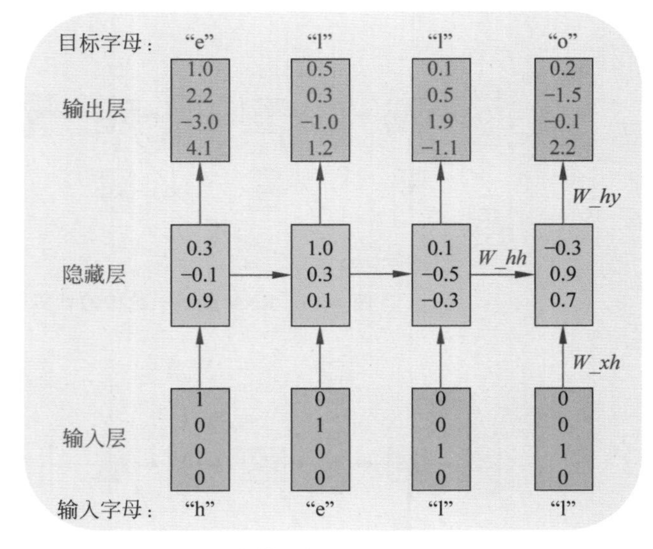

图 8-13　字符级语言模型例子

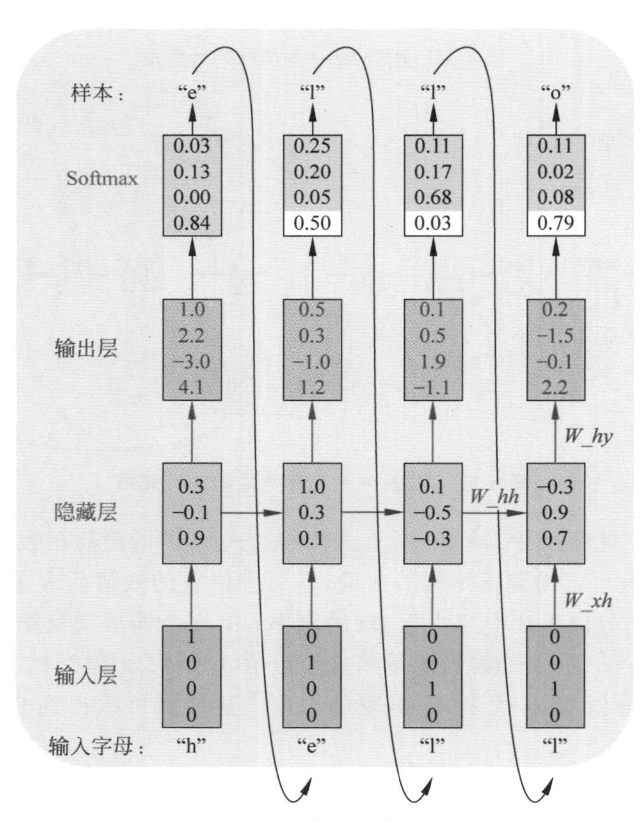

图 8-14　字符级语言模型测试流

8.3 RNN 前向与反向传播

首先我们来看递归神经元，如图 8-15 所示。$\boldsymbol{x}_t$ 是时间 t 的输入，$\boldsymbol{h}_{t-1}$ 是时间 $t-1$ 的状态。一个递归神经元应该有这两项，然后它的输出为 $\boldsymbol{h}_t$，同时这个 $\boldsymbol{h}_t$ 进入下一个时间步的输入，它的数学表达式如式(8-4)所示。其中，分别对 2 个输入与它们对应的权重 $\boldsymbol{W}_h$ 和 $\boldsymbol{W}_x$ 参数相乘，经过激活函数 $f(\cdot)$得到输出 $\boldsymbol{h}_t$。

$$\boldsymbol{h}_t = \boldsymbol{f}(\boldsymbol{W}_h \boldsymbol{h}_{t-1} + \boldsymbol{W}_x \boldsymbol{x}_t) \tag{8-4}$$

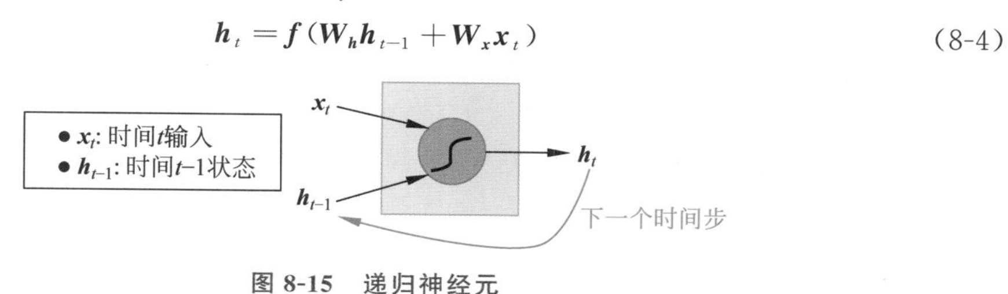

图 8-15 递归神经元

把递归神经网络展开，我们就可以更好地去理解它，如图 8-16 所示。第 1 个神经元的输入是 $\boldsymbol{x}_1$、$\boldsymbol{h}_0$；第 2 个神经元的输入是 $\boldsymbol{x}_2$、$\boldsymbol{h}_1$；第 3 个神经元的输入是 $\boldsymbol{x}_3$、$\boldsymbol{h}_2$。图中的蓝色方块就是输入 $\boldsymbol{x}$ 和 $\boldsymbol{h}$ 各自对应的权重参数 $\boldsymbol{W}_x$ 和 $\boldsymbol{W}_h$，它们在不同的时间步共享参数。

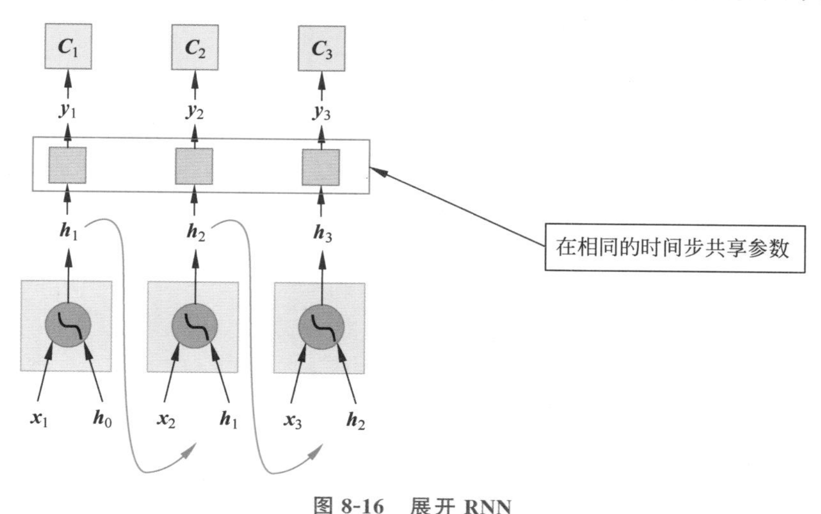

图 8-16 展开 RNN

8.3.1 前馈深度

前馈深度(d_f)中的 f 指的是 Feedforward。前馈深度的定义是在相同时间步的输入和输出之间最长的路径。图 8-15 所示的递归神经网络，它从输入到输出的路径就是图中红色箭头所标注的路径，通过观察我们知道它的前馈深度是 4，即从输入 $\boldsymbol{x}_0$ 到输出 $\boldsymbol{y}_0$ 之间有 4 条线段。需要注意的是，在图 8-17 中 3 个时间步 $\boldsymbol{x}_0$、$\boldsymbol{x}_1$、$\boldsymbol{x}_2$ 的前馈深度都是 4，若存在时间

步 $\boldsymbol{x}_3$ 的前馈深度是 5,则该递归神经网络的前馈深度取最长时间步的值,即为 5。

8.3.2 循环深度

循环深度(d_r)中的 r 指的是 Recurrent。循环深度的定义是连续时间步中相同隐藏状态之间的最长路径。图 8-18 所示的递归神经网络,它的循环深度就是红色圆圈标注的 $\boldsymbol{h}_{0,0}$ 到 $\boldsymbol{h}_{1,0}$ 之间的路径长度。通过观察我们可以得知这 2 个隐藏状态之间有 3 条线段,所以其循环深度为 3。与前馈深度同理,一个递归神经网络中的循环深度取其中最长路径的值为整个网络的循环深度值。

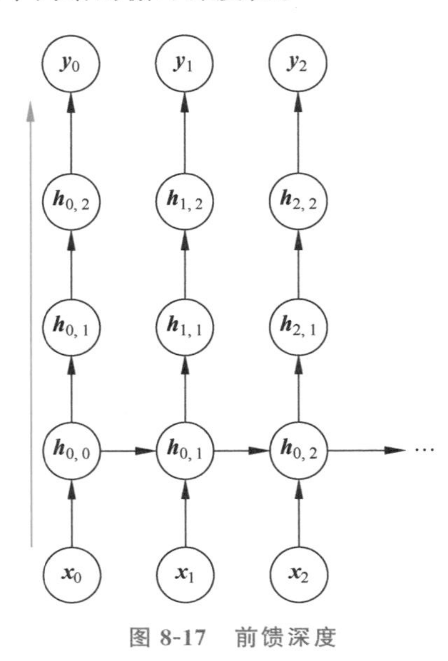

图 8-17　前馈深度

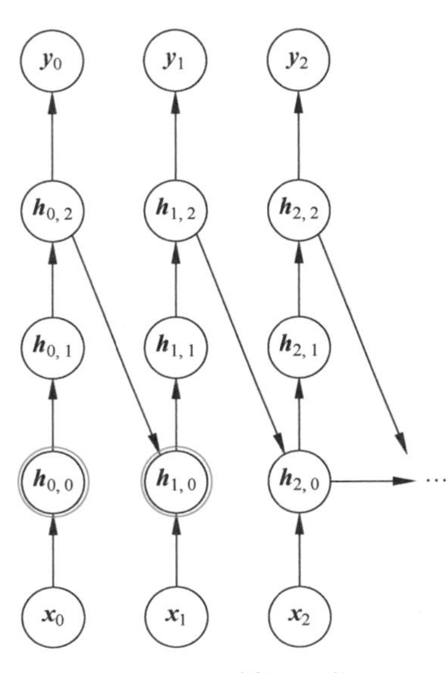

图 8-18　循环深度

8.3.3 通过时间反向传播

在卷积神经网络中是通过层数进行反向传播的,而在递归神经网络中是通过时间步进行反向传播的。反向传播的目标是更新权重矩阵:$\boldsymbol{W} \rightarrow \boldsymbol{W} - \alpha \dfrac{\partial \boldsymbol{L}}{\partial \boldsymbol{W}}$。但问题是 $\boldsymbol{W}$ 在每个时间步都会出现,这就增加了问题的复杂性。因为从 $\boldsymbol{W}$ 到 $\boldsymbol{L}$ 的每条路径都是一个依赖,所以我们要找到从 $\boldsymbol{W}$ 到 $\boldsymbol{L}$ 的所有路径,如图 8-19 所示。这就是反向传播的思路。

要系统地查找所有的路径,才能把梯度计算全面。所以对于图 8-20 所示的递归神经网络,我们把问题分解得更简单一些。首先损失函数 $\boldsymbol{L}$ 是由 $\boldsymbol{L}_0, \boldsymbol{L}_1, \cdots, \boldsymbol{L}_{T-1}$ 组成的,每一个 $\boldsymbol{L}_j$ 都要进行梯度计算。对于 $\boldsymbol{L}_1$ 的路径计算梯度,要检查从 $\boldsymbol{h}_0$ 到达 $\boldsymbol{L}_1$ 有多少段路径 $\boldsymbol{W}$ 参与乘积,显然只有起源于 $\boldsymbol{h}_0$ 的 1 段路径,因为 $\boldsymbol{h}_1$ 没有与 $\boldsymbol{W}$ 乘积,所以没有 $\boldsymbol{h}_1$。以此类推,从 $\boldsymbol{h}_0$ 到达 $\boldsymbol{L}_2$ 有多少段路径呢?答案是分别起源于 $\boldsymbol{h}_0$ 和 $\boldsymbol{h}_1$ 的两段路径。同理,对于 $\boldsymbol{L}_3$ 就

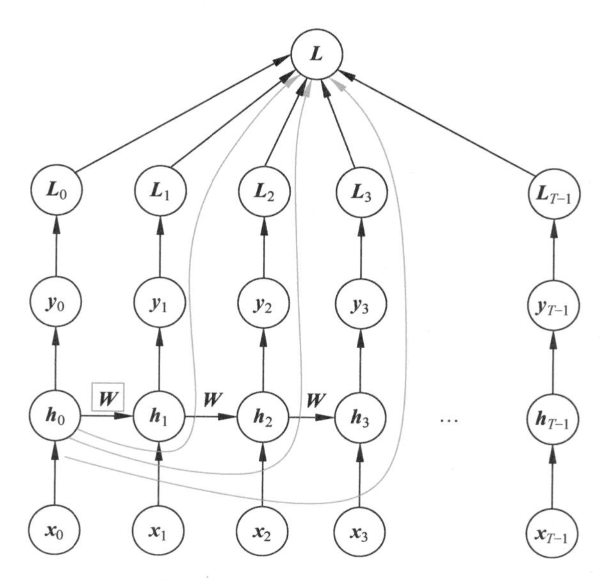

图 8-19　通过时间反向传播

有 3 条路径，分别起源于 $\boldsymbol{h}_0$、$\boldsymbol{h}_1$、$\boldsymbol{h}_2$。路径起点的个数决定求和计算的次数。所以损失函数 $\boldsymbol{L}$ 对于参数 $\boldsymbol{W}$ 的偏导 $\frac{\partial \boldsymbol{L}}{\partial \boldsymbol{W}}$ 决定于两个求和，第 1 个是把所有的 $\boldsymbol{L}_j$ 进行求和；第 2 个是对于每条路径，要把所有经过的 $\boldsymbol{h}_k$ 进行求和。

8.3.4　两个和的反向传播

这样一来我们的问题就简单多了，只要分别考虑每个和即可。第 1 个关于损失函数 $\boldsymbol{L}$ 的和就是把所有路径的 $\boldsymbol{L}_j$ 都计算求和。它的数学表达式为

$$\frac{\partial \boldsymbol{L}}{\partial \boldsymbol{W}}=\sum_{j=0}^{T-1}\frac{\partial \boldsymbol{L}_j}{\partial \boldsymbol{W}} \tag{8-5}$$

对于每个 $\boldsymbol{L}_j$ 它又是由不同的和加起来的，也就是第 2 个关于 $\boldsymbol{h}$ 的和：每个 $\boldsymbol{L}_j$ 取决于它之前的权重矩阵。例如 $\boldsymbol{L}_3$ 取决于之前的 $\boldsymbol{h}_0$、$\boldsymbol{h}_1$、$\boldsymbol{h}_2$。注意，只有经过 $\boldsymbol{W}$ 的路径才计算求和，所以不对 $\boldsymbol{h}_3$ 求和。现在我们得到某个具体的 $\boldsymbol{L}_j$ 对 $\boldsymbol{W}$ 求偏导，其数学表达式如式(8-6)所示。每条路径利用链式法则先求 $\boldsymbol{L}_j$ 对 $\boldsymbol{h}_k$ 的偏导，然后再求 $\boldsymbol{h}_k$ 对 $\boldsymbol{W}$ 的偏导，最后再把所有从 0 到 $j-1$ 的路径进行计算求和。即 $\boldsymbol{L}_j$ 取决于之前所有的 $\boldsymbol{h}_k$，例如 $\boldsymbol{L}_3$ 取决于之前的 $\boldsymbol{h}_0$、$\boldsymbol{h}_1$、$\boldsymbol{h}_2$。

$$\frac{\partial \boldsymbol{L}_j}{\partial \boldsymbol{W}}=\sum_{k=0}^{j-1}\frac{\partial \boldsymbol{L}_j}{\partial \boldsymbol{h}_k}\frac{\partial \boldsymbol{h}_k}{\partial \boldsymbol{W}} \tag{8-6}$$

有了这两个方向的和之后，还要计算路径。计算方法是求 $\boldsymbol{L}_j$ 关于 $\boldsymbol{h}_k$ 的偏导，使用链式规则遍历每一步骤。对于图 8-21 所示的样例，其计算步骤如式(8-7)所示。

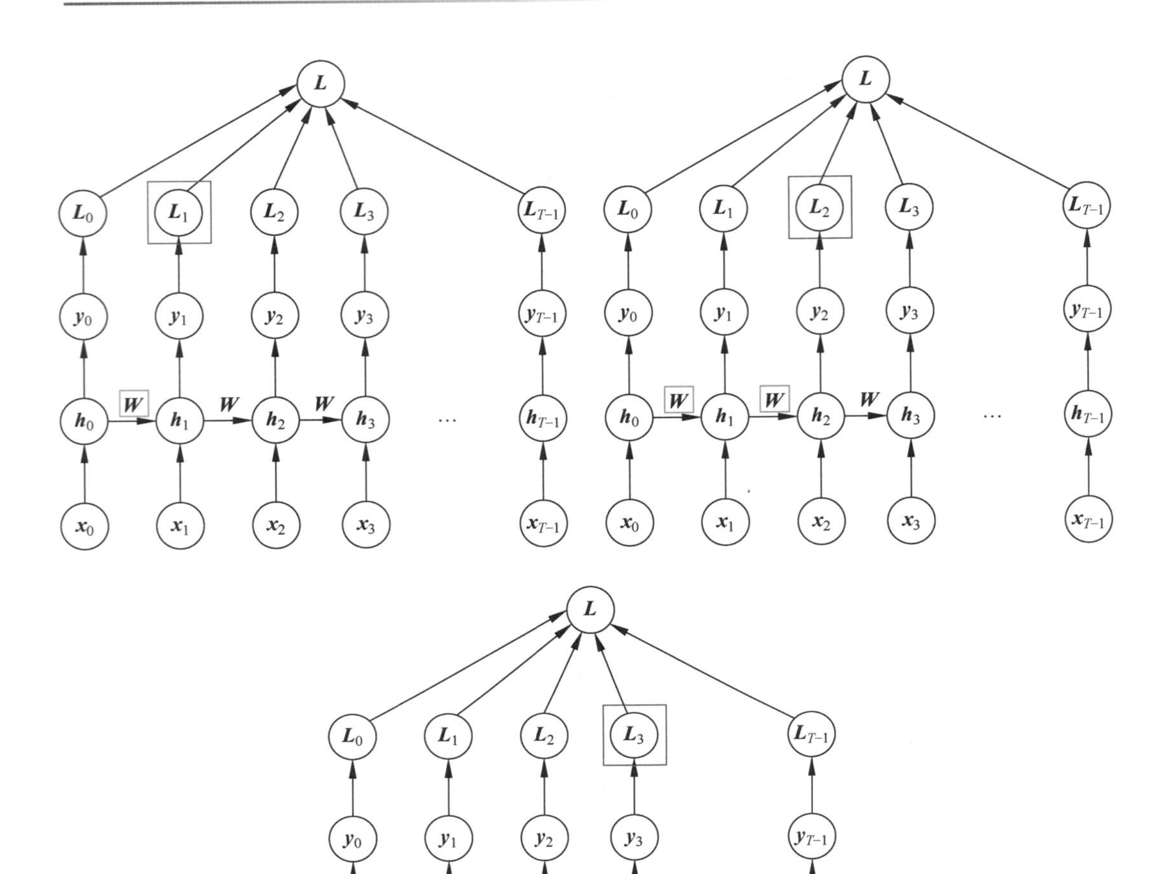

图 8-20　查找所有路径

$$\frac{\partial \boldsymbol{L}_j}{\partial \boldsymbol{W}}=\sum_{k=0}^{j-1}\frac{\partial \boldsymbol{L}_j}{\partial \boldsymbol{y}_j}\frac{\partial \boldsymbol{y}_j}{\partial \boldsymbol{h}_j}\frac{\partial \boldsymbol{h}_j}{\partial \boldsymbol{h}_k}\frac{\partial \boldsymbol{h}_k}{\partial \boldsymbol{W}} \tag{8-7}$$

根据式(8-7),其具体步骤为：第 1 步对 $\boldsymbol{y}_j$ 求偏导,第 2 步对 $\boldsymbol{h}_j$ 求偏导,第 3 步对 $\boldsymbol{h}_k$ 求偏导,这样才能把所有经过的路径遍历到。例如,对 $\boldsymbol{L}_3$ 的路径求和,先用 $\boldsymbol{L}_3$ 对 $\boldsymbol{y}_3$ 求偏导,再用 $\boldsymbol{y}_3$ 对 $\boldsymbol{h}_3$ 求偏导；如果 $k=1$,那么就用 $\boldsymbol{h}_3$ 对 $\boldsymbol{h}_1$ 求偏导。这样我们就用链式规则把整个步骤都串起来了。

所以,我们就可以得到雅可比矩阵。接下来还有一个要计算的是 $\boldsymbol{h}_j$ 对 $\boldsymbol{h}_k$ 的偏导,这是递归神经网络所特有的,后面的隐含层对前面的隐含层求偏导。因为 $\boldsymbol{h}_j$ 和 $\boldsymbol{h}_k$ 之间是间接依赖关系,所以仍然使用链式规则求偏导。例如 $\boldsymbol{h}_3$ 依赖 $\boldsymbol{h}_2$,而 $\boldsymbol{h}_2$ 依赖 $\boldsymbol{h}_1$,对于这样的依赖

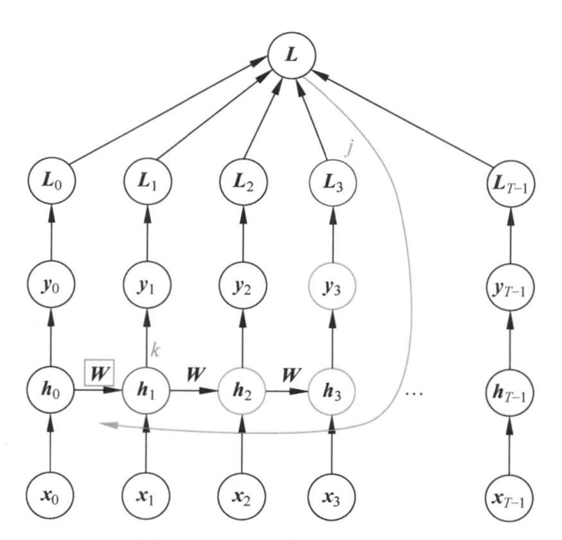

图 8-21　反向传播路径计算

关系，我们利用链式规则写出的数学表达式如式(8-8)所示。先求 $\boldsymbol{h}_j$ 对 $\boldsymbol{h}_{j-1}$ 的偏导，然后再乘以 $\boldsymbol{h}_{j-1}$ 对 $\boldsymbol{h}_{j-2}$ 的偏导，一直乘到 $\boldsymbol{h}_{k+1}$ 对 $\boldsymbol{h}_k$ 的偏导。

$$\frac{\partial \boldsymbol{h}_j}{\partial \boldsymbol{h}_k}=\prod_{m=k+1}^{j}\frac{\partial \boldsymbol{h}_m}{\partial \boldsymbol{h}_{m-1}} \tag{8-8}$$

最终的反向传播方程如式(8-9)所示。式(8-9)中有两个求和，第 1 个求和是关于 $\boldsymbol{L}$ 的，第 2 个求和是关于 $\boldsymbol{L}$ 对 $\boldsymbol{h}$ 的。中间经过了 $\boldsymbol{h}$ 之间的依赖关系，其中 $\boldsymbol{h}_m$ 的表达式如式(8-10)所示，$\boldsymbol{h}_m$ 对 $\boldsymbol{h}_{m-1}$ 求偏导的数学表达式如式(8-11)所示。

$$\frac{\partial \boldsymbol{L}_j}{\partial \boldsymbol{W}_h}=\sum_{j=0}^{T-1}\sum_{k=0}^{j-1}\frac{\partial \boldsymbol{L}_j}{\partial \boldsymbol{y}_j}\frac{\partial \boldsymbol{y}_j}{\partial \boldsymbol{h}_j}\left(\prod_{m=k+1}^{j}\frac{\partial \boldsymbol{h}_m}{\partial \boldsymbol{h}_{m-1}}\right)\frac{\partial \boldsymbol{h}_k}{\partial \boldsymbol{W}_h} \tag{8-9}$$

$$\boldsymbol{h}_m=\boldsymbol{f}(\boldsymbol{W}_h\boldsymbol{h}_{m-1}+\boldsymbol{W}_x\boldsymbol{x}_m) \tag{8-10}$$

$$\frac{\partial \boldsymbol{h}_m}{\partial \boldsymbol{h}_{m-1}}=\boldsymbol{W}_h^{\mathrm{T}}\mathrm{diag}(\boldsymbol{f}'(\boldsymbol{W}_h\boldsymbol{h}_{m-1}+\boldsymbol{W}_x\boldsymbol{x}_m)) \tag{8-11}$$

8.3.5　梯度消失和梯度爆炸

RNN 使用乘法形式，步骤越多相乘的元素也就越多，所以结果会大得惊人。理论上说 RNN 可以学习所有长度的序列，但实际上由于梯度消失和梯度爆炸问题，RNN 对于比较长的序列就会失去记忆，也就是说 RNN 实际上可以学习的长度是有限的。其数学表达如式(8-12)所示，因为重复矩阵乘法而导致梯度消失和梯度爆炸。其中，$\boldsymbol{W}_h^{\mathrm{T}}$ 为权重矩阵，$\mathrm{diag}(\boldsymbol{f}'(\boldsymbol{W}_h\boldsymbol{h}_{m-1}+\boldsymbol{W}_x\boldsymbol{x}_m))$ 为激活函数的导数。

$$\frac{\partial \boldsymbol{h}_j}{\partial \boldsymbol{h}_k}=\prod_{m=k+1}^{j}\boldsymbol{W}_h^{\mathrm{T}}\mathrm{diag}(\boldsymbol{f}'(\boldsymbol{W}_h\boldsymbol{h}_{m-1}+\boldsymbol{W}_x\boldsymbol{x}_m)) \tag{8-12}$$

为了解决梯度消失和梯度爆炸问题，可以采用对于通过时间的反向传播(BPTT)进行截断,也就是只计算它的一部分。所以,为了减少内存需求,通常我们会截断网络。设置参数 p,只计算从 $j-p$ 到 j 的序列的误差反传。也就是说只学习与当前时间非常临近的前序序列。其实这也很符合人的特性,人们总是对最近的记忆非常清晰,对于久远的记忆随着时间的推移会越来越模糊。

8.4 长短期记忆(LSTM)及其变种的原理

在前面学习过的 RNN 的基础上,我们可以更进一步地学习 LSTM——RNN 的改进版本。为了解决 RNN 的梯度消失和梯度爆炸问题,必须对 RNN 进行改进。在反向传播的过程中,递归神经网络在每一层进行相乘,序列越长相乘的乘子越多,导致指数衰减在导数很小的情况下,或者指数增大在导数很大的情况下。由于有这样的问题,所以在很多时间步骤中训练深度网络或简单的循环网络变得非常困难。

除此之外,在处理序列中还有一个"远距离依赖"问题。在实践中训练 RNN 以保留多个时间步骤的信息是非常困难的,因为有梯度消失问题,导致 RNN 只能学习有限长度的序列,很难处理远程依赖的 RNN。例如,主语+动词这种语法结构,如图 8-22 所示,图中序列很多,那么对于与当前节点非常远的序列节点的依赖就非常弱了。

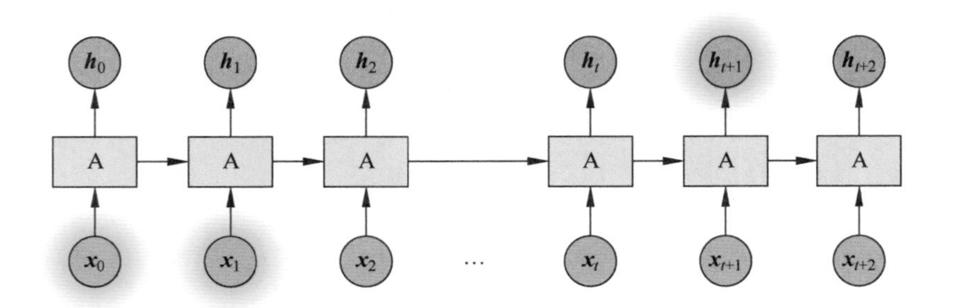

图 8-22 远距离依赖关系

为了应对这种问题,就出现了长短期记忆(Long Shot Term Memory,LSTM)网络。LSTM 网络在每个存储单元中添加额外的控制单元,对输入进行控制。实现这种控制的单元结构是一个一个的门结构,如忘记门、输入门、输出门。这样能有效地防止梯度消失和梯度爆炸的问题,并允许网络在更长的时间段内保留状态信息。

8.4.1 LSTM 网络架构

LSTM 整体的网络架构如图 8-23 所示。首先看中间的单元,它有 2 个输入和 2 个输出。在这 2 个输入中,上面的输入是单元的记忆状态 $\boldsymbol{C}_{t-1}$,下面的输入是上一层的输出 $\boldsymbol{h}_{t-1}$。在这 2 个输出中,上面的输出是单元的记忆状态 $\boldsymbol{C}_t$,下面的输出是当前层的输出 $\boldsymbol{h}_t$。

中间这个单元的内部结构,首先要清楚的是这 3 个 S 型激活函数代表的 3 个门控制单

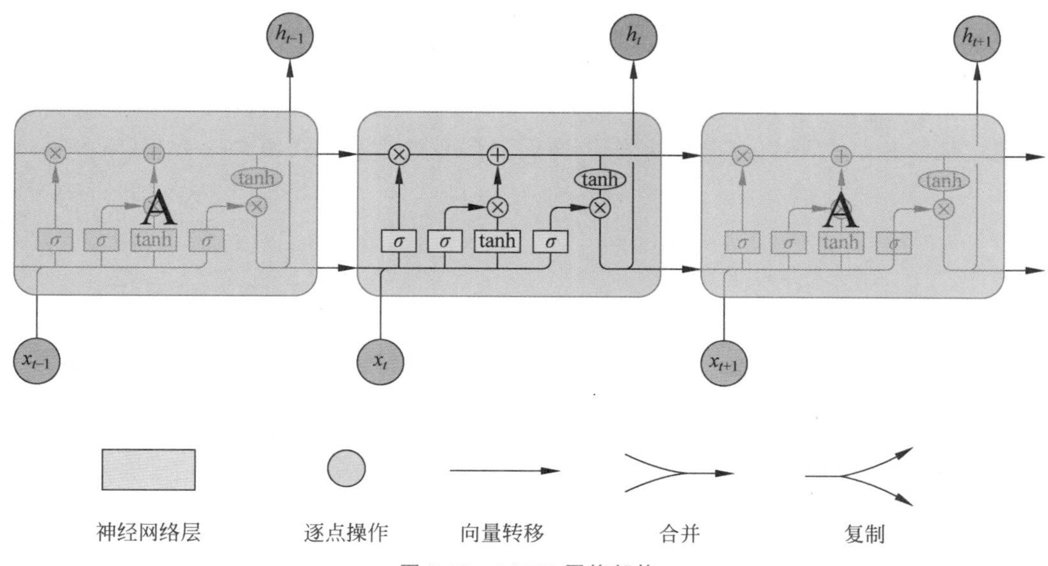

图 8-23 LSTM 网络架构

元。因为 S 型函数的输出是 0～1,可以实现控制阀机制。所以只要有 S 型函数的符号出现,就说明这是一个门。每一个门都有一个乘号,这个乘号对应的就是它要控制的量。在图 8-24 中,输入 $\boldsymbol{C}_{t-1}$ 和黄色的激活函数 tanh 以及紫色的激活函数 tanh,都是要进行控制的量。这样的门控制单元能实现对 $\boldsymbol{C}_{t-1}$ 和 $\boldsymbol{h}_{t-1}$ 的信息量变换以及输出的多少。

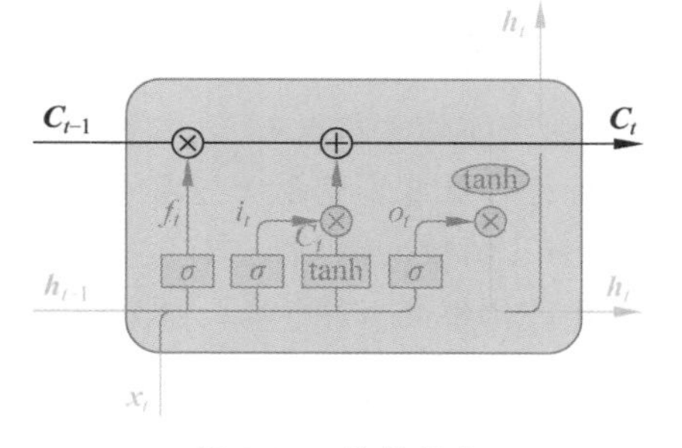

图 8-24 单元状态

单元状态的输入输出,也就是单元的记忆状态从 $\boldsymbol{C}_{t-1}$ 到 $\boldsymbol{C}_t$ 的输出,如图 8-24 所示。$\boldsymbol{C}_t$ 由上一层 $\boldsymbol{C}_{t-1}$ 经过一系列的变换得来。它主要经过 2 个变换,即相乘和相加。相乘表示它经过了忘记门的控制,相加表示增加了当前的输入信息。这样我们就可以对当前输入状态进行更新。

接下来我们看单元状态在实际中的应用案例。例如在自然语言处理中,要记住一个主语名词的人称和数量,以便在最终遇到它时可以检查动词的人称和数量是否与主语一致。忘记门将在遇到新主题时删除先前的主题信息,同时保留一部分旧主题的信息,而保留信息的多少取决于控制门,输入门用于“添加”新主题的信息。

要深刻透彻地理解 LSTM 结构,我们采用非常通俗和形象的理解方法,就是用生活中“阀”的概念来理解 LSTM 中“门”的结构,如图 8-25 所示。图中右侧是一个阀门,它用于控制流动的液体从一端流向另一端的流量,通过调节阀的开关可以实现流量大小的控制。而在 LSTM 中与之类似的就是图中左侧的门机制,这个门机制中的 σ,它的取值范围是 0～1,也就是 S 型函数的输出(经过 σ 的竖向箭头)与这个输入(从左往右的横向黑线)相乘,实现对它的输出量的调节。当 σ 为 1 时输出最大,当 σ 为 0 时输出为 0,即不让该输出通过。

有了阀的概念再来理解各个门就非常容易了。首先看忘记门，如图 8-26 所示。忘记门的控制阀是 S 型函数，就是因为它有 0～1 的输出。忘记门用它的输入 $\boldsymbol{x}_t$ 和当前隐藏状态 $\boldsymbol{h}_{t-1}$ 进行控制，这 2 个量决定了控制阀的大小从而实现控制。所以这样一个忘记门机制就可以用记忆状态 $\boldsymbol{C}_{t-1}$ 乘以忘记门函数 $\boldsymbol{f}_t$ 实现。$\boldsymbol{f}_t$ 的数学表达式如式(8-13)所示。

$$\boldsymbol{f}_t=\sigma(\boldsymbol{W}_f\cdot[\boldsymbol{h}_{t-1},\boldsymbol{x}_t]+b_f) \tag{8-13}$$

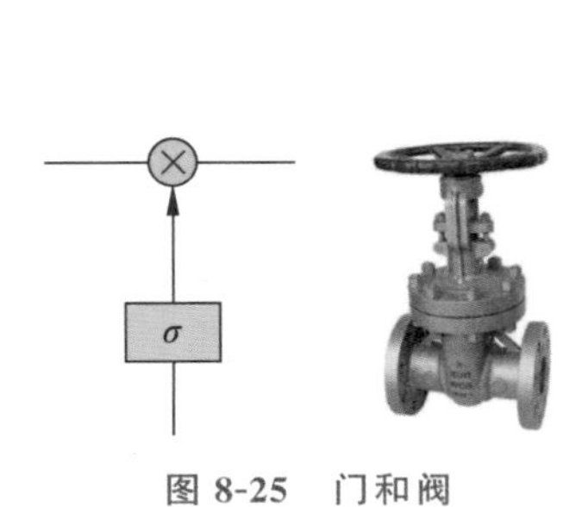

图 8-25　门和阀

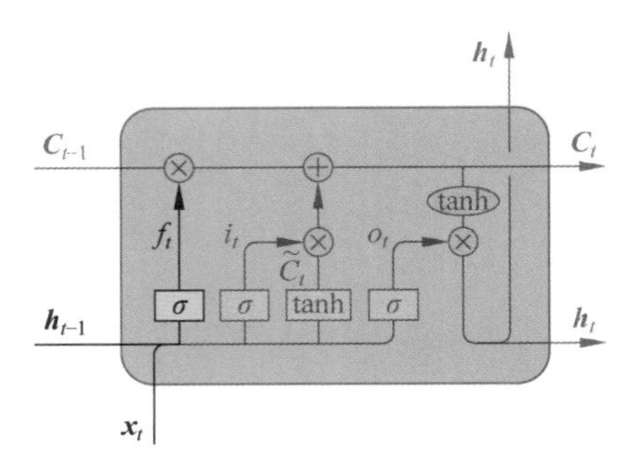

图 8-26　忘记门

在 LSTM 中还有一个激活函数 tanh，它的作用是替代 sigmoid(0-1)实现非线性输出的函数，即实现非线性激活。输出是－1～1 的阈值。

输入门的控制阀也是 S 型函数、控制目标，输入是 $\boldsymbol{x}_t$ 和当前隐藏状态 $\boldsymbol{h}_{t-1}$，如图 8-27 所示。那么控制目标是什么呢？仍然是这 2 个量，但是这 2 个量要经过 tanh 函数的激活。在门机制中，实现调节控制阀大小的仍然是 $\boldsymbol{x}_t$ 和 $\boldsymbol{h}_{t-1}$，即图中经过 S 型函数 σ 得到 $\boldsymbol{i}_t$ 的线路。控制目标就是以 $\boldsymbol{x}_t$ 为主同时又考虑上一个单元的输出 $\boldsymbol{h}_{t-1}$，经过 tanh 函数的激活得到 $\widetilde{\boldsymbol{C}}_t$ 的线路。$\boldsymbol{i}_t$ 的数学表达式如式(8-14)所示，$\widetilde{\boldsymbol{C}}_t$ 的数学表达式如式(8-15)所示。

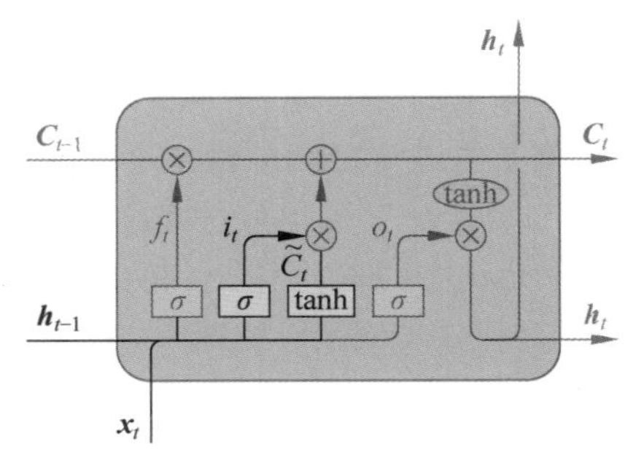

图 8-27　输入门

$$\boldsymbol{i}_t=\sigma(\boldsymbol{W}_i\cdot[\boldsymbol{h}_{t-1},\boldsymbol{x}_t]+b_i) \tag{8-14}$$

$$\widetilde{\boldsymbol{C}}_t=\tanh(\boldsymbol{W}_C\cdot[\boldsymbol{h}_{t-1},\boldsymbol{x}_t]+b_C) \tag{8-15}$$

有了之前的忘记门和输入门，我们就可以更新单元的记忆状态了，也就是从 $\boldsymbol{C}_{t-1}$ 到 $\boldsymbol{C}_t$ 的变化，如图 8-28 所示。它由 2 部分组成，加号之前是忘记门 $\boldsymbol{f}_t$ 对 $\boldsymbol{C}_{t-1}$ 输出条件量大小的控制，也就是 $\boldsymbol{f}_t\times\boldsymbol{C}_{t-1}$。加号下面的是对输入量 $\widetilde{\boldsymbol{C}}_t$ 的控制，输入门是 $\boldsymbol{i}_t$，也就是 $\boldsymbol{i}_t\times\widetilde{\boldsymbol{C}}_t$。最后，本单元的记忆状态输出 $\boldsymbol{C}_t$ 的数学表达式如式(8-16)所示。从式中可以看出，最终状态要取决于上一个状态的一部分和当前状态的一部分。

$$\widetilde{\boldsymbol{C}}_t=\boldsymbol{f}_t\times\boldsymbol{C}_{t-1}+\boldsymbol{i}_t\times\widetilde{\boldsymbol{C}}_t \tag{8-16}$$

输出门用于输出隐藏状态 $\boldsymbol{h}_t$，那么 $\boldsymbol{h}_t$ 是怎样得到的呢？它是基于单元状态“过滤”版本的更新，如图 8-29 所示。也就是用经过了忘记门和输入门的变换之后得到的 $\boldsymbol{C}_t$，再使用 tanh 函数进行激活，将结果缩放到 −1～1。而输出门的控制阀是输入 $\boldsymbol{x}_t$ 和上一个隐藏状态 $\boldsymbol{h}_{t-1}$ 的 S 型函数，其数学表达式如式(8-17)所示，从而得到一个阈值即输出量大小的比例值。最后再把 tanh 的激活结果和输出门的阈值相乘，就得到了最终的输出 $\boldsymbol{h}_t$，数学表达式如式(8-18)所示。

$$\boldsymbol{o}_t=\sigma(\boldsymbol{W}_o[\boldsymbol{h}_{t-1},\boldsymbol{x}_t]+\boldsymbol{b}_o) \tag{8-17}$$

$$\boldsymbol{h}_t=\boldsymbol{o}_t * \tanh(\boldsymbol{C}_t) \tag{8-18}$$

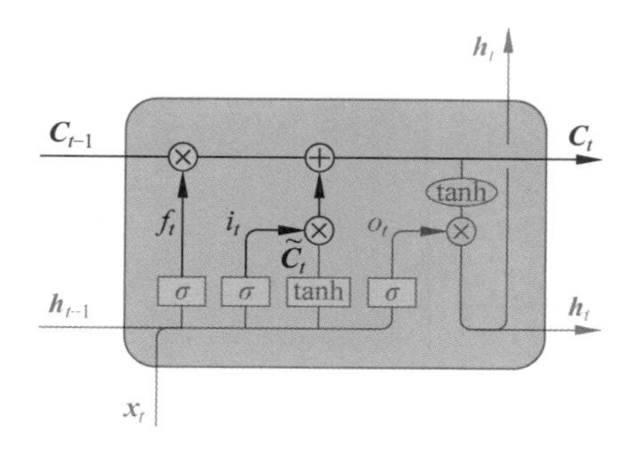

图 8-28 更新单元记忆状态

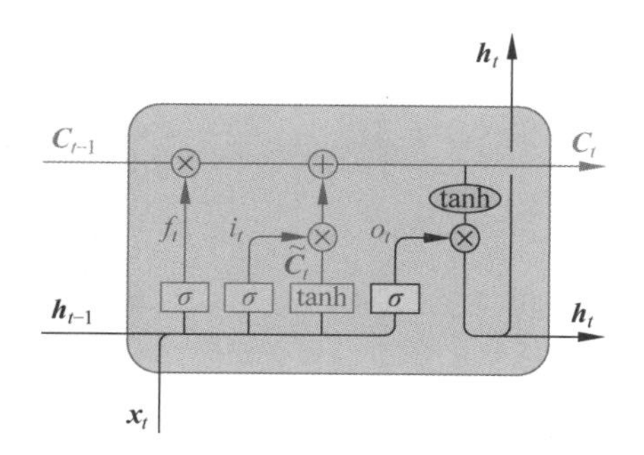

图 8-29 输出门

8.4.2 LSTM 变体一

Gers 和 Schmidhuber 于 2000 年提出了一个 LSTM 变体，增加了窥探连接(Peephole connection)机制，让门层也接受细胞状态的输入，如图 8-30 所示。简单地说，就是让各个门机制的 S 型函数也接收上一个细胞的记忆状态 $\boldsymbol{C}_{t-1}$ 的输入。忘记门 $\boldsymbol{f}_t$、输入门 $\boldsymbol{i}_t$、输出门 $\boldsymbol{o}_t$ 的数学表达式也都进行了相应的更改，如式(8-19)～式(8-21)所示。注意对于输出门 $\boldsymbol{o}_t$ 而言，$\boldsymbol{C}_{t-1}$ 的状态已经通过忘记门和输入门的变换更新为 $\boldsymbol{C}_t$ 了，所以输出门 $\boldsymbol{o}_t$ 的公式中记忆状态是当前的 $\boldsymbol{C}_t$。

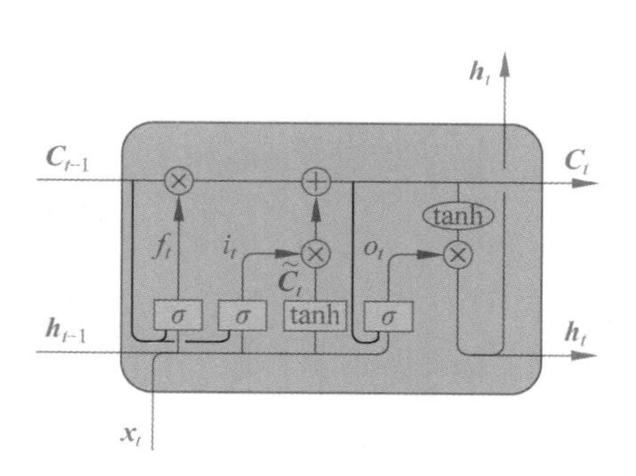

图 8-30 Peephole LSTM 单元

$$\boldsymbol{f}_t=\sigma(\boldsymbol{W}_f\cdot[\boldsymbol{C}_{t-1},\boldsymbol{h}_{t-1},\boldsymbol{x}_t]+b_f) \tag{8-19}$$

$$\boldsymbol{i}_t=\sigma(\boldsymbol{W}_i\cdot[\boldsymbol{C}_{t-1},\boldsymbol{h}_{t-1},\boldsymbol{x}_t]+b_i) \tag{8-20}$$

$$\boldsymbol{o}_t=\sigma(\boldsymbol{W}_o\cdot[\boldsymbol{C}_t,\boldsymbol{h}_{t-1},\boldsymbol{x}_t]+b_o) \tag{8-21}$$

Peephole LSTM 的整体结构如图 8-31 所示。图中蓝色的 Cell 是记忆单元，红色数字 0 的部分是忘记门，红色数字 1 的部分是输入门，红色数字 2 的部分是输入门的 tanh 变换部分，红色数字 3 的部分是输出门，并且由 Cell 提供的 tanh 变换最终得到输出 $\boldsymbol{h}_t$。

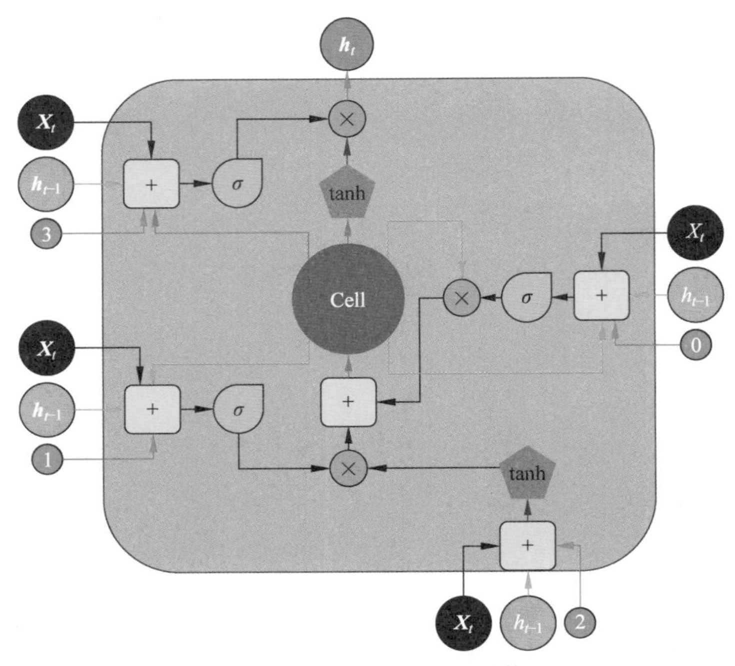

图 8-31 Peephole LSTM 结构

我们分别看一下各个门机制的结构。忘记门如图 8-32 所示，它增加了一个浅蓝色线条 $\boldsymbol{C}_{t-1}$ 的记忆状态输入，与 $\boldsymbol{x}_t$ 和 $\boldsymbol{h}_{t-1}$ 以及偏置 0(红色的数字)和 S 型激活函数构成忘记门机制。

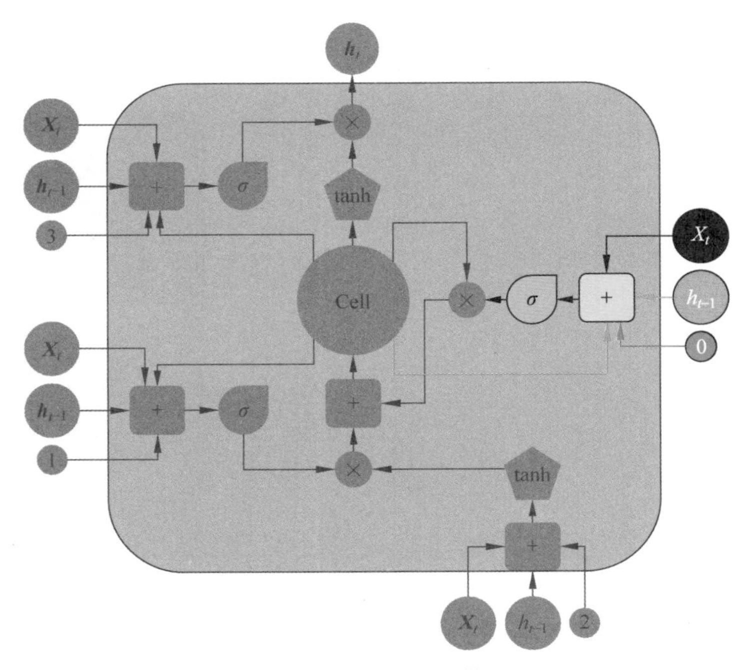

图 8-32 忘记门结构

输入门也增加了一条浅蓝色线条 $\boldsymbol{C}_{t-1}$ 的记忆状态输出，与 $\boldsymbol{x}_t$ 和 $\boldsymbol{h}_{t-1}$ 以及偏置 1(红色的数字)和 S 型激活函数构成输入门机制，如图 8-33 所示。$\boldsymbol{x}_t$ 和 $\boldsymbol{h}_{t-1}$ 作为输入，经过 tanh 函数激活得到输入量。再将输入量与输入阀的阈值相乘，得出整个输入门的结果。

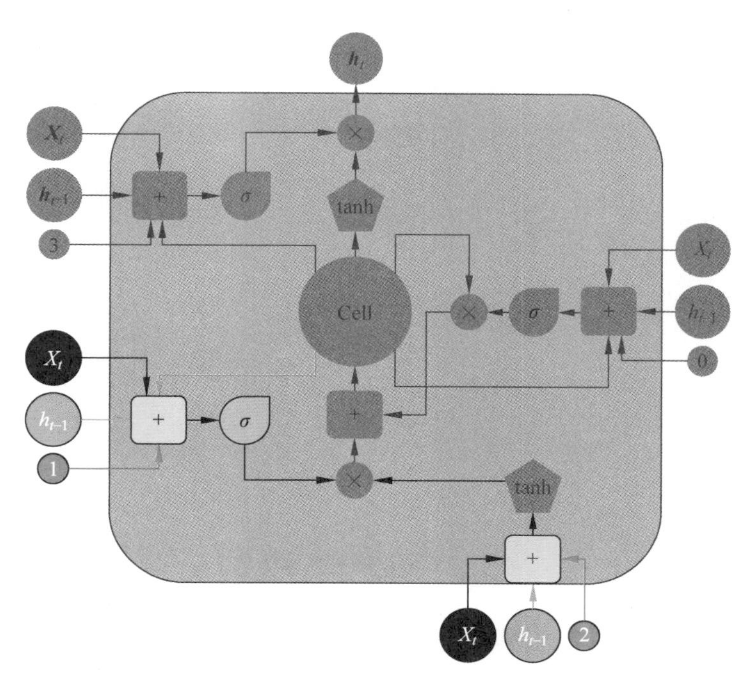

图 8-33　输入门结构

将刚刚得到的输入门的结果加上忘记门的输出，就得到了新的记忆状态 $\boldsymbol{C}_t$，如图 8-34 所示。

输出门与之前的门机制不同，增加了一条墨绿色线条 $\boldsymbol{C}_t$，这是刚刚得到的新的记忆状态，与 $\boldsymbol{x}_t$ 和 $\boldsymbol{h}_{t-1}$ 以及偏置 3(红色数字)和 S 型激活函数构成输出门机制，如图 8-35 所示。基于这个新的记忆状态 $\boldsymbol{C}_t$，让它经过 tanh 函数的激活变换后，再乘以输出门 $\boldsymbol{o}_t$，就得到了新的隐藏状态 $\boldsymbol{h}_t$。

8.4.3　LSTM 变体二

另一个变体是使用合并在一起的忘记门和输入门。不同于之前分开确定忘记和需要添加的新信息，这里是一同做出决定，其结构如图 8-36 所示。忘记门通过“1-”的操作与输入门进行了合并，其数学表达式如式(8-22)所示。

$$\boldsymbol{C}_t = \boldsymbol{f}_t \times \boldsymbol{C}_{t-1} + (1 - \boldsymbol{f}_t) \times \widetilde{\boldsymbol{C}}_t \tag{8-22}$$

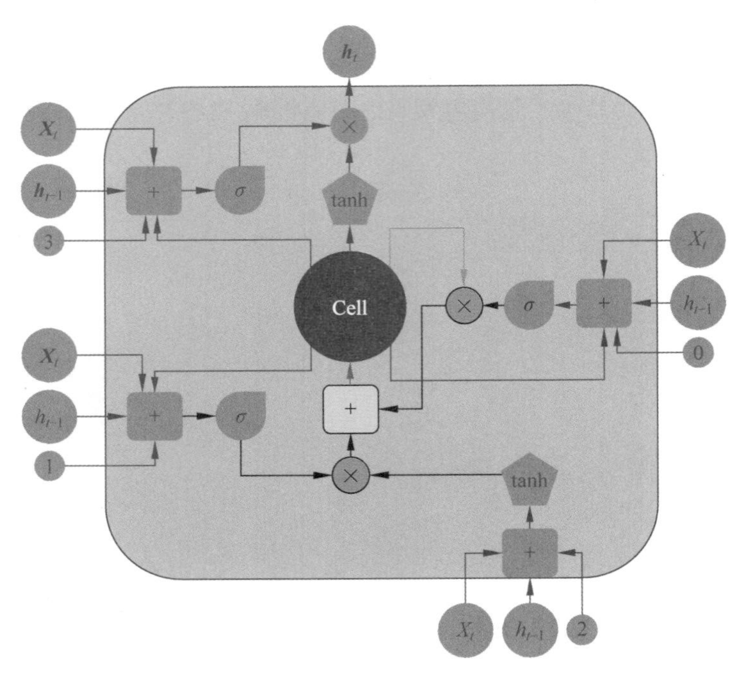

图 8-34 新的记忆单元结构

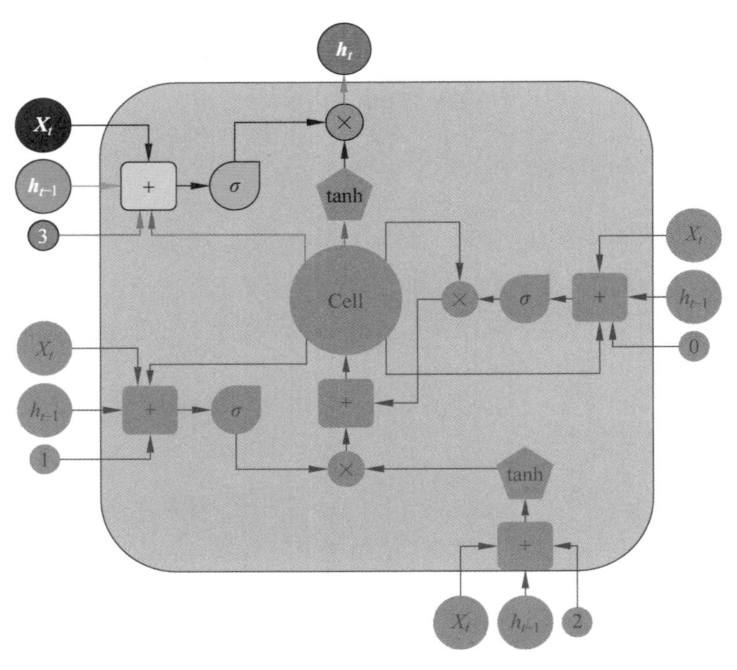

图 8-35 输出门结构

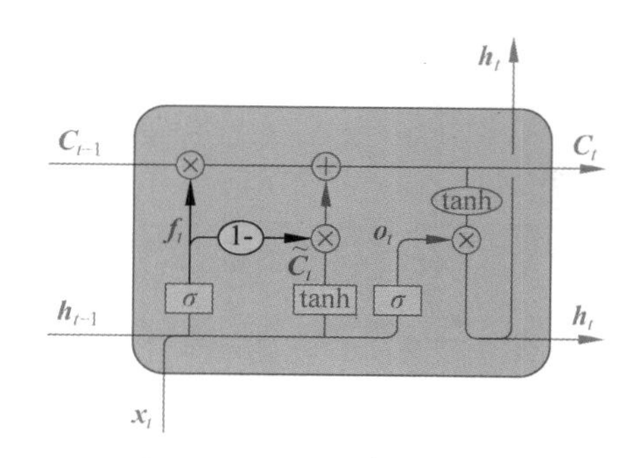

图 8-36　合并忘记门和输入门的 LSTM 结构

8.4.4　LSTM 变体三

GRU(Gated Recurrent Unit)使用更少门的 LSTM 来替代 RNN，这是在 2014 年提出的。它抛弃了输出门，而将忘记门和输入门组合成“更新”门，并且消除了单元记忆状态向量，GRU 的结构如图 8-37 所示。

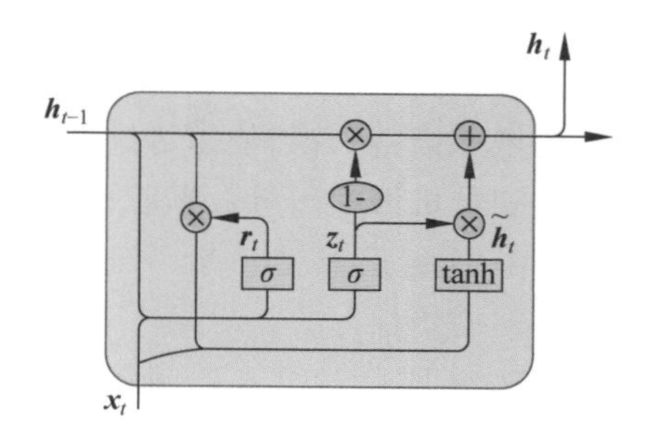

图 8-37　GRU 结构

图 8-36 中很明显只有 2 个门，也没有了记忆状态的输入。第 1 个门是 $\boldsymbol{z}_t$，它对 $\boldsymbol{x}_t$ 和 $\boldsymbol{h}_{t-1}$ 进行控制，其数学表达式如式(8-23)所示；第 2 个门是 $\boldsymbol{r}_t$，它用 $\boldsymbol{x}_t$ 和 $\boldsymbol{h}_{t-1}$ 进行控制，其数学表达式如式(8-24)所示。图中 $\widetilde{\boldsymbol{h}}_t$ 是 $\boldsymbol{r}_t$ 门输出结果与上一层隐藏状态 $\boldsymbol{h}_{t-1}$，以及输入 $\boldsymbol{x}_t$ 共同进行 tanh 函数激活的输入量，其数学表达式如式(8-25)所示。用 1 减去 $\boldsymbol{z}_t$ 门的输出，再与上一层隐藏状态 $\boldsymbol{h}_{t-1}$ 相乘，并与 $\boldsymbol{z}_t$ 门的输出和输入量 $\widetilde{\boldsymbol{h}}_t$ 的乘积相加，就得到了更新后的隐藏状态 $\boldsymbol{h}_t$，其数学表达式如式(8-26)所示。

$$\boldsymbol{z}_t = \sigma(\boldsymbol{W}_z \cdot [\boldsymbol{h}_{t-1}, \boldsymbol{x}_t]) \tag{8-23}$$

$$\boldsymbol{r}_t = \sigma(\boldsymbol{W}_r \cdot [\boldsymbol{h}_{t-1}, \boldsymbol{x}_t]) \tag{8-24}$$

$$\widetilde{\boldsymbol{h}}_t = \tanh(\boldsymbol{W} \cdot [\boldsymbol{r}_t \times \boldsymbol{h}_{t-1}, \boldsymbol{x}_t]) \tag{8-25}$$

$$\boldsymbol{h}_t = (1 - \boldsymbol{z}_t) \times \boldsymbol{h}_{t-1} + \boldsymbol{z}_t \times \widetilde{\boldsymbol{h}}_t \tag{8-26}$$

第 9 章 基于深度学习的语言模型

本章将介绍深度学习在自然语言处理(NLP)中的应用。自然语言处理分支涵盖了方方面面的知识,包括语言学、计算机学、数学等,本章将从最基本的词的表示逐步展开,由浅到深地讲解现阶段深度学习在自然语言处理中的一些相关技术,带给大家最直观的理解和感受,帮助大家建立 NLP 领域的扎实基础。

9.1 词的各种向量表示

众所周知,由于复杂多变的语境和语言知识,使用传统方法处理自然语言问题会变得非常复杂,效果也并非很乐观。然而随着机器学习等数据驱动的方法的兴起,使用数学和数据的思维和视角让这些问题变得简单,这也正如 Frank Seide 所说的那样,“科学的价值不是让事情变得复杂,而是要找到固有的简单性”。

那么,如果想使用数学的思维来处理自然语言的问题,首先要面对的就是词的表示问题,一般是将单词表示为数字向量。有了词的向量表示就可以将自然语言的问题转为数学问题进行处理,从而得到解决。图 9-1 是对单词 banana 的一种向量表示。

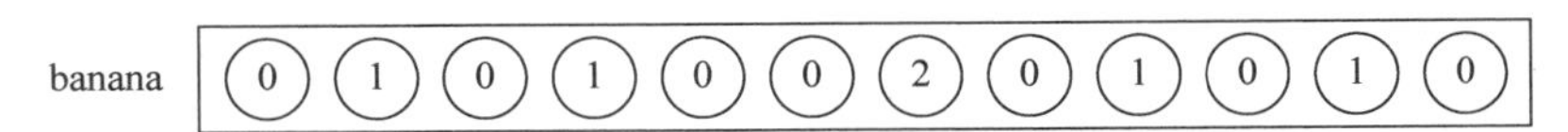

图 9-1 banana 的一种向量表示

用向量表示单词的关键思想是,词语之间的语义相似性取决于文档中词语之间的相似性。这段话的意思就是,当我们想要把一个词表示成向量时,并不是通过长期的经验获取某个词应该被表示成哪些向量,而是通过这个词在文档中的实际表现来表示它。这种方法的好处是,随着文档的数量增加,词的表示也可以通过多个方面来展现,也即词的表示具有了鲁棒性和弹性。

在进行向量表示时,有种方法是将词在文档中出现的次数作为记录,如图 9-2 所示。

这种方法统计了 banana 一词在 12 个文档中出现的次数,这 12 个文档对应 banana 的向量的位置由 1~12。如图 9-2 所示,banana 一词在 12 个文档中的文档 2、4、7、9、11 分别出现了,且在文档 7 中出现了 2 次,那么就用出现的次数进行记录,在其他文档中没有出现

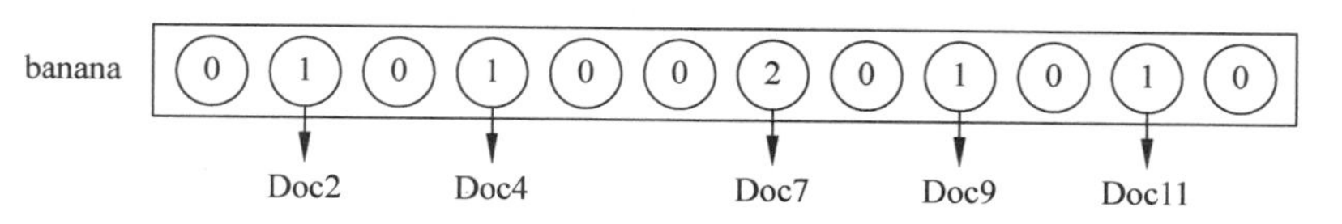

图 9-2　通过 banana 在文档中出现的次数进行向量表示

就用 0 进行标记填充。

除了上述的方法，有时还使用词语对应与相邻词语的上下文来表示，如图 9-3 所示，对“yellow banana grows on trees in Africa”这样的一句话，如果还是使用 12 个位置的向量，会在这 12 个位置中提前标记好位置代表的意义。如 yellow 在 banana 的前面第 1 位，那么就用−1 来表示，on 在 banana 的后面第 2 位，就用+2 表示，这样将信息与提前设定好的向量位置一一对应起来即可。

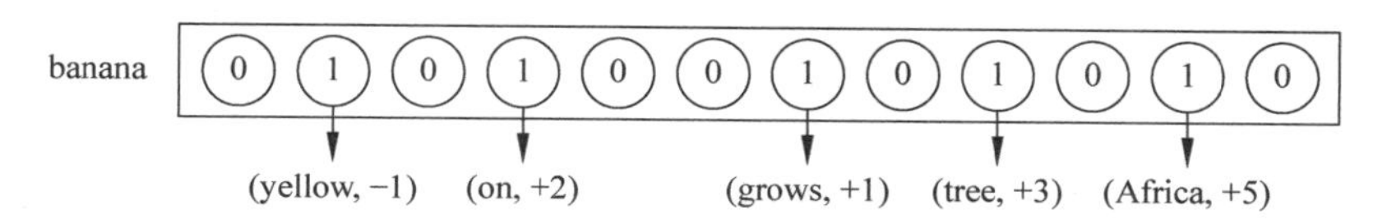

“yellow banana grows on trees in Africa”

−1　0　+1　+2　+3　+4　+5

图 9-3　使用相邻词的上下文进行向量表示

另外，还可以将需要向量表示的单词的三元字符进行表示，例如 banana 单词由＃ba、na＃、ana 等很多个三字符的片段构成，＃代表的是起始或者结束，那么 banana 单词就可以被表示成如图 9-4 所示的形式。

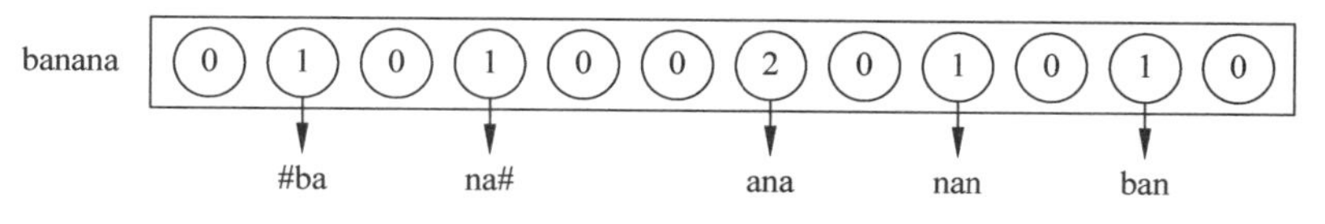

图 9-4　使用三元字符组进行向量表示

下面给出一个例子，现在有 4 个小文档，如图 9-5 所示。

Document 1: “seattle seahawks jerseys”
Document 2: “seattle seahawks highlights”
Document 3: “denver broncos jerseys”
Document 4: “denver broncos highlights”

图 9-5　4 个英文文档

假设先使用单词在每一个文档中出现的次数作为向量表示，我们来看一下词和词之间的相似性，如图 9-6 所示。很明显，使用这种表示法 seattle 和 seahawks 很相似，而 denver 和 broncos 很相似。

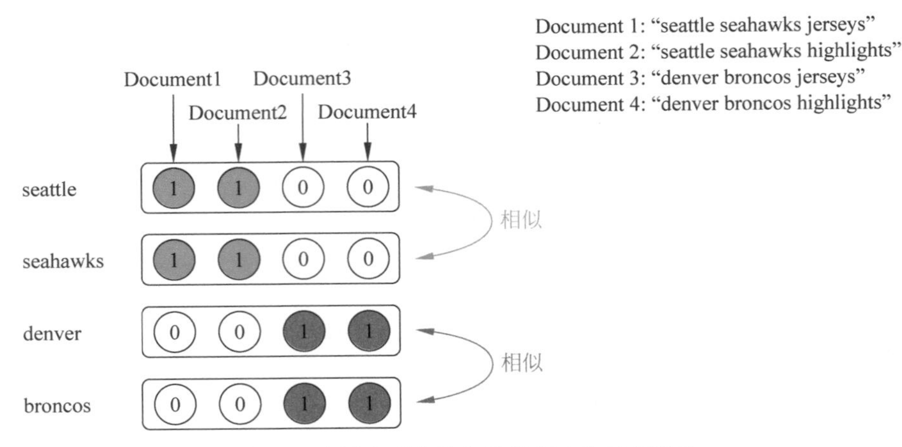

图 9-6 文档出现次数向量表示法的词相似性

之后使用单词的上下文位置信息作为向量表示，如图 9-7 所示。列中的(seattle，－1)表示 seattle 在各行中单词的左侧出现，第 1 列第 2 行中的 2 表示 seattle 在 seahawks 左侧出现 2 次，(jerseys，＋2)表示 jerseys 在各行中单词左侧第 2 个位置出现，它与 denver 这一行的交叉位置为 1，表示 jerseys 在 denver 右侧第 2 个位置出现 1 次，以此类推。可以看到在这种表示方法下 seattle 和 denver 相似，而 seahawks 和 broncos 相似。

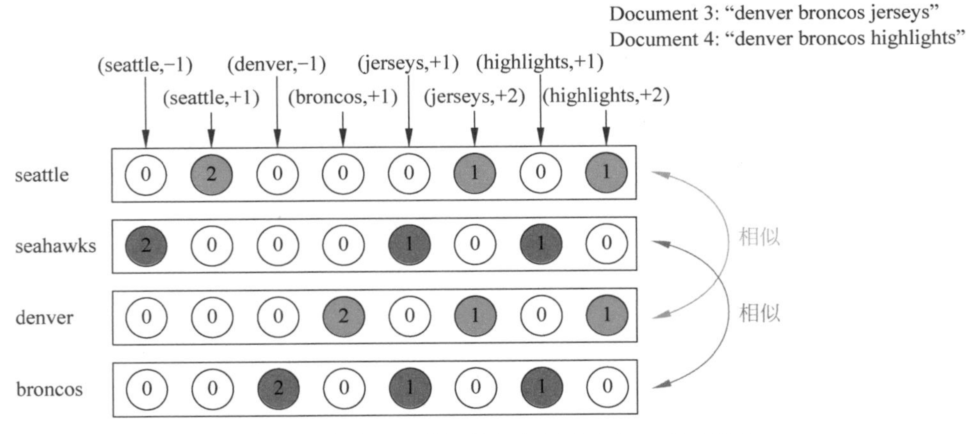

图 9-7 词上下文位置信息向量表示法的词相似性

除此之外还有一种方法也较为流行，就是使用在文档中两个词共同出现的次数来表示，这种表示方法称为共现矩阵表示。它将所有文档中不重复的词提取出来，组成一个二维矩阵，如图 9-8 所示。

以 love 这一单词为例，love 出现了两次，THU 和 deep 分别出现了一次，所以在相应位置就用 2、1、1 表示。

I love THU.
I love deep learning.
I enjoy learning.

次数	I	love	enjoy	THU	deep	learning
I	0	2	1	0	0	0
love	2	0	0	1	1	0
enjoy	1	0	0	0	0	1
THU	0	1	0	0	0	0
deep	0	1	0	0	0	1
learning	0	0	1	0	1	0

图 9-8　共现矩阵向量表示法

总结一下，以上介绍的向量空间表示方法虽然简单有效但也存在着一些问题，例如随着文档的增加，词的总数也会增加，那么向量的表示长度也会随之增加，并且它们都是高维度的、稀疏的，也就代表了它们都不稳定，所以我们需要一种低维度且相对稠密的向量表示法来解决。

9.2　通过词向量度量词的相似性

9.1 节介绍了词表示的几种方法，那么有了词的表示向量，如何评价词表示向量的准确性呢？其中一种方法就是使用词与词之间的相似性来对比度量，即将词在向量空间的相似性与单词的本来意义相似性进行比较，如果吻合度较高，则说明向量是比较准确的；反之则说明与实际相去甚远。

下面来看一个单词 king 的词向量，如图 9-9 所示。此单词向量是由 GloVe 算法使用维基百科作为训练语料得出的 50 维向量结果。

[0.50451 , 0.68607 , -0.59517 , -0.022801, 0.60046 , -0.13498 , -0.08813 ,
0.47377 , -0.61798 , -0.31012 , -0.076666, 1.493 , -0.034189, -0.98173 , 0.68229 ,
0.81722 , -0.51874 , -0.31503 , -0.55809 , 0.66421 , 0.1961 , -0.13495 ,
-0.11476 , -0.30344 , 0.41177 , -2.223 , -1.0756 , -1.0783 , -0.34354 , 0.33505 ,
1.9927 , -0.04234 , -0.64319 , 0.71125 , 0.49159 , 0.16754 , 0.34344 , -0.25663 ,
-0.8523 , 0.1661 , 0.40102 , 1.1685 , -1.0137 , -0.21585 , -0.15155 , 0.78321 ,
-0.91241 , -1.6106 , -0.64426 , -0.51042]

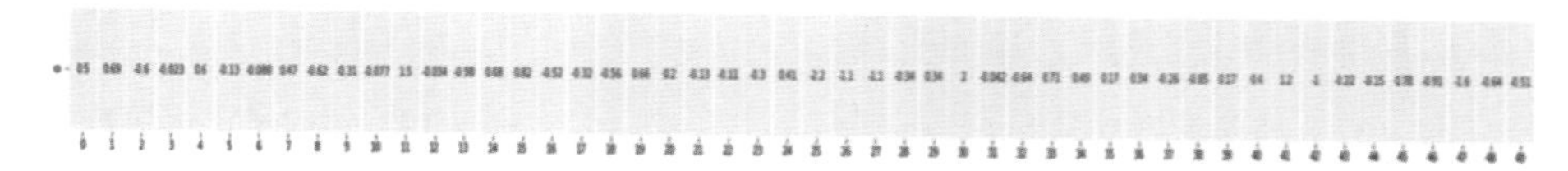

图 9-9　单词 king 的词向量

但是仅仅观看这 50 维中的数字并不能直观地感受此向量所代表的实际意义，所以需要将它和其他词做一个相似性比较来形象地理解。下面将几个单词的词向量进行热力图的绘制，图的颜色由词向量中维度数字的大小来决定，如图 9-10 所示。

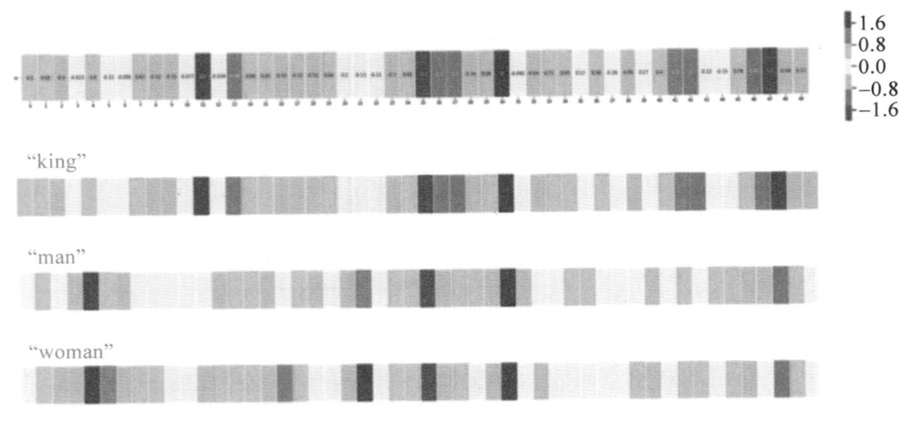

图 9-10 词向量热力图 1

由图 9-10 可知，man 和 woman 这两个单词是非常相似的，说明这种词向量表示方法捕获了这两个词之间的内在联系。接着我们将更多的词通过热力图展示出来，如图 9-11 所示。

将 8 个单词进行了热力图的展示可以看到，在所有词的第 31 维都有相同的一条红色维度，说明这 8 个词在这个维度是相似的，但是我们并不知道这个维度所代表的意义是什么。再来看第 26 维，前 7 个单词都包含，唯独第 8 个单词没有这个维度，说明前 7 个单词在这个维度是相似的，并且与第 8 个单词不相似，我们发现前 7 个单词都是人，只有第 8 个单词是物质，所以推测词向量中第 26 维度所代表的意义可能是人的属性。

现在更进一步将这些词向量做一个加减进行类比测试，如图 9-12 所示。发现 king 与 man 做差再与 woman 相加近似等于 queen，这个公式也可以这样来看，king-man 约等于 queen-woman，代表的意义是 king 与 man 之间的关系类似于 queen 与 woman 之间的关系。

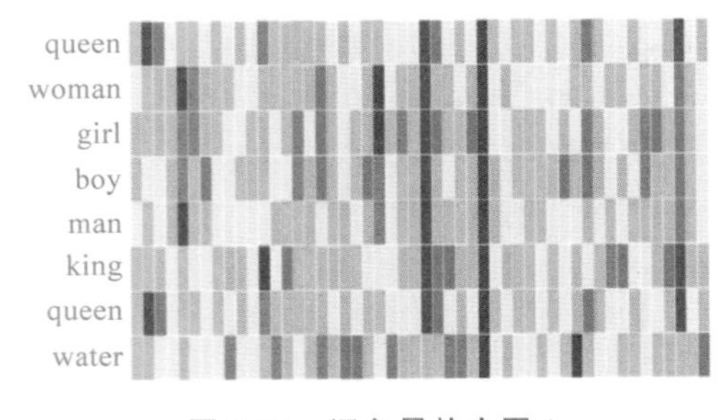

图 9-11 词向量热力图 2

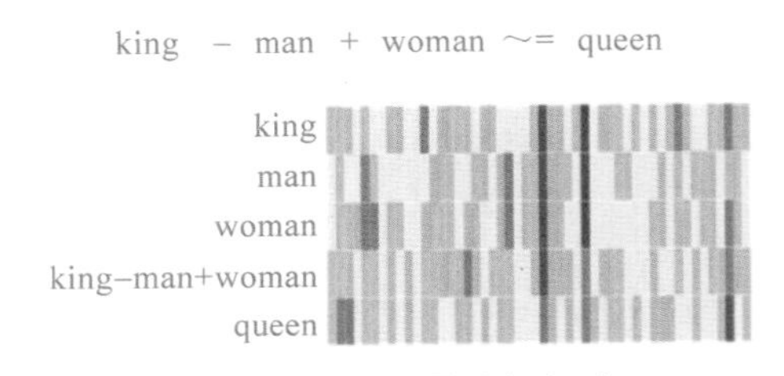

图 9-12 词向量进行加减

接下来介绍另一种相似度度量方法——单词-文档(term-document)矩阵。它将每个文档用几个词在文档中出现的次数组成的向量来表示，如图 9-13 所示。

同时，也可以将这种方法进行可视化展示，例如将文档使用某几个单词表示，这里使用 fool 和 battle 两个词来表示，如图 9-14 所示。

	As You Like It	Twelfth Night	Julius Caesar	Henry V
battle	1	0	7	13
good	114	80	62	89
fool	36	58	1	4
wit	20	15	2	3

图 9-13　term-document 方法

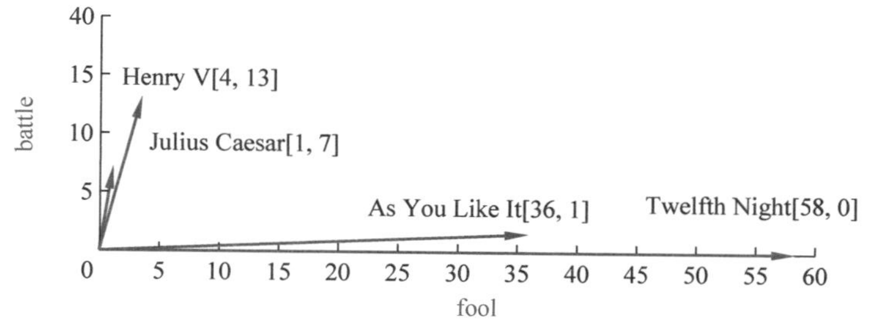

图 9-14　term-document 方法的可视化

同时，也可以将这种方法进行可视化展示，例如将文档使用某几个单词表示，这里使用 fool 和 battle 两个词，通过图 9-14 可知，两个喜剧的词向量比较相似，包含了更多的 fool、wit 这样的单词，而后两个历史剧词向量比较相似，它们包含了更多的 battle 这样的单词。

其实，更常用的是单词-单词矩阵，它的思想是，如果两个单词相似，那么它们的上下文的词也是相似的，如图 9-15 所示。

	aardvark	computer	data	pinch	result	sugar	…
apricot	0	0	0	1	0	1	
pineapple	0	0	0	1	0	1	
digital	0	2	1	0	1	0	
information	0	1	6	0	4	0	

图 9-15　单词-单词矩阵方法

当然，同样也可以对这种方法进行可视化表示，如图 9-16 所示。

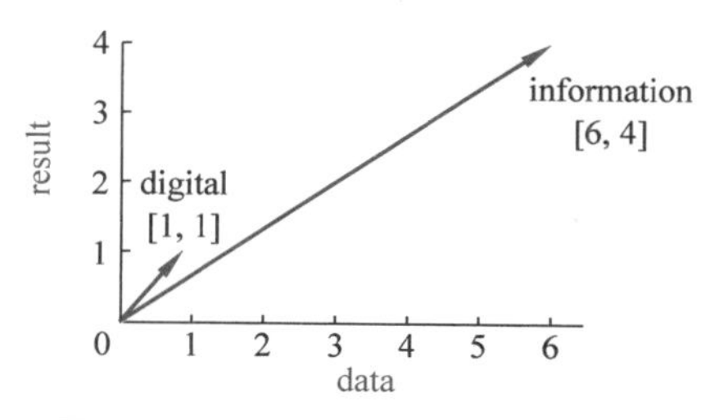

图 9-16　单词-单词矩阵方法可视化

最后，是使用数学公式在数学角度上对两个词向量进行衡量，方法是使用余弦相似度计算公式，其数学含义是比较两个向量在向量空间内的夹角大小，夹角越大说明越不相似；反之则越相似，如图 9-17 所示。

图 9-17 中 $\boldsymbol{A}$ 和 $\boldsymbol{B}$ 分别代表词 A 和词 B 的向量。$\|\boldsymbol{A}\|$ 和 $\|\boldsymbol{B}\|$ 分别是单词 A 和 B 的模，即长度，是标量。这里只是一个形式化定义，具体应用到多维向量中如图 9-18 所示。

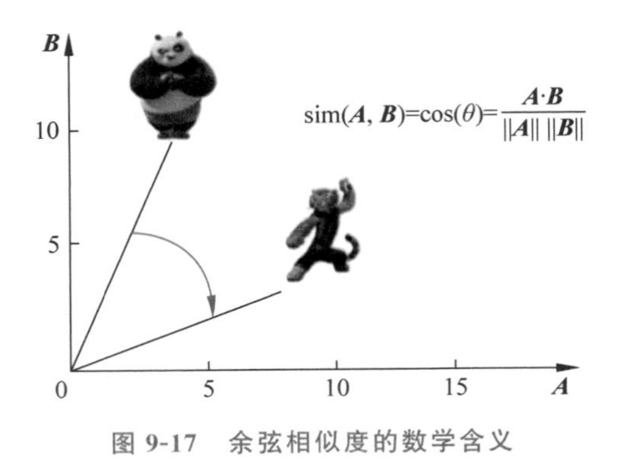

图 9-17　余弦相似度的数学含义

$$\text{cosine}(\boldsymbol{v},\boldsymbol{w})=\frac{\boldsymbol{v}\cdot\boldsymbol{w}}{|\boldsymbol{v}|\,|\boldsymbol{w}|}=\frac{\sum_{i=1}^{N}\boldsymbol{v}_i\boldsymbol{w}_i}{\sqrt{\sum_{i=1}^{N}\boldsymbol{v}_i^2}\sqrt{\sum_{i=1}^{N}\boldsymbol{w}_i^2}}$$

图 9-18　多维词向量的余弦相似度公式

其中，v_i 是单词 v 在文档 i 的数量，w_i 是单词 w 在文档 i 的数量。在上例中，提取出文档中某一单词的上下文内容(context)，然后通过比较两个词上下文内容的相似性就可以间接地表示两个词的相似性，此时就可以使用余弦相似度计算上下文的相似度，如图 9-19 所示是其运算结果。

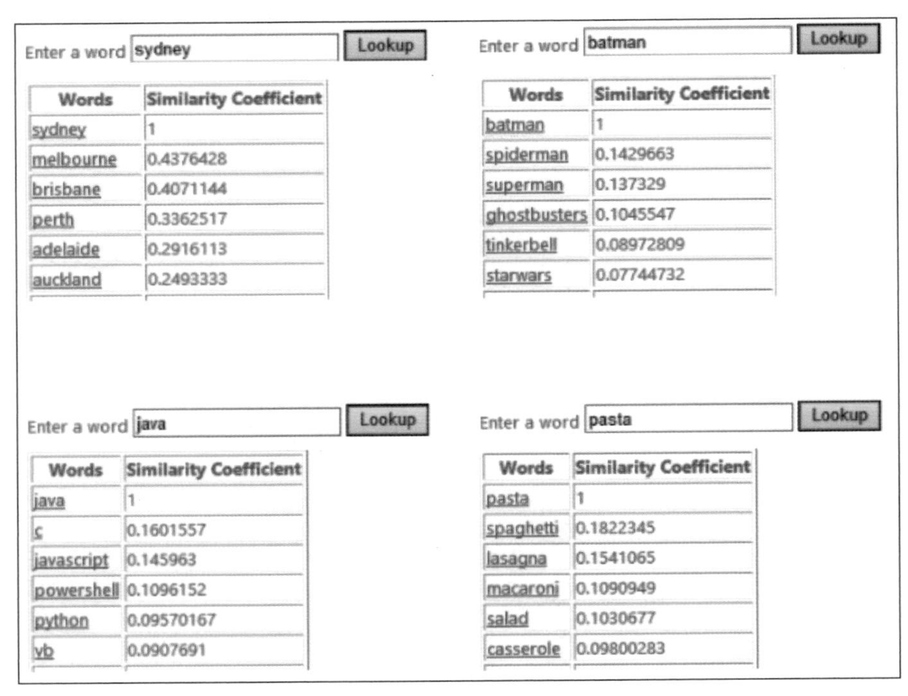
Enter a word sydney Lookup

Words	Similarity Coefficient
sydney	1
melbourne	0.4376428
brisbane	0.4071144
perth	0.3362517
adelaide	0.2916113
auckland	0.2493333

Enter a word batman Lookup

Words	Similarity Coefficient
batman	1
spiderman	0.1429663
superman	0.137329
ghostbusters	0.1045547
tinkerbell	0.08972809
starwars	0.07744732

Enter a word java Lookup

Words	Similarity Coefficient
java	1
c	0.1601557
javascript	0.145963
powershell	0.1096152
python	0.09570167
vb	0.0907691

Enter a word pasta Lookup

Words	Similarity Coefficient
pasta	1
spaghetti	0.1822345
lasagna	0.1541065
macaroni	0.1090949
salad	0.1030677
casserole	0.09800283

图 9-19　使用余弦相似度公式计算词的上下文相似度

9.3 潜在语义分析 LSA

9.1 节和 9.2 节介绍了词的多种表示形式以及通过词向量的相似度计算对照单词的本来意义来衡量词向量编码单词的准确程度。本节将介绍潜在语义分析(Latent Semantic Analysis,LSA),它是传统自然语言处理中一个非常重要的建模方法,对后续理解使用深度学习解决 NLP 的问题有很好的辅助作用。

9.3.1 潜在语义分析的过程

首先进行词向量表示。在词向量的表示中,潜在语义分析通常是将词向量在矩阵中进行汇总,一般有词-文档矩阵或者词-词共现矩阵等,比较常用的是使用词-文档矩阵进行表达,即每一行是一个单词在文档中出现的次数,每一列是文档。

其次是对其进行因子分解。将词向量在矩阵中汇总后就要对该矩阵进行因子分解,通常因子分解使用奇异值矩阵分解(SVD)对其进行降维找到低阶潜在相似成分。那么为什么要进行降维找到潜在相似成分呢?原因有 3 个,首先原始的词-文档矩阵是一个非常稀疏的矩阵,会导致不稳定性,处理起来比较困难;其次,原始矩阵中含有很多噪声,需要一种手段来进行降噪处理;最后,降维可以解决一部分同义词的问题,也能解决一部分二义性问题。具体来说,原始词-文档矩阵经过降维处理后,原有词向量对应的二义部分会加到和其语义相似的词上,而剩余部分则减少对应的二义分量,从而做到歧义消除。

最后是衡量相似性。一般使用余弦相似度公式对产出的新的向量进行评估。

9.3.2 潜在语义分析的 SVD 分解

SVD 分解就是奇异值分解,其本质是将一个矩阵用其他几个分解矩阵的乘积来表示。假设矩阵 $\boldsymbol{A}$ 的形状是 $d\times n$,那么 SVD 就是要找到如下的几个矩阵的乘积,如式(9-1)所示。

$$\boldsymbol{A}_{d\times n}=\boldsymbol{U}_{d\times k}\boldsymbol{\Sigma}_{k\times k}\boldsymbol{V}_{k\times n}^{\mathrm{T}} \tag{9-1}$$

而这样做的原因是在奇异值矩阵中是按照从大到小排列的,并且奇异值有一个性质是减少得特别快,前 10%甚至 1%的奇异值的和就占了全部奇异值之和 99%以上的比例。也就是说,我们也可以用最大的 k 个奇异值和对应的左右奇异向量来近似描述矩阵。这样在相似性得到保证的同时也达到了矩阵降维和压缩的目的,如图 9-20 所示。

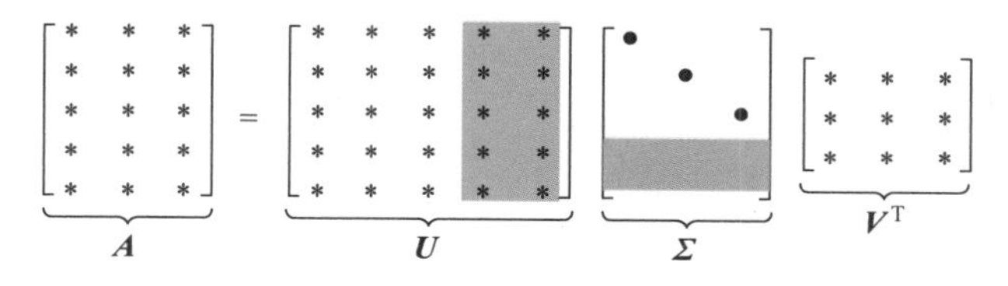

图 9-20 SVD 分解示意图

那么在潜在语义分析中应用SVD该如何对其进行解读呢？如图9-21所示。

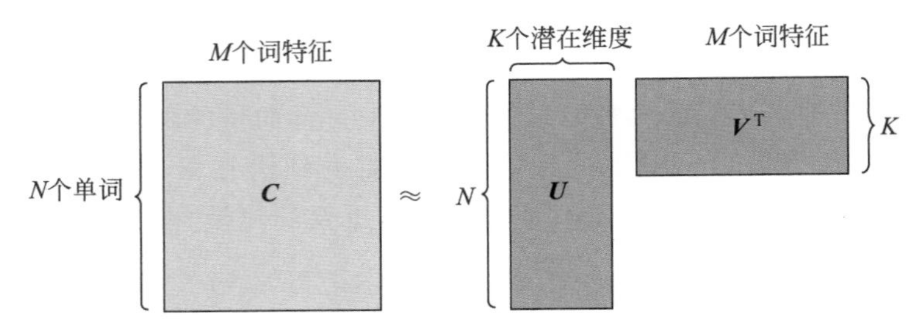

图 9-21 SVD在LSA中的解释

词-文档矩阵 $\boldsymbol{C}$，它包含有 N 个单词和 M 个文档即词特征，如果展开为 $\boldsymbol{U}$ 和 $\boldsymbol{V}^{\mathrm{T}}$ 矩阵，在矩阵 $\boldsymbol{U}$ 中列的数量 K 就代表了找到的隐含 K 个潜在维度，$\boldsymbol{V}^{\mathrm{T}}$ 的列就代表了 M 个文档数或者词的特征。

下面举一个例子，如图9-22所示，矩阵 $\boldsymbol{C}$ 表示5个单词的词-文档矩阵。

$\boldsymbol{C}$	d_1	d_2	d_3	d_4	d_5	d_6
ship	1	0	1	0	0	0
boat	0	1	0	0	0	0
ocean	1	1	0	0	0	0
wood	1	0	0	1	1	0
tree	0	0	0	1	0	1

图 9-22 SVD分解前的原始矩阵

如果对该矩阵进行SVD分解，将会得到如下几个分解矩阵，如图9-23所示。

$\boldsymbol{U}$	1	2	3	4	5
ship	−0.44	−0.30	0.57	0.58	0.25
boat	−0.13	−0.33	−0.59	0.00	0.73
ocean	−0.48	−0.51	−0.37	0.00	−0.61
wood	−0.70	0.35	0.15	−0.58	0.16
tree	−0.26	0.65	−0.41	0.58	−0.09

$\boldsymbol{V}^{\mathrm{T}}$	d_1	d_2	d_3	d_4	d_5	d_6
1	−0.75	−0.28	−0.20	−0.45	0.33	−0.12
2	−0.29	−0.53	−0.19	0.63	0.22	0.41
3	0.28	−0.75	0.45	−0.20	0.12	−0.33
4	0.00	0.00	0.58	0.00	−0.58	0.58
5	−0.53	0.29	0.63	0.19	0.41	−0.22

$\boldsymbol{\Sigma}$	1	2	3	4	5
1	2.16	0.00	0.00	0.00	0.00
2	0.00	1.59	0.00	0.00	0.00
3	0.00	0.00	1.28	0.00	0.00
4	0.00	0.00	0.00	1.00	0.00
5	0.00	0.00	0.00	0.00	0.39

图 9-23 SVD分解后的3个矩阵

接下来将这3个矩阵重新进行矩阵相乘会得到一个新的矩阵 $\boldsymbol{C}_2$，可以比较一下原始矩阵和重新组建的矩阵 $\boldsymbol{C}_2$ 有什么差别，如图9-24所示。

在原始矩阵 $\boldsymbol{C}$ 中，ship和boat两个词其本来的意思是相近的，但是由于 $\boldsymbol{C}$ 矩阵非常稀

C	d_1	d_2	d_3	d_4	d_5	d_6
ship	1	0	1	0	0	0
boat	0	1	0	0	0	0
ocean	1	1	0	0	0	0
wood	1	0	0	1	1	0
tree	0	0	0	1	0	1

C_2	d_1	d_2	d_3	d_4	d_5	d_6
ship	0.85	052	0.28	0.13	0.21	−0.08
boat	0.36	0.36	0.16	−0.20	−0.02	−0.18
ocean	1.01	0.72	0.36	−0.04	0.16	−0.21
wood	0.97	0.12	0.20	1.03	0.62	0.41
tree	0.12	−0.39	−0.08	0.90	0.41	0.49

图 9-24　SVD 分解前后矩阵对比

疏，因此没有办法采集到两个词的相似性，即相似度为 0。在经过奇异值分解后重新组建的矩阵 C_2 却能把稀疏矩阵稠密化，在一定程度上挖掘了相似性。

最后，总结一下采用低秩相似性的原因。第一，训练语料库不可能接近真实世界的量级；第二，使用降维来进行降噪处理；第三，通过 LSA 将向量空间的相关轴汇集在一起，消除了二义性；第四，相比于稀疏的表达，紧凑稠密的表示会更加稳健。

9.4　Word2Vec 词嵌入原理

本节介绍 Word2Vec 的算法原理。说到 Word2Vec 目前这个词有了多个含义，例如它是由谷歌公司开发并已经公布了的一个开源工具包，可以在百万级的词典上进行训练，非常高效，得到的词向量可以很出色地度量词与词之间的相似性。它也是一类模型的总称，这些模型实际上是一个浅层的神经网络，通过训练可以得到表达词的向量。它又是一种词嵌入方法，通过将词映射到某个向量空间内对词进行表示。

接下来看一个非常有趣的例子，如图 9-25 所示。

图 9-25　SVD 分解前后矩阵对比

猫咪和猫这一对词语对应图中的 kitten 和 cat，它们之间非常相似，通常说其中一个词基本可以替换为另一个词，但是狗和猫咪对应图片中的 dog 和 kitten 就没有那么相似了。可是，如果通过对词进行向量化的操作，使词与词之间能够进行相加减，那么能够得到一些有趣的结论。例如对词向量 kitten、cat 以及 dog 执行操作 kitten－cat＋dog，最终得到的词向量和 puppy 词向量非常类似。

9.4.1 Word2Vec 的指导思想

一般来说，表达词向量的方法是通过上下文语境，因为一个词在不同的语境有不同的含义。Word2Vec 算法也是这样的思想，它确定一个中心词(Center word)，然后用中心词周围几个词(Context word)而不是整个文档的词来衡量中心词的语义表示。例如一句话“我喜欢使用苹果计算机，它高效、智能，对办公来说是个不错的建议”，如果中心词是苹果，那么它的上下文词就可以用计算机、高效、智能等来表示。

如果将上述的例子进行简单的抽取，会得到这样一个结论，相似的单词会出现在相似的上下文中，换句话说，就是共享相似上下文的两个单词在向量空间内彼此相似，如图 9-26 所示。

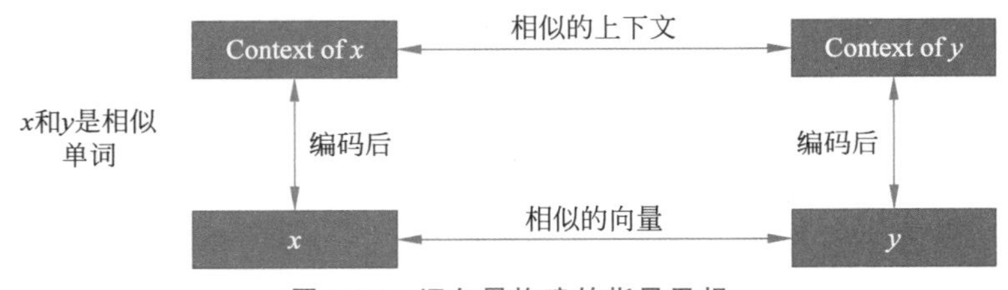

图 9-26　词向量构建的指导思想

在 Word2Vec 模型中包含了两个模型，一个是 skip-gram，另一个是 CBOW。前者是给定一个中心词预测它周围的词会是什么，后者正好相反，是给定多个上下文词，然后预测中心词会是哪个词，本节只针对 skip-gram 进行介绍。skip-gram 算法模型和 CBOW 算法的整体结构分别如图 9-27 和图 9-28 所示。

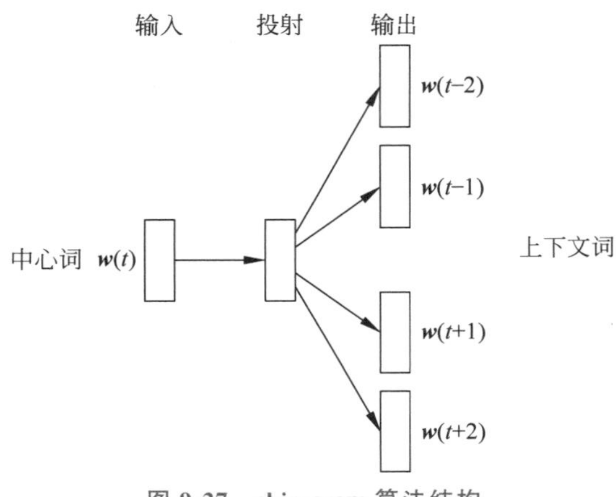

图 9-27　skip-gram 算法结构

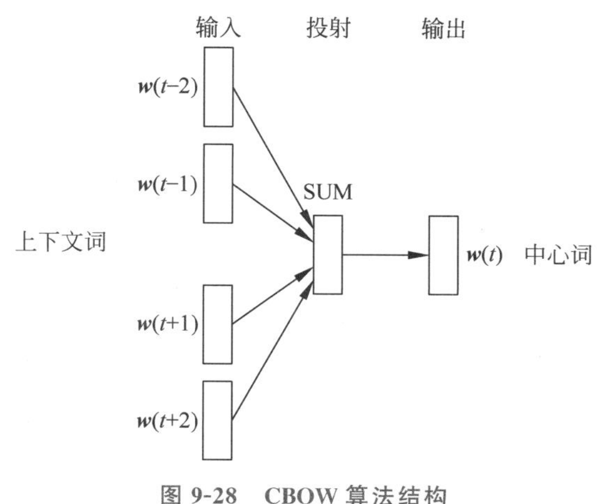

图 9-28 CBOW 算法结构

9.4.2 skip-gram 算法的框架

由于本节的重点是介绍 Word2Vec 算法的思想，所以只对 skip-gram 算法进行详细介绍，CBOW 算法模型跟 skip-gram 非常类似，交给读者自己体会。

skip-gram 算法模型在训练时矩阵运算的直观图如图 9-29 所示。

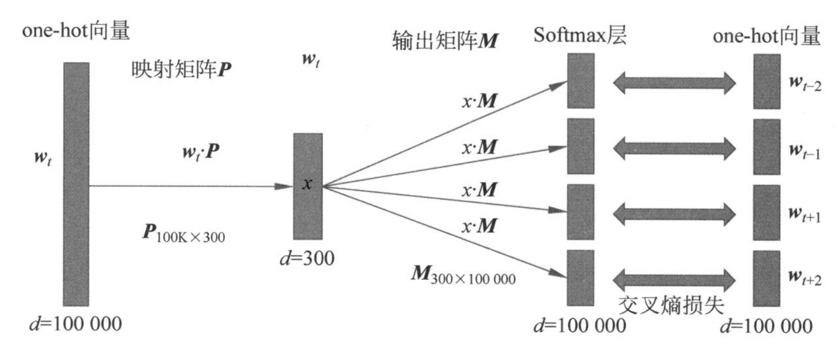

图 9-29 skip-gram 算法训练过程矩阵之间的运算

我们来解读一下，在图 9-29 中最左边是中心词的输入向量，它是由一个选定的中心词的 one-hot 向量构成，而最右边的输出是该中心词对应的上下文词的 one-hot 向量。在输入端，中心词的 one-hot 向量通过与一个映射矩阵 $\boldsymbol{P}$（映射矩阵 $\boldsymbol{P}$ 在训练开始时对其进行随机初始化）进行矩阵相乘，得到一个向量 $\boldsymbol{w}_t$，而 $\boldsymbol{w}_t$ 向量会继续与一个矩阵 $\boldsymbol{M}$（映射矩阵 $\boldsymbol{M}$ 在训练开始时对其进行随机初始化）做矩阵乘法输出为预测上下文出现的概率的 Softmax 层，这个 Softmax 层与输出 one-hot 进行交叉熵损失，从而使网络进行训练和迭代。最终，得到的映射矩阵 $\boldsymbol{P}$ 就是对所有文档中词的一个向量表示。

9.4.3 skip-gram 算法的输入训练集

如图 9-30 所示，对一句英文进行训练数据集输入构建。首先选择句子中的某一个词作为中心词，当有了中心词以后，还需再定义一个叫作 skip_window 的参数，它表示从中心词周围(左边或右边)第几个范围内选取上下文词。假设设置 skip_window=2，那么如果中心词是 The，则由于它的左侧没有词，只能从右侧来选择，所以 quick 和 brown 入选。这时需要定义另外一个参数 num_skips，它表示将多少个不同的词作为组合放在一起作为训练数据，例如 num_skips=2，那么当中心词为 The 且 skip_window=2 时就会有训练数据(the, quick)和(the, brown)这两个组合。如果中心词是 brown，则保持 skip_window 和 num_skips 不变，就会得到 4 组训练数据。

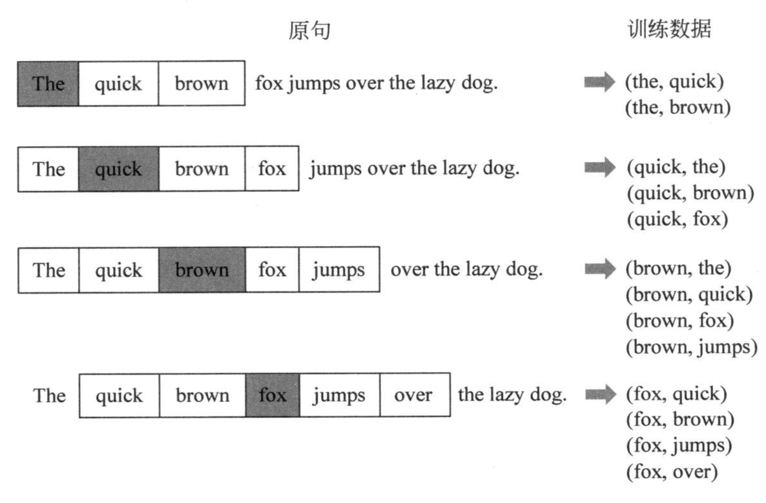

图 9-30 skip-gram 输入数据构建

9.4.4 skip-gram 算法的目标函数

给定一系列中心词 $\boldsymbol{w}_1,\boldsymbol{w}_2,\cdots,\boldsymbol{w}_t$，skip-gram 模型的目标是最大化某中心词对应的上下文词出现的平均对数概率，如图 9-31 所示。其中 $\boldsymbol{w}_t$ 是中心词，$\boldsymbol{w}_{t+j}$ 是中心词周围窗口第 j 个上下文词，c 是上下文窗口的大小，T 代表句子包含的单词数量。

$$\frac{1}{T}\sum_{t=1}^{T}\sum_{-c\leqslant j\leqslant c,j\neq 0}\log p(\boldsymbol{w}_{t+j}|\boldsymbol{w}_t)$$

$$L=-\frac{1}{T}\sum_{t=1}^{T}\sum_{-c\leqslant j\leqslant c,j\neq 0}\log p(\boldsymbol{w}_{t+j}|\boldsymbol{w}_t)=-\frac{1}{T}\sum_{t=1}^{T}\sum_{-c\leqslant j\leqslant c,j\neq 0}\log\frac{\exp(\boldsymbol{v}'_{w_{t+j}}\boldsymbol{v}_{w_t})}{\sum_{i=1}^{T}\exp(\boldsymbol{v}'_{w_i}\boldsymbol{v}_{w_t})}$$

图 9-31 skip-gram 的目标函数

9.4.5 skip-gram 网络中的两个权重矩阵

在本质上，由输入层到隐藏层相当于对词向量查找表进行了一次查找操作，即该隐藏层就相当于一个向量的查找表，如图 9-32 所示。

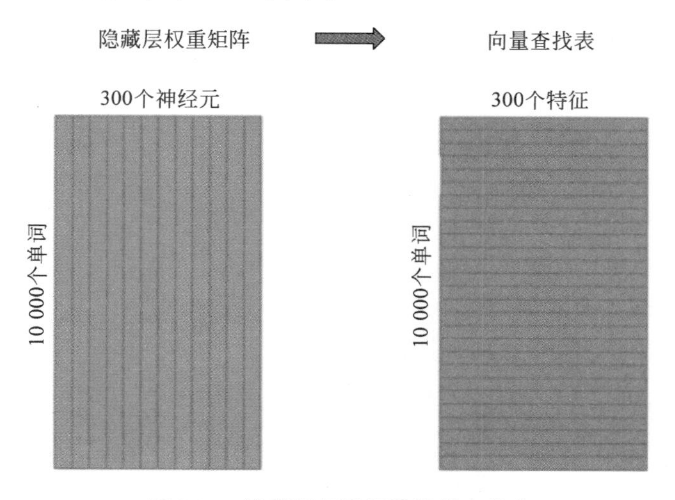

图 9-32 隐藏层权重矩阵类似查找表

在输入时使用代表了某中心词位置的 one-hot 向量，所以在与权重矩阵相乘的过程中，就相当于进行了该中心词位置的检索，如图 9-33 所示。

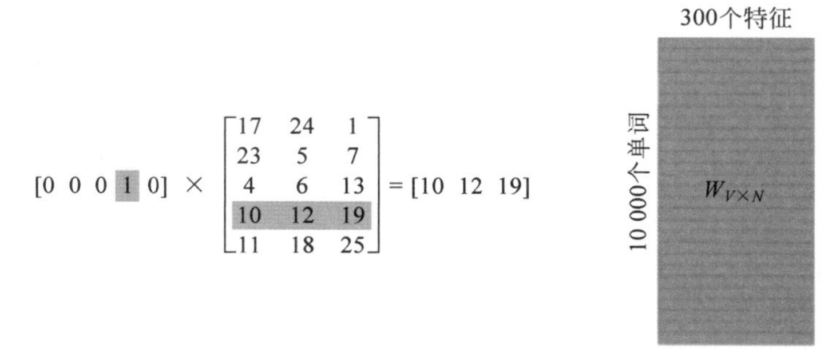

图 9-33 使用 one-hot 向量查找权重向量

在输出层的权重矩阵中，经过隐藏层的输出得到了例如中心词 ant 的词向量，继续与一个输出权重矩阵做乘积，而这个权重矩阵代表上下文 car 的词向量，相乘的意义就是 car 和 ant 同时出现的概率，如图 9-34 所示。

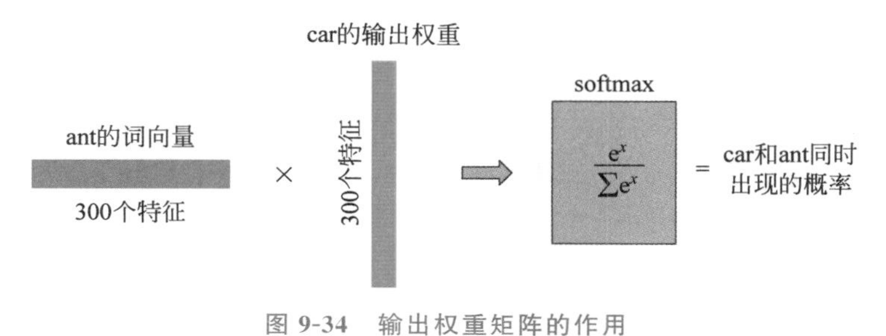

图 9-34 输出权重矩阵的作用

最后，将以上内容合并起来能更好地理解 skip-gram 的概念，假设有 10 000 个单词的词汇表，输入是每个单词的 one-hot 向量，输出是从 abandon 开始的每个单词出现的概率，如图 9-35 所示。

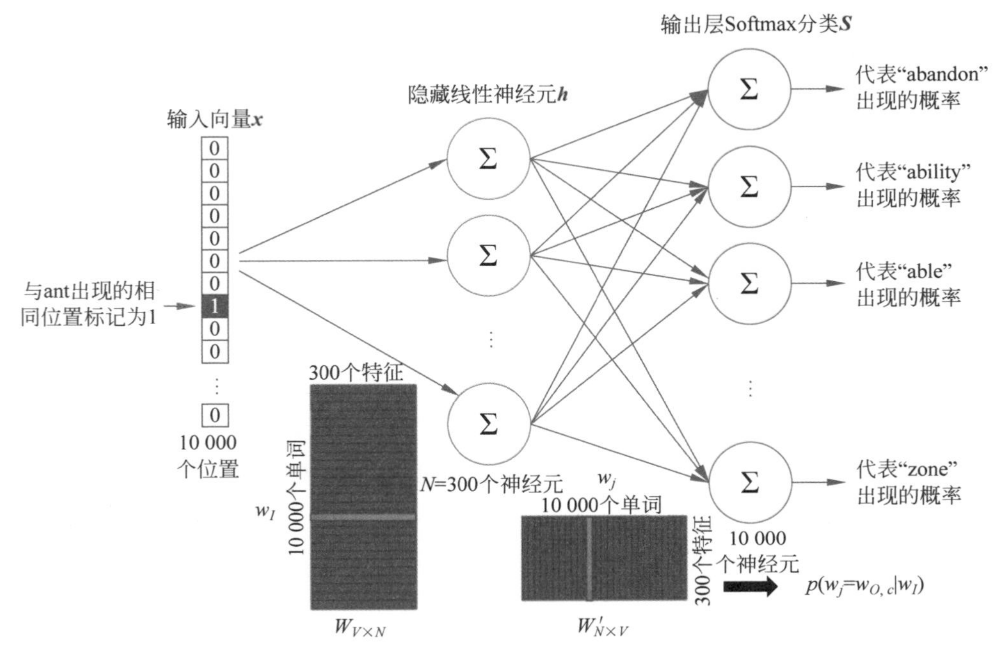

图 9-35 skip-gram 算法整体架构图

9.5 GloVe 词向量模型

GloVe(Global Vectors for Word Representation)是一个基于全局词频统计的词表征工具。9.3 节和 9.4 节介绍了两种词向量模型：一种是传统的基于统计的词向量模型，通过构建一个词共现矩阵然后使用 SVD 矩阵分解找到词的隐向量，它充分利用了全局的统计信息，但是很容易漏掉词与词之间的线性关系，例如 king、man、queen 和 woman 之间的线性关系；另一种是基于预测的词向量模型，这类模型以 skip-gram 为代表，利用浅层的神经网络预测在中心词窗口内出现的共现词的概率，虽然这种方法能够找到词与词之间的线性关系，但是因为窗口的限制只能在某一局部找到相关信息，不能够在全局把握信息的重要度。既然两种模型都有优势和劣势，那么可不可以将两类模型合二为一、各取其长呢？回答是肯定的，GloVe 模型正是将这两个模型的优点融合在一起，构建了一个非常高效的模型，它抛弃了使用整个稀疏的共现矩阵和在大型语料库中使用某一大小的观测窗口的方法，通过利用单词共现矩阵中的非零元素有效地利用统计信息。在实际应用中 GloVe 方法相比于 skip-gram 更加有效。

事实上，语料库中单词出现的统计数据是所有用于学习单词表示无监督方法可用的重要信息来源。虽然现存这么多种方法，但是问题仍然在于如何从这些统计数据中挖掘单词意义，以及得到的单词向量如何表示该意义。

9.5.1 由单词共同出现的次数到共同出现的概率

在单词与单词的共现矩阵 **A** 中，X 是矩阵 **A** 中某一数值，它代表了单词间共同出现的次数，而 X_{ij} 代表在 i 的上下文中出现 j 的次数或者频数。于是，如果想要求得在单词 i 上下文中所有词出现的次数，只要将 i 周围的所有词出现的次数相加即可，即 $X_i = \Sigma_k X_{ik}$。

此时就可以定义单词 i 与单词 j 共同出现的概率，如式(9-2)所示。

$$\frac{X_{ij}}{X_i} = \frac{X_{ij}}{\Sigma_k X_{ik}} = \boldsymbol{P}_{ij} = \boldsymbol{P}(j \mid i) \tag{9-2}$$

式(9-2)的分子是联合概率，分母是边缘概率，这也正是条件概率的公式定义，它表达了在单词 i 出现时，单词 j 也同时出现的概率。

在式(9-2)中定义了当中心词出现时某上下文词出现的概率大小，如果将 $\boldsymbol{P}_{ik}$ 与 $\boldsymbol{P}_{jk}$ 作比，那么表达的是概率，分子表达的是当中心词是 i 时上下文词是 k 的概率，分母表达的是当中心词是 j 时上下文词是 k 的概率，二者进行除法运算，间接地表达了上下文单词 k 与哪个中心词更相关，如果这个式子大于 1 则说明 k 与 i 共同出现的概率大；反之与 j 共同出现的概率大，如式(9-3)所示。使用函数 f 来拟合这种关系，输入是单词 i、j、k 3 个词向量，输出是概率，这样的概率更有意义，它包含了相互比较的概念。

$$f(\boldsymbol{w}_i, \boldsymbol{w}_j, \boldsymbol{w}_k) = \frac{\boldsymbol{P}_{ik}}{\boldsymbol{P}_{jk}} \tag{9-3}$$

接下来看一个例子，如图 9-36 所示。可以看到，当 $k=$solid 时，$\boldsymbol{P}(k \mid \text{ice})/\boldsymbol{P}(k \mid \text{steam})$ 为 8.9，大于 1，说明当上下文词是 solid 时，中心词很大概率情况下是 ice。

概率	k=solid	k=gas	k=water	k=fashion
P(k|ice)	1.9×10^{-4}	6.6×10^{-5}	3.0×10^{-3}	1.7×10^{-5}
P(k|steam)	2.2×10^{-5}	7.8×10^{-4}	2.2×10^{-3}	1.8×10^{-5}
P(k|ice)/**P**(k|steam)	8.9	8.5×10^{-2}	1.36	0.96

图 9-36 共现概率的一个例子

我们希望函数 f 对信息进行编码，在词向量空间中使用概率这一概念。由于向量空间本质是线性结构，所以最自然而然的思想就是使用向量之间的差异，所以式(9-3)可以变更为式(9-4)。

$$f(\boldsymbol{w}_i, \boldsymbol{w}_j, \boldsymbol{w}_k) = \frac{\boldsymbol{P}_{ik}}{\boldsymbol{P}_{jk}} \tag{9-4}$$

又由于函数 f 的输入均是向量，而函数的输出是一个标量，所以需要将输入向量做一个转置，将向量之间做乘法，最后得到一个标量，如式(9-5)所示。

$$f((\boldsymbol{w}_i - \boldsymbol{w}_j)^{\mathrm{T}} w_k) = \frac{\boldsymbol{P}_{ik}}{\boldsymbol{P}_{jk}} \tag{9-5}$$

9.5.2 GloVe 模型目标函数的推导

在进行 GloVe 目标函数推导之前先需要了解同态的概念，如图 9-37 所示。

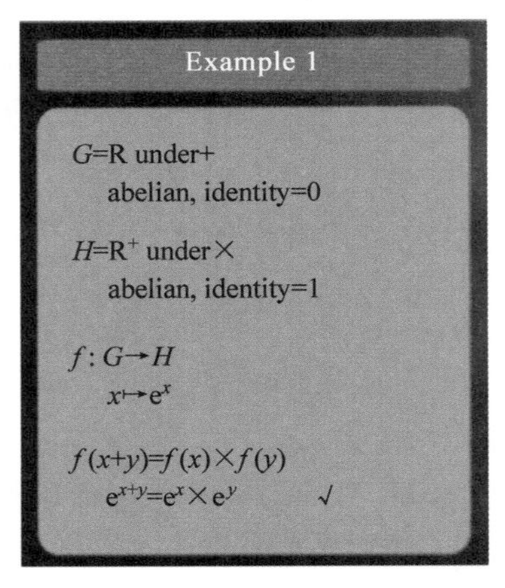

图 9-37　同态的概念

由图 9-37 可知，$f(x+y)=f(x)+f(y)$，当 f 函数为 e^x 时满足这一公式，此时就叫作同态，这里不多做赘述，有兴趣的读者可以自行搜寻资料。

那么如果在向量空间中同态又是怎样的呢？具体如下：

$$F(\boldsymbol{w}_a^{\mathrm{T}}\boldsymbol{v}_a+\boldsymbol{w}_b^{\mathrm{T}}\boldsymbol{v}_b)=F(\boldsymbol{w}_a^{\mathrm{T}}\boldsymbol{v}_a)F(\boldsymbol{w}_b^{\mathrm{T}}\boldsymbol{v}_b),\quad \forall\,\boldsymbol{w}_a,\boldsymbol{v}_a,\boldsymbol{w}_b,\boldsymbol{v}_b\in V$$

$$F(\boldsymbol{w}_a^{\mathrm{T}}\boldsymbol{v}_a-\boldsymbol{w}_b^{\mathrm{T}}\boldsymbol{v}_b)=\frac{F(\boldsymbol{w}_a^{\mathrm{T}}\boldsymbol{v}_a)}{F(\boldsymbol{w}_b^{\mathrm{T}}\boldsymbol{v}_b)},\quad \forall\,\boldsymbol{w}_a,\boldsymbol{v}_a,\boldsymbol{w}_b,\boldsymbol{v}_b\in V$$

现在回到单词的共现矩阵中，对于词与词的共现矩阵，中心词和上下文词之间应该可以自由地交换位置，如图 9-38 所示。love-I 和 I-love 的次数都是 2。

I love THU.
I love deep learning.
I enjoy learning.

次数	I	love	enjoy	THU	deep	learning
I	0	2	1	0	0	0
love	2	0	0	1	1	0
enjoy	1	0	0	0	0	1
THU	0	1	0	0	0	0
deep	0	1	0	0	0	1
learning	0	0	1	0	1	0

图 9-38　词的共现矩阵

这种对称性可以利用刚才介绍的同态来表达，如式(9-6)所示。

$$f((\boldsymbol{w}_i-\boldsymbol{w}_j)^{\mathrm{T}}\boldsymbol{w}_k)=\frac{f(\boldsymbol{w}_i^{\mathrm{T}}\boldsymbol{w}_k)}{f(\boldsymbol{w}_j^{\mathrm{T}}\boldsymbol{w}_k)}=\frac{\boldsymbol{P}_{ik}}{\boldsymbol{P}_{jk}}\tag{9-6}$$

也即

$$f(\boldsymbol{w}_i^{\mathrm{T}}\boldsymbol{w}_k)=\boldsymbol{P}_{ik}=\frac{X_{ik}}{X_i} \tag{9-7}$$

此时，假设函数 f 是对数函数 e^x，可得

$$\boldsymbol{w}_i^{\mathrm{T}}\boldsymbol{w}_k=\log(\boldsymbol{P}_{ik})=\log(X_{ik})-\log(X_i) \tag{9-8}$$

可以发现，如果去掉最右边的 $\log(X_i)$，那么 $\boldsymbol{w}_i^{\mathrm{T}}\boldsymbol{w}_k=\log(\boldsymbol{P}_{ik})=\log(X_{ik})$等价于 $\boldsymbol{w}_k^{\mathrm{T}}\boldsymbol{w}_i=\log(\boldsymbol{P}_{ki})=\log(X_{ki})$，表现出了对称交换性，然而 $\log(X_i)$与 k 并不相关，可以将此项放入到偏置项 b_i 之中，满足共现矩阵的对称交换性。另外再添加一个额外的偏差 b_k，即

$$\boldsymbol{w}_i^{\mathrm{T}}\boldsymbol{w}_k+b_i+b_k=\log(X_{ik}) \tag{9-9}$$

我们的学习目标就是式(9-9)，如果想衡量学习与实际的真实差距，就需要构造一个损失函数，自然而然会想到均方误差损失函数，将式(9-9)左右两边做差求平方即可。但是实际上，GloVe 的损失函数为

$$J=\sum_{i,j}^{V}f(X_{ij})(\boldsymbol{w}_i^{\mathrm{T}}\boldsymbol{w}_j+b_i+b_j-\log(X_{ij}))^2 \tag{9-10}$$

为什么会多出一个 $f(X_{ij})$函数呢？原因有如下几个。第一，当 X 趋于 0 时概率也应该趋于 0，但是式(9-10)中平方项含有 log 函数，当自变量趋于 0 时会趋于无穷大，所以需要加一个控制函数来控制当 X 趋于 0 时整体也趋于 0；第二，需要保证 f 函数是一个不递减函数，当共同出现的次数较低时可以保证权重较低，随着共现次数的增加权重才可以增加；第三，对于过大的值，函数 f 的值应该相对较小或者保持恒定，来保证那些频繁出现但是并没有实际意义的词的权重不会过高。所以这样的 f 函数可设计成如图 9-39 所示。

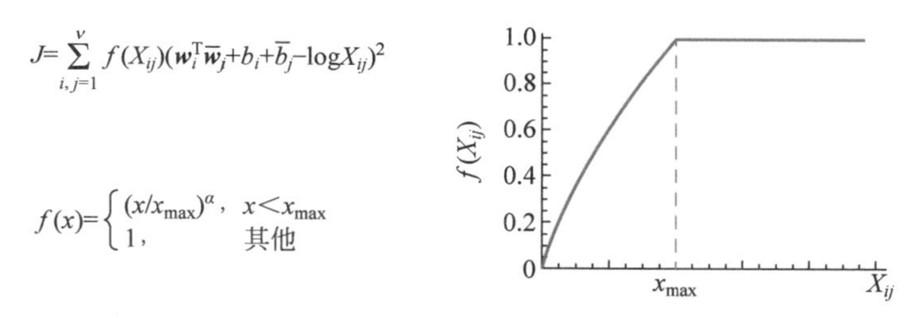

图 9-39 $f(X_{ij})$的数学表达式和图像

接下来看一下经过 GloVe 词向量模型构建的词与词之间的关系，如图 9-40 所示，是在 GloVe 词向量中认为与 frog 相似的几个词。而这几个词的实际意义确实与 frog 意义相近。

在二维的向量词空间中类似 man 和 woman 等词以及英文的比较级与最高级之间的关系分别如图 9-41 和图 9-42 所示。

最后，给大家展示一下 GloVe 词向量方法与其他的词向量方法在效果上的一些横纵向对比数据，如图 9-43 所示。

GloVe结果

与frog意义相近的词:

1. frogs
2. toad
3. litoria
4. leptodactylidae
5. rana
6. lizard
7. eleutherodactylus

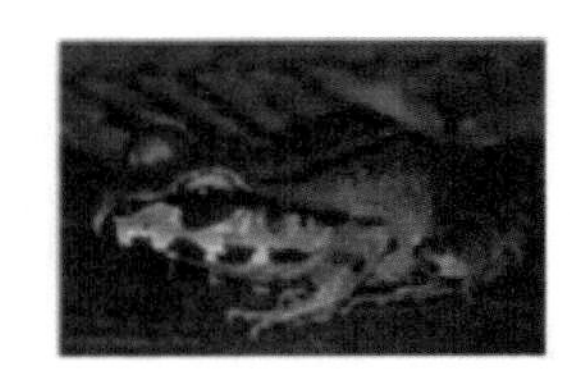

litoria

leptodactylidae

rana

eleutherodactylus

图 9-40 GloVe 词向量的相似性展示

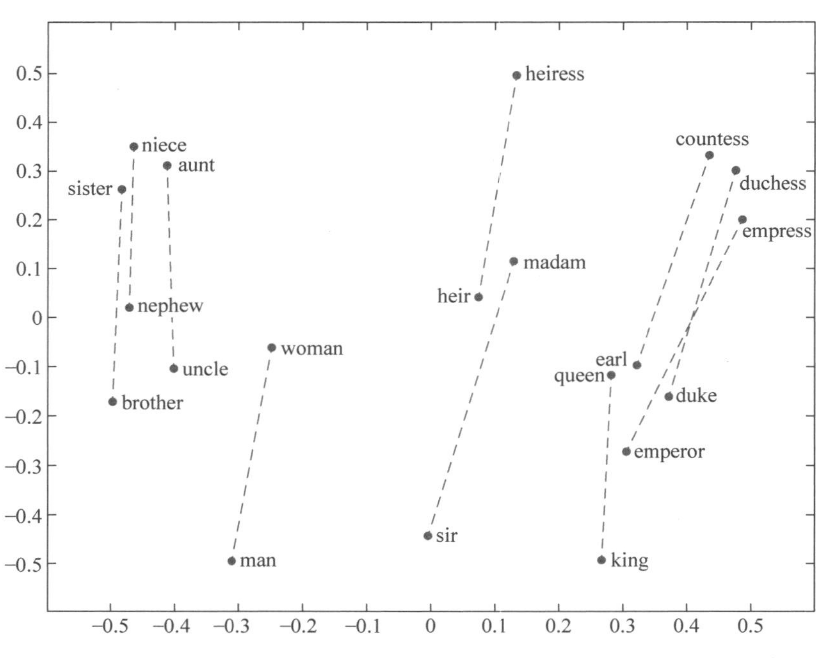

图 9-41 man 与 woman 的 GloVe 词向量的相似性展示

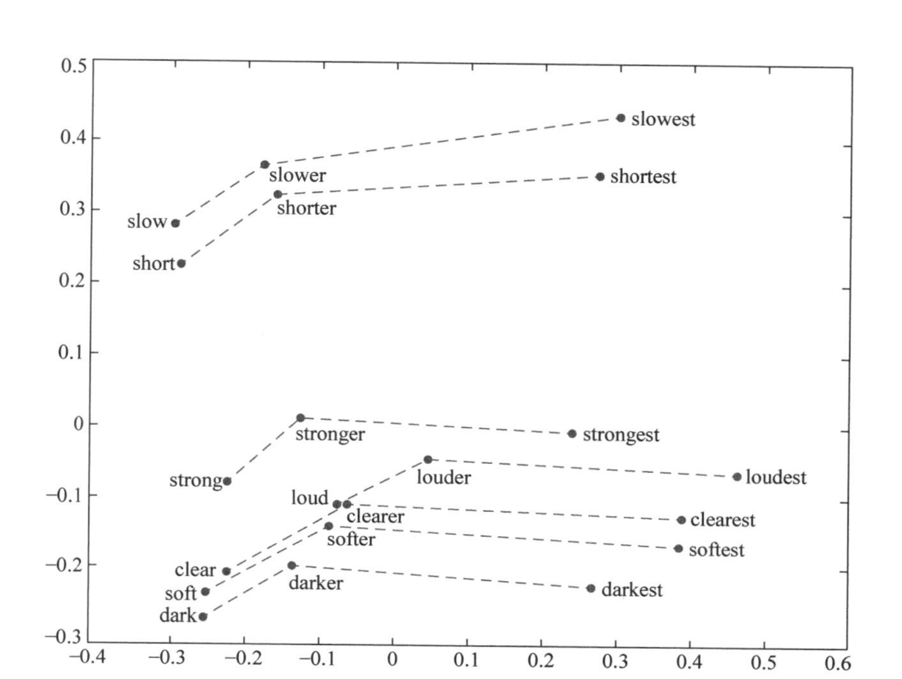

图 9-42 单词比较级与最高级的 GloVe 词向量的相似性展示

Model	Dim.	Size	Sem.	Syn.	Tot.
ivLBL	100	1.5B	55.9	50.1	53.2
HPCA	100	1.6B	4.2	16.4	10.8
GloVe	100	1.6B	67.5	54.3	60.3
SG	300	1B	61	61	61
CBOW	300	1.6B	16.1	52.6	36.1
vLBL	300	1.5B	54.2	64.8	60.0
ivLBL	300	1.5B	65.2	63.0	64.0
GloVe	300	1.6B	80.8	61.5	70.3
SVD	300	6B	6.3	8.1	7.3
SVD-S	300	6B	36.7	46.6	42.1
SVD-L	300	6B	56.6	63.0	60.1
$CBOW^{+}$	300	6B	63.6	67.4	65.7
SG^{+}	300	6B	73.0	66.0	69.1
GloVe	300	6B	77.4	67.0	71.7
CBOW	1000	6B	57.3	68.9	63.7
SG	1000	6B	66.1	65.1	65.6
SVD-L	300	42B	38.4	58.2	49.2
GloVe	300	42B	**81.9**	**69.3**	**75.0**

图 9-43 GloVe 词向量方法与其他方法的效果对比

9.6 从 one-hot 向量到 seq2seq 序列模型

本节介绍序列到序列模型，首先给读者展示一下序列到序列的应用，如图 9-44 所示，它是谷歌公司的机器翻译应用，理论来自 2016 年谷歌的论文 *Sequence to Sequence Learning with Neural Networks*。

图 9-44　序列到序列的应用机器翻译

第二个序列到序列的应用就是语音识别，如图 9-45 所示[7]。

接下来通过讲解一个自然语言领域比较常见的任务——预测单词，逐步了解一下序列到序列模型为什么在很多情况下表现出色。

给定 one-hot 向量 $\boldsymbol{w}_1,\boldsymbol{w}_2,\cdots,\boldsymbol{w}_{n-1}$，然后预测单词向量 $\boldsymbol{w}_n$。显而易见，向量由 one-hot 来表示不可避免地会出现高维度且稀疏的问题。如图 9-46 所示，直观地展示了为什么 one-hot 编码会非常稀疏。

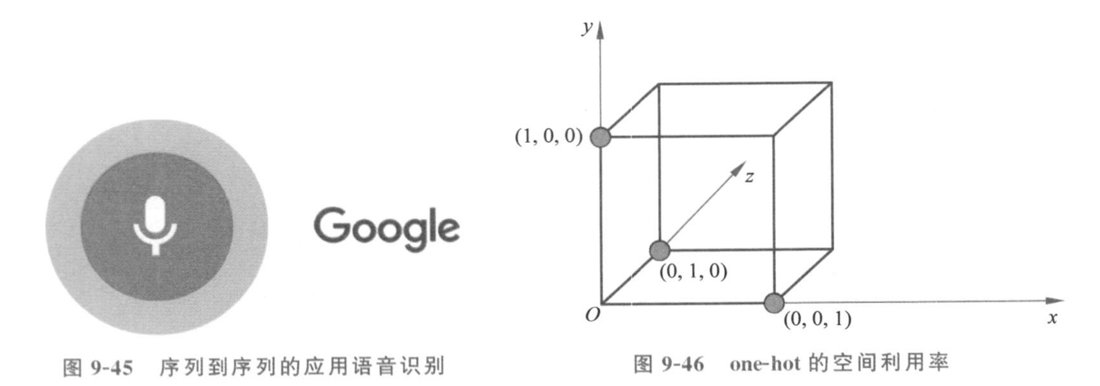

图 9-45　序列到序列的应用语音识别　　图 9-46　one-hot 的空间利用率

如果只用立方体的角点来表示词，那么该三维向量空间可以表示 2^3 个点，进而可以推导出如果是 n 维向量，可以表示的有 2^n 个点，但是 one-hot 向量只使用其中的 n 个，并且如果剩下的 $n-1$ 维向量不同时为 0 就没有任何意义，所以这是对维度的极低效的使用。除此之外，one-hot 编码还有两个缺点：第 1 个是所有的单词向量都是相同的长度，没有考虑单词的相对重要性；第2个是每个单词向量之间的距离都是相同的，如图9-47所示，单词向量到单词向量之间的距离都是 $\sqrt{2}$，没有任何差异性。

那么该如何解决这样的问题呢？其中一个方法就是将这些向量点都映射到一个低维度子空间内，这样可以大大地提高维度使用的密度，并且如果映射正确，投影点之间可以捕捉到单词与单词之间的语义关系，如图9-48所示。

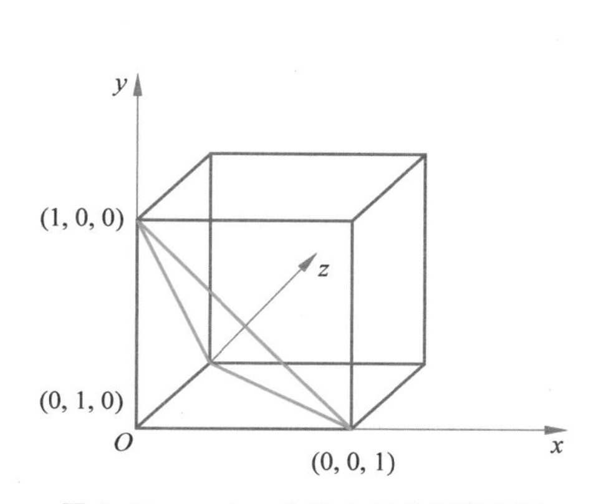

图 9-47 one-hot 向量之间的距离相同

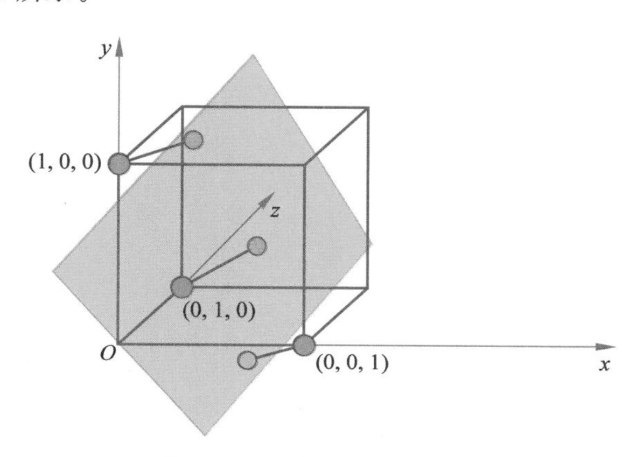

图 9-48 向低维子空间映射

但是这能说明 one-hot 向量表示法是不可取的吗？其实也不尽然，在生活中，我们在一开始研究问题时通常的思路都是由简单到复杂，因为简单的模式更具有扩展性，更具抽象性，更容易对其进行版本的迭代升级，所以有时候还需看具体的任务来衡量。

有了思路后该如何进行低维映射呢？一个很简单的思路就是借鉴 PCA 中的理论，使用左乘矩阵的形式对其进行降维，也就是使用 $\boldsymbol{PW}$ 替换原来的 $\boldsymbol{W}$ 向量，此时 $\boldsymbol{W}$ 是 $N\times1$ 的向量，$\boldsymbol{P}$ 是一个 $M\times N$ 的矩阵，那么 $\boldsymbol{PW}$ 就是一个 $M\times1$ 的向量，如图9-49所示。

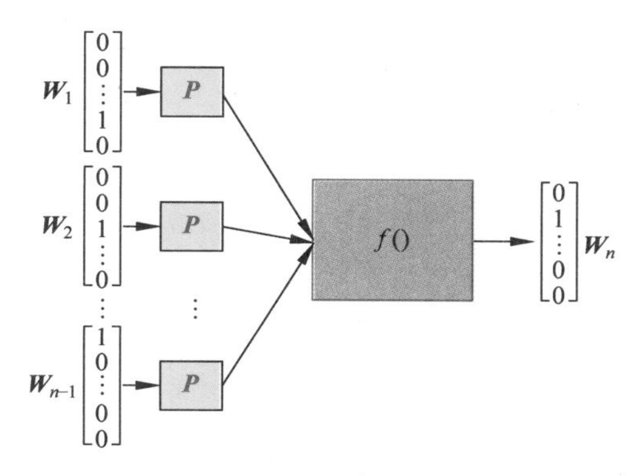

图 9-49 使用 $\boldsymbol{P}$ 矩阵映射

最后只要将目标设置得当，就能学习到该 $\boldsymbol{P}$ 矩阵来反映输入与目标之间的函数关系了。更进一步，该 $\boldsymbol{P}$ 矩阵也可以通过神经网络来实现学习，如图9-50所示。

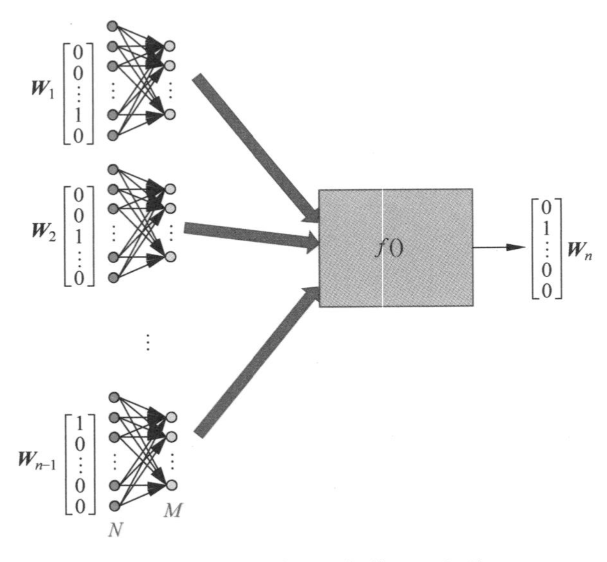

图 9-50 使用神经网络学习 P 矩阵

除此之外，预测单词也可以使用时延神经网络（TDNN）模型来实现，该模型的网络结构如图 9-51 所示。

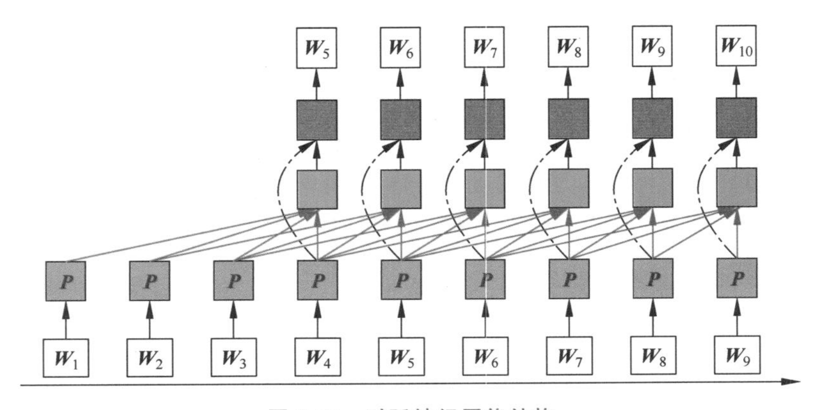

图 9-51 时延神经网络结构

该模型是 Bengio 在 2003 年提出的神经概率语言模型，它的隐藏层使用 tanh 作为激活函数，输出层由 Softmax 函数分配概率，叫作时延模型是因为它在输入 n 步之后才进行预测输出，如果不这样而采用一输入就预测输出，则能参考的语境信息非常少，影响准确度，所以才会延后几步再进行输出。

TDNN 模型在训练时输入的是单词的 one-hot 编码，同样经过一个 $\boldsymbol{P}$ 矩阵进行低维映射，最终预测的是在 k 个输入词的情况下预测在词典 V 中第 i 个单词出现的概率，如式(9-11)所示。

$$\boldsymbol{p}(V_i \mid \boldsymbol{w}_{t-k}, \cdots, \boldsymbol{w}_{t-1}) \tag{9-11}$$

当然，在预测单词这一任务中还有前几节中介绍的 skip-gram 模型、CBOW 模型等，如图 9-52 所示。

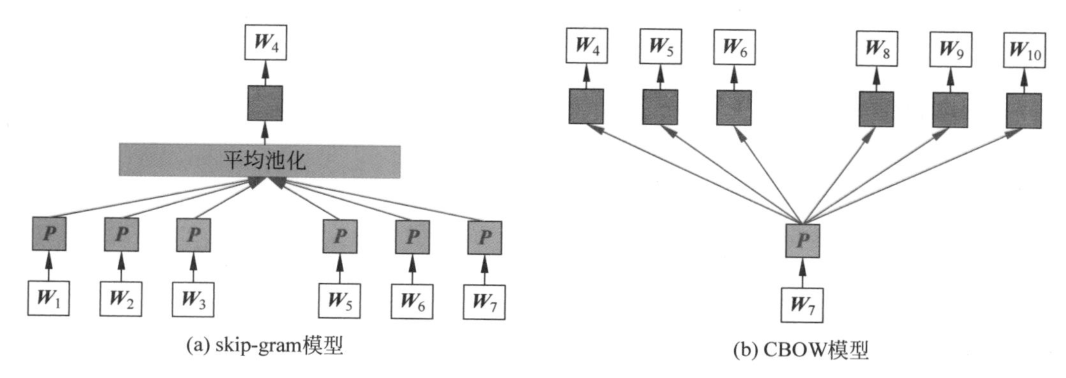

图 9-52 预测单词的其他模型

介绍了这么多的预测单词的模型，接下来该 seq2seq 模型出场了，序列到序列模型的输入是一个 $X_1, X_2, \cdots, X_n$ 的序列，输出为一个 $Y_1, Y_2, \cdots, Y_m$ 的序列，例如语音识别中的输入是一段语音，输出是一段文字。机器翻译的输入是一种语言的文本，输出是另一种语言的一文本。一般来说 $n \neq m$，也就是说 X 和 Y 不同步，输入与输出的位置不是一一对应的，同时长度有可能也是不一样的，如图 9-53 所示。

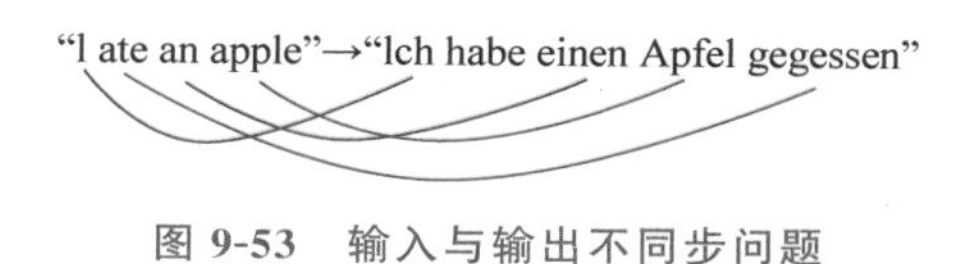

图 9-53 输入与输出不同步问题

seq2seq 模型的大致结构如图 9-54 所示。它的输入同样是 one-hot 向量编码，经过一个 ***P*** 映射矩阵，再经过多层的 LSTM 单元，通过大量文本的反向传播进行训练，直至输出截止符< eos >为止。

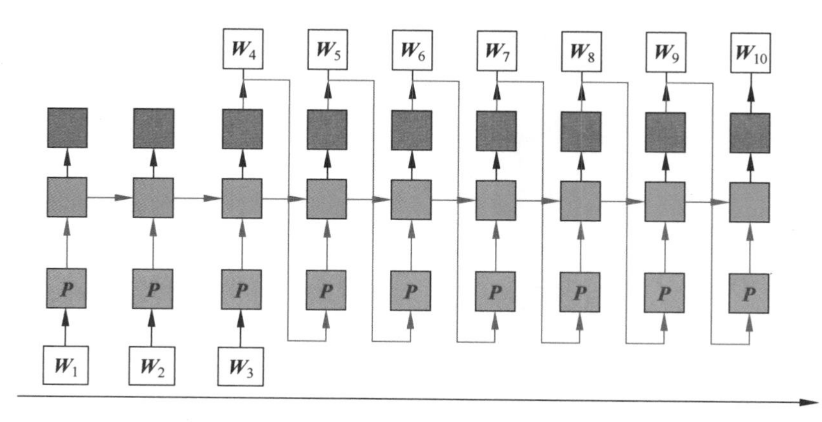

图 9-54 生成语言的递归模型

它的目标是在先前所给定的 $t-1$ 的单词的情况下预测序列中的第 t 个单词是词汇表中第 i 个单词的概率，如式(9-12)所示。

$$y_t^i = \boldsymbol{P}(\boldsymbol{w}_t = V_i \mid \boldsymbol{w}_1 \boldsymbol{w}_2 \cdots \boldsymbol{w}_{t-1}) \tag{9-12}$$

9.7 编码器解码器模型

编码器解码器即 Encoder-Decoder，是组织递归神经网络来处理输入和输出不一致的序列到序列的一种模型。这个模型广泛地应用于机器翻译问题和语音识别问题，为什么要使用编码器解码器模型呢？想要解答这个问题，需要从传统的序列模型讲起。

传统的序列模型的示意图如图 9-55 所示，该模型的输入与输出长度是一致的，但是这个模型有一个问题，就是第一次的输入就要对应一个输出，由于在开始的输入中可参考的信息非常少，但是又想要使模型达到某一精度，这就变得非常困难和不稳定。所以针对这个问题提出了“时延”序列模型，把第 1 个输出推迟到几个输入之后，如图 9-56 所示，在第 3 个输入之后才进行输出。

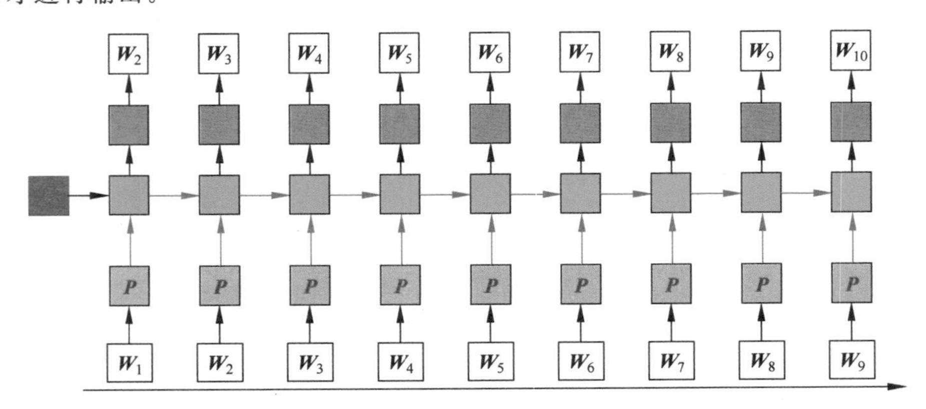

图 9-55 传统的序列模型

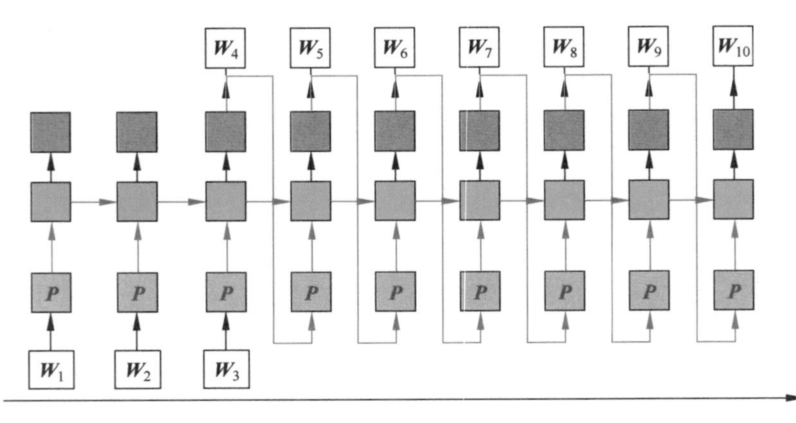

图 9-56 时延序列模型

这样，输出就有了比较多的参考信息，更符合语言的实际。举个例子，当说出一个单词I之后，能与之搭配的单词非常多，预测范围很大，但是有了第2个单词love之后预测单词的范围就会大大缩小，因为得到的信息增多了。更进一步，索性将所有的输出都放在输入之后，等所有的输入信息都输入完毕后将输入信息统一进行编码，然后再从这个编码中抽取出目标信息出来，如图9-57所示。

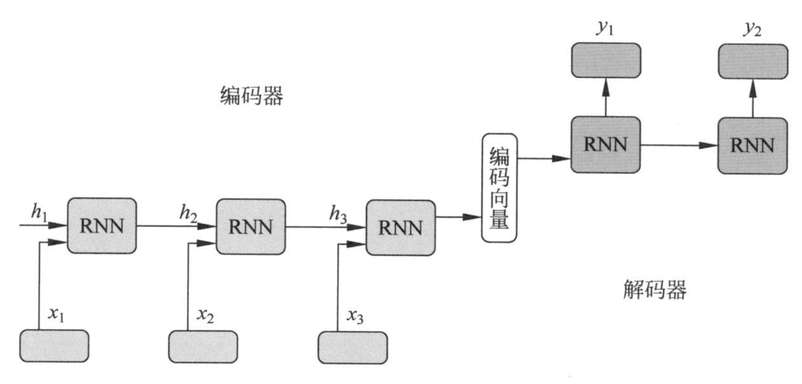

图 9-57　Encoder-Decoder 模型

Encoder-Decoder模型由3部分组成：编码器(Encoder)部分、解码器(Decoder)部分和中间的编码向量部分。这样就克服了传统的序列模型直接一一对应的映射问题。

Encoder-Decoder模型还可以应用在基于RNN的机器翻译领域，如图9-58所示。它将输入序列输入到递归神经网络中，输入的信息经过RNN的计算后将所有的输入信息都压缩在红色的方块中，并且输入的序列通过定义好的截止符<eos>来标记该输入序列已经结束。接着由下一个RNN网络充当解码器的角色，将红色方块中的信息解码输入，然后将上一次的输出变成下一次的输入，从而获得第2个输出，以此循环下去直到输出遇到截止字符<eos>为止。这样就完成了一种语言到另一种语言的翻译工作。

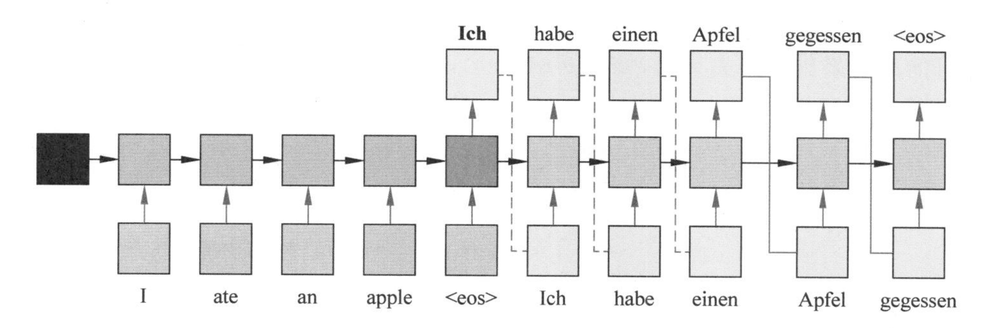

图 9-58　Encoder-Decoder 模型在机器翻译中的应用

一般来说，多层的模型会有更好的效果，所以在实际运用时大多会采用多层网络结构，如图9-59所示。

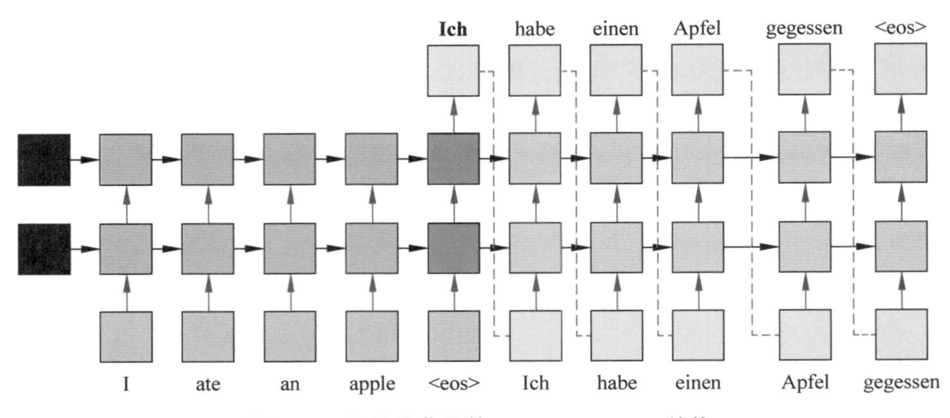

图 9-59　双层隐藏层的 Encoder-Decoder 结构

将这些 Encoder-Decoder 的 RNN 模型进行抽象，可得到如图 9-60 所示的结构，它们都是由两部分组成的，即左边的编码器和右边的解码器。

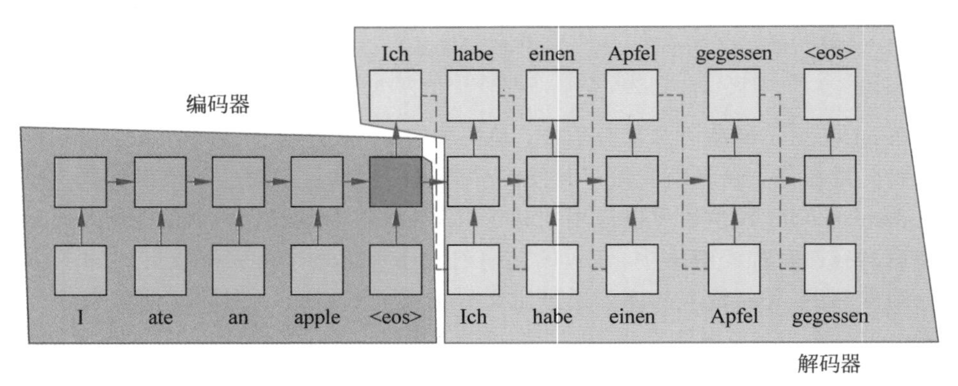

图 9-60　机器翻译领域大多模型的 Encoder-Decoder 结构

在训练过程中，会强制解码器对输入的信息得到一个预测可能对应结果的集合，那么会对这些可能的结果进行损失计算，如图 9-61 所示，是针对输入 neural 和 nets 的编码信息进行解码后得到的可能目标单词 Jiri、naani、netwok、nu。如果解码器得到的结果与目标一致即预测该词的概率大于其他的结果，则预测正确，其损失由交叉熵损失构成，在图中为 $-\log(0.7)\times 1$，得到的对数表示的分数向量中，直值单词对应的位置为 1，其他为 0。

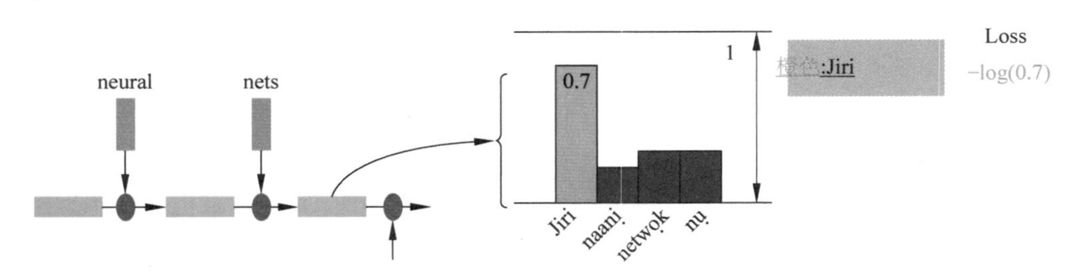

图 9-61　Encoder-Decoder 模型中对单个单词的训练

对整句话而言，其损失是将所有单词的损失相加并优化其最小。如图 9-62 所示，在第 2 个预测中所得到的结果并没有在所有单词集合中概率最高，损失比较大，所以此时将会面临惩罚。

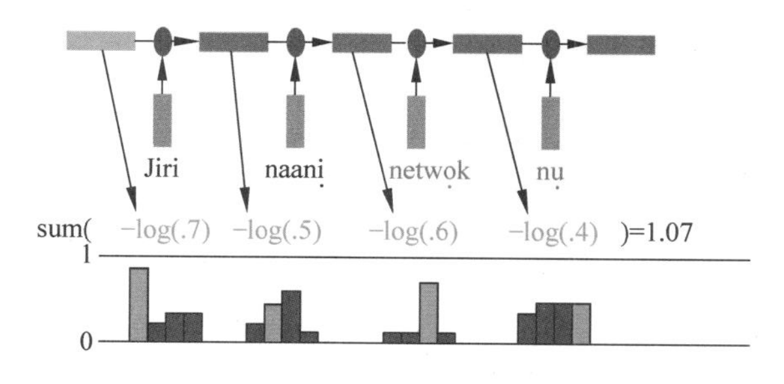

图 9-62 Encoder-Decoder 模型中对所有单词的训练

前面从整体上讲解了编码器解码器的 RNN 到底是怎样工作的，接下来用数学公式的形式来更详细地描述这一过程，如图 9-63 所示。

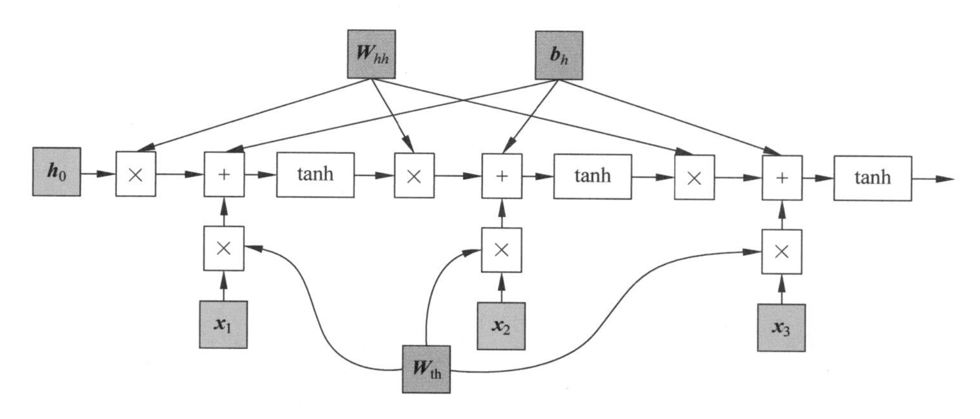

图 9-63 带有 Encoder-Decoder 模型的参数分解

$\boldsymbol{h}_t$ 表示时间步 t 的 RNN 隐藏状态，$\boldsymbol{x}_t$ 是时间步长 t 的输入向量，在 RNN 中假定两个矩阵和一个向量作为参数，$\boldsymbol{W}_{hx}$ 整合了输入向量信息，$\boldsymbol{W}_{hh}$ 整合了前一个时间步的信息，b_h 是一个偏置项。那么就可以得出 RNN 中隐藏状态的输出为

$$\boldsymbol{h}_t = \tanh(\boldsymbol{W}_{hx}x_t + \boldsymbol{W}_{hh}\boldsymbol{h}_{t-1} + b_h) \tag{9-13}$$

所以在编码器状态中，它的参数是当前输入向量 $\boldsymbol{x}_t$ 和先前的隐藏层状态 $\boldsymbol{h}_{t-1}$，$\boldsymbol{h}_t$ 向量旨在封装所有输入元素的信息，帮助解码器更准确的预测，所以它也充当了解码器的初始隐藏状态，如图 9-64 所示。

在解码器状态中，d_t 表示时间步 t 的决策，D 是所有可能决策的集合，S_{t-1} 为最新解码器隐藏状态，所以目标就是在 D 中能找到一个使条件概率最大化的 d'，如式(9-14)所示。

$$d_t = \underset{d' \in D}{\operatorname{argmax}} p(d' \mid x_{1:n}, d_{1:t-1}) \tag{9-14}$$

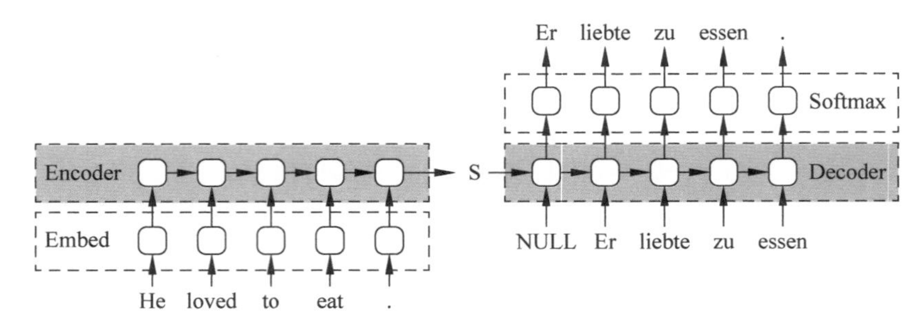

图 9-64 带有 Encoder-Decoder 模型的数学过程

9.8 为什么要用注意力机制

2015 年以来，注意力机制(Attention)在图像与自然语言中已经非常流行，同时在实际运用中它也是一个非常高效的工具，接下来将介绍注意力机制的原理以及为什么要采用注意力机制。

首先来看一下人类的视觉注意力，如图 9-65 所示。人类的视觉注意力机制会使我们专注于图像中的某个高分辨率的区域，同时使用低分辨率感知周围的图像。在图 9-65 中我们首先关注的肯定是狗的面部区域，例如鼻子、耳朵或者嘴巴，周围的物体例如狗身上的毯子，我们对其的注意力远不如狗的面部强。

图 9-65 人类的视觉注意力

9.8.1 大脑中的注意力

人脑接收的外界输入信息非常多，包括来源于视觉、听觉、触觉等各式各样的信息，大脑能有条不紊地工作是因为大脑能在众多的信息中筛选出一小部分有用的信息来进行重点处理，并忽略其他信息，这种能力就叫作注意力。人脑通过注意力来解决大脑所面对的信息超载问题。

注意力可以体现在外部刺激,例如听觉、视觉或者味觉的反馈,也可以体现在内部意识,例如思考。注意力可分为两种:一种是自下而上的有意识的注意力,是主观的,叫作聚焦式注意力;另一种是自下而上的无意识注意力,是客观的,叫作显著性注意力。举个例子,我们在逛商场时,有的人关注的是卖衣服的店面,有的人关注的是卖鞋的店面,这就是由我们自己主观发出的注意,是聚焦式注意力,突然有一个人大喊了一声,叫喊会引起周围很多人的注意,那么这种注意力就叫作显著性注意力。我们再举几个示例,如图 9-66 所示。

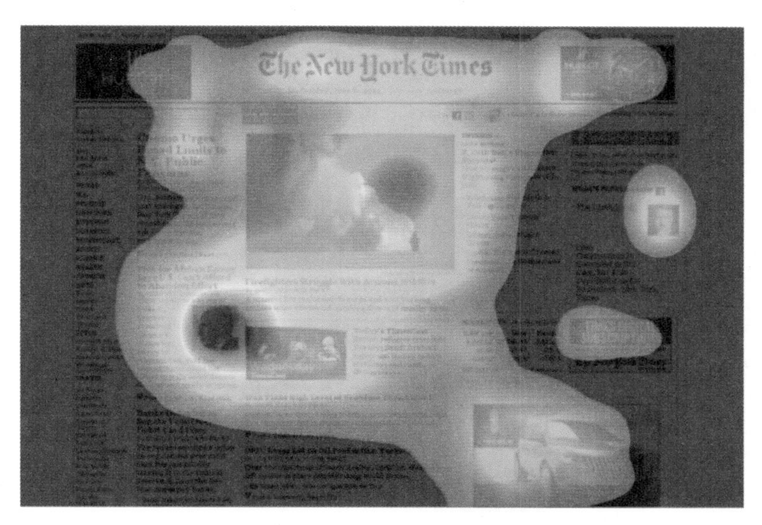

图 9-66 在看报纸时人的注意力热力图

从图 9-66 中可以看到,人们的注意力通常会集中在图片的位置上,所以一般在设计网站时图片的摆放位置是至关重要的。

再举一个例子,在鸡尾酒会上,虽然周围人的声音很嘈杂,但是你能听清楚和你朋友说话的内容,忽略其他人的声音,这种注意力就叫作聚焦式注意力,此时在未被注意的背景声中你突然听到有人在喊你的名字,你会马上察觉到,这种注意力就叫作显著性注意力。

接下来将重点介绍聚焦式注意力。聚焦式注意力会随着环境信息的改变而选择不同的信息进行关注,例如在人群中寻找某个人时会关注人群中人们的面部特征,如果统计人群中的人数则只需要关注人的轮廓。再例如,如图 9-67 所示,如果我们要计算所有黑色牌的数字之和,那么只需关注黑色纸牌上的数字,忽略红色纸牌。

所有黑色牌的数字之和为多少?

图 9-67 注意力扑克牌示例

如图 9-68 所示,对于单词 eating 来说,green 与其的注意力是低于 apple 的,因为吃与苹果是更强相关的。

图 9-68 注意力在自然语言中的示例

9.8.2 为什么要使用注意力机制

如图 9-69 所示，9.7 节介绍的只是点，它通过编码器解码器结构将一种语言翻译成另一种语言。在编码器的阶段，它会把所有的信息都汇总到一个向量中，然后解码器对这个向量进行解码。但是在这个过程中，如果输入的句子非常长，然后把所有信息都压缩在一个向量中会使一部分输入信息打折扣从而丢失信息。

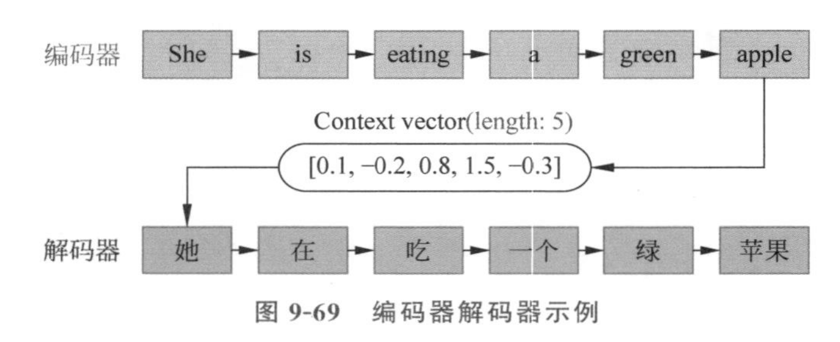

图 9-69 编码器解码器示例

我们更进一步地展开这个话题，图 9-70 所示为 Encoder-Decoder 结构的架构图。

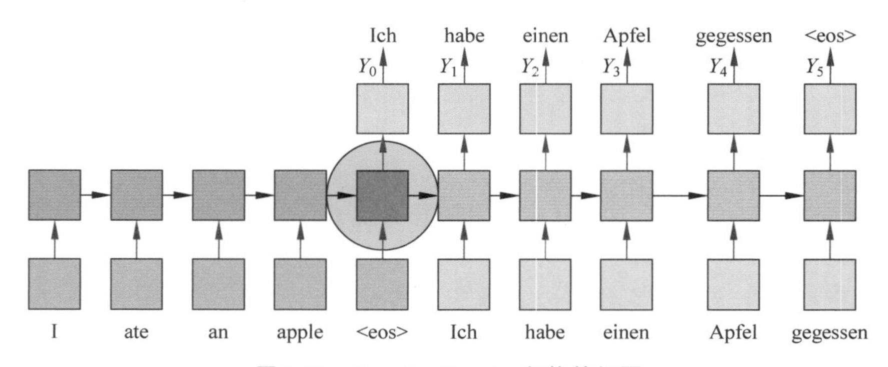

图 9-70 Encoder-Decoder 架构的问题

我们知道，输入信息都会被压缩在这个红色的方块中，那么就会导致信息过载，但是在编码器中的隐层即绿色方块中都包含了一些信息，在此结构的序列传输中会导致信息被稀释掉，除此之外还存在一个问题，对于翻译来说，源语言与目标的翻译语言并不是一一对应的，例如某一个单词对应的输出可能是两个单词，也有可能是两个单词对应一个单词，但是如果想把每个输入与输出都用权重进行连接是不现实的，如图 9-71 所示。

进行全连接后会导致过度参数化，并且也会忽略输出对输入的同步依赖性，也就是序列

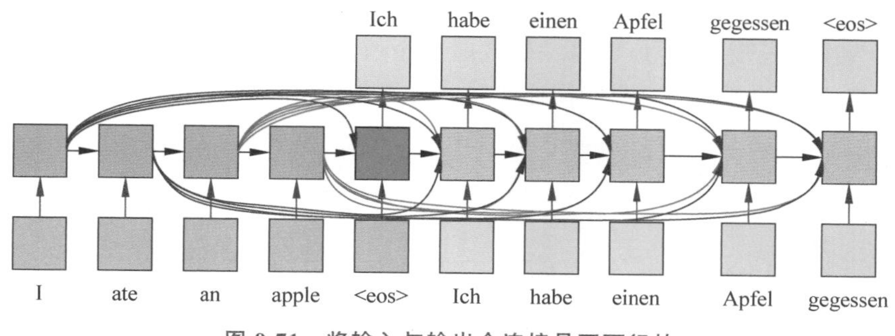

图 9-71　将输入与输出全连接是不可行的

性。所以就需要 Attention 机制来解决这个问题，如图 9-72 所示。

如图 9-72 所示，在添加一个双向隐层的基础上增加一个 Softmax 抽取概率分布，这样就可以通过目标单词的矫正突出注意力更加关注哪个单词。图 9-73 是不同目标单词在翻译时对不同输入单词的注意力的大小图示。

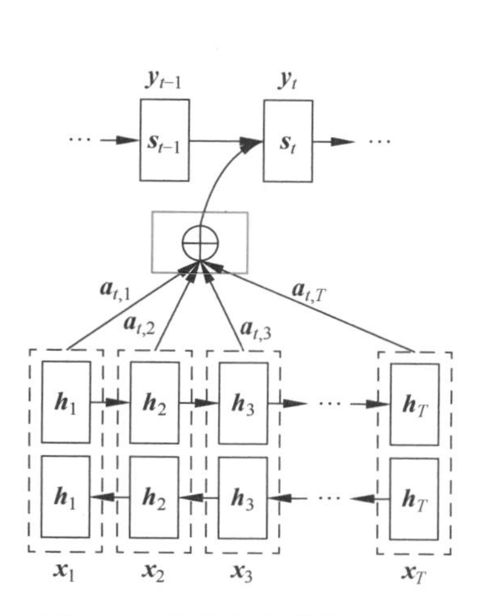

图 9-72　将输入与输出全连接是不可行的

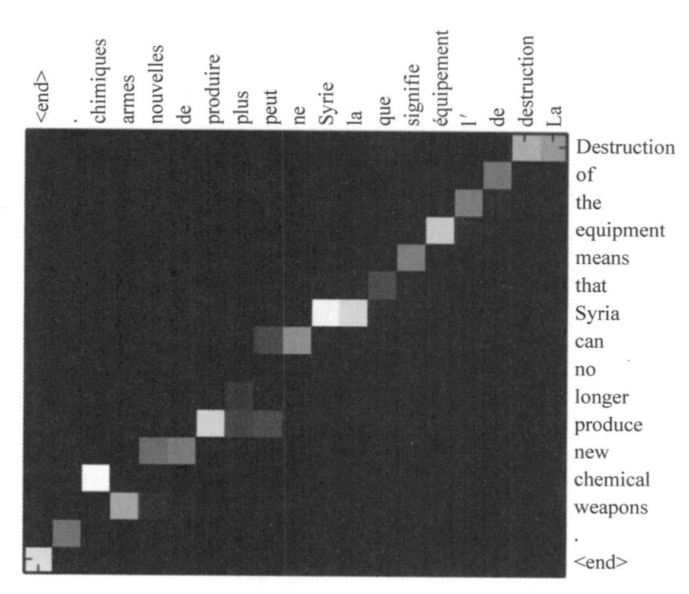

图 9-73　翻译时目标单词对输入单词的注意力不同图示

9.9 注意力机制的数学原理

注意力机制可以应对在机器翻译时处理长句的问题，目前提出的机器翻译模型大多数属于编码器解码器模型，但是该模型对长句子很难发挥效力，特别是处理那些比训练语料库中还长的句子，随着输入句子长度的增加，编码器解码器的准确率急剧恶化。所以在 2015

年，Bahdanau 等提出了基于注意力的编码器解码器模型。这种基于注意力的模型不会将整个句子编码为固定长度的向量，而是编码成向量序列，解码翻译时对这些向量序列进行线性组合，由“注意力”加权，自适应地选择这些向量的子集，应用这种模型，它可以更好地处理长句，这就是注意力巨大的优势。下面我们来看一个例子，如图 9-74 所示。

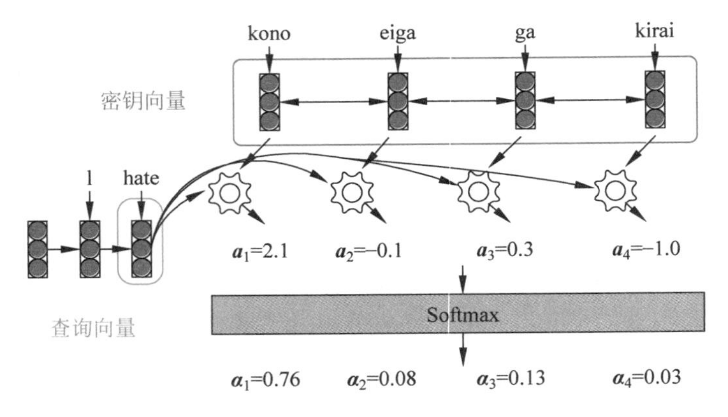

图 9-74 注意力机制的工作流程

我们定义由编码器隐层生成的向量叫作密钥向量(Key vectors)，由解码器隐层生成的向量叫作查询向量(Query vectors)。目的是计算在众多的 Key 中哪个与目标 Query 最相关，以此来区别对待所有的 Key。所以图 9-74 所示的内容可以归为以下几个步骤，第一，取到密钥向量和查询向量；第二，计算 Key 与 Query 之间的权重；第三，使用 Softmax 归一化输出概率。

得到了每一个密钥向量应该给予注意力的概率后就可以把输入向量与概率值做乘法，最后将所有向量相加得出结果，如图 9-75 所示。

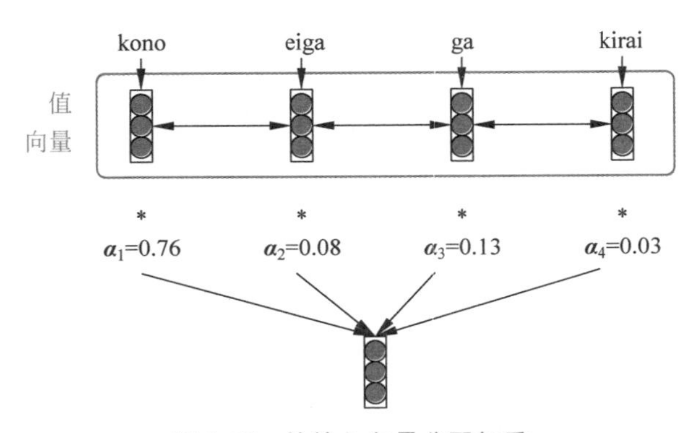

图 9-75 给输入向量分配权重

到这里可能发现了，这几步之中最重要的就是计算 Key 与 Query 之间的权重。其实计算 Key 与 Query 之间的关联性有多种方法，例如 2015 年由 Bahdanau 提出的多层感知机方法，如式(9-15)所示。

$$a(\boldsymbol{q},\boldsymbol{k})=\boldsymbol{w}_2^{\mathrm{T}}\tanh(\boldsymbol{W}_1[\boldsymbol{q};\boldsymbol{k}]) \tag{9-15}$$

第一种方法是将 Query 和 Key 进行拼接然后经过 tanh 激活函数，最后再与一个权值矩阵相乘得到，这种方法非常适合大数据；第二种方法是 Luong 等在 2015 年提出的 Bilinear 方法，如式(9-16)所示。

$$a(\boldsymbol{q},\boldsymbol{k})=\boldsymbol{q}^{\mathrm{T}}\boldsymbol{W}\boldsymbol{k} \tag{9-16}$$

它通过一个权重矩阵直接建立 Query 和 Key 的关系映射，比较直接，且计算速度较快。同时 Luong 等还提出了点积的方法，如式(9-17)所示。

$$a(\boldsymbol{q},\boldsymbol{k})=\boldsymbol{q}^{\mathrm{T}}\boldsymbol{k} \tag{9-17}$$

这种方法较 Bilinear 方法更快，但缺点是要求 Query 和 Key 具有相同维度，并且随着 Query 和 Key 向量维度的增大最后得到的权重值也会增加，为了克服这一点，2017 年 Vaswani 等提出了缩放点积法，如式(9-18)所示。

$$a(\boldsymbol{q},\boldsymbol{k})=\frac{\boldsymbol{q}^{\mathrm{T}}\boldsymbol{k}}{\sqrt{|\boldsymbol{k}|}} \tag{9-18}$$

介绍完了计算 Query 和 Key 之间关联性的打分函数后，我们就可以继续介绍 Attention 的详细过程了。先来看一下原始 Encoder-Decoder 模型和带有 Attention 机制的 Encoder-Decoder 模型的区别，如图 9-76 所示。

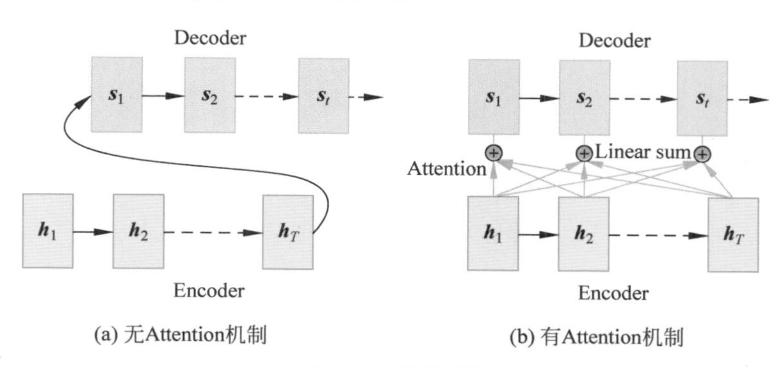

图 9-76　模型对比

最后再来看一下 Attention 机制在整个模型中是如何工作的，如图 9-77 所示。

在编码器阶段，通过一个双向的 RNN 模型将输入向量进行编码得到各个输入向量的隐藏层的向量，然后利用上一时刻中解码器的输出隐层向量 $\boldsymbol{s}_{t-1}$ 计算与各个输入向量隐层向量的关联分数，如式(9-19)所示。

$$\boldsymbol{e}_{tj}=\boldsymbol{a}(\boldsymbol{h}_j,\boldsymbol{s}_{t-1}),\quad \forall j\in[1,T] \tag{9-19}$$

然后将得到的分数进行 Softmax 归一化，如式(9-20)所示。

$$\boldsymbol{a}_{tj}=\frac{\mathrm{e}^{\boldsymbol{e}_{tj}}}{\sum_{k=1}^{T}\mathrm{e}^{\boldsymbol{e}_{tk}}} \tag{9-20}$$

经过 Softmax 计算后得到了 $t-1$ 时刻解码器中隐层向量对输入隐层向量的关联概率

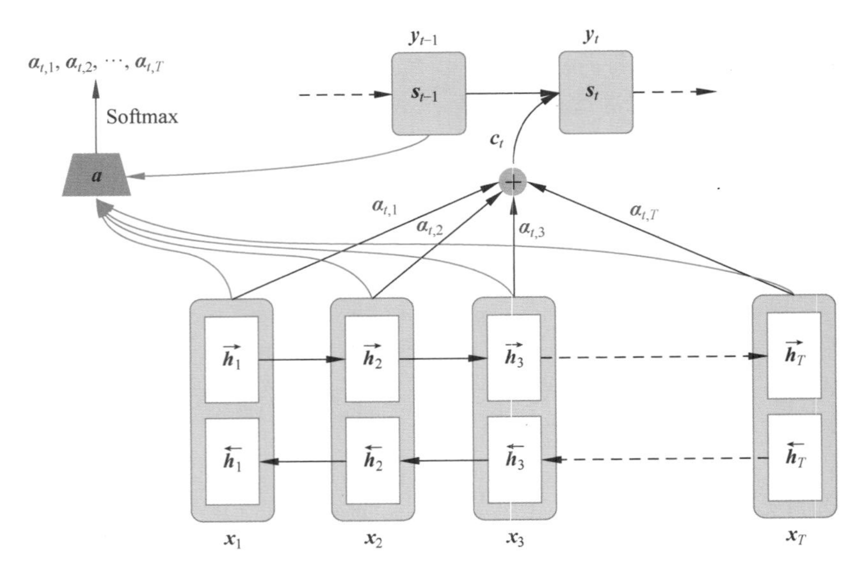

图 9-77 Attention 机制的整体架构

$\boldsymbol{a}_{tj}$，然后将所有的输入隐层向量与该概率相乘并相加得到一个按注意力比例分配的向量 $\boldsymbol{c}_t$，如式(9-21)所示。

$$\boldsymbol{c}_t = \sum_{j=1}^{T} \boldsymbol{a}_{tj} \boldsymbol{h}_j \tag{9-21}$$

此时就可以计算当前 t 时刻解码器隐层状态的向量了，如式(9-22)所示。

$$\boldsymbol{s}_t = f(\boldsymbol{s}_{t-1}, \boldsymbol{y}_{t-1}, \boldsymbol{c}_t) \tag{9-22}$$

最终，经过多步计算就可以求出在 t 时刻最终的输出单词 $\boldsymbol{y}_t$，如式(9-23)所示。

$$\boldsymbol{p}(\boldsymbol{y}_t \mid \boldsymbol{y}_1, \boldsymbol{y}_2, \cdots, \boldsymbol{y}_{t-1}, \boldsymbol{x}) = g(\boldsymbol{y}_{t-1}, \boldsymbol{s}_t, \boldsymbol{c}_t) \tag{9-23}$$

总结

本章从词向量开始讲解，在第 8 章循环神经网络基础上，直到注意力机制结束，中间是编码器-解码器结构。这 3 个阶段是一个逐渐递进的发展改进过程。普通循环神经网络是为了解决时间序列问题，然而，随着序列增长，捕捉更长序列的意义变得更难，而且还受梯度消失问题及序列长短对应问题的影响，所以提出了编码器-译码器结构，但是这个结构仍然存在问题，特别是当句子更长时，编码向量会出现信息过载，所以为了解决这个问题，提出了注意力机制模型，这个模型突破了长序列限制，是一个很大的创新，并且被广泛应用，如后续的 Transformer 结构、BERT 模型，解决了很多自然语言处理的难题。

第 10 章

深度学习 NLP 应用进阶

10.1 注意力机制的应用指针网络

第 9 章介绍了注意力机制的原理,在这里回顾一下。注意力机制可以分为两步,第 1 步是计算注意力分布,第 2 步是根据注意力分布来计算输入信息的加权平均,如图 10-1 所示。

在注意力机制中,最重要的就是第 1 步计算注意力分布了,接下来将要介绍的指针网络就是充分地利用了这一点从而解决了一系列问题。它的一个很重要的应用就是文本摘要。

为了引出指针网络,我们先从寻找凸包问题出发。那么什么是凸包呢?这里解释一下,假设有一个点集 Q,点集 Q 的凸包指设置一个最小的凸多边形,Q 中的点或者在多边形的边上或者在多边形的内部,求一个包含所有点的最小凸多边形就是凸包问题。

如图 10-2 所示,将 P_1、P_2、P_4 连接起来就构成了 P_1、P_2、P_3、P_4 这 4 个点的最小凸包。这个问题也可以使用序列到序列模型来解决,它的输入是所有点的坐标,那么它的输出将不再是一个新的序列,而是原序列的一个子集,由此来构成一个闭环,如图 10-3 所示。

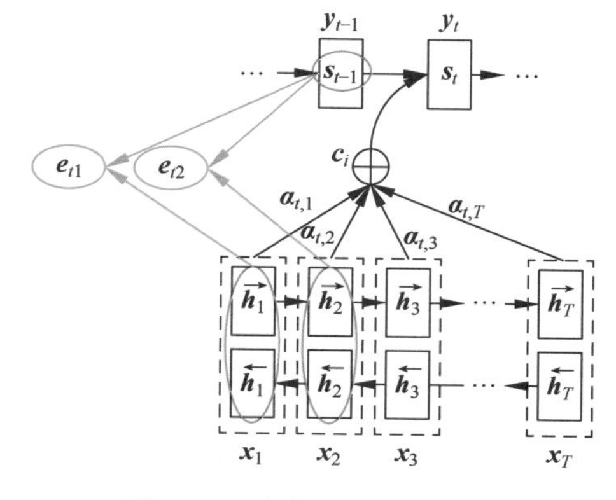

图 10-1 注意力机制的过程

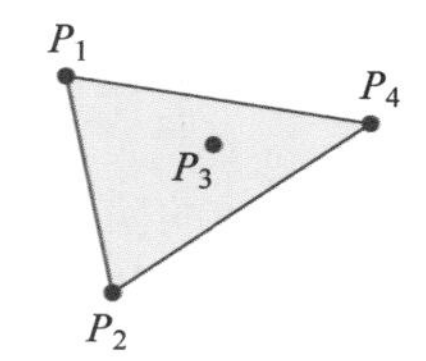

图 10-2 凸包

如果用指针网络的方式就如图 10-4 所示。指针网络,顾名思义就是指针指向输入元素,通过输出一个指向从而来表达最后的凸包集合,例如在图 10-4 中,指针先后指向 1,4,2,1,

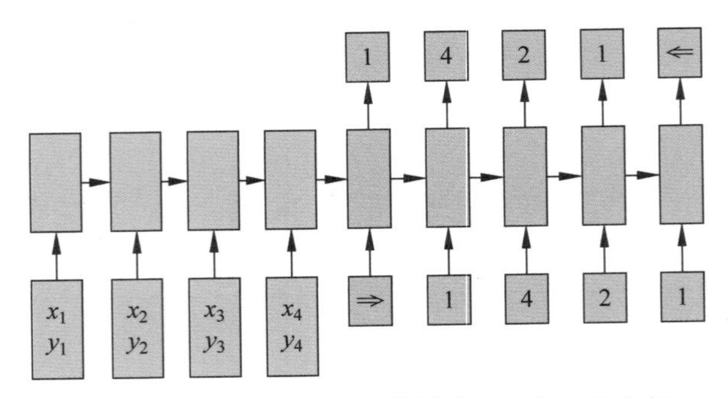

图 10-3 使用序列到序列模型输出 4 个点的凸包

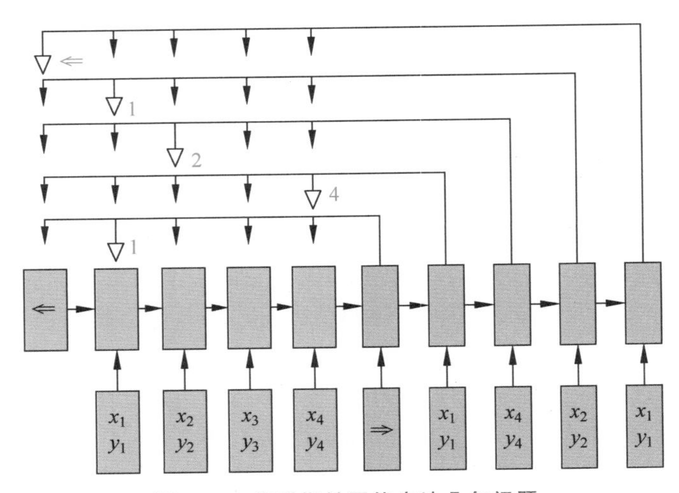

图 10-4 使用指针网络表达凸包问题

那么这一个闭环就构成了凸包。

在输出指针指向时，指针指向哪一个输入元素是根据权重的大小决定的，这一点与 Attention 的思想不谋而合，也就是说可以借助 Attention 机制来分配注意力的权重。由此可知，指针网络是专门解决输出是离散的且与输入序列中的位置相对应的问题。

在求 P_1、P_2、P_3、P_4 这 4 个点的凸包时，其实就是想要找到一个序列，这个序列就是要找到当前时间步的哪个输入元素的分布最大，用数学公式表示为

$$u_j^i = \boldsymbol{v}^{\mathrm{T}} \tanh(\boldsymbol{W}_1 \boldsymbol{e}_j + \boldsymbol{W}_2 \boldsymbol{d}_i) \tag{10-1}$$

式中，$\boldsymbol{e}_j$ 是编码器的隐层向量；$\boldsymbol{d}_i$ 是解码器的隐层向量；u_j^i 则是第 i 时间步中第 j 个输入的权重分布大小。如果将第 i 时间步所有的输入 j 都考虑进来就会得到一个概率分布，如式(10-2)所示。

$$p(C_i \mid C_1, C_2, \cdots, C_i, p) = \mathrm{Softmax}(u^i) \tag{10-2}$$

将这一过程使用数学来抽象，如图 10-5 所示。

最后，给出一个指针网络的例子，如图 10-6 所示。

输入：$X=\boldsymbol{x}_1, \boldsymbol{x}_2, \cdots, \boldsymbol{x}_n$

输出：$c_{1:m}=c_1, c_2, \cdots, c_m \qquad c_i \in [1, n], \forall i$

$$p(c_{1:m}|\boldsymbol{x}_{1:n})=\prod_{i=1}^{m} p(c_i|c_{1:i-1}, \boldsymbol{x}_{1:n})$$

$$\approx\prod_{i=1}^{m} p(c_i|\boldsymbol{x}_{c_1}, \cdots, \boldsymbol{x}_{c_{i-1}}, \boldsymbol{x}_{1:n}),$$

$$s_{i,j}=\boldsymbol{v}^{\mathrm{T}}\tanh(W\boldsymbol{x}_j+U\boldsymbol{h}_i), \forall j\in[1, n]$$

$$p(c_i|c_{1:i-1}, \boldsymbol{x}_{1:n})=\mathrm{Softmax}(s_{i,j})$$

图 10-5　使用指针网络的数学原理

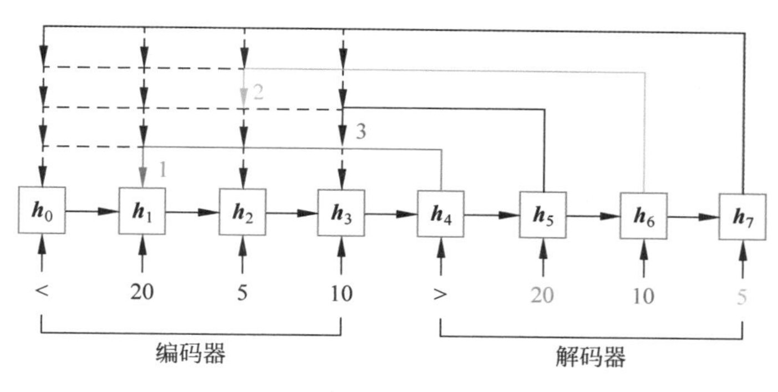

图 10-6　指针网络的例子

10.2　递归神经网络是否是必要的

之前的讲解中，我们介绍了非常多关于递归神经网络的内容，对于序列的问题现在能很自然地想到使用 RNN 来解决。但是我们反问一句，递归神经网络是否真的是必要的？这一问题其实是在为之后的 Transformer 的由来做铺垫，如果不进行 RNN 是否必要的讲解，在之后的 Transformer 章节中会不得其解，搞不清楚它的由来，所以本节将重点解答这一问题。

10.2.1　递归神经网络存在的问题

如图 10-7 所示，是递归神经网络（RNN）在训练过程中误差反传的示意图，随着网络序列长度的增加，误差反传的路径也变得越来越多，此时就不可避免地需要大量的内存从而降低训练的速度，所以通常为了保证训练效率会对该网络进行截断，只取 K 个时间步来进行误差反传。

下面来讲解一下自回归模型，谷歌的 WaveNet 就是自回归模型中的一种。自回归模型

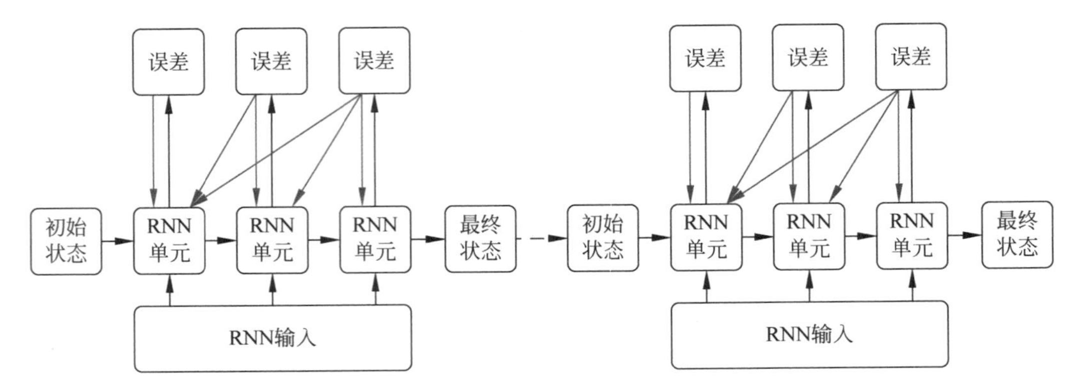

图 10-7 RNN 的误差反传

使用最近 k 个输入，即 $x_{t-k+1}, x_{t-k+2}, \cdots, x_t$ 来预测 y_t，而不是依赖于整个历史的状态进行预测。这种前馈模型假定目标只取决于 k 个最近的输入。WaveNet 训练过程如图 10-8 所示。

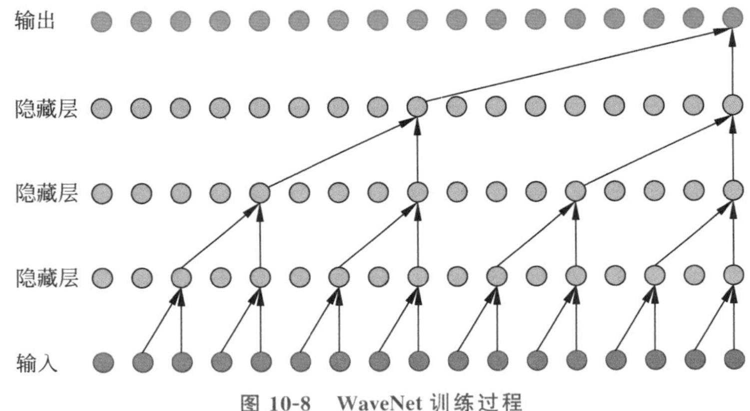

图 10-8 WaveNet 训练过程

10.2.2 前馈网络的优势

观察前馈网络的网络结构和其目标假设可以得出，前馈网络在训练时更容易进行并行化，首先它没有隐藏状态需要更新和维护，因此输出之间没有依赖关系，这一特点允许它在现代的硬件设施中很好地并行化，提高训练速度；其次，相比于递归神经网络，前馈网络在训练时更加容易优化；最后，前馈网络在推理速度上较递归神经网络也更胜一筹。

除上述所有的优点之外还有一个更加深刻的原因，对于语言建模而言，序列模型提供的无限上下文并非绝对必要。换句话说，RNN 的无限记忆优势在实践中基本不存在。在有明确的长期依赖的实验中，RNN 变体也无法学习长序列，在一篇谷歌公司的技术报告中提到，具有 $n=13$ 的 LSTM n-gram 模型与任意上下文的 LSTM 效果一样好。这一证据表明，在实践中 RNN 网络基本就等同于有限的前馈神经网络，因为通过时间的截断反向传播不能学习比 k 步更多的模式，使用梯度下降训练的模型不能具有长期的记忆。

10.2.3 如何替代递归神经网络

知道了 RNN 的效果是有限的，接下来如何才能替换 RNN 呢？我们可以回想，在 Attention 机制中，其实就是使用的前几个输入的隐藏向量从而计算 Attention 分布的，这与前馈网络只使用 k 的输入不谋而合，所以我们可以使用带有 Attention 机制的前馈神经网络，以此来代替递归神经网络。

10.3 Transformer 的数学原理

10.3.1 什么是 Transformer

Transformer 的一个解释是变压器，就是把一种电压转化成另一种电压的电力设备。它的另一解释是变形金刚，其名来自一部非常著名的电影。我们在对 Transformer 进行中文翻译时既可以使用变压器也可以使用变形金刚。因为这两个词都非常形象地表示了 Transformer 良好的性能。

本节介绍在 NLP 中 Transformer 到底是什么。Transformer 是由谷歌公司的一篇名为 *Attention is all you need* 的论文中提出的一种只依靠 Attention 机制来处理序列问题的结构[8]，例如机器翻译的问题，大多数采用 RNN 等序列模型进行编码器解码器构建。Transformer 模型的输入是可变的，输出是固定长度，但通常可以扩展到可变长度，除此之外，另一个比较明显的特点就是它没有递归结构。Transformer 使用 3 种注意力机制：第 1 种是编码器的自我注意；第 2 种是解码器的自我注意；第 3 种是编码器解码器的多头注意。这其中最主要的两个创新点就是多头注意力机制和位置编码以及位置智能前馈网络。Transformer 的整体架构如图 10-9 所示。

Transformer 同样也分为左边的编码器和右边的解码器结构，编码器和解码器分别由 6 个相同的结构组成，这里的 N 代表 6。每个编码器中又分为两部分，第 1 个部分是一个多头自注意力结构，第 2 个部分是一个全连接层，在这两个组件外部又分别包含了两个残余连接，最后进行归一化操作。在解码器中，除了有上述两个组件外，还有一个 Masked 的多头注意力组件。

10.3.2 Transformer 结构的形象展示

在论文中，Transformer 应用于机器翻译，所以它的功能同样可以表示为将一种语言翻译成另一种语言的中间转化结构，如图 10-10 所示[8]。

更进一步，由于 Transformer 的结构同样是 Encoder-Decoder 的形式，所以可以将 Transformer 进行拆解，如图 10-11 所示。

又因为每个 Encoder 和 Decoder 都是由 6 个相同的结构堆叠而成的，并且在最后一个

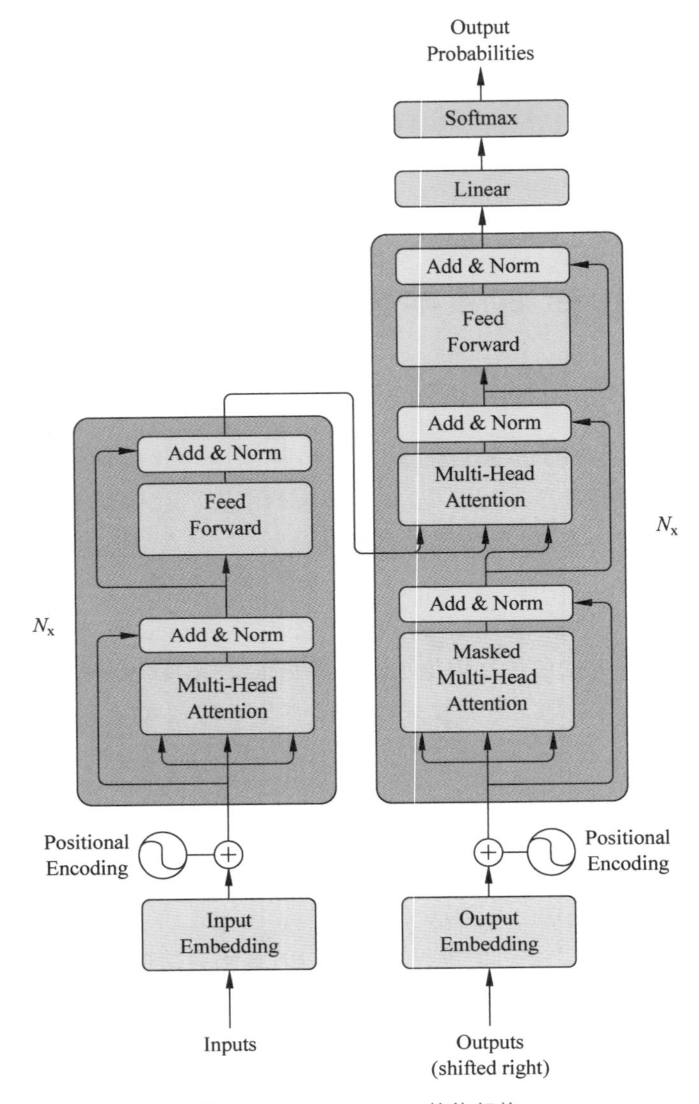

图 10-9 Transformer 整体架构

图 10-10 Transformer 用于机器翻译

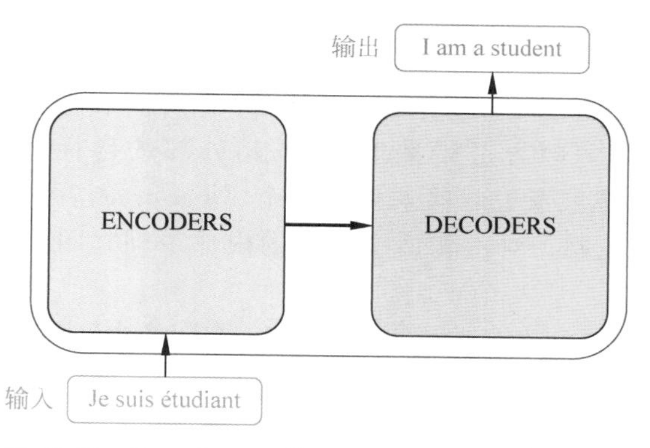

图 10-11　Transformer 的 Encoder-Decoder 表现形式

Encoder 中会将所有的解码器进行连接，所以可以将其展开会更形象，如图 10-12 所示。

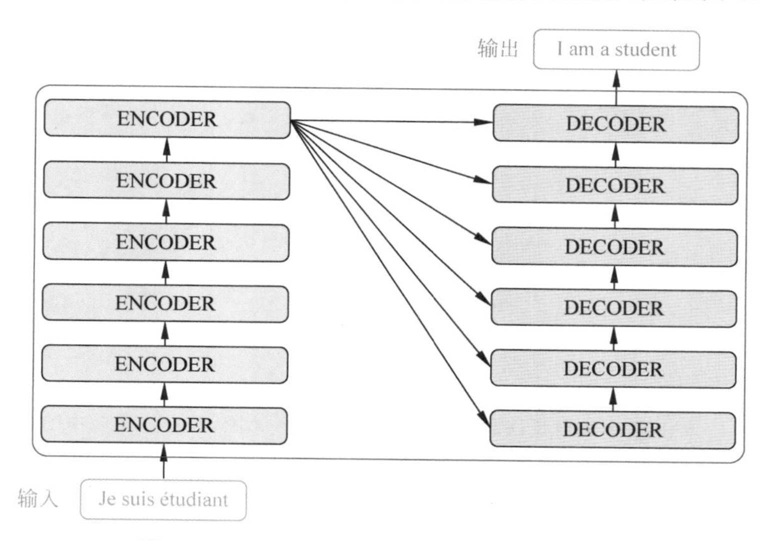

图 10-12　Transformer 的 Encoder-Decoder 堆叠

现在我们来看一下每一个 Encoder 和 Decoder 中都包含了哪些组件，如图 10-13 所示。

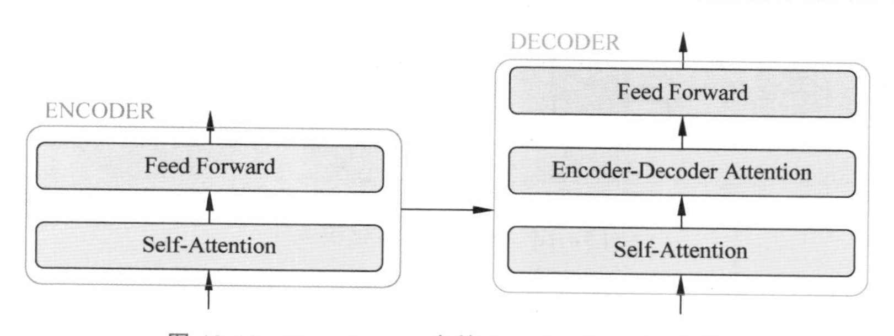

图 10-13　Transformer 中的 Encoder-Decoder 结构

10.3.3 什么是自我注意力

Attention 机制通过外部的一些目标来纠正输入的权重，但是自我注意力（Self-attention）只将输入内部的隐含进行抽取，不依赖外部的目标。注意力的输入有两个，source 和 target，但是自我注意力的输入是同一个，即 source。可以这样说，自我注意力机制是一种特殊的注意力机制。对一句话中输入的内部单词之间的自我注意力直观展示如图 10-14 所示。

这种自我注意的思想不仅在自然语言中会出现，在图像中同样也会应用，例如如图 10-15 所示的图像，每片叶子的子叶跟全局是类似的，不同的子叶之间也是类似的。

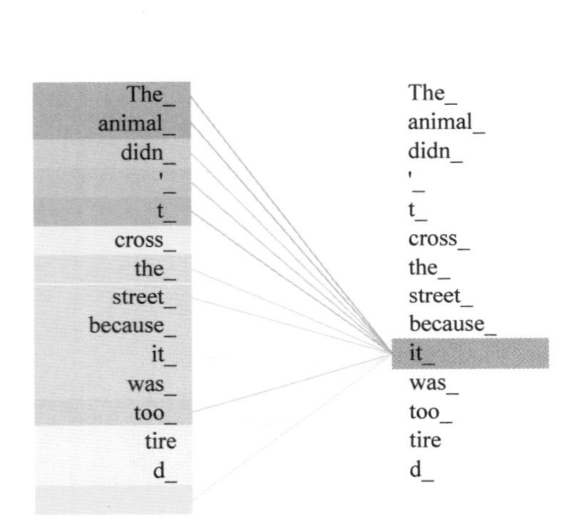

图 10-14 一句话中的自我注意力机制

图 10-15 图像中的自我相似性

此外，在音频中也一样会出现相隔一段距离后，后一片段与前一片段相似的场景，如图 10-16 所示。

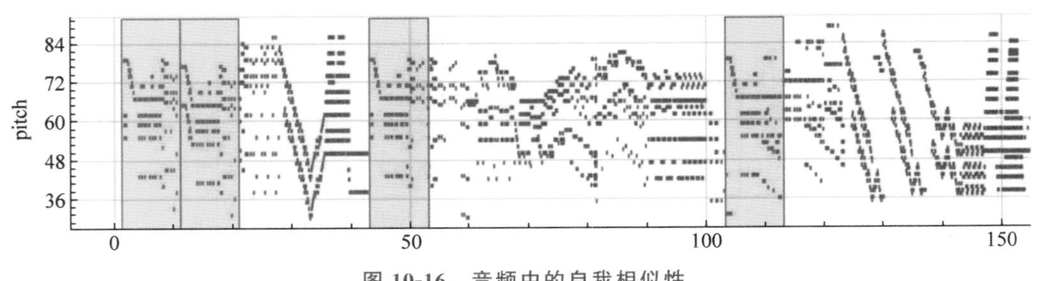

图 10-16 音频中的自我相似性

10.3.4 多头自我注意力

10.3.3 节已经提到，自我注意力是将内部与内部的关系进行抽取，通常把自我注意力用一个函数来表示，如式(10-3)所示。

$$\text{Attention}(x,x,x) \tag{10-3}$$

多头注意力同样也可以用一个公式来表示，如式(10-4)所示。

$$\text{MultiHead}(x,x,x) \tag{10-4}$$

那么什么是多头的自我注意力机制呢？我们来看一个多头自我注意力的图示，如图10-17所示。

输入有3个，$\boldsymbol{K}$、$\boldsymbol{V}$和$\boldsymbol{Q}$，这3个输入是同一个输入$\boldsymbol{X}$，当然这里的$\boldsymbol{X}$是经过编码后的词向量，是经过线性变换得来的，正如式(10-3)所示，输入是同样的3个x。所以，这3个矩阵的列向量就是$\boldsymbol{X}$的列向量分别左乘3个矩阵得到的：$q^i=w^q x^i, k^i=w^k x^i, v^i=w^v x^i$。接下来计算注意力分数$\alpha_{i,j}=\frac{q_i k_j}{\sqrt{d}}$，注意力分数矩阵例子如下，$\alpha_{1,3}$是$q_1$与$k_3$相乘得到的。

$$\boldsymbol{A}=\begin{bmatrix}\alpha_{1,1} & \alpha_{1,2} & \alpha_{1,3} & \alpha_{1,4}\\ \alpha_{2,1} & \alpha_{2,2} & \alpha_{2,3} & \alpha_{2,4}\\ \alpha_{3,1} & \alpha_{3,2} & \alpha_{3,3} & \alpha_{3,4}\\ \alpha_{4,1} & \alpha_{4,2} & \alpha_{4,3} & \alpha_{4,4}\end{bmatrix}$$

$\alpha_{i,j}$是查询对键k_j计算得到的注意力分数，所以加权时，这个分数要乘以键对应的值v_j，即$\sum_j \alpha_{i,j} v_j$。

最后，将h个的注意力权值分布拼接起来得到最后的输出。此过程如图10-18所示。注意，10.3.1节讲过Transformer有3种注意力机制，对于编码器或解码器自身的注意力，过程就是同一个x为输入，但编码器-解码器的多头自我注意力是图10-9中间相连的部分，$\boldsymbol{Q}$、$\boldsymbol{K}$来自于编码器，$\boldsymbol{V}$来自于解码器。

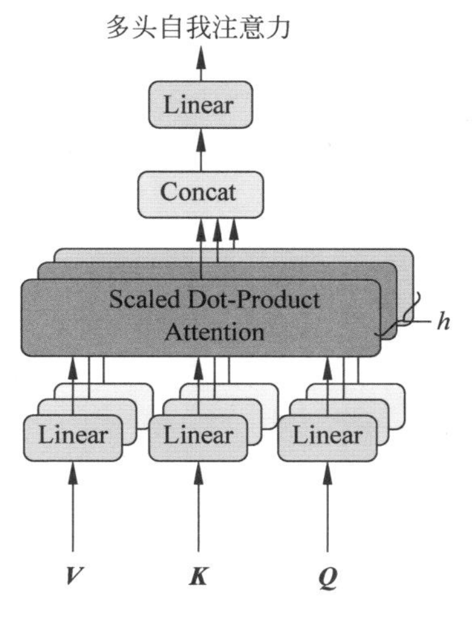

图10-17 多头自我注意力结构

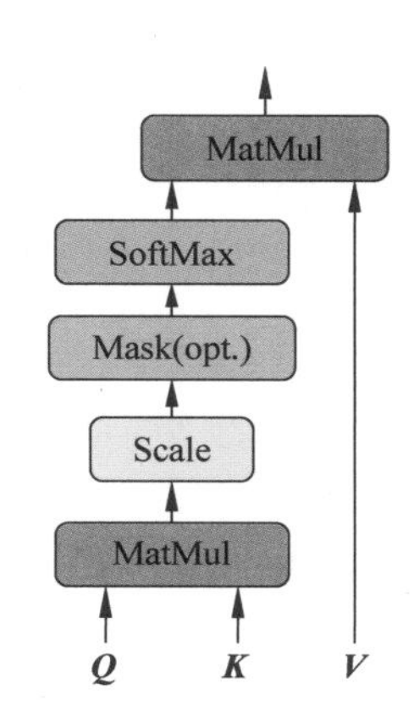

图10-18 Attention的过程

同时,也可以使用公式来表示此过程,如式(10-5)所示。

$$\text{Attention}(\boldsymbol{Q},\boldsymbol{K},\boldsymbol{V})=\text{Softmax}\left(\frac{\boldsymbol{Q}\boldsymbol{K}^{\mathrm{T}}}{\sqrt{d_k}}\right)\boldsymbol{V} \tag{10-5}$$

回到多头自我注意力机制中,多头自我注意力是对每个输入进行 h 个不同线性变换,如图 10-17 所示,在原论文中 $h=8$,每个有序变换的三元组 $\boldsymbol{Q}$、$\boldsymbol{K}$、$\boldsymbol{V}$ 作为缩放点积 Attention 的输入,一次来完成一次多头自我注意力的过程。所以多头自我注意力可以用式(10-6)来表示。

$$\text{MultiHead}(\boldsymbol{Q},\boldsymbol{K},\boldsymbol{V})=\text{concat}(c_1,c_2,\cdots,c_h)\boldsymbol{W}^o \tag{10-6}$$

式中,$c_i=\text{Attention}(\boldsymbol{Q}\boldsymbol{W}_i^{\boldsymbol{Q}},\boldsymbol{K}\boldsymbol{W}_i^{\boldsymbol{K}},\boldsymbol{V}\boldsymbol{W}_i^{\boldsymbol{V}})$;$\boldsymbol{W}_i^{\boldsymbol{Q}}\in\mathbb{R}^{d_k\times\frac{d_k}{h}}$;$\boldsymbol{W}_i^{\boldsymbol{K}}\in\mathbb{R}^{d_k\times\frac{d_k}{h}}$;$\boldsymbol{W}_i^{\boldsymbol{V}}\in\mathbb{R}^{d_k\times\frac{d_k}{h}}$;$d_q=d_k=d_v$。

10.4 Transformer 的 3 个矩阵 K、V、Q

10.3 节介绍了 Transformer 中内部的多头自我注意力的实现过程,其中比较重要的就是 $\boldsymbol{K}$、$\boldsymbol{V}$、$\boldsymbol{Q}$ 这 3 个矩阵,能透彻理解这 3 个矩阵的含义和由来对学习整个 Transformer 架构有着至关重要的作用。

接下来使用图示重点讲解一下 Self-attention 的具体过程。

第 1 步,把输入的内容转化为向量,如图 10-19 所示。

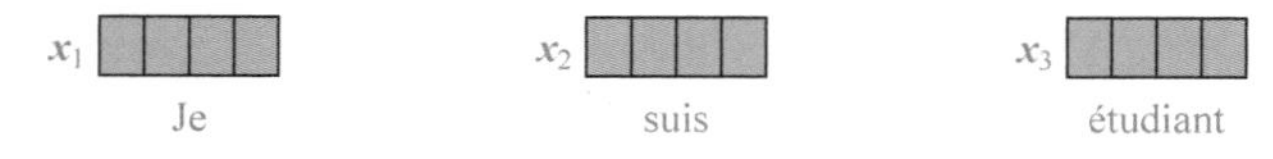

图 10-19 将单词转为向量

接着将向量化后的输入单词输入到 Encoder 的结构中进行矩阵的计算和变换,其中最重要的就是需要经过一个 Self-attention 层,如图 10-20 所示。

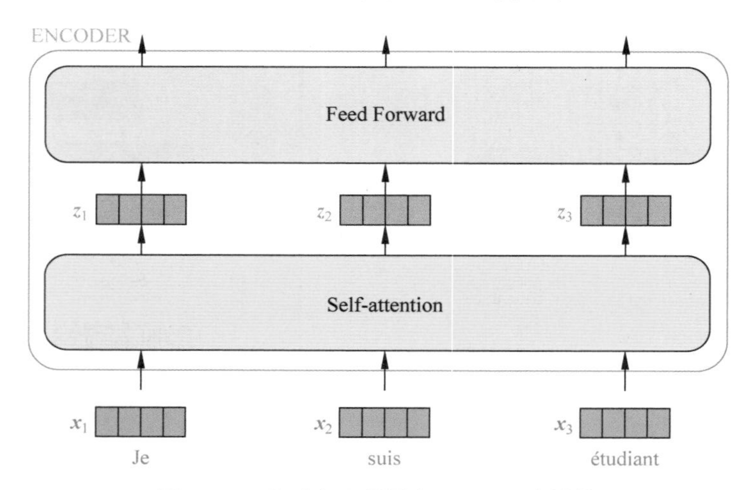

图 10-20 将输入向量导入 Encoder 中计算

第 2 步，根据单词的输入向量 $\boldsymbol{x}$ 将其分别与 $\boldsymbol{W}^Q$、$\boldsymbol{W}^K$、$\boldsymbol{W}^V$ 相乘后得到 3 个矩阵 $\boldsymbol{Q}$、$\boldsymbol{K}$、$\boldsymbol{V}$，如图 10-21 所示。

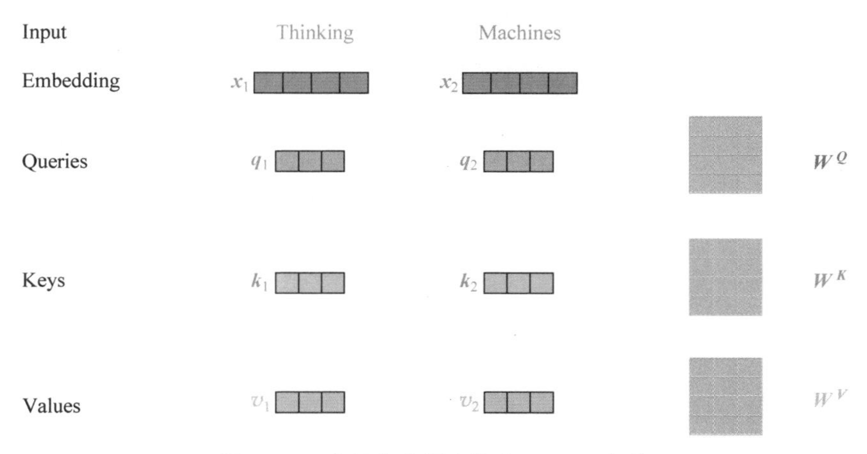

图 10-21 将输入向量变换为 Q、K、V 矩阵

第 3 步，对于 $\boldsymbol{Q}$ 中某一个列向量 $\boldsymbol{q}$，计算其与每一个 $\boldsymbol{k}$ 的点积，得到每一个 $\boldsymbol{k}$ 对应的 $\boldsymbol{v}$ 的 Attention 权重，如图 10-22 所示，112 和 96 就是 $\boldsymbol{q}_1$ 对两个键 $\boldsymbol{v}_1$ 和 $\boldsymbol{v}_2$ 的查询权重。

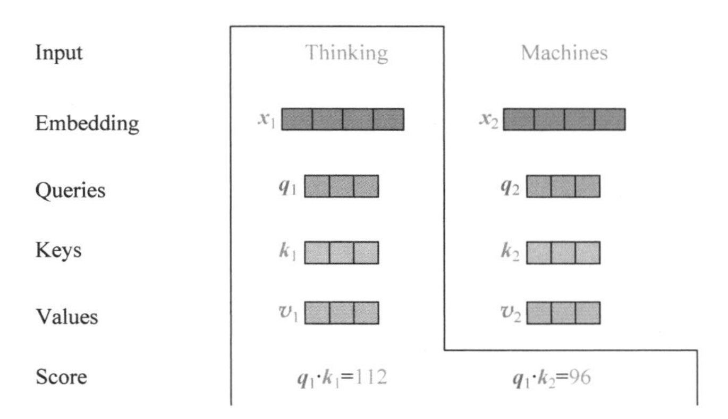

图 10-22 计算 Attention 的权重

第 4 步，对第 3 步的结果进行缩放点积计算和 Softmax 的概率计算，如图 10-23 所示。因为 d_k 是 64 维的，所以缩放点积都需要进行除以 8 的操作。

第 5 步，将 Softmax 分值与 Value vectors 相乘，增加高注意力词的 Value 值，削弱非相关词的 Value 值，然后将加权的向量求和，产生该位置的 Self-attention 结果，如图 10-24 所示。

第 6 步，由于使用的 Multi-head Self-attention 机制，而且此时的 $h=8$，所以会得到 8 组不同的结果，如图 10-25 所示。

第 7 步，将 8 个结果拼接起来，与一个 W^O 进行矩阵相乘，如图 10-26 所示。

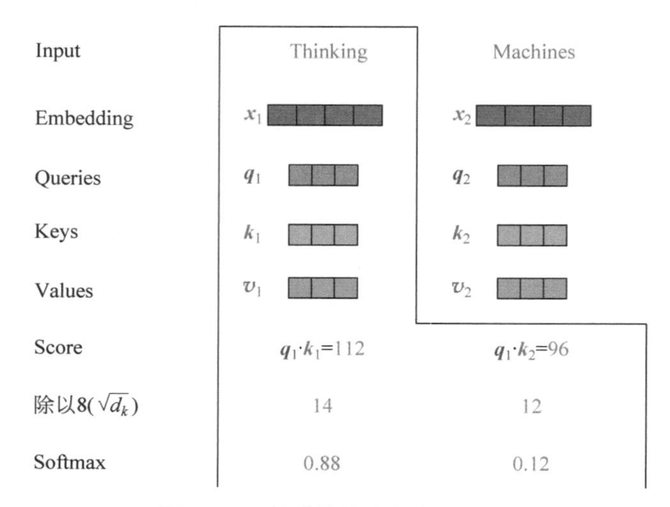

图 10-23 计算缩放点积和 Softmax

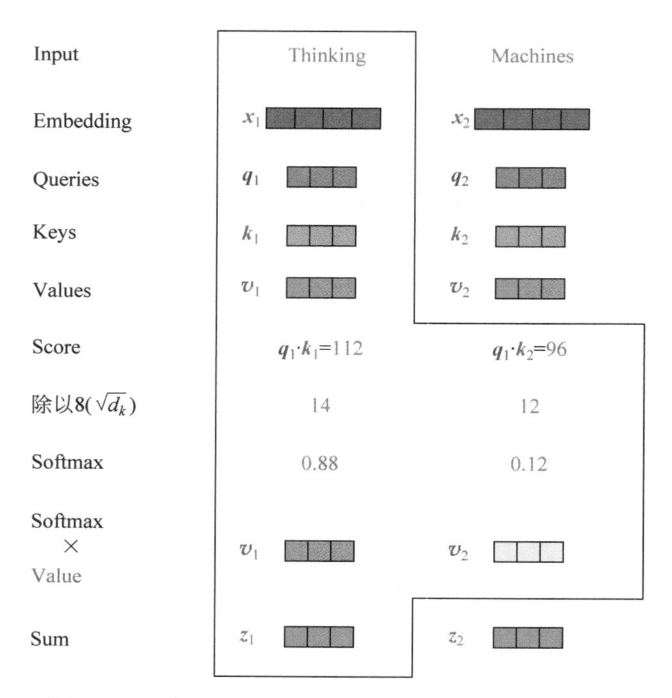

图 10-24 对 Value vector 加权求和求得 Self-attention 值

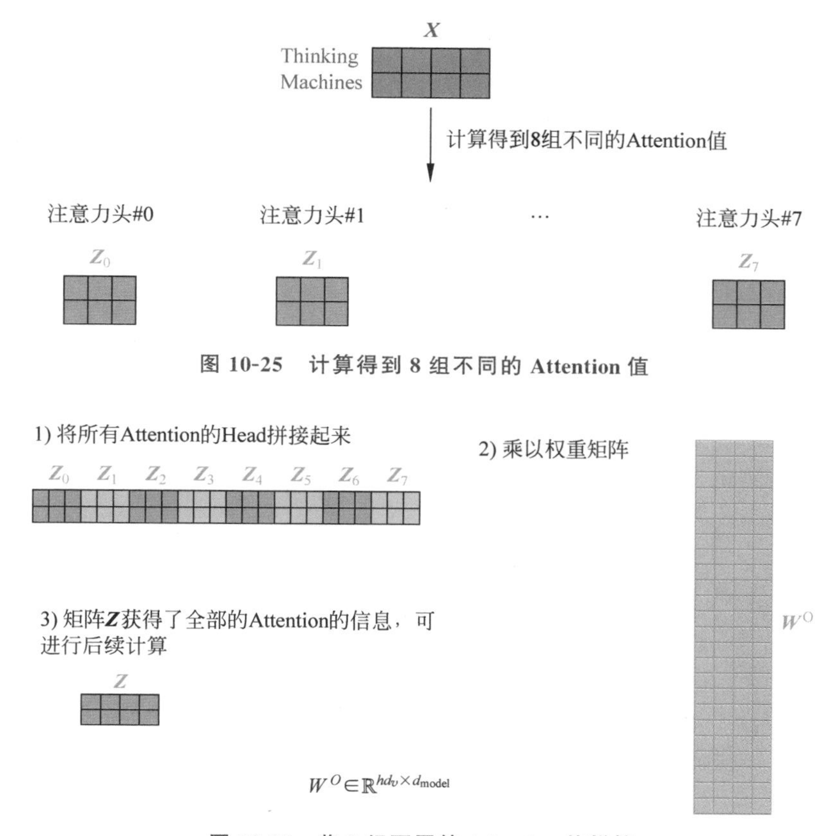

图 10-25 计算得到 8 组不同的 Attention 值

图 10-26 将 8 组不同的 Attention 值拼接

10.5 Transformer 的位置编码原理

在 RNN 或者 CNN 中，它们都能自动地捕获位置的信息。递归神经网络是通过每一个时间步来完成的，上一步的输出作为下一步的输入。卷积神经网络是通过卷积核从左到右、从上到下来卷积实现捕捉位置信息的。但是在 Transformer 中没有递归，没有卷积就没有办法捕捉位置信息，而位置信息又是必需的，所以此时就需要通过对位置信息的编码来实现。这一概念是除多头自我注意力外的又一大创新。

10.5.1 位置编码的向量计算

使用位置编码后在输入端就有两种向量了，一种是词向量，另一种是位置向量，如图 10-27 所示。

由图 10-27 可以看到，每一个词包含一个词向量和一个位置向量，然后将二者相加最终得到带有位置信息的词向量继续参与后续的矩阵运算。那么将位置向量这样进行相加是不

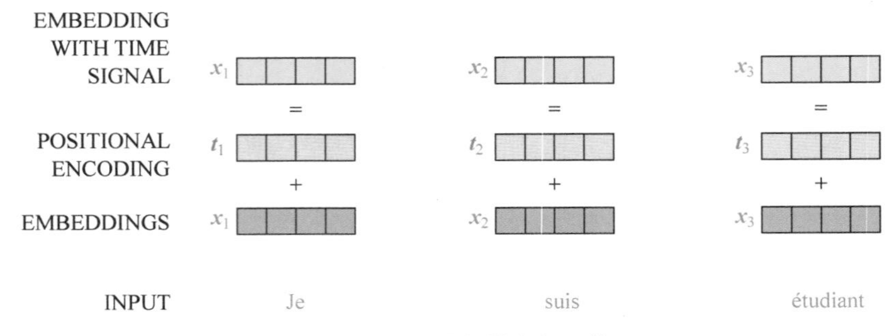

图 10-27 位置向量参与运算

是会把词向量的信息“冲淡”呢？答案是否定的。

词向量和位置向量进行合并的方式有两种：一种是将两种向量收尾拼接，前一部分是词向量后一部分是位置向量；另一种是把位置向量定义成与词向量相同的长度，然后将二者相加。那么这两种方式哪一个才能更好地体现位置信息且不冲淡词向量信息呢？我们不妨看一个例子。

现在有两个单词 A 和 B，单词 A 的词向量为(0.9,0.1)，位置向量为(0.1,0.9)，单词 B 的词向量为(0.9,0.1)，位置向量为(0.9,0.1)，可以发现单词 A 和单词 B 是非常相似的。如果按照第 1 种方法拼接，然后矩阵相乘会得到 0.81＋0.01＋0.09＋0.09＝1；如果按第 2 种方法，会得到 1.8＋0.2＝2。很明显第 2 种方法算出的向量之间的点积更大，也就是说它把两种向量的重要性都融合了进来。

10.5.2 位置编码的表示

位置编码是怎样表达的呢？答案就是使用正弦函数和余弦函数，如式(10-7)和式(10-8)所示。

$$\boldsymbol{PE}_{2i}(p)=\sin\left(\frac{p}{10\ 000^{2i/d_{\text{model}}}}\right) \tag{10-7}$$

$$\boldsymbol{PE}_{2i+1}(p)=\cos\left(\frac{p}{10\ 000^{2i/d_{\text{model}}}}\right) \tag{10-8}$$

$\boldsymbol{PE}$ 是一个二维矩阵，行表示一个词语，列表示词向量，p 代表一个词语在句子中的位置，d_{model} 代表词向量的维度，这里长度是 512。所以使用式(10-7)和式(10-8)可以把一个词语在 512 的长度的向量中进行−1 到 1 之间的数值填充。也就是说在 512 的长度向量中使用正弦表达的有 256 个，使用余弦表达的也有 256 个。正弦、余弦的函数示意图如图 10-28 所示。

使用正弦、余弦除了可以表示绝对位置外，也可以表示相对位置，如式(10-9)和式(10-10)所示。

$$\sin(\alpha+\beta)=\sin\alpha\cos\beta+\cos\alpha\sin\beta \tag{10-9}$$

$$\cos(\alpha+\beta)=\cos\alpha\sin\beta+\sin\alpha\cos\beta \tag{10-10}$$

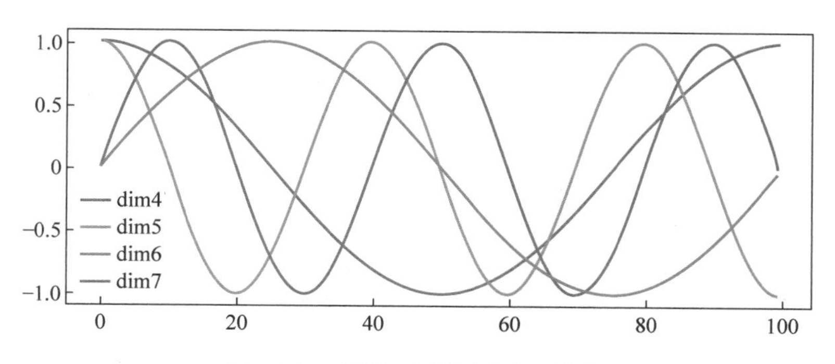

图 10-28 正弦、余弦函数表示位置

如果将 α 替换成位置 p，把 β 替换成常数 k，那么就可以表达词语在句子中的相对位置了，它可以将一个位置通过常数位置偏移得到另一个位置，绝对位置很重要，但是相对位置更重要。

图 10-29 所示的是一个 20 个单词且每个单词都是 512 维度的例子，通过颜色可视化，我们把每个单词的每个维度展现出来，可以看到左侧是正弦的表示，右侧是余弦的表示，颜色正好互补，这里需要说明一下，在式(10-7)和式(10-8)中正弦和余弦是交替进行的，并不像图 10-29 所示的一样左右分离，但是这种左右分离的表示并不影响位置信息。

图 10-29 位置信息的可视化

10.6 Transformer 的全景架构

本节从全局来介绍 Transformer 的运行过程，包括 3 种注意力结构、前馈网络结构、残余与层规一化、编码器和解码器的协同工作、Transformer 训练的过程这几个方面。

首先，在整个过程中使用了3个注意力结构，一个是编码器和解码器中的注意力，另外两个分别是在编码器和解码器中的自我注意力结构。先看一下编码器到解码器的注意力机制，编码器将最终的$\boldsymbol{K}$、$\boldsymbol{V}$输出发送到每个解码器层，其中$\boldsymbol{Q}$来自于前线的解码器隐藏层，如图10-30和图10-31所示。

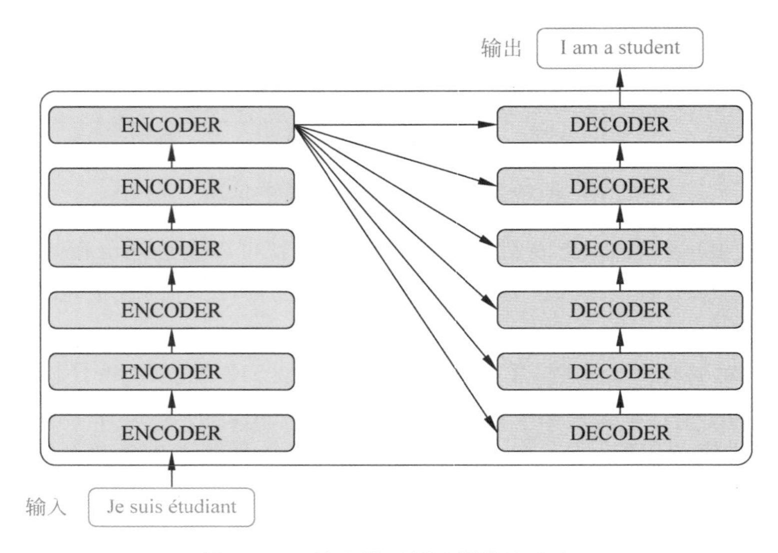

图 10-30　编码器到解码器的注意力

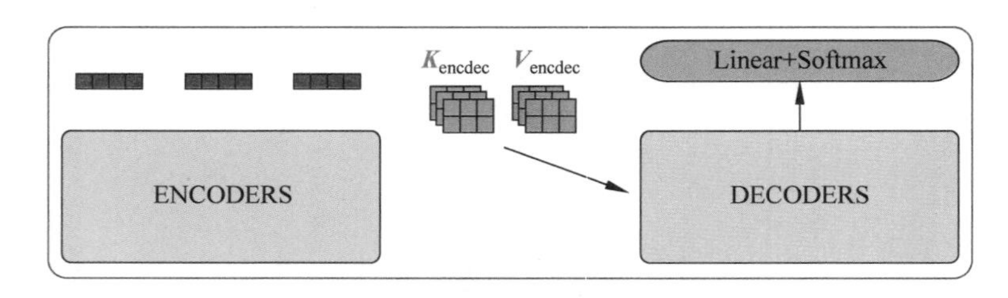

图 10-31　编码器将$\boldsymbol{K}$、$\boldsymbol{V}$发送到解码器

再来看前馈网络层，前馈网络层中将输入进行一次ReLU函数的激活后再经过一次线性变化得到前馈层的输出，如式(10-11)所示。

$$\text{FFN}(\boldsymbol{x}) = \max(0, \boldsymbol{x}\boldsymbol{W}_1 + b_1)\boldsymbol{W}_2 + b_2 \tag{10-11}$$

在Transformer中使用的另一个有意义的技术就是参与网络，它借用了ResNet的核心结构恒等映射，如图10-32所示，其中残余连接用虚线代表。

在编码器和解码器的每一层中都用到了层归一化操作，如图10-33所示，这一操作非常类似批归一化。

在解码器协同工作中，每一次的输出都依赖与上一次的$\boldsymbol{Q}$和编码器传入的$\boldsymbol{K}$、$\boldsymbol{V}$来得到下一次的输出，如图10-34所示。

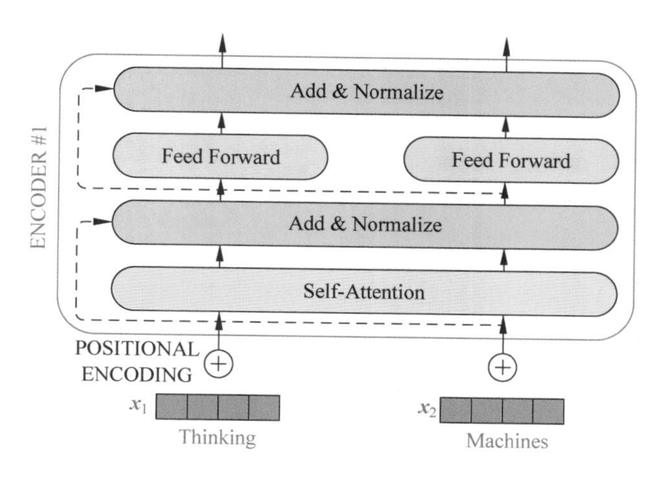

图 10-32 Transformer 中的残余连接

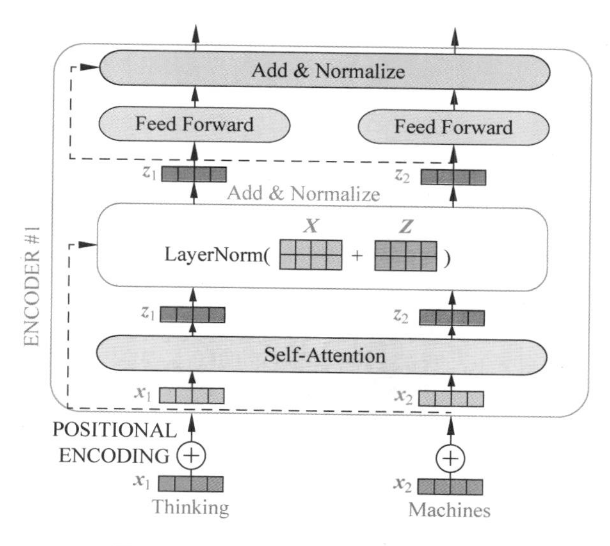

图 10-33 Transformer 中的层归一化

最后来看一下整个过程中是如何确定损失的，如图 10-35 所示，是一个包含了 5 个单词的例子，假设只对第 2 个单词编码，采用 one-hot 会有图 10-35 所示的向量。

在训练还没有完全完成时，每一次 Transform 的输出会是一个结果的概率，使用此输出与目标进行对比，以此来进行误差的计算，如图 10-36 所示。

期望的最终输出如图 10-37(a)所示，在希望的目标中的概率是 1，其他均是 0，但是在实际中一般情况下不太可能会出现这种现象，反而是每一个结果都有概率的输出，如图 10-37(b)所示。

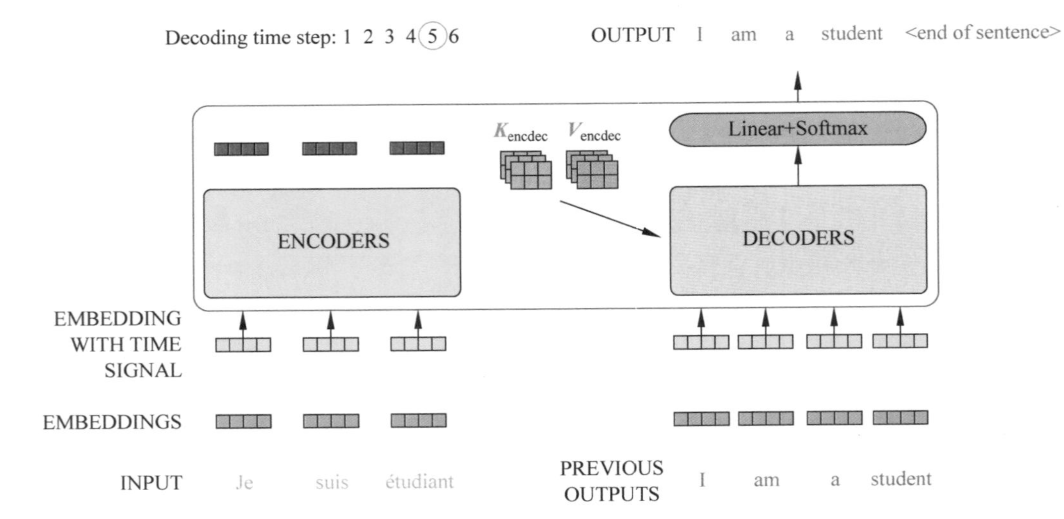

图 10-34 解码器端协同工作

输出词汇

单词	a	am	I	thanks	student	<eos>
索引	0	1	2	3	4	5

采用one-hot对am编码

图 10-35 编码器的输入向量

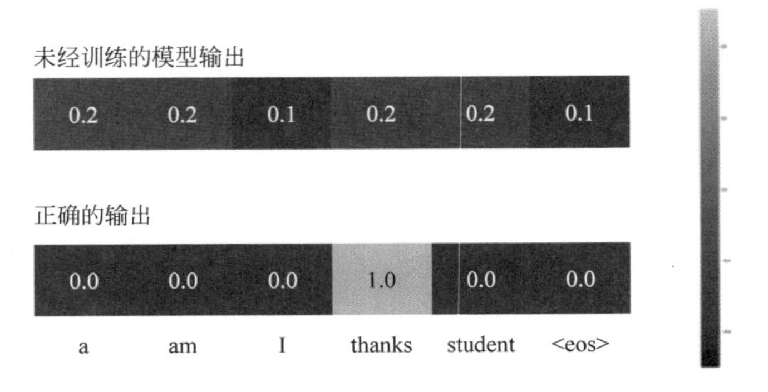

图 10-36 误差损失计算

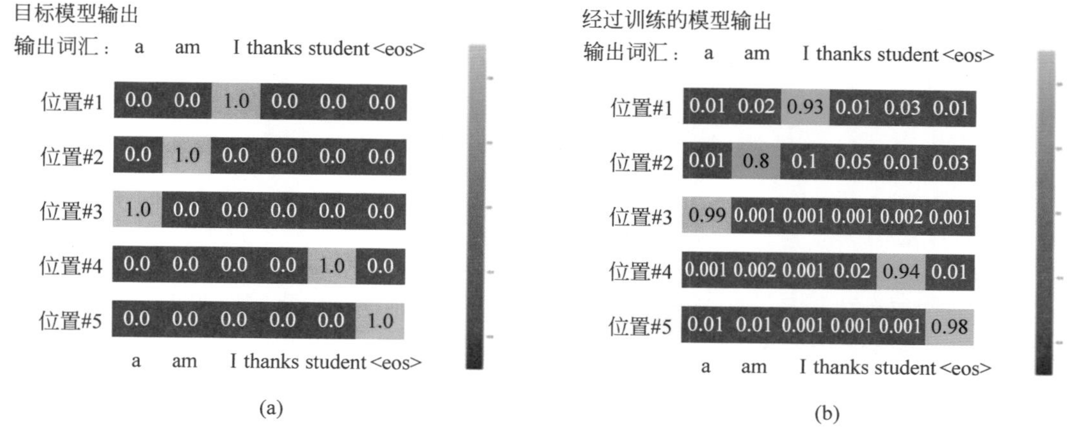

图 10-37　期望输出与实际输出

10.7　深度语境化词语表示 ELMo

ELMo 是 Embeddings from Language Models 的缩写，首先总览一下这个算法的思想和性能。

单词的含义取决于上下文的语境信息，所以相应的词嵌入也同样应该考虑上下文的语境信息。ELMo 就是以这一思路为指导思想，它的词嵌入不仅仅使用单个单词的信息，还同时考虑了整个句子和段落的语境信息。ELMo 使用预训练的、多层的、双向的、基于 LSTM 的语言模型，并为输入的单词系列提取每层的隐藏状态，然后计算这些隐藏状态的加权和，用来获得每个单词的词嵌入信息。每个隐藏状态的权重取决于任务并且是可学习的。ELMo 可以在各种任务汇总中提高模型的性能，从问答和情感分析到明明实体识别，它都可以表现出色的性能。

10.7.1　为什么需要语境情景化的表示

在实际运用词嵌入时为什么要使用语境的信息呢？这里来给大家举一个例子，如图 10-38 所示，是两个包含 bank 的句子。

The bank on the other end of the street was robbed

We had a picnic on the bank of the river

图 10-38　不同语境表达不同含义

在第 1 个句子中，单词 bank 表达的含义是银行，而在第 2 个句子中表达的含义却是河畔，可见同一个单词如果它所处的语言环境不同就会有截然不同的语义信息。

10.7.2　ELMo 的算法构成

想要考虑上下文的语境信息就需要对整个句子或者段落进行信息采集，那么 ELMo 是如何进行的呢？ELMo采用一种双向的语言模型(biLMs)来学习单词的嵌入，biLMs分为前向语言模型和后向语言模型，如式(10-12)和式(10-13)所示。

$$\text{前向：}\quad p(t_1,t_2,\cdots,t_N)=\prod_{k=1}^{N} p(t_k \mid t_1,t_2,\cdots,t_{k-1}) \tag{10-12}$$

$$\text{后向：}\quad p(t_1,t_2,\cdots,t_N)=\prod_{k=1}^{N} p(t_k \mid t_{k+1},t_{k+2},\cdots,t_N) \tag{10-13}$$

前向时，考虑第k个单词的前$k-1$个单词，后向时采用后$n-k$个单词，这样就不仅仅是单向地考虑语境信息了。这种前向和后向是通过长短时记忆网络双向预测下一个单词来构建的语言模型实现的，如图10-39所示。

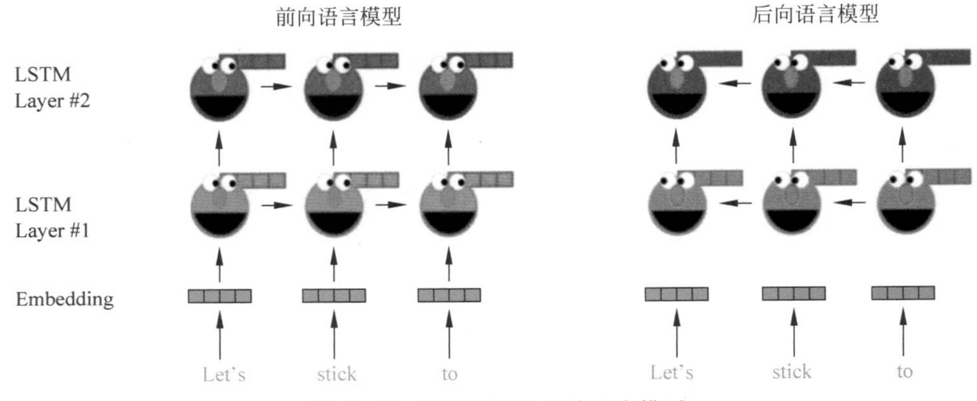

图 10-39　双向 LSTM 构建语言模型

下一步就需要将前向和后向的隐藏层信息进行拼接，组成一个同时包含前向和后向信息的隐藏向量，如图10-40所示。

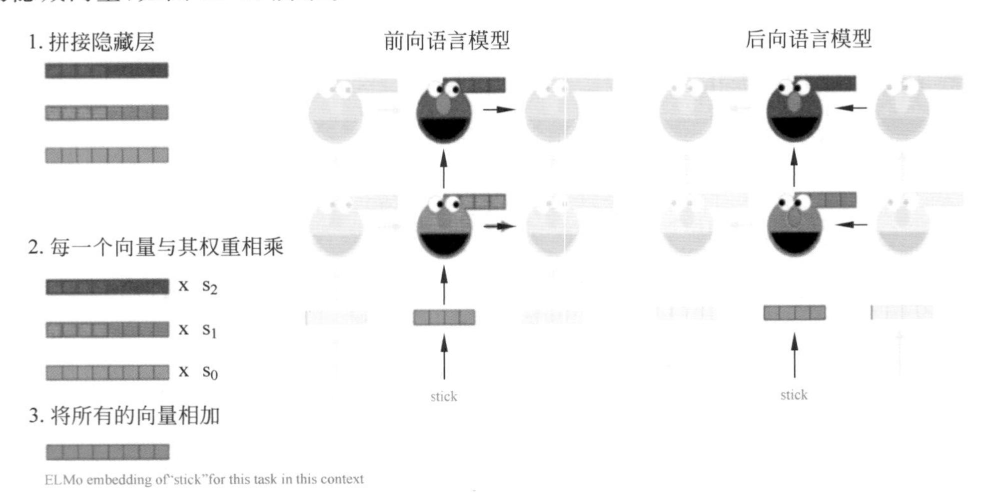

图 10-40　前向后向隐藏层向量拼接

在前向后向隐层向量拼接完成之后，需要把所有隐藏层向量通过不同的学习任务学习到的权重进行加权，最终得到一个结果向量。

10.7.3　ELMo 整体框架

ELMo 整体架构如图 10-41 所示，可以分为以下 3 步。

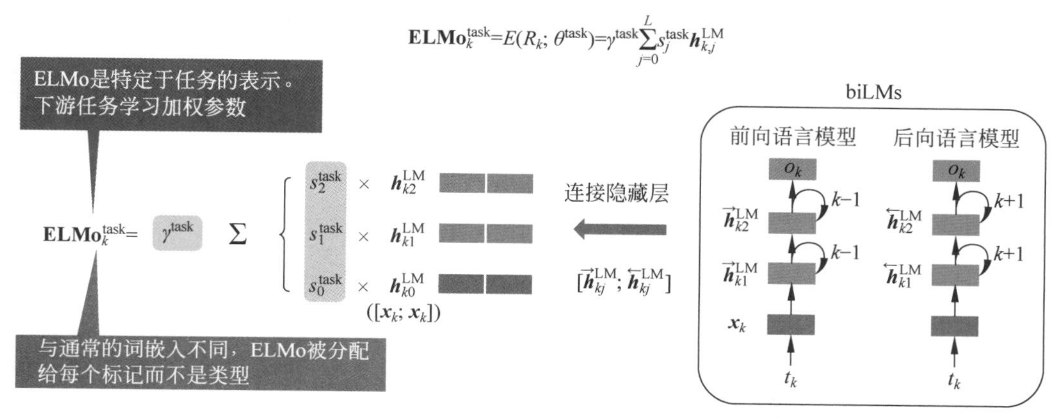

图 10-41　ELMo 全景架构

第 1 步：词嵌入，即图 10-42 中的 E。同一个单词，映射为同一个词嵌入。

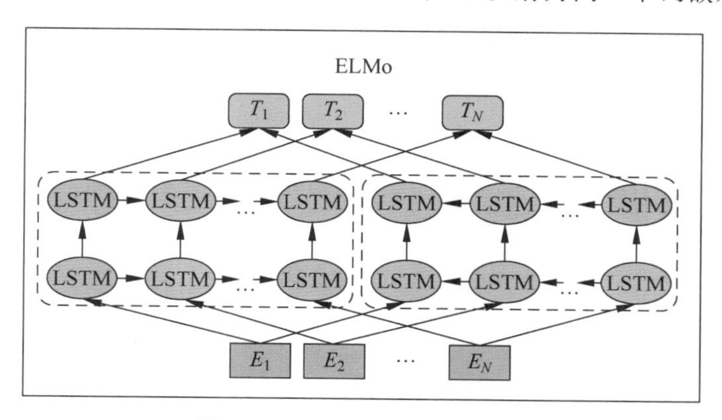

图 10-42　ELMo 双向语言模型

第 2 步：送入双向 LSTM 模型中。

第 3 步：LSTM 的输出为 $h_{k,2}$，k 代表时间步，2 表示最后一层隐藏层，这里总共有两层隐藏层。然后，$h_{k,2}$ 与上下文矩阵 $\boldsymbol{W}$ 相乘，再将该列向量经过 Softmax 归一化。其中，假定数据集有 V 个单词，$\boldsymbol{W}$ 是 $|V|*m$ 的矩阵，h_k 是 $m\times1$ 的列向量，于是最终结果是 $|V|\times1$ 的归一化后向量，即从输入单词得到的针对每个单词的概率。

ELMo 把前向表示和后向表示结合起来，如图 10-42 所示，每个 T_i 接收前向和后向两个隐藏层输出。biLM 训练过程中的目标，就是最大化式(10-14)：

$$\sum_{k=1}^{N}(\log p(t_k \mid t_1, t_2, \cdots, t_{k-1}; \Theta_x, \Theta_{\mathrm{LSTM}}, \Theta_s) + \log(t_k \mid t_{k+1}, t_{k+2}, \cdots, t_N; \Theta_x, \Theta_{\mathrm{LSTM}}, \Theta_s)) \tag{10-14}$$

前向和后向两个网络里都出现了 Θ_x 和 Θ_s，这是两个网络共享的参数。Θ_x 表示词嵌入的共享，Θ_s 表示上下文矩阵参数的共享，这个参数在前向和后向 LSTM 中是相同的。

通过一个 L 层的 biLM 计算 $2L+1$ 个表征，输入第二阶段的初始值为

$$R_k = \{x_k^{\mathrm{LM}}, h_{k,j}^{\mathrm{LM}}, h_{k,j}^{\mathrm{LM}} \mid j=1,\cdots,L\} = \{h_{k,j}^{\mathrm{LM}} \mid j=0,\cdots,L\} \tag{10-15}$$

其中，k 表示时间步，也就是单词位置；j 表示所在层，$j=0$ 表示输入层。

应用中将 ELMo 中所有层的输出 R 压缩为单个向量，最简单的压缩方法是取最上层的输出作为单词的表示。ELMo 模型不同于之前的其他模型只用最后一层的输出值来作为词嵌入，而是用所有层的输出值的线性组合来表示词嵌入，如式(10-16)所示。

$$\mathrm{ELMo}_k^{\mathrm{task}} = E(R_k; \Theta^{\mathrm{task}}) = \gamma^{\mathrm{task}} \sum_{j=0}^{L} s_j^{\mathrm{task}} h_{k,j}^{\mathrm{LM}} \tag{10-16}$$

其中，S_j^{task} 是 Softmax 标准化权重；γ^{task} 是缩放系数，允许任务模型去缩放整个 ELMo 向量。在不同任务中，γ^{task} 取不同的值效果会有较大的差异。

10.7.4 ELMo 的应用

学习了 ELMo 算法后，本节开始学习包含语境信息的向量，这一向量可以同时与其他词嵌入向量一同使用，例如与 one-hot 向量进行拼接组成一个全新的向量，这种全新的向量可以在任意神经网络模型中使用，如图 10-43 所示。

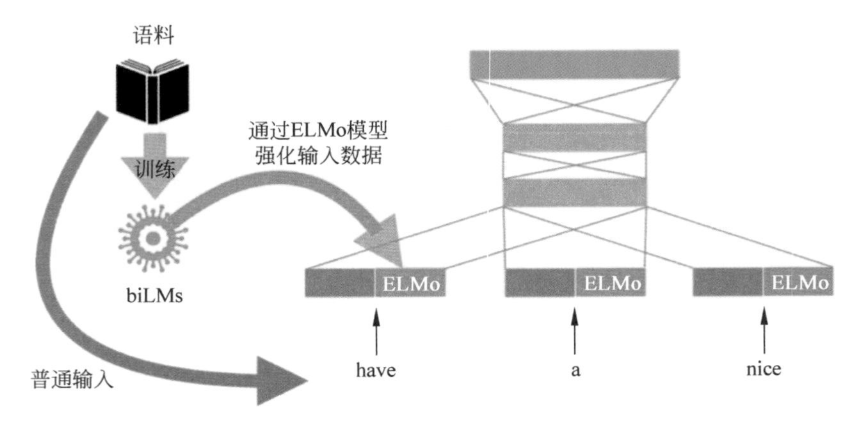

图 10-43　ELMo 向量与其他词嵌入向量可共同使用

10.7.5 ELMo 算法的效果

使用 ELMo 算法可以大大提高原本任务的效果，如图 10-44 所示为多种任务在使用了 ELMo 算法之后与使用之前的效果对比。

	TASK	PREVIOUS SOTA		OUR BASELINE	ELMo+ BASELINE	INCREASE (ABSOLUTE/ RELATIVE)
问与答	SQuAD	Liu et al.(2017)	84.4	81.1	85.8	4.7/24.9%
文本蕴涵	SNLI	Chen et al.(2017)	88.6	88.0	88.7±0.17	0.7/5.8%
语义角色标记	SRL	He et al.(2017)	81.7	81.4	84.6	3.2/17.2%
共指解析	Coref	Lee et al.(2017)	67.2	67.2	70.4	3.2/9.8%
命名实体识别	NER	Peters et al.(2017)	91.93±0.19	90.15	92.22±0.10	2.06/21%
情绪分析	SST-5	McCann et al.(2017)	53.7	51.4	54.7±0.5	3.3/6.8%

图 10-44 ELMo 对多种任务有提升效果

问与答：使用 SQuAO 数据集，与以前的模型相比，准确性提高了 4.7%。

文本蕴涵：两个给定句子 A 和 B 的推理任务。与以前的性能相比，它的准确性提高了 0.7%，与以前的模型相比减少了 5.8%的误差。

语义角色标记：给定句子中词汇/短语的语义角色标记的任务。与以前的模型相比，它的性能提高了 3.2%，错误减少了 17.2%。

共指解析：查找指向句子中相同实体的词汇/表达形式。与以前的模型相比，准确性提高了 3.2% ，错误减少了 9.8%。

命名实体识别：实现了 2.06%的精度提高和 21%的错误减少。

情绪分析：分类给定句子是否具有正面/负面情绪。它可以提高 3.3%的精度，并减少 6.8%的错误。

ELMo 模型同时也可以更有效地利用小数据集，进而提升任务的效果，如图 10-45 所示。

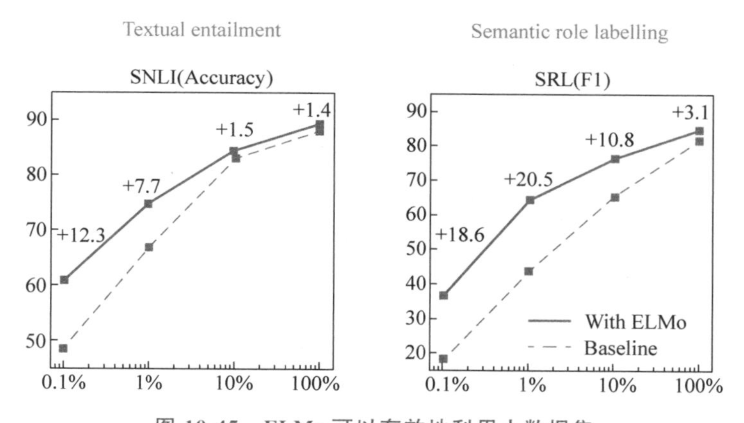

图 10-45 ELMo 可以有效地利用小数据集

10.8 NLP 里程碑模型 BERT 三大集成创新

BERT 的全名是 Pre-training of Deep Bidirectional Transformers for Language Understanding，中文释义就是用于语言理解的深度双向变压器的预训练。BERT 在 2018

年由谷歌公司提出，它标志着 NLP 领域新时代的里程碑事件，这一模型打破了当时众多模型保持的记录，在 11 组 NLP 任务中取得了最好成绩。那么是什么让 BERT 这么与众不同呢？源于其三大集成创新：第一，比 ELMo 更强大的双向上下文遮蔽语言模型；第二，使用 Transformer 而不是 LSTM；第三，迁移学习。

10.8.1 双向上下文遮蔽语言模型

半监督学习在 BERT 中是基于大量的语料库，如维基百科和词典等，其目标就是对遮蔽的词进行预测，训练一个预训练模型，这一过程很像高中英语的完形填空。接下来对其进行有监督的训练，使用上一步半监督的模型对其进行微调即可。

背后的核心思想更像人类语言思维的上下文推断思维。人类语言思维的真正意义是什么？根本上是要解决哪些问题？基本上任务是根据上下文“填补空白”。例如，下边这句完形填空：

The woman went to the store and bought a ________ of shoes.

语言模型 20%概率填 cart，而 80%的概率填 pair。

在 BERT 之前，语言模型会在训练期间从左到右，或把从左到右和从右到左组合来“审查”文本序列。这种单向方法很适合生成句子，我们可以预测下一个单词，将其附加到序列中，然后预测下一个单词的下一个单词，直到获得完整的句子。

现在进入 BERT，这是一种经过双向训练的语言模型，也是其关键的技术创新。与单向语言模型相比，我们现在可以对语言上下文和流程有更深刻的了解。

BERT 并没有预测序列中的下一个单词，而是使用了一种称为 MLM(Masked LM)的新技术：随机屏蔽句子中的单词，然后尝试预测它们。掩蔽意味着该模型可以从两个方向看，并且使用句子的整个上下文来预测被掩盖的单词。与以前的语言模型不同，MLM 同时考虑了上一个和下一个标记。

为什么这种非定向方法如此强大？预先训练的语言表示可以是无上下文或基于上下文的。基于上下文表示可以是单向或双向的。例如 Word2Vec 无上下文模型会为词汇表中的每个单词生成单个单词嵌入表示。例如，单词 bank 在 bank account 和 bank of the river 中将具有相同的上下文无关表示。另外，基于上下文的模型会基于句子中的其他单词生成每个单词的表示形式。在句子 I accessed the bank account 中，单向上下文模型将基于 I accessed the 而不是 account 来表示 bank。但是，BERT 用上一个上下文 I accessed the 和下一个上下文 account 来表示 bank，它从深度神经网络的最底层开始，使其深度双向化，如图 10-46 所示。

对比 GPT，GPT 只接收来自前向的信息，而 BERT 是双向的；对比 ELMo，尽管 ELMo 也是双向的，但它们的目标函数其实是不同的。ELMo 模型分别以 $p(t_k|t_1,t_2,\cdots,t_{k-1})$ 和 $p(t_k|t_{k+1},t_{k+2},\cdots,t_N)$ 作为目标函数，独立训练，将两个隐藏层拼接，而 BERT 则是以 $p(t_k|t_1,\cdots,t_{k-1},t_{k+1},\cdots,t_N)$ 作为目标函数训练语言模型。

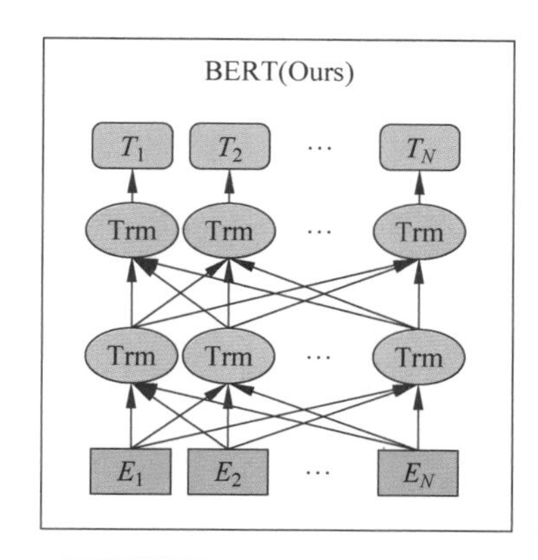

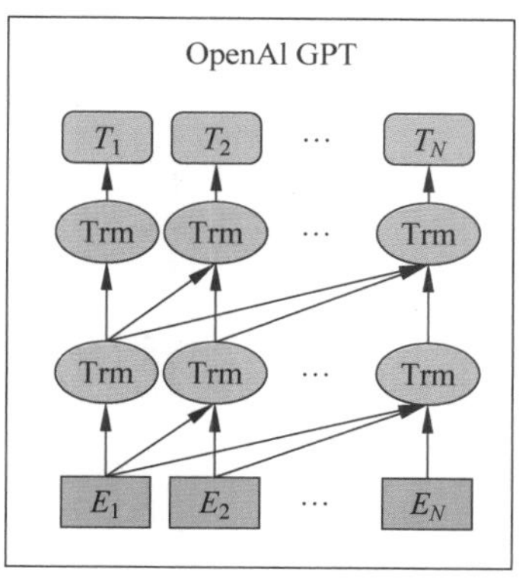

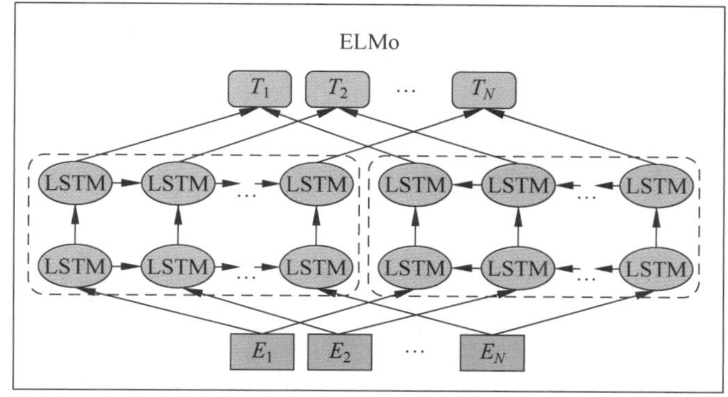

图 10-46　BERT 与其他模型进行比较

在这里会有一个问题，那就是双向性如此强大，为什么以前没有这样做过？原因是通过简单的对其前边和后边的每个单词进行条件化来训练双向模型是不可能的，因为这样会使被预测的单词在多层模型中间接地“看到自己”，这句话的意思是有些单词在某一句话中可能出现多次，在进行双向性的构建时会出现同义反复的情况。那么为什么 BERT 就可以很好地做到呢？原因是在 BERT 中使用了遮蔽（Mask），随机地将一些词进行遮挡，如图 10-47 所示。

The man went to the[MASK]$_1$, He bought a[MASK]$_2$ of milk.

图 10-47　BERT 中的词语遮挡

在这个例子中，mask1 是单词 store，mask2 是单词 gallon。但又出现了新的问题，掩蔽太少，训练太耗时；掩盖太多，上下文不够。

解决方案是 15％的单词要预测，但并不是 100％的时间用[MASK]代替：

80％的时间用[MASK]代替：went to the store → went to the [MASK]。

10％的时间用随机单词替换：went to the store → went to the running。

10％的时间保持不变：went to the store → went to the store。

在训练 BERT 损失函数时，仅考虑掩蔽标记的预测，而忽略非掩蔽标记的预测。这导致模型收敛的速度比从左到右或从右到左的模型慢得多。

10.8.2 使用 Transformer

Transformer 论文和代码的发布及在诸如机器翻译之类的任务上获得的出色结果开始使一些业内人士认为 Transformer 是 LSTM 的替代品。事实是，与 LSTM 相比，Transformer 处理长期依赖性更好。

事实证明，对于 NLP 任务，我们不需要整个 Transformer 来采用迁移学习和可微调的语言模型，可以只使用变压器的解码器。解码器是一个不错的选择，因为它是语言建模（预测下一个单词）的自然选择，是为掩盖将来的标记而构建的，如图 10-48 所示。

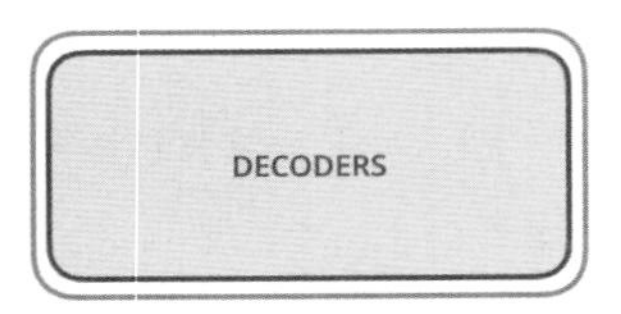

图 10-48 OpenAI Transformer 由 Transformer 中的解码器堆栈组成

该模型堆叠了 12 个解码器层。由于此设置中没有编码器，因此这些解码器层将没有普通变压器解码器层具有的编码器-解码器注意子层。

BERT 编码器的输入是一系列令牌 Token（单词或符号），这些令牌首先被转换为向量，然后在神经网络中进行处理。但是在开始处理之前，BERT 需要对输入进行调整并用一些额外的元数据修饰。

令牌嵌入：在第 1 个句子的开头将[CLS]令牌添加到输入的单词令牌中，并在每个句子的末尾插入[SEP]令牌。

段嵌入：将指示句子为 A 或 B 的标记添加到每个标记，让编码器区分句子。

位置嵌入：将位置嵌入添加到每个标记，以指示其在句子中的位置。

BERT 的输入嵌入是令牌嵌入、分段嵌入和位置嵌入的总和。

图 10-49 所示为 my dog is cute, he likes playing. 的输入形式。每个符号的输入由 3 部分构成，第 1 部分是词本身的嵌入；第 2 部分表示上下句的嵌入，如果是上句，就用 A 嵌入，如果是下句，就用 B 嵌入；最后，根据 Transformer 模型的特点，还要加上位置嵌入，这里的位置嵌入是通过学习的方式得到的，BERT 设计一个样本最多支持 512 个位置，将 3 个嵌入相加，作为输入。需要注意的是，在每个句子的开头，需要加一个 Classification（CLS）符号。

本质上，Transformer 会将序列映射到序列，因此，输出向量和输入向量在相同索引处具有 1∶1 对应关系。而且正如我们之前所了解的，BERT 不会尝试预测句子中的下一个单词，如图 10-50 所示。

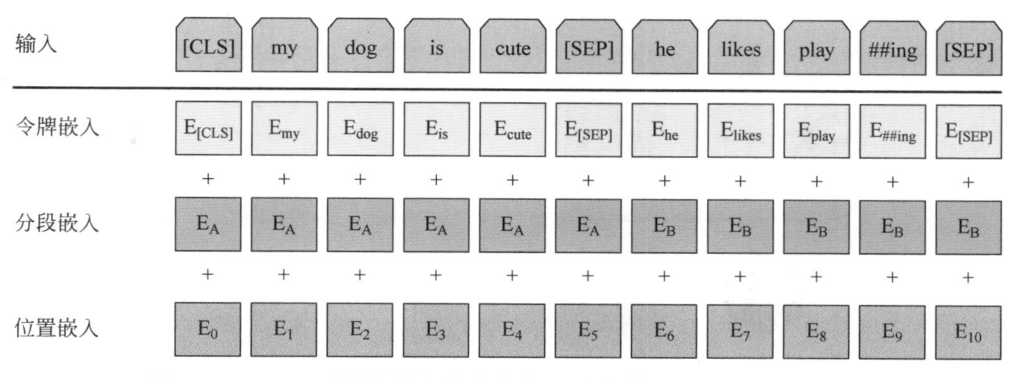

图 10-49 BERT 的输入嵌入是令牌嵌入、分段嵌入和位置嵌入的总和

Sentence A=The man went to the store. Sentence B=He bought a gallon of milk. Labels=IsNextSentence	Sentence A=The man went to the store. Sentence B=Penguin are flightless.

图 10-50 预训练句子间关系

10.8.3 迁移学习

BERT 还运用了迁移学习的思想，迁移学习是一种新的机器学习方法，其原理是在真正的机器学习任务之前预训练一个模型作为起点。因为在神经网络中训练是极其耗费时间和空间的，对其使用预训练模型，然后在真正的任务上对其微调会大大节省任务的复杂度，所以使用预训练能很好地解决这一问题。同时迁移学习非常符合人类的学习过程，迁移学习的示意图如图 10-51 所示。

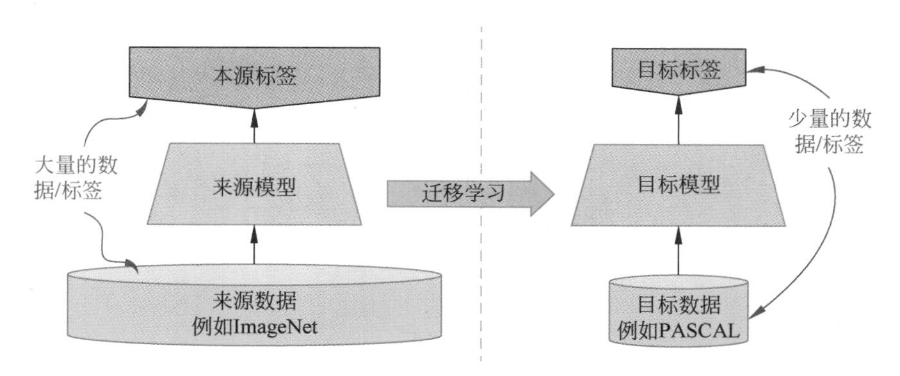

图 10-51 迁移学习

BERT 利用半监督学习的思想，基于大量的语料库，如维基百科、词典等，对于遮蔽的词进行预测训练一个预训练模型，接着再使用监督学习，对预训练模型进行微调，以应用于各种不同自然语言处理任务。BERT 两阶段学习过程如图 10-52 所示。

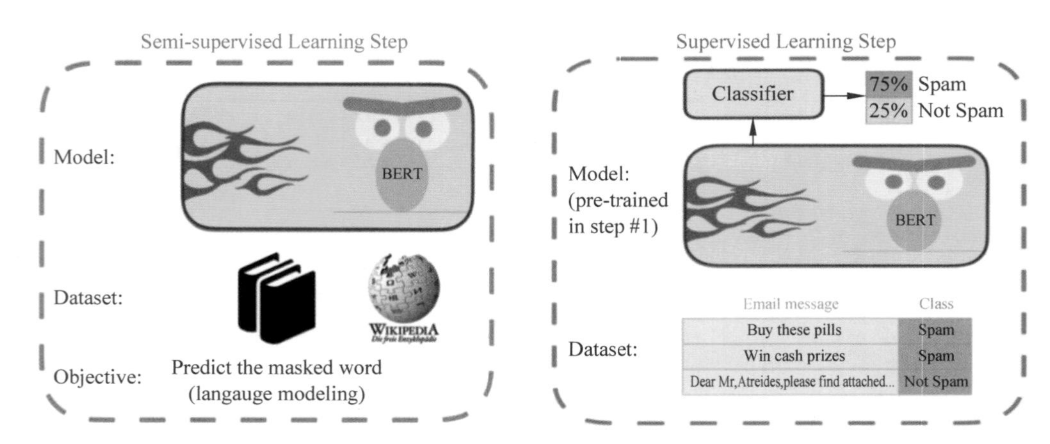

图 10-52　BERT 中半监督学习的应用

10.8.4　应用于特定任务

BERT 用于不同任务的方法如图 10-53 所示。

微调方法不是使用 BERT 的唯一方法。就像 ELMo 一样，我们可以使用预训练的 BERT 创建上下文的词嵌入，然后将这些嵌入内容馈送到现有模型中。

接下来，以斯坦福问答数据集 SquAD 的问答应用程序为例，讲解问答任务的微调过程，如图 10-54 所示。

本质上，问答应用程序只是一项预测任务，在收到问题作为输入时，应用程序的目标是从某个语料库中识别正确的答案。因此，给定一个问题和一个上下文段落，该模型将从最有可能回答该问题的段落中预测一个开始和结束标记。这意味着可以利用 BERT 学习答案开头和结尾两个标记的额外向量来训练应用程序模型。例如：

输入问题：

Where do water droplets collide with ice crystals to form precipitation?

输入段落：

... Precipitation forms as smaller droplets coalesce via collision with other rain drops or ice crystals within a cloud. ...

输出答案：

within a cloud

微调过程如图 10-54 所示。

(1) 将输入问题和段落表示为一个单一打包序列(Packed Sequence)，其中问题使用 A 嵌入，段落使用 B 嵌入。

(2) 在微调模型期间唯一需要学习的新参数是区间开始向量 $S \in \mathrm{R}^H$ 和区间结束向量 $E \in \mathrm{R}^H$。

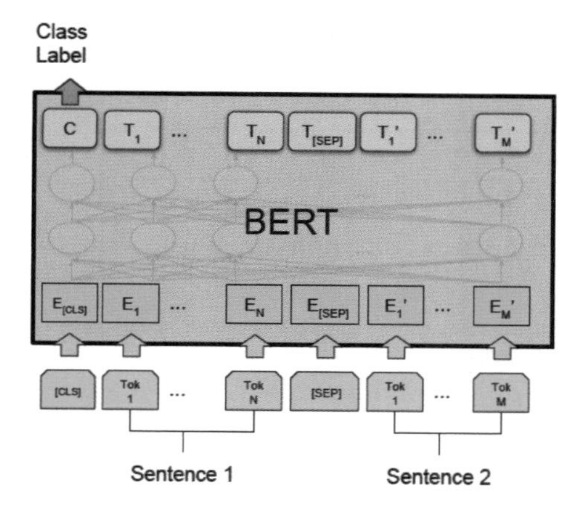

(a) Sentence Pair Classification Tasks:
MNLI, QQP, QNLI, STS-B, MRPC,
RTE, SWAG

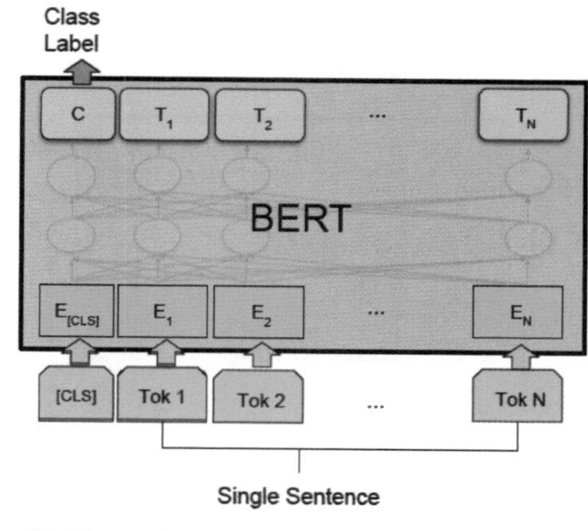

(b) Single Sentence Classification Tasks:
SST-2, CoLA

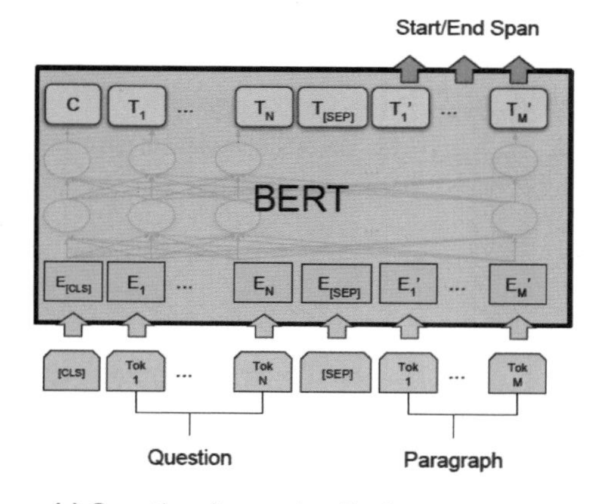

(c) Question Answering Tasks:
SQuAD v1.1

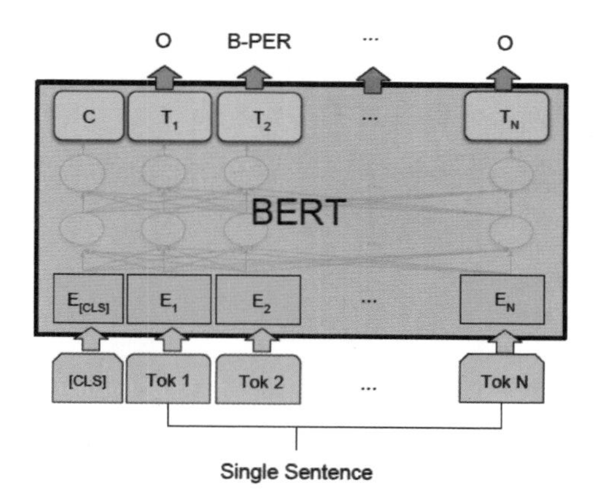

(d) Single Sentence Tagging Tasks:
CoNLL-2003 NER

图 10-53　BERT 用于不同任务的方法

（3）让来自 BERT 的第 i 个输入词块的最终隐藏向量表示为 $T_i \in \mathrm{R}^H$：

$$P_i = \frac{\mathrm{e}^{S \cdot T_i}}{\sum_j \mathrm{e}^{S \cdot T_i}}$$

（4）计算单词 i 作为答案区间开始的概率，它是 T_i 和 S 之间的点积并除以该段落所有单词的结果之后再使用 Softmax。

（5）同样的式子用来计算单词作为答案区间结束的概率，并采用得分最高的区间作为预测结果。训练目标是正确的开始和结束位置的对数可能性。

根据模型架构的规模，有两种类型的 BERT 的预训练版本：

BERT-Base：12 层，768 个隐藏节点，12 个注意点，110M 参数；

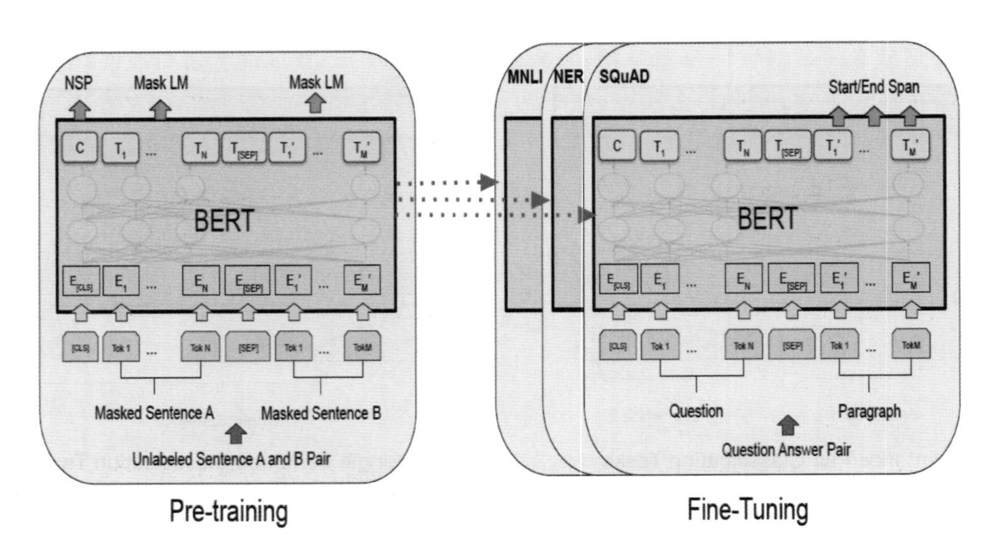

图 10-54 使用 SquAD 问答应用程序的微调过程

BERT-Large：24 层，1024 个隐藏节点，16 个注意点，340M 参数。

BERT-Base 在 4 个 TPU 上进行了 4 天的训练，而 BERT-Large 在 16 个 TPU 上进行了 4 天的训练。

第11章 深度生成模型

深度生成模型是无监督学习大家庭中的一员，它是使用无监督学习来学习任何类型数据分布的有效方式。随着深度学习的兴起，深度生成模型在这几年内取得了巨大的成功。所有类型的生成模型都旨在学习训练集的真实数据分布，以便生成具有一些变化的新的数据点。可以说，深度无监督学习是未来机器学习一个非常重要的发展方向，而深度生成模型又是深度无监督学习的重要组成部分。

11.1 监督学习与无监督学习的比较

11.1.1 监督学习

监督学习在机器学习中非常普遍，有的初学者一度认为监督学习就是机器学习，这是非常片面的。其实机器学习中有两种主要的学习类型：监督和无监督。这两种类型的主要区别在于监督学习使用基础事实来完成，换句话说，我们事先知道样本的标签应该是什么——既有数据又有标签。因此监督学习的目标是学习一个函数的映射关系 $x \rightarrow y$。这个函数在给定数据样本和期望输出的情况下，最佳地拟合数据中输入与输出的关系。常见的线性回归、逻辑回归、朴素贝叶斯、支持向量机、随机森林等都是有监督的学习算法。有监督的学习应用方向有分类、回归、对象检测、语义分割、图像字幕等。

分类：根据数据给出一个类别。图 11-1 所示的图像分类为猫。

目标检测：给定一个图像，我们给出图像中对象的类别，如图 11-2 所示，检测出狗和猫。

图 11-1　监督学习：分类

图 11-2　监督学习：目标检测

语义分割：对图 11-1 进行语义分割，根据摄入的类别把该图像分成几块，每一块代表一个语义，如图 11-3 所示，绿色代表草地，黄色代表猫，紫色代表树，蓝色代表天空。

图像字幕：也是有监督学习的应用场景，如图 11-4 所示，它所对应的字幕是“猫坐在草地上的一个手提箱里”。

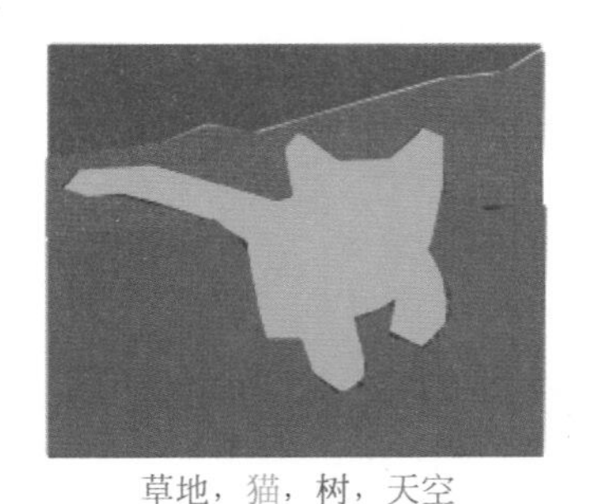

草地，猫，树，天空

图 11-3 监督学习：语义分割

猫坐在草地上的一个手提箱里

图 11-4 监督学习：图像字幕

11.1.2 无监督学习

无特征学习的训练集只有特征，没有标签。学习目标是了解一些隐藏的数据隐藏结构。它的应用示例包括聚类、降维、特征学习、密度估计等。其实随着深度学习的兴起，无监督学习才是未来机器学习的发展方向。无监督学习最符合人类学习的最根本的本质，因为一开始人类学习世界的事务时并没有事先标好的标签。

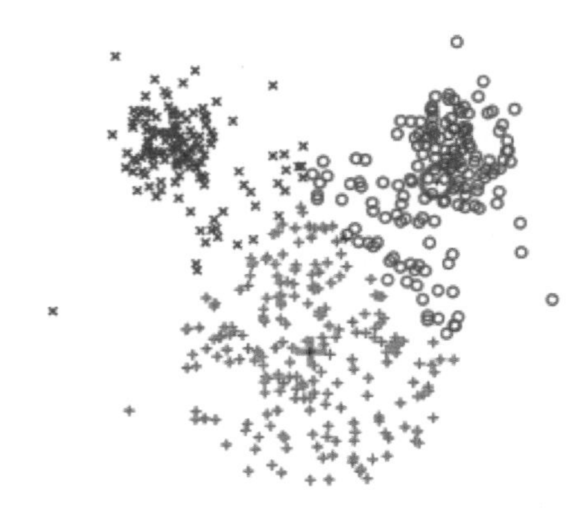

图 11-5 无监督学习：K-means 聚类

聚类：最常用的聚类算法是 K-means 聚类，如图 11-5 所示，红色、蓝色、绿色的点并没有事先给出标记，我们通过聚类的方法聚出之后给它打出标签。在分布空间中，距离比较近的数据汇聚成一类。

主成分分析（Principal Component Analysis，PCA）：一种应用非常广泛的无监督学习，如图 11-6 所示。其训练数据仍然没有标签，我们根据特征之间的关系，使用协方差矩阵度量这种关系，然后进行主成分分析，找到 K 个主要的主成分。这样我们就得到了新的数据分布，这个新的数据分布的维数要比原数据分布的维数少，所以它是一种非常好的降维方法，可以把三维降到二维。

自编码：对输入数据进行特征提取，然后重建数据，并且让重建的数据和原始数据的损失函数的值最小，如图 11-7 所示。这样我们得到的重建数据（或者说编码）就相当于提取了原数据最主要的特征。在图 11-7 中，输入数据（Input data）经过 4 层的向上卷积（解码），再

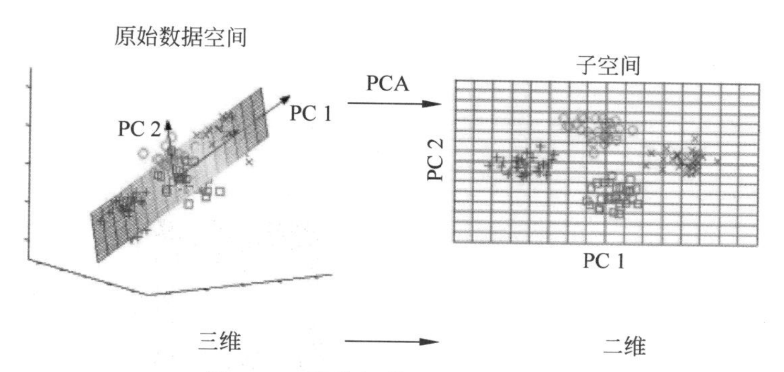

图 11-6 无监督学习：主成分分析

经过 4 层的卷积(编码)这两个过程，就得到了一个重建后的数据。重建后数据的像素比原图的像素低，但是它把数据的主要特征提取出来了。

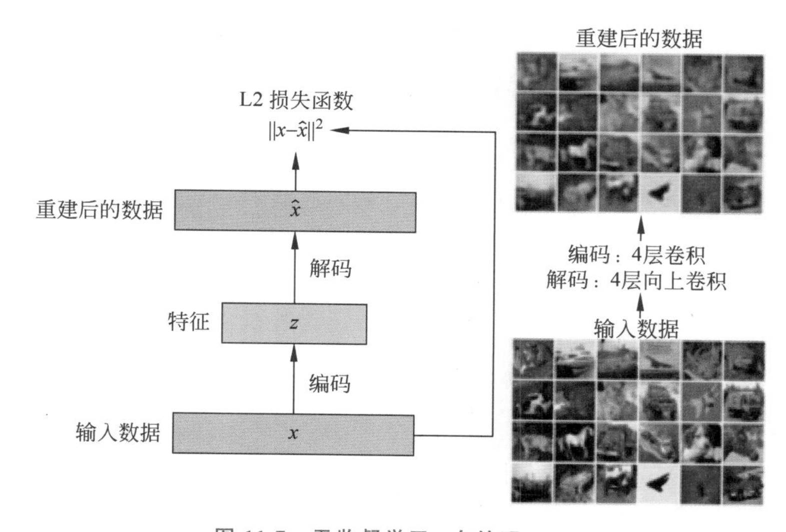

图 11-7 无监督学习：自编码

密度估计：一种非常常用的无监督学习方式，这种学习方式对数据构建一个密度函数，这个函数是按照密度来分布的，如图 11-8 所示。图 11-8 中，第 1 种是一维密度估计，通过一个高斯分布就可以做到，让高斯分布密度函数的中心处于密度最大的点，高斯分布的函数反映密度的大小变换；第 2 种是二维密度估计，通过构建一个二维高斯分布来表达它的密度。最终得到图 11-8 所示的图形，越靠近波峰的值越大，也就是密度越高，用热图表示，就是彩色部分亮度高。

总结一下，有监督学习主要有两种方式：分类和回归。分类得到的是离散的标签，回归得到的是连续的值。无监督学习主要有 3 种方式：聚类，结果是离散的；降维，结果是连续的；密度估计，生成一个函数，表达的是数据的密度分布。

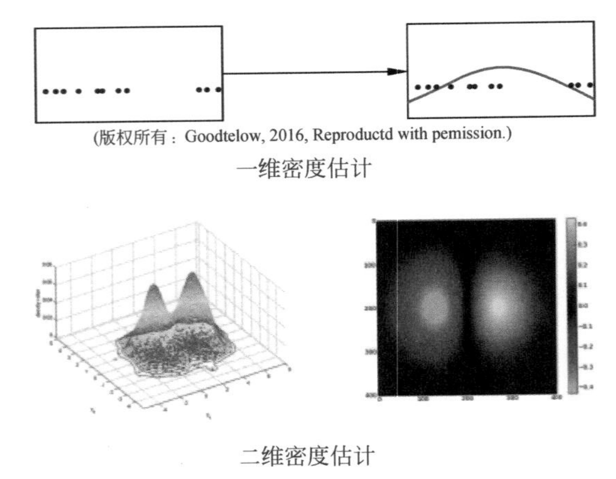

(版权所有：Goodtelow, 2016, Reproductd with pemission.)
一维密度估计
二维密度估计

图 11-8　无监督学习：密度估计

11.2　为什么要用生成模型

这几年随着深度学习的兴起，生成模型受到越来越广泛的关注，并在许多实际应用中崭露头角。深度生成模型将概率推理的一般性与深度学习的可扩展性结合起来，以开发应用于各种问题的学习算法。例如生成非常逼真的图像，实现文本到语音的合成，生成图像字幕等。可以说深度生成模型的最新研究处于深度学习研究的最前沿，它们为数据有效性学习和基于模型的强化学习提供了理论框架。本节将从宏观的角度来介绍生成模型的应用方向。

11.2.1　超越分类

分类算法在机器学习中非常常见，而且非常普遍，在机器学习中占据着非常重要的位置。有很多初学者甚至认为机器学习就是分类算法，这是非常片面与错误的。生成模型在某种程度上是超越分类的，它能够解决很多非常大的问题，甚至可以说它是超越一般机器学习范畴的。第一，它能够超越输入与输出之间的关系，通过挖掘数据的模式不用输出标签就能够学习；第二，理解并想象世界是如何演变的，某种程度上这个世界就是按照生成模型的一定概率来不断地演进和发展的；第三，识别世界上的物体及其变化因素，生成模型就是研究物体的生成方法及其变化；第四，检测世界上令人惊奇的事件，如果一些事件不能够按照生成模型来生成，我们就可以认为它是一个比较令人惊奇的事件；第五，建立对推理和决策有用的概念，生成模型本质上就是一种概率推理，所以说研究事物发展变化的方向可以应用这种推理和决策，进而建立许多这样的概念；第六，预测并为未来指定丰富的计划，生成模型能够根据当前数据以及数据发生的概率来预测未来。

生成模型从 3 个方面来定义：首先它是一种模型，学习数据模拟器的模型；其次它是可用于密度估计的模型；最后它是无监督学习数据的方法。那么生成模型是怎样生成的呢？

关键的手段是概率数据模型，通过概率捕获不确定性来预测数据的分布，所以数据分布式$p(x)$是目标，结果是高维输出。我们举一个例子，如图 11-9 所示，地球上的涡流量分布、臭氧分布，以及亚硝酸盐分布，都是可以通过当前的数据来构建生成模型进行预测的，这里面没有任何标签。

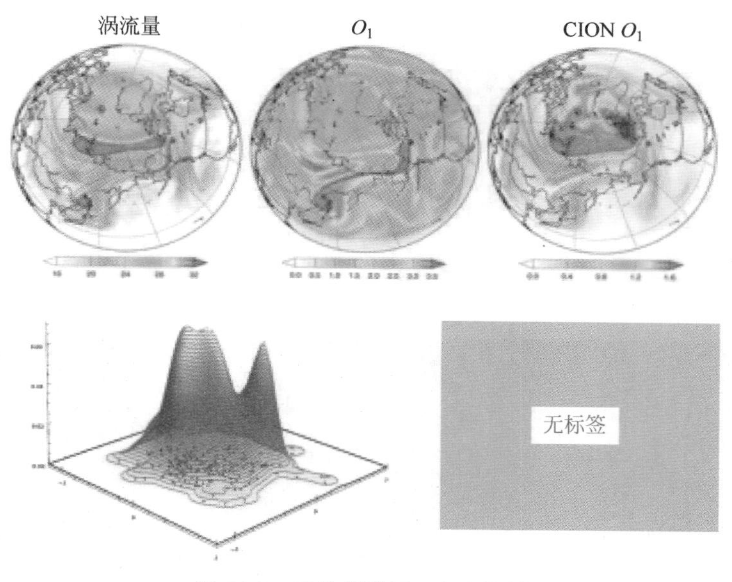

图 11-9 无监督学习：密度估计

11.2.2 生成模型应用实例

我们通过生成模型各种各样丰富的应用实例，来分析生成模型强大的魔力。生成模型在许多问题中发挥着重要的作用，这里只介绍 3 个方面：科学、人工智能，以及人工智能的产品。生成模型在科学中可应用于蛋白质左旋、新药研发、天文学和高能物理；在人工智能中可应用于规划、探索、内在激励、基于模型的强化学习；在人工智能产品中可应用于超分辨率图像的生成、压缩、文本到语音等。

接下来具体来看实际应用，首先是非常经典的，在生物医学中应用非常普遍的例子：药物设计和反应预测。生成模型通过当前治疗疾病的药物的分子，提出候选分子并通过半监督学习改进预测，如图 11-10 所示。图中左侧是已有药物的化学分子式，我们可以推测出哪些分子结构可以治疗该疾病，然后通过生成模型生成各种各样的分子结构进行临床试验，从而进一步改进药物的治疗效果。

定位天体是一种应用于天文学和高能物理学的生成模型，通过各种各样的天体运行数据来推测天体的位置，如图 11-11 所示。

图像超分辨率是生成模型在计算机视觉的一个具体应用，它可以通过生成模型来生成与真实照片或原始图像非常接近的单幅图像，如图 11-12 所示。图中左侧是原始图像，中间

图 11-10　生物制药应用

图 11-11　天体定位应用

图 11-12　超分辨率应用

是模糊的图像，右侧是通过 SRGRAN 对抗生成网络实现的接近于原始图像的非常逼真的生成图像。

文本到语音合成也可以使用生成模型来实现，如图 11-13 所示。图 11-13(a)中蓝色行为文本的输入，橙色行为语音的输出。图 11-13(b)所示为一段文字生成英语和中文的过程，包括拼接合成、参数化、波形网络、人类语音。

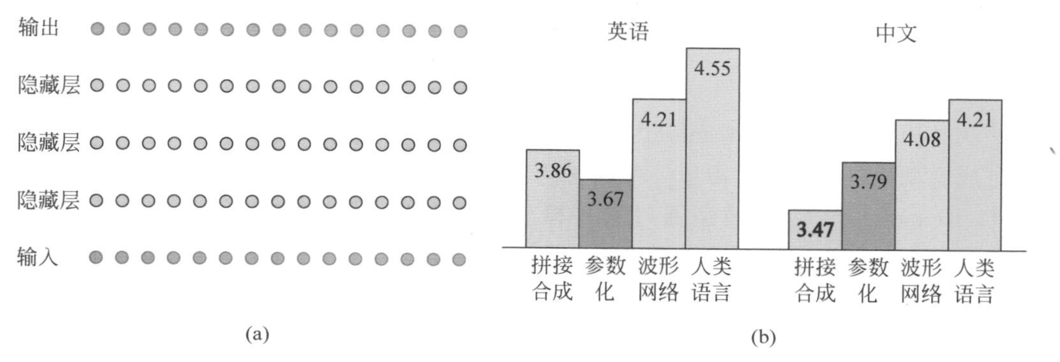

图 11-13　文本到语音合成

生成新图像和修复旧图像也可以使用生成模型，我们可以根据一定的风格来生成新的图像，同时根据旧图像已经存在的数据修复旧图像残缺的部分，如图 11-14 所示，图 11-14(b)为修复的图像，使用的方法是像素 RNN。

(a) DRAW

(b) 像素RNN

图 11-14　生成新图像和修复旧图像

图像压缩也可以使用生成模型，如图 11-15 所示，图 11-15(a)是原始图像；如果使用传统的 JPEG2000 算法进行 30 倍压缩率，得到的是图 11-15(b)的图像，图像模糊不清；使用生成模型得到图 11-15(c)的图像，图 11-15(c)很好地还原了图 11-15(a)的内容，但是压缩率高达 150 倍。生成模型可以实现无损压缩。

(a) 原始图像　(b) JPEG2000, 30倍压缩率　(c) 生成模型，150倍压缩率

图 11-15　图像压缩

一次性泛化(One-time Generalization)是生成模型一个先进的应用方向，如图 11-16 所示。生成模型通过平衡车学习了一种新的概念，就可以把它应用到已有的各种车的分类中，如图 11-16(a)所示；生成模型通过这种概念生成两种与平衡车非常接近的新概念，如图 11-16(b)所示；生成模型进而把平衡车整体分割成 4 个部分，如图 11-16(c)所示；最后几个不同类型的车可以组合成一辆抽象的车，如图 11-16(d)所示。一次性泛化利用了人类学习概念的方法，它是少样本快速学习概念的方法。

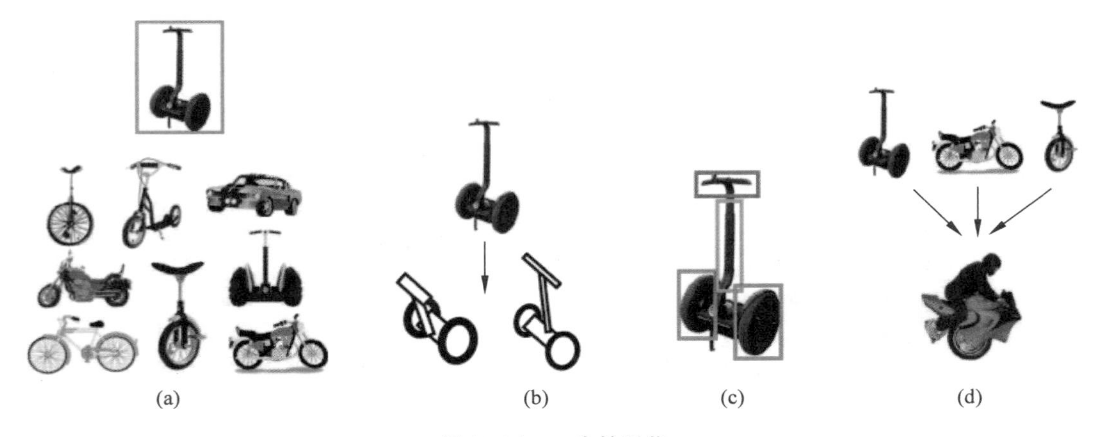

(a)　(b)　(c)　(d)

图 11-16　一次性泛化

视觉概念的学习也是生成模型的一个深度应用，例如一个图形，它可以伸缩、可以旋转，但这都可以由原始图形来生成，如图 11-17 所示。在利用生成模型的过程中，我们可以很好地了解变异与不变性的因素。

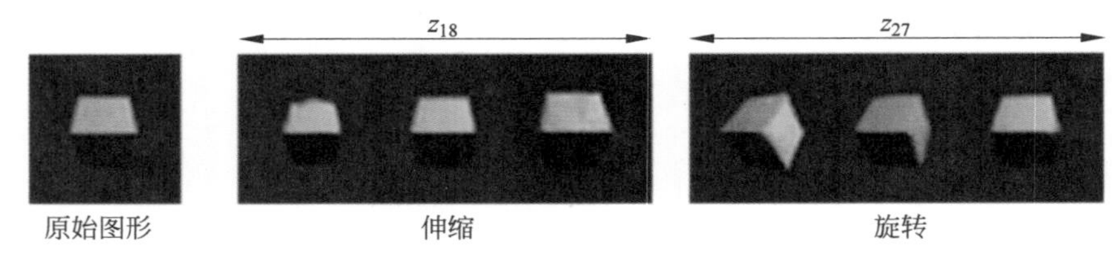

图 11-17　视觉概念学习

对未来的模拟也是生成模型一个应用。它通过当前的轨迹来预测未来的走向，如图 11-18 所示的 Atari 游戏模拟。这个游戏相当于两个人在打乒乓球，通过球的轨迹来决定两个板子的阻挡位置。这是一个非常好的生成模型的应用实例，它通过以前的轨迹来预测未来的轨迹。

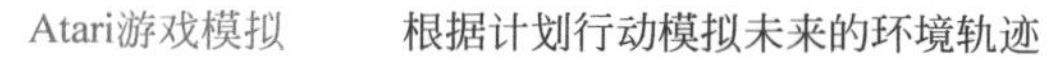

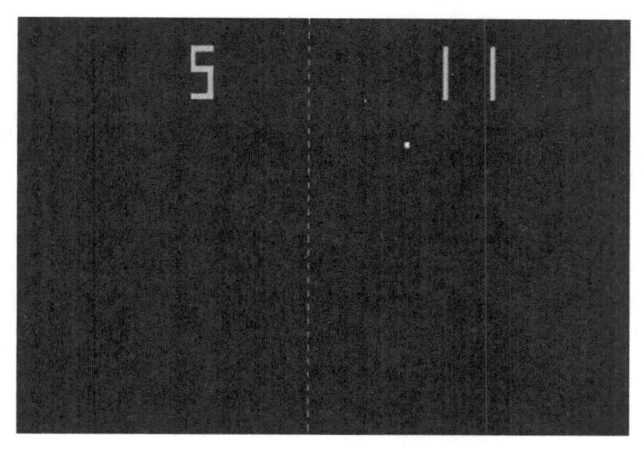

图 11-18 未来模拟

最后一个应用实例是场景理解，生成模型可以了解场景的组成部分及其相互作用，如图 11-19 所示，(a)为输入图像，进行提议细分段落(Ⅰ)，得到各个分段的提议(b)，再进行解释提议(Ⅱ)，得到推理结果(c)，再进行重绘图像(Ⅲ)，最终得到重绘制的图像(d)。在场景理解的实际应用中，我们可以实现图像编辑，例如把原始图像(a)中小男孩的位置移动到小女孩的边上，为图像配字幕，还有图像修复、类比等功能。

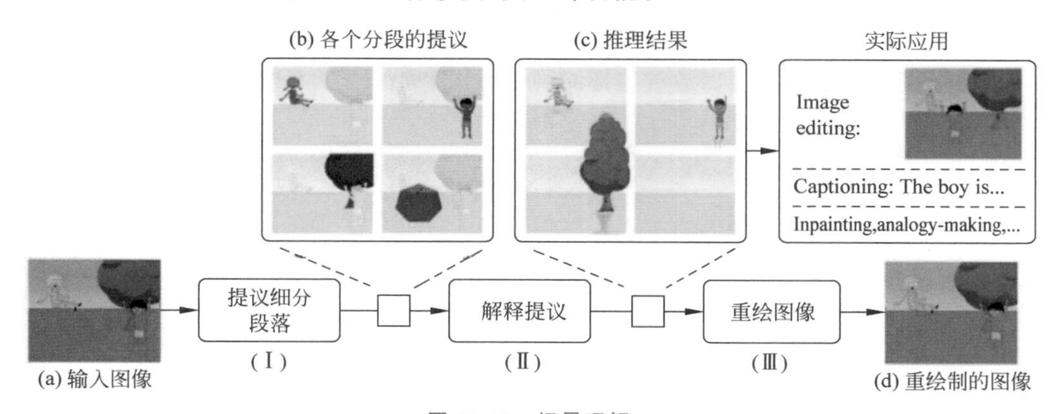

图 11-19 场景理解

生成模型的分类如图 11-20 所示。生成模型有非常多的种类，主要分为显式密度估计和隐式密度估计两大类。其中显式密度估计又分为易处理密度估计和近似密度估计两类。易处理密度主要有全可见信念网络和变量变化模型(非线性 ICA)两类。近似密度估计包含变分自动编码和玻耳兹曼机两类。隐式密度估计则包含生成随机网络(GSN)和生成对抗网络(GAN)两类。

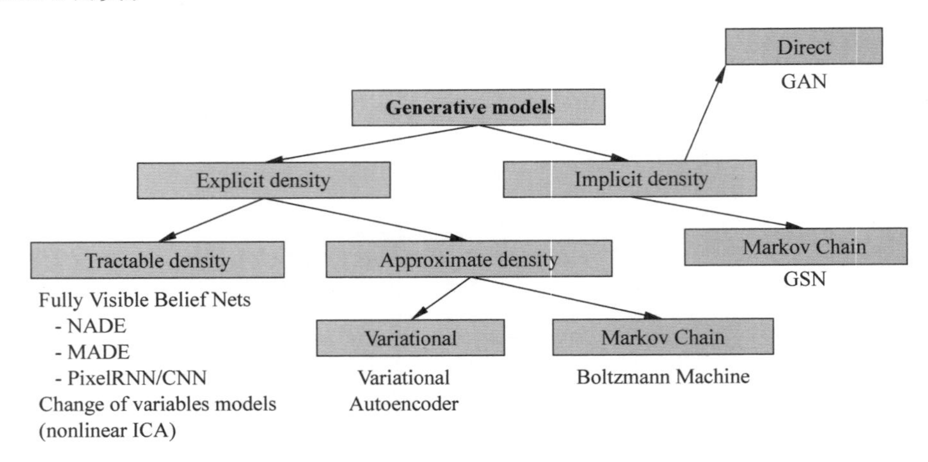

图 11-20　生成模型的分类

最流行的 3 种生成模型是 GAN、变分自动编码和玻耳兹曼机。

11.3　自编码

本节是为了接下来讲变分自动编码(VAE)做准备的,自动编码器是一种无监督学习技术,利用神经网络完成要学习的任务。具体来说就是我们设计一个神经网络架构,在网络中增加一个瓶颈层迫使原始输入实现压缩表示,如图 11-21 所示。如果输入特征各自彼此独立,则这种压缩和随后的重建将是非常困难的任务。但是数据中如果存在某种结构,例如输入特征之间存在相关性,则可以通过这样的网络结构来完成学习任务。

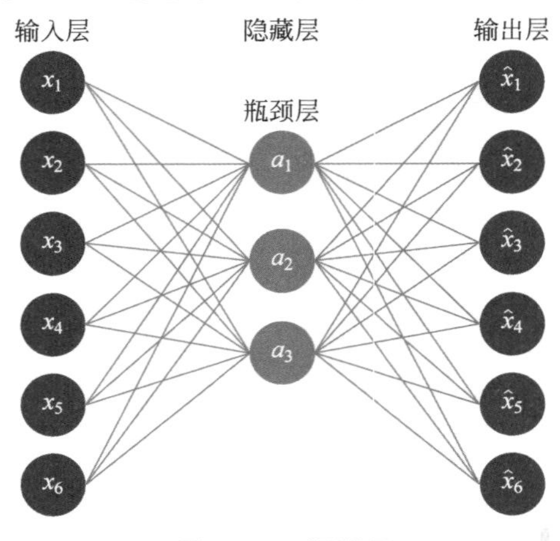

图 11-21　瓶颈层

可见自动编码器是一种非常简单的神经网络架构，本质上是一种压缩形式，类似于使用MP3压缩音频文件的方式和使用JPEG压缩图像文件的方式。它由两部分组成，在Code之前它是编码器(Encoder)，在Code之后是解码器(Decoder)，如图11-22所示。这与神经语言模型中编码器、解码器的网络非常相似。

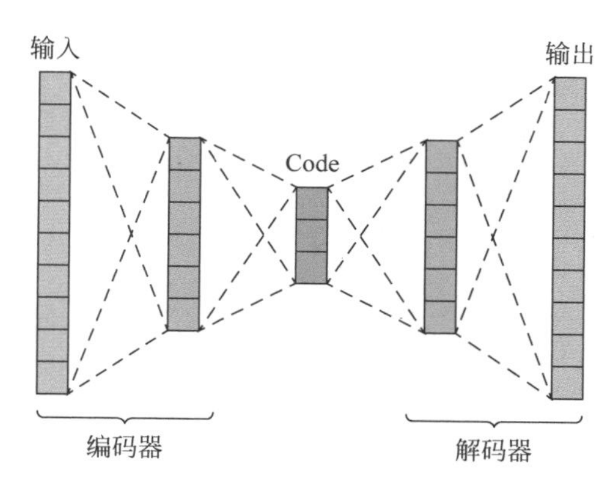

图11-22　压缩编码

自动编码器的主要任务是学习隐藏表示，它的结构如图11-23所示，左侧为原始输入数据，通过编码器得到隐藏表示 $\boldsymbol{h}$，再通过解码器进行数据重建，得到重建后的输出。这里的编码器是将输入压缩为潜在空间表示的网络部分，解码器通过潜在空间来重建数据。

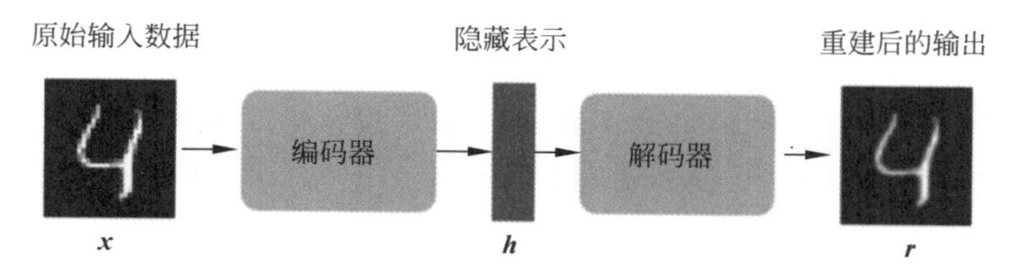

图11-23　学习隐藏表示

从以上过程我们能够了解到自动编码器是像PCA一样的降维技术，那么它与PCA有什么区别呢？主要区别在于PCA学习的是原始数据的线性关系，而自动编码器因为神经网络能够学习非线性关系，所以它是比PCA更强大的非线性降维方法。PCA试图发现原始数据的低维超平面，而自动编码器能够学习非线性流形。这两种方法的差异可以通过一个例子形象地表示，如图11-24所示。图中有一系列数据点，如果通过PCA降维，得到的是一条红线，显然它没有确切地捕捉原始数据的关系，但是如果用自动编码器来降维，它能得到一条S形曲线，很好地捕捉到数据之间的关系。也就是说对于更高维度的数据，自动编码器能够学习数据的复杂表示，它可以在较低维的空间来表示，并可以相应地由低维空间解码为原始输入空间。

自动编码的输入数据是 $\boldsymbol{x}$，经过编码得到特征 $\boldsymbol{z}$，如图11-25所示。我们对输入的图像进行编码，最早的编码是线性＋非线性的(sigmoid)变换方法；后来是全连接神经网络的方法；最后是 ReLU 和 CNN 的方法，就可以实现特征提取。这里的 z 在维度上通常小于 x，那么有个问题：为什么要降维？用一句话来概括：希望特征能够捕获数据中有意义的变化因素。对于 z 的维度比 x 小，这种表示称为不完全表示。通过训练不完全表示，我们强制自动编码器学习数据的最显著特征。如果 z 的维度与输入相同，甚至比它还大，那么这种编码器相当于执行复制任务而不是提取关于数据分布的任何有用信息。在这种情况下，即使是线性编码器，也可以学习将输入复制到输出，所以要想获得输入数据有用的信息必须降维，z 的维度必须比 x 小。

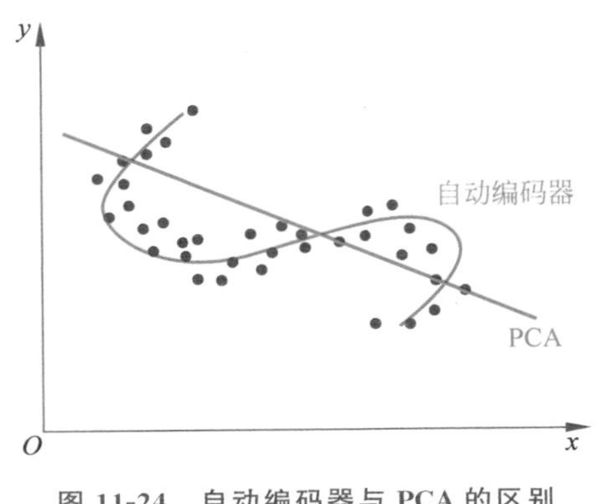

图 11-24　自动编码器与 PCA 的区别

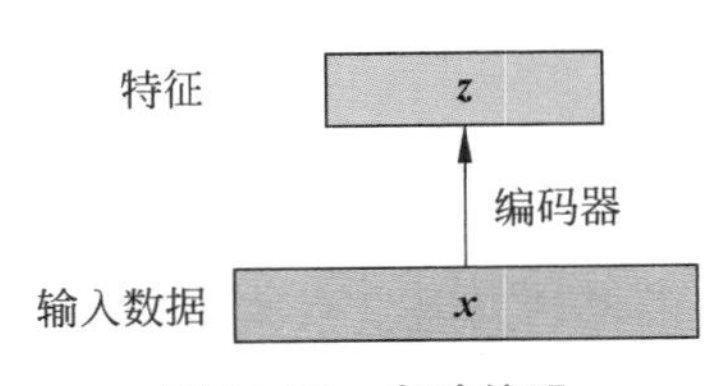

图 11-25　自动编码

那么如何学习这种特征表示呢？方法就是重建输入数据。这个特征提取得好不好，通过重建数据的方法来加以验证，如图 11-26 所示。所以训练的目的是训练时的特征可以用于重建原始数据。这里的自动编码本质上就是编码自身。解码器与之前的编码器一样，最先使用的解码方法是线性的＋非线性的(sigmoid)变换；后来使用的方法是深度的全连接的神经网络；最后使用的方法是带 ReLU 激活的 CNN(向上卷积神经网络)。图 11-27 所示为图像的重建过程，输入数据为一系列输入图像，经过编码器的 4 层卷积神经网络，再经过解码器的 4 层向上卷积神经网络，就可以重建数据。既然目标是重建数据，那么怎样衡量重建后的数据对不对呢？我们要使用一个损失函数 L2：$\| x-\hat{x} \|^2$。训练结束后可以扔掉解码器，因为训练的过程就是为了证明这种特征编码的方式是正确的，它可以复原重建原来的数据。

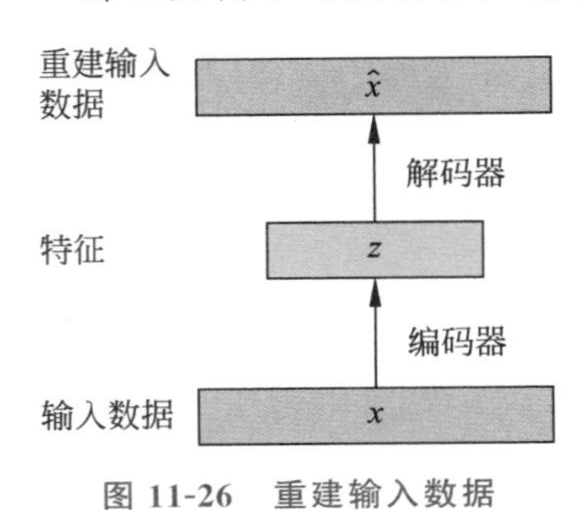

图 11-26　重建输入数据

在具体的实际任务中，我们可以应用自动编码器，它的应用方法如图 11-28 所示。首先，把 z 作为具体任务的输入特征，进行标签预测($\hat{y}$)，图 11-28 中 y 为实际的标签，然后计算 Softmax 损失函数。整个过程自动编码器与分类器一起微调，最后就能成功地识别各种各样的图像。这里编码器可用于初始化监督模型，这是它最大的作用。

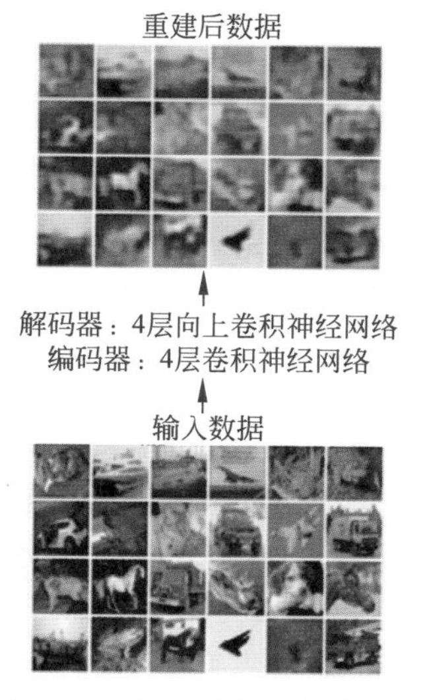

图 11-27 重建输入数据的过程

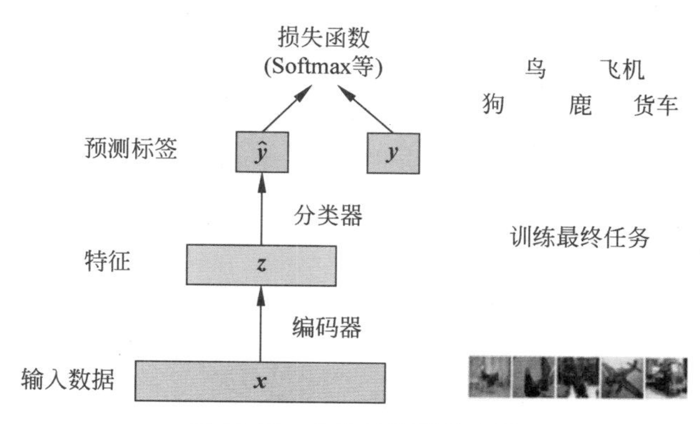

图 11-28 自动编码器的应用

整个自动编码器由输入数据、压缩特征、重建输入数据 3 个过程组成。这个过程，第一可以重建输入数据；第二可以学习初始化监督模型的特征。这里提出一个问题：捕获训练数据中变化的因素之后，我们可以从自动编码器生成新的图像吗？答案是可以的，这就是图像生成的原理。

11.4 从概率视角理解 VAE 建模过程

在变分自动编码中有一个重要的潜在变量 z。很多人不太理解潜在变量 z，我们为何要整出这么一个看不见、摸不着的隐藏变量呢？这不是凭空增加问题的难度吗？其实这个隐藏变量才是生成模型的思想精髓。这里先做一个比喻，把生成模型比作一个画家作画的过程。作画的过程首先要确定对象的骨架和轮廓，就如图 11-29 所示的斑马一样，我们先画右侧的轮廓和框架。有了这个框架，接下来再画外形是不是更容易了呢？那么这个框架对于生成模型就是潜在的隐藏表示，是生成模型的关键思想所在。

图 11-29 生成模型的思想

有了这样的指导思想之后，我们就能非常容易地理解自动编码器的概率思维了，即从概率模型中采样以生成数据。假设训练数据$\{\boldsymbol{x}^{(i)}\}_{i=1}^{N}$是由潜在的表示$z$生成的。这个$z$就是刚才讲的框架，有了这个$z$就可以生成更多的内容，就可以把数据丰富起来。这里的z服从先验分布$p_{\theta^*}(z)$，参数为θ，$\boldsymbol{x}$来自真实条件概率的样本，即在隐藏变量z的前提下生成的样本$p_{\theta^*}(\boldsymbol{x}|z^{(i)})$，如图11-30所示。回忆一下自动编码，$\boldsymbol{x}$是图像，$z$是用于生成$\boldsymbol{x}$的潜在因素，例如属性、方向等。这里的$z$是抽象的、概括的特征。

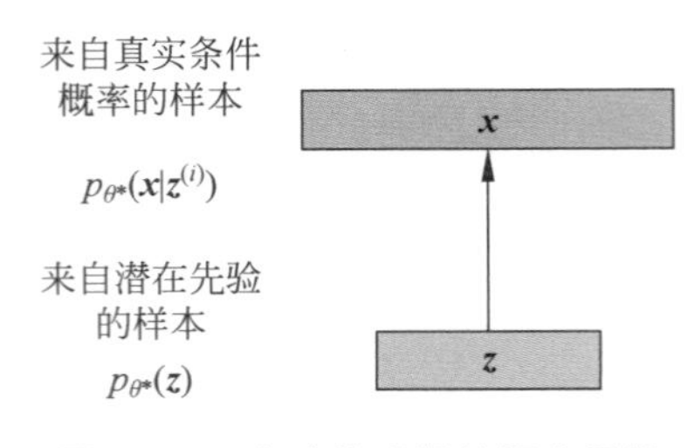

图 11-30 自动编码器的概率思维

我们的目标是估计这个生成模型的真实参数$\theta*$，首先就是如何表示这个模型。我们可以选择一个简单的先验$p(z)$，例如高斯分布。为何要选择高斯分布？因为高斯分布在自然界中是非常普遍和广泛存在的。那么这里的潜在属性z就是抽象的、概括性的特征，例如人像的姿势、笑容等。所以说这里的数学表示是对应着实际意义的。现在我们的目标是由z来生成$\boldsymbol{x}$，那么就是要实现一个条件概率$p(\boldsymbol{x}|z)$，这个条件概率是很复杂的，因为要生成图像，就像我们在生成图像中用到的向上卷积神经网络。

有了这个模型表示之后，怎样对模型进行训练呢？很简单，就是学习模型参数以最大化训练数据的可能性。这是概率思维，让这个数据出现的可能性越大越好，其数学表达式如式(11-1)所示。

$$p_\theta(\boldsymbol{x})=\int p_\theta(z)p_\theta(\boldsymbol{x}\mid z)\mathrm{d}z \tag{11-1}$$

$p_\theta(\boldsymbol{x})$表示参数是θ样本$\boldsymbol{x}$出现的概率，我们用一个非常朴素的积分形式进行表示，它是对z进行积分。z是概括的属性，要对各种各样概括性的特征进行积分。积分的内容一个是z的先验分布；另一个是$\boldsymbol{x}$对z的条件概率。很明显，式(11-1)有潜在变量z。

有了上面的概率思维之后，我们就可以从更加宏观的角度来看VAE概率建模过程，如图11-31所示。从根本上说，变分自动编码(VAE)创建了一种服从某种概率分布的编码。我们期望这个概率分布是一个能够生成输入数据的良好模型。编码z就是一个具有概率密度的函数$p(z)$的潜在变量。如果从$p(z)$中采样z，然后进行解码，那么它的结果应该非常接近$\boldsymbol{x}$的真实分布。所以VAE不是在z的隐藏空间中生成显式向量，而是生成由每个采样点的平均值和标准差定义的高斯密度函数，然后从该分布中采样生成z的值，该值输入到解码器中，进行解码生成新的数据，例如图像。这就是VAE概率建模的过程。

我们刚才说过z定义为一个简单的高斯分布，再形象地来看一下这个解码器，如图11-32所示。由z经过图中的神经网络，得到的是各个样本服从的高斯分布的参数，然后由这样的分布来采样，即生成新的数据$\boldsymbol{x}$。这里的条件概率服从高斯分布$\boldsymbol{x}|z\sim N(\boldsymbol{\mu}_x,\boldsymbol{\sigma}_x^2)$，$\boldsymbol{x}$样本出现的概率越大越好。

现在看一下完整的自动编码器的网络结构，如图11-33所示。右侧是刚才讲的解码器。它的条件概率服从$p_\theta(\boldsymbol{x}|z)$分布，由$z$到$\boldsymbol{x}$的条件概率$p_\theta$；左侧是编码器，它的条件概率服

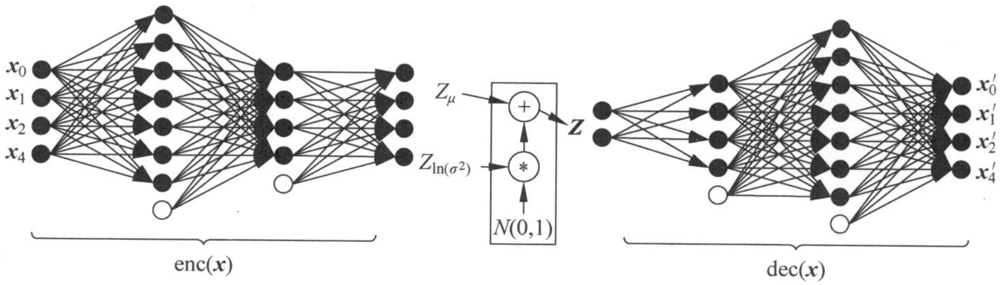

图 11-31　VAE 概率建模的过程

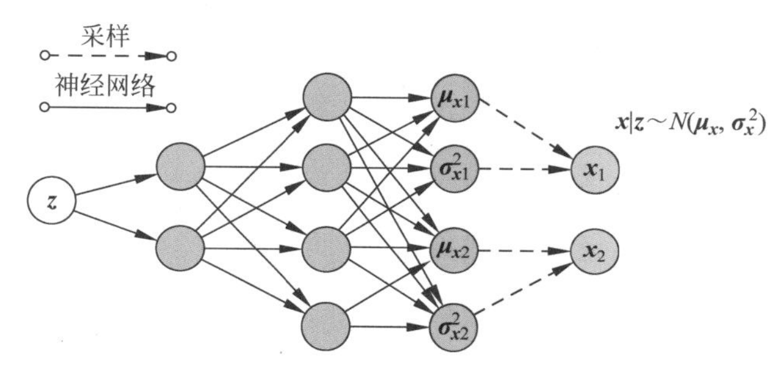

图 11-32　解码器：生成器

从 $q_\varphi(z|x)$，由 x 到 z，在当前 x 的输入下 z 的概率定义为 q_φ。图中间的 z 是要经过采样的，我们希望最后得到的 x 是概率最大的，这就是整个概率建模的过程。

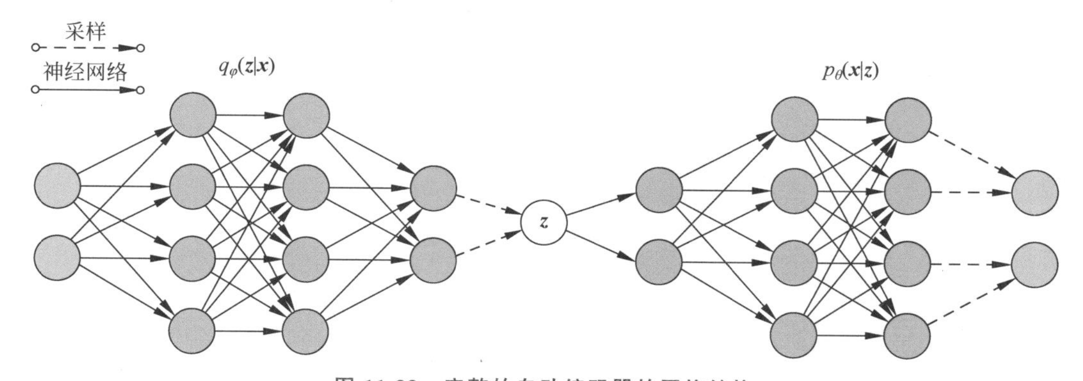

图 11-33　完整的自动编码器的网络结构

11.5　K-L 散度

本节将全面、深入地总结 K-L 散度的概念及其原理。我们回顾一下历史，K-L 散度是 Kullback 和 Leibler 于 1951 年提出的。什么是 K-L 散度？用一句话概括就是用来测量两个概率分布的相似性。我们先从两个概率之间的关系出发来推导 K-L 散度的公式，如式(11-2)所示。公式中的 $p(\boldsymbol{x})$ 和 $q(\boldsymbol{x})$ 是两个概率分布，对它们做除法运算得到似然比(LR)。这个公式的意义是，结果大于 1 说明 $\boldsymbol{x}$ 在 p 的分布中更有可能发生；结果等于 1 说明 $\boldsymbol{x}$ 在 p 和 q 中发生的可能性是相等的；结果小于 1 说明 $\boldsymbol{x}$ 在 q 的分布中更容易出现。

$$LR=\frac{p(\boldsymbol{x})}{q(\boldsymbol{x})} \tag{11-2}$$

n 个数据点的这种概率的似然比，把它们乘起来形成一个新的公式，如式(11-3)所示。

$$LR=\prod_{i=0}^{n}\frac{p(\boldsymbol{x}_i)}{q(\boldsymbol{x}_i)} \tag{11-3}$$

一个数据点不能说明什么，所以要比较两个分布就要把很多数据点融入进来。这样求乘积的运算很复杂，为了降低这种复杂性，我们引入对数的概念，对它求对数就可把这种连乘的形式转化成对数然后求和的形式，如式(11-4)所示。

$$\log_{10}LR=\sum_{i=0}^{n}\log_{10}\left(\frac{p(\boldsymbol{x}_i)}{q(\boldsymbol{x}_i)}\right) \tag{11-4}$$

通过图形可以更加形象地解释式(11-4)，如图 11-34 所示，其本质意义就是哪个分布更加适合数据。图 11-34(a)是两个分布，绿色的是 $p(\boldsymbol{x})$，红色的是 $q(\boldsymbol{x})$，对它们进行除法运算得到似然比，似然比的曲线就是图 11-34(b)中的黄色曲线。我们看到虚线与曲线相交的两个点之间，这个函数的值是大于 1 的。这意味着在 $p(\boldsymbol{x})$ 的分布中，两个点之间的数据更有可能出现，也就是说 $p(\boldsymbol{x})$ 更适合这一段的数据。

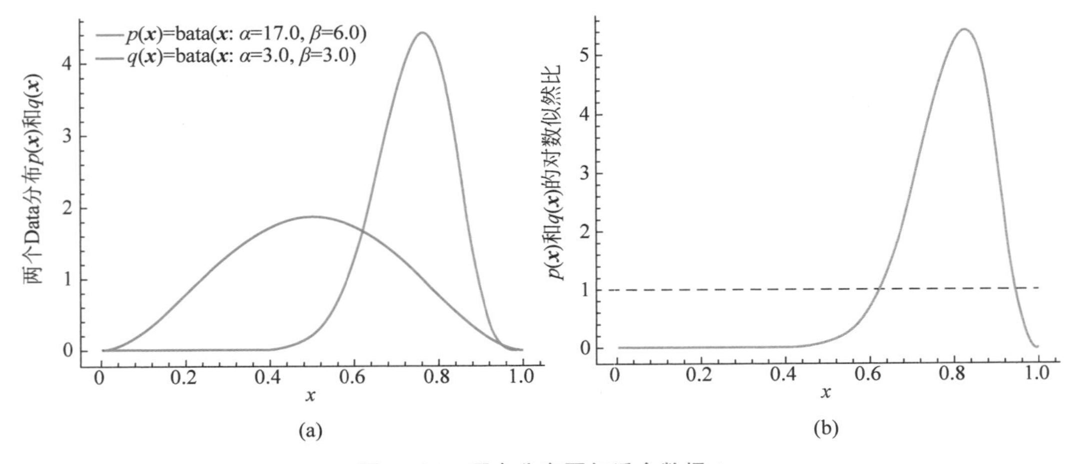

图 11-34　哪个分布更加适合数据 1

更进一步地，我们把它求对数，也就是与 0 进行比较，$p(\boldsymbol{x})$ 大约在 0.6～1，更适合数据，也就是说它大于 0，说明似然比大于 1，如图 11-35 所示。

我们继续 K-L 散度公式的推导，如式(11-5)所示。假设总共有 N 个样本，对数概率比率可以表达成式(11-5)所示的形式，把它展开就是概率之比求对数，然后求和再除以 N，这就是 K-L 散度。

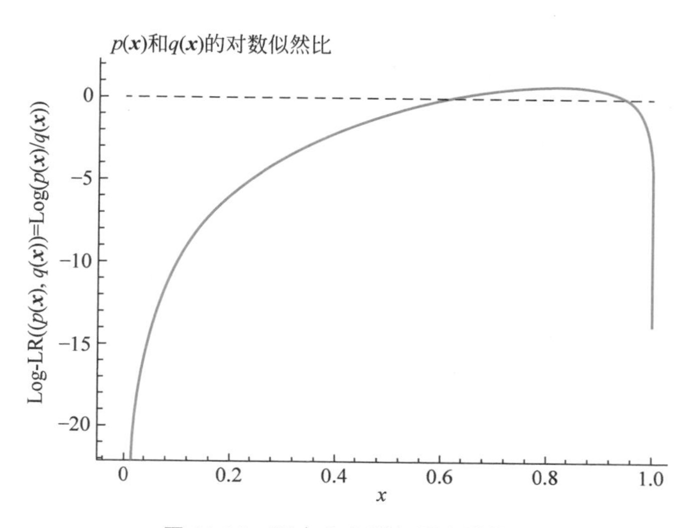

图 11-35　哪个分布更加适合数据 2

$$X=\{\boldsymbol{x}_1,\boldsymbol{x}_2,\cdots,\boldsymbol{x}_N\},\quad x_i \sim^{i.i.d.} p(\boldsymbol{x}) \tag{11-5}$$

$$\log\widehat{LR}(X)=\frac{1}{N}\log\frac{p(\boldsymbol{x}_1,\boldsymbol{x}_2,\cdots,\boldsymbol{x}_N)}{q(\boldsymbol{x}_1,\boldsymbol{x}_2,\cdots,\boldsymbol{x}_N)}=\frac{1}{N}\sum_{i=0}^{N}\log\frac{p(\boldsymbol{x}_i)}{q(\boldsymbol{x}_i)}$$

接下来我们看 K-L 散度公式的期望形式，如式(11-6)所示。刚才用 N 个样本点来表达公式，如果这个 N 趋向于无穷大，那么就可以表示成期望的形式，也就是说求概率比、求对数，然后求期望，就可以得到这两个分布的 K-L 散度。期望也可以写作积分的形式，$\log\frac{p(\boldsymbol{x})}{q(\boldsymbol{x})}$保留，再乘以 $p(\boldsymbol{x})$，对 $\boldsymbol{x}$ 求积分。

$$\boldsymbol{x}_i \sim^{i.i.d.} p(\boldsymbol{x}) \tag{11-6}$$

$$\lim_{N\to\infty}\frac{1}{N}\sum_{i=0}^{N}\log\frac{p(\boldsymbol{x}_i)}{q(\boldsymbol{x}_i)}=\mathbb{E}_{x\sim p(x)}\left\{\log\frac{p(\boldsymbol{x}_i)}{q(\boldsymbol{x}_i)}\right\}=\int_{-\infty}^{\infty}p(x)\log\left(\frac{p(\boldsymbol{x}_i)}{q(\boldsymbol{x}_i)}\right)\mathrm{d}\boldsymbol{x}$$

除了期望公式之外，K-L 散度公式还有离散求和。离散求和如式(11-7)所示，求 P 与 Q 的 K-L 散度，就是 $P(i)$乘以 $P(i)$与 $Q(i)$概率之比的对数，然后求和。换成积分形式，如式(11-8)所示，就是把求和符号换成积分符号，再加上 $\mathrm{d}\boldsymbol{x}$ 对 $\boldsymbol{x}$ 积分。这两种形式便于理解，但是用期望的形式表达更加简单，一般比较常用。

$$D_{\text{K-L}}(P\parallel Q)=\sum_i P(i)\log\frac{P(i)}{Q(i)} \tag{11-7}$$

$$D_{\text{K-L}}(P\parallel Q)=\int P(x)\log\frac{P(\boldsymbol{x})}{Q(\boldsymbol{x})}\mathrm{d}\boldsymbol{x} \tag{11-8}$$

K-L 散度还可以用交叉熵和熵的形式来表达，如式(11-9)所示。求 P 和 Q 的散度就等于 P 和 Q 的交叉熵，再减去 P 的熵。

$$D_{\text{K-L}}(P\parallel Q)=H(P,Q)-H(P) \tag{11-9}$$

其中，$H(P,Q)=\mathbb{E}_{x\sim p(x)}[-\log Q(x)]$，$H(P)=\mathbb{E}_{x\sim p(x)}[-\log P(x)]$。

K-L 散度有两个重要的性质：

- 如果 $P=Q$，则 K-L 散度为零，$\log\dfrac{P}{Q}=\log 1=0$。
- 如果 $P\neq Q$，则 K-L 散度为正。这一性质在 VAE 的数学推导中得到了很好的应用。

因此，K-L 散度是一个非负值，表明两个概率分布有多接近。这里值得注意的是，K-L 散度是不对称的，也就是说求 P 和 Q 的 K-L 散度不等于求 Q 和 P 的 K-L 散度。首先，我们假设一条概率 P 的分布曲线，如图 11-36 所示。

现在如果用概率分布 Q 来逼近正态分布 P，如图 11-37 所示，如式(11-10)所示，Q 在双竖线右侧位置，等式右侧在对数中的分母位置。

$$D_{\text{K-L}}(P\parallel Q)=\mathbb{E}_{x\sim P}\left[\log\frac{P(\boldsymbol{x})}{Q(\boldsymbol{x})}\right]\tag{11-10}$$

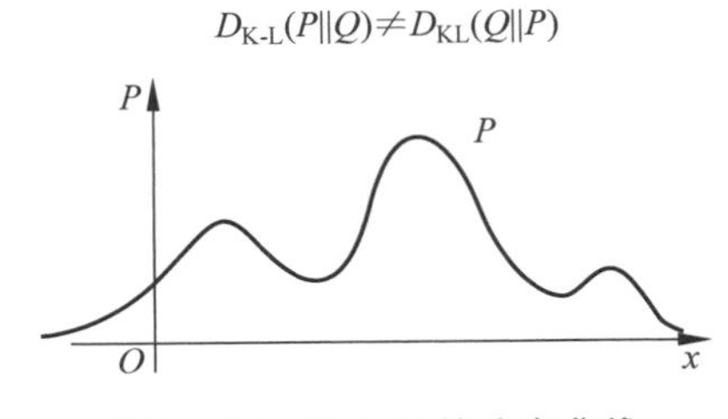

图 11-36　概率 P 的分布曲线

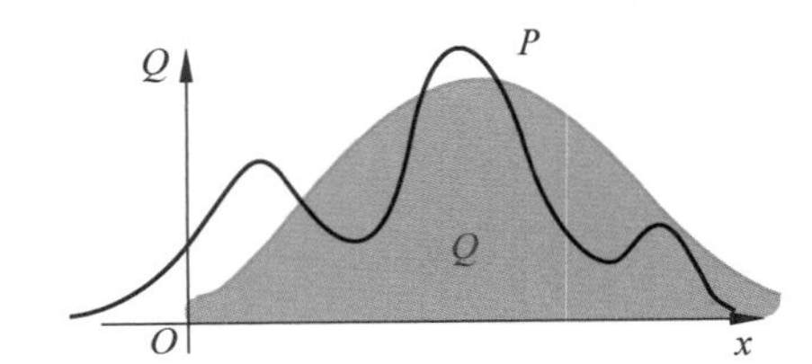

图 11-37　用概率分布 Q 来逼近正态分布 P

那么反过来，如果用概率分布 P 来逼近正态分布 Q，如图 11-38 所示。那么 P 就应该处于双竖线右侧位置，如式(11-11)所示。

$$D_{\text{K-L}}(Q\parallel P)=\mathbb{E}_{x\sim Q}\left[\log\frac{Q(\boldsymbol{x})}{P(\boldsymbol{x})}\right]\tag{11-11}$$

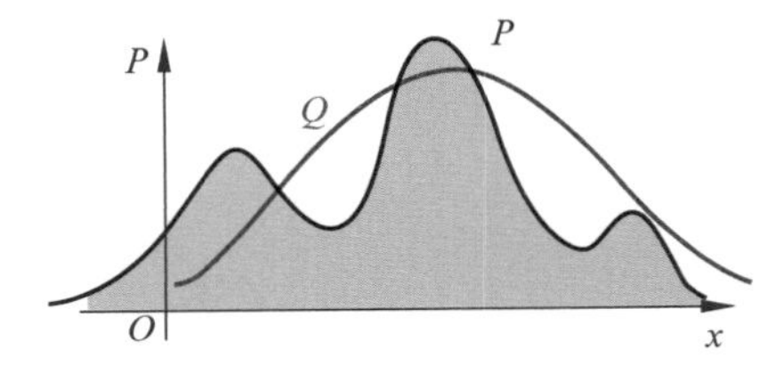

图 11-38　用概率分布 P 来逼近正态分布 Q

讲解 K-L 散度其实是为 VAE 的数学推导做准备的，在变分自动编码中，K-L 散度是如式(11-11)这样应用的。K-L 散度用于强制潜在变量服从正态分布，以便可以从正态分布采样潜在变量。因此，K-L 散度包含在损失函数中以改善潜在变量分布与正态分布之间的相似性。它们的相似性越高，损失函数越小。

11.6　VAE 损失函数推导

在概率建模中得到了 VAE 的目标，就是要让解码器生成数据的似然 $p_\theta(\boldsymbol{x})$ 最大化，其积分形式如式(11-12)所示。它实际上是边缘概率的展开，如式(11-13)所示，其中联合概率 $p_\theta(\boldsymbol{x},\boldsymbol{z})$ 由先验概率 $p_\theta(\boldsymbol{z})$ 和条件概率 $p_\theta(\boldsymbol{x}|\boldsymbol{z})$ 相乘得到。它对应着由潜在变量 $\boldsymbol{z}$ 到 $\boldsymbol{x}$ 的数据生成的过程，这个过程实现了条件概率 $p_\theta(\boldsymbol{x}|\boldsymbol{z})$ 的表达。这里的 $\boldsymbol{z}$ 假定服从一个简单

的高斯分布，先验概率 $p_\theta(\boldsymbol{z})$ 设计成高斯分布是非常常用的做法。这里的条件概率 $p_\theta(\boldsymbol{x}|\boldsymbol{z})$ 用一个神经网络实现，也就是解码器神经网络。$\boldsymbol{z}$ 经过神经网络得到高斯分布的参数 $\boldsymbol{\mu}$、$\boldsymbol{\sigma}$，进而进行抽样生成 $\boldsymbol{x}$，这个条件概率的表达形式为 $\boldsymbol{x}|\sim N(\boldsymbol{\mu}_x,\boldsymbol{\sigma}_x^2)$。

$$p_\theta(\boldsymbol{x})=\int p_\theta(\boldsymbol{z})p_\theta(\boldsymbol{x}\mid\boldsymbol{z})\mathrm{d}z \tag{11-12}$$

$$p_\theta(\boldsymbol{x})=\int p_\theta(\boldsymbol{x},\boldsymbol{z})\mathrm{d}z \tag{11-13}$$

分析一下这个公式的难解性，按照原论文的说法[9]，式(11-12)中的 $\boldsymbol{z}$ 及参数 θ 都是不知道的，进行积分难以计算每个 $\boldsymbol{z}$ 的条件概率 $p_\theta(\boldsymbol{x}|\boldsymbol{z})$。同样地，在式(11-14)中，等号左边的 $\boldsymbol{z}$ 基于 $\boldsymbol{x}$ 的条件概率也是难以计算的，可以使用马尔科夫链、蒙特卡洛方法(MCMC)来计算，但是非常耗时、非常慢。因为涉及每个数据点非常费时的采样循环。

$$p_\theta(\boldsymbol{z}\mid\boldsymbol{x})=p_\theta(\boldsymbol{x}\mid\boldsymbol{z})p_\theta(\boldsymbol{z})/p_\theta(\boldsymbol{x}) \tag{11-14}$$

对于这个难解性问题的解决办法就是设计编码器网络。也就是说除了要设计解码器网络 $p_\theta(\boldsymbol{x}|\boldsymbol{z})$ 之外，还要设计可以近似 $p_\theta(\boldsymbol{x}|\boldsymbol{z})$ 的编码器网络 $q_\phi(\boldsymbol{z}|\boldsymbol{x})$。接下来会看到，我们能够得出可处理的数据似然的下限，对其进行优化。

现在按照概率建模来设计两个网络：编码器网络和解码器网络，如图 11-39 所示。这两个网络都是概率性的，左边的编码器网络 $q_\phi(\boldsymbol{z}|\boldsymbol{x})$ 参数是 ϕ，由输入 $\boldsymbol{x}$ 得到 $\boldsymbol{z}$ 对于 $\boldsymbol{x}$ 的条件概率分布的均值和方差；右边的解码器网络 $p_\theta(\boldsymbol{x}|\boldsymbol{z})$ 参数是 θ，由输入 $\boldsymbol{z}$ 得到 $\boldsymbol{x}$ 对于 $\boldsymbol{z}$ 的条件概率分布的均值和方差。写成高斯分布的形式分别为 $\boldsymbol{z}|\boldsymbol{x}\sim N(\boldsymbol{\mu}_{z|x},\Sigma_{z|x})$ 编码器网络和 $\boldsymbol{x}|\boldsymbol{z}\sim N(\boldsymbol{\mu}_{x|z},\Sigma_{x|z})$ 解码器网络。编码器网络和解码器网络也分别称为“识别/推断”和“生成”网络，也就是这两个网络的作用。

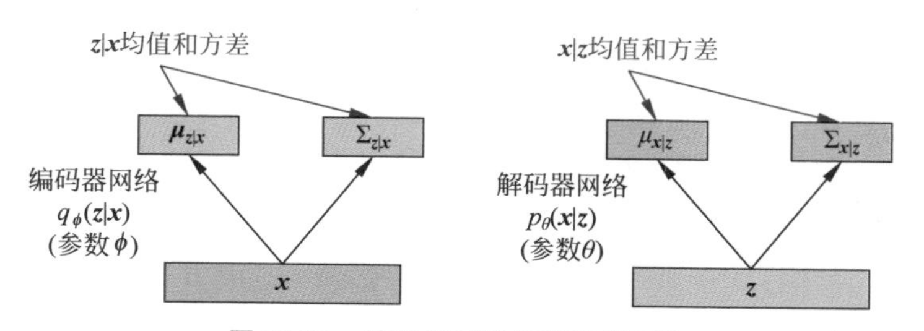

图 11-39 编码器网络和解码器网络

有了编码器和解码器网络后，就可以计算数据的对数似然。我们用期望的形式来代替积分的形式，如式(11-15)所示，对 $\boldsymbol{z}$ 求期望，注意此时的 $p_\theta(\boldsymbol{x}^{(i)})$ 不依赖于 $\boldsymbol{z}$，可以通过变换让对数内的表达式包括 $\boldsymbol{z}$。首先利用贝叶斯定理展开 $p_\theta(\boldsymbol{x}^{(i)})$ 边缘概率，如式(11-16)所示，即 $\boldsymbol{z}$ 的边缘概率 $p_\theta(\boldsymbol{z})$，乘以 $\boldsymbol{x}$ 对于 $\boldsymbol{z}$ 的条件概率 $p_\theta(\boldsymbol{x}^{(i)}|\boldsymbol{z})$，再除以 $\boldsymbol{z}$ 对于 $\boldsymbol{x}$ 的条件概率 $p_\theta(\boldsymbol{z}|\boldsymbol{x}^{(i)})$，结果就是 $\boldsymbol{x}$ 的边缘概率 $p_\theta(\boldsymbol{x}^{(i)})$；接着再乘以一个分数，这个分数的分子、分母是同一个概率，如式(11-17)所示，也就是编码器网络要实现的条件概率 $q_\phi(\boldsymbol{z}|\boldsymbol{x}^{(i)})$。现在利用对数运算展开得到 3 个期望，如式(11-18)所示。第 2 项分子、分母颠倒取负号。回想 11.5 节讲的 K-L 散度公式，后两项实质上是两个 K-L 散度，如式(11-19)所示，其中 $q_\phi(\boldsymbol{z}|$

$\boldsymbol{x}^{(i)}$)是编码器网络要表达的条件概率。

$$\log p_\theta(\boldsymbol{x}^{(i)}) = \mathbb{E}_{z\sim q_\phi(\boldsymbol{z}|\boldsymbol{x}^{(i)})}[\log p_\theta(\boldsymbol{x}^{(i)})] \tag{11-15}$$

$$= \mathbb{E}_z\left[\log \frac{p_\theta(\boldsymbol{x}^{(i)} \mid \boldsymbol{z})p_\theta(\boldsymbol{z})}{p_\theta(\boldsymbol{z} \mid \boldsymbol{x}^{(i)})}\right] \tag{11-16}$$

$$= \mathbb{E}_z\left[\log \frac{p_\theta(\boldsymbol{x}^{(i)} \mid \boldsymbol{z})p_\theta(\boldsymbol{z})}{p_\theta(\boldsymbol{z} \mid \boldsymbol{x}^{(i)})} \frac{q_\phi(\boldsymbol{z} \mid \boldsymbol{x}^{(i)})}{q_\phi(\boldsymbol{z} \mid \boldsymbol{x}^{(i)})}\right] \tag{11-17}$$

$$= \mathbb{E}_z[\log p_\theta(\boldsymbol{x}^{(i)} \mid \boldsymbol{z})] - \mathbb{E}_z\left[\log \frac{q_\phi(\boldsymbol{z} \mid \boldsymbol{x}^{(i)})}{p_\theta(\boldsymbol{z})}\right] + \mathbb{E}_z\left[\log \frac{q_\phi(\boldsymbol{z} \mid \boldsymbol{x}^{(i)})}{p_\theta(\boldsymbol{z} \mid \boldsymbol{x}^{(i)})}\right] \tag{11-18}$$

$$= \mathbb{E}_z[\log p_\theta(\boldsymbol{x}^{(i)} \mid \boldsymbol{z})] - D_{\text{K-L}}(q_\phi(\boldsymbol{z} \mid \boldsymbol{x}^{(i)}) \parallel p_\theta(\boldsymbol{z})) + D_{\text{K-L}}(q_\phi(\boldsymbol{z} \mid \boldsymbol{x}^{(i)}) \parallel p_\theta(\boldsymbol{z} \mid \boldsymbol{x}^{(i)})) \tag{11-19}$$

现在来看一下公式中两个散度要表达的意义：第 1 个 K-L 散度 $D_{\text{K-L}}(q_\phi(\boldsymbol{z}|\boldsymbol{x}^{(i)}) \parallel p_\theta(\boldsymbol{z}))$ 度量当使用 q 表示 p 时丢失了多少信息，是衡量 q 与 p 有多接近的一个指标；第 2 个 K-L 散度 $D_{\text{K-L}}(q_\phi(\boldsymbol{z}|\boldsymbol{x}^{(i)}) \parallel p_\theta(\boldsymbol{z}|\boldsymbol{x}^{(i)}))$度量当使用 $q_\phi(\boldsymbol{z}|\boldsymbol{x}^{(i)})$近似 $p_\theta(\boldsymbol{z}|\boldsymbol{x}^{(i)})$时丢失了多少信息。

接着再来看式(11-19)中这 3 项的可计算性：第 1 项，解码器网络给出 $p_\theta(\boldsymbol{x}^{(i)}|\boldsymbol{z})$条件概率，可以通过采样计算该项的估计值；第 2 项是编码器高斯和先验 $\boldsymbol{z}$ 两个分布的 K-L 散度，具有良好封闭形式的解决方案；第 3 项，无法计算这个 K-L 项，非常复杂，是两个后验概率之间差异的度量，但我们知道 K-L 散度总是大于或等于 0 的。由于第 3 项难以计算，但我们知道其结果总是大于或等于 0 的，所以索性只考虑前两项，因为前两项是可以采取梯度优化的可处理下限。$p_\theta(\boldsymbol{x}^{(i)}|\boldsymbol{z})$可微分，K-L 项可微分。前两项越大意味着最终的 $p_\theta(\boldsymbol{x}^{(i)})$越大，因为第 3 项是大于或等于 0 的。把前两项作为 L 项，这个 L 项就变成了变分下界，本质上是证据下界(Evidence Lower Bound，ELBO)。证据就是在贝叶斯定理公式中分母的边缘概率，对于 $\boldsymbol{z}$ 基于 $\boldsymbol{x}$ 的条件概率，它的贝叶斯定理公式的证据就是 $p_\theta(\boldsymbol{x}^{(i)})$，所以它的下界是 L。现在的最终问题就转变为让这个 L 最大化，所以目标是训练最大化下界，得到最优的 θ^* 和 ϕ^*，如式(11-21)所示。

$$\log p_\theta(\boldsymbol{x}^{(i)}) \geqslant L(\boldsymbol{x}^{(i)}, \theta, \phi) \tag{11-20}$$

$$\theta^*, \phi^* = \arg\max_{\theta,\phi} \sum_{i=1}^{N} L(\boldsymbol{x}^{(i)}, \theta, \phi) \tag{11-21}$$

最后来看一下证据下界的意义，参考式(11-19)，第 1 项的意义是重建输入数据的能力，也就是这个概率越大表示在 $\boldsymbol{z}$ 的基础上能够重建真实数据的能力越大；第 2 项是一个 K-L 散度，它越小越好，意味着后验分布接近先验分布。

11.7 用深度神经网络求解 VAE 目标函数

VAE 的原理是很复杂的，不仅涉及很多概率知识，同时还有神经网络的建模思想以及损失函数的分解理论。原始论文(文献[9])理解起来晦涩难懂，可以说是高度浓缩，甚至有人专门写论文来讲解 VAE。很多中文技术博客、培训课程甚至教科书，对于 VAE 的讲解都有不同程度的纰漏，容易误导初学者。本节将非常深刻、详细地讲解 VAE 的神经网络实现，对于一些细节特别加以详解，并解答以下 5 个问题：

(1) 为什么编码器设计从数据到分布的神经网络？

(2) 所有样本生成的潜在变量 $\boldsymbol{z}$ 是否服从同一个分布？

(3) 不同潜在变量 $\boldsymbol{z}$ 是否服从同一个分布？

(4) 为什么可以把证据下界中 K-L 散度看作正则化项？

(5) 重新参数化原因和根本原理是什么？

最初实现 VAE 的网络架构是完全连接架构，如图 11-40 所示。由编码器和解码器两部分组成，这两部分都有一个隐藏层的全连接神经网络，其中编码器的输出是潜在空间向量。

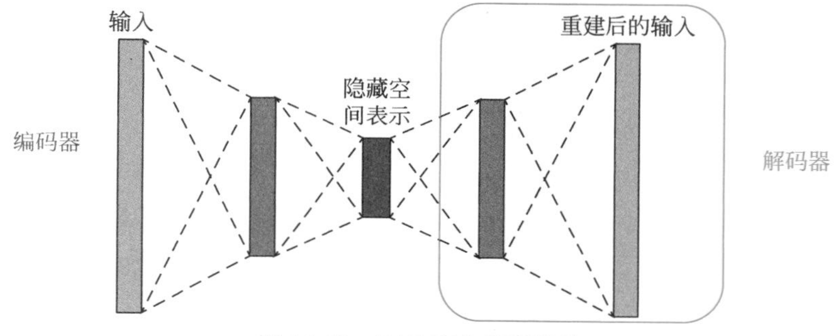

图 11-40 VAE 完全连接架构

随着 VAE 的发展和应用，出现了 DCGAN 类似的通用架构，这是深度神经卷积网络，仍然由编码器和解码器两部分组成，如图 11-41 所示。

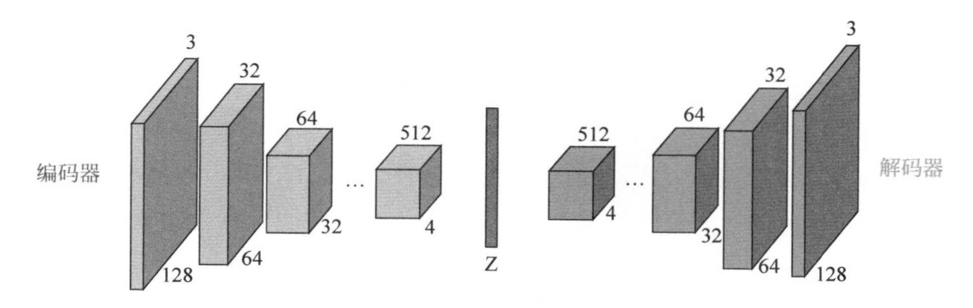

图 11-41 VAE 深度神经网络架构

首先来看编码器用神经网络是怎样实现的。11.6 节得到了 VAE 要求解的目标函数 $(\mathbb{E}_z[\log p_\theta(\boldsymbol{x}^{(i)}|\boldsymbol{z})]-D_{\text{K-L}}(q_\phi(\boldsymbol{z}|\boldsymbol{x}^{(i)})\parallel p_\theta(\boldsymbol{z})))$，即最大化证据下界。其包括两项：第 1 项是重建误差的度量；第 2 项是 K-L 散度，是对分布 q 与 p 接近程度的度量。对这 2 项加负号，就变成了损失函数的形式。现在的目标函数就变成了最小化这个损失函数，如式(11-22)所示。

$$L_i(\theta,\phi)=-\mathbb{E}_{z\sim q_\phi(z|x_i)}[\log p_\theta(\boldsymbol{x}_i \mid \boldsymbol{z})]+D_{\text{K-L}}(q_\phi(\boldsymbol{z} \mid \boldsymbol{x}_i) \parallel p_\theta(\boldsymbol{z})) \tag{11-22}$$

我们知道编码器是由输入 $\boldsymbol{x}$ 到输出潜在变量 z，所以就要用神经网络实现条件概率 $q_\phi(\boldsymbol{z}|\boldsymbol{x}_i)$。假设 $q_\phi(\boldsymbol{z}|\boldsymbol{x}_i)$是多元高斯分布，$N(\boldsymbol{\mu}^{(i)},\boldsymbol{\sigma}^{2(i)}\cdot I)$，其中$\boldsymbol{\mu}^{(i)}$是均值向量，$\boldsymbol{\sigma}^{2(i)}\cdot I$是对角协方差矩阵。然后，从 $q_\phi(\boldsymbol{z}|\boldsymbol{x}_i)$这个后验概率中来采样 $\boldsymbol{z}$，注意对于任意一个样本 $\boldsymbol{x}_i$ 会编码成一系列的潜在变量，并且服从不同的高斯分布。这里的$\boldsymbol{\mu}^{(i)}$和$\boldsymbol{\sigma}^{2(i)}$都是向量，式(11-23)所示为原始论文(文献[9])给出的表达式，所以不同的样本不仅生成的分布不同，它的每个潜在变量都服从不同的分布。式(11-23)表达的是，对于 $\boldsymbol{x}^{(i)}$ 这个样本，生成的潜在变量的分布都是向量，也就是说每个潜在变量都服从不同的高斯分布。那么为何要服从不同的高斯分布呢？这可以用图像生成很好地解释，在一张图像中各个位置的像素是不一样的，均值不同，同时变化方差也不一样。这里举一个 VAE 常用的例子，如图 11-42 所示，输入图像经过编码器 $q_\phi(\boldsymbol{z}|\boldsymbol{x})$，输出高斯分布。

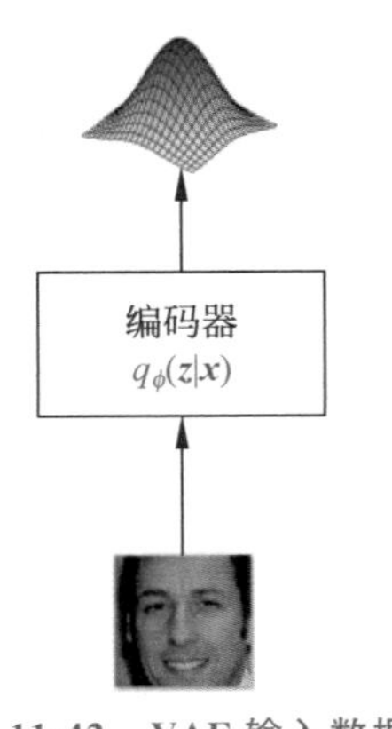

图 11-42　VAE 输入数据编码案例

$$\log q_\phi(z \mid \boldsymbol{x}^{(i)})=\log N(z;\boldsymbol{\mu}^{(i)},\boldsymbol{\sigma}^{2(i)}I) \tag{11-23}$$

有了采样 z 之后，解码器生成 $\boldsymbol{x}$ 就容易多了，因为是从数据到数据，所以用另一个神经网络 $p_\theta(\boldsymbol{x}_i|\boldsymbol{z})$建模，用 $f(\boldsymbol{z})$表示网络的输出。这里假设 $p_\theta(\boldsymbol{x}_i|\boldsymbol{z})$是独立分布的高斯分布，可以写成 $\boldsymbol{x}_i=f(\boldsymbol{z})+\eta$，其中 η 服从标准正态分布，$\eta\sim N(0,I)$。我们可以很容易地联想到线性回归的表达式，它们的形式是非常类似的。最后问题就简化为 l_2 损失 $\|\boldsymbol{x}_i-f(\boldsymbol{z})\|^2$，这与线性回归的最小二乘法的原理是一样的。解码器网络很简单，编码器网络因为要得到潜在表示，所以它不是输出数据，而是输出一个能生成数据的东西。正如我们在生成模型原理讲的那样，应该像框架一样，而分布正是数据的框架。

有了编码器和解码器网络之后，从全局看损失函数。假设 z 服从标准高斯分布，$p(\boldsymbol{z})\sim N(0,I)$，则 $D[q_\phi(\boldsymbol{z}|\boldsymbol{x})\parallel p(\boldsymbol{z})]$有一个封闭形式的解，如式(11-24)所示。它的参数是关于第 j 个潜在变量 $\boldsymbol{z}$ 的分布的均值 $\boldsymbol{\mu}_j^2$ 和方差 $\boldsymbol{\sigma}_j^2$。这里的重建误差正比于第二范数，如式(11-25)所示，这是解码器网络实现的。现在把它归在一起，L_i 第 i 个损失函数就可以表达成如式(11-26)所示的形式。第 1 项 $\|\boldsymbol{x}_i-f(\boldsymbol{z})\|^2$ 是图像生成的重建误差，也就是像素差异；第 2 项 $D[q_\phi(\boldsymbol{z}|\boldsymbol{x})\parallel p(\boldsymbol{z})]$是正则化 K-L 散度。为什么它叫正则化呢？因为最小化这一项 K-L 散度的意义就是要让后验分布 $q_\phi(\boldsymbol{z}|\boldsymbol{x})$尽可能地接近先验分布 $p(\boldsymbol{z})$。先验分布使均值为 0、方差为 1，本质上就是归一化，也就是神经网络的正则化。

$$\text{K-L}(N(\boldsymbol{\mu}_j,\boldsymbol{\sigma}_j^2)\parallel N(0,1))=\frac{1}{2}(-\log\boldsymbol{\sigma}_j^2+\boldsymbol{\mu}_j^2+\boldsymbol{\sigma}_j^2-1) \tag{11-24}$$

$$-\mathbb{E}_{q_\phi(z|x)}\log p_\theta(\boldsymbol{x} \mid \boldsymbol{z}) \propto \|\boldsymbol{x}_i-f(\boldsymbol{z})\|^2 \tag{11-25}$$

$$L_i=\|\boldsymbol{x}_i-f(\boldsymbol{z})\|^2+\lambda\cdot D[q_\phi(\boldsymbol{z} \mid \boldsymbol{x})\parallel p(\boldsymbol{z})] \tag{11-26}$$

现在我们来证明一下。K-L 散度由两部分组成，如式(11-27)和式(11-29)所示，分别对其进行计算。式(11-27)是计算后验分布 $q_\theta(\boldsymbol{z})$与先验分布 $p(\boldsymbol{z})$的积分。式(11-29)是计算后验分布 $q_\theta(\boldsymbol{z})$与它本身的分布的积分。计算得到的两个结果非常对称，如式(11-28)和式(11-30)所示。我们可以用 K-L 散度把它们加起来，如式(11-31)所示，最后得到式(11-32)。由于式(11-32)的括号内变成了分布的参数，所以我们就可以利用梯度下降法来优化这个参数。

$$\int q_\theta(\boldsymbol{z})\log p(\boldsymbol{z})\mathrm{d}z=\int N(\boldsymbol{z};\boldsymbol{\mu},\boldsymbol{\sigma}^2)\log N(\boldsymbol{z};0,I)\mathrm{d}z \tag{11-27}$$

$$=-\frac{J}{2}\log(2\pi)-\frac{1}{2}\sum_{j=1}^{J}(\boldsymbol{\mu}_j^2+\boldsymbol{\sigma}_j^2) \tag{11-28}$$

$$\int q_\theta(\boldsymbol{z})\log q_\theta(\boldsymbol{z})\mathrm{d}z=\int N(\boldsymbol{z};\boldsymbol{\mu},\boldsymbol{\sigma}^2)\log N(\boldsymbol{z};\boldsymbol{\mu},\boldsymbol{\sigma}^2)\mathrm{d}z \tag{11-29}$$

$$=-\frac{J}{2}\log(2\pi)-\frac{1}{2}\sum_{j=1}^{J}(1+\log\boldsymbol{\sigma}_j^2) \tag{11-30}$$

$$D_{\text{K-L}}(q_\phi(\boldsymbol{z}\mid\boldsymbol{x}_i)\parallel p_\theta(\boldsymbol{z}))=\int q_\theta(\boldsymbol{z})(\log p_\theta(\boldsymbol{z})-\log q_\theta(\boldsymbol{z}))\mathrm{d}z \tag{11-31}$$

$$=\frac{1}{2}\sum_{j=1}^{J}(-\log(\boldsymbol{\sigma}_j)^2+(\boldsymbol{\mu}_j)^2+(\boldsymbol{\sigma}_j)^2-1) \tag{11-32}$$

训练解码器很简单，只需要标准的反向传播即可。但是能用同样的梯度下降法训练编码器吗？这是不可行的。因为随机采样无法进行反向传播！图 11-43 所示的神经网络不是端到端可微分的，因为输出 $f(\boldsymbol{z})$不是输入 $\boldsymbol{x}$ 的可微分函数。在将 $\boldsymbol{x}$ 传递到网络之后，我们简单地通过网络计算分布的均值和协方差矩阵，然后采样 $\boldsymbol{z}$ 以馈送到解码器，整个过程不确定。因为 $f(\boldsymbol{z})$不是输入 $\boldsymbol{x}$ 的连续函数，最关键的原因就是图 11-43 中的采样。

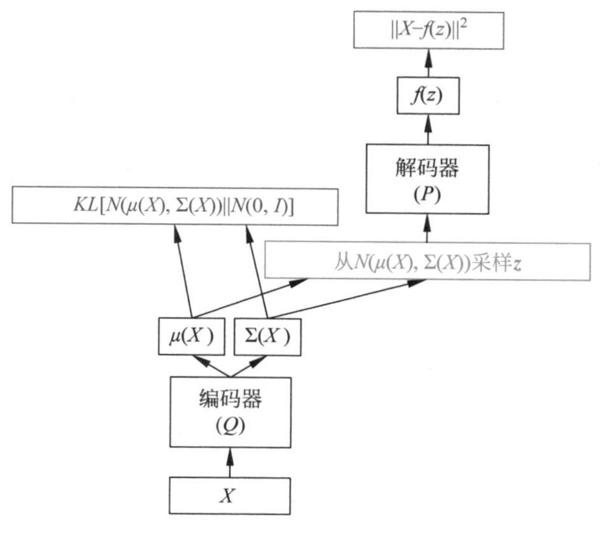

图 11-43　VAE 网络编码、采样和解码

那么如何有效地将 z 样本反向传播到编码器呢？这里有一个很重要的技巧：重新参数化技巧。将采样过程移动到输入层，如图 11-44 所示。对于一维情况，从 $N(\boldsymbol{\mu}_i, \boldsymbol{\sigma}_i)$ 中采样，就相当于从 $\varepsilon \sim N(0,1)$ 中采样，然后计算 $\boldsymbol{\mu}_i + \boldsymbol{\sigma}_i \cdot \varepsilon$。由此，$f(z)$ 的随机性和 ε 相关联，而不是与 $\boldsymbol{x}$ 或者模型的参数相关联，这样我们就可以轻松地将损失函数反向传播到编码器。

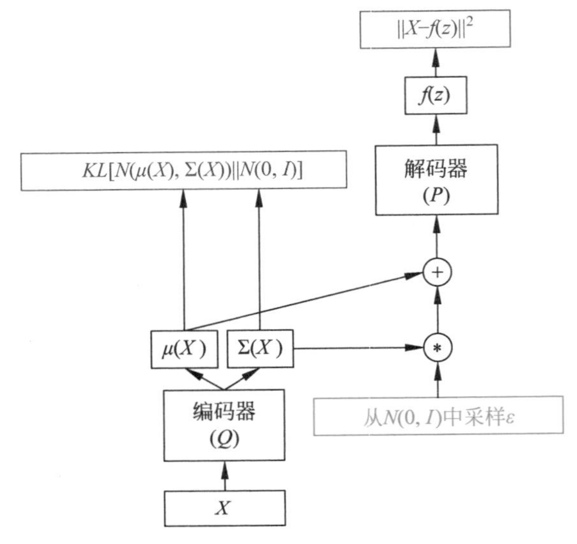

图 11-44 采样过程移动到输入层的网络

为了增强理解，把原来的形式和重新参数化的形式进行对比，如图 11-45 所示。图中左侧蓝色部分是随机节点，它无法进行误差的反传，但是经过重新参数化后，随机性由原来的 z 变为右侧的蓝色 ε。现在我们就可以将 f 的误差从 z 这个阶段传递到 ϕ 这个节点，避开随机性对误差反传的影响。这两种形式 z 具有相同的分布，不影响结果，但现在可以反向传播。以这种形式改写 z 会产生确定性部分和噪声部分。

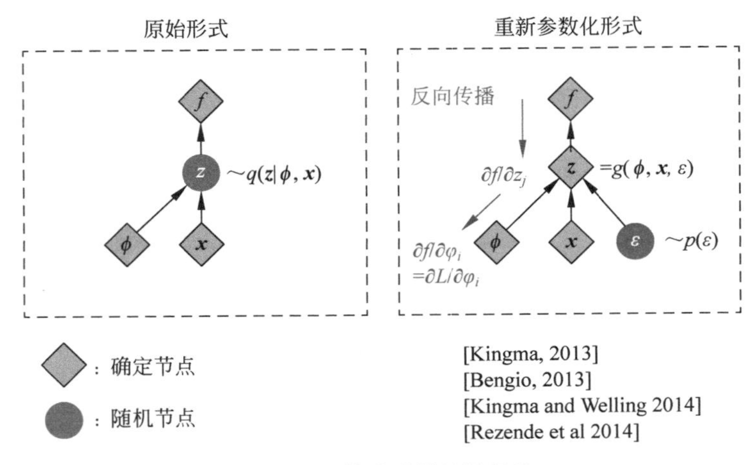

图 11-45 转移采样的随机性

最后汇总一下。如图 11-33 所示，整个架构只显示了一个潜在变量 $\boldsymbol{z}$ 及其分布，这里的损失包括正则化和重建误差。正则化是关于分布参数的，其表达式如式(11-31)所示，可以使用 mini batch 梯度下降来优化 mini batch 中所有 $\boldsymbol{x}^{(i)}$ 的成本函数。重建误差是类似于线性回归的恒定方差的最小二乘法，其表达式如式(11-33)所示。将这两个公式加起来求解，就可以得到最终的优化网络。

$$-\mathbb{E}_{\boldsymbol{z}\sim q_{\phi}(\boldsymbol{z}\mid\boldsymbol{x}_i)}[\log p_{\theta}(\boldsymbol{x}_i\mid\boldsymbol{z})]=\|\boldsymbol{x}_i-f(\boldsymbol{z})\|^2 \tag{11-33}$$

第 12 章

生成对抗网络

12.1 GAN 目标函数

本节将解答以下几个问题：

(1) GAN 目标函数怎样由交叉熵损失函数推导？

(2) GAN 目标函数各项的意义是什么？

(3) 为什么要对生成器网络的目标函数进行变换？

(4) 为什么新的生成器网络目标函数有利于模型训练？

(5) 训练完成的标志是什么？

从本质上说，训练 GAN 的过程就是一个双人玩游戏的过程。双人游戏很常见，例如著名的“石头、剪刀、布”游戏。生成对抗网络就是生成器网络和判别器网络之间玩的一个双人游戏。其中，生成器网络试图通过生成逼真的图像来欺骗判别器；而判别器网络试图区分真实的和虚假的图像。看得出来，这两者的目标是互相矛盾的。我们以 GAN 最著名的应用——“生成图像”为例来解释一下这个过程，如图 12-1 所示。随机噪声向量 $\boldsymbol{z}$ 是生成器网络的输入，一般由不同的一系列卷积层组成。生成器网络接收随机噪声，生成假图像。这里有一个问题，为什么我们只用噪声数据就可以生成图像呢？这是因为在训练开始时，生成的图像也是完全随机的噪声，所以用一个噪声来代替图像作为输入，非常形象也非常符合数学逻辑。这样的噪声一般设计成高斯分布 $\boldsymbol{z}\sim N(0,1)$，或者是均匀分布 $\boldsymbol{z}\sim U(-1,1)$，得到的噪声向量 $\boldsymbol{z}$ 经过生成器网络 $g(\boldsymbol{z})$ 生成假图像。

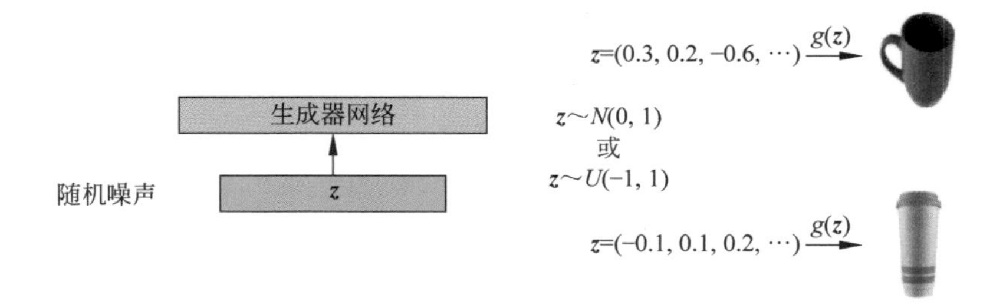

图 12-1 生成器网络

判别器网络接收来自训练集的真实图像和生成的假图像，进行鉴别得出真实或假冒的标签。如果是真实的图像，我们希望它能得出真实的标签；如果是假的图像，我们希望得出的是假冒的标签，如图12-2所示。

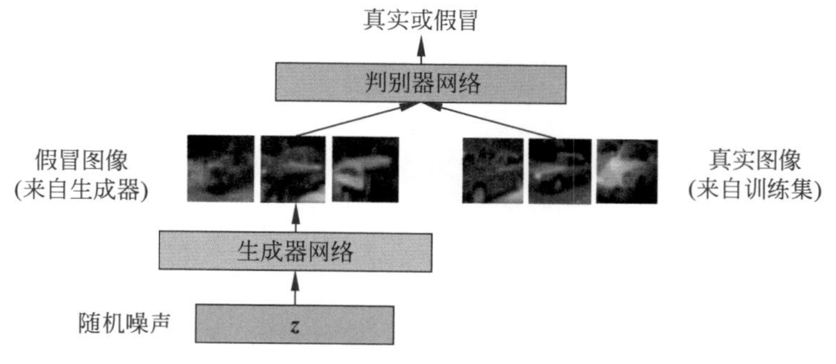

图 12-2 判别器网络

由交叉熵推导GAN损失函数，交叉熵的表达形式如式(12-1)所示，其中 p 和 q 分别表示"真实"和"估计"的分布；i 表示有多少个类别。

$$H(p,q)=-\sum_i p_i \log q_i \tag{12-1}$$

用二分类的形式来写交叉熵损失函数，其形式如式(12-2)所示，D 表示预测概率。

$$H((\boldsymbol{x}_1,\boldsymbol{y}_1),D)=-y_1\log D(\boldsymbol{x}_1)-(1-\boldsymbol{y}_1)\log(1-D(\boldsymbol{x}_1)) \tag{12-2}$$

进一步地，将所有这种样本损失累加起来，如式(12-3)所示，其中第1个 $D(\boldsymbol{x}_i)$ 和第2个 $D(\boldsymbol{x}_i)$ 表明分布是一样的。

$$H((\boldsymbol{x}_i,\boldsymbol{y}_i)_{i=1}^N,D)=-\sum_{i=1}^N y_i\log D(\boldsymbol{x}_i)-\sum_{i=1}^N(1-\boldsymbol{y}_i)\log(1-D(\boldsymbol{x}_i)) \tag{12-3}$$

如果两个 $\boldsymbol{x}_i$ 的分布不一样，第2个 $D(\boldsymbol{x}_i)$ 的分布服从 $G(\boldsymbol{z})$，则前后两个 $D(\boldsymbol{x}_i)$ 中的 $\boldsymbol{x}$ 就属于不同的分布。这样就得到了GAN形式的损失函数，如式(12-4)所示。这里用期望来表达两项分布分别是 $\boldsymbol{x}$ 和 $\boldsymbol{z}$。这里的损失函数越小越好。

$$H((\boldsymbol{x}_i,\boldsymbol{y}_i)_{i=1}^\infty,D)=-\frac{1}{2}\mathbb{E}_{\boldsymbol{x}\sim p_{\text{data}}}\log D(\boldsymbol{x})-\frac{1}{2}\mathbb{E}_z\log(1-D(G(\boldsymbol{z}))) \tag{12-4}$$

GAN的目标函数如式(12-5)所示，它里面的形式就是刚才推导出来的交叉熵损失函数的形式。先求最大值，再求最小值。它其实是由两个同时训练的函数组成的，一个是判别器函数；另一个是生成器函数。而判别器函数又由两个函数组成，式(12-5)中括号内第1项是用于鉴别真实数据的函数，第2项是用于鉴别假冒数据的函数。由于这两个函数的输入不同，一个是 $\boldsymbol{x}$，另一个是 $\boldsymbol{z}$，所以它们是不同的函数。因此目标函数实际上是同时训练3个函数：判别器2个函数，生成器1个函数。

$$\min_{\theta_g}\max_{\theta_d}\left[\mathbb{E}_{\boldsymbol{x}\sim p_{\text{data}}}\log D_{\theta_d}(\boldsymbol{x})+\mathbb{E}_{\boldsymbol{z}\sim p(\boldsymbol{z})}\log(1-D_{\theta_d}(G_{\theta_g}(\boldsymbol{z})))\right] \tag{12-5}$$

判别器的两个函数分别代表了判别器的两个能力，第1个是识别真实数据的能力 $\mathbb{E}_{\boldsymbol{x}\sim p_{\text{data}}}\log D_{\theta_d}(\boldsymbol{x})$；第2个是识别生成的假冒数据 $G(\boldsymbol{z})$ 的能力。我们希望判别器的这两个能力越大越好，既能够鉴别真实数据，又能够鉴别假冒数据。判别器实现目标的数学原理：判别器的参数(θ_d)想要最大化目标函数，使得 $D(\boldsymbol{x})$接近 1(真实)并且 $D(G(\boldsymbol{z}))$接近 0(虚假)。在式(12-5)中，前一项 $D_{\theta_d}(\boldsymbol{x})$是递增函数，后一项是关于 $D_{\theta_d}(G_{\theta_g}(\boldsymbol{z}))$的递减函数，所以前者越大越好，后者越小越好。对于第 2 项，假冒的数据给它的概率越小越好。生成器的参数(θ_g)希望最小化目标函数，使 $D(G(\boldsymbol{z}))$接近 1，即判别器被欺骗，认为生成的 $G(z)$是真实的。

我们再通过图形的方式来看一下这个双人游戏的数学过程，如图 12-3 所示。对于真实数据，只有判别器参与，从图中左侧底部开始，首先从数据集中得到 $\boldsymbol{x}$，然后经过可微分的判别器函数 D，我们希望判别器给出的概率越接近 1 越好。对于假冒数据，判别器和生成器都有参与，从图中右侧底部开始，首先输入噪声数据 $\boldsymbol{z}$，然后经过可微分的生成器函数 G 得到假冒的数据 $\boldsymbol{x}$，该假冒数据再经过判别器 D，最后判别器 D 希望 $D(G(\boldsymbol{z}))$的概率接近 0，而生成器 G 希望 $D(G(\boldsymbol{z}))$的概率接近 1。这是它们之间最矛盾的地方，也就是一个博弈的过程。

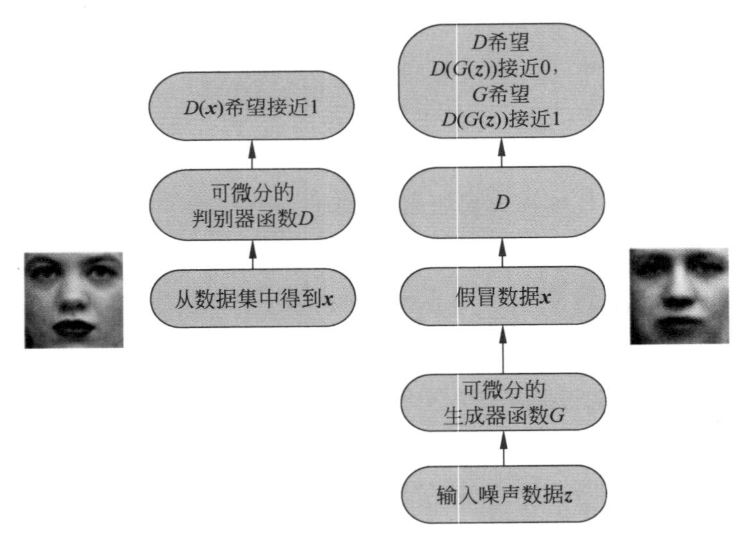

图 12-3 双人游戏的数学过程

接下来介绍 Minmax 目标函数的训练方法。由于判别器是求最大值，所以使用梯度上升法，如式(12-6)所示；生成器是求最小值，所以使用梯度下降法，如式(12-7)所示。

$$\max_{\theta_d}\left[\mathbb{E}_{x\sim p_{\text{data}}}\log D_{\theta_d}(\boldsymbol{x})+\mathbb{E}_{z\sim p(z)}\log\left(1-D_{\theta_d}\left(G_{\theta_g}(\boldsymbol{z})\right)\right)\right] \tag{12-6}$$

$$\min_{\theta_g}\mathbb{E}_{z\sim p(z)}\log\left(1-D_{\theta_d}\left(G_{\theta_g}(\boldsymbol{z})\right)\right) \tag{12-7}$$

但是生成器使用的梯度下降法有一个问题，在实践中发现，优化这个目标函数生成器并不能很好地工作。这是为什么呢？如图 12-4 所示，这是因为当生成的样本可能被判别为假的时候，处于函数的左侧一段，因为 $D_{\theta_d}(G_{\theta_g}(z))$ 的值比较小，但是这一段的坡度比较平坦，也就是说梯度变化比较小。我们想要通过梯度学习最优参数，但是由于坡度平坦使得模型难以学习，因为此时整个函数曲线的梯度由已经很好的样本区域主导了。

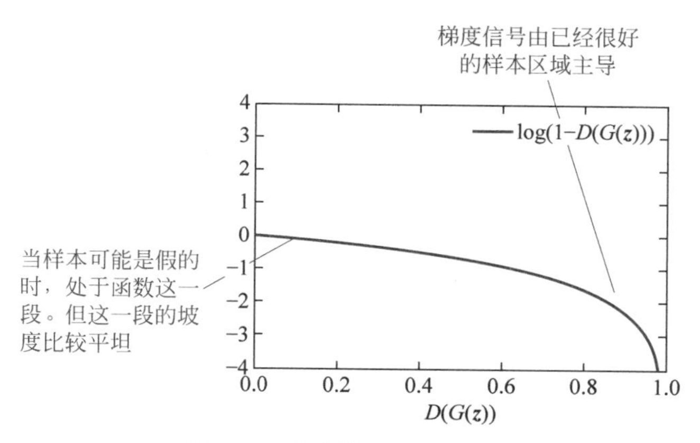

图 12-4 生成器目标函数曲线

所以要对生成器的目标函数做一个变换，变成如式(12-8)所示的形式。现在这个函数的目标就变为最大化判别器错误的可能性，而不是最小化判别器正确的可能性。这两句话的意义相同，即欺骗判别器的目标相同，如图 12-5 所示。图中绿色曲线是变换过后的新的函数曲线，我们发现在开始训练时曲线的梯度变化是比较明显的，这对于坏样本的训练效果更好，而坏样本一般处于训练的早期，这是非常有利于模型学习的。此时，生成器使用梯度上升法，与判别器相同。

$$\max_{\theta_g} \mathbb{E}_{z\sim p(z)} \log\left(D_{\theta_d}\left(G_{\theta_g}(z)\right)\right) \tag{12-8}$$

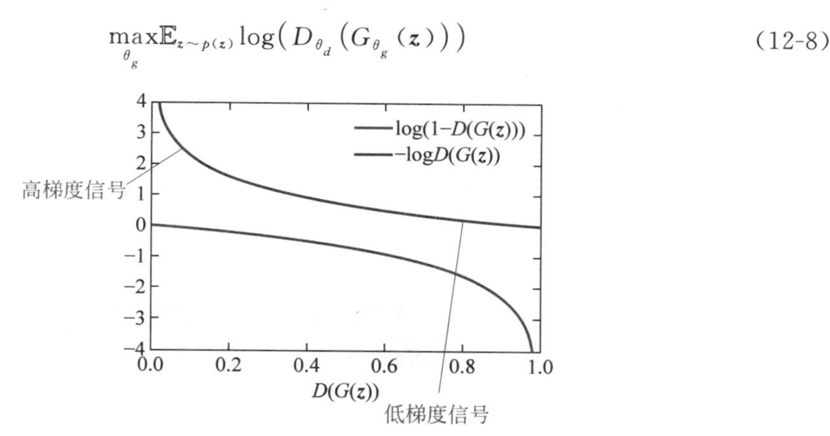

图 12-5 变换过后的生成器目标函数曲线

现在我们来看一下 GAN 的训练过程。

for number of training iterations do

for k steps do

- Sample minibatch of m noise samples $\{z^{(1)}, z^{(2)}, \cdots, z^{(m)}\}$ from noise prior $p_g(z)$.
- Sample minibatch of m examples $\{x^{(1)}, x^{(2)}, \cdots, x^{(m)}\}$ from data generating distribution $p_{\text{data}}(x)$.
- Update the discriminator by ascending its stochastic gradient:

$$\nabla_{\theta_d} \frac{1}{m}\sum_{i=1}^{m}\left[\log D_{\theta_d}(x^{(i)}) + \log\left(1 - D_{\theta_d}\left(G_{\theta_g}(z^{(i)})\right)\right)\right] \tag{12-9}$$

end for

- Sample minibatch of m noise samples $\{z^{(1)}, z^{(2)}, \cdots, z^{(m)}\}$ from noise prior $p_g(z)$.
- Update the generator by ascending its stochastic gradient (improved objective):

$$\nabla_{\theta_d} \frac{1}{m}\sum_{i=1}^{m}\log\left(D_{\theta_d}\left(G_{\theta_g}(z^{(i)})\right)\right) \tag{12-10}$$

end for

这里设计了两个 for 循环，里面的 for 循环是判别器训练过程，判别器同时训练鉴别真实图像和假冒图像，所以它有两个输入 $x^{(i)}$ 和 $z^{(i)}$。生成器只训练模型的逼真函数，所以只有一个输入 $z^{(i)}$。实践证明内部循环 $k=1$ 更稳定，也就是说内部不用循环，一次就行。

训练完成的标志：纳什均衡。因为 GAN 涉及两个函数的训练，而且是对抗训练，这里就用到了博弈论中的纳什均衡。生成网络 GAN 实际上是一个博弈过程，所以最终训练完成的标志就是生成器网络和判别器网络达到纳什均衡。也就是当判别器 D 最终输掉比赛时，我们就实现了目标，因为：

- 生成器 G 恢复了训练数据分布，即它能生成与真实数据非常接近的假冒数据。
- 判别器 D 已经“是非不分”(每个图像，无论真假，都是 1/2 概率)。

如图 12-6 所示，测试过程只需要用到蓝色方框内的生成器。在训练完成后，使用生成器网络来生成新的图像，再由判别器网络判别真实或假冒。真实图像数据在训练后不再使用。

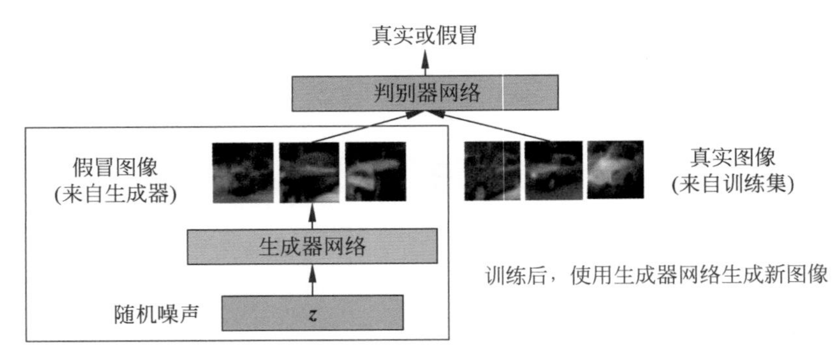

图 12-6　测试过程

12.2　通过博弈论理解 GAN 原理

首先了解一下博弈论的历史。博弈论又称为对策论，中国最古老的"田忌赛马"就是一个应用博弈论的经典案例，现在被划分为经济学的一个分支。1944 年冯·诺依曼与摩根斯特恩合著的《博弈论与经济行为》标志着现代系统博弈论的初步形成，他们也被称为博弈论之父。博弈论被认为是 20 世纪经济学最伟大的成果之一，目前在经济学、生物学、国际关系学、计算机科学、政治学、军事战略和其他很多学科都有广泛的应用。

接下来我们通过双人游戏的例子来学习博弈论。假设现在有两个玩家 A 和 B，玩家 A 有两种策略，称为 Up(U)和 Down(D)；玩家 B 也有两种策略，称为 Left(L)和 Right(R)。这个例子有一个回报矩阵，如图 12-7 所示，每个格子显示 4 种可能的策略组合中的一种，分别对两个玩家回报。举例来说，如果 A 出 Up，B 出 Right，则 A 的收益为 1，B 的收益为 8。

玩家A \ 玩家B	L	R
U	(3, 9)	(1, 8)
D	(0, 0)	(2, 1)

图 12-7　双人游戏：回报矩阵

现在的问题是：哪些是这个游戏中可能的策略组合呢？首先，(U,R)是有可能的博弈策略吗？我们来分析一下，如果 B 出 Right(对应图 12-7 第 2 列)，则 A 的最佳出法是 Down，因为这会将 A 的收益从 1 提高到 2。因此(U,R)不是可能的出法，不符合 A 的最大收益原则。那么(D,R)是有可能的博弈策略吗？如果 B 出 Right，则 A 的最佳回复是 Down。如果 A 出 Down，那么 B 的最佳回复是 Right，因为 B 的收益会从 0 提升到 1，所以(D,R)是一个可能的出法。(D、L)是有可能的博弈策略吗？如果 A 出 Down，那么 B 的最佳出法是 Right，所以(D、L)不是可能的出法。(U、L)是有可能的博弈策略吗？如果 A 出 Up，则 B 的最佳回复是 Left；如果 B 出 Left，则 A 的最佳回复是 Up；所以(U、L)是可能的出法。

每个策略对另一个策略都是最佳应对的游戏玩法就是纳什均衡。刚才的例子中有两个纳什均衡：(U、L)和(D、R)。这两种策略组合中的每一个策略，不管是谁出第一个策略，他们的策略都是对对方策略的最佳应对，也就是说他们的收益是最大的。纳什均衡是约翰·纳什 1950 年在普林斯顿大学攻读博士学位时完成的。尽管博弈论的研究始于 1944 年，然而却是纳什首先用严密的数学语言和简明的文字准确地定义了纳什均衡的概念，极大地促进了博弈论的发展。

接下来我们通过博弈论来理解生成对抗网络 GAN 的数学原理。首先定义一种新的损失函数的形式，如式(12-11)所示，该式中第 1 项为$[1-D(\boldsymbol{x})]$，第 2 项把"1－"去掉，就变成了$[D(G(\boldsymbol{z}))]$的形式。这样一来原来优化判别器函数就从求最大值变成了求最小值，而生成器从求最小值变成了求最大值，如式(12-13)所示。更进一步地，为了便于比较，我们把第 2 项用 $\boldsymbol{z}$ 表示转变为用 $\boldsymbol{x}$ 表示，如式(12-12)所示。也就是说 $\boldsymbol{z}$ 是随机噪声，最后生成的是类似于真实图像的假图像。它服从的分布是 p_g，而真实图像服从的分布是 p_t。

$$E(G,D)=\frac{1}{2}\mathbb{E}_{x\sim p_t}[1-D(\boldsymbol{x})]+\frac{1}{2}\mathbb{E}_{z\sim p_z}[D(G(\boldsymbol{z}))] \tag{12-11}$$

$$=\frac{1}{2}(\mathbb{E}_{x\sim p_t}[1-D(\boldsymbol{x})]+\mathbb{E}_{x\sim p_g}[D(\boldsymbol{x})]) \tag{12-12}$$

$$\max_G(\min_D E(G,D)) \tag{12-13}$$

接下来我们看判别器在这种博弈过程中的策略。把期望的形式变换成积分的形式，如式(12-14)所示。这种变换需要把分布 $\boldsymbol{x}\sim p_t$、$\boldsymbol{x}\sim p_g$ 拿出来，把 $p_t(\boldsymbol{x})$、$p_g(\boldsymbol{x})$ 作为概率密度函数进行积分。判别器就是要最小化这个函数，对于真实数据 $(1-D(\boldsymbol{x}))$ 来说，它越大越好(接近于1)；而对于假冒数据 $D(\boldsymbol{x})$ 来说，它越小越好(接近于0)。所以它的策略就是真实图像的密度大于或等于假冒图像的密度，如式(12-15)所示。

$$\mathbb{E}_{x\sim p_t}[1-D(\boldsymbol{x})]+\mathbb{E}_{x\sim p_g}[D(\boldsymbol{x})]$$

$$=\int_{\mathbf{R}}(1-D(\boldsymbol{x}))p_t(\boldsymbol{x})+D(\boldsymbol{x})p_g(\boldsymbol{x})\mathrm{d}\boldsymbol{x} \tag{12-14}$$

$$p_t(\boldsymbol{x})\geqslant p_g(\boldsymbol{x}) \tag{12-15}$$

用图形表示，如图12-8所示，左侧深色部分是真实图像的数据分布，右侧浅色部分是生成的假冒图像的数据分布。如果判别器的函数对应真实图像数据的分布，从A点到B点都是 $p_t(\boldsymbol{x})\geqslant p_g(\boldsymbol{x})$，那么判别器能够很好地鉴别真伪。所以它的策略就是尽可能地让 $p_t(\boldsymbol{x})$ 比 $p_g(\boldsymbol{x})$ 大，也就是尽可能地把二者的分布区分开来。通过这样的策略之后，在给定 $p_g(\boldsymbol{x})$ 的情况下，我们得到一个最优的判别器函数，其表达式如式(12-16)所示。

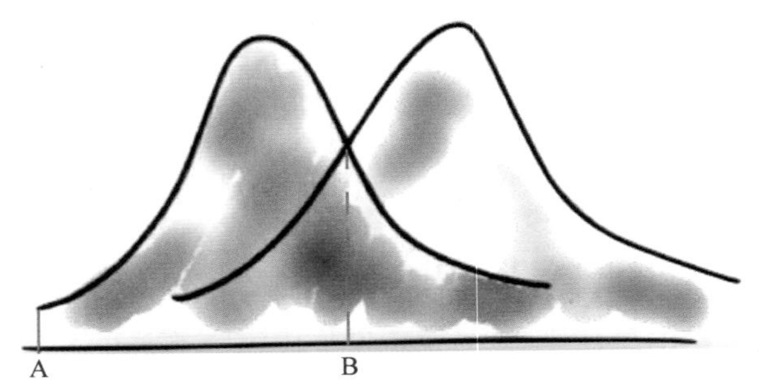

图12-8　判别器的策略

$$\int_{\mathbf{R}}(1-D_G^*(\boldsymbol{x}))p_t(\boldsymbol{x})+D_G^*(\boldsymbol{x})p_g(\boldsymbol{x})\mathrm{d}\boldsymbol{x} \tag{12-16}$$

再来看生成器的策略：在式(12-16)中，尽可能地使 $D_G^*(\boldsymbol{x})p_g(\boldsymbol{x})$ 的值最大。由于判别器最优值在当前情况下已经找到，而它的真实分布也已经确定，那么现在我们就要让生成的假图像的分布尽可能地与真实分布接近，$p_g(\boldsymbol{x})\to p_t(\boldsymbol{x})$。更确切地说，是希望这个分布大于真实图像的分布，如式(12-17)所示，这样就可以达到以假乱真的目的了。生成器在博弈过程中的博弈策略与判别器的博弈策略(如式(12-15)所示)，这两个策略正好是相反的。按照博弈论，如果希望这两者的收益最大，就只能取 $p_g(\boldsymbol{x})$ 等于 $p_t(\boldsymbol{x})$，如式(12-18)所示。一旦达到这样的结果，就说明真实图像的分布和假冒图像的分布是同一个分布，就达到了纳什均衡。在这样的情况下，判别器和生成器都达到了最优策略。

$$p_g(\boldsymbol{x}) \geqslant p_t(\boldsymbol{x}) \tag{12-17}$$

$$p_g(\boldsymbol{x}) = p_t(\boldsymbol{x}) \tag{12-18}$$

可能有人质疑此时判别器已经无法鉴别出是真实图像还是假冒图像了，任何一张图像判别器都是 50%的概率鉴别为真实图像。但实际上这就是判别器的最优策略，因为在这个博弈过程中，一直是生成器不断地学习，即生成器的分布越来越靠近真实分布，而它在接近真实分布的过程中，判别器的策略空间会不断地被挤压。当生成器的分布与真实分布接近时，判别器最优选择只能是 1/2 概率，这就是它们博弈的结果。此时判别器和生成器已经达到了一个平衡。

12.3　由 J-S 散度推导 GAN 判别器和生成器最优值

首先来了解一下什么是 J-S 散度。我们之前专门讲解过 K-L 散度的概念及其原理，理解了 K-L 散度，就非常容易理解 J-S 散度，J-S 散度实际上是 K-L 散度的代数表达式，如式(12-19)所示。P 和 Q 两个分布的 J-S 散度由两个 K-L 散度的和组成。其中，第 1 项是 $P(\boldsymbol{x})$ 与 $\frac{P(\boldsymbol{x})+Q(\boldsymbol{x})}{2}$ 的 K-L 散度；第 2 项是 $Q(\boldsymbol{x})$ 与 $\frac{P(\boldsymbol{x})+Q(\boldsymbol{x})}{2}$ 的 K-L 散度。从这个表达式可以得出 J-S 散度的值域是[0,1]，两个分布相同时 J-S 散度为 0，相反则为 1。K-L 散度是不对称的，但是 J-S 散度是对称的，即 J-S($P \parallel Q$)=J-S($Q \parallel P$)。

$$\text{J-S}(P \parallel Q) = \frac{1}{2}\text{K-L}\left(P(\boldsymbol{x}) \parallel \frac{P(\boldsymbol{x})+Q(\boldsymbol{x})}{2}\right) + \frac{1}{2}\text{K-L}\left(Q(\boldsymbol{x}) \parallel \frac{P(\boldsymbol{x})+Q(\boldsymbol{x})}{2}\right) \tag{12-19}$$

生成对抗网络目标函数的最优结果如式(12-20)所示，12.2 节已经得到最终结果应该是 $p=q$，判别器的最优结果是 $D^*(\boldsymbol{x})=\frac{1}{2}$，而生成器的最优结果是 $\min\limits_G \max\limits_D V(D,G) = -2\log 2$。

$$\min_G \max_D V(D,G) = \mathbb{E}_{x\sim p_r}[\log D(\boldsymbol{x})] + \mathbb{E}_{z\sim p_z(z)}[\log(1-D(G(\boldsymbol{z})))] \tag{12-20}$$

接下来证明这个最优结果。对式(12-5)的目标函数做一个变形，都用 $\boldsymbol{x}$ 来表示，如式(12-22)所示。更进一步可以把它写成积分的形式，如式(12-23)所示，里面增加了两个密度 $P_r(\boldsymbol{x})$ 和 $P_g(\boldsymbol{x})$。式(12-23)跟式(12-21)是等价的，如果输入的是真实图像，那么第 1 项中 $P_r(\boldsymbol{x})$ 是真实的分布，$D(\boldsymbol{x})$ 会给比较高的概率，而第 2 项的结果就比较小。若此时输入换成了假冒图像，由于假冒图像不服从 $P_r(\boldsymbol{x})$ 的真实分布，所以第 1 项的 $P_r(\boldsymbol{x})$ 和 $D(\boldsymbol{x})$ 的值都会比较小，而第 2 项中 $1-D(\boldsymbol{x})$ 的值就比较大，同时对应的 $P_g(\boldsymbol{x})$ 分布较大才符合最优预期，最终第 2 项的结果比较大。所以，式(12-23)与原来的目标函数的结果是一样的。

$$\mathbb{E}_{x\sim p_r}[\log D(\boldsymbol{x})] + \mathbb{E}_{x\sim p_g(x)}[\log(1-D(\boldsymbol{x}))] \tag{12-21}$$

$$=\int_x (P_r(\boldsymbol{x})\log D(\boldsymbol{x})+P_g(\boldsymbol{x})\log(1-D(\boldsymbol{x})))\mathrm{d}\boldsymbol{x} \tag{12-22}$$

假设生成器 G 是固定的，求最佳判别器。式(12-23)可以写成新的形式，如式(12-24)所示，求该表达式的最大值，其结果如式(12-24)所示。

$$E(\boldsymbol{x})=P_r(\boldsymbol{x})\log D(\boldsymbol{x})+P_g(\boldsymbol{x})\log(1-D(\boldsymbol{x})) \tag{12-23}$$

$$\Rightarrow D^*(\boldsymbol{x})=\frac{P_r(\boldsymbol{x})}{P_r(\boldsymbol{x})+P_g(\boldsymbol{x})} \tag{12-24}$$

式(12-24)的最大值是如何得出来的呢？其实它相当于一个简单函数的最值。设简单函数如式(12-25)所示，这个函数与刚才的目标函数是一样的。因为假定生成器固定，也就是 b 固定，而 a 是真实数据的分布，也是固定的。那么就可以把它们写成常数，对其求导，如式(12-26)所示，经过简单计算得到结果如式(12-27)所示。所以，我们通过这个简单函数的最值求解，可知式(12-24)就是判别器 D^* 的最优值表达式。

$$z=a\log(y)+b\log(1-y) \tag{12-25}$$

$$z'=\frac{a}{y}+\frac{b}{1-y}(-1) \tag{12-26}$$

$$\Rightarrow y^*=\frac{a}{a+b} \tag{12-27}$$

接下来看生成器的最小值。把刚才的最优值代入目标函数，如式(12-28)所示，得到新的形式，如式(12-29)所示。

$$\min_G V(D^*,G)=\int_x (P_r(\boldsymbol{x})\log D^*(\boldsymbol{x})+P_g(\boldsymbol{x})\log(1-D^*(\boldsymbol{x})))\mathrm{d}\boldsymbol{x} \tag{12-28}$$

$$=\int_x \left(P_r(\boldsymbol{x})\log\frac{P_r(\boldsymbol{x})}{P_r(\boldsymbol{x})+P_g(\boldsymbol{x})}+P_g(\boldsymbol{x})\log\frac{P_g(\boldsymbol{x})}{P_r(\boldsymbol{x})+P_g(\boldsymbol{x})}\right)\mathrm{d}\boldsymbol{x} \tag{12-29}$$

然后拿出 P_r 和 P_g 的 J-S 散度，直接展开成式(12-30)。

$$\text{J-S}(P_r\parallel P_g)=\frac{1}{2}\text{KL}\left(P_r\parallel\frac{P_r+P_g}{2}\right)+\frac{1}{2}\text{K-L}\left(P_g\parallel\frac{P_r+P_g}{2}\right) \tag{12-30}$$

接着把式(12-30)展开为 KL 散度的积分形式，如式(12-31)所示。再把对数里面的 2 展开出来，得到新的表达式，如式(12-32)所示。然后再将这两项合并，得到最终的形式，如式(12-33)所示，式(12-32)中两个积分的形式与式(12-29)中的积分形式完全一样，所以式(12-33)中可以用 $\min\limits_G V(D^*,G)$ 直接表达。这也就是说，P_r 和 P_g 的 J-S 散度可以用一个常数加上生成器 V 的最小值。

$$\begin{aligned}&\frac{1}{2}\left(\int_x P_r(\boldsymbol{x})\log\frac{2P_r(\boldsymbol{x})}{P_r(\boldsymbol{x})+P_g(\boldsymbol{x})}\right)\mathrm{d}\boldsymbol{x}+\\&\frac{1}{2}\left(\int_x\left(P_g(\boldsymbol{x})\log\frac{2P_g(\boldsymbol{x})}{P_r(\boldsymbol{x})+P_g(\boldsymbol{x})}\right)\mathrm{d}\boldsymbol{x}\right)\end{aligned} \tag{12-31}$$

$$=\frac{1}{2}\left(\log 2+\int_x P_r(\boldsymbol{x})\log\frac{P_r(\boldsymbol{x})}{P_r(\boldsymbol{x})+P_g(\boldsymbol{x})}\right)\mathrm{d}\boldsymbol{x}+$$

$$\frac{1}{2}\left(\log 2+\int_{x}\left(P_{g}(\boldsymbol{x})\log\frac{P_{g}(\boldsymbol{x})}{P_{r}(\boldsymbol{x})+P_{g}(\boldsymbol{x})}\right)\mathrm{d}\boldsymbol{x}\right) \tag{12-32}$$

$$=\frac{1}{2}(\log 4+\min_{G}V(D^{*},G)) \tag{12-33}$$

生成器 V 最优值的表达式如式(12-34)所示。要求这个函数的最小值，就要求 J-S 散度的最小值，而 J-S 散度的最小值是 0，也就是当两个分布 $P_r(\boldsymbol{x})=P_g(\boldsymbol{x})$ 时，J-S 散度 $D_{\text{J-S}}=0$，V 取得最小值 $-2\log 2$。

$$\min_{G}V(D^{*},G)=2D_{\text{J-S}}(P_r \parallel P_g)-2\log 2 \tag{12-34}$$

最后总结一下判别器和生成器的最值。判别器的最大值 $D^{*}(x)=\frac{1}{2}$；生成器的最小值 $\min_{G}\max_{D}V(D,G)=-2\log 2$。这是可以推导出来的，所用的方法就是 J-S 散度以及函数求最值的方法。整个证明过程是很数学的，逻辑严密、环环相扣、有理有据，最后得到的最优解要求 P 和 Q 这两个分布相等。这个结论与 12.2 节所讲的通过判别器和生成器的博弈得到的纳什均衡的结果是一样的。本节所讲的数学过程，是对 12.2 节 GAN 原理的有力支撑。这两种方法殊途同归，成为生成对抗网络强有力的数学基础，这也是生成对抗网络能够广泛应用的一个重要原因。

12.4 深度卷积生成对抗网络(DCGAN)

首先来了解一下生成自然图像的探索历史。有两种方法可以生成自然图像：非参数模型以及参数化模型。非参数模型通常从现有的图像数据库进行匹配，匹配图像的碎片，也就是直接比较两种图像进而进行生成。参数化模型比非参数模型更好一些，因为它是根据一定的规则生成图像的，也就是说从隐藏变量生成的。例如 2000 年时对 mnist 数字合成，直到 2012 年后，生成真实世界的自然图像才取得了很大的成功，但仍然有一些缺陷。下面列举一些参数化模型的方法：

- 生成图像的变分抽样方法 VAE(Kingma & Welling，2013 年)已经取得了一些成功，但样本很模糊；
- 使用迭代正向扩散过程生成图像(Soch Dickstein 等，2015 年)；
- 生成对抗网络(Goodfellow 等，2014 年)生成的图像噪声大且难以理解。拉普拉斯金字塔对此方法的扩展(Denton 等，2015 年)显示了更高质量的图像，但由于链接多个模型而引入了噪声，仍然不稳定；
- 最近，一种循环网络方法(Gregor 等，2015 年)和一种反卷积网络方法(Dosovitskiy 等，2014 年)在生成自然图像方面也取得了一些成功，但是，这两种方法没有利用生成器执行受监督的任务。

本节所讲的 DCGAN 把 GAN 和 CNN 结合起来，更加稳定，可以设计更深的网络，并且产生更高分辨率的图像。那么它使用了什么方法达到这样的效果呢？

12.4.1 DCGAN使用的方法

DCGAN 使用 5 种方法来实现自然图像的生成，它们是：

- 用跨步卷积（判别器）和分数跨步卷积（生成器）替换任何池化层；
- 在生成器和判别器中使用批归一化；
- 移除完全连接的隐藏层，以实现更深层的架构；
- 在生成器中对除输出外的所有层使用 ReLU 激活，对输出使用 tanh 激活函数；
- 在判别器的所有层使用 Leaky ReLU 激活。

这些方法在卷积神经网络中到处可见，是一些比较成功的方法。把这些成功的技巧融合在一起就可以实现生成逼真自然图像的功能。现在我们详细地看一下 DCGAN 使用的方法。

第 1 种，全卷积网络。它将确定性空间池化函数（如 Max pooling）替换为跨步卷积（Strided convolution，步长大于或等于 2 时一般称为跨步卷积），让网络学习降采样，我们在生成器和判别器中都使用这种方法。

第 2 种，取消全连接层。这方面最有力的例子是在最先进的图像分类模型中使用的全局平均池化。全局平均池化提高了模型的稳定性，但降低了收敛速度。GAN 的第 1 层把均匀的噪声分布作为输入，可以称为完全连接，因为它只是一个矩阵乘法，但结果被重新整形为 4 个维度的张量，并用作卷积堆栈的开始。对于判别器，最后一个卷积层被摊平，然后送入单个 sigmoid 输出。

第 3 种，批量归一化。这个方法在卷积神经网络中非常重要，效果显而易见。它通过将每个单元的输入归一为零均值和单位方差来稳定学习。这有助于处理由于初始化不佳而产生的训练问题，并有助于梯度流入更深的层，也就是可以避免梯度消失。这对于深度生成器学习是至关重要的，防止生成器将所有样本压缩到一个单一点，这是在 GAN 中观察到的常见故障模式。然而将批归一化直接应用于所有层会导致样本振荡和模型不稳定。避免这种情况的方法是不对生成器输出层和判别器输入层应用归一化。

第 4 种，ReLU 激活。生成器的输出层使用 tanh 函数，其余使用 ReLU 激活函数。我们观察到，使用有界激活可以使模型更快地学习饱和并覆盖训练分布的颜色空间。

第 5 种，Leaky ReLU 激活。在判别器中，我们发现 Leaky ReLU 工作良好，特别是对于高分辨率的建模。

12.4.2 DCGAN中的生成器

DCGAN 生成器用于 LSUN 场景建模，如图 12-9 所示。将 100 维的均匀分布 z 投影到具有许多特征图的小空间范围的卷积表示，例如图中的 1024 个 4×4 的特征图，然后不断地使用分数跨步卷积，即反卷积，将这种表示转换为 64×64 的图像。这里完全没有使用全连接层和池化层，这是 DCGAN 整个架构的特点。结构很简单，但是效果非常明显。

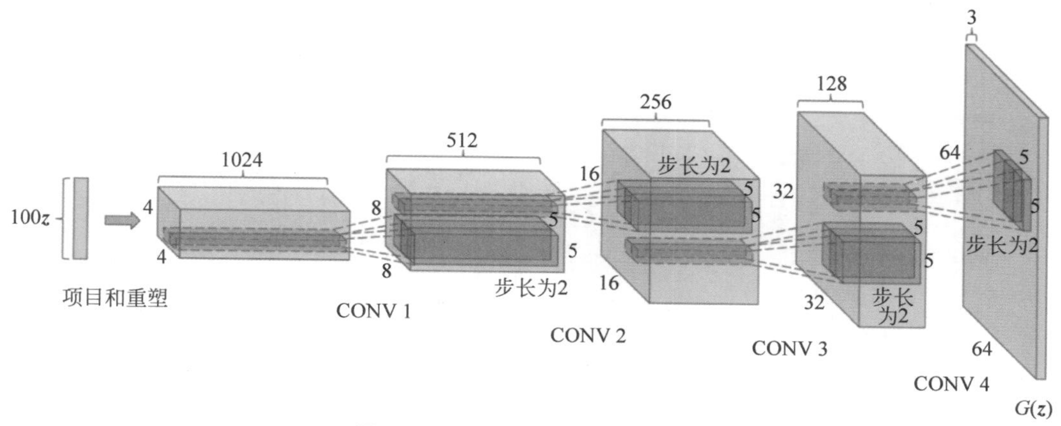

图 12-9 DCGAN 生成器网络架构

12.4.3 DCGAN 对抗训练的细节

目前主要在 3 个数据集上训练 DCGAN：大规模场景理解(LSUN)、ImageNet-1k 和新组装的面部数据集。这些数据集有以下 5 个方面的细节：

- Image preprocessing,我们没有对图片进行预处理,除了将生成器的输出变换到[−1,1]；
- SGD 随机梯度下降法,训练使用小批量 SGD,batch size=128；
- Parameters initialize,所有的参数都采用 0 均值,标准差为 0.02 的初始化方式；
- Leaky ReLU,它的斜率 α_1 的取值为 0.2；
- Optimizers,使用 Adam 优化器,并且对参数做了一些微调,通过实验发现默认的学习率 0.001 太高了,调整为 0.0002 为宜,Adam 中的动量参数 β_1 默认为 0.9 太高了,会使训练过程振荡不稳定,发现将其调整为 0.5 可以使训练过程更加稳定。

一轮训练后卧室的图片如图 12-10 所示,我们可以看到卧室图片已经初具样子,但还是有很多模糊的地带。

图 12-10 DCGAN 一轮训练之后

接着再继续训练，经过5轮之后，训练结果如图12-11所示，每张图片已经非常清晰了，结构轮廓都非常清晰，可以说与真实图片相差无几。

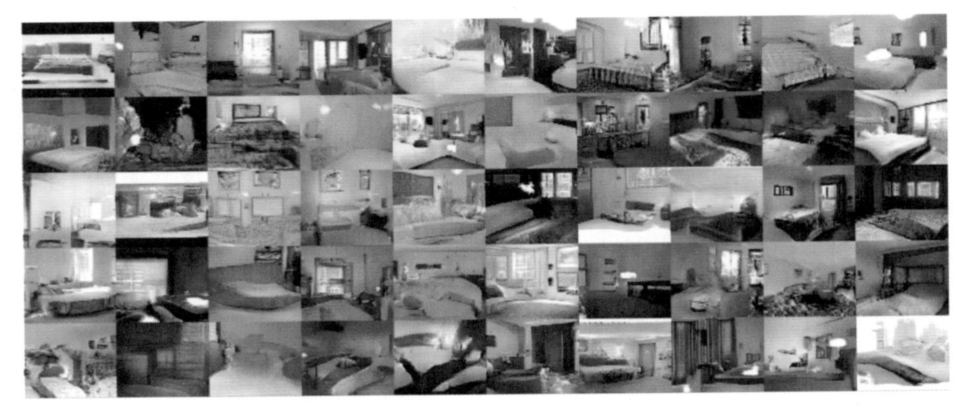

图12-11 DCGAN 5轮训练之后

12.5 条件生成对抗网络

利用条件对生成对抗网络(Conditional GAN,CGAN)进行扩展，在GAN框架中生成器网络的任务是欺骗判别器网络，使其认为生成的样本是真实数据。我们为生成器网络和判别器网络额外添加一个条件，以便对生成的图像按任意外部数据进行调节。通过改变这个条件信息，我们可以使生成网络生成具有特定属性的图像而不是随机噪声。相比之下，之前的DCGAN的目标是生成以假乱真的图像，现在我们对这个目标施加一个条件一个框架，让它满足特定的要求、按一定的方向去生成，这就是条件生成对抗网络(CGAN)的指导思想。

例如要生成指定的数字。如果使用DCGAN生成数字，只能生成真实的数据，如图12-12所示，0～9的各种各样的手写数字。但如果要指定生成0或者9这样的数字，那么就需要添加一个条件。

生成不同风格的面部。之前我们用DCGAN生成人脸图像是生成非常逼真的像真实人脸的图像。但是如果针对这些人脸增加一些额外的信息，例如变老、微笑，就需要使用条件生成对抗网络。如图12-13所示，第1行是生成图像的初始样本，第2行是让图像变老，第3行则是让图像产生微笑。增加了额外信息的图像实际上就是使用了条件生成对抗网络。

接下来看一看文本到图像是如何实现的，如图12-14所示。传统的监督方法首先需要一个神经网络，用它来接收一个文本，然后生成一个图像。这个生成的图像要尽可能地与给出的图像接近。如果给出的文本是“train”，那么给出的图像就如图12-14所示的各种各样的火车。但是传统的监督方法有一个很致命的问题——生成的图像非常模糊。

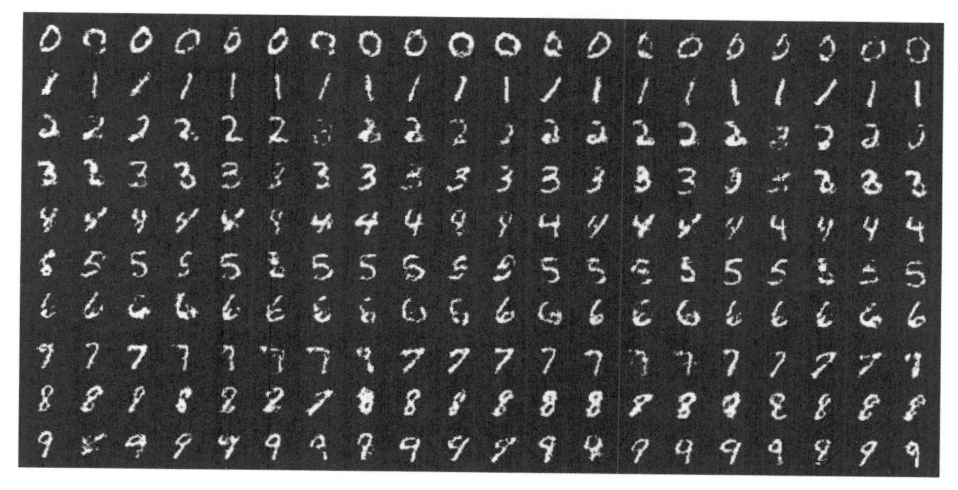

图 12-12　生成的手写数字

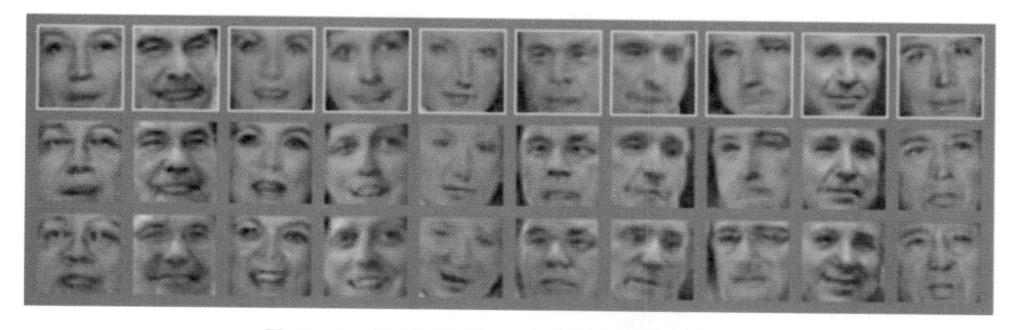

图 12-13　使用了条件生成对抗网络的人脸图像

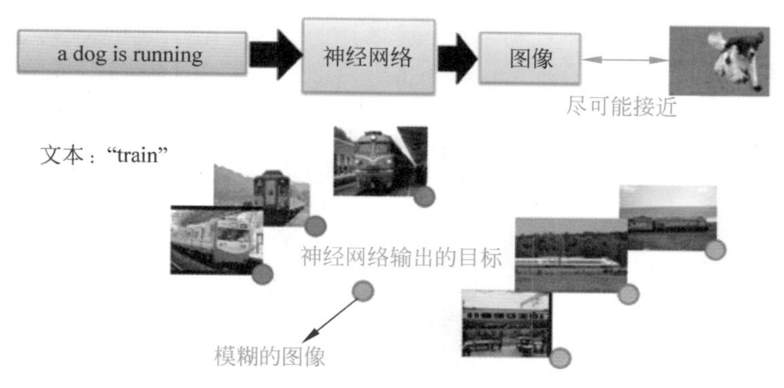

图 12-14　传统的监督方法"由文本到图像"

图像到图像的翻译如图 12-15 所示，传统的监督方法是神经网络接收一个图像，然后生成一个图像，这个生成的图像与给出的图像越接近越好。使用这种测试方法得到的图像很模糊，因为这是几个图像的平均值。由文本到图像和由图像到图像，都有严重的问题，即它们比较模糊。另外这种方法比较生硬，可塑性很差。也就是说，它只是要逼近对应的图像，它没有图像中的可伸缩的、风格自然的变化。

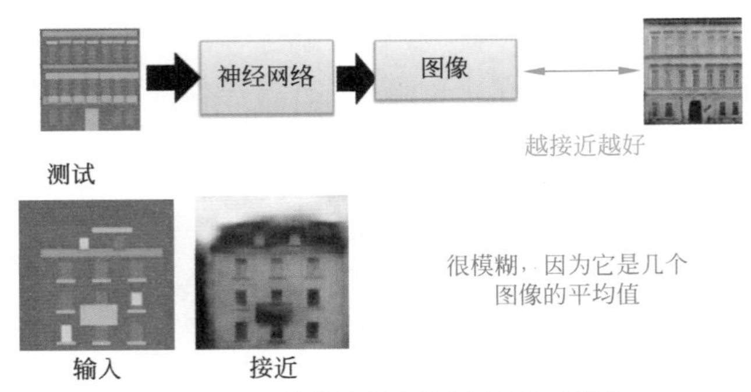

图 12-15　传统的监督方法“由图像到图像”

那么，如果使用条件生成对抗网络，它是怎么做的呢？如图 12-16 所示，蓝色的 G 是生成器，它接收两个输入：一个是之前我们说的随机噪声 $\boldsymbol{z}$，目标是让图像更加自然；另一个是额外的条件 c，最后结果就是由 $\boldsymbol{x}=G(c,\boldsymbol{z})$ 生成的一个图像。这就是 CGAN 生成器实现的过程。它可以有各种各样的应用，例如图中的街景生成，由外观生成一个建筑图像，由黑白图片生成一张彩色图片，由白天图片生成黑夜图片，由边框轮廓图生成实体彩色照片等，这些都可以使用条件生成对抗网络来实现。可见随着加入一种额外的条件，我们可以完成各种各样具有功能的应用。

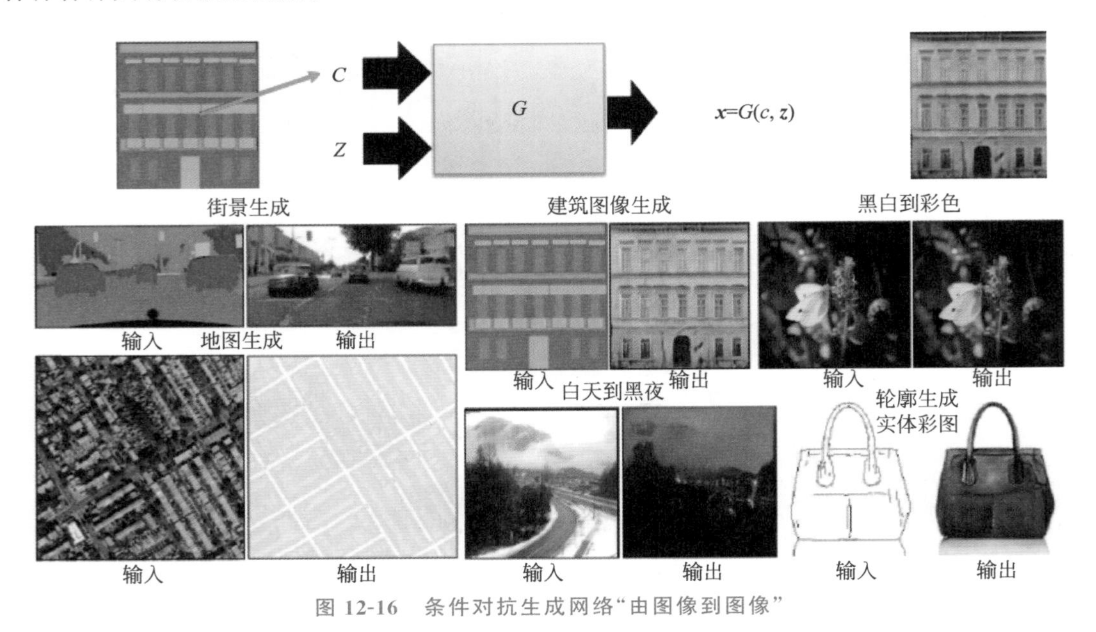

图 12-16　条件对抗生成网络“由图像到图像”

12.5.1　CGAN 的网络结构

如图 12-17 所示，首先在生成器 G 处添加一个输入条件 c：train。如果判别器只输入

x，那么得出一个概率，然后判别这个概率是否是真实图像。如果不加条件，就是最朴素的GAN，如图12-17所示，真实图像为1，生成的假冒图像为0。这样的判别器网络有一个问题：生成器学会生成逼真的图像，同时还加了一定的条件，但是判别器仍然需要添加这样一个输入条件。判别器完成两个目的：第一是否是真实图像；第二是否满足了当初的条件。所以图12-17所示并不是一个完整的CGAN结构。

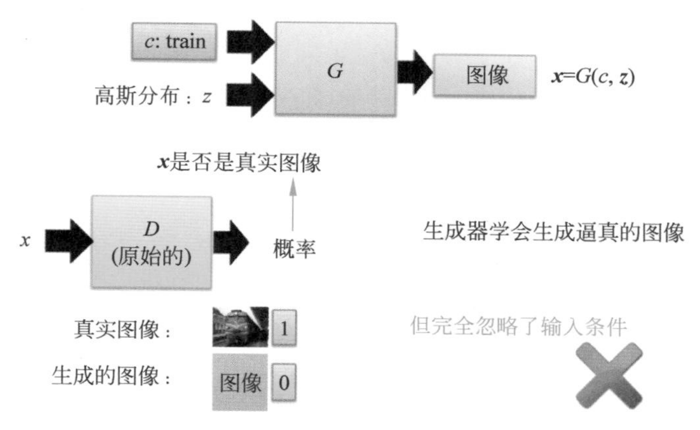

图12-17　不完整的CGAN结构

接下来看一种更好的接近方式，即给判别器增加条件，如图12-18所示。这样可以完成两个方面的判别：第一，x是否真实；第二，c和x是否匹配。这样我们就能在图中看到真实的文本图像对，如果条件匹配，则结果是1；如果条件不匹配，则结果是0。所以，这样的设计更好，更能完成判别器的功能。

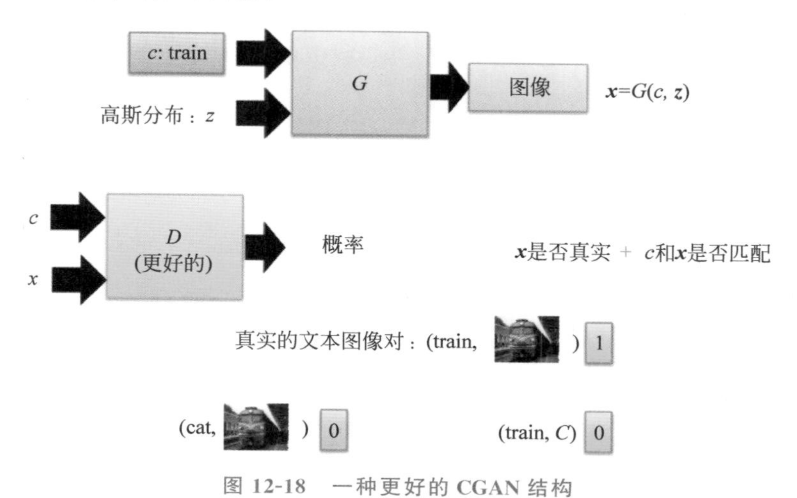

图12-18　一种更好的CGAN结构

把生成器和判别器归为一起的条件对抗生成网络的结构，如图12-19所示，z是随机噪声输入，y是条件输入，z和y要组合以构造一个稠密的编码作为生成器的图像输入。生成器采用上卷积由稠密的编码得到一个图像空间 I,然后把这个图像 I 输入判别器,再经过卷积把输入图像转变为一个稠密的编码 P,此时要用输入条件 $\boldsymbol{y}$ 进行判别,即稠密编码和条件数据组合在一起进行预测。这就是 CGAN 的整体结构。整体结构与之前的 DCGAN 非常类似,只是分别在生成器和判别器中各自添加了一个条件输入 $\boldsymbol{y}$。

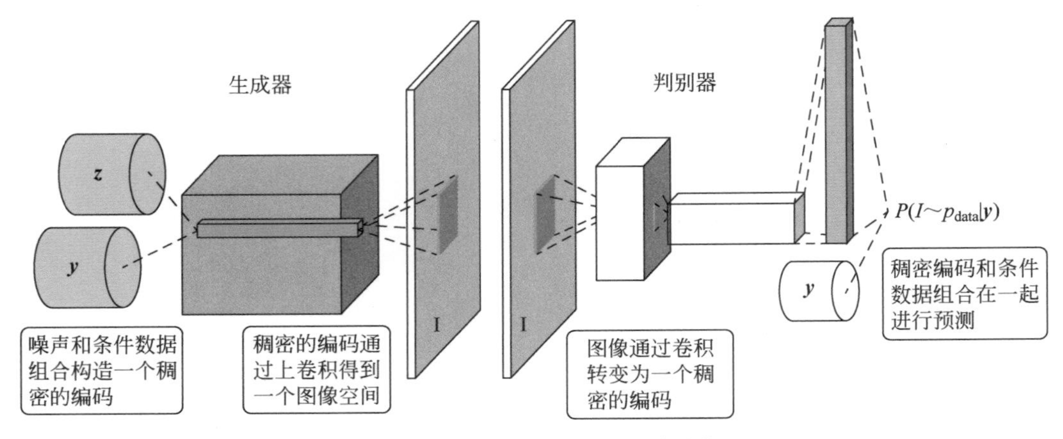

图 12-19　条件对抗生成网络的结构

12.5.2　CGAN 的数学原理

GAN 的目标函数如式(12-35)所示,它是求极大和极小的一个博弈,第 1 项是 $\boldsymbol{x}$ 的分布,第 2 项是 $\boldsymbol{z}$ 的分布。但是加了条件之后,就变成了如式(12-36)所示的形式,第 1 项中的 $\mathbb{E}_{\boldsymbol{x},\boldsymbol{y}\sim p_{\text{data}}(\boldsymbol{x},\boldsymbol{y})}$ 是 $\boldsymbol{x}$ 和 $\boldsymbol{y}$ 的分布,因为添加了从真实数据中抽取的条件 $\boldsymbol{y}$;第 2 项中也包含了条件 $\boldsymbol{y}$,不同于第 1 项中条件 $\boldsymbol{y}$ 是联合的,在第 2 项中条件 $\boldsymbol{y}$ 的分布是各自的 $\mathbb{E}_{\boldsymbol{y}\sim p(\boldsymbol{z}),\boldsymbol{z}\sim p(\boldsymbol{z})}$,因为 $\boldsymbol{y}$ 是从真实数据中抽取的。

$$\min_G \max_D [\mathbb{E}_{\boldsymbol{x}\sim p_{\text{data}}} \log D(\boldsymbol{x}) + \mathbb{E}_{\boldsymbol{z}\sim p(\boldsymbol{z})} \log(1-D(G(\boldsymbol{z})))] \tag{12-35}$$

$$\min_G \max_D [\mathbb{E}_{\boldsymbol{x},\boldsymbol{y}\sim p_{\text{data}}(\boldsymbol{x},\boldsymbol{y})} \log D(\boldsymbol{x},\boldsymbol{y}) + \mathbb{E}_{\boldsymbol{y}\sim p(\boldsymbol{z}),\boldsymbol{z}\sim p(\boldsymbol{z})} \log(1-D(G(\boldsymbol{z},\boldsymbol{y}),\boldsymbol{y}))] \tag{12-36}$$

生成器隐式定义了条件概率密度模型 $P_g(\boldsymbol{x}|\boldsymbol{y})$,也就是在 $\boldsymbol{y}$ 的条件下 $\boldsymbol{x}$ 发生的概率。我们可以将该密度模型与现有的条件密度 $P_y(\boldsymbol{y})$ 相组合,得到联合密度模型 $P_g(\boldsymbol{x},\boldsymbol{y})$。我们的精确任务是参数化 G,也就是说寻找最优的生成器参数,使其复制经验密度模型 $P_{\text{data}}(\boldsymbol{x},\boldsymbol{y})$,即让生成的 $\boldsymbol{x}$ 和原来的 $\boldsymbol{y}$ 达到最大的联合概率密度。

12.5.3　生成器和判别器的目标损失函数

判别器的目标损失函数如式(12-37)所示,要求等号右边的最小值,也就是求括号内的最大值。$\sum_{i=1}^{n} \log D(\boldsymbol{x}_i,\boldsymbol{y}_i)$ 是求 $\boldsymbol{x}$ 和 $\boldsymbol{y}$ 的联合概率密度的判别概率,值越大越好;$D(G(\boldsymbol{z}_i,\boldsymbol{y}_i),\boldsymbol{y}_i)$ 是要生成的图像判别概率越小越好。这样整个表达式就是越小越好。

$$J_D = -\frac{1}{2n}\left(\sum_{i=1}^{n}\log D(\boldsymbol{x}_i,\boldsymbol{y}_i) + \sum_{i=1}^{n}\log(1 - D(G(\boldsymbol{z}_i,\boldsymbol{y}_i),\boldsymbol{y}_i))\right) \tag{12-37}$$

生成器的目标损失函数如式(12-38)所示,除负号外,式(12-38)越大越好。对于生成的数据,我们期望判别器给出的概率越大越好,也就是说能够以假乱真,从而欺骗判别器。这两个表达式本质上和 DCGAN 没有什么区别,不同之处是增加了一个条件 $\boldsymbol{y}$。

$$J_G = -\frac{1}{n}\sum_{i=1}^{n}\log D(G(\boldsymbol{z}_i,\boldsymbol{y}_i)) \tag{12-38}$$

第13章 生成对抗网络的创新及应用

第12章深入细致地讲解了生成对抗网络的原理及各种基本形式的生成对抗网络：深度卷积生成对抗网络(DCGAN)和条件生成对抗网络(CGAN)。本章基于第12章的内容讲解生成对抗网络的创新及应用。

13.1 图像到图像的翻译

翻译一般指不同自然语言的转换。图像到图像的翻译指在许多计算机视觉问题中将输入图像转化为相应的输出图像的过程。正如同一种概念可以用汉语表达也可以用英语表达。图像的场景可以通过各种方式呈现，如RGB图像、梯度场、边缘图和语义标签等，这些呈现方式具有框架性的属性。根据这种属性，可以实现自动生成图像，并在给定训练数据的情况下，将场景的一种可能表示转为另一种表示。这些任务的本质是一样的，就是通过旧的像素点来预测新的像素点。参考文献[10]通过条件对抗生成网络实现图像到图像的翻译，就是要为这些任务设计通用的框架，实现从图像到图像的翻译。

13.1.1 CNN可否预测图像

说到图像预测，自然而然地会想到卷积神经网络，如图13-1所示。现在的问题是，为什么不使用卷积神经网络来预测图像呢？

卷积神经网络是解决各种图像预测的主力工具，对于图像分类问题，采用交叉熵Softmax损失函数。如果要实现从图像到图像的转化，就要使用欧氏距离，因此卷积神经网络的目标就变为最小化预测图像和真实图像之间的欧氏距离。但是会产生模糊的结果，原因是欧氏距离是通过将所有输出平均最小化而得到的，产生模糊的结果就是因为求的是平均。如何设计损失函数将是非常具有挑战的问题，换句话说，只用卷积神经网络实现图像的翻译，无法达到期望的目的，我们需要把问题的根源梳理一下。

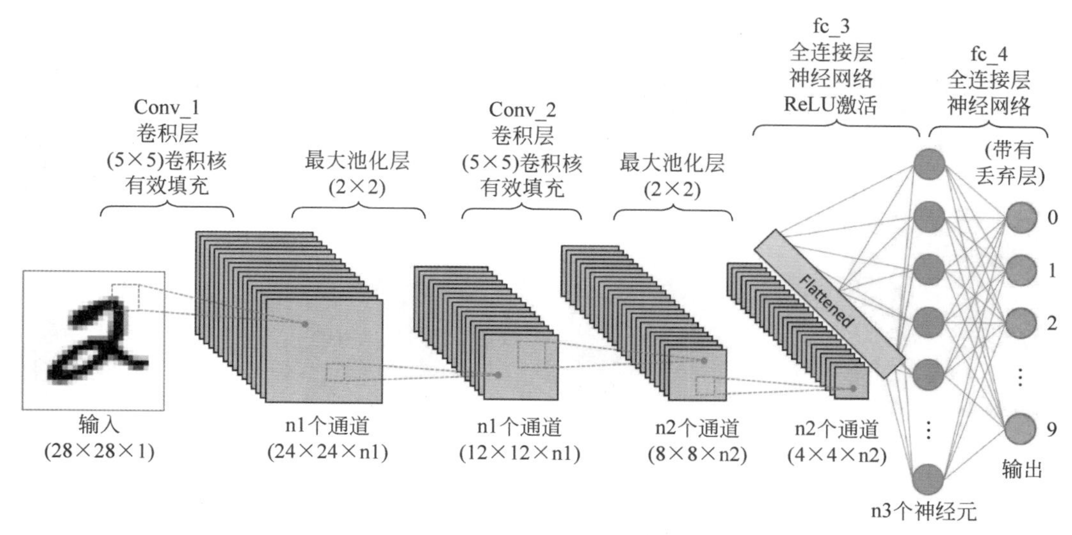

图 13-1 卷积神经网络

13.1.2 CGAN 的具体应用：以不同形态的图像为条件

目标其实只有一个，产生与真实图像难以分辨的输出图像，这个其实与生成对抗网络(GAN)的目标非常契合，由于 GAN 学习使用数据的损失函数，所以可以把 GAN 应用到大量任务中；而传统方法需要根据不同任务，设计不同类型的损失函数。更进一步地，我们以不同形态的图像为条件，例如用离散标签、文本即图像来约束 GAN，这就是第 12 章所讲的条件生成对抗网络所完成的任务。

条件生成对抗网络可解决图像修复、预测图像、根据用户需求来编辑图像及风格迁移等，如图 13-2 所示，这里列出的各种各样的场景都可以通过条件生成对抗网络来实现，例如由语义标签图生成真实的街景，由外观黑白图像到彩色图像，由航空图像到地图，由白天照片到夜景照片和由边缘生成照片。我们以航空图到地图的转化作为例子，如图 13-3 所示，判别器会把条件和图像一起拿来鉴别，得出它们是真实的还是假冒的一对，如果匹配，则判为真实；如果不匹配，则为假冒。生成器根据这个地图，经过一个网络生成一张图片，送到判别器来鉴别，目的就是愚弄判别器，这与普通 GAN 的目的相同，所不同的是增加了条件或者蓝本。条件生成对抗网络的原理非常简单，而应用非常精彩。

13.1.3 CGAN 结构上的两大创新

1. U-Net 跳过连接

参考文献[10]在结构上有两大创新，一个是 U-Net 跳过连接，如图 13-4(a)所示，生成器网络的基本结构是 Encoder-Decoder 结构。因为是由图像到图像，输入图像经过一系列下采样层到达瓶颈层，然后反转，最后转变成另一个图像。在许多图像到图像的转化问题

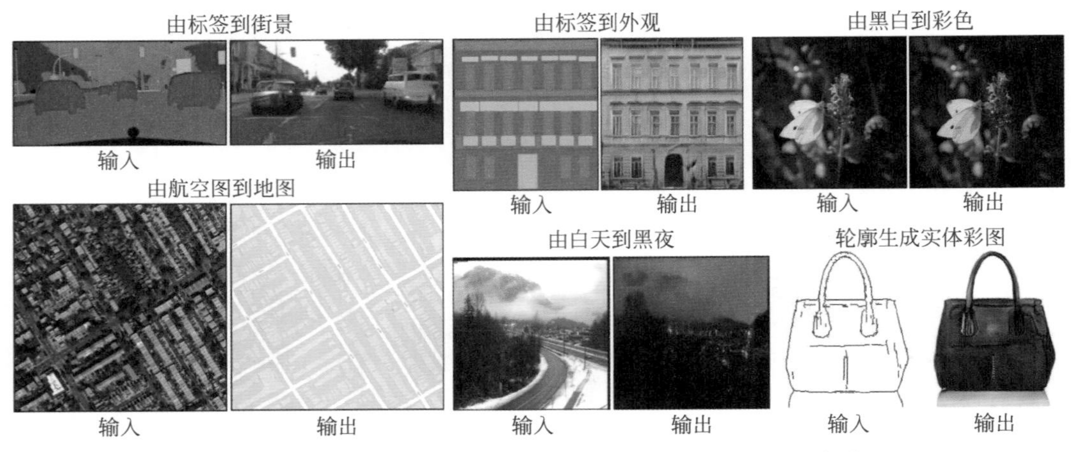

图 13-2 条件生成对抗网络具体应用：以不同形态图像为条件

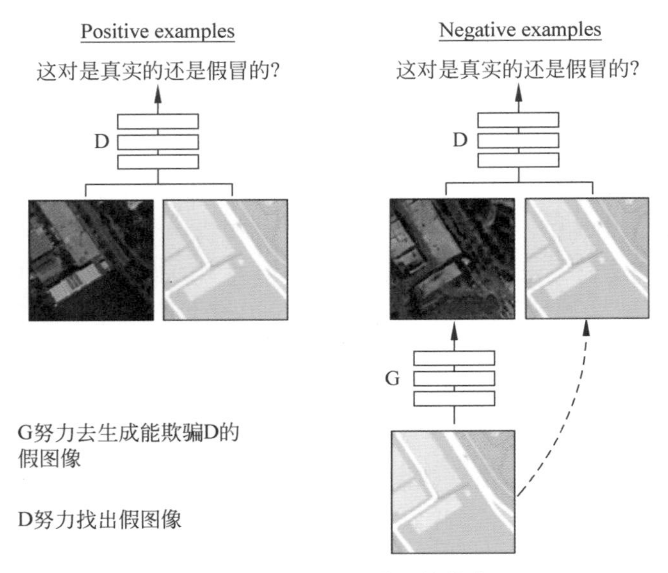

图 13-3 航空图到地图的转化

中，输入与输出之间共享了大量的低级信息。所以如果能够绕过这样的信息，如图 13-4(b)所示，按照 U-Net 的一般结构来跳过连接就可以突破低级信息的限制。低级信息就是概括的信息。而对于局部，详细的信息是不能捕捉的。

U-Net 跳过连接的好处如图 13-5 所示，上排的左右两个图是没有 U-Net 的结果，生成的图像比较模糊，朦胧一片；加了 U-Net 后图像的局部清晰度增强，整个图像更清楚。

2. PatchGAN 捕获高频结构

参考文献[10]的另一个创新是判别器使用 PatchGAN 这样的结构，用于捕捉局部分割，也就是捕捉高频结构。如图 13-6 所示，L1 用来捕捉低频结构，使用 PatchGAN 更加强

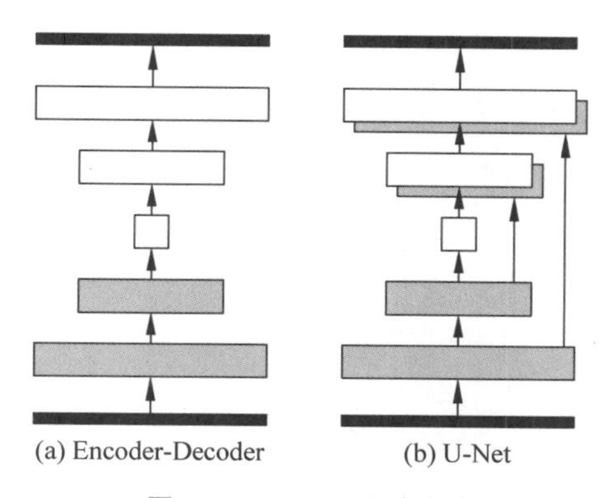

图 13-4　U-Net 跳过连接

图 13-5　U-Net 跳过连接的好处

调了局部结构的清晰度。1×1 的 PatchGAN 比 L1 有更多的色彩多样性，16×16 可以创建局部细节的结果，70×70 的 PatchGAN 可以在空间和色彩两个维度上产生锐利的输出，但是大一点的 286×286 不会在清晰度上有进一步的提高，所以使用 PatchGAN 能很好地捕获局部信息。

图 13-6　PatchGAN 捕获高频结构

使用不同损失函数会导致不同质量结果，看一下论文中给出的对比，如图 13-7 所示，输入的图像是具有框架属性的图像，与真实图像对比后发现，L1 损失的结果很明显比较模糊，使用 CGAN 和 L1＋CGAN 能得到清晰的结果，而且 L1＋CGAN 的效果更好。

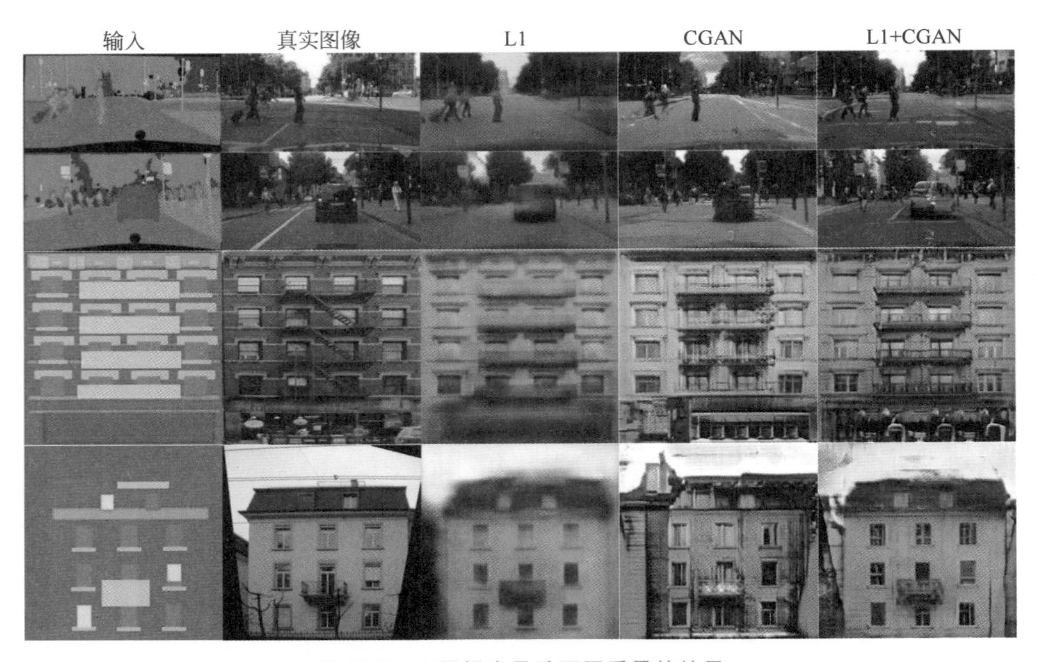

图 13-7　不同损失导致不同质量的结果

13.1.4　图像到图像翻译的应用场景

图像到图像的翻译可以应用到什么场景呢？例如，第 1 个应用是由地图到航空图和由航空图到地图，如图 13-8 所示。

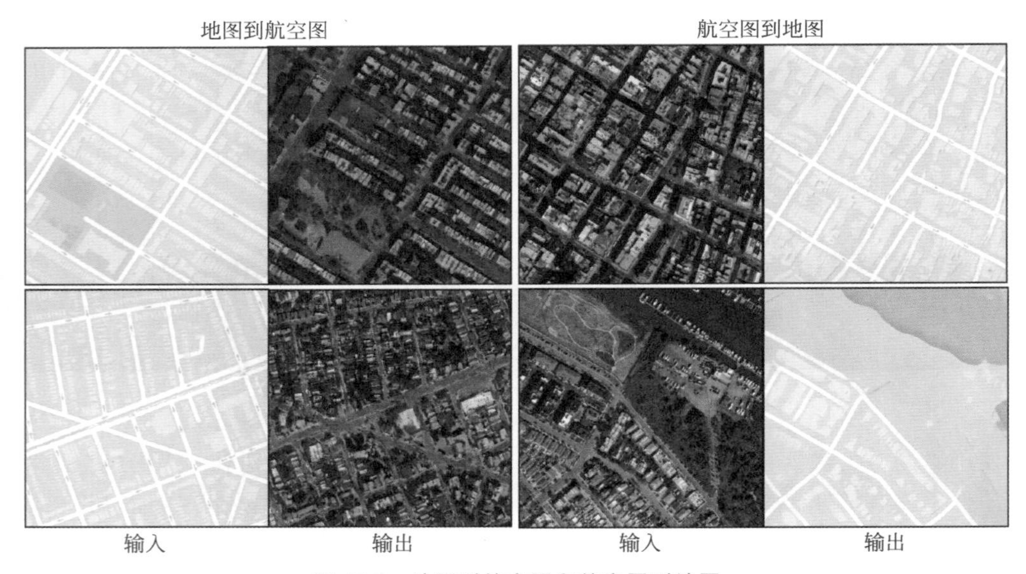

图 13-8　地图到航空图和航空图到地图

第 2 个应用是由城市风景标签到照片，我们可以与真实照片进行比较，如图 13-9 所示，左边是城市风景标签，中间是真实图像，右边是我们通过条件生成对抗网络生成的照片，可以看到生成的照片和真实照片非常接近，且非常清晰。

图 13-9 城市风景标签到照片

第 3 个应用是白天照片生成夜景照片，如图 13-10 所示，输入是白天照片，中间是真实的夜景图像，输出是使用条件生成对抗网络生成的照片，生成的照片与真实夜景非常接近。

图 13-10 白天照片生成夜景照片

第 4 个应用是由物体的边缘生成物体的图像，如图 13-11 所示，输入手提包的边缘轮廓，然后生成对应的各种手提包，与真实图像对比，风格很接近，颜色可能有稍许不同。

第 5 个应用是由草图生成图片，如图 13-12 所示，输入各种各样的草图，然后生成各种各样丰富多彩的图片。

图 13-11 物体边缘生成图像

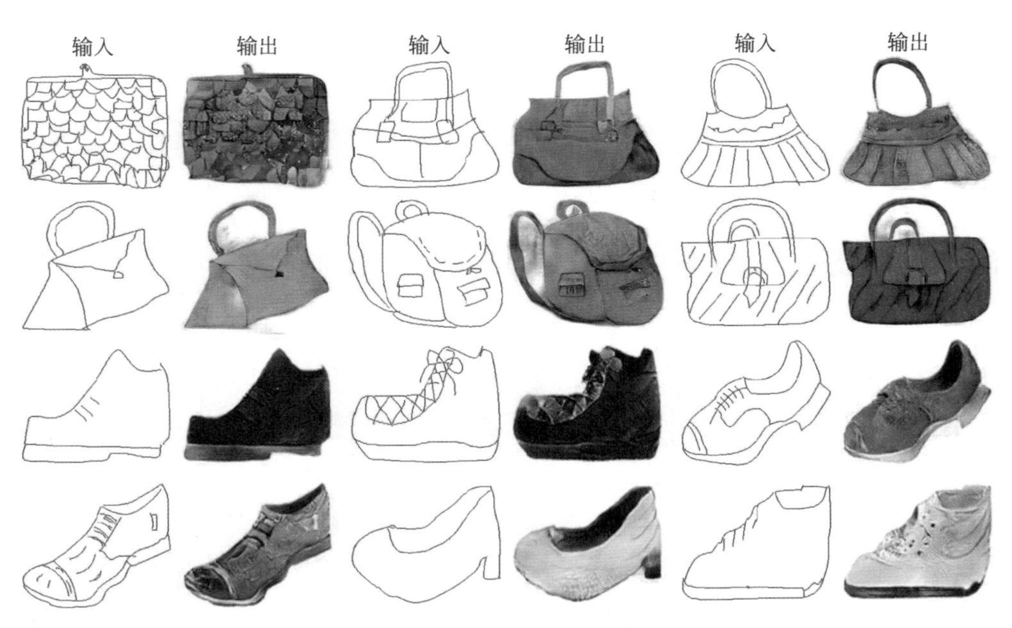

图 13-12 草图生成图片

13.2 循环生成对抗网络[11]

循环生成对抗网络(CycleGAN)的经典应用如图 13-13 所示,左图是马在草地上奔跑,但是右图变成了斑马,而周围的背景模式高度一致。这种从图像到图像的转换,是将图像从一个域转到另一个域，例如左图的马转化到另一个域的斑马。理想情况下，图像的其他特征，即任何与两个域不相关的特征，如背景等都应该保持高度相同。

图 13-13 相同风格的马和斑马

我们可以想象，一个好的图像到图像的翻译应该有无数个应用场景，例如改变艺术风格、从草图到照片，以及改变照片中的风景、季节等。13.1 节已经讲到图像到图像的翻译可以应用到许多场景，如图 13-14 所示依次为由标签到街景、由标签到外观、由黑白照片到彩色照片、由航空图到地图、由白天照片到夜景照片和由边缘到照片。

图 13-14 图像到图像翻译的应用场景

但是这种翻译是严格的监督式学习，也就是说给定一个图像对，指定了由输入图像到输出图像的对应关系，可以说这种翻译是比较低级的学习。它的框架很固定，限制了模型的灵活度，即对模型的要求不高，就像我们要求小孩画画一样，严格按照对应关系画画，如图 13-15 所示，左边画出了猫的轮廓，右边根据这个轮廓生成猫的图像。

循环生成对抗网络则抛弃了这种图像对，除了之前的原因，我们从图像对的获得上来看，如图 13-16 所示，是两个图像到图像的翻译，上图表示由标签到照片，这种情况输出图是真实的街景照片，对输入的各种物体标签进行着色就可得到，这种图像对的获得比较容易。但是，对下图由马到斑马的转换，图像对该如何获得？因为要求它们的周围环境高度一致，一般来说需要制作，所以这种方法的代价比较大。此外，这也是不现实的，因为在现实中很难获得图像对，在同样的场景下，不同的物体具有一致风格的情况非常少见，所以准备工作很困难。

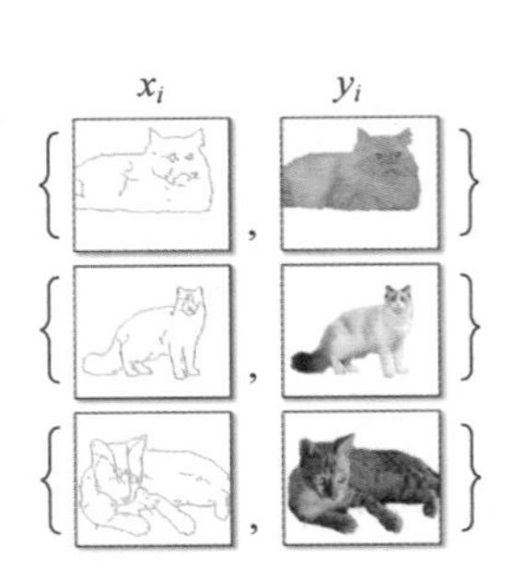

图 13-15　猫的输入轮廓与输出图像对

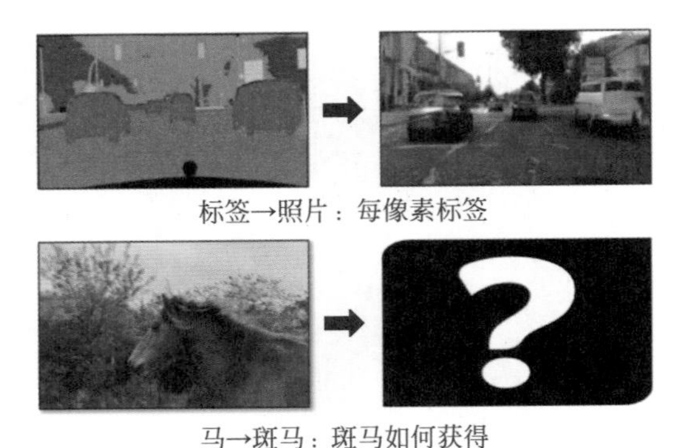

图 13-16　图像对的获得很困难

所以，背景论文就提出了不成对的图像到图像的翻译，如图 13-17 所示，X 和 Y 不成对，虽然左图是马，右图是斑马，但是形态与周围的环境不一样，所以这种学习是比成对的从图像到图像翻译更高级的学习。

回到生成对抗网络，确切地说是条件生成对抗网络，如图 13-18 所示，由条件 X 生成一个图像到判别器。判别器对这里的 X 和生成的图像一起进行真伪判别，这里没有输入输出对。

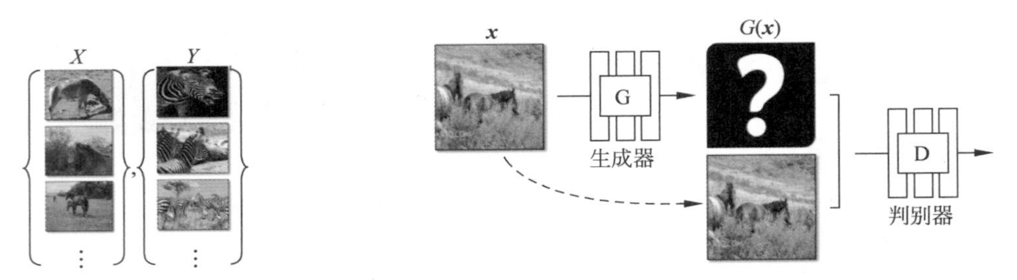

图 13-17　不成对的图像到图像的翻译对

图 13-18　条件生成对抗网络的结构

13.1 节讲的图像到图像翻译如图 13-19 所示，它是由输入图像到输出图像，由马到斑马，实现风格的转变。

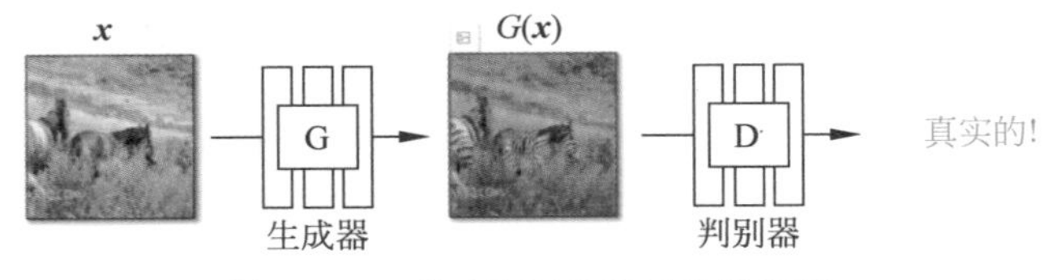

图 13-19　成对的图像到图像的翻译

判别器给出的判断是真实的，即生成器能很好地实现这种图像翻译。而在循环生成对抗网络中目标图像变了，如图 13-20 所示，输入图像和生成图像没有明显的对应关系，也就是说GAN不强制输入与输出对应，判别器仍然能给出真实的判断，也就是生成器能很好地实现这种转换，它学习到了目标图像的模式。

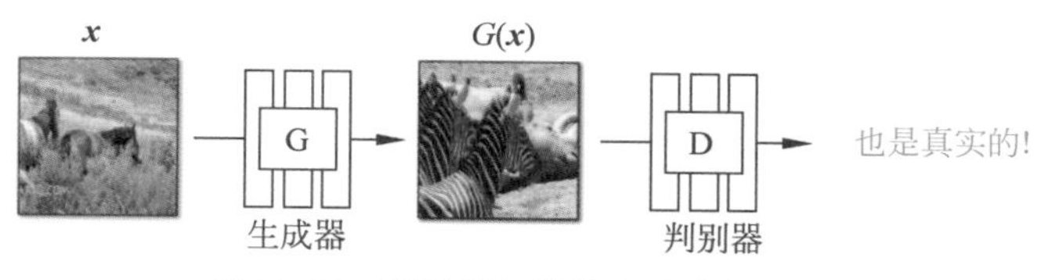

图13-20　判别器仍然给出真实的判断

接下来是跨域图像转换的实例，我们想要从一个输入域获取图像，然后将其转化为目标域的图像。这里并不要求训练集中，从输入图像到目标域图像具有一对一的映射关系，放弃这种一对一的映射可使这种方法非常强大。可以改变输入域和输出域，用这样的图像对解决各种问题，如图13-21所示，艺术风格转移、为手机照片添加背景效果、从卫星图像勾勒地图或将马转化为斑马，反过来也一样，都是由循环生成对抗网络实现，例如由苹果到橙子，各种不同的输入域和各种不同的目标域都可以实现。

图13-21　循环生成对抗网络的各种应用场景

循环生成对抗网络的结构如图13-22所示，首先输入图像经过由A到B的生成器，生成B风格的图像，然后判别器B做一次判别，最后返回，这就是循环的根本意义。也就是说，让生成的图像经过由B到A的生成器返回初始图像，然后判别这个初始图像与输入图像是否一样。这里有两次判别，是循环的关键所在。

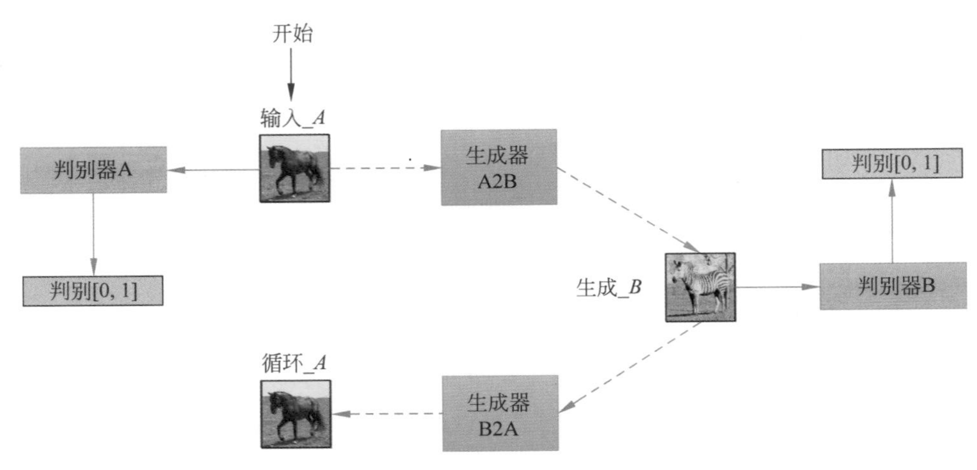

图 13-22　循环生成对抗网络输入图像为 A

反过来如图 13-23 所示，一个 B 风格的输入图像，经过一个由 B 到 A 的生成器，生成一个 A 风格的图像，然后判别器 A 进行判别，接着返回经过一次由 A 到 B 的生成器，返回一个 B 风格的图像，最后再进行一次判别 B，这就是循环一致的对抗网络。

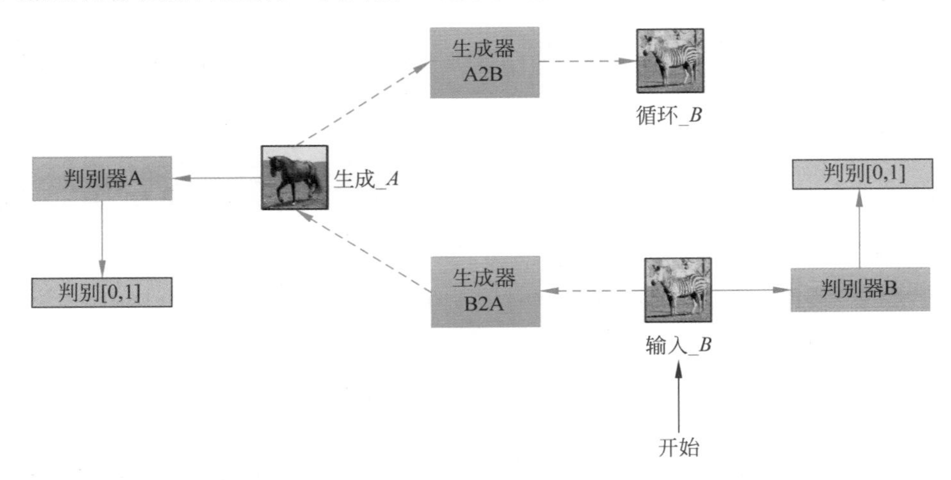

图 13-23　循环生成对抗网络输入图像为 B

通过这两个架构，我们可以很容易理解它们的原理。循环生成对抗网络本质上比一般的对抗网络多了一个返回。

13.3　CycleGAN 对抗性损失和循环一致性原理

在正式讲解之前，首先引用康德（见图 13-24）的名言：“各种自然现象之间是相互联系和相互转化并且和谐统一的”。注意这里的关键词：相互联系和相互转化。在马克思主义哲学中，也有类似的观点：联系是普遍存在的而且是相互的。为什么要讲这样的哲学观点？因为这是将循环生成对抗网络设计成循环一致的指导思想，理解了这句话，就能很好地理解循环生成对抗网络的循环一致性损失。

接下来一步一步分析循环一致对抗网络的两个损失函数。这句话包括两个重要的词，对抗和循环一致。对于对抗，普通的 GAN 也具有，所以我们先讲独具特色的部分：循环一致。如图 13-25 所示，输入图像 X 和输出图像 Y 并不是严格对齐的图像对，我们就是要这里的 X 学习输出图像 Y 的风格，所以让 X 经过生成器 G 来输出 Y，再让 Y 的判别器进行判别，经过这样一个过程，似乎能很好地实现由 X 到 Y，但这绝对不够，为什么呢？

图 13-24　康德

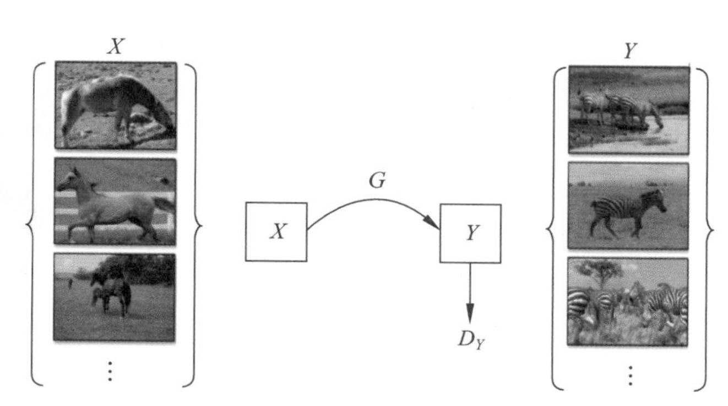

图 13-25　X 学习输出图像 Y 的风格

这就是循环生成对抗网络的创新之处，循环网络如图 13-26 所示，我们还要让这里的 Y 经过另一个生成器 F 生成像 X 一样的图像，然后让 X 的判别器进行真伪判别，这样就形成了一个循环网络。

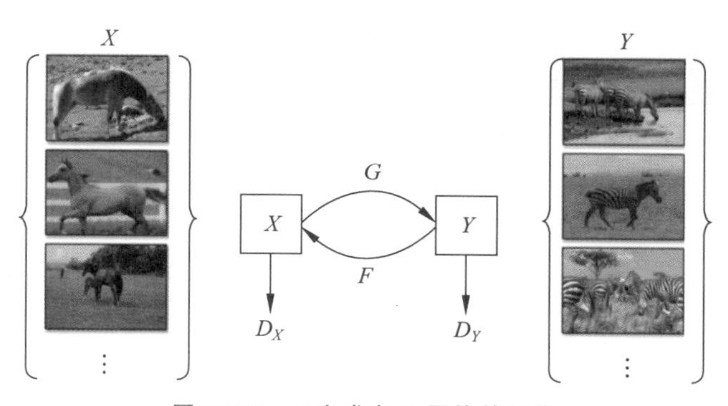

图 13-26　Y 生成有 X 风格的图像

网络的重建误差如图 13-27 所示，首先是输入图像 X 经过一个生成器 G 得到 Y，也就是 $G(\boldsymbol{x})$，然后让 Y 的判别器判别，这样就从 X 的一个域到了另一个域，接下来返回进行重建，经过另一个生成器 F 生成假冒 X 的一个图像，比较这两个图像，这就是重建误差。其表达形式是第一范数，这里不用第二范数，因为用第二范数所生成的图像是比较模糊的。

循环一致损失的例子如图 13-28 所示，这里有 3 个输入图像和一个目标图像，让输入图像迁移输出图像的风格，然后进行重建，重建的结果是两匹普通的马，对于这种情况，第 2 张图像的损失是比较小的，是小循环损失，但是第 1 张图像和第 3 张图像的损失是比较大的，也就是说，我们让模型具有了足够的灵活性。

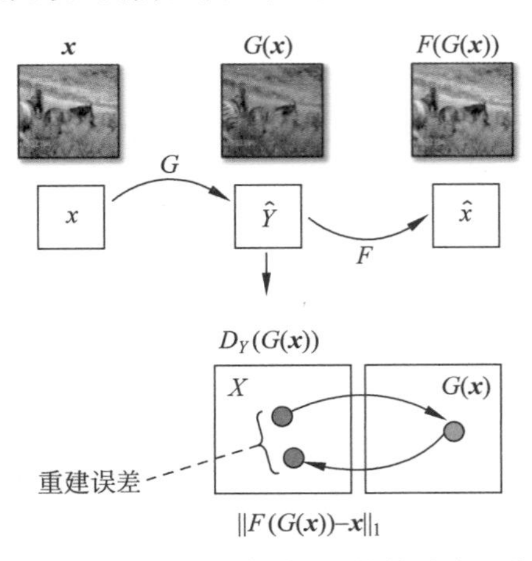

图 13-27 循环生成对抗网络的重建误差

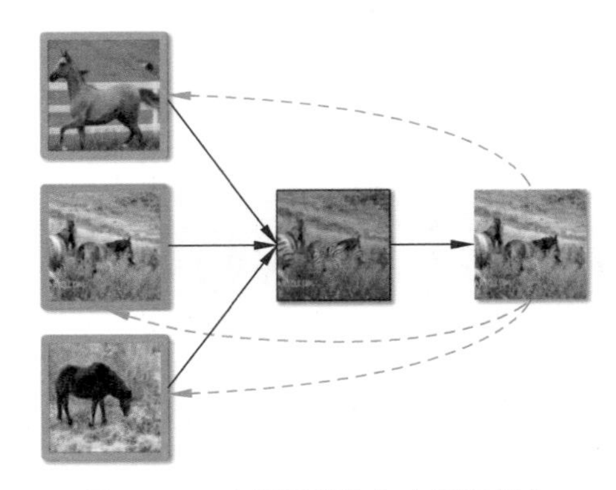

图 13-28 大循环损失与小循环损失

重建误差是由 X 到 Y，然后返回 X，这是循环一致性的一个意思，另一个意思是让 Y 经过 F 生成 X，然后让 X 经过 G 返回 Y，如图 13-29 所示，我们要充分了解循环一致性损失就需要了解它的两层意思，最后得到的是两个重建误差，对于 X 是 $\|F(G(\boldsymbol{x}))-\boldsymbol{x}\|_1$，对于 Y 是 $\|G(F(\boldsymbol{y}))-\boldsymbol{y}\|_1$，让目标图像先经过 F 再经过生成器 G，然后比较这两个结果，这是第 2 个重建误差。

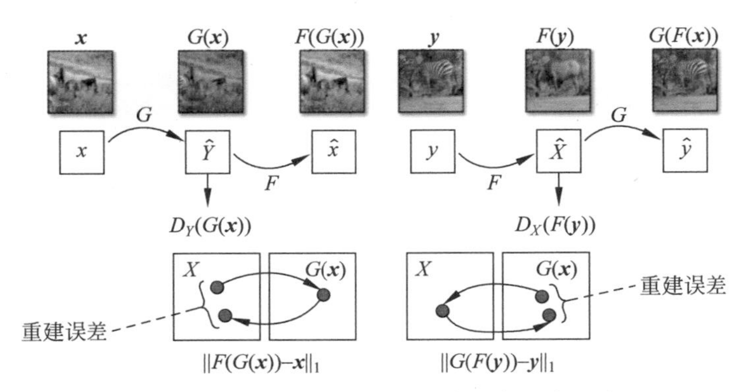

图 13-29 循环生成对抗网络的两个重建误差

我们用数学的形式总结一下，既然是 GAN，那么其对抗性损失是必需的，两个生成器都用来欺骗它们对应的判别器，使判别器不太能够将它们生成的图像与真实图像区别开，所以第 1 个损失包含两部分，这两部分是普通 GAN 也具有的，其对抗性损失如式(13-1)所示。

$$L_{\text{GAN}}(G,D_Y,X,Y)=E_{y\sim p_{\text{data}}(y)}[\log D_Y(\boldsymbol{y})]+E_{x\sim p_{\text{data}}(x)}[\log(1-D_Y(G(\boldsymbol{x})))] \tag{13-1}$$

然而，单独的对抗性损失不足以产生良好的图像。为什么？因为它使得模型不受约束，假设 X 是一个域的图像，Y 是另一个域的图像。目标图像 Y 是 Y 域很好的例子，但是它可以完全做到与 X 没有关联，也就是说并没有给你想要的东西，但它可以做到符合 Y，它在对抗性损失方面做得很好，对抗性损失度量的是真假，最小化对抗性损失足以保证以假乱真，但不保证输出与输入的风格一致，所以这里的循环一致性损失很好地解决了这个问题，它依赖于这样的期望：如果你将一个图像转到另一个风格并再次返回，连续通过两个生成器，应该得到类似最初输入的图像，也就是说，强制 $F(G(\boldsymbol{x}))=X$，而 $G(F(\boldsymbol{y}))=Y$，写成损失函数的形式如式(13-2)所示。

$$L_{\mathrm{GAN}}(G,F)=E_{\boldsymbol{x}\sim p_{\mathrm{data}}(\boldsymbol{x})}[\|F(G(\boldsymbol{x}))-\boldsymbol{x}\|_1]+E_{\boldsymbol{y}\sim p_{\mathrm{data}}(\boldsymbol{y})}[\|G(F(\boldsymbol{y}))-\boldsymbol{y}\|_1] \tag{13-2}$$

我们希望这个循环一致性损失越小越好，也就是说这两个域接近，通过将上面两个损失项放在一起创造完整的目标函数，如式(13-3)所示。

$$L(G,F,D_X,D_Y)=L_{\mathrm{GAN}}(G,D_Y,X,Y)+L_{\mathrm{GAN}}(F,D_X,Y,X)+\lambda L_{\mathrm{cyc}}(G,F) \tag{13-3}$$

其中，超参数 λ 加权循环一致性损失，通常这个 λ 设置为 10。

现在我们来看一下循环生成对抗网络的生成器架构，如图 13-30 所示，每个循环生成对抗网络生成器有 3 部分：编码器、变压器和解码器。输入图像直接汇入编码器，这个编码器让图像不断缩小，同时增加通道数，这里有 3 个卷积层，然后将得到的激活传递给变压器，变压器由 6 个残余层组成，最后由解码器再次扩展，解码器使用两个转置卷积放大图像，最后输出层以 RGB 生成最终图像，注意每层后面都有实例标准化层和一个 ReLU 层，为了简单，图中省略了这些。

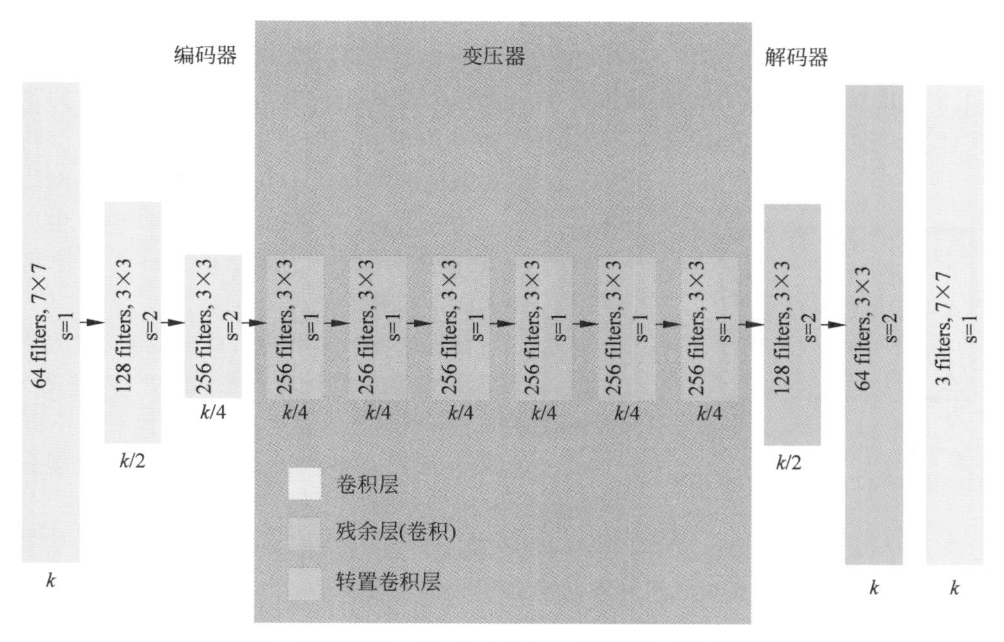

图 13-30　循环生成对抗网络的生成器架构

判别器的架构如图 13-31 所示，循环生成对抗网络的判别器是 PatchGAN，它查看输入图像的小块(Patch)，并输出这个小块的真实概率，这比查看整个输入图像更加有效，因为这样判别器更加专注于更多表面特征，例如纹理，通常是图像中的某种变化翻译任务。

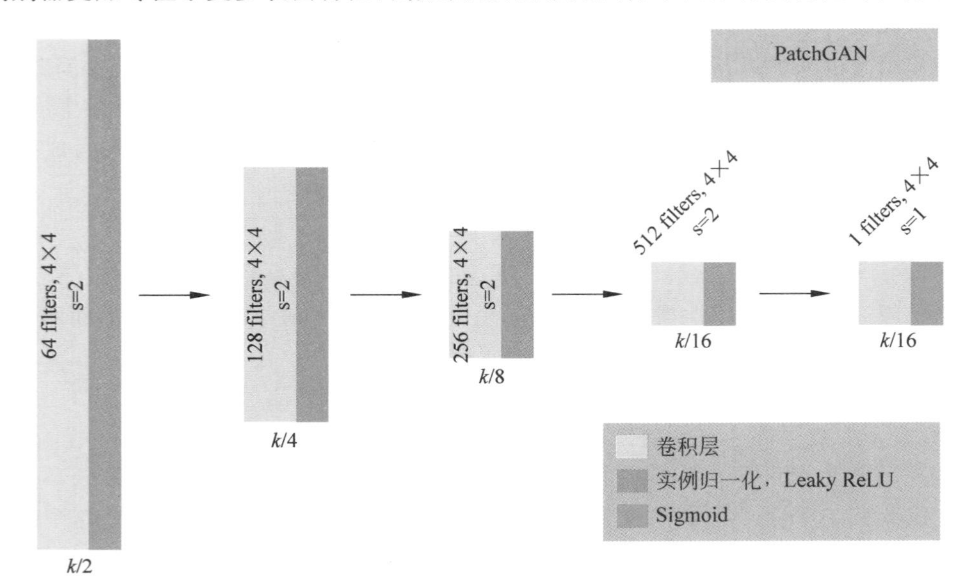

图 13-31　循环生成对抗网络判别器架构

13.4　从条件熵的视角剖析 CycleGAN

13.3 节从对抗损失和循环一致损失深入剖析了循环生成对抗网络目标函数的工作原理及其过程，可以说理解了 13.3 节，就理解了循环生成对抗网络的工作原理。本节将从概率和条件熵的视角剖析循环生成对抗网络。从不同的视角，我们能更深入地理解循环生成对抗网络并真正理解它为什么既能够保持原来的内容又能学习新的风格。

图 13-32　内容与风格的分离

首先来看风格和内容的分离，成对的分离就是把风格和内容分离开来，如图 13-32 所示，从左到右是 26 个英文字母，从上到下是不同风格的同一个字母，我们可以通过双线性模型分离风格和内容。

这个最早在 2000 年提出，循环生成对抗网络做的也是风格和内容的分离，但是不成对的分离，没有明显地把内容和风格分离开来。我们做得很含蓄，对抗性损失就是控制风格的改变，如式(13-4)所示。

$$L_{\mathrm{GAN}}(G,D_Y,X,Y)=E_{y\sim p_{\mathrm{data}}(y)}[\log D_Y(\boldsymbol{y})]+E_{x\sim p_{\mathrm{data}}(x)}[\log(1-D_Y(G(\boldsymbol{x}))]\quad(13\text{-}4)$$

对抗性损失越小，越能够把目标图像的风格学习过来，让判别器不能很好地辨别图像是生成的还是真实的。

循环一致性损失所实现的功能是保留内容，如式(13-5)所示。

$$L_{\mathrm{cyc}}(G,F)=E_{x\sim p_{\mathrm{data}}(x)}[\|F(G(\boldsymbol{x}))-\boldsymbol{x}\|_1]+E_{y\sim p_{\mathrm{data}}(y)}[\|G(F(\boldsymbol{y}))-\boldsymbol{y}\|_1]\quad(13\text{-}5)$$

我们通过两个重建损失来让生成的图像保持原来的内容，这是两个都要达到的目标：一个是改变风格；另一个是保留内容。这两个目标其实源于两个经验假设：第一，内容容易保留，复制就可以了，是最简单的；第二，风格容易改变，我们可以让同一个元素拥有不同的风格。

2015 年提出的神经风格转移如图 13-33 所示，A 是原始图像，其他的图像是不同风格的。内容是原来的内容，风格是 3 个不同的风格：B、C 和 D。如何做到的呢？两个方法，一个是利用特征差异控制内容；另一个是利用 Gram 矩阵的差异控制风格，这个方法没有使用生成对抗网络实现的神经风格转移，这种风格转移很模糊，不能很好地保持内容。风格是有了，但内容很明显模糊了，甚至扭曲了。

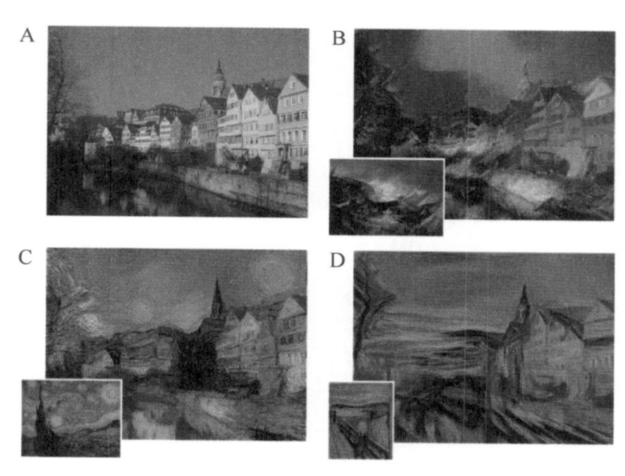

图 13-33　神经风格转移

输入图像得到两种风格（Ⅰ和Ⅱ）的图像，如图 13-34 所示，把两种风格都加在原来的图像上，即红色的和黄色的都加在一张图像(Entire collection)上，把图像向梵高风格转移。

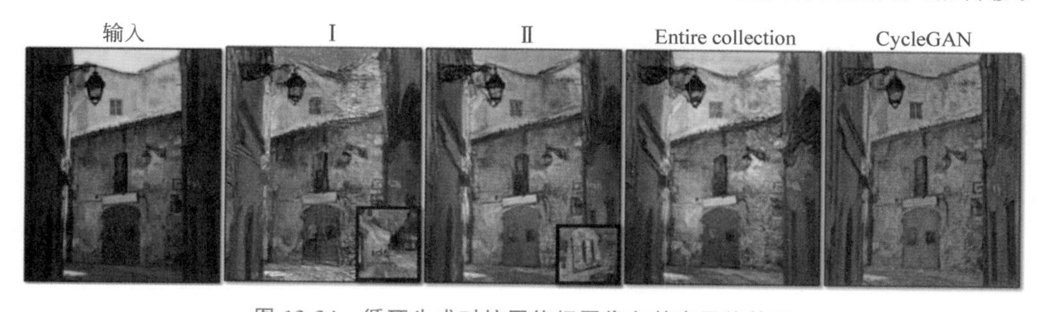

图 13-34　循环生成对抗网络把图像向梵高风格转移

使用循环生成对抗网络的结果非常稳定，很好看。我们再来看由普通的马到斑马，如图 13-35 所示，输入图像进行两种风格的迁移（Ⅰ和Ⅱ），但这两种风格并不能很好地将斑马进行迁移，我们再将两种风格都加在一张图像（Entire collection）上，会看到有扭曲的现象存在。但是使用循环生成对抗网络，原来的 4 匹马很好地实现了向斑马的转变。可以说循环生成对抗网络性能要好得多且生成的图像质量非常高。

图 13-35　循环生成对抗网络将普通马转变到斑马

接下来从概率视角剖析循环生成对抗网络的目标函数，首先看两个联合分布，一个是参数为 θ 的联合分布，如式(13-6)所示。

$$p_\theta(\boldsymbol{x},\boldsymbol{z})=p_\theta(\boldsymbol{x} \mid \boldsymbol{z})p(\boldsymbol{z}) \tag{13-6}$$

另一个是参数为 ϕ 的联合分布，如式(13-7)所示。

$$q_\phi(\boldsymbol{x},\boldsymbol{z})=q(\boldsymbol{x})q_\phi(\boldsymbol{z} \mid \boldsymbol{x}) \tag{13-7}$$

同样是 $\boldsymbol{x}$ 和 $\boldsymbol{z}$，为什么是两个分布？因为一个是由 $\boldsymbol{z}$ 到 $\boldsymbol{x}$，所有展开就是 $\boldsymbol{z}$ 的先验分布和条件分布。我们知道循环生成对抗网络有两个重建，一个是由 $\boldsymbol{z}$ 到 $\boldsymbol{x}$，反过来还要由 $\boldsymbol{x}$ 到 $\boldsymbol{z}$，所以展开就是 $\boldsymbol{x}$ 的先验分布和 $\boldsymbol{z}$ 相对于 $\boldsymbol{x}$ 的条件分布。本质上，循环生成对抗网络的目标就是要匹配这两个联合分布，我们现在看一下对抗损失，即普通 GAN 的目标函数，如式(13-8)所示。

$$\begin{aligned}\min_{\theta,\phi}\max_{\omega} L_{\text{ALI}}(\theta,\phi,\omega)=&E_{x\sim q(x),\tilde{z}\sim q_\phi(z|x)}[\log\sigma(f_\omega(\boldsymbol{x},\tilde{\boldsymbol{z}}))]+\\&E_{\tilde{x}\sim p_\theta(x|z),z\sim p(z)}[\log(1-\sigma(f_\omega(\tilde{\boldsymbol{x}},\boldsymbol{z})))]\end{aligned} \tag{13-8}$$

等式右边第 1 项是对真实数据的判别，第 2 项是对生成数据的判别，其中第 1 个 $\boldsymbol{x}$ 真实分布是 $q(\boldsymbol{x})$，$\boldsymbol{z}$ 是由 $\boldsymbol{x}$ 生成的，所以是条件概率；第 2 个 $\boldsymbol{z}$ 是目标图像，经过条件分布生成假冒的 $\tilde{\boldsymbol{x}}$。我们在生成对抗网络的纳什均衡中讲到，GAN 的最优结果应该这两个分布是一样的，也就是生成的和真实的令判别器难以判别真伪，达到一个纳什均衡。

接下来看一下循环损失条件熵的上限。为了说明问题，我们只举比较简单的情形，如图 15-36 所示，假设有 $\boldsymbol{z}_1$、$\boldsymbol{z}_2$、$\boldsymbol{x}_1$ 和 $\boldsymbol{x}_2$，分别对应着由一个生成另一个，我们使用条件熵的概念来解释生成。

条件熵和熵的形式类似，如式(13-9)所示。

$$H^\pi(\boldsymbol{x} \mid \boldsymbol{z}) \triangleq -E_{\pi(x,z)}[\log\pi(\boldsymbol{x} \mid \boldsymbol{z})] \tag{13-9}$$

但有条件，条件熵越小，代表由 $\boldsymbol{z}$ 条件确定 $\boldsymbol{x}$ 的概率最大，也就是说，由 $\boldsymbol{z}$ 到 $\boldsymbol{x}$ 的决定性越强。

我们来看图 13-36 中的 3 种情况，第 1 种我们知道，$\boldsymbol{z}_1$，$\boldsymbol{z}_2$ 生成 $\boldsymbol{x}_1$ 的条件，加起来为 1，

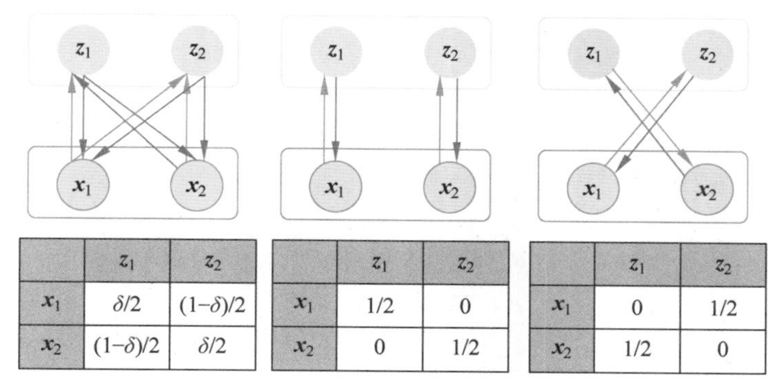

	z_1	z_2
x_1	$\delta/2$	$(1-\delta)/2$
x_2	$(1-\delta)/2$	$\delta/2$

	z_1	z_2
x_1	1/2	0
x_2	0	1/2

	z_1	z_2
x_1	0	1/2
x_2	1/2	0

图 13-36　循环损失条件熵上限

如果 $\delta=1$，则有 $\pi(\boldsymbol{x}_1|\boldsymbol{z}_2)=0$ 和 $\pi(\boldsymbol{x}_2|\boldsymbol{z}_1)=0$；如果 $\delta=0$，那么就有 $\pi(\boldsymbol{x}_1|\boldsymbol{z}_1)=0$ 和 $\pi(\boldsymbol{x}_1|\boldsymbol{z}_1)=0$，对于这种情况，由 $\boldsymbol{z}_1$ 到 $\boldsymbol{x}_1$ 的概率比 $\boldsymbol{z}_1$ 到 $\boldsymbol{x}_2$ 的概率大得多，由 $\boldsymbol{z}_1$ 到 $\boldsymbol{x}_1$ 确定性比较强，也就是说重建能力比较强，由 $\boldsymbol{z}_2$ 到 $\boldsymbol{x}_2$ 的重建能力也是比较强的。那么到了第 3 种情况，由 $\boldsymbol{z}_1$ 到 $\boldsymbol{x}_2$ 是确定的，由 $\boldsymbol{z}_2$ 到 $\boldsymbol{x}_1$ 也是确定的，也就是说对于后边这两种情况，由 $\boldsymbol{z}$ 到 $\boldsymbol{x}$ 的重建能力比较强，所以条件熵比较小，我们希望条件熵越小越好，所以低的条件熵是我们的目标。

更进一步，条件熵损失可表示为

$$L_{\mathrm{CE}}^{\pi}(\theta,\phi)=H^{\pi}(\boldsymbol{x}\mid\boldsymbol{z}) \tag{13-10}$$

我们循环生成对抗网络的目标函数就可以写为

$$\min_{\theta,\phi}\max_{\omega}L_{\mathrm{ALICE}}(\theta,\phi,\omega)=L_{\mathrm{ALI}}(\theta,\phi,\omega)+L_{\mathrm{CE}}^{\pi}(\theta,\phi) \tag{13-11}$$

我们通过这样一个概率过程，把原来的一致性损失问题变为条件熵问题。

我们对于刚才的联合分布 $p_\theta(\boldsymbol{x},\boldsymbol{z})$ 或 $q_\phi(\boldsymbol{x},\boldsymbol{z})$ 进行公式演变，首先将 K-L 散度展开为

$$\begin{aligned}H^{q_\phi}(\boldsymbol{x}\mid\boldsymbol{z})&\triangleq-E_{q_\phi(\boldsymbol{x},\boldsymbol{z})}[\log q_\phi(\boldsymbol{x}\mid\boldsymbol{z})]\\&=-E_{q_\phi(\boldsymbol{x},\boldsymbol{z})}[\log p_\theta(\boldsymbol{x}\mid\boldsymbol{z})]-E_{q_\phi(\boldsymbol{z})}[\text{K-L}(q_\phi(\boldsymbol{x}\mid\boldsymbol{z})\parallel p_\theta(\boldsymbol{x}\mid\boldsymbol{z}))]\\&\leqslant-E_{q_\phi(\boldsymbol{x},\boldsymbol{z})}[\log p_\theta(\boldsymbol{x}\mid\boldsymbol{z})]\triangleq L_{\mathrm{Cycle}}(\theta,\phi)\end{aligned} \tag{13-12}$$

式(13-12)符合 K-L 散度公式的形式，由 $\boldsymbol{z}$ 到 $\boldsymbol{x}$ 的条件概率期望循环生成对抗网络的循环一致性损失，非常清晰，把条件熵和循环一致性损失对应起来，这样对于一致性损失的理解就有了另一个视角，我们也更加深入理解了循环生成对抗网络，得到了条件熵的上限，也就是循环一致性损失。我们要求条件熵的最小值，也就是循环损失的最小值，所以本节的目标和 13.3 节是一致的。

13.5 CycleGAN 实验结果

前几节透彻讲解了循环生成对抗网络的原理及数学推导过程，本节来看一下循环生成对抗网络令人振奋的实验结果，首先看一张图片，如图 13-37 所示，左图的这个人表情比较苦恼、比较严肃，右图通过循环生成对抗网络变得可以微笑起来，是一个有趣的运用。

图 13-37 表情由苦恼到微笑

如图 13-38 所示，左列这两个都是男人，右列我们把他们换成了女人，长得特别像，如姐弟俩的关系，这也是个非常有用的运用，通过这样的变化，能生成各种各样有趣的照片。

图 13-38 由男人换成女人

接下来，我们看循环生成对抗网络的实验结果和各种算法的比较，如图 13-39 所示，循环生成对抗网络数值远远超过其他，无论是由地图到相片还是由相片到地图，都能实现很好的效果。

除此之外，可使用每像素和 Class IOU 这样的指标进行比较，循环生成对抗网络仍然以非常绝对的优势胜出，如图 13-40 所示。

损失	地图→照片 % Turkers labeled *real*	照片→地图 % Turkers labeled *real*
CoGAN[30]	0.6%±0.5%	0.9%±0.5%
BiGAN/ALI[8, 6]	2.1%±1.0%	1.9%±0.9%
SimGAN[45]	0.7%±0.5%	2.6%±1.1%
Feature loss+GAN	1.2%±0.6%	0.3%±0.2%
CycleGAN(ours)	**26.8%±2.8%**	**23.2%±3.4%**

图 13-39 AMT 对于地图与航空图的真假测试

损失	每像素准确率	每类准确率	Class IOU
CoGAN[30]	0.40	0.10	0.06
BiGAN/ALI[8, 6]	0.19	0.06	0.02
SimGAN[45]	0.20	0.10	0.04
Feature loss+GAN	0.06	0.04	0.01
CycleGAN(ours)	**0.52**	**0.17**	**0.11**

图 13-40 城市风景标签到照片的 FCN 评分

也就是说，循环生成对抗网络功能的强大不仅从直觉上能感受得到，也能够在数据上得到体现。这里说一下 FCN 这个指标，FCN 表示根据现存的语义分割算法，评估生成照片的可解释性。在计算机视觉中，特别是在图像分割中 FCN 应用非常普遍，FCN 预测生成照片与标签之间的映射。对于这个指标的直接理解是，例如我们从汽车在路上这样的标签图来生成照片，在这个生成的照片上使用 FCN 检测，如果能检测到汽车在路上，就说明我们成功了，也就是说反过来进行检测。在照片到标签这样的转换中，如图 13-41 所示，对于 Per-pixel 和 Class IOU 指标，仍然是循环生成对抗网络遥遥领先，所以循环生成对抗网络是从理论到实践都完备的一个算法。它在生成对抗网络中，是具有坐标性地位的算法，GAN 有将近 100 多种，但是循环生成对抗网络的坐标地位是在前 10 位的。

损失	每像素准确率	每类准确率	Class IOU
CoGAN[30]	0.45	0.11	0.08
BiGAN/ALI[8, 6]	0.41	0.13	0.07
SimGAN[45]	0.47	0.11	0.07
Feature loss+GAN	0.50	0.10	0.06
CycleGAN(ours)	**0.58**	**0.22**	**0.16**

图 13-41 照片到标签的分类效果

实验结果如图 13-42 所示，普通的马(见图 13-42(a)和图 13-42(b))通过循环生成对抗网络后变成斑马(见图 13-42(c)和图 13-42(d))，原来的内容和背景都没有任何改变。

让橙子变为苹果，如图 13-43(a)所示；更进一步让在绿叶中的橙子变成红色的苹果，如图 13-43(b)所示。

除此之外，循环生成对抗网络一个很重要的应用就是可以实现风格的转变。如图 13-44 所示，最左侧的是一张照片，使用循环生成对抗网络可以让其具有莫奈的风格、梵高的风格、塞尚的风格，最后一个让其具有浮世绘的风格，生成的这些风格的照片都非常稳定，比用 Gram 矩阵风格转移的方法好得多且质量更高。

图 13-42　通过循环生成对抗网络使马变成斑马

图 13-43　橙子经过循环生成对抗网络变为苹果

把这些风格的照片都汇聚在一起，如图 13-45 所示，左边是输入不同的场景，有小河、建筑物、城堡，第 1 个具有莫奈的风格；第 2 个具有梵高的风格，确实挺像梵高的油画；第 3 个具有塞尚的风格；第 4 个具有浮世绘的风格。如果对这些风格不熟悉，可以在网络上查一下，是非常好看、优雅的风格。

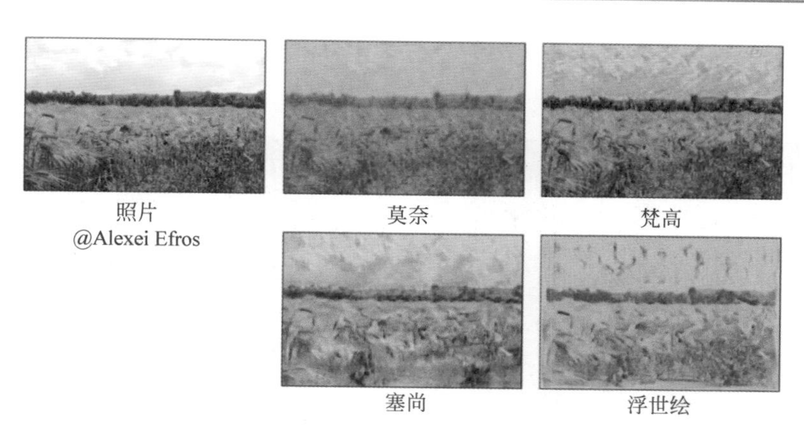

图 13-44　循环生成对抗网络实现风格转移

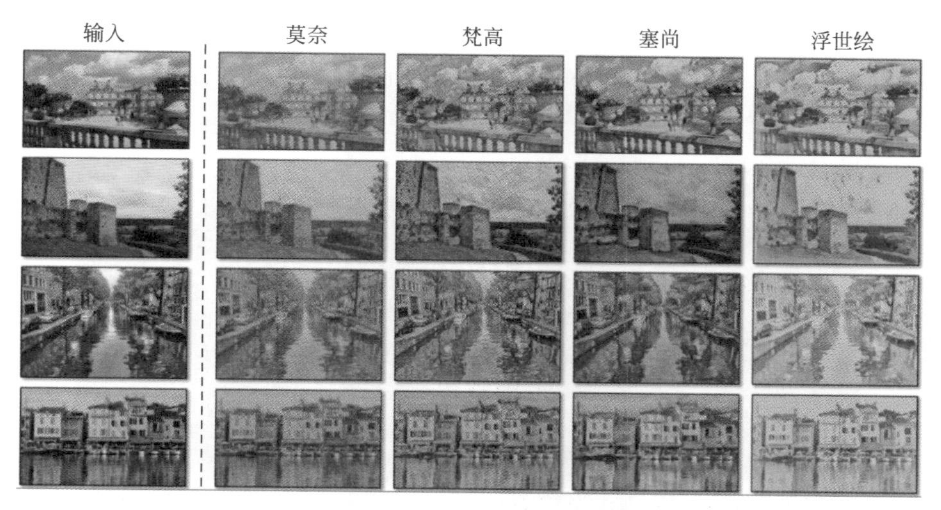

图 13-45　汇聚不同的风格

刚才是在照片上加风格。现在我们要褪去这些风格,回归到现实。如图 13-46 所示,左图是莫奈的一幅画,右图变成了一张真实的照片,这也是通过循环生成对抗网络实现的。

图 13-46　褪去莫奈的风格

如图 13-47 所示，左图也是一张莫奈的画，右图继续褪去一定风格，变成写实主义风格的画。

图 13-47　莫奈风格褪为写实风格

现在，把想象力放得更开一些，我们可以将一张夏季的照片(左列)变成冬季的照片(右列)，如图 13-48 所示。

图 13-48　将夏季照片变成冬季照片

反过来，如图 13-49 所示，我们可以让冬季景色的照片(左列)变成夏季的照片(右列)。草木葱郁，生机勃勃，这些应用是非常令人震撼的。

图 13-49　将冬天照片变成夏天照片

13.6　超分辨率生成对抗网络(SRGAN)

首先来看一个背景问题：我们如何从低分辨率(LR)图像中获得高分辨率(HR)图像？答案是使用超分辨率技术。什么是超分辨率？图像超分辨率可以定义为增加小图像尺寸的同时保持最小质量下降，或者说对低分辨率图像丰富细节以恢复高分辨率图像。给定的低分辨率图像存在非常多的解决方案，图像超分辨率技术有很多应用，如航空卫星图像分析、医学图像处理、图像压缩以及视频增强等，应用非常广泛，如图 13-50 所示，左图是对右图进行细节丰富而获得的高分辨率图像。

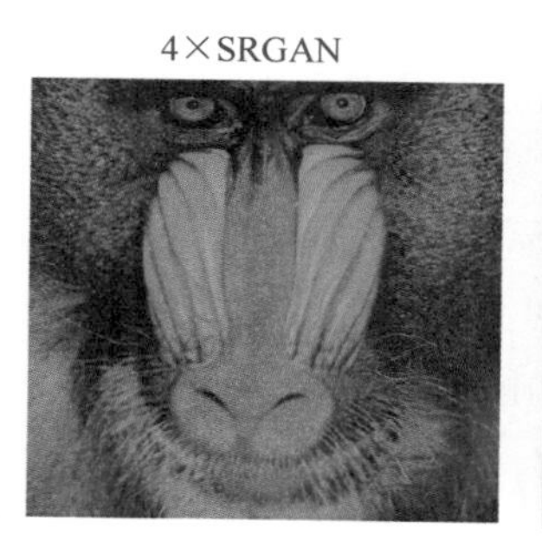

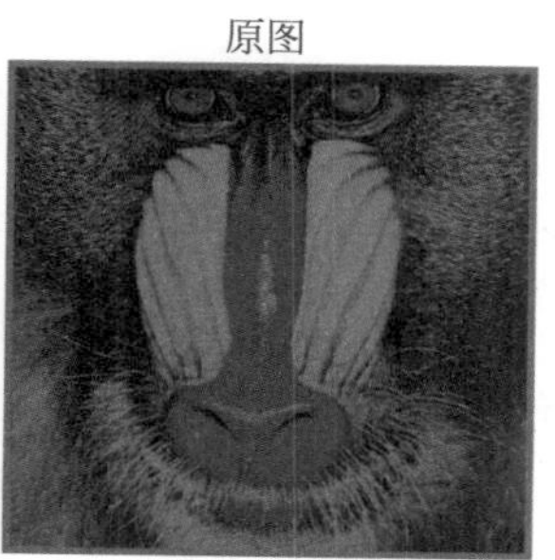

图 13-50　丰富细节获得高分辨率图像

接下来看一下超分辨率生成对抗网络在超分辨率技术中的成果。要提高图像质量，最简单、最常用的技术是用插值，这个很容易理解也方便使用，但会导致图像失真或降低图像的视觉质量。最常见的插值方法容易产生模糊的图像，例如，如图13-51所示，双立方插值(Bicubic interpolation)生成的图像比较模糊，更复杂的方法是利用给定图像的内部相似性或者使用低分辨率图像到高分辨率图像的映射关系，由于这几年深度学习为优化图像提供了好的解决方案，所以有一些基于深度学习的超分辨率解决方法，例如SRResNet，可以很明显地看到比双立方插值效果更好，纹理更加清晰。本节讲的超分辨率生成对抗网络是把深度卷积网络和对抗网络结合起来的超分辨率技术。我们比较一下可以明显地感受到，它生成的图像质量比双立方插值和SRResNet的效果好得多，在细微的地方纹理很清晰。

图13-51 bicubic、SRResNet和SRGAN的对比

在讲超分辨率生成对抗网络之前，首先看一下超分辨率生成对抗网络的理念，单图像超分辨率的各种方法很快，结果大致差不多，但共同的问题是比较模糊，或者说没有从低分辨率图像中恢复更精细的纹理细节，图像仍然是失真的。因为这些方法大部分是试图在像素空间的相似性上做文章，也就是主要集中在最小化均方误差上，所以导致感知上不满意的结果，产生的图像模糊，这是因为缺乏图像的高频细节，所以不能匹配高分辨率图像中预期的保真度。为了解决这个问题，超分辨率生成对抗网络使用包含内容和对抗性损失的感知损失函数，这里的对抗性损失是普通GAN所具有的，创新之处是内容损失。

接下来看超分辨率生成对抗网络具体的原理，首先看超分辨率生成对抗网络的生成器，生成器输入低分辨率图像，输出对应高分辨率图像，参数 W 和 b 从1到 L。损失函数是测量两个高分辨率图像之间差异的损失函数，如式(13-13)所示。

$$\hat{\theta}_G=\underset{\theta_G}{\arg\min}\frac{1}{N}\sum_{n=1}^{N}l^{\mathrm{SR}}(G_{\theta_G}(I_n^{\mathrm{LR}}),I_n^{\mathrm{HR}}) \tag{13-13}$$

其中，θ_G 是生成器 G 的参数：$\{W_{1:L},b_{1:L}\}$；I_n^{HR} 是高分辨率图像；$G_{\theta_G}(I_n^{\mathrm{LR}})$ 是生成器生成的GOG高分辨率图像。然后看之间的差异并度量它们之间的损失，把所有的样本考虑进来求平均，我们希望这个损失越小越好。

再来看超分辨率生成对抗网络的判别器，判别器正如 GAN 原理一样，判别高分辨率图像是 I^{HR} 还是 I^{SR}，SR 是超分辨率图像的意思，即原来的逼真图像，θ 是 D 的参数。根据 GAN 的原理，可以很容易把判别器的目标函数写下来：

$$\min_{\theta_G}\max_{\theta_D} E_{I^{HR}\sim p_{\text{train}(I^{HR})}}[\log D_{\theta_D}(I^{HR})] + E_{I^{LR}\sim p_{G(I^{LR})}}[\log(1-D_{\theta_D}(G_{\theta_D}(I^{LR})))] \tag{13-14}$$

其中第 1 项参数是高分辨(HR)，服从真实分布；第 2 项对生成的高分辨率图像判别。高分辨率生成对抗网络的感知损失函数为

$$l^{SR} = l_X^{SR} + 10^{-3} l_{\text{Gen}}^{SR} \tag{13-15}$$

等式右边是两项的加权组合，一个是内容损失；另一个是对抗性损失。综合起来就是感知损失(Perceptual loss)。

内容损失抛弃均分误差，均分误差会使生成的图像模糊，使用基于预训练 VGG 网络的 ReLU 层的损失函数，为确保内容的相似性，均方误差如式(13-16)所示。

$$l_{\text{MSE}}^{SR} = \frac{1}{r^2WH}\sum_{x=1}^{rW}\sum_{y=1}^{rH}(I_{x,y}^{HR} - G_{\theta_G}(I^{LR})_{x,y})^2 \tag{13-16}$$

我们只计算对应像素之间的差值，然后求平方。现在我们要抛弃它，换一个更好的损失函数，如式(13-17)所示。

$$l_{\text{VGG}/i,j}^{SR} = \frac{1}{W_{i,j}H_{i,j}}\sum_{x=1}^{W_{i,j}}\sum_{y=1}^{H_{i,j}}(\phi_{i,j}(I^{HR})_{x,y} - \phi_{i,j}(G_{\theta_G}(I^{LR}))_{x,y})^2 \tag{13-17}$$

这个损失函数是基于 ϕ 函数的，在第 i 个最大池化之前的第 j 个卷积的特征图，这是 VGG 网络，是最大的创新，不是用最后生成的网络，而是使用最大池化之前的 VGG 网络的特征图。这个特征图蕴藏的图像信息更多，最大池化会导致内容的损失，对 VGG 特征图的高和宽进行遍历，算出整个损失函数，这就是基于 VGG 网络的损失函数。不是用最后的特征图，而是用最大池化的特征图，因为在卷积神经网络中，最后的特征图往往蕴含着非常多且非常重要的信息。

对抗损失很简单，如式(13-18)所示。

$$l_{\text{Gen}}^{SR}\sum_{n=1}^{N} -\log D_{\theta_D}(G_{\theta_G}(I^{LR})) \tag{13-18}$$

目标是表达式越小越好，使判别器 D 对于生成的图像给出比较高的概率，对抗损失在超分辨技术中有个重要的作用，就是迫使生成器重建自然图像的流形。什么是流形？就是一个图像在细微细节上的形状。

如图 13-52 所示，红色的是从自然图像流形上获得的小片块，蓝色的是基于 MSE 解决方案获得的碎片，橙色的是 GAN 获得的碎片。基于 MSE 的解决方案由于是基于像素的平均值，显得过于平滑模糊，但是使用 GAN 能产生感知上更有说服力的重建图像，所以对于深度神经网络使用对抗损失以及内容损失，能够很好地达到超分辨图像的重建。

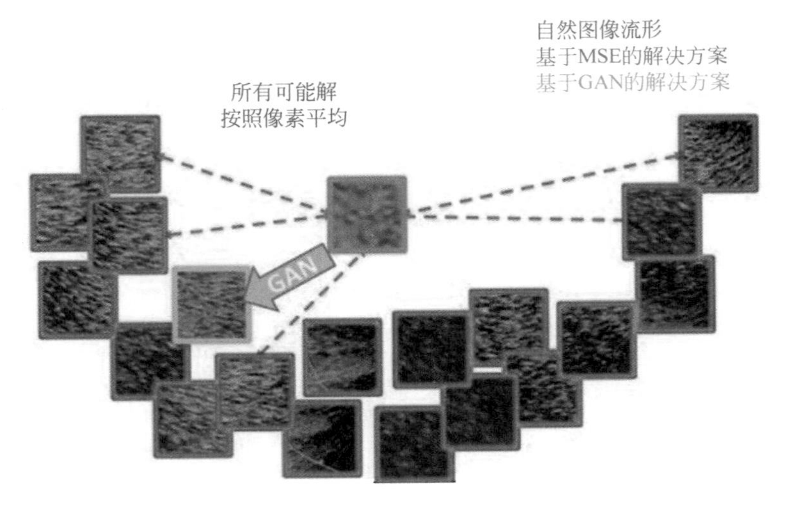

图 13-52　自然图像流形

13.7　SRGAN 的网络架构

13.6 节深入讲解了超分辨率对抗生成网络的原理，本节将详细讲解其网络结构，分析在具体细节上是如何工作的，超分辨率生成对抗网络的整体架构如图 13-53 所示。

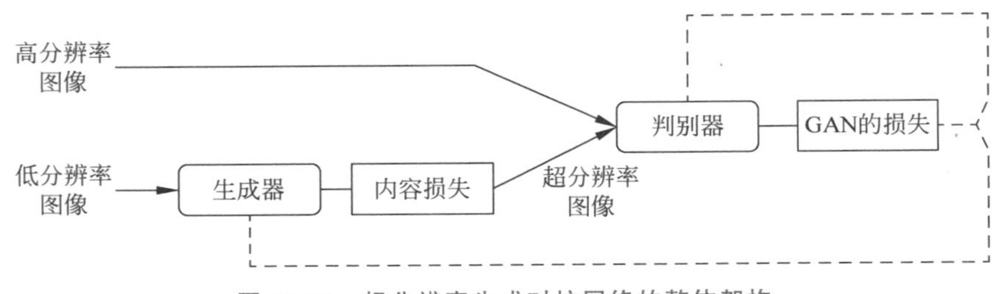

图 13-53　超分辨率生成对抗网络的整体架构

图 13-53 中，生成器接收低分辨率图像，然后输出图像计算内容损失，判别器对原来的真实高分辨率图像和生成的超分辨率图像进行判别，所以计算 GAN 的损失包含两部分，一个是判别器的；另一个是生成器的。从这个架构可以看出其最大的创新之处就是内容损失，生成器要生成超分辨率图像愚弄判别器，而判别器需要对超分辨率图像和原来的高分辨率图像进行判别，最后达到一个纳什均衡，也就是说判别器基本上不能判别了，在实际训练上应该如何做呢？

对高分辨率图像进行下采样获得低分辨率图像，不必刻意去找低分辨率图像，只需要进行下采样，得到高分辨率图像和低分辨率图像用于训练数据集，接着给生成器输入低分辨率图像，对其上采样并生成超分辨图像，使用判别器区分高分辨率图像和超分辨率图像并反向传播 GAN 的损失，以训练判别器和生成器。

我们来看一下超分辨率生成对抗网络生成器的网络架构，如图 13-54 所示，这里最重要的就是采用了残余块，残余块在 ResNet 中详细讲解过，如果有不明白地方请翻看之前章节，因为更深的网络更难训练，残余学习能保证网络学习的方向，它为整个网络训练保驾护航，也使得网络更加易于训练，使其更加深入，从而提高了性能。在实际中也被证明，更深的网络结构可以提高单幅图像的超分辨率，我们在生成器中使用了 16 个残余块。另一个创新就是使用子像素卷积网络，通过子像素卷积网络(PixelShuffler)增加图像的分辨率，这是对图像进行上采样的特征映射，生成器在总共使用两个过程之前基本上没有对图像的分辨率进行提升，关键的提升就是这个地方。还有一个关键地方就是使用参数化 ReLU，PReLU 用 PReLU 代替 ReLU 或 LeakyReLU，它引入了可学习参数，可以自适应学习负半部分系数。

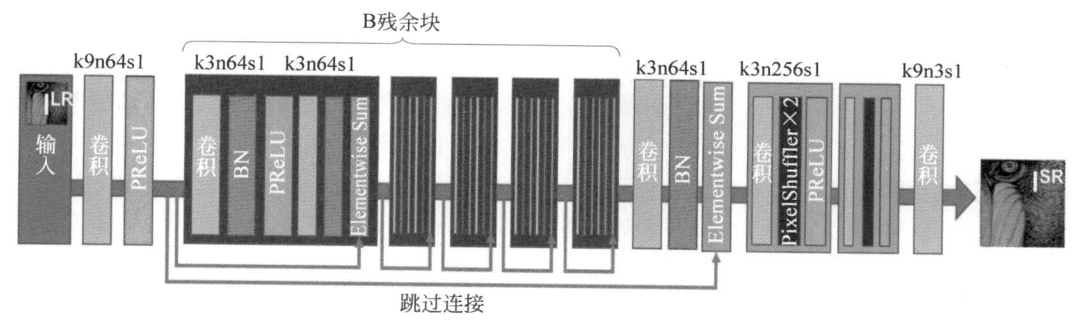

图 13-54 超分辨率生成对抗网络生成器的网络架构

接着看一下具体的过程，k 代表 kernel，是 9×9；n 是卷积核个数，为 64，即生成 64 个特征图；s 是 stride，为 1，卷积化后 ReLU 激活，然后经历一系列的过程，分别是卷积、批归一化、参数化 ReLU，进行若干次。批归一化是高效深度神经网络的标配，能防止数据在多层网络传递过程中发生协变量的偏移。除此之外，还有个重要的创新，我们在 Image2Image 中学习过，是跳过连接，这是非常有用的。通过这样一系列的过程，我们就可以由低分辨率图像得到高分辨率图像，让判别器难以判别。

判别器网络的结构如图 13-55 所示，判别器网络就是要区分真实的高分辨率图像和生成的超分辨率图像，整个架构都是 3×3 的卷积核，经过卷积、Leaky ReLU、卷积、批归一化、Leaky ReLU，进行若干次，接着经过稠密网络，然后激活，再经过 Sigmoid 激活获得图像分类。这里的 3×3 滤波器的数量以 2 的倍数逐渐增加：64、128、256 和 512。每次特征数量加倍时，使用跨步卷积来降低图像的分辨率。

为什么要降低图像的分辨率？我们在深度卷积生成对抗网络中讲到，最好把最主要的图像特征抽取出来，以判别概率。

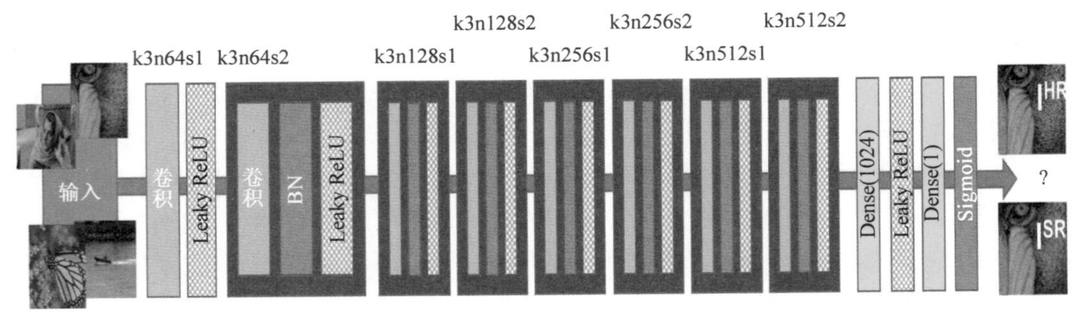

图 13-55 超分辨率生成对抗网络判别器的网络架构

13.8 叠加生成对抗网络

叠加生成对抗网络(StackGAN)本质上也是条件对抗网络条件生成对抗网络的一种，之前我们使用条件生成对抗网络由图像生成图像，叠加生成对抗网络更进一步，通过文本合成高逼真图像，这就像教小孩画画一样，之前还有个图像框架去模仿，这次只给出文字，所以叠加生成对抗网络是更加综合的应用。

首先看背景问题：要通过这样一段文本生成逼真的图像。它有两个阶段，第 1 个阶段生成的图像比较模糊，但大体轮廓已经具备，我们看一个例子，如图 13-56 所示，“This bird is blue with white and has a very short beak”(这只鸟是蓝色的并且有白色，蓝色为主且喙比较短)，刚开始有些地方比较白，最终生成的图像肚子是白色的，背是蓝色的，喙比较短，可以说是原来句子的高度翻译。我们再举个例子，看第 3 幅图“A white bird with a black crown and yellow beak”(白色的鸟有一个黑色的冠和黄色的喙)，最后深处的图像与原来的句子非常对应。

图 13-56 通过文本生成图像

叠加生成对抗网络的结构是两阶段网络，这是个很大的创新，要由文本直接生成清晰的图像是非常困难的。我们分成两个阶段，每个阶段有每个阶段的目标，最终实现的目的。第1阶段生成64×64图像，图像主要是一些结构信息，细节比较少，所以在一些细的颗粒度上比较模糊；第2阶段的输入是第1阶段的输出得到的256×256图像，具有更高的细节，更加真实的感觉，这两个阶段都采用相同的文本输入，因为我们是以文本作为条件的。

接着分析一下两阶段生成对抗网络的损失函数，首先看判别器，判别器要做3个方面的判断，如图13-57所示，第1个是s_r，要判别真实的图像和真实的文本；第2个是s_w，要判别真实图像和错误文本的分数；第3个是s_f，要判断假冒的图像和真实文本的真伪。

$s_r \leftarrow D(x, h)$ {real image, right text}

$s_w \leftarrow D(x, \hat{h})$ {real image, wrong text}

$s_f \leftarrow D(\hat{x}, h)$ {fake image, right text}

图 13-57 判别器要做3方面的判断

按照GAN的原理设计损失函数，判别器的表达式为

$$L_D \leftarrow \log(s_r) + \frac{\log(1-s_w)+\log(1-s_f)}{2} \tag{13-19}$$

其损失函数由3部分组成，第1部分希望图像和文本是真实的，分数越高越好；后边两部分希望越低越好，所以整个表达式越大越好。

生成器的表达式为

$$L_G \leftarrow \log(1-s_f) + \lambda D_{\text{K-L}}(N(\mu_0(\varphi_t), \sum_0(\varphi_t)) \parallel N(0, I)) \tag{13-20}$$

生成器生成的假冒图像越真实越好，那么整个结果越小越好；第2部分K-L散度与标准高斯分布越近越好，即K-L散度接近于0，这就完成了网络架构到损失函数的设计。

接下来我们看一个比较复杂的全景架构，如图13-58所示，首先是两个阶段，这两个阶段的生成器非常关键，第1个阶段是条件C和噪声$\boldsymbol{Z}$上采样生成第1阶段的图像；第2个

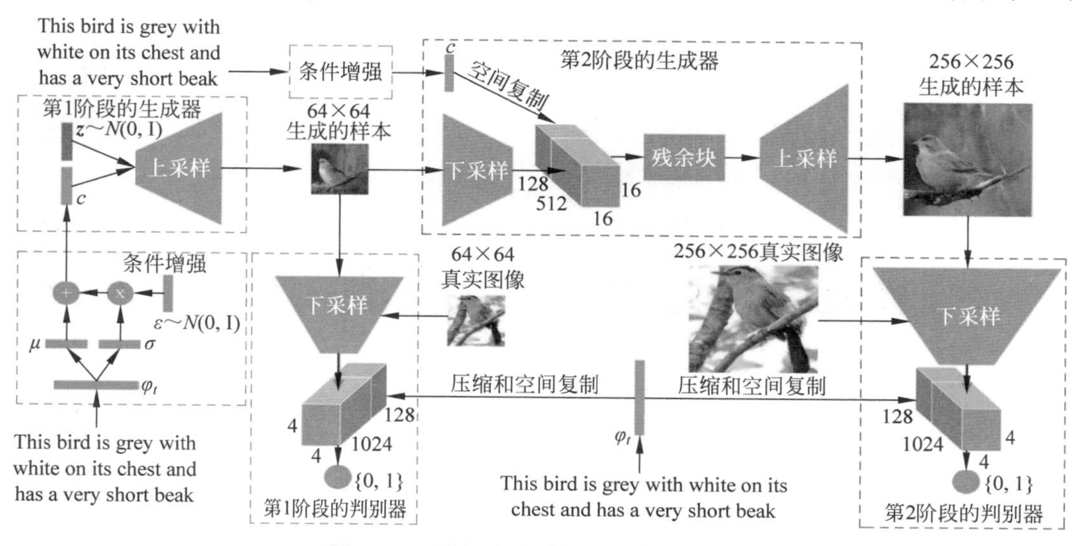

图 13-58 叠加生成对抗网络的全景架构

阶段仍然接收 C,C 是增强后的 C,叫条件增强,这个图像经过下采样,串接经过残余块,再经过上采样就得到了分辨率比较高的图像。接着看这两个阶段的判别器,判别器都要对生成的图像下采样,然后再加上压缩和空间复制,最后输出一个 0~1 的概率,这就是整个架构。除了两阶段的创新,另一个创新就是条件增强,让文本条件进行一些运算,得到一些增强版本的图像。

13.9 StackGAN 中的条件增强

为什么要用条件增强(CA)? 链接文本嵌入和图像的合成是从文本嵌入开始的,经典的文本嵌入是非常高维的,具有 1024 个维度,相比之下,文本的数量很少,如果将这个嵌入直接作为生成对抗网络的条件,那么潜在变量比较稀疏,这对变量非常不利,最终会使嵌入包含一定程度的不联系,这就激发了叠加生成对抗网络中的条件增强技巧,为了使噪声向量 $\boldsymbol{Z}$ 改变时能够改善图像的多样性,需要平衡文本嵌入空间中的不连续性。叠加生成对抗网络就是通过潜在空间中添加多元高斯分布来实现的,多元高斯的均值和协方差矩阵在训练期间通过学习来更新,如图 13-59 所示,展示了条件增强技巧如何使模型能够在输入向量 $\boldsymbol{Z}$ 变化的同时生成不同的图像。第 1 行的图像没有使用条件增强,由于提到的文本嵌入空间的不连续性,模型最后得到的是相同的图像,缺乏多样性;第 2 行的图像使用了条件增强,图像产生了多样性,符合现实世界的事物多样性实际情况,可见条件增强可产生各种各样丰富多彩的图像。

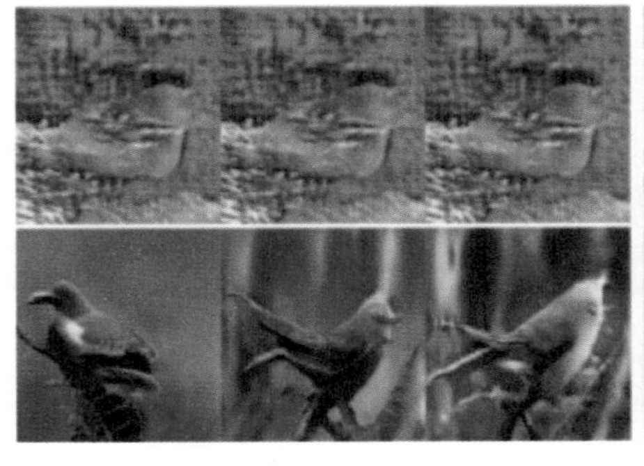

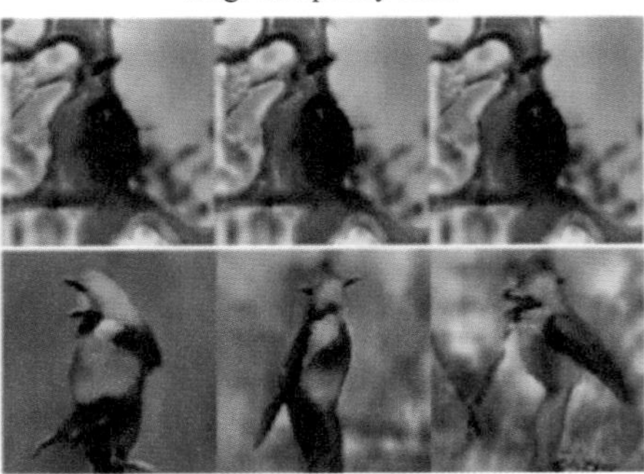

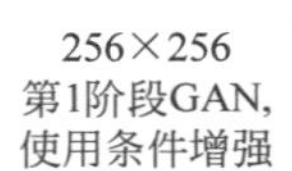

图 13-59 条件增强产生不同的图像

条件增强的原理涉及两个重要的技术,第 1 个是文本编码和条件增强,文本编码把文本编成向量,这是在语言模型中非常常用的做法,例如字符级卷积递归神经网络对字符既使用递归神经网络又使用卷积神经网络,我们可以像对图像做卷积那样对字符做卷积;第 2 个是文本与图像的一致性,这是条件增强的重要原理基础。在原始论文中,使用图像和文本的双重编码,看之间的兼容性以检测文本是否和图像互相对应[12]。接下来看条件增强,如

图 13-60 所示，条件增强重要的是从独立高斯分布随机抽样潜在变量 $N(\mu(p_t),\sum(p_t))$，首先文本 T 经过编码器产生文本嵌入，然后经过非线性变化生成高斯条件(μ,σ)，这个过程我们很熟悉，在变分自动编码中也是这样做的，相比于固定条件，我们从独立的高斯分布中随机抽样"潜在变量"让 $\sigma\times\varepsilon$，而 ε 符合标准高斯分布，若与均值相加，就是各种不同的高斯分布。

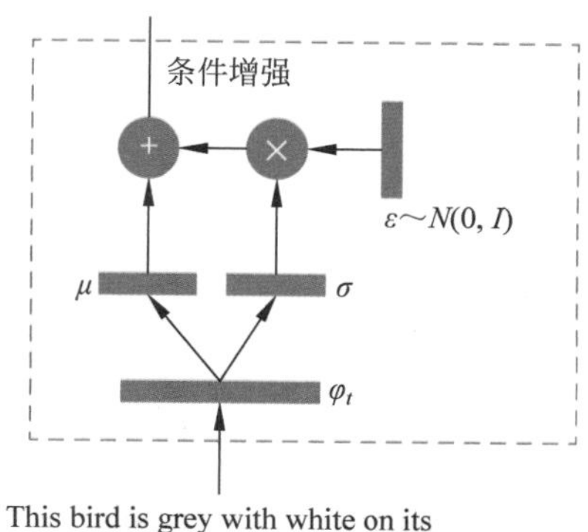

图 13-60 条件增强

看图 13-61，是不是让我们想到了重新参数法技巧？条件增强涉及两个重要的参数：一个是均值；另一个是协方差均值。要优化这两个参数，就要移动这里的随机节点，如图 13-61 所示，让 z 平滑地传递梯度，这种方法与重新参数法技巧是非常类似的，可以很好地优化这两个参数。

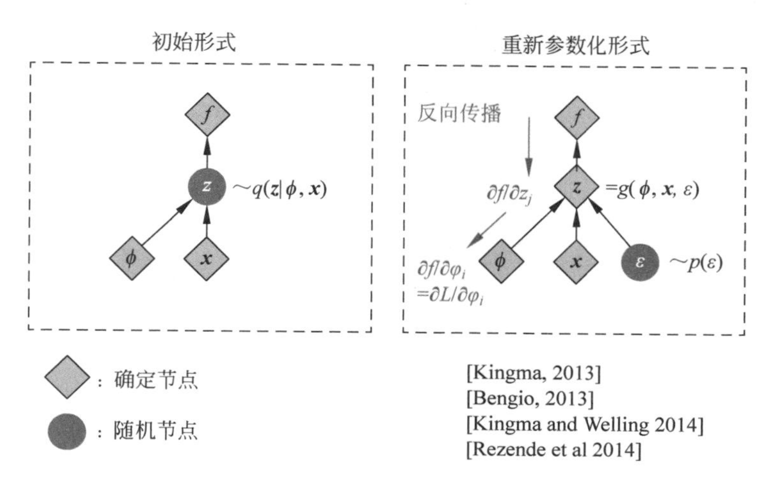

图 13-61 与重新参数法技巧类似

正则化项是生成器目标函数中非常重要的一项。这里有个问题，为什么要加入正则化项？因为原来的固定条件变成了随机抽样条件，为了进一步强化这种条件的平滑性并避免过拟和，叠加生成对抗网络在训练期间将正则化项加入生成的目标函数中，如式(13-21)所示。

$$D_{\text{K-L}}(N(\mu(\varphi_t),\sum(\varphi_t))\,\|\,N(0,I)) \tag{13-21}$$

目标函数就是一个K-L散度，是标准高斯分布和条件高斯分布之间的K-L散度，也就是让条件高斯分布接近于标准高斯分布，以实现条件平滑性。接下来看一下条件增强引起的变化，如图13-62所示，这些图纯粹是由于条件增强而引起的变化，在每行中，噪声向量 z 和文本编码向量 ϕ 是固定的，但是它们之间产生了差异性，因为我们有这样的高斯分布 $N(\mu(p_t),\sum(p_t)$，所以图像之间发生变化，产生了丰富多彩的多样性。

This small blue bird has a short pointy beak and brown on its wings

This bird is completely red with black wings and pointy beak

A small sized bird that has a cream belly and a short pointed bill

A small bird with a black head and wings and features grey wings

图13-62　由于条件增强而引起的变化

13.10 渐进式增长生成对抗网络[13]

英伟达在2018年的ICLR会议上发布的渐进式增长生成对抗网络，已经成为使用GAN合成图像的标志性技术，为什么这么说呢？因为传统上GAN一直努力输出低分辨率和中分辨率图像，如对于CIFAR-10的32×32图像和ImageNet的128×128图像，但今天的渐进式增长生成对抗网络(Progressive GAN)能够生成1024×1024高分辨率面目图像，如图13-63所示，所有图像都不是真实的照片，而是模型生成的结果，这是非常令人震撼的技术。

接下来深入讲解渐进式增长生成对抗网络实现的原理机制，这些机制包括多尺度架构，以及使用衰减行程来增长生成器和判别器。

图 13-63　模型生成的人脸

渐进式增长生成对抗网络中使用的多尺度架构图如图 13-64 所示，判别器用于确定生成的输出图像是真实的还是假冒的，所有的图像都下采样到 4×4 或者 8×8 分辨率，最高可达 1024×1024，而生成器首先产生 4×4 图像，如果达到某种收敛状态，那么将任务增加到 8×8 的图像，最高可达 1024×1024 的图像，这就是多尺度架构图，原理的关键在于稳定低分辨率图像的同时增加更高分辨率的层，然后逐渐扩大图像的分辨率直到 1024×1024。

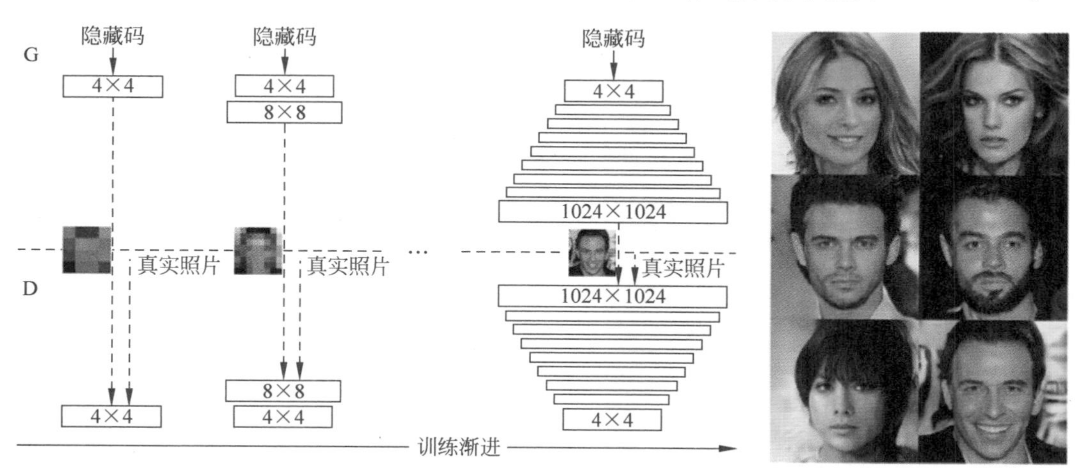

图 13-64　渐进式增长生成对抗网络使用的多尺度架构图

渐进式增长生成对抗网络一个非常重要的创新是添加衰减新层以增长生成器，如图 13-65 所示，展示了如何将新层添加到网络架构中以提高分辨率。

我们之前讲过 ResNet，ResNet 中一个非常重要的创新是残余连接。在 ResNet 之后，很多出色的网络架构借鉴了残余块的做法，例如跳过链接 U-Net，渐进式增长生成对抗网络也使用了残余连接，这种残余连接能够实现渐进式增长的思想。首先将已经有的 16×16 层

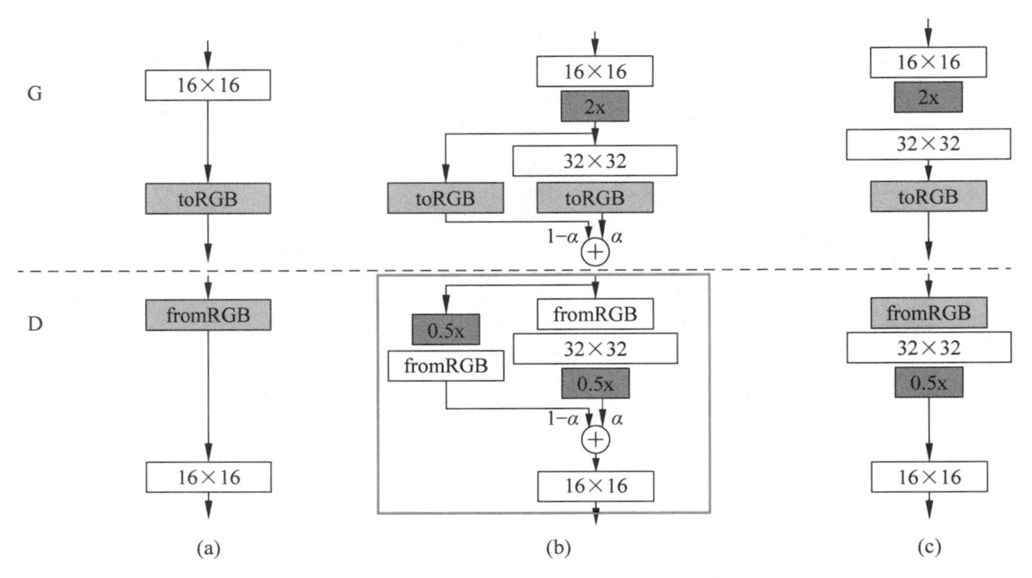

图 13-65　将新层插入网络架构生成器中

的图像通过最近邻插值投影到 32×32 维度，这是一个非常重要的细节，然后这个投影层直接乘以(1－α)。而新的 32×32 层经过激活等运算，然后乘以 α，这两者串接相加形成新的 32×32 图像，重要参数 α 从 0 到 1 线性增加，上采样的 16×16 贡献由(1－α)加权，新层的 32×32 贡献由 α 加权。α 最初比较小，对 16×16 插值后的结果给予最大的权重，在训练迭代中缓慢过渡，逐步给予新的 32×32 层更多的权重，直到所有权重。用一句话概括，当 α 参数达到 1 时，16×16 的最近邻插值的投影被完全取消，这种平滑过渡机制极大地稳定了渐进式增长生成对抗网络的网络结构。

添加衰减新层以增长判别器如图 13-66 所示，生成器得到的是 32×32 的结果，对于这个结果，我们一方面直接通过平均池化得到 16×16 的结果，而新的 32×32 经过激活得到 32×32 的稳定分辨率，再经过平均池化，因为最后我们要提供给现有的 16×16 的输入，然后将平均池化后的 16×16 的结果乘以(1－α)，代表 16×16 的权重，α 代表 32×32 的权重，输入的两个下采样版本以加权方式组合。首先对下采样的原始输入 16×16 进行完全加权，然后逐步过渡到对新的输出层 32×32 图像完全加权，这就是增长判别器的输入和过程。

最终体系和结构如图 13-67 所示，左图是生成器，右图是判别器，生成器由潜在向量也就是 512×1×1 经过卷积变成了 512×4×4 和 512×4×4，图像的尺寸逐渐加大，中间经过很多次上采样。判别器是 3 个通道的 1024×1024 图像，经过卷积然后下采样的过程，不断的迭代得到 512×4×4，然后经过一个卷积得到 512×1×1 的结果。最后使用全连接得到一个概率。

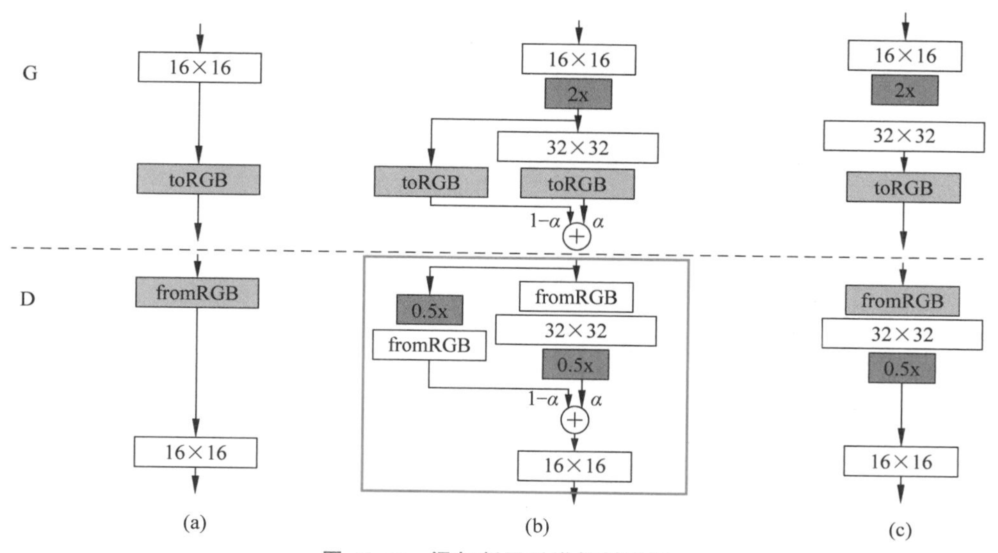

图 13-66　添加新层以增长判别器

生成器	激活函数	输出	参数数目
Latent vector	–	512×1×1	–
Conv 4×4	LReLU	512×4×4	4.2M
Conv 3×3	LReLU	512×4×4	2.4M
Upsample	–	512×8×8	–
Conv 3×3	LReLU	512×8×8	2.4M
Conv 3×3	LReLU	512×8×8	2.4M
Upsample	–	512×16×16	–
Conv 3×3	LReLU	512×16×16	2.4M
Conv 3×3	LReLU	512×16×16	2.4M
Upsample	–	512×32×32	–
Conv 3×3	LReLU	512×32×32	2.4M
Conv 3×3	LReLU	512×32×32	2.4M
Upsample	–	512×64×64	–
Conv 3×3	LReLU	256×64×64	1.2M
Conv 3×3	LReLU	256×64×64	590k
Upsample	–	256×128×128	–
Conv 3×3	LReLU	128×128×128	295k
Conv 3×3	LReLU	128×128×128	148k
Upsample	–	128×256×256	–
Conv 3×3	LReLU	64×256×256	74k
Conv 3×3	LReLU	64×256×256	37k
Upsample	–	64×512×512	–
Conv 3×3	LReLU	32×512×512	18k
Conv 3×3	LReLU	32×512×512	9.2k
Upsample	–	32×1024×1024	–
Conv 3×3	LReLU	16×1024×1024	4.6k
Conv 3×3	LReLU	16×1024×1024	2.3k
Conv 1×1	linear	3×1024×1024	51
Total trainable parameters			**23.1M**

判别器	激活函数	输出	参数数目
Input image	–	3×1024×1024	–
Conv 1×1	LReLU	16×1024×1024	64
Conv 3×3	LReLU	16×1024×1024	2.3k
Conv 3×3	LReLU	32×1024×1024	4.6k
Downsample	–	32×512×512	–
Conv 3×3	LReLU	32×512×512	9.2k
Conv 3×3	LReLU	64×512×512	18k
Downsample	–	64×256×256	–
Conv 3×3	LReLU	64×256×256	37k
Conv 3×3	LReLU	128×256×256	74k
Downsample	–	128×128×128	–
Conv 3×3	LReLU	128×128×128	148k
Conv 3×3	LReLU	256×128×128	295k
Downsample	–	256×64×64	–
Conv 3×3	LReLU	256×64×64	590k
Conv 3×3	LReLU	512×64×64	1.2M
Downsample	–	512×32×32	–
Conv 3×3	LReLU	512×32×32	2.4M
Conv 3×3	LReLU	512×32×32	2.4M
Downsample	–	512×16×16	–
Conv 3×3	LReLU	512×16×16	2.4M
Conv 3×3	LReLU	512×16×16	2.4M
Downsample	–	512×8×8	–
Conv 3×3	LReLU	512×8×8	2.4M
Conv 3×3	LReLU	512×8×8	2.4M
Downsample	–	512×4×4	–
Minibatch stddev	–	513×4×4	–
Conv 3×3	LReLU	512×4×4	2.4M
Conv 4×4	LReLU	512×1×1	4.2M
Fully-connected	linear	1×1×1	513
Total trainable parameters			**23.1M**

图 13-67　生成器和判别器的网络体系和结构

13.11 StyleGAN中的自适应实例规范化

GAN的一个常见应用是通过对名人面部数据集的学习来生成人造面部图像。尽管随着最近几年的发展，GAN生成的图像变得更加逼真，但主要挑战之一是如何控制输出，让图像更加精细，例如在面部图像中改变姿势、脸部形状和发型的特定特征。英伟达在2018年年底提出了一种基于样式的生成对抗网络(StyleGAN)，它是解决这一挑战的新模型。样式生成对抗网络逐渐生成人工图像，从非常低的分辨率开始，直到最高分辨率1024×1024，通过分别修改每一个分辨率级别的输入，控制在该级别中表达的视角特征，从粗糙特征如姿势、面部形状到头发颜色，而不影响其他特征。样式生成对抗网络生成的图像如图13-68所示，最上面是5个原始图像，它生成具有目标风格的人脸照片，每一行都是同一个风格，这些生成的人脸照片是非常清晰、非常逼真的，我们判别不出到底是真实的照片还是生成的照片。

接下来讲解样式生成对抗网络的原理，首先从渐进式增长生成对抗网络架构讲起，如图13-69所示。

渐进式增长生成对抗网络是英伟达在2018年应对生成高分辨率挑战而提出的，渐进式增长生成对抗网络诞生之后，我们得以生成高质量的大图像，如1024×1024。渐进式增长生成对抗网络的关键创新就是渐进式增长训练，从非常低分辨率的图像开始，逐渐训练生成器和判别器，每次都添加更高分辨率的组成，其根本原理是首先学习在低分辨率图像中出现的基本特征来创建图像的基础，并随着分辨率的增加，学习越来越多的细节。这种思路非常符合递进式发展思路，值得我们在设计网络架构时借鉴，渐进式增长生成对抗网络可生成高质量图像，但与大多数模型一样，其控制生成图像特定特征的能力非常有限，换句话说，这些特征纠缠在一起，因此即使尝试调整一点点输入，通常也会使多个特征联动。一个很好的类比就是基因，改变某个基因可能会影响多种形状，这个问题就是特征纠缠，解决了特征纠缠，样式生成对抗网络就可以极大提高控制分辨率的能力，能够控制图像的不同视觉特征，层越低，其控制的特征越粗糙；层越高，其控制的特征越精细，它能控制的分辨率级别由低到高有以下3个类别。

第一，粗分辨率高达8×8，影响姿势、一般发型、面部特征；第二，中等分辨率16×16～32×32，影响更加精细的面部特征，如睁眼、闭眼等；第三，精细分辨率64×64～1024×1024，影响配色方案(眼睛、头发、皮肤)和其他微观特征。样式生成对抗网络在解决特征纠缠的基础上，很好地控制了生成图像的分辨率，那么样式生成对抗网络是通过什么来实现的呢?

首先是映射网络，目标是将输入向量编码为中间向量，不同的元素控制不同的视觉特征，这是个非常重要的过程。输入向量控制视觉特征的能力是有限的，因为必须遵循训练数

图 13-68 样式生成对抗网络生成的图像

据的概率密度，例如黑头发的人的头像在数据集中更加常见，那么更多的输入值将映射到该特征，因此模型无法将输入向量中的元素映射到更加多样的特征中，这种现象就是特征纠缠。我们使用这样一个映射神经网络，如图 13-70 所示，就可以让模型生成不必遵循训练数据分布的向量，极大地减少特征之间的相关性，这个映射网络由 8 个完全连接的层组成，其输出 $\boldsymbol{W}$ 与输入的大小都是 512×1，那么为什么通过全连接就可以解决特征纠缠？这个可以用解决卷积神经网络的原理来讲解，卷积神经网络通过一个小的跨步来对原始图像进行卷积，两次卷积的结果会有一定的相关性，最终得到的特征图都是有一定的特征关联的，但是全连接一个输入对应一个输出，没有重叠性，所以就会降低特征之间的相关性，多个这样的全连接层就会极大地降低它们的相关性，进而解决特征纠缠。

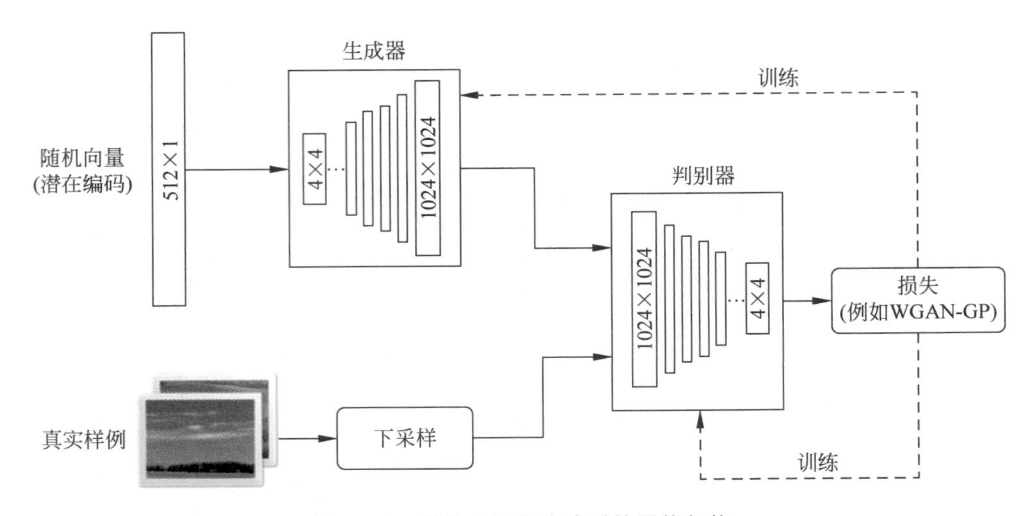

图 13-69 渐进式增长生成对抗网络架构

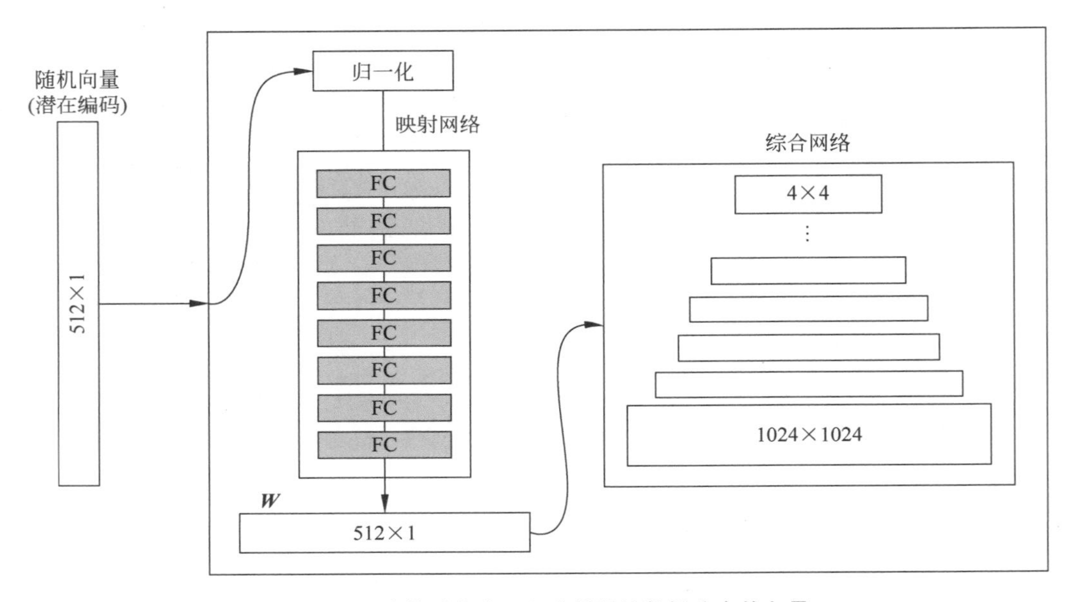

图 13-70 让模型生成不必遵循训练数据分布的向量

接下来讲解自适应实例规范(Adaptive Instance Normalization，AdaIN)，这是一个受风格转移网络而启发的生成器模型。我们在进行普通的图像风格转移时使用了这种自适应实例规范化为主的风格转移网络，如图 13-71 所示，把输入和风格都汇入编码器，经过自适应实例规范化进入编码器，编码器就可以得到一个风格转移后的图片，当然这一切都是由损失函数来控制的。

今天的样式生成对抗网络借鉴了这种创新技术，在这里我们讲解一下批量规范化和实

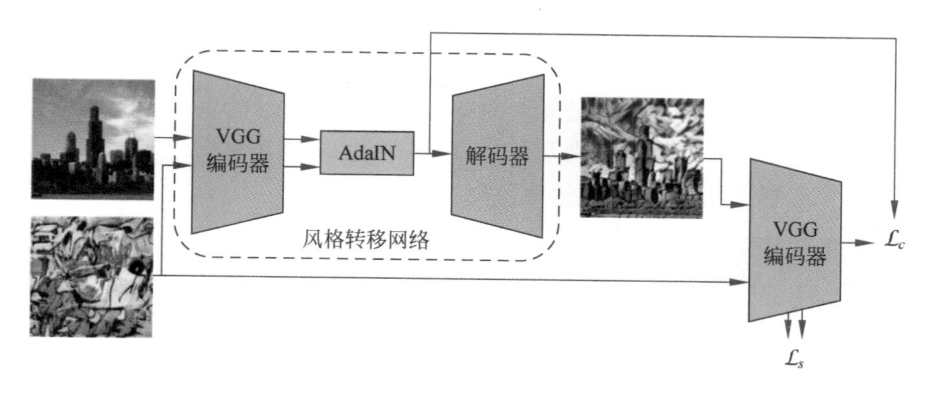

图 13-71　自适应实例规范化的风格转移网络

例规范化。一般的网络通过使用批量规范化来改进训练，批量规范化已经成为很多神经网络的标配，它能够减少协变量偏移、避免过拟合并加快训练速度，有多种好处。它的原理用数学表示为

$$\mathrm{BN}(\boldsymbol{x})=\gamma\left(\frac{\boldsymbol{x}-\mu(\boldsymbol{x})}{\sigma(\boldsymbol{x})}\right)+\beta \tag{13-22}$$

实例规范化用数学表示为

$$\mathrm{IN}(\boldsymbol{x})=\gamma\left(\frac{\boldsymbol{x}-\mu(\boldsymbol{x})}{\sigma(\boldsymbol{x})}\right)+\beta \tag{13-23}$$

其中，$\mu(\boldsymbol{x})$和$\sigma(\boldsymbol{x})$的计算方式是不一样的，批归一化和实例归一化的损失函数降低快慢的比较如图 13-72 所示，很明显，实例归一化要快得多。

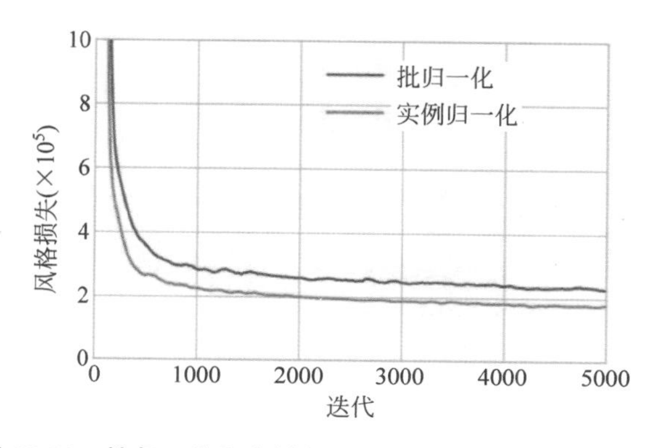

图 13-72　批归一化和实例归一化损失函数降低快慢的比较

接下来，我们详细比较一下批归一化与实例归一化在计算方式上的差别。因为形式是一样的，批归一化对一批样例计算每个通道的均值和方差，批归一化在训练和计算时采用的是不同的数据集，训练时采用小批量数据，批量归一化一批样例以一个单一风格为中心，但是每个样本仍然可能有自己风格。实例归一化的每个样例以及每个通道都独立计算均值、

方差，并且实例规范化在训练以及测试时使用相同的数据统计，最后的结果就是归一化每个样例到一个单一的风格。

效果如图 13-73 所示，Content 是原来的图像，Style 使用批归一化进行风格转移，但是很明显它没有把实例之间的风格区别开，而使用实例归一化，其效果是非常不错的，脸部很明显保持了一定的独立性，但是整体风格实现了迁移。

图 13-73　批归一化和实例归一化效果比较

更深入地总结一下，自适应实例规范仅使用样式空间统计信息缩放规范化输入，这具有非常深远的意义。在风格转移中，$\boldsymbol{x}$ 是输入，$\boldsymbol{y}$ 是风格，对 $\boldsymbol{x}$ 进行每实例、每通道的均值和标准差计算，然后乘以一个风格的标准差，再加上风格的平均值，就达到了风格转移的目的。这里的样式统计是不可学习的，没有可学习的参数，风格转移的图片如图 13-74 所示，实例规范化就可以实现，如式(13-24)所示。

图 13-74　样式实例化实现风格转移

$$\mathrm{AdaIN}(\boldsymbol{x},\boldsymbol{y})=\sigma(\boldsymbol{y})\left(\frac{\boldsymbol{x}-\mu(\boldsymbol{x})}{\sigma(\boldsymbol{x})}\right)+\mu(\boldsymbol{y}) \tag{13-24}$$

最后看一下生成器自适应实例规范化的网络架构，如图 13-75 所示，由得到的 $\boldsymbol{W}$ 到 $\boldsymbol{A}$ 是学习到的仿射变化，可以得到两个结果，一个是 $\boldsymbol{y}_{s,i}$；另一个是 $\boldsymbol{y}_{b,i}$，对应两个参数，这是我们的风格。剩下的就是一系列的计算，n 个通道，对每一通道、每一实例进行均值和方差的计算，然后缩放和移位。最后就可以计算出结果。

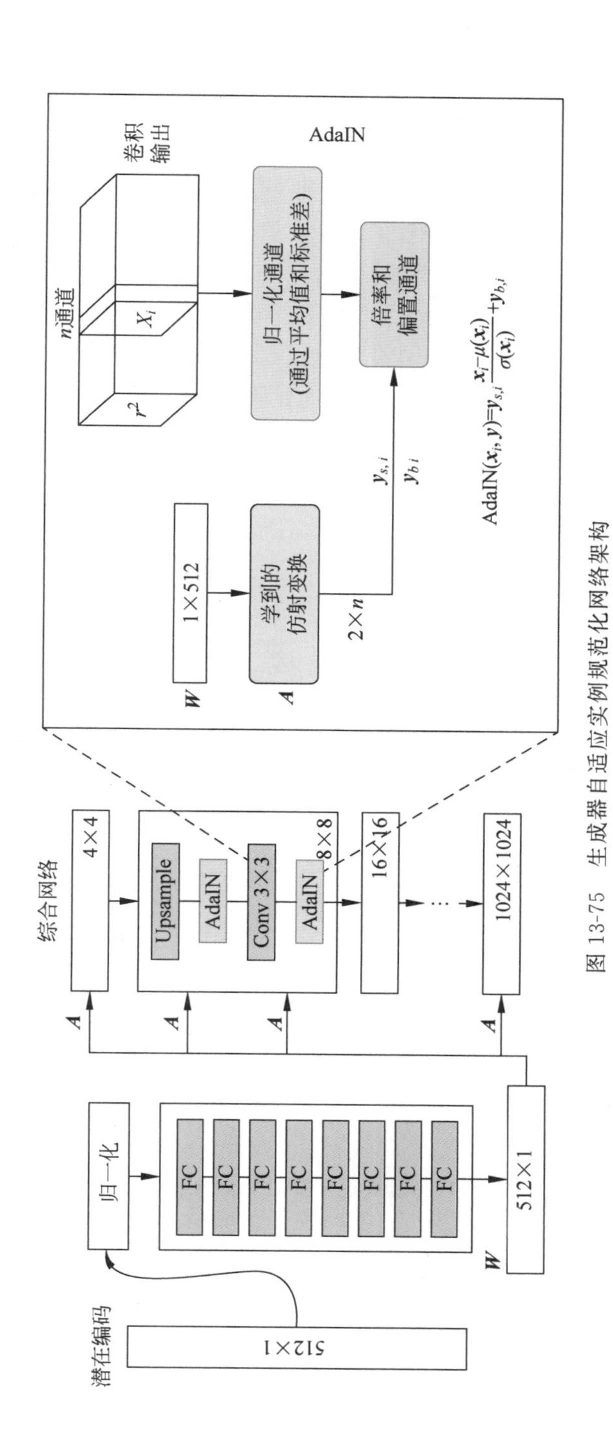

图 13-75　生成器自适应实例规范化网络架构

13.12 StyleGAN 中删除传统输入与随机变化

样式生成对抗网络的基础配置有渐进式生成对抗网络和渐进式增长生成对抗网络。在样式生成对抗网络中，生成器和判别器不断增加更高级别的分辨率，逐渐让这个更高级别的分辨率代替原来级别的分辨率，使图像变得越来越清晰、越来越逼真，但是其使用的是双线性插值平滑过渡到更高的层。渐进式增长生成对抗网络使用的是最近邻插值，这是一个改进，本质上原理没有改变，只是技巧发生了改变。样式生成对抗网络有以下几个步骤。

步骤 1：与渐进式增长生成对抗网络没有区别，如图 13-76 所示，这里从一个潜在的变量 z，通过渐进式增长逐渐生成逼真的图像，细节就是全连接像素级别的归一化，然后是卷积，再是像素级别的归一化。这里有一个 4×4～8×8 需要上采样，其他仍然是卷积归一化。

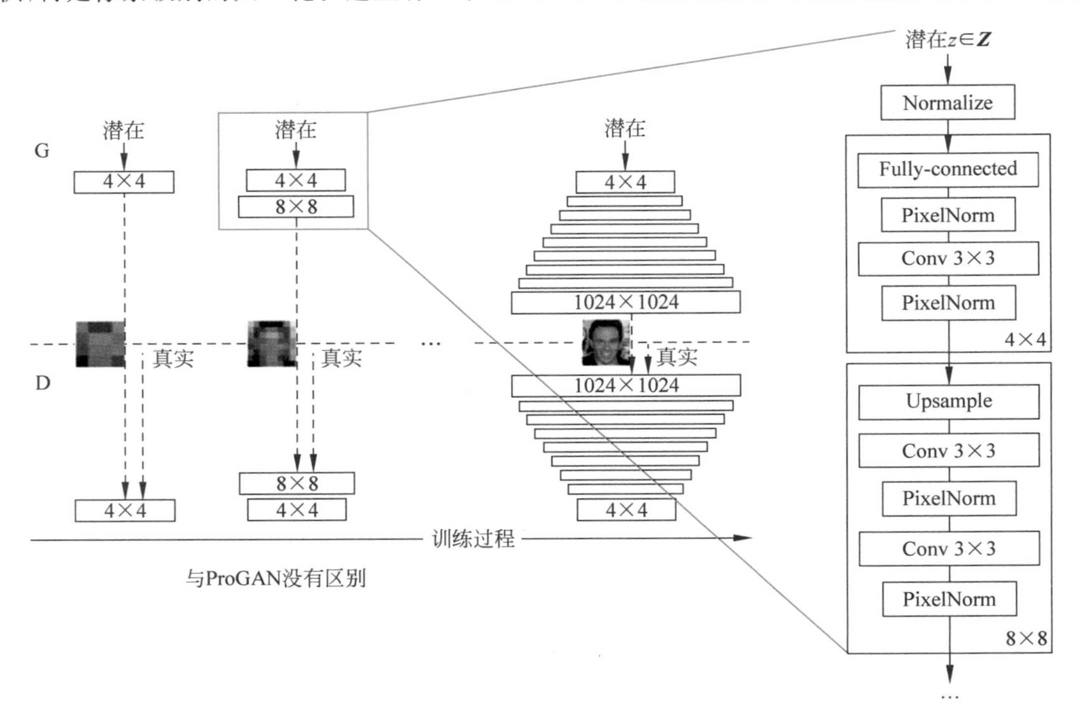

图 13-76　从潜在变量逐渐生成逼真图像

步骤 2：用双线性上采样替换最近邻插值，如图 13-77 所示，用双线性下采样替换池化层，这个是在判别器中，步骤 1 是在生成器中。这种方法比最近邻方法更加精细。

步骤 3：添加映射网络和样式(styles)，如图 13-78 所示，样式由 $\boldsymbol{W}$ 生成，在自适应实例规范操作中使用，$\boldsymbol{W}$ 产生出 $\boldsymbol{A}$，这是对应的风格，让样式去影响原来的图像，逐渐生成具有这种样式的图像。

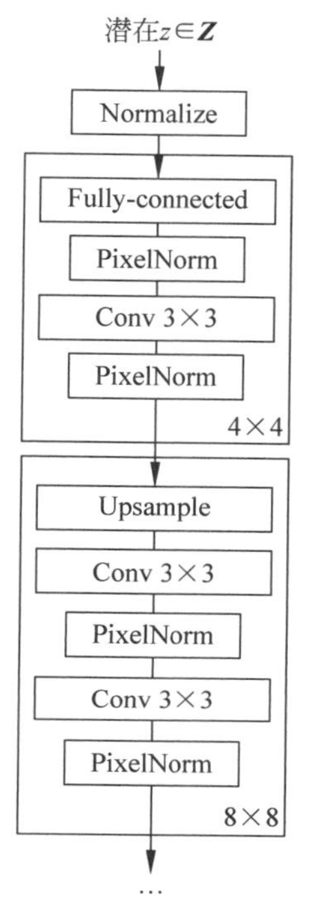

图 13-77　双线性上采用替换最近邻插值

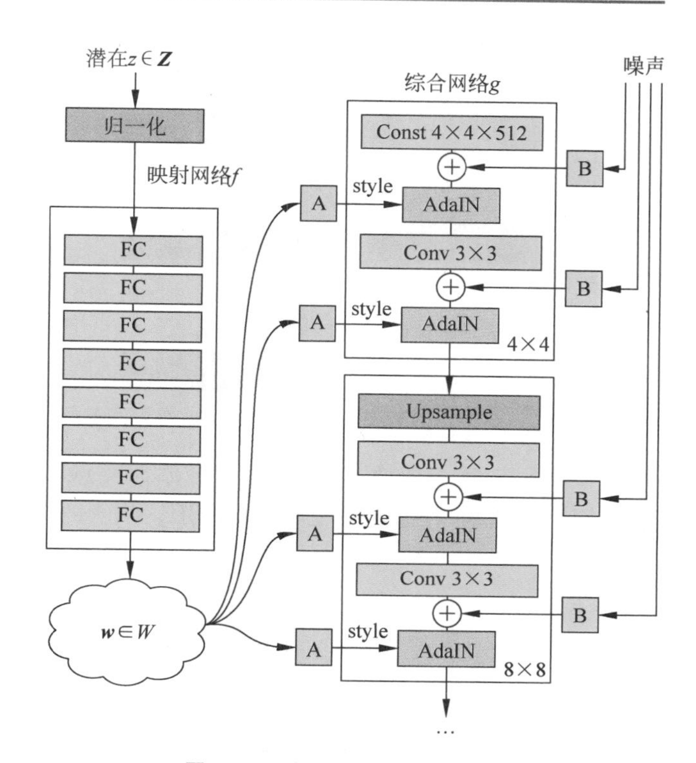

图 13-78　添加映射网络和 styles

步骤 4：删除传统输入，大多数模型包括渐进式增长生成对抗网络使用随机输入来创建生成器的初始图像，也就是 4×4 分辨率的输入，但是在样式生成对抗网络中图像特征由 $\boldsymbol{W}$ 和自适应实例规范化控制，因此初始输入可以省略并替换为常量值。尽管参考文献[14]没有解释为什么会提高性能，但是一个很显然的原因是它减少了特征纠缠，网络只管学习就可以了，不依赖于纠缠的输入向量，这是一个非常重要的创新，把传统的输入扔掉就避免了特征纠缠。

步骤 5：添加噪声可生成随机细节，人脸有很多细小的特征，可以将其看作人群中的随机性特征，如雀斑、毛发的准确位置和皱纹。这些特征使得图像更加生动逼真，增加了多样性，将这些小特征插入 GAN 图像的常用方法是将随机噪声添加到输入向量，然而在许多情况下，由于这些特征的纠缠使控制噪声的效果无法达到预期，导致了图像的其他特征受到影响。样式生成对抗网络中的噪声是以与自适应实例规范类似的机制添加到自适应实例规范模块之前，向每个通道添加这种缩放的噪声，并稍微改变分辨率的细微特征，从而在视觉上实现了多样性的感觉。

这里再说一下自适应实例规范，自适应实例规范操作会影响各种尺度下特征的相对重要性，其多少由风格决定，如图 13-79 所示，样式经过卷积后输入，然后进入自适应实例规范，这里的缩放和变换是根据样式 $\boldsymbol{A}$ 激活的，改变后的风格更改了后续卷积特征的相对重要性，所以最终我们才能改变图像的风格。

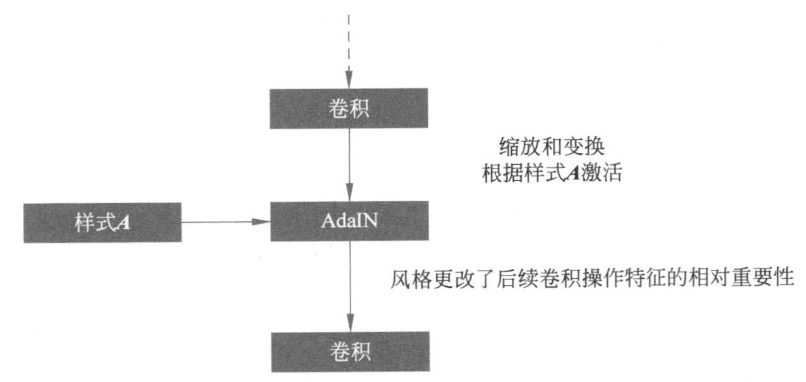

图 13-79 自适应实例规范操作影响各种尺度下特征的相对重要性

风格会影响整个图像，但每一像素会添加噪点，网络用它来控制变化，所以在图 13-79 所示的网络中增加了噪声，如图 13-80 所示。

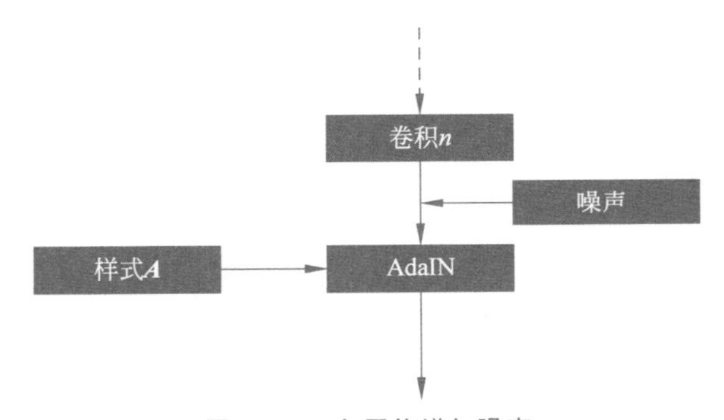

图 13-80 向网络增加噪声

如图 13-81 所示，这个小孩的头发是生成的，就像本来的头发一样，非常自然且随机，这就是由随机噪声来控制的，每个自适应实例规范都会有噪声，所以才会使人的各个细节有随机的变化。样式生成对抗网络在渐进式增长生成对抗网络的基础上进行了更多的创新，整个网络的设计是个比较大的工程，需要设计很多的细节，在很多地方进行创新，目标就是让图像更加逼真，其中最关键的细节是真实程度和自然程度。

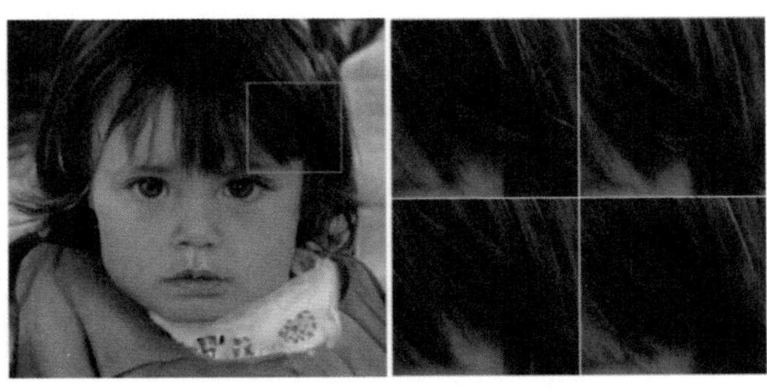

图 13-81 小孩的头发非常自然且随机

首先把输入进行特征解纠缠，然后把它输入到自适应实例规范的各个风格点，随机点同时加到自适应实例规范卷积之后，这是最关键的创新点，我们在设计网络时，可以借鉴这种思想。

13.13 为什么GAN很难训练[15]

W-GAN如何更好地训练生成对抗网络，首先总结一下当前GAN训练存在的问题：难以达到纳什均衡、模式崩溃、梯度消失及不稳定。我们之前学习了很多生成对抗网络，在实践中进行训练时，会明显感受到GAN是非常难训练的，实践很长，生成图像的质量并不是那么高，所以接下来的几节将深入讲解如何改进GAN的训练。

首先看第1个问题，难以达到纳什均衡。生成对抗网络是基于零和非合作博弈，零和游戏也称为极小极大游戏，对手想最大化行动，而我方的行动就是最小化。在博弈论中，当判别器和生成器达到纳什均衡时，GAN的模型收敛，由于在零和游戏博弈过程中，双方都想破坏对方，因此纳什均衡发生在一个玩家无论对方做什么，都不会改变其策略的情况下，什么意思呢？就是不管你做什么，我已经找到了最佳策略，假设有两个玩家A和B，他们分别控制值 $\boldsymbol{x}$ 和值 $\boldsymbol{y}$，玩家A想要最大化 $\boldsymbol{xy}$，而B想最小化 $\boldsymbol{xy}$，整个表达式如式(13-25)所示。

$$\min_{\mathrm{B}} \max_{\mathrm{A}} V(D,G)=\boldsymbol{xy} \tag{13-25}$$

该方程的纳什均衡在 $\boldsymbol{x}=\boldsymbol{y}=0$ 的时刻取得，在这种情况下，不论对手采用什么样的动作，都不会改变我方的策略，这是唯一的状态。试想一下，不管 $\boldsymbol{y}$ 怎么做，如果 $\boldsymbol{x}=0$，那么最终结果为0，不会改变最终结果，而 $\boldsymbol{y}$ 不论 $\boldsymbol{x}$ 取什么，如果 $\boldsymbol{y}=0$，最终结果也是0，达到一个纳什均衡。

现在我们看一下是否可以通过梯度下降法找到纳什均衡，基于值函数 V 关于 $\boldsymbol{x}$ 和 $\boldsymbol{y}$ 的梯度来更新 $\boldsymbol{x}$ 和 $\boldsymbol{y}$。由于 $\boldsymbol{x}$ 由玩家A来控制，要最大化 $\boldsymbol{xy}$，就要对 $\boldsymbol{x}$ 采用梯度上升法，如式(13-26)所示。

$$\Delta\boldsymbol{x}=\alpha\frac{\partial(\boldsymbol{xy})}{\partial(\boldsymbol{x})} \tag{13-26}$$

而 $\boldsymbol{y}$ 呢？要使 $\boldsymbol{xy}$ 达到最小值，所以采用梯度下降法，如式(13-27)所示。

$$\Delta\boldsymbol{y}=-\alpha\frac{\partial(\boldsymbol{xy})}{\partial(\boldsymbol{y})} \tag{13-27}$$

假设从某一个点(0,2)出发，如图13-82所示，$\boldsymbol{x}$ 的取值要使 $\boldsymbol{xy}$ 尽可能大，而 $\boldsymbol{y}$ 的取值要使 $\boldsymbol{xy}$ 尽可能小，所以 $\boldsymbol{x}$ 要向大的方向增加，而 $\boldsymbol{y}$ 要朝小的方向增加，这两个是背离的策略。如果 $\boldsymbol{y}$ 越过0开始向负方向增加，那么此时 $\boldsymbol{x}$ 必须不再增加，否则 $\boldsymbol{xy}$ 会越来越小，$\boldsymbol{x}$ 必须减小，这样 $\boldsymbol{xy}$ 才能变大，这个点就是这样的博弈。当 $\boldsymbol{x}$ 越过0，继续朝负方向发展时，$\boldsymbol{y}$ 必须增加，如果继续减少，那么 $\boldsymbol{xy}$ 会继续增大，所以这是一个不断的博弈关系。但是这样的博弈关系会导致 $\boldsymbol{xy}$ 发生振荡，一会大一会小，最终幅度越来越大，模型没有收敛。

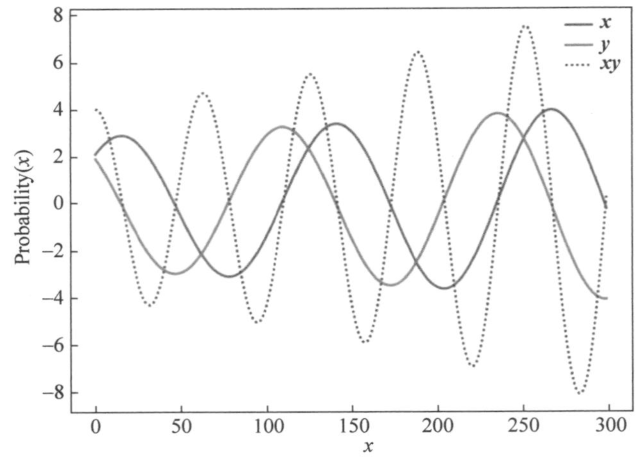

图 13-82　xy 发生振荡不收敛

如果提高学习速率或者对模型进行更长的训练，我们可以看到参数 $\boldsymbol{xy}$ 不稳定，且波动比较大，这个例子很好地展示了某些函数不会随着梯度向量而收敛的情况。在极小极大游戏中，使用梯度下降可能不会使损失函数收敛。

接下来看模式崩溃，首先解释一下什么是模式崩溃。在训练期间，生成器可能会因始终产生相同输出的系统参数而崩溃。这是 GAN 常见的故障案例，称为模式崩溃，几张生成的图像如图 13-83 所示，这几张图像非常像，只是肤色或者亮度有所不同，可以说它们是同一种风格的照片，缺少了多样性，这是我们不愿看到的。

图 13-83　同一种风格的照片

为什么会产生模式崩溃呢？GAN 生成器的目标是创建最大程度欺骗判别器 D 的图像，也就是 $D(G(\boldsymbol{z}))$越大越好，那么整个式(13-28)就是越小越好。

$$\nabla_{\theta_g} \frac{1}{m}\sum_{i=1}^{m}\log(1-D(G(\boldsymbol{z}^{(i)}))) \tag{13-28}$$

现在考虑一种极端情况：生成器在没有更新 D 的情况下进行生成训练，什么意思呢？我们暂且不更新 D，让 G 先生成训练一会儿，那么所生成的图像将收敛到找到最佳的图像 $\boldsymbol{x}^*$，如式(13-29)所示。

$$\boldsymbol{x}^* = \operatorname{argmax}_x D(\boldsymbol{x}) \tag{13-29}$$

$\boldsymbol{x}^*$ 从判别器角度上看是最逼真的图像，因为可以让判别器判别最大化，在这种情况下，$\boldsymbol{x}^*$ 将独立于这里的 $\boldsymbol{z}$，跟 $\boldsymbol{z}$ 之间的关系开始分离。决定图像多样性的基础就是随机性 $\boldsymbol{z}$，那

么现在 $\boldsymbol{x}$ 独立于 $\boldsymbol{z}$，图像的风格将趋同于一致，模式崩溃到一个点，与 $\boldsymbol{z}$ 相关的梯度接近于 0。当我们重新开始训练判别器时，检测生成图像最有效的方法是检测这种单一点的模式，由于生成器已经使 $\boldsymbol{z}$ 的影响变得不敏感，因此来自判别器的梯度可能将这个点推向下一个更脆弱、更单一的模式。总之，生成器在训练过程中的模式非常不平衡，降低了生成多样图像的能力。一般来说，生成器一旦找到了一个能使判别器给高分的模式，它就向这个模式靠近，不再生成其他风格的图像。

13.14　GAN 中梯度消失与梯度不稳定

什么是梯度消失？在判别器非常完美时，也就是判别器能很好地判别真实图像和生成的假冒图像时，损失函数将降至 0，就没有梯度了，也就是在学习迭代过程中，我们最终没有梯度来更新损失、减小损失，这样就无法达到生成预期图像的目标。我们来看一下生成器梯度的比较，如图 13-84 所示，这里的绿色、蓝色、红色分别是经过 1 轮、10 轮、25 轮迭代之后，进行训练的梯度变化情况。轮数越多，梯度越小，而且随着迭代次数的增多，生成器的梯度也在不断地减小，我们可以看到梯度已经很小了，而且还在不断降低，使我们最终无法很好地训练生成器。那么，这种梯度消失的根源是什么呢？

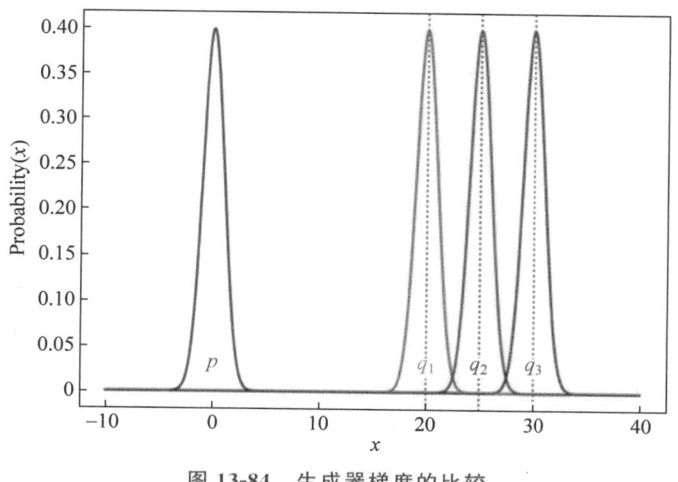

图 13-84　生成器梯度的比较

其根源是 J-S 散度中的梯度消失，假设判别器已经达到最优结果，那么生成器的目标函数如式(13-30)所示。

$$\min_{G} V(D^{*},G)=2D_{\text{J-S}}(P_r \parallel P_g)-2\log 2 \tag{13-30}$$

这个公式之前推导过，如果不明白，可以翻看之前章节。这里的损失函数由两项组成，第 1 项是 J-S 散度，第 2 项是常数，本质意义上就是 P_r 和 P_g 这两个分布的接近程度，即生成器 P_g 的分布越接近真实的分布越好，即逼近真实数据的分布。

举个例子，假设已有的数据分布是 P，现在我们要使用生成的 Q 来逼近 P，并且假设这两个分布都是高斯分布，现在假设 P 的均值为 0，而 Q 的均值分布是 20、25、30。它们的 J-S 散度图如图 13-85 所示，在 Q_1、Q_2 和 Q_3 时 J-S 散度的梯度接近于 0，也就是水平的线。由于梯度消失，没法通过这个函数来优化生成器。从根本上说，J-S 散度是放大两个分布之间差异的，有了一定距离的分布，一放大判别器就能很好地把它们判别出来。这个时候梯度就消失了，这就是梯度消失的原因。

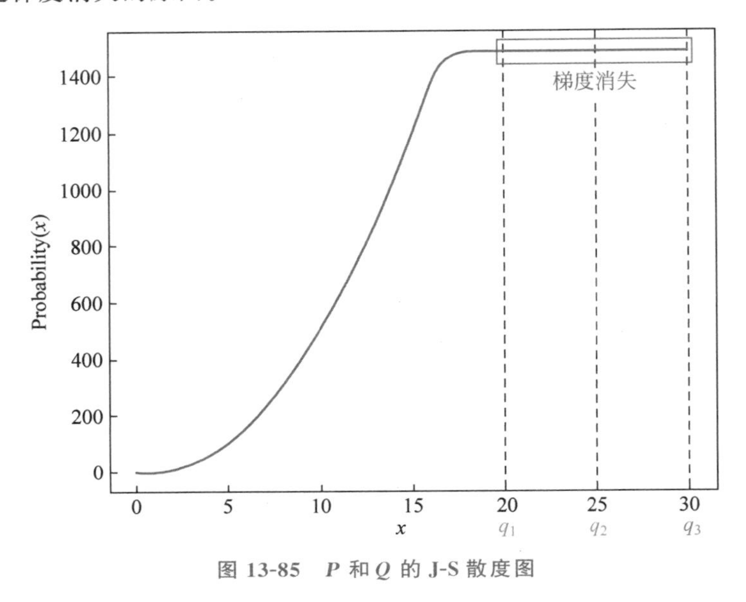

图 13-85　P 和 Q 的 J-S 散度图

既然生成器有梯度消失问题，把原来的目标函数

$$\nabla_{\theta_g} \log(1 - D(G(\boldsymbol{z}^{(i)}))) \tag{13-31}$$

变为如式(13-32)所示。

$$\nabla_{\theta_g} - \log(1 - D(G(\boldsymbol{z}^{(i)}))) \tag{13-32}$$

原来的目标函数梯度接近于 0，也就是越刚开始梯度越小，那么生成器训练就会非常缓慢。改为式(13-32)所示的形式，就解决了梯度消失问题，这个在参考文献[15]中有详细的证明，我们理解这种对应关系就可以了。也就是改进的生成器目标函数等于优化，根据

$$E_{z\sim p(z)}[-\nabla_\theta \log D^*(g_\theta(\boldsymbol{z})) \mid \theta = \theta_0] = \nabla_\theta[\text{K-L}(P_{g\theta} \mid P_r) - 2\text{J-SD}(P_{g\theta} \parallel P_r)] \mid \theta = \theta_0 \tag{13-33}$$

得到这样一个表达式：

$$\text{K-L}(P_g \parallel P_r) - 2\text{J-S}(P_g \parallel P_r) \tag{13-34}$$

在这里 K-L 和 J-S 的符号相反，我们知道 K-L 散度和 J-S 散度都等于 0 时两个分布接近，越大它们的分布越偏移。由于这两个分布，一个是正的；另一个是负的，这个分布越小，梯度更新得越不稳定。因为如果 K-L 散度变小了，那么另一散度可能增大，所以这种梯度更新的不稳定性就源于这里的符号相反。

接着再看新的生成器目标函数，还是造成了模式崩溃，注意第1项的K-L散度。P_g 在前 P_r 在后，K-L散度是不对称的，所以结果不等于K-L($P_r \parallel P_g$)。对于这个形式的K-L散度，其意义在于为生成伪造样本分配高成本，并且为模式丢弃分配低成本，什么意思呢？就是这个K-L散度K-L($P_g \parallel P_r$)迫使生成器生成接近真实图像的稳定样本，但是模式会比较单一。而后边这个K-L($P_r \parallel P_g$)形式意义恰恰相反，它为覆盖数据不全面分配高成本，并且为生成伪造样本分配低成本。这句话是什么意思呢？就是这个K-L散度迫使生成器覆盖更多的样本模式，但是可能生成伪造样本在质量上有所降低，并不能很好地接近真实样本。我们通过K-L散度来解释一下这两句话，如图13-86所示，假设一个分布是由蓝色的两个高斯分布组成的，一种是 Q 在前 P 在后，P 是蓝色实线，Q^* 是绿色虚线。图13-86(a)的意义就是用分布 Q 来逼近分布 P，右图是用分布 P 来逼近分布 Q，但是我们已经知道 P 是已经存在的真实分布。什么意思呢？我们先看图13-86(b)。因为 P 已经存在，现在假想一个分布用 P 来逼近 Q，什么情况下逼近得最好。Q 是虚线并覆盖其中一个分布。这种情况对应的是K-L($P_g \parallel P_r$)，P_r 是已经存在的真实数据分布。所以这种情况下能很好地伪造样本，但是会出现模式丢弃，也就是说，会覆盖一部分样本。左图用 Q 来逼近 P，尽可能覆盖所有数据。所以它在中间处于一个平均的状态，但是生成的伪造样本会差一些。因为是平均，所以得到的结果是这样的，两个峰值都没有伪造，它为生成伪造样本分配了低的成本。通过这样的方式，我们就能很好地理解生成器梯度消失、梯度不稳定以及模式奔溃的根本来源。

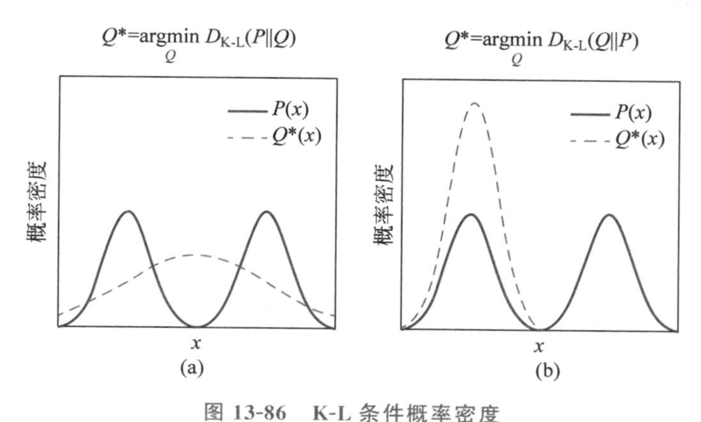

图13-86 K-L条件概率密度

13.15 Wasserstein距离

Wasserstein距离是用来度量两个分布之间差异度的，在生成对抗网络中，Wasserstein距离是比K-L散度、J-S散度更具有优势的一个距离度量指标。本节将详细讲解什么是Wasserstein距离，首先从移动盒子讲起，如图13-87所示。假设图13-87实线画的是一堆盒子，标号标出了具体的盒子；图13-87虚线画的是移动之后的盒子。我们的问题是如何移动盒子才能使移动的总成本最低。成本是怎样定义的呢？就是盒子单个成本乘以距离。假设每个盒子的质量是一样的，那么我们主要关注的就是距离了，图中将1这个位置上的1号盒子移到7位置上的1号盒子位置，那么它的成本就是6，因为从1到7走了6个单位的距离，然后把3这个位置上的5、6这两个盒子移动到10的位置，其成本都是10－3＝7。移动盒子在我们的生活中，特别是小孩游戏中都是非常常见的。这是理解Wasserstein距离比较直观的方式。

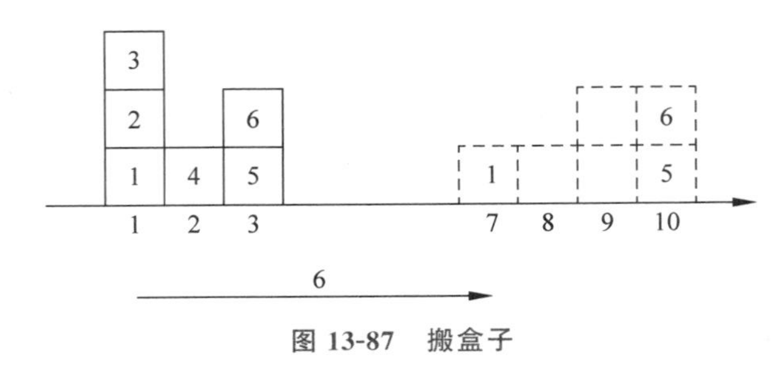

图 13-87 搬盒子

不同的移动方案如图13-88所示，这两堆盒子的形状是固定的，我们做一个移动矩阵，最左边这一列代表原来一堆盒子的位置序号1、2、3。7、8、9、10是移动之后的位置编号。对应的坐标位置的值代表从一个位置到另一个位置的盒子数，例如$\gamma_1(1,7)=1$，代表从位置1移动到位置7的盒子数为1；$\gamma_1(1,10)=2$代表从位置1移动到位置10的盒子数是2，以此类推。总的成本如何算呢？就是把这些非零的都计算起来，从1到7是6，从2到8是6，从3到9是两个6，从1到10是两个9，最后等于42。还存在另一种移动方案γ_2，算出来的总的移动成本也是42，移动前后形状发生改变，移动之后的形状都是一样的，这两个方案总成本一样，即42。

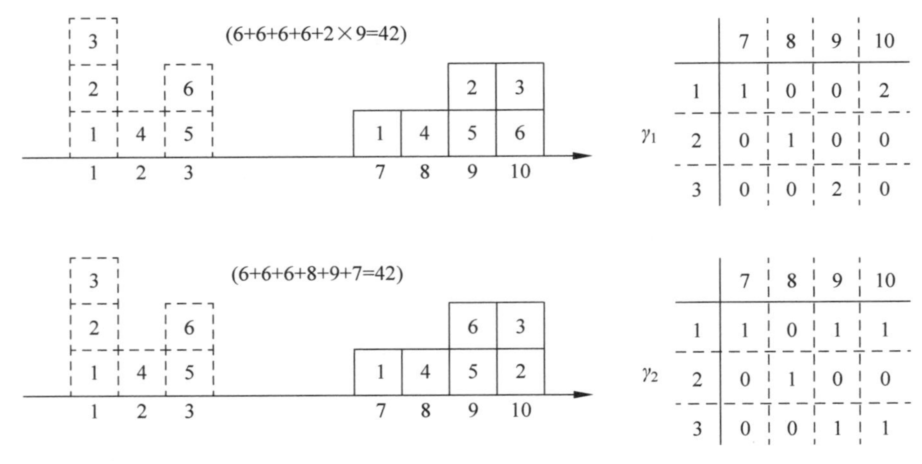

图 13-88 不同盒子的移动方案代价相同

图13-88所示的例子，不同的移动方案总成本一样，现在再来看一个移动总成本不一样的例子。如图13-89所示，假设将盒子由虚线位置移到实线位置，第1种方案，由位置4移

动到位置 3,由位置 6 移动到位置 7,总成本是 1+1=2;第 2 种方案,1 号盒子由位置 4 移动到位置 7,成本为 3,盒子 2 由位置 6 移动到位置 3,其成本是 3,所以总成本是 6。第 2 种方案的成本要比第 1 种方案的成本大得多,这种移动盒子的成本如何能最低呢?使用就近移动法则,如第 1 种方案就是就近移动,总成本很低。

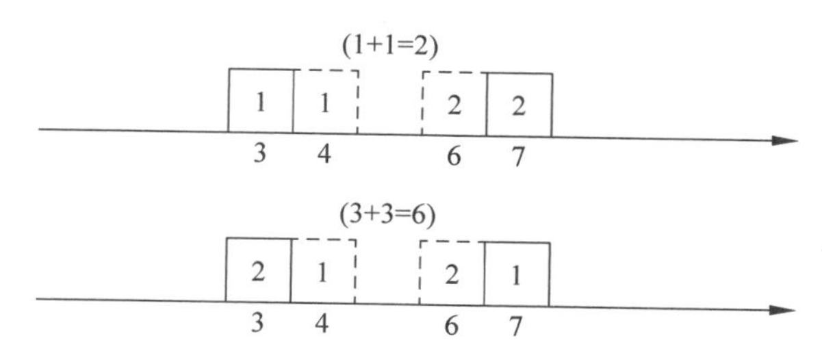

图 13-89　不同移动方案的成本不同

现在我们来看 Wasserstein 距离的定义,其是把数据分布 P_r 转换为 P_g 时,传输质量的最小成本,用数学定义为

$$W(P_r,P_g)=\inf_{\gamma\in\pi}E_{(\boldsymbol{x},\boldsymbol{y})\sim\gamma}[\|\boldsymbol{x}-\boldsymbol{y}\|] \tag{13-35}$$

由 $\boldsymbol{x}$ 到 $\boldsymbol{y}$,$\boldsymbol{x}$ 服从 P_r 分布,$\boldsymbol{y}$ 服从 P_g 分布,那么就是$(\boldsymbol{x},\boldsymbol{y})\sim\gamma$,然后对于这样一个距离求下确界,也就是最小成本。在这里,(P_r,P_g)表示边缘分布为 P_r、P_g 的所有联合分布 $\gamma(\boldsymbol{x},\boldsymbol{y})$的集合。也就是说,把这两个边缘分布分别组合就形成了一个联合分布,对于这个联合分布找传输质量最小的值。通过移动盒子的例子以及定义,我们可以把这个最小值理解为在 γ 路径的规划下把土堆从 P_r 挪到 P_g 所需要的消耗。把一堆土从一个位置移动到另一个位置,就近移动法则所需要的最小消耗就是 Wasserstein 距离,也叫推土距离(Earth Mover's Distance)。一个形象的例子如图 13-90 所示,把这样的一个土堆从 $P(\boldsymbol{x})$移动到 $Q(\boldsymbol{x})$,图中用不同的颜色标注了对应的土,左边的移动到左边,右边的移动到右边,中间的大致移动到中间。这样推土工作量最少,成本最低。

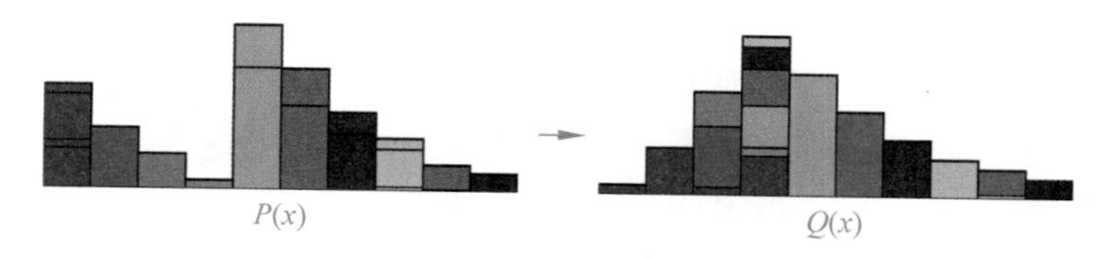

图 13-90　不同的颜色标注了对应的土

最后我们解释一下 $\gamma(\boldsymbol{x},\boldsymbol{y})$分别具有边缘分布 P_r 和 P_g 的意义,仍然以刚才移动盒子的例子类比。如图 13-91 所示,对于 $\sum\gamma(*,10)=2$,我们计算总成本时移动到目标位置 10 总成本等于 2,星号代表位置 10 上的盒子可以来自任何位置,然后把所有目标位置求和。图 13-91(a)虚线部分代表移动前的盒子分布 P_r,图 13-91(b)实线部分代表移动后的盒子分布 P_g,两个盒子堆代表两个分布,这里所有的定义是完全符合移动盒子的事实的。

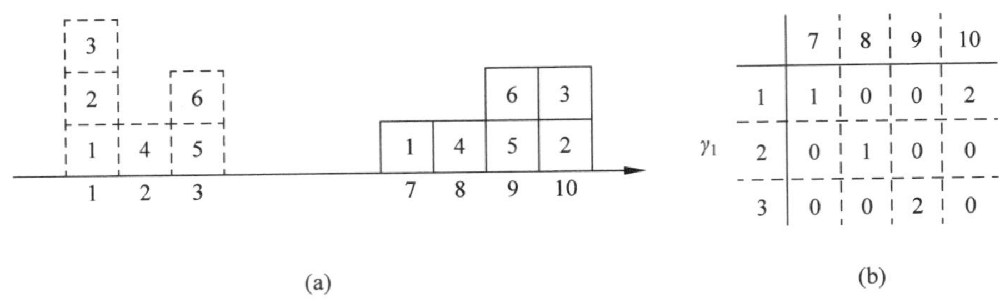

图 13-91 两个盒子堆代表两个分布

用积分的形式表示 Wasserstein 距离如式(13-36)所示，与原来的形式是等价的。

$$W(P_r,P_\theta)=\inf_{\gamma\in\pi}\iint_{x,y}\|\boldsymbol{x}-\boldsymbol{y}\|\gamma(\boldsymbol{x},\boldsymbol{y})\mathrm{d}\boldsymbol{x}\mathrm{d}\boldsymbol{y}=\inf_{\gamma\in\pi}E_{x,y\sim\gamma}[\|\boldsymbol{x}-\boldsymbol{y}\|] \tag{13-36}$$

13.16 为什么 Wasserstein 距离比 K-L、J-S 散度更有利于训练 GAN

13.15 节通过移动盒子这种形象的例子来解释了什么是 Wasserstein 距离，从本质上说，Wasserstein 距离就是推土距离，可以形象地理解成从一个位置移动到另一个位置所花费的最小成本，这种距离为什么比 K-L、J-S 散度更好呢？本节将从数学的角度给出这个问题的答案。

Wasserstein 距离相比于 K-L 散度和 J-S 散度的优势在于：即使两个分布的支撑集没有重叠或者重叠非常少，仍然能反映两个分布的远近，这里的支撑集就是数据分布的流形，也就是数据分布在空间形成的形状；J-S 散度在此情况下是常量，而 K-L 散度可能毫无意义，没有反映两个分布的远近，即没有反映出两个分布的距离，在这种情况下，我们不知道怎样才能将一个分布挪到另一个分布，但是 Wasserstein 距离避免了这个缺点，接下来详细讲解是如何避免的。先解释参考文献[16]中的一个例子，这个例子比较极端，如图 13-92 所示，两个分布完全没有重叠，但 Wasserstein 距离仍然可以提供有意义而且平滑的距离表示，假设 P_0 服从$(0,Z)$分布，其中 $\boldsymbol{x}=0,\boldsymbol{y}=Z$，这里的 Z 服从$[0,1]$的均值分布，θ 服从(θ,Z)分布，那么 Z 仍然是$[0,1]$均值分布，而 θ 是单个实参。P_0 在位置 0，P_θ 在位置 θ，高度在$[0,1]$之间均匀分布，这两个分布完全没有重叠，而且有一定的距离，我们希望随着 θ 趋近于 0，P_0 和 P_θ 两个分布的距离是递减的。

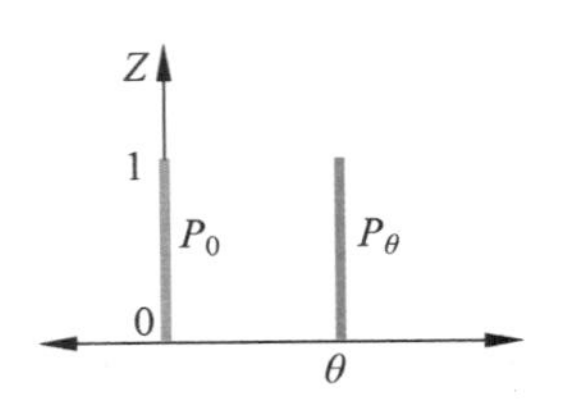

图 13-92 两个不重叠的分布

接下来比较一下 K-L 散度、J-S 散度以及 Wasserstein 距离在这个期望的表现。首先看 K-L 散度，我们知道 K-L 散度是不对称的，也就是说 K-L$(P_0\|P_\theta)$和 K-L$(P_\theta\|P_0)$散度在一般情况下是不相等的，我们分别看一下 θ 不等于 0 和 θ 等于 0 时的情况，K-L$(P_0\|P_\theta)$可以写成求和的形式，如式(13-37)所示。

$$\text{K-L}(P_0 \parallel P_\theta) = \sum_{x,y} P_0 \log \frac{P_0}{P_\theta} \tag{13-37}$$

注意，对于这个 K-L 散度，$\boldsymbol{y}$ 服从$[0,1]$均值分布，P_0 是目标分布，所以 $\boldsymbol{x}=\theta$。在 $\boldsymbol{x}=0$ 处，由于 P_θ 是在 θ 上分布，所以与 P_0 没有交集，也就是说 $P_\theta=0$。对于这种情况，求出来的 K-L 散度是无穷大的。K-L$(P_\theta \parallel P_0)$分布可以写成 $\sum_{x,y} P_\theta \log \frac{P_\theta}{P_0}$，此时 P_θ 是目标分布，所以 $\boldsymbol{x}=\theta$。在 $\boldsymbol{x}=\theta$ 处，由于 P_0 与 P_θ 没有交集，所以 $P_0=0$，在 θ 不等于 0 时无穷大。如果 θ 等于 0，那么它们是同一个分布，对于同样的分布$\frac{P_\theta}{P_0}=1$，最后结果等于 0，如式(13-38)所示。

$$\text{K-L}(P_0 \parallel P_\theta) = \text{K-L}(P_\theta \parallel P_0) = \begin{cases} +\infty, & \theta \neq 0 \\ 0, & \theta = 0 \end{cases} \tag{13-38}$$

K-L 散度在 θ 不等于 0 时结果无穷大，不好度量这两个的距离，我们没有真正捕获到，实际上它们差的是一个 θ 的距离。接下来，我们看 J-S 散度，J-S 散度可以写成两个 K-L 散度的平均，这两个 K-L 散度一个是 K-L$(P_0 \parallel M)$；另一个是 K-L$(P_\theta \parallel M)$，$M=\frac{P_0}{2}+\frac{P_\theta}{2}$，把第 1 个 K-L 散度展开成积分形式，如式(13-39)所示。

$$\text{K-L}(P_0 \parallel M) = \int_{(x,y)} P_0 \log \frac{P_0(\boldsymbol{x},\boldsymbol{y})}{M(\boldsymbol{x},\boldsymbol{y})} \mathrm{d}\boldsymbol{y}\,\mathrm{d}\boldsymbol{x} \tag{13-39}$$

目标分布是 P_0，我们知道 P_0 是在 $\boldsymbol{x}=0$ 处的分布，不等于 0，但此时 $\theta=0$，因为它们没有交集，所以 $M=1/2P_0$，代入式(13-39)得出 log2，对 log2 积分还是 log2，同样求得 K-L$(P_\theta \parallel M)$的结果也是 log2，两个结果求和再除以 2 结果还是 log2，如式(13-40)所示。

$$\text{J-S}(P_0, P_\theta) = \begin{cases} \log 2, & \theta \neq 0 \\ 0, & \theta = 0 \end{cases} \tag{13-40}$$

J-S 散度得出的是一个常数，当 θ 不等于 0 和等于 0 时为同一个分布，仍然等于 0。K-L 散度和 J-S 散度，一个是无穷大；另一个是常数，我们都没有捕获到对于两个分布距离的度量。接下来我们看 Wasserstein 距离的表达式为

$$E_{x,y} \mid \boldsymbol{x} - \boldsymbol{y} \mid = \mid \theta \mid \tag{13-41}$$

Wasserstein 距离的图形如图 13-93(a)所示，J-S 散度图形如图 13-93(b)所示，J-S 散度是一个常数，J-S 散度在 $\theta=0$ 处为 0，我们可以得出一个结论，Wasserstein 距离度量提供可用的梯度，而 J-S 散度是不连续的并且不能提供可用的梯度。

最后总结一下，本节的例子可能比较极端，但说明了存在一些分布序列，它们在 K-L、J-S 散度下不收敛，但在 Wasserstein 距离下收敛。除此之外，K-L、J-S 散度在某些情况下梯度始终为 0，从优化角度上这是我们非常不愿意看到的，因为在这些情况下利用梯度来优化将会失败。

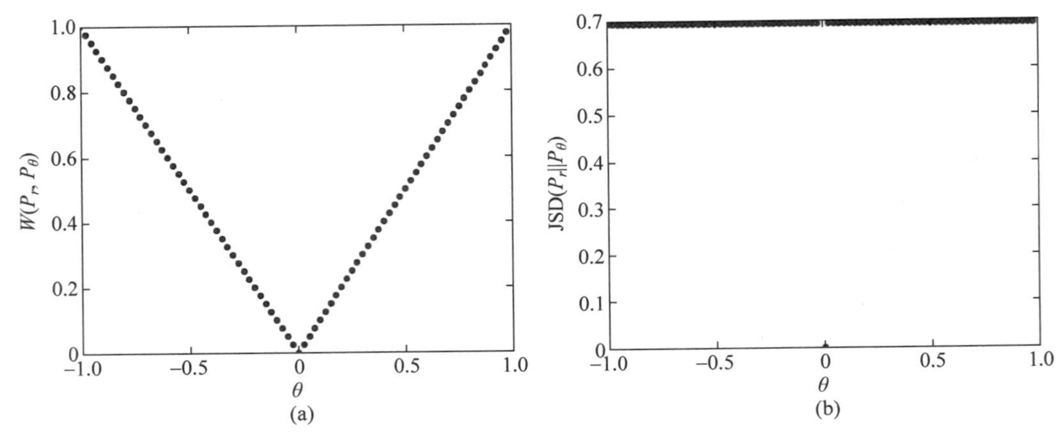

图 13-93 Wasserstein 和 J-S 的图形

实 战 篇

第 14 章

PyTorch 入门

基础篇讲解了深度学习的有关原理,从本章开始将进行深度学习的实战与演练。

14.1 PyTorch 介绍及张量

14.1.1 PyTorch 及其特定优势

深度学习的框架很多,例如 Caffe、mxnet,还有百度公司的 PaddlePaddle 等,如图 14-1 所示。

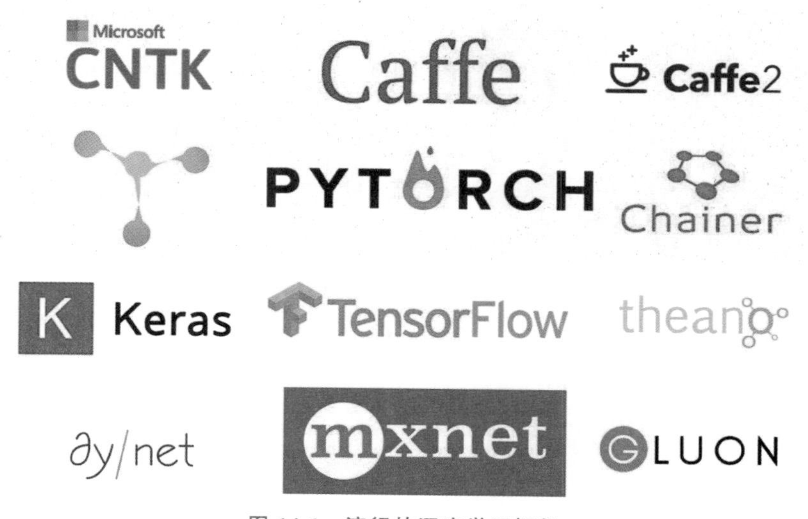

图 14-1 流行的深度学习框架

目前最为流行的两个神经网络框架是 PyTorch 和 TensorFlow,如图 14-2 所示,可以说是深度学习领域的双雄,是“倚天剑对战屠龙刀”,如图 14-3 所示。本章将主要比较 PyTorch 和 TensorFlow 这两个框架的关键区别。首先来看 TensorFlow,TensorFlow 是静态的框架。TensorFlow 需要先构建一个 TensorFlow 计算图,然后传入不同的数据进行计算,那么会有一个问题,我们固定了计算的流程,势必会导致计算的不灵活性。如果要改变计算的逻辑，或者随着时间改变计算流程，这样的动态计算 TensorFlow 是实现不了的或者实现起来很麻烦。而 PyTorch 是一个动态的框架，仍然延续了 Python 优秀的、灵活的逻辑，就是对变量做任何操作都是灵活的，程序开发是非常方便的。

图 14-2　PyTorch 与 TensorFlow

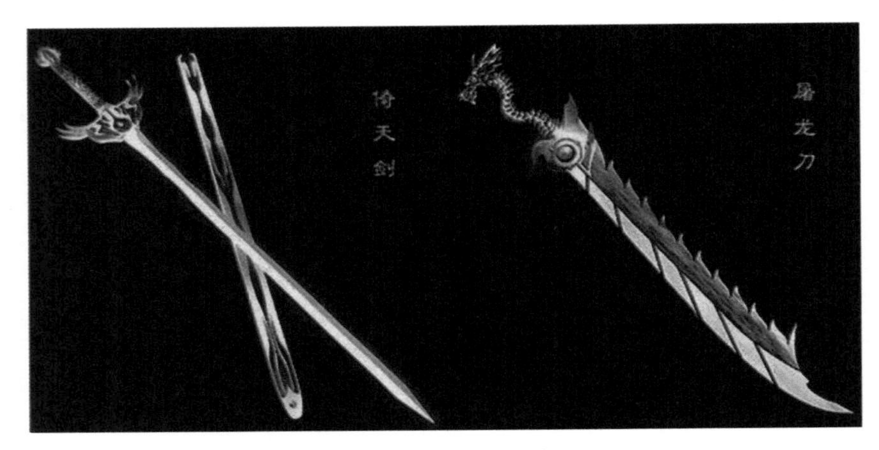

图 14-3　倚天剑与屠龙刀

我们来看一看 PyTorch 具体有哪些优势，一个好的神经网络框架应该具备三点优势：第一，对大的计算图能方便地实现；第二，能自动求变量的导数；第三，能简单运行在 GPU 上。这三点 PyTorch 都做到了。

在介绍张量(tensor)概念前，先讲解一下 PyTorch 3 个层次的抽象，首先是 tensor 的概念；然后对 tensor 做封装，就是 variable；再进一步封装，对神经网络层的抽象，就是 Module。张量是矩阵运算，所以十分适合在 GPU 上进行操作，而 variable 是对 tensor 的一个封装，目的是能够保存该变量在整个计算图中的位置，即能够记忆计算图中各个变量之间的相互依赖关系。这有什么用呢？为了梯度反传。Module 是对整个框架更高层次的抽象，可以直接调用并继承全连接层、卷积层、激活、批归一化等单个层，我们只需设计网络的结构和前向传播的函数。

14.1.2 PyTorch 安装

本节介绍如何安装 PyTorch，建议在 Anaconda/Miniconda 上安装，出现的 Bug 非常少也很容易安装，只需在命令行中输入如下代码：

```
conda install pytorch -c pytorch                    #在 Anaconda 上安装 PyTorch
```

所需的相关包就开始收集并安装了，如图 14-4 所示。

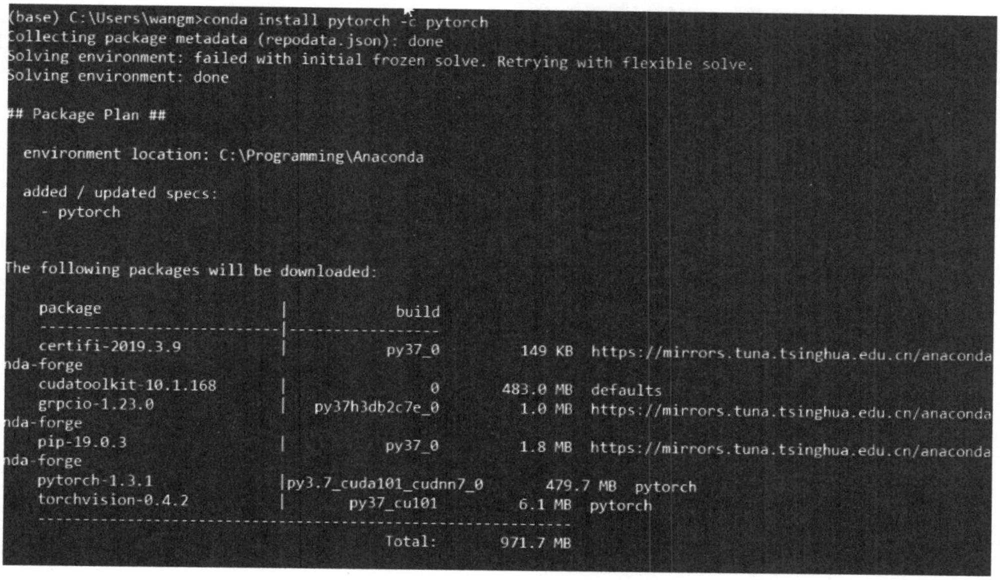

```
(base) C:\Users\wangm>conda install pytorch -c pytorch
Collecting package metadata (repodata.json): done
Solving environment: failed with initial frozen solve. Retrying with flexible solve.
Solving environment: done

## Package Plan ##

  environment location: C:\Programming\Anaconda

  added / updated specs:
    - pytorch


The following packages will be downloaded:

    package                    |            build
    ---------------------------|-----------------
    certifi-2019.3.9           |           py37_0         149 KB  https://mirrors.tuna.tsinghua.edu.cn/anaconda
nda-forge
    cudatoolkit-10.1.168       |                0       483.0 MB  defaults
    grpcio-1.23.0              |   py37h3db2c7e_0         1.0 MB  https://mirrors.tuna.tsinghua.edu.cn/anaconda
nda-forge
    pip-19.0.3                 |           py37_0         1.8 MB  https://mirrors.tuna.tsinghua.edu.cn/anaconda
nda-forge
    pytorch-1.3.1              |py3.7_cuda101_cudnn7_0       479.7 MB  pytorch
    torchvision-0.4.2          |        py37_cu101         6.1 MB  pytorch
    ------------------------------------------------------------
                                           Total:       971.7 MB
```

图 14-4 安装 PyTorch

安装好相关包后，在 Jupyter Notebook 上导入 torch 模块来验证 PyTorch 是否安装成功，代码如下：

```
from __future__ import print_function               #print 使用最新方法
import torch                                        #导入 torch 模块
```

当然，除了在 Anaconda 和 Miniconda 上安装外，也可以在其他地方或者直接在 Python 上输入命令行进行安装，代码如下：

```
pip3 install torch                                  #在 Python 上直接安装 torch
```

14.1.3 张量

安装完 PyTorch 后，开始讲解 PyTorch 中一个非常重要的内容——张量。大家可能会对张量这个词非常陌生，张量这个术语起源于力学，最初是用来表示弹性介质中各点应力状态的。我们可以回忆初中物理讲力学时矢量的概念，张量概念是矢量概念的推广，如图 14-5 所示。矢量是一阶张量。为什么叫一阶张量呢？难道张量还有零阶、一阶、二阶，一直到无穷阶吗？的确，在数学中，张量是一种几何实体，或者广义上的数量。

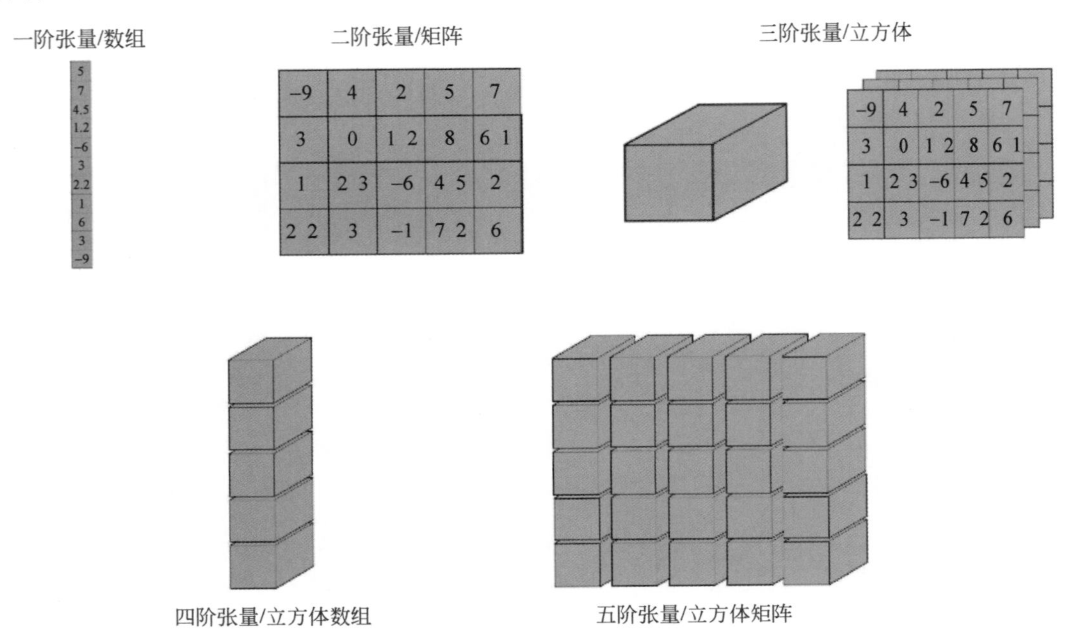

图 14-5　多位数组的推广

张量简单地说就是多维数组的推广：零阶的张量叫标量；一阶的张量叫数组；二阶的张量叫矩阵；三阶的张量是立方体。

为什么要提出张量这个概念呢？有什么现实需求？因为现实工作中的需要，所以才引入张量这个概念，需求有以下几个：如果输入的图片是灰度图，我们可以用二阶张量来表示这个灰度图，二阶张量某个元素的横坐标与竖坐标则表示这个元素所代表的像素在原灰度图的位置，而这个元素的大小则反应像素值的大小，表示这点的明暗情况，如图 14-6 所示。

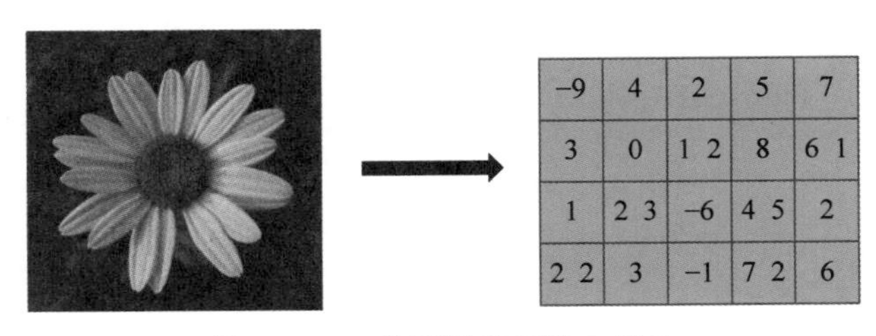

图 14-6　二阶张量表示黑白图片

对于彩色图片，不管图片格式是 RGB 还是 HSV，彩色图片都是三通道的，我们可以得到一个立体的结构，这就是三阶张量，每一页代表一个通道，如图 14-7 所示。

图 14-7　三阶张量表示彩色图片

再增一个维度，到四阶，四阶张量代表什么呢？四阶张量就是彩色图像的集合，把若干彩色图片堆叠在一起，就是四阶张量，如图 14-8 所示，这样在神经网络训练时可以很方便地使用批量的方式训练模型。

那么五阶张量又是什么？五阶张量就是一批视频，若干个视频堆叠在一起就是五维了，如图 14-9 所示。

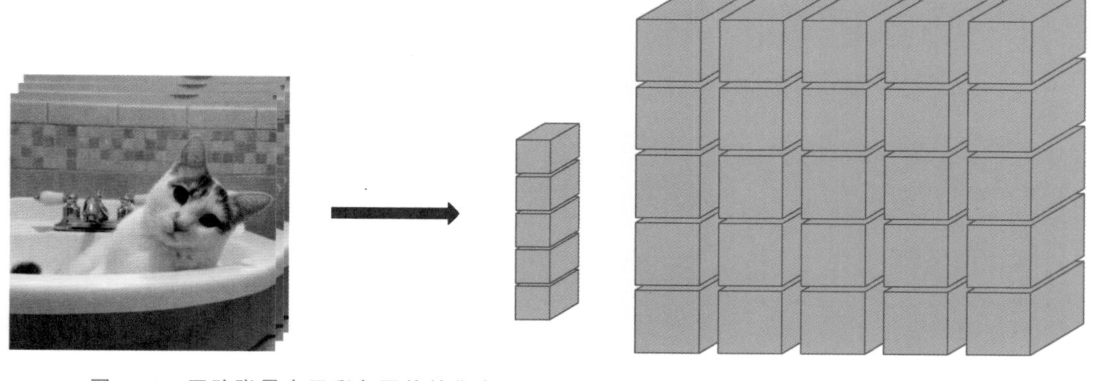

图 14-8　四阶张量表示彩色图片的集合　　　图 14-9　五阶张量表示一批视频

讲解完张量的概念后，我们实操一下关于张量的一些用法。导入 torch 模块后，首先需要知道张量该如何初始化，我们可以使用 rand()函数创建一个 5 行 3 列的二阶张量，非常简单，只需输入两个参数 5 和 3 就可以生成，张量的元素是随机生成的，是从区间[0,1)的均匀分布中随机抽取的一组随机数，代码如下：

```
x = torch.rand(5, 3)                          #随机初始化二阶张量
print(x)
```

初始化结果如下：

```
tensor([[0.5986, 0.2895, 0.9576],
        [0.9726, 0.4377, 0.9717],
        [0.2717, 0.7751, 0.1244],
        [0.9501, 0.6174, 0.3716],
        [0.6850, 0.4938, 0.5241]])
```

除此之外，最常用的还有零填充 zeros()，可以对 dtype 赋值指定我们想要的数据类型，代码如下：

```
x = torch.zeros(5,3,dtype = torch.long)
print(x)
```

输出结果如下：

```
tensor([[0, 0, 0],
        [0, 0, 0],
        [0, 0, 0],
        [0, 0, 0],
        [0, 0, 0]])
```

我们也可以对现有的数组进行张量化 tensor()，得到一个 32 位浮点型张量，代码如下：

```
x = torch.tensor([5.5,3])
x.dtype                                          #验证类型
```

输出结果如下：

```
torch.float32
```

除此之外，我们还可以对现有的张量使用 new_one()创建一个新的张量，如果不指定新生成张量的数据类型，那么新生成的张量将继承原有张量的数据类型；如果赋值 dtype 指定新张量的数据类型，那么新张量将转为新的数据类型，例如赋值 double 数据类型，就得到 64 位的浮点型，代码如下：

```
x = torch.tensor([5.5,3])                        #数组张量化
print(x)
x = x.new_ones(5,3,dtype = torch.double)         #改变数据类型为 64 位浮点型
print(x)
```

输出结果如下：

```
tensor([5.5000, 3.0000])
tensor([[1., 1., 1.],
        [1., 1., 1.],
        [1., 1., 1.],
        [1., 1., 1.],
        [1., 1., 1.]], dtype = torch.float64)
```

在创建张量后，我们需要知道某个张量的规格，可以使用与 numpy 相似的 shape 属性来返回张量的规格，代码如下：

```
x.shape
```

也可以使用 size()函数打印出规格，代码如下：

```
print(x.size())                                         # 打印张量规格
```

输出结果如下：

```
torch.Size([5, 3])
```

此外，张量与 numpy 一样也有加法操作，可以直接使用加号"+"将张量相加，需要注意的是相加的两个张量除了规格要保持一致以外，还需保证数据类型一样，否则会出错，代码如下：

```
y = torch.rand(5, 3,dtype = torch.double)               # 随机初始化浮点型的二阶张量
print(x + y)                                            # 两个张量直接相加
```

add()函数也可以做相加，可以另外指定一个输出张量例如 result 作为输出，代码如下：

```
result = torch.empty(5, 3,dtype = torch.double)         # 初始化一个二阶空值张量
torch.add(x, y, out = result)                           # 指定 result 作为相加后的张量
print(result)
```

我们也可以把一个张量加在另一个张量上，另一个张量发生改变代表着两个张量相加后的结果，与之前指定 result 张量作为输出的结果是一样的，代码如下：

```
y.add_(x)                                               # y 的变量增加 x
print(y)
```

除此之外，还有一个比较有用的 view()函数，可用来改变张量的维度和大小。view()函数可以很方便地实现改变张量的维度和大小，例如把 4 行 4 列的张量用 view(16)拉成 16 个元素组成的一行向量，代码如下：

```
x = torch.randn(4, 4)                         #随机初始化二阶张量
print(x)
y = x.view(16)                                #展开成一行
print(y)
```

view()函数也有一个比较常见也容易混淆的用法，代码如下：

```
z = x.view(-1, 8)                             # -1 从其他维度推断
```

view()参数−1 表示该维度的数值根据其他维度自适应调整。例如一个长度为 16 的向量 x，x.view(−1，4)等价于 x.view(4，4)，x.view(−1，2)等价于 x.view(8，2)。我们不看行数，由列数决定行数，可以避免写错。

对于只有一个元素的张量可以使用.item()取出来，得到的是 Python 中数据类型的数值，例如可以得到 64 位的浮点型，代码如下：

```
x = torch.randn(1)                            #随机初始一个数值张量
print(x)
print(x.item())                               #取出张量里的元素
```

张量与 numpy 数据类型可以方便地相互转换，使用 numpy()函数把张量给 numpy 化成数组，代码如下：

```
a = torch.ones(2,5)                           #初始化一个二维单位张量
print(a)
b = a.numpy()                                 #将张量转换成数组
print(b)
```

也可以使用 from_numpy()函数把数组转换成张量，代码如下：

```
//第 14 章/数组转换成张量
import numpy as np                            #导入 numpy 模块
a = np.ones(5)                                #初始化全为 1 的数组
print(a)
b = torch.from_numpy(a)                       #将数组转换成张量
np.add(a, 1, out = a)                         #数组 a 的每一个元素都加 1
print(a)
print(b)
```

有趣的是在上面代码中得到张量 b 后，接着对数组 a 进行加 1 操作，打印结果如下：

```
[1. 1. 1. 1. 1.]
[2. 2. 2. 2. 2.]
tensor([2., 2., 2., 2., 2.], dtype = torch.float64)
```

打印出来的结果中 a 和 b 的值是一样的,因为不管是张量化还是给 numpy 化构成一个数组,所共享的底层还是一样的,numpy 和 tensor 就相当于人的两个名字,一个叫 numpy 的量加 1,那么共享相同底层的叫 tensor 的量也必然加 1。

还有个比较重要的用法,张量可以说是 numpy 在 GPU 上的推广,我们也可以很简单地使用 device()把张量移到指定的设备上运行。我们通过一个 if 语句来优先使用 GPU 设备加快运行速度,代码如下:

```
//第 14 章/把张量移到 GPU 设备
#is_available 函数判断是否有 cuda 可以使用
#torch.device 将张量移动到指定的设备中
if torch.cuda.is_available():                          #判断是否有 cuda 可以使用
    device = torch.device("cuda")                      #cuda 设备对象
    y = torch.ones_like(x, device = device)            #直接从 GPU 创建张量
    x = x.to(device)                                   #或者使用.to 的方法将张量放入 gpu 中
    z = x + y                                          #两个张量相加
    print(z)
print(z.to("cpu", torch.double))                       #.to 也会对变量的类型做更改
```

最后将介绍的一个比较重要的部分来作为本节的结尾:图像格式的转换。为什么要进行图像格式的转换呢? PyTorch 进行神经网络框架搭建时,输入和输出都是张量的形式,如果我们还是保留 Python 原来 PIL 图像格式作为输入就会出错,所以使用简单的 ToTensor ()函数把 PIL 格式转换成张量格式,代码如下:

```
//第 14 章/把 PIL 转换成张量
img = Image.open('py.jpeg')                            #导入图片
img.show()
print(img.size)
import torchvision.transforms as transforms           #引入 transforms 模块
transform1 = transforms.Compose([transforms.ToTensor()])
                                                       #将 ToTensor()组合到转换函数
tensor1 = transform1(img)                              #进行转换(张量化)
print(tensor1.size())
```

显示导入的 PIL 格式图像如图 14-10 所示。

图 14-10　导入 PIL 格式图像

打印结果如下：

```
(1080, 606)                                 #图片大小
torch.Size([3, 606, 1080])                  #张量规格,3 表示颜色通道数
```

原来 PIL 格式的图片规格宽与高的顺序在张量格式下发生了调换，由原来的宽在前高在后变成了高在前宽在后，也可以把 numpy 数组转换成张量的形式：

```
array1 = tensor1.numpy()                    #转换成 numpy 数组
print(array1.shape)
tensor2 = torch.Tensor(array1)              #转成张量
print(tensor2.size())
```

打印的结果如下：

```
(3, 606, 1080)                              #数组大小
torch.Size([3, 606, 1080])                  #张量大小
```

可以发现在图像的张量和 numpy 数组格式中通道数、高、宽顺序没有发生改变。对得到的张量格式可以使用 ToPILImage()函数转换到 PIL 格式，代码如下：

```
image_New = transforms.ToPILImage()(tensor2)          #从 tensor 转换到 PIL 格式
```

需要注意的是，函数输入的 tensor 图像格式需要写在括号右边，如果写在括号中得不到想要的 PIL 格式图片。

14.2　PyTorch 动态图、自动梯度、梯度反传

首先需要区分一组概念：张量与变量。张量是 14.1 节所介绍的，如图 14-11 所示，x 是 1×1 的张量即标量，值是 1.0；y 也是 1×1 的张量，值为 2.0。两数相乘的乘积 z 也是个标量，值为 2.0。

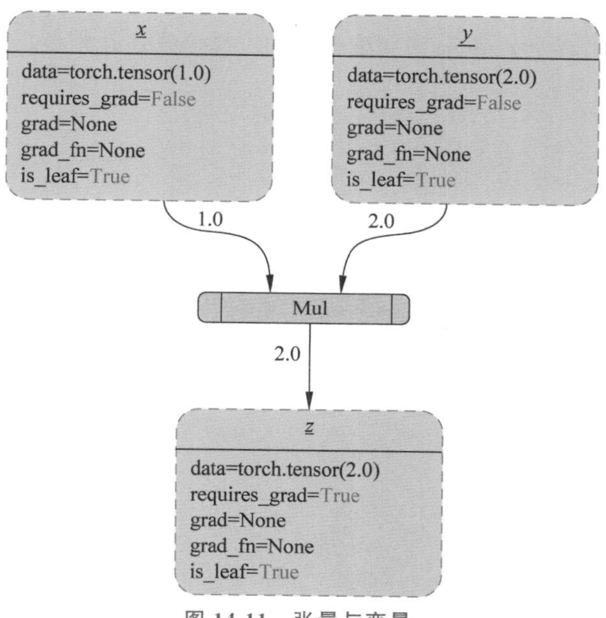

图 14-11　张量与变量

张量与变量的联系是，变量有一个属性叫作 data，这个 data 属性是张量结构的，所以可以说变量是对张量的一个封装，不过变量还有其他两个组成属性 grad_fn 和 grad，如图 14-12 所示。参数的传递实际上就是梯度反传，要求梯度就要求导，要求导就需要函数。使用 grad_fn 来保存建立变量的函数值，如果变量不是由其他变量生成的，而是人为设置的，grad_fn 属性的值是 None。有了函数后就需要求导，导数值应该存储在哪个属性中需要用 grad 属性存储梯度值。

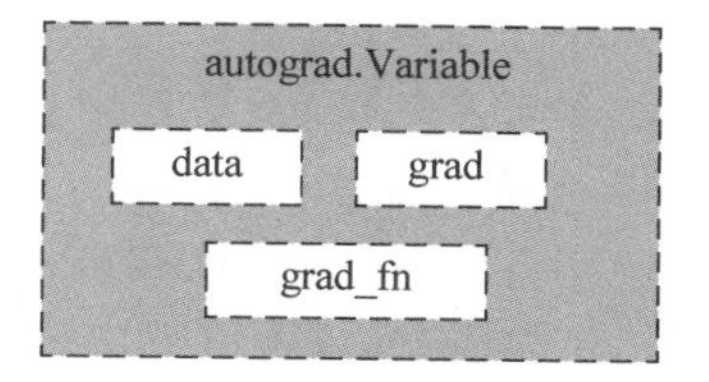

图 14-12　变量是对张量的封装

现在的 PyTorch 版本中，也就是大于 0.4 的版本，变量与张量合并了，这意味着张量可以像旧版本的变量那样运行，变量仍然可以用，但是对变量的操作返回的将是个张量。先导入需要的自动求导变量模块，代码如下：

```
import torch
from torch.autograd import Variable
```

先用 rand()函数随机化一个 4 行 5 列的矩阵即二阶张量，然后套个 Variable()函数变量化，代码如下：

```
t = torch.rand(4,5)                          #随机初始化二阶向量
x = Variable(t)                              #tensor
->variable
x
```

此时，输出值前面有个 tensor，说明变量化的本质形式还是张量：

```
tensor([[0.1468, 0.6156, 0.3884, 0.1957, 0.6181],
        [0.1055, 0.4555, 0.0966, 0.0475, 0.2752],
        [0.3622, 0.0825, 0.3368, 0.0088, 0.1254],
        [0.6884, 0.6715, 0.5587, 0.3973, 0.7009]])
```

不过我们可以用 data 将变量的值取出来，很明显 data 值也是张量形式，代码如下：

```
y = x.data                                   #variable->tensor
y
```

输出结果如下：

```
tensor([[0.1468, 0.6156, 0.3884, 0.1957, 0.6181],
        [0.1055, 0.4555, 0.0966, 0.0475, 0.2752],
        [0.3622, 0.0825, 0.3368, 0.0088, 0.1254],
        [0.6884, 0.6715, 0.5587, 0.3973, 0.7009]])
```

以后将不再对张量和变量进行区分，可以简单视为等同关系。

讲解完张量与变量概念之后，可以设置一个又一个节点，那么该如何决定梯度反传的方向从哪个节点流向哪个节点，从而无须计算所有变量的梯度呢？计算很多没用的梯度会产生许多资源的浪费，这里用 requires_grad 属性允许梯度传递，如果某个张量的这个属性为 true，那么开始跟踪这个张量操作历史，并形成用于梯度反传计算的图形。对于任意的张量 a，使用 a.requires_grad(True)即可跟踪张量 a。跟踪完后，再从其他节点调用反向传递函数 backward()就可以反向传递梯度值，这就相当于有了电源并合上开关就通了电，有了水源且打开了阀门水就可以流动。如果在计算中对输出节点 out 调用了涉及 x 的方向传递函数 out.backward()，那么 x 的梯度值属性 grad 将存有$\partial out/\partial x$。

在张量和跟踪机制基础上，需要进一步将张量之间联系起来。grad_fn 属性可以用于存储计算梯度反传的函数。这就构成了叶与枝、点与线的关系，如图 14-13 所示，a、b、c、d、e 是点，通过函数“+”和函数“*”构建了这些点之间的关系。由于 e 是 c 和 d 相乘得来的，那么 e 的 grad_fn 属性存储的就应该是 Mul 这个乘积函数。这样我们通过 grad_fn 属性就明白了各张量的联系。对于不是通过其他张量生成的，而是人为初始化的张量，grad_fn 存

储的值则是 None,例如 a 和 b 所存储的 grad_fn 将是 None。

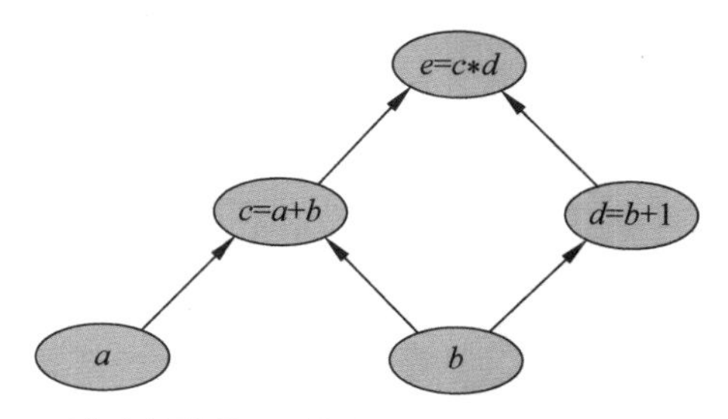

图 14-13 动态计算图(图片来源：https://bit.ly/2HAxlQP)

张量 a、b 还有个名字叫叶子节点或叶张量。requires_grad 为 False 的张量都为叶张量,梯度传递终止在这个张量而不会沿着这个张量传递下去。需要注意的是,对于 requires_grad 属性为 True 的张量也有意外,即用户人为设置创建的张量是叶张量,因为它们不是运算的结果。我们也可以通过在一些张量上调用 detach()方法,把张量从动态计算图中分离出来成为叶子。例如 x→m→y 这样简单的数据传递过程,如果我们对 m 使用 detach()方法,可以视为执行了两个步骤：第 1 步设置 grad_fn＝None,相当于 m 是人为手工设置的,那么将断开 m 与 x 的联系；第 2 步设置 requires_grad＝False,梯度反传到 m 后就截止,不能再继续传递了。所以在调用 backward()函数时,只有 requires_grad 和 is_leaf 都为 True 时的节点才能计算梯度。

初始化两个一阶张量并打印出相关属性,代码如下：

```
//第 14 章/打印相关属性
a = torch.ones(3,requires_grad = True)              #初始化由 1 填充的数组
b = torch.rand(3,requires_grad = True)              #随机初始 3 个元素构成的张量
print(a)
print(b)
print(a.grad)
a.is_leaf
tensor([1., 1., 1.], requires_grad = True)
tensor([0.5918, 0.8104, 0.0692], requires_grad = True)
None
True
```

由于没有进行梯度反向传递,所有 a 的梯度值为 None,a 和 b 是人为设置的,所以打印出来的 a 是叶子节点。我们再通过 a 与 b 相乘,打印出乘积的叶子属性,代码如下：

```
c = a * b                                           #张量相乘
c.is_leaf                                           #判断是否为叶子节点
```

输出结果如下：

```
False
```

c 是由 a 和 b 相乘生成的，所以 c 不是叶子节点，我们看一下 c 的 grad_fn 属性，代码如下：

```
c.grad_fn                                    #查看梯度函数
```

输出结果如下：

```
<MulBackward0 at 0x26102c29e80>
```

MulBackward 代表 c 是通过相乘得到，当设置 requires_grad＝True 并调用 backward()时，PyTorch 开始进行跟踪操作并在每个步骤存储梯度函数。如图 14-14 所示，叶子节点 x 和 y 相乘得到 z 后，调用 backward()反向传递函数，函数里的 torch. tensor(1.0)是外部梯度，这个外部梯度作为输入传递给 MulBackward 函数进一步计算 x 的梯度。因为 x 的 requires_grad 设置为 True，所以允许梯度传递到 x，外部梯度 1.0 与 z 对 x 的梯度值 2.0 的乘积 2.0 将存储在 x 的 grad_fn 属性中。

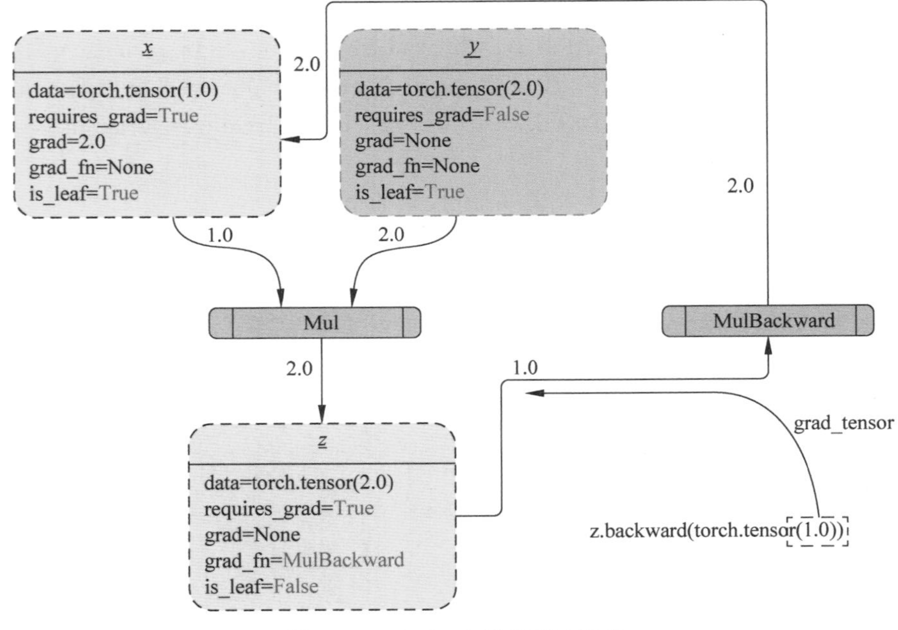

图 14-14　PyTorch 进行跟踪操作

backward()函数通过将参数(默认情况下为 1×1 单位张量)传递给后向图来计算梯度，一直传递到每个可从根张量追踪的叶子节点。也就是说如果 backward()什么参数也没有传，默认输入的参数是值为 1.0 的标量，然后将计算出的梯度存储在每个叶子节点的. grad 中。前向传播时，后向图形已经动态生成。backward()函数仅使用已生成的图来计算梯度，并将其存储在叶子节点中。我们除了在叶张量中填充梯度，也可以使用 retain_grad()函数为非叶张量填充梯度。

代码如下：

```
d = c.sum()                                     #求和
print(d)
d.backward()                                    #梯度反传
```

对 c 求和得到 d 这下一节点，再打印出 d，此时 d 的 grad_fn 属性将存储为构成这个节点的函数，也就是求和函数：

```
<SumBackward0 at 0x26102ca2240>
```

我们对 d 张量进行反向传递函数调用并启动梯度跟踪机制，就可以计算出叶子节点 a 的梯度值，代码如下：

```
print(a.grad)
```

输出结果如下：

```
tensor([0.5918, 0.8104, 0.0692])
```

如果是人为设计的张量 a，默认情况下是不需要求导的，那么 requires_grad 属性将显示为 False，代码如下：

```
a = torch.ones(3)
a.requires_grad
```

有意思的是，如果某一个节点 requires_grad 被设置为 True，那么所有依赖它的节点 requires_grad 都为 True，代码如下：

```
//第 14 章/requires_grad
import torch as t                               #导入 torch 并简称为 t
a = t.ones(3)                                   #初始化全为 1 的一维数组
b = t.ones(3,requires_grad = True)              #设置 requires_grad 为 true
print(b.requires_grad)                          #输出依赖节点的 requires_grad
c = a + b                                       #两张量求和
print(c.requires_grad)                          #输出 True
```

输出结果如下：

```
True
True
```

之前介绍了 backward()的参数 torch.tensor(1.0)。这个参数有什么用呢？torch

. tensor(1.0)是用于终止偏导连乘链式规则的外部梯度，是一个初始梯度，输入到 backward()后将传递给 MulBackward 函数以进一步计算 x 的梯度。需要注意，传递给 backward()张量的维数必须与正在计算梯度的张量维数相同。举个例子，我们初始化一个值为 1.0 的张量 x，计算 x 的立方得到另一个张量 z 作为输出节点，然后调用反向传递函数，由于没有人为引入一个初始外部梯度，所以将自动把张量 1.0 传递进去。在梯度计算过程中，首先对 x 求导得到 $3x^2$，再把 x 设置为 1.0，那么 x 的传递梯度为 3，并存储在 x. grad，代码如下：

```
import torch
x = torch.tensor(1.0,requires_grad = True)                 #初始化一个节点
z = x ** 3                                                 #间接节点
z.backward()                                               #梯度反传
print(x.grad.data)                                         #打印 x 的梯度值
```

此外，如果不是标量所构成的叶子节点，而是由数组构成的叶子节点，代码如下：

```
x = torch.tensor([0.0,2.0,8.0],requires_grad = True)       #数组转成张量
y = torch.tensor([5.0,1.0,7.0],requires_grad = True)       #数组转成张量
z = x * y                                                  #两张量相乘
```

这时，backward()函数就不应该传递空参数，而是应该让其传递的外部梯度维数与所要计算梯度的张量 x 和 y 的维数一样。也就是输入到 backward()的是由 3 个值均为 1.0 的元素所构成的一维数组，代码如下：

```
z.backward(torch.FloatTensor([1.0,1.0,1.0]))               #反向传递
```

14.3 使用 PyTorch 的 nn 包构建卷积神经网络

我们学习了 PyTorch 的几个重要的概念：张量和自动梯度，那么如何把这些概念用于深度学习的神经网络搭建中呢？这就是本节的内容，我们将使用 PyTorch 的神经网络包 nn 来构建神经网络。

可能对一部分初学者来说，神经网络是个陌生的词，这里粗略介绍一下：在一个神经网络中，我们可以设置一些层结构来实现输入的数据流经这些层结构再到输出的层结构，最后得到计算后的输出值，这样一个从输入到输出的管道或系统。如图 14-15 所示，手写字符 A 图片作为输入流经一个叫卷积层的层结构，再流经一个叫池化层的结构，然后继续卷积池化，接着经过全连接结构得到输出值，最后对识别的所有类别进行打分，从而完成一套实现手写字符识别的系统。有些读者可能对卷积层、池化层、全连接层这些基本概念感到陌生，可以翻阅前面的理论部分卷积神经网络的相关章节。

搭建了一个从输入到输出的层结构组成的网络框架后，接下来需要训练这个网络以满

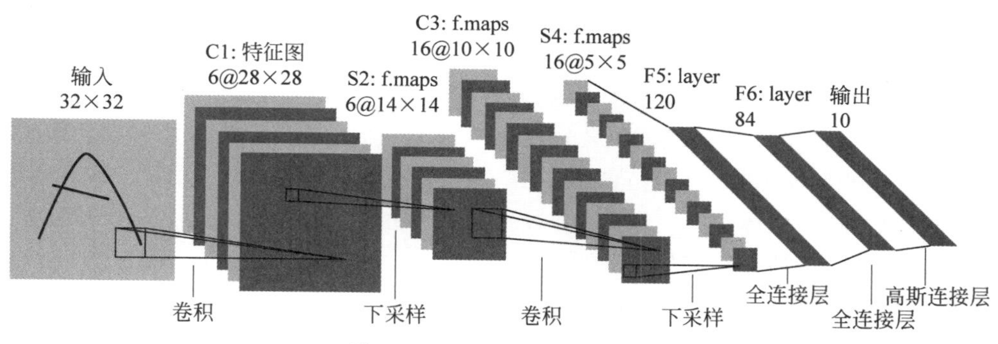

图 14-15 手写字符识别网络

足我们期待的现实要求，例如分类或检测。训练一个网络，首先需要定义好应该学习哪些参数，学习的参数包括卷积层的参数，也有全连接层上的参数，有时也包括激活函数上的参数，当然一般的激活函数是没有可学习参数的，只不过对于某些带参数的激活函数例如 Parametric ReLU，就需要学习其参数。定义好需要学习的参数后，数据从输入层流到输出层得到输出值，并计算输出值与目标值之间的差距，即损失。接着计算差距的梯度并反向传播回网络的参数中，得到可学习参数累积的梯度值后，使用某种更新原则对参数进行更新，例如 weight＝weight－learning_rate * gradient，将数据一批一批地输入网络中，使网络不断迭代、优化，最后满足我们想要的目标。

我们来详细看一下各个步骤，先导入所需要的模块，代码如下：

```
import torch                                  #导入 torch 模块
import torch.nn as nn                         #导入 nn 包
import torch.nn.functional as F               #函数块简单记为 F
```

接着定义一个叫网络的类，并继承 nn.Module 后自动地把自动梯度机制嵌入到需要搭建的神经网络中，然后构建网络的各层结构以及每层连接的顺序，先看网络的构造函数，代码如下：

```
//第 14 章/构造网络
class Net(nn.Module):
    def __init__(self):                       #构造网络框架
        super(Net, self).__init__()           #模型初始化
        self.conv1 = nn.Conv2d(1, 6, 5)       #构造第 1 卷积层
        self.conv2 = nn.Conv2d(6, 16, 5)      #构造第 2 卷积层
        self.fc1 = nn.Linear(16 * 5 * 5, 120) #仿射操作：y = Wx + b
        self.fc2 = nn.Linear(120, 84)         #120 到 84
        self.fc3 = nn.Linear(84, 10)          #84 到 10
```

在网络的构造函数中，我们定义了两个卷积层和 3 个全连接层，第 1 卷积层的 nn.Conv2d(1, 6, 5)的 1 表示输入图片的通道为 1，有 6 个卷积核，卷积核的大小是 5×5，

对输入的图片通道进行卷积就得到 6 个输出图片的通道，由于卷积核的形状是方块状的，所以第 3 个参数可以只填卷积核一边的长度。第 1 个卷积层输出 6 个特征通道后汇入第 2 个卷积层当作输入通道，然后用 16 个大小还是 5×5 的卷积核得到 16 个输出通道。我们再看一下全连接层的构造方式，首先由 16×5×5 的神经元构成的输入与 120 个神经元构成的输出进行全连接，然后这 120 个神经元又作为第 2 个全连接层的输入，接着得到 84 个神经元所构成的输出，这 84 个神经元又作为第 3 个全连接层的输入并最后得到 10 个神经元所构成的输出层完成最后的判别打分。

明白了每个层的搭建后，第 2 个问题就是判断数据该从哪个层流向哪个层，也就是设置好 forward()这个表示数据前向传递的函数，代码如下：

```
//第 14 章/定义前向传递函数
def forward(self, x):
        # 使用 2×2 大小的窗口做最大池化
        x = F.max_pool2d(F.ReLU(self.conv1(x)), (2, 2))
        # 卷积和池化第 1 个参数表示窗口大小,如果只传递一个参数,则表示正方形窗口的边
        x = F.max_pool2d(F.ReLU(self.conv2(x)), 2)
        x = x.view( - 1, self.num_flat_features(x))
        # 不指定行数,使其能输入全连接层
        x = F.ReLU(self.fc1(x))
        x = F.ReLU(self.fc2(x))
        x = self.fc3(x)
        return x
def num_flat_features(self, x):
        size = x.size()[1:]                          # 除批次维度外的所有维度
        num_features = 1
        for s in size:
            num_features * = s
        return num_features
```

x 表示数据，数据经过第 1 个卷积层再进行 ReLU 激活，接着经过最大池化层减少参数，最大池化核的大小是 2×2，得到输出后，这个输出数据再汇入第 2 个卷积层结构中，接着经过 ReLU 激活和最大池化。由于最大池化核也是方块状，所以可以像卷积核那样只输入其一边的长度。为了能够把池化后的数据输入全连接层中，我们需要做预操作，使用 view()函数把数据展开，指定第 1 个参数为－1，那么一个特征图就成了一列，可以汇入第 1 个全连接层，接着进行 ReLU 激活，经过第 2 个全连接层，进行 ReLU 激活，最后经过第 3 个全连接层进行判别打分。

熟悉使用 numpy 进行神经网络搭建的读者可能会问，为什么这里定义网络框架时没有把可学习的参数定义出来？PyTorch 的 nn 包在搭建网络时已经定义好了可学习的参数，不过它不是 numpy 搭建网络时那种显示地定义可学习参数，而是隐式地定义。在构建好网络结构时就已经隐式地把可学习的参数存储好了。

可以用 parameters()函数进行验证，来调取网络的可学习参数，代码如下：

```
params = list(net.parameters())                    # list 取出参数
print(len(params))                                 # 参数的长度
print(params[0].size())                            # 第 1 卷积层的参数
```

输出结果如下：

```
10
torch.Size([6,1,5,5])
```

参数的长度是 10，长度不是指参数的总量，而是指含参的层结构或部分数量，包括卷积层、全连接层等。params 的第 1 项是网络框架中卷积层的参数情况。由打印结果可知一个四阶张量有 6 个大小都是 5×5 的卷积核，再加上一阶偏置。

定义好框架后，通过实验性定义一个输入数据，例如随机初始化一个四阶张量，来验证网络没有因为人为疏忽而断开，代码如下：

```
input = torch.randn(1, 1, 32, 32)                  # 随机化输入
out = net(input)                                   # 输入网络得到输出
print(out)                                         # 打印输出
```

torch.randn(1,1,32,32)的第 1 个参数 1 表示输入网络的是一张图片；第 2 个参数 1 表示输入图片的通道数，如果是灰度图片值为 1，如果是彩色图片值为 3；第 3 和第 4 个参数表示输入图片是 32×32 像素组成的，输入汇入网络后，输出是 10 个元素所组成的张量，每个元素表示对于某类的判别打分。

```
tensor([[0.1120, 0.0713, 0.1014, -0.0696, -0.1210, 0.0084, -0.0206, 0.1366, -0.0455,
-0.0036]],grad_fn=<AddmmBackward>)
```

接着对 out 输出节点进行梯度反向传递，由于输出“看到”的是 10 个元素所构成的一阶张量，那么外部梯度也应该是 10 个元素所构成的一阶张量从而保持维数一样。不过在进行梯度反传前，需要先把网络所有要学习的参数梯度值清零。为什么要有这步操作？因为 PyTorch 进行参数更新时，参数的梯度值是通过累加的方式进行的，如果不在本次训练前把参数缓存的梯度值清零，就会因为之前的训练过程而影响本次训练结果从而影响最后的效果。这相当于用游标卡尺进行测量时，游标卡尺要先归零，这样就不会因为之前的各种因素影响本次的测量结果。

输入张量第一维一定是批次，哪怕只有一个样本，批次不能少，例如本例中的 torch.randn(1,1,32,32)。因为 PyTorch 只支持小批量样本训练，就是一批一批地“喂入”神经网络中，由于一批中有若干照片，所以在训练时需要指定由多少张照片组成了一个批次，也就是输入值第 1 个参数的意义。如果没有这些参数，例如输入了一张照片，由于 PyTorch

只支持小批量输入，我们可以把一张照片视为一个批量，那么这个批量包含的照片数为1，第1个参数值为1就说明这个批量只包含一张照片，单独样本训练方式和批量训练方式就可以很好兼容了。如果输入只设置3个元素，需要使用unsqueeze(0)进行增维，再输进去。为了使神经网络框架按照我们的需要进行训练更新，需要设置一个损失函数，也可以叫目标函数，来对输出值与目标值或真实值进行度量，计算输出值和度量值相差多少。有很多不同的损失函数，为了示范，这里使用一个最简单的损失函数——均方误差，代码如下：

```
//第 14 章/均分误差
output = net(input)                        # 获得输出
target = torch.randn(10)                   # 随机值作为样例
target = target.view(1, -1)                # 使 target 和 output 的形状相同
criterion = nn.MSELoss()                   # 设置均分误差损失
loss = criterion(output, target)           # 计算损失
print(loss)                                # 打印损失
```

数据输入网络后得到输出，例如随机化10个元素构成一阶张量作为目标值，然后把目标值展开成与输出值一样的形状，设置度量标准是均分误差损失，计算出目标值与输出值之间的差距，即损失。

这样就构建了由输入得到输出，并与真实值度量损失的完整计算图：

```
input -> conv2d -> ReLU -> maxpool2d -> conv2d -> ReLU -> maxpool2d
      -> view -> linear -> ReLU -> linear -> ReLU -> linear
      -> MSELoss
      -> loss
```

输入进行卷积池化，卷积的目的是抽取数据的各种信息，进行最大池化的意义就是减少参数，卷积池化后进入全连接层获得输出值并计算与真实值之间的差距，也就是均分误差。为了让神经网络朝着我们的目标进行，也就是误差越小越好，对损失进行梯度反传，所有允许梯度传递requires_grad=True的张量都将进行梯度累积。梯度的累积值将存储在张量的.grad属性中，为了接下来更新参数，比较梯度反传前与梯度反传后张量梯度的变化情况，代码如下：

```
//第 14 章/张量梯度变换
net.zero_grad()                                    # 清除梯度
print('conv1.bias.grad before backward')
print(net.conv1.bias.grad)                         # 打印之前的梯度值
loss.backward()
print('conv1.bias.grad after backward')
print(net.conv1.bias.grad)                         # 打印梯度反传后的梯度值
```

进行梯度反传前需要将梯度值清零，我们打印出第1卷积层偏置梯度的变化情况，代码

如下：

```
conv1.bias.grad before backward
tensor([0.,0.,0.,0.,0.,0.])
conv1.bias.grad after backward
tensor([0.0051,0.0042,0.0026,0.0152, - 0.0040, - 0.0036])
```

得到梯度值后需要对参数进行更新，参数更新有许多种方法，这里不再继续展开，使用一个最简单的更新梯度的方法随机梯度下降方法，公式为

$$\text{weight} = \text{weight} - \text{learning\_rate} * \text{gradient} \tag{14-1}$$

可以用一个简单的 for 循环对网络中所有的参数进行更新，设置学习率为 0.01，代码如下：

```
learning_rate = 0.01                                #设置学习率
for f in net.parameters():                          #简单的 for 循环
    f.data.sub_(f.grad.data * learning_rate)        #参数更新
```

一批又一批地输入神经网络，一次又一次地更新参数，使神经网络向目标方向前进，一次参数更新的步骤代码如下：

```
//第 14 章/参数更新步骤
import torch.optim as optim                         #导入优化模块
optimizer = optim.SGD(net.parameters(), lr = 0.01)  #创建优化器
#一个训练回合的过程
optimizer.zero_grad()                               #梯度缓存清零
output = net(input)
loss = criterion(output, target)                    #计算损失
loss.backward()                                     #梯度反传
optimizer.step()                                    #更新参数
```

设置 SGD 优化器 optim.SGD()，第 2 个参数表示需要设置的超参数学习率，再次更新前先把所有参数梯度值清零，然后将数据输入网络得到输出，计算输出与目标间的损失，再调用反向传递函数，最后对参数更新，这样就完成了一次参数更新的步骤。

还可以设置训练结束机制，例如设置一个阈值，如果损失小于这个阈值，就结束训练过程，也可以等所有数据都输入完后再自动结束训练过程，这都是可以的。

第15章 手写数字识别

15.1 手写数字识别的解决方案

15.1.1 手写数字识别的研究意义与背景

首先，我们需要定义好要解决的问题：如何利用计算机自动辨别人手写在纸张上的阿拉伯数字，如图15-1所示。识别的对象不是机器所打印的数字，而是人手写上去的。手写数字识别是字符识别的一类，字符识别按处理信息的类别分为文字信息和数据信息：文字信息是语言文字，例如中文、日文、英文等；数据信息是阿拉伯数字，例如0、1、2、3等这样表示量的概念的数据信息。手写数字识别有很大的现实需求，例如我们寄信件时，需要在信封上手写邮政编码，这样才能把信件寄到目的地。如果我们还要靠邮政局的人员看编码来对应寄件地址，会加大工作量并造成资金浪费。此外，平时开支票也是人来手写的。对于打借条，虽然现在也有机器打印版的借条，但是手写的借条还是比较流形的，所以手写数字识别有很大的现实需求。

手写数字也有其实践意义：第1个意义就是所识别的阿拉伯数字0～9是全球通用的，如图15-2所示，中国的数学老师在黑板上写阿拉伯数字教数学，大洋彼岸的美国数学老师也是用阿拉伯数字教数学，并没有区别；第2个意义是数字识别的类别很少，从0～9共10个

图15-1 人手写数字

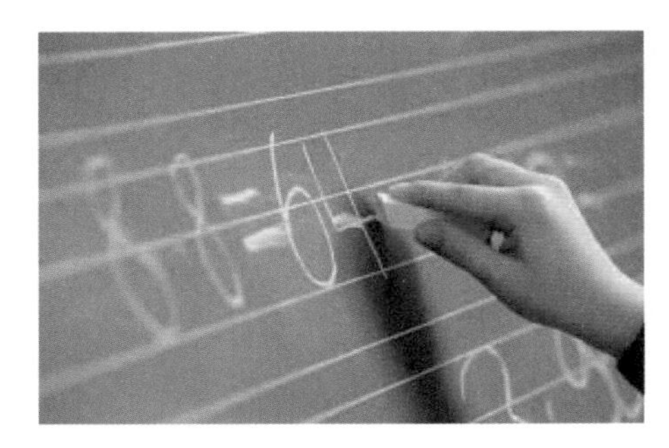

图15-2 通用的阿拉伯数字

数字，只需识别10个类，可以快速验证一些图像分类的问题，并且手写数字识别有力地推动了人工神经网络的发展；第3个意义是进行手写数字识别可以推广到其他问题，现在研究人员把手写数字与英文字母组合在一起共同识别，可以推广到英文字母识别等其他问题上。

15.1.2　手写数字识别的项目挑战

了解了手写数字识别的意义之后，我们先来看一下所使用的数据集MNIST，正如我们学习编程语言时最开始都会用“Hello World”做测试，而MNIST就相当于机器学习中的“Hello World”。MNIST数据集比较规范，每一张图片都是由28×28像素组成的，如图15-3所示，手写数字1进行二阶张量化为一个矩阵，0表示为白色的地方，值越大表示越黑，255就是黑色了，把这些值大的地方描出轮廓，就有了数字1的大概模样了。

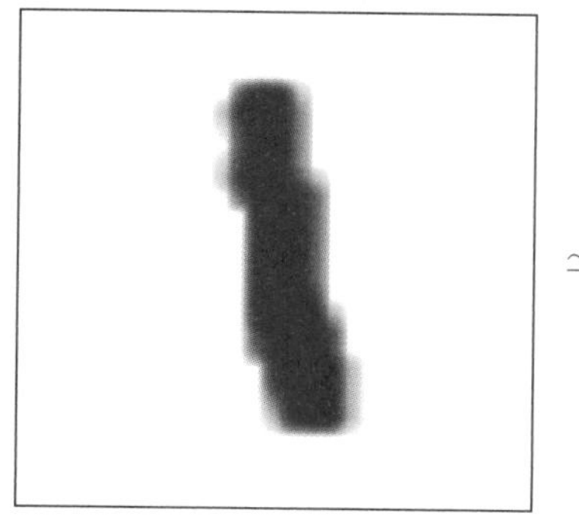

≃

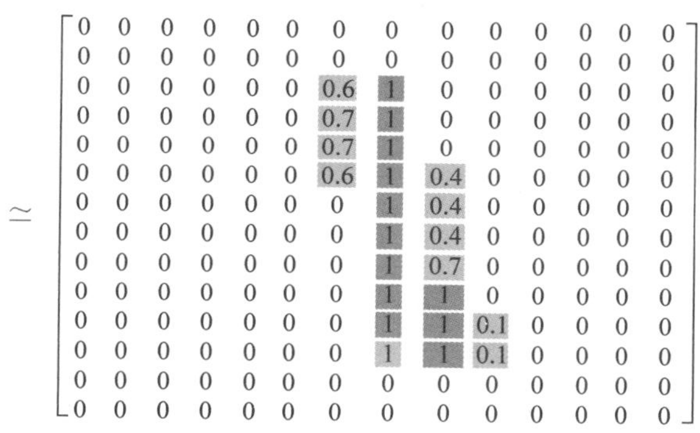

图15-3　手写数字二阶张量化

手写数字识别会遇到哪些难点和挑战呢？第1个挑战是数字字形信息量小，不同数字的写法和字形相差不大，如图15-4所示，例如1与7就很相似，7只比1多了一横而3比2仅多了一个尾巴；第2个挑战是同一个数字写得千差万别，不同人、不同年龄、不同性别、不同知识阶段写的数字不一样，即使同一个人去写，他所写的数字也不一样。

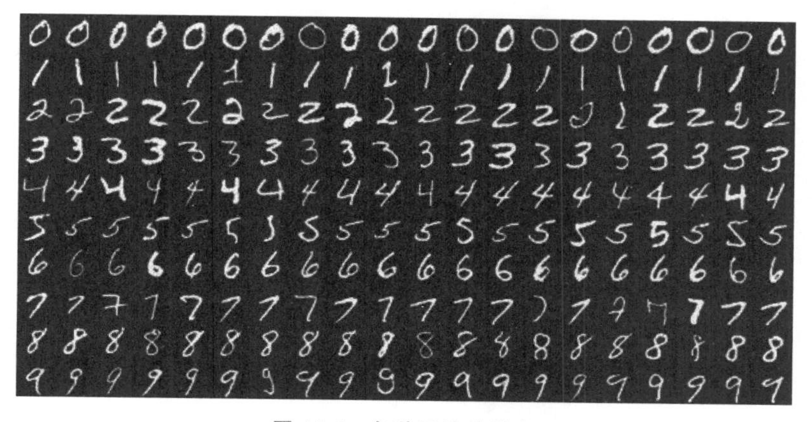

图15-4　各种写法的数字

第3个难点就是要求比较苛刻，不像文本分类可以联系上下文，手写数字识别通常没有上下文可以联系或者上下文联系不紧密，并且手写数字识别经常涉及财产、金融领域，例如之前的开支票的例子，如果一张7000万的支票，手写数字7被识别成1，那么就只剩1000万了。因为这些应用要求严格，如果识别错误，将带来巨大的经济损失，所以必须要求手写数字识别的误识率在千万分之一甚至亿万分之一以下。除此之外，为了满足实际需要，对识别系统的速度要求也高。既要考虑速度也要考虑误识率，这样的系统才能在实际中发挥作用。

15.1.3 手写数字识别的项目原理与解决方案

介绍完手写数字识别所遇到的挑战后，本节将介绍两个解决手写数字识别的方案。第1个方案是使用最简单的全连接网络，全连接神经网络是最基本的神经网络结构，英文名Full Connection，一般简称为FC。全连接网络的准则非常简单，神经网络中除输入层之外的每个节点都和上一层的所有节点连接。神经网络一般有3个结构，第1层是输入层，最后一层为输出层，中间的所有层统称为隐藏层，如图15-5所示。

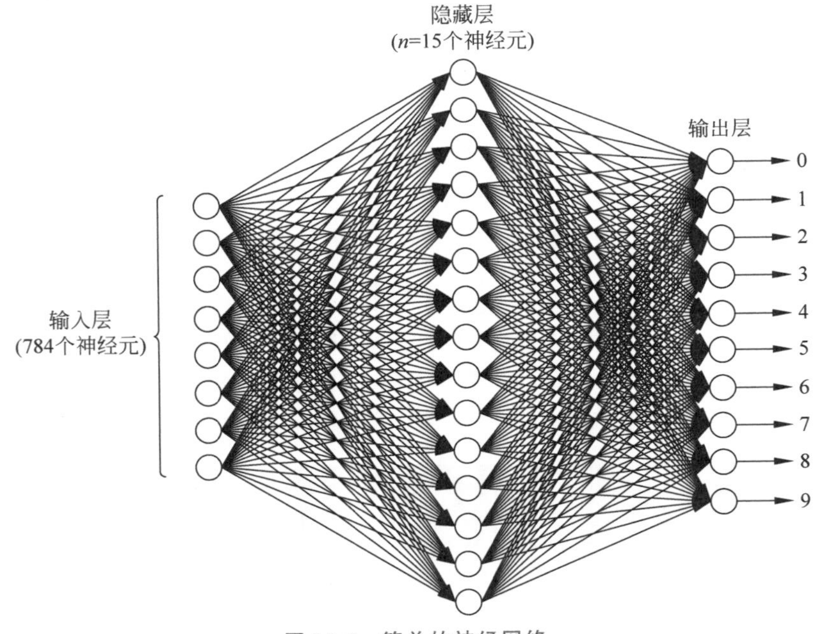

图15-5 简单的神经网络

进行手写数字识别时，框架不可能这么简单。这里只是做个入门的介绍让读者了解一下，784个神经元构成一个输入层，为什么是784个呢？因为MNIST数据集图片的大小是28×28，像捏橡皮泥一样把输入图片捏成面条形式，展开成一维数组，也就是784个神经元，然后经过隐藏层，这里只有一层且只有15个神经元，最后进入输出层。由于需要0～9一共10个类别，所以要求输出神经元的个数是10个，否则会出现错误。可以看到，就算是如此简单的全连接神经网络，其需要训练的参数也是巨大的。由于每层的神经元都要与上一层的神经元连接，所以得到大小为 784×15 的参数矩阵。就算我们设置的神经元个数只有 15 个，仍然需要学习更新 784×15 个参数。

再看第 2 个方案，使用卷积神经网络，如图 15-6 所示，卷积神经网络从粗的层次看，一般通过输入层进行张量二维化，成为一个二维矩阵，经过两次卷积池化后通过全连接层的隐藏层，再到输出层，对每个类别判别打分，取出得分最高的视为识别图像的数字。我们再看细一点，对于输入的图片张量化后的二维 28×28 矩阵，用 5×5 大小的卷积核进行卷积操作，设置步长为 1，边界补齐宽度为 1，根据计算公式得到 26×26 的特征图，然后再经过池化层，这里的池化层是最大池化层，为什么要使用池化层呢？使用池化层后参数量会减少，可防止过拟合，除此之外，池化层能扩大感知野，就像人往远处走，我们看到这个人的大小是不断缩小的，我们就能够有效地看到他的全局结构。图中使用的是 2×2 的采样池，步长是 2，边界补齐宽度是 1。为什么要使用最大池化层呢？使用最大池化层能有效提取出轮廓这种抽象的信息。得到池化后的 14×14 的特征图，再经过第 2 个卷积层，与第 1 个卷积层一样都是 5×5 的卷积核，步长为 1，边界补齐宽度为 1，根据公式得到 12×12 的输入特征图；12×12 的输入特征图经过池化层，进一步减少参数，最后得到 7×7 的特征图，这里选择池化层的大小、步长和边界宽度与之前的池化层一样。这样原来 28×28 的输入矩阵变成了 7×7 的特征图，在输入全连接层使用 1024 维神经元构成的向量作为隐藏层，最后通过 10 维神经元组成的向量作为输出进行判别打分。这就是卷积神经网络进行手写数字识别的结构。

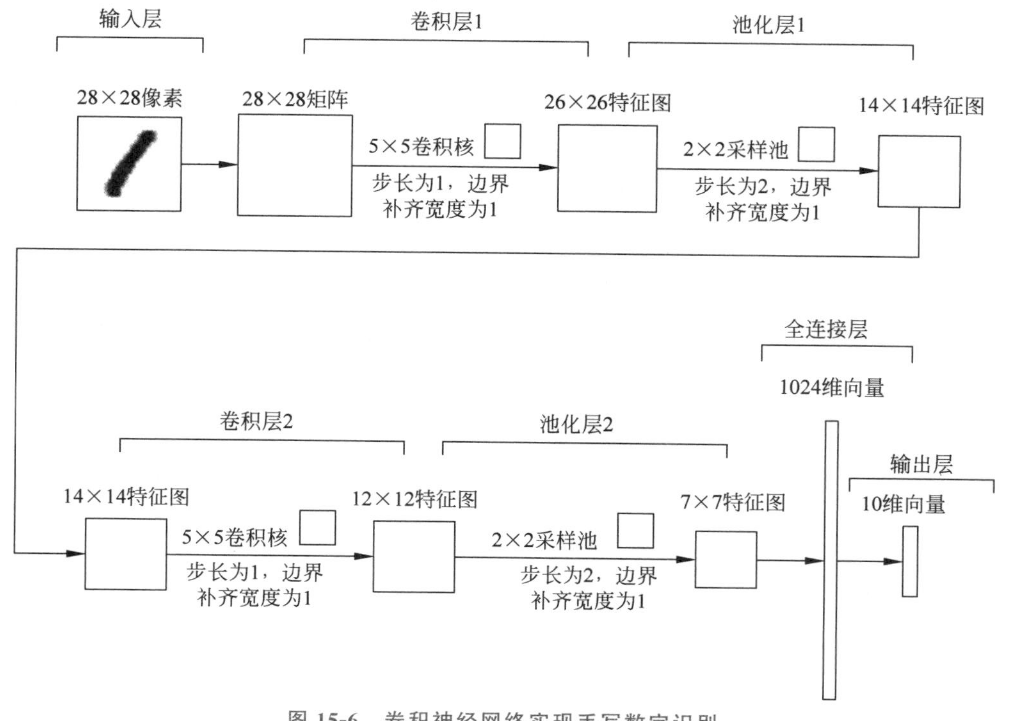

图 15-6 卷积神经网络实现手写数字识别

最后有一个问题,如何判断卷积神经网络与简单的全连接网络孰优孰劣?这是有一定评估标准的,混淆矩阵适合用来评估。有3个标准我们需要辨别清楚,分别是准确率(正确率)、精确率和召回率。其中准确率和精确率我们已经很熟悉,但有可能以为它们是近似词可以画等号,其实并不是这样的。召回率就很陌生了,我们来看一下这三者如何区分,准确率是对于总的样本,预测为正确的样本所占的比例,公式为

$$\text{准确率}=\frac{\mathrm{TP}+\mathrm{TN}}{\mathrm{TP}+\mathrm{FN}+\mathrm{TN}+\mathrm{FP}} \tag{15-1}$$

精确率则是对于预测结果而言的,表示预测为正的样本中,有多少是真正的正样本,因为预测为正的时候,不一定是真正的正样本,也有可能是负样本。这个时候需要精确率来表示预测得有多精确,公式为

$$\text{精确率}=\frac{\mathrm{TP}}{\mathrm{TP}+\mathrm{FP}} \tag{15-2}$$

召回率是对原来的样本而言的,表示样本中的正例有多少被预测正确,也就是说样本中的正例也有可能被预测错了,召回率就是表示预测得有多好,正例中有多少被预测正确了,公式为

$$\text{召回率}=\frac{\mathrm{TP}}{\mathrm{TP}+\mathrm{FN}} \tag{15-3}$$

15.2 搭建多层全连接神经网络实现MNIST手写数字识别

2014年卷积神经网络崛起,打开图像处理的大门之前,最常用的神经网络还是全连接神经网络。全连接神经网络是一种最基本、最简单的神经网络结构,除了输入层外的每个节点都和上一层所有节点有连接。一般计算神经网络层数时,不把输入层算在其中。为了与15.3节的卷积神经网络方法形成呼应,本节将介绍一个简单地由3层全连接网络实现MNIST手写数字识别的分类方法。

15.2.1 由浅入深搭建3层全连接网络

这里我们由浅入深,构建了3个层次的神经网络模型:简单的全连接层网络、带有激活函数的全连接层网络和带有激活函数并进行批归一化的全连接层网络。

导入PyTorch构造网络的神经网络包,代码如下:

```
from torch import nn
```

然后开始构建第1个层次,定义一个简单的3层全连接神经网络,每一层都是线性的,用forward()函数定义输入数据从self_layer1到self_layer2再到self_layer3的传递。就像我们指定了水源该如何流动一样,代码如下:

```
//第 15 章/搭建 3 层全连接网络
class simpleNet(nn.Module):
    def __init__(self, in_dim, n_hidden_1, n_hidden_2, out_dim):
        super(simpleNet, self).__init__()
        self.layer1 = nn.Linear(in_dim, n_hidden_1)
        self.layer2 = nn.Linear(n_hidden_1, n_hidden_2)
        self.layer3 = nn.Linear(n_hidden_2, out_dim)
    def forward(self, x):
        x = self.layer1(x)
        x = self.layer2(x)
        x = self.layer3(x)
        return x
```

这样一套简单的网络已经可以进行识别了，不过全连接层实际上还是加权和，如图 15-7 所示，是线性的，只能进行线性拟合，为了能引入非线性特性，我们使用激活函数 ReLU，提升拟合效果。我们在上面的 simpleNet 的基础上，在每层的输出部分添加激活函数，这就是搭建的第 2 个层次的网络，代码如下：

```
//第 15 章/增加激活函数
class Activation_Net(nn.Module):
    def __init__(self, in_dim, n_hidden_1, n_hidden_2, out_dim):
        super(Activation_Net, self).__init__()
        self.layer1 = nn.Sequential(nn.Linear(in_dim, n_hidden_1), nn.ReLU(True))
        self.layer2 = nn.Sequential(nn.Linear(n_hidden_1, n_hidden_2), nn.ReLU(True))
        self.layer3 = nn.Sequential(nn.Linear(n_hidden_2, out_dim))
    def forward(self, x):
        x = self.layer1(x)
        x = self.layer2(x)
        x = self.layer3(x)
        return x
```

PyTorch 神经网络包 nn 中的 Sequential()函数的功能是将网络的层组合在一起，这里我们把线性全连接层 Linear()与具有非线性的 ReLU 激活函数组合起来成了新层 self.layer1、self.layer2 和 self.layer3。

得到线性拟合和非线性拟合之后，第 3 层将在前面的 Activation_Net 的基础上，增加一个加快收敛速度的方法——批归一化，将神经网络的每层输入数据拉回到一个均值为 0、方差为 1 的正态分布。使用批归一化还能避免梯度消失的问题。我们继续使用 Sequential()函数将线性的全连接层、非线性的激活层和批归一化层绑在一起，形成新层 self.layer1、self.layer2 和 self.layer，这就是神经网络搭建的第 3 个层次，代码如下：

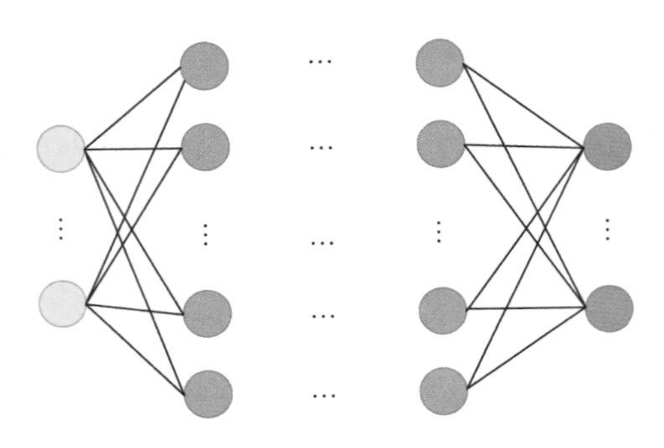

图 15-7　全连接层

```
//第 15 章/增加批归一化层
class Batch_Net(nn.Module):
        def __init__(self, in_dim, n_hidden_1, n_hidden_2, out_dim):
        super(Batch_Net, self).__init__()
        self.layer1 = nn.Sequential(nn.Linear(in_dim, n_hidden_1), nn.BatchNorm1d(n_hidden_
1), nn.ReLU(True))
        self.layer2 = nn.Sequential(nn.Linear(n_hidden_1, n_hidden_2), nn.BatchNorm1d(n_
hidden_2), nn.ReLU(True))
        self.layer3 = nn.Sequential(nn.Linear(n_hidden_2, out_dim))
    def forward(self, x):
        x = self.layer1(x)
        x = self.layer2(x)
        x = self.layer3(x)
        return x
```

15.2.2　MNIST 训练集和测试集载入

搭建好需要训练的神经网络基本框架后，接下来的工作就是指定训练优化网络参数的方法和加载数据集。除了常用的 torch、nn、optim 之外，还要导入 DataLoader 用于加载需要训练和测试的数据，导入 torchvision 进行图片的预处理，代码如下：

```
import torch
from torch import nn, optim
from torch.utils.data import DataLoader
from torchvision import datasets, transforms
```

然后定义一些超参数，由于整个 torch.nn 包只接收小批量的数据，而非单个样本，所以需要定义好每一批的图像数量和训练的批数，并设置好合适的学习率，代码如下：

```
batch_size = 64                                    # 设置批量大小
learning_rate = 0.02                               # 设置学习率
num_epoches = 20                                   # 设置训练轮数
```

torchvision 中提供了 transforms 用于帮我们对图片进行预处理和标准化。在 transforms 中我们最需要的有两个函数：ToTensor()和 Normalize()。前者用于将图片转换成 Tensor 格式数据，并且进行标准化处理，数据在 0～1；后者则是用均值和标准偏差对张量化的输入图像进行归一化操作，给定均值($M_1, M_2, \cdots, M_n$)和标准差($S_1, S_2, \cdots, S_n$)用于 n 个通道，对 torch×Tensor 的每个输入通道进行标准化，其公式为

$$\text{Input}[\widehat{\text{channel}}] = (\text{Input}[\text{channel}] - \text{mean}[\text{channel}])/\text{std}[\text{channel}] \tag{15-4}$$

再用 transforms. Compose()函数将各种预处理操作组合到一起，代码如下：

```
data_tf = transforms.Compose(                      # Compose()函数组合
    [transforms.ToTensor(),                        # 张量化
    transforms.Normalize([0.5], [0.5])])           # 归一化
```

由于 PyTorch 已经封装好了一些解决各种问题的常用数据集，我们可以很方便地直接使用，定义一个 MNIST 数据集下载器，导入训练集和测试集，代码如下：

```
//第 15 章/导入训练集和测试集
train_dataset = datasets.MNIST(                    # 下载 MNIST 训练集
    root = './data', train = True, transform = data_tf, download = True)
test_dataset = datasets.MNIST(root = './data', train = False, transform = data_tf)
                                                   # 下载 MNIST 测试集
train_loader = DataLoader(train_dataset, batch_size = batch_size, shuffle = True)
                                                   # 设置训练集的 batch_size
test_loader = DataLoader(test_dataset, batch_size = batch_size, shuffle = False)
                                                   # 设置测试集的 batch_size
```

以下是 datasets. MNIST()的各个参数的说明：

root(string)表示 MNIST 训练集和测试集所在的根目录；

train(bool,optional)用来表示我们是从训练集还是从测试集中创建所需的数据集；

download(bool,optional)如果为 true，则表示上网下载数据并保存在本地的根目录，如果已下载好不会再重复下载；

transform(callable,optional)则是使用我们已定义好的初始化操作。

如果将 DataLoader 中的 shuffle 设置为 true，则表示在训练时每一波参数更新前需要重新打乱数据。

然后选择定义好的 3 个层次网络中的任意一个神经网络模型来训练和测试，由于处理的图片像素大小是 28×28，所以定义神经网络输入层为 28×28，两个隐藏层分别设置为 300 和 100，输出层设置为 10，因为我们需要识别 0～9 十个数字，所以分为 10 类。损失函

数和优化器采样了交叉熵和简单的随机梯度下降，代码如下：

```
//第 15 章/选择模型
model = simpleNet(28 * 28, 300, 100, 10)                 # 设置两个隐藏层 300、100
#model = net.Activation_Net(28 * 28, 300, 100, 10)       # 选择带有激活层的网络
#model = net.Batch_Net(28 * 28, 300, 100, 10)            # 选择有批归一化层的网络
if torch.cuda.is_available():                            # 判断是否有 cuda
   model = model.cuda()                                  # 把网络放在 cuda 上
#定义损失函数和优化器
criterion = nn.CrossEntropyLoss()                        # 选择交叉熵损失
optimizer = optim.SGD(model.parameters(),                # 选择 SGD 优化器
lr = learning_rate)
```

15.2.3 模型训练与评估

取出 train_loader 的数据集一批一批进行训练，需要注意的是模型要用函数 view(img.size(0), −1)展开成 64×784 规格，64 代表一个批次进行训练的图片量有 64 个，784 则是把二维的图片数据展开成一维的，然后输入到神经网络的输入层。并且为了不受之前批次训练的影响，在进行梯度反向传递前，需要设置所学习的参数梯度为 0，代码如下：

```
//第 15 章/训练模型
epoch = 0                                                # 标准训练轮数
for data in train_loader:
    img, label = data                                    # 获得训练集图片和标签
    img = img.view(img.size(0), -1)                      # 图片展开成一列
    if torch.cuda.is_available():                        # 判断 GPU 是否可用
        img = img.cuda()                                 # 把图像数据放在 GPU 中
        label = label.cuda()                             # 把标签放在 GPU 中
    out = model(img)                                     # 得到输出
    loss = criterion(out, label)                         # 计算损失
    print_loss = loss.data.item()
    optimizer.zero_grad()                                # 设置参数梯度为 0
    loss.backward()                                      # 误差反传
    optimizer.step()                                     # 参数更新
    epoch += 1
    if epoch % 50 == 0:                                  # 每隔 50 轮打印损失一次
        print('epoch: {}, loss: {:.4}'.format(epoch, loss.data.item()))
```

这里为了加快训练速度，把数据和网络模型都放到 GPU 上运行。进行模型评估时采用准确率，将测试集每个测试批次识别正确的个数进行累加，累加后再除以总共的测试数据。同样地，我们把测试也放到 GPU 上运行，加快速度，代码如下：

```
//第 15 章/模型评估
model.eval()                                             # 设置模型评估
eval_loss = 0                                            # 设置损失为 0
```

```
    eval_acc = 0                                           #设置准确率为0
    for data in test_loader:                               #数据训练
        img, label = data                                  #获得图片和标签
        img = img.view(img.size(0), -1)                    #图片数据展开
        if torch.cuda.is_available():                      #判断是否有GPU
            img = img.cuda()                               #把图片放在GPU上
            label = label.cuda()                           #把标签也放在GPU上
        out = model(img)                                   #获得输出数据
        loss = criterion(out, label)                       #计算损失
        eval_loss += loss.data.item() * label.size(0)      #损失累加
        _, pred = torch.max(out, 1)                        #获得预测结果
        num_correct = (pred == label).sum()                #获得预测准确的数量
        eval_acc += num_correct.item()                     #准确数量累加
    print('Test Loss: {:.6f}, Acc: {:.6f}'.format(
        eval_loss / (len(test_dataset)),                   #获得平均损失
        eval_acc / (len(test_dataset))                     #求得准确率
    ))
```

对搭建的神经网络的3个层次进行训练和测试，如表15-1所示。

表15-1　3个层次框架的准确率比较

层次	全连接	全连接＋激活	全连接＋激活＋批归一化
准确率	0.8981	0.9220	0.9635

可以看到随着层次由浅入深，准确率也在不断提高，到最后全连接网络框架达到了0.9635的准确率。

15.3　基于卷积神经网络的MNIST手写数字识别

15.2节介绍的全连接网络方法的确使MNIST手写数字识别达到了一个可以忍受的准确率：0.9～0.96，但远远达不到现实需求，该如何提升识别效果就是本节的内容，使用卷积网络进行手写数字分类也是本章将要重点讲解的部分。全连接网络只是个铺垫，通过实践的对比，我们将看到现代图像处理中卷积神经网络的无限魅力。

15.3.1　卷积神经网络基本解读

这里简单地介绍卷积神经网络最主要的部分，也是代码实现时需要熟悉和设置的部分。如果要更好地理解卷积神经网络，请翻看理论篇关于卷积神经网络的介绍。

卷积运算(Convolutional operation)如图15-8所示，首先简要说明如何在图像上执行卷积运算。我们需要先定义一个内核，即卷积核，例如一个大小为5×5的方阵。为了进行卷积运算，需要将这个卷积核沿图像水平方向和垂直方向滑动，然后计算卷积核与滑动时对应小部分的点积。

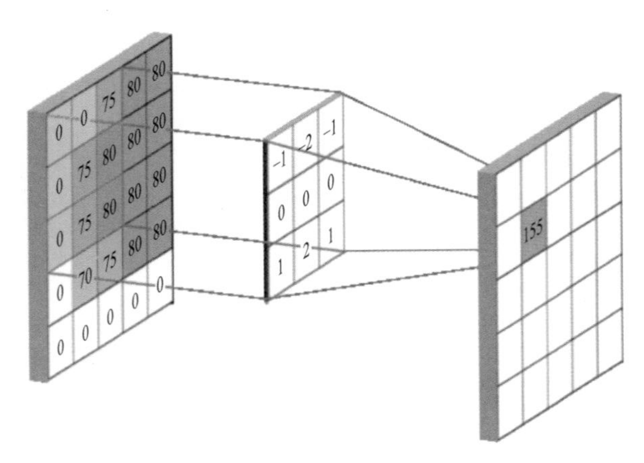

图 15-8 卷积运算

池化(Pooling)通过卷积操作进行特征提取得到输出的特征图后,由于卷积后的输出图与输入图像尺寸一样,为了减小图像的大小,从而减少模型中参数的数量,需要执行池化操作。池化本质上是一种形式的降采样,有多种不同形式的非线性池化函数,其中最大池化是最为常见的,如图 15-9 所示,它将输入的图像划分为若干个矩形区域,对每个子区域输出最大值。池化层会不断地减小数据的空间大小,因此参数的数量和计算量也会下降,这在一定程度上也控制了过拟合。通常卷积神经网络的卷积层之间都会周期性地插入池化层。除了最大池化之外,池化层也可以使用其他池化函数,例如平均池化甚至 L2-范数池化等。

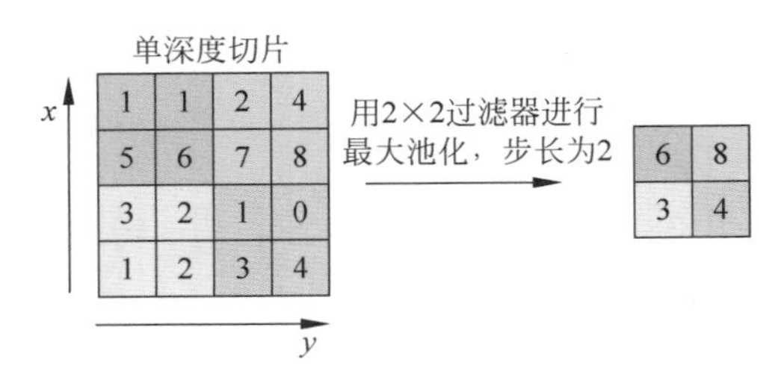

图 15-9 最大池化(图片来源:https://www.jiqizhixin.com/graph/technologies/0a4cedf0-0ee0-4406-946e-2877950da91d)

步长(Stride)指卷积核一次水平或垂直滑动要通过的像素个数。

填充(Padding)如图 15-10 所示,是一个非常好的保持边界信息的工具,输入图片最边缘的像素信息只会被卷积核操作一次,但是图像中间的像素会被扫描很多遍,会在一定程度上降低边界信息的参考程度。加入填充之后,在实际处理过程中就会从新的边界进行操作,从一定程度上解决了这个问题。我们还可以利用填充对输入尺寸有差异的图片进行补齐,使输入图片尺寸一致。

需要注意的是,卷积神经网络处理图像的强大之处在于它对图像特征的平移、形变是不变的,每个卷积层我们只需要存储卷积核。因此,我们可以堆叠很多卷积层来学习深层特性,而不需要太多的参数,否则模型将无法训练。

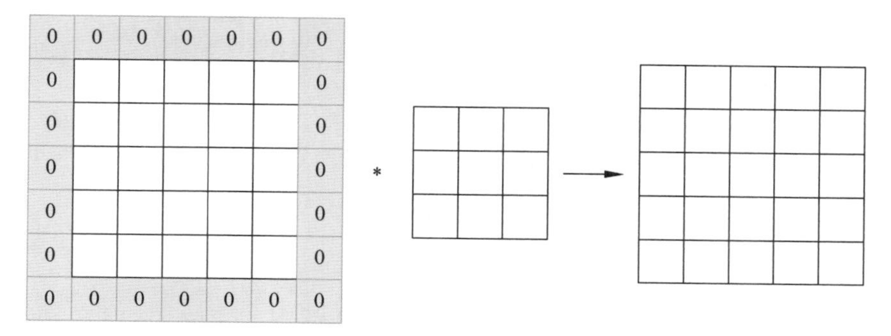

图 15-10　填充

15.3.2　搭建一个卷积神经网络

卷积网络的开山立派经典之作 LeNet-5 诞生于 1994 年，是最早的卷积神经网络之一，LeNet 之所以强大就是因为在当时环境下将 MNIST 数据的识别率提高到了 99%。这里我们也自己从头搭建一个卷积神经网络，准确率也将达到 99%。

首先定义一些超参数，代码如下：

```
BATCH_SIZE = 512
EPOCHS = 20
# torch 判断是否使用 GPU，建议使用 GPU 环境，会快很多
DEVICE = torch.device("cuda" if torch.cuda.is_available() else "cpu")
```

设置训练 20 轮，每轮训练时输入网络的每一批共 512 张图片，为了提升训练速度，我们使用判断语句优先在 GPU 环境中运行。接着下载数据，PyTorch 里面包含了 MNIST 的数据集，我们直接使用即可。第 1 次执行会生成 data 文件夹，并且需要一些时间下载，如果已经下载过不会再次下载。由于官方已实现了 dataset，所以这里可以直接使用 DataLoader 来对数据进行读取。首先下载训练集并进行初始化，例如转换成张量格式和数据标准化，并确保每次训练数据都是重新打乱训练的，代码如下：

```
//第 15 章/下载训练数据集
train_loader = torch.utils.data.DataLoader(
        datasets.MNIST('data', train = True, download = True,
                        transform = transforms.Compose([
                            transforms.ToTensor(),
                            transforms.Normalize((0.1307,), (0.3081,))
                        ])),
        batch_size = BATCH_SIZE, shuffle = True)
```

接着下载测试集，代码如下：

```
//第 15 章/下载测试数据集
test_loader = torch.utils.data.DataLoader(                          #下载测试数据集
    datasets.MNIST('data', train = False, transform = transforms.Compose([
                transforms.ToTensor(),                              #数据张量化
                                                                    #输入数据标准化
                transforms.Normalize((0.1307,), (0.3081,))
            ])),
    batch_size = BATCH_SIZE, shuffle = True)                        #每次测试数据重新打乱
```

transforms.Normalize()中一串数字是如何得到的呢？其中，0.1307 和 0.3081 是 MNIST 数据集的均值和标准差，因为 MNIST 数据值都是灰度图，所以图像的通道数只有一个，因此均值和标准差各一个。如果是 ImageNet 数据集，由于这个数据集都是 RGB 图像，因此均值和标准差各 3 个，分别对应其 R、G、B 值，例如([0.485, 0.456, 0.406], [0.229, 0.224, 0.225])就是 ImageNet dataset 的标准化系数(RGB 3 个通道对应 3 组系数)。每个数据集给出的均值和标准差系数都是不同的，这都是数据集提供方给出的。由于 ToTensor()已经把输入值都转到 0～1，可以像 15.2 节那样简单通过 transforms.Normalize((0.5),(0.5))进行标准化。

下面我们定义一个网络，网络包含了两个卷积层 conv1 和 conv2，紧接着用两个线性全连接层作为输出，最好输出 10 个维度，这 10 个维度作为 0～9 的标识来确定识别出的是哪个数字。这里用 logSoftmax 重新定义了多次神经网络的输出层，注意仅和输出层有关系，与其他层无关，具体过程是在得到第 2 个全连接层的输出后，对每一个神经元输出使用

$$\log\sigma(x_i)=\log\frac{e^{x_i}}{\sum_j e^{x_j}}=x_i-\log\left(\sum_j e^{x_j}\right) \tag{15-5}$$

原始数据从 x 到 $\log(x)$，无疑会对原始数据值域进行一定压缩，代码如下：

```
//第 15 章/定义卷积网络
class ConvNet(nn.Module):
    def __init__(self):
        super().__init__()
        self.conv1 = nn.Conv2d(1,10,5)
        self.conv2 = nn.Conv2d(10,20,3)
        self.fc1  = nn.Linear(20 * 10 * 10,500) #全连接层,输出神经元个数是 500
        self.fc2  = nn.Linear(500,10)           #全连接层,输出神经元个数是 10

    def forward(self,x):                        #定义前向网络
        in_size  = x.size(0)                    #获得图像规格,输入图像尺寸为 32×32×1
        out  = self.conv1(x)                    #经过第 1 卷积层,获得特征图尺寸为 28×28×10
        out  = F.ReLU(out)                      #ReLU 激活
        out  = F.max_pool2d(out, 2, 2)   #2×2 的最大池化,步长为 2,输出图像尺寸为 14×14×10
        out  = self.conv2(out)                  #经过第 2 卷积层,获得特征图尺寸为 10×10×20
```

```
        out = F.ReLU(out)
        out = F.max_pool2d(out, 2, 2)  #经过第 2 次 2×2 的最大池化,输出图像尺寸为 5×5×20
        out = out.view(in_size, -1)    #拉成一列
        out = self.fc1(out)            #经过第 1 个全连接层
        out = F.ReLU(out)              #ReLU 激活
        out = self.fc2(out)            #经过第 2 个全连接层
        out = F.log_softmax(out,dim=1) #经过 logSoftmax 激活
        return out                     #返回网络输出
```

提示

建议把每一层的输入和输出维度都作为注释标注出来,以后阅读代码时会方便很多。

网络结构如图 15-11 所示。

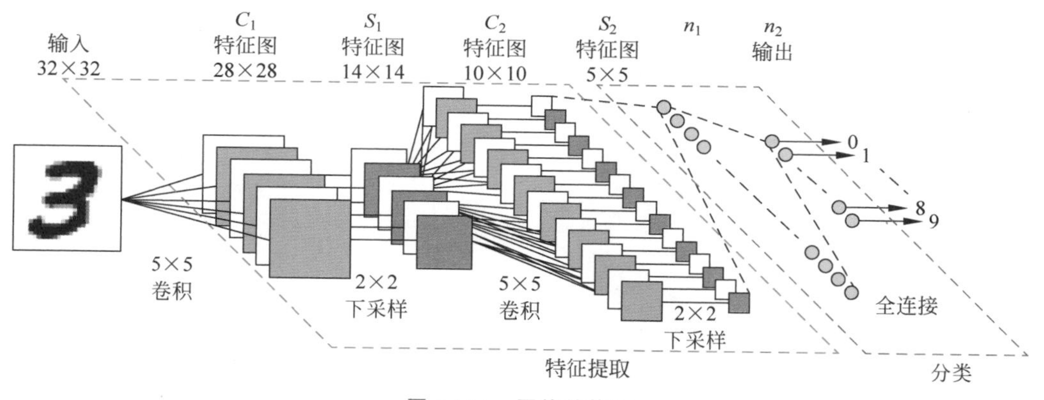

图 15-11 网络结构图

我们先实例化一个网络,实例化后再用.to 方法把网络移动到 GPU。

优化器直接使用 Adam 优化器,对 Adam 不熟悉的读者请翻看理论篇相关部分介绍,代码如下:

```
model = ConvNet().to(DEVICE)                        #把网络放在 GPU 上
optimizer = optim.Adam(model.parameters())          #使用 Adam 优化器
```

接下来定义训练的函数,将训练的所有操作都封装到这个函数中,代码如下:

```
//第 15 章/定义训练函数
def train(model, device, train_loader, optimizer, epoch):
    model.train()
    for batch_idx, (data, target) in enumerate(train_loader):
        data, target = data.to(device), target.to(device)
```

```
    #优先移到 GPU 上训练
    optimizer.zero_grad()                                        #置零梯度值
    output = model(data)
    loss = F.nll_loss(output, target)                            #使用 nll 损失函数
    loss.backward()                                              #梯度反传
    optimizer.step()                                             #参数更新
    if(batch_idx + 1) % 30 == 0:                                 #每 30 批次打印一次
        print('Train Epoch: {} [{}/{} ({:.0f}%)]\tLoss: {:.6f}'.format(   #打印损失
            epoch, batch_idx * len(data), len(train_loader.dataset),
            100. * batch_idx / len(train_loader), loss.item()))
```

测试操作也封装成一个函数,代码如下:

```
//第 15 章/定义测试函数
def test(model, device, test_loader):                            #定义测试函数
    model.eval()
    test_loss = 0
    correct = 0
    with torch.no_grad():
        for data, target in test_loader:
            data, target = data.to(device), target.to(device)
            output = model(data)                                 #通过 model 获得输出
            test_loss += F.nll_loss(output, target, reduction = 'sum').item()
                                                                 #将一批的损失相加
            pred = output.max(1, keepdim = True)[1]              #找到概率最大的下标
            correct += pred.eq(target.view_as(pred)).sum().item()

    test_loss /= len(test_loader.dataset)                        #获得测试损失
    print('\nTest set: Average loss: {:.4f}, Accuracy: {}/{} ({:.0f}%)\n'.format(
                                                                 #打印损失和准确率
        test_loss, correct, len(test_loader.dataset),
        100. * correct / len(test_loader.dataset)))
```

然后开始训练,这里就体现出封装的好处了,只要写两行代码就可以,代码如下:

```
for epoch in range(1, EPOCHS + 1):                               #一个周期
    train(model, DEVICE, train_loader, optimizer, epoch)         #训练模型
    test(model, DEVICE, test_loader)                             #测试数据
```

最后来看卷积神经网络模型训练和测试结果,可以根据测试结果来调整网络的超参数,如图 15-12 所示。

最好一轮测试实现了准确率达到 99%,与之前的全连接网络相比,卷积神经网络极大地提高了准确率。MNIST 相当于人工智能领域的"Hello World!",是最简单、最基本的数据集。

```
Test set: Average loss: 0.0329, Accuracy: 9909/10000 (99%)

Train Epoch: 19 [14848/60000 (25%)]      Loss: 0.001829
Train Epoch: 19 [30208/60000 (50%)]      Loss: 0.000695
Train Epoch: 19 [45568/60000 (75%)]      Loss: 0.000499

Test set: Average loss: 0.0380, Accuracy: 9899/10000 (99%)

Train Epoch: 20 [14848/60000 (25%)]      Loss: 0.000932
Train Epoch: 20 [30208/60000 (50%)]      Loss: 0.011321
Train Epoch: 20 [45568/60000 (75%)]      Loss: 0.003399

Test set: Average loss: 0.0351, Accuracy: 9909/10000 (99%)
```

图 15-12 卷积神经网络模型训练和测试结果

MNIST 是一个很简单的数据集,由于它的局限性只能作为研究用途,对实际应用带来的价值非常有限。但是通过这个例子,我们可以对实际项目的工作流程有一个全面的了解:找到数据集,对数据做预处理,定义我们的模型,调整超参数,测试训练,再通过训练结果对超参数进行调整或者对模型进行调整。并且通过这个实战案例我们已经有了一个很好的模板,以后的项目都可以以这个模板为样例。

第16章 基于PyTorch的卷积神经网络可视化理解

如今机器已经能够在理解、识别图像中的特征和对象等领域实现99%级别的准确率。在生活中，我们每天都会运用到这一点，例如智能手机拍照的时候能够识别脸部、在类似于谷歌搜图中搜索特定照片、从条形码扫描文本或扫描书籍等。造就机器能够获得在这些视觉方面取得优异性能可能是源于一种特定类型的神经网络——卷积神经网络。如果你是一位深度学习爱好者，可能早已听说过这种神经网络，并且可能已经使用过一些深度学习框架例如Caffe、TensorFlow、PyTorch实现了一些图像分类器。但仍然存在一个问题：数据是如何在人工神经网络传送以及计算机是如何从中学习的。为了从开始就能获得清晰的视角，本章将通过对每一层进行可视化以深入理解卷积神经网络。

16.1 问题背景

1980年左右美国五角大楼启动了一个项目，用神经网络模型来识别坦克(当时还没有深度学习的概念)，如图16-1所示，他们采集了100张隐藏在树丛中的坦克照片，以及100张仅有树丛的照片。一组顶尖的研究人员训练了一个神经网络模型来识别这两种不同的场景，这个神经网络模型效果拔群，在测试集上的准确率竟然达到了100%！于是这些研究人员很高兴地把他们的研究成果带到了某个学术会议上，会议上有个人提出了质疑：你们的训练数据是怎样采集的？后来经过进一步调查发现，原来那100张有坦克的照片都是在阴天拍摄的，而另100张没有坦克的照片是在晴天拍摄的……也就是说，五角大楼花了那么多的经费，最后只得到了一个用来区分阴天和晴天的分类模型。

一旦经过验证，好用就行，不问为什么，很少深究问题背后的深层次原因，这样做并不科学。要让其发挥长久的理论力量，可解释性非常重要，在深度学习中尤其如此，我们在15.3节发现使用卷积神经网络后的MNIST手写数字识别系统准确率达到了99%，那么卷积神经网络的各层到底学到了什么？我们需要深入了解各层特征的可视化、梯度的可视化、ReLU激活的可视化，如图16-2所示。

图 16-1　识别坦克照片

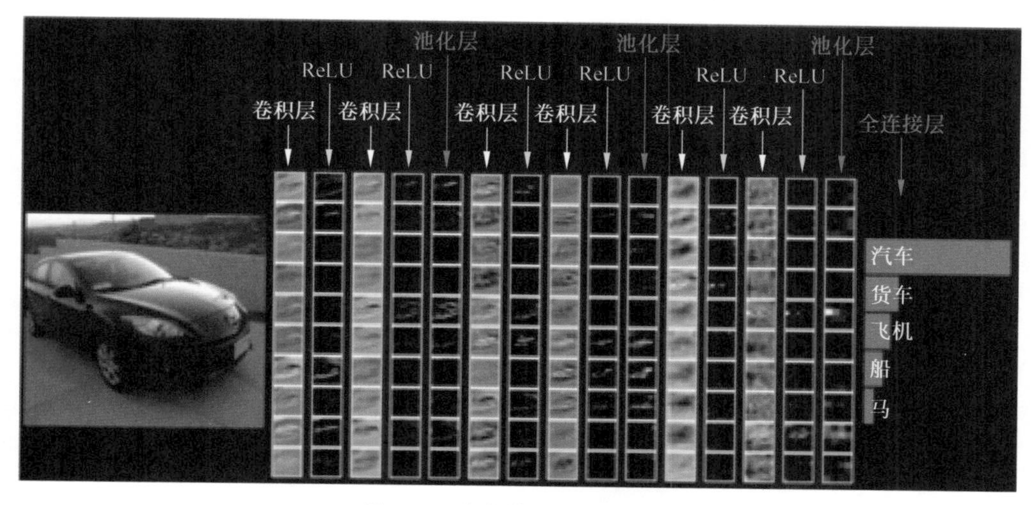

图 16-2　卷积神经网络可视化

16.2　卷积神经网络

在学习卷积神经网络之前，首先要了解神经网络的工作原理。神经网络是模仿人类大脑来解决复杂问题并在给定数据中找到模式的一种方法。在过去几年中，这些神经网络算法已经超越了许多传统的机器学习和计算机视觉算法。神经网络由几层或多层组成，不同层中具有多个神经元。每个神经网络都有一个输入层和一个输出层，根据问题的复杂性增加隐藏层的个数。一旦将数据送入网络中，神经元就会学习并进行模式识别。神经网络模型被训练好后，模型就能够预测测试数据。

另外，卷积神经网络是一种特殊类型的神经网络，它在图像领域中表现得非常好。该网络是 YanLeCunn 在 1998 年提出的，被应用于数字手写体识别任务中，以及其他应用领域包括语音识别、图像分割和文本处理等。在卷积神经网络发明之前，多层感知机（MLP）被用于构建图像分类器。图像分类任务是指从多波段（彩色、黑白）光栅图像中提取信息类的任务。多层感知机需要更多的时间和空间来查找图片中的信息，因为每个输入元素都与下一层中的每个神经元连接。而卷积神经网络通过使用称为局部连接的概念避免了这些，将每个神经元连接到输入矩阵的局部区域，允许网络的不同部分专门处理诸如纹理或重复模式的高级特征来最小化参数的数量。下面通过比较来说明这一点。

16.2.1 比较多层感知机和卷积神经网络

因为输入图像的大小为 28×28=784（MNIST 数据集），多层感知机的输入层神经元总数将为 784。网络预测给定输入图像中的数字，输出数字范围是 0～9。在输出层，一般返回的是类别分数，例如给定输入是数字 3 的图像，那么在输出层中相应的神经元 3 与其他神经元相比具有更高的类别分数。这里又出现一个问题，模型需要包含多少个隐藏层，每层应该包含多少神经元？这些都是需要人为设置的，下面是一个构建多层感知机模型的例子，代码如下：

```
//第 16 章/构建多层感知机模型
def __init__(self):
    super(Net,self).__init__()
    #两个全连接的隐藏层，一个输出层
    #因为图片是 28×28 的，所以需要全部展开，最终我们要输出一共 10 个数字
    #10 个数字实际上是 10 个类别，输出是概率分布，最后选取概率最大的作为预测值输出
    hidden_1 = 512
    hidden_2 = 512
    self.fc1 = nn.Linear(28 * 28,hidden_1)          #全连接层输出是 512 个神经元
    self.fc2 = nn.Linear(hidden_1,hidden_2)          #全连接层输出是 512 个神经元
    self.fc3 = nn.Linear(hidden_2,10)                #全连接层输出是 10 个神经元
    self.dropout = nn.Dropout(0.2)                   #使用 dropout 防止过拟合
 def forward(self,x):                                #定义前向函数
    x = x.view(-1,28 * 28)                           #把图片展开
    x = F.ReLU(self.fc1(x))                          #经过第 1 个全连接层然后通过 ReLU
    x = self.dropout(x)                              #经过 dropout 层
    x = F.ReLU(self.fc2(x))                          #经过第 2 个全连接层然后通过 ReLU
    x = self.dropout(x)                              #经过 dropout 层
    x = self.fc3(x)                                  #经过第 3 个全连接层
```

第 1 个隐藏层中有 512 个神经元，连接到维度为 784 的输入层。隐藏层后面加一个 dropout 层，丢弃比例设置为 0.2，该操作在一定程度上可克服过拟合的问题。之后添加第 2 个隐藏层，也具有 512 个神经元，再添加一个 dropout 层。最后使用包含 10 个类的输出层完成模型构建。其输出的向量中具有最大值的该类将是模型的预测结果。

这种多层感知机的一个缺点是层与层之间完全连接，如图 16-3 所示，导致模型需要花费更多的训练时间和参数空间，并且多层感知机只接收向量作为输入。

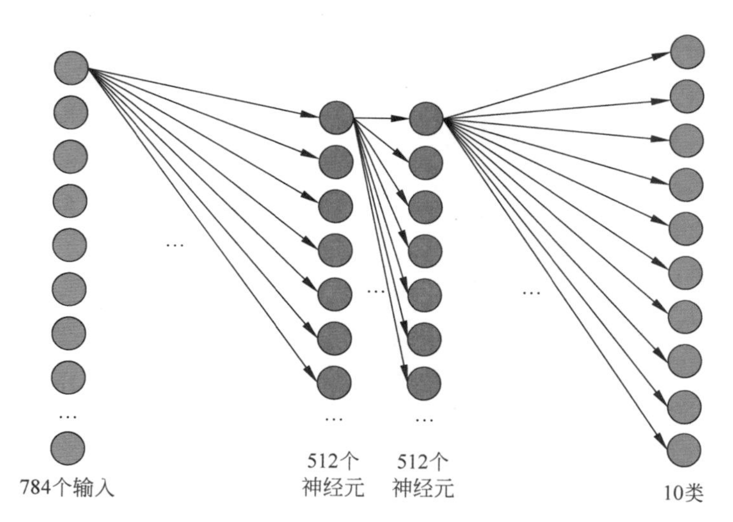

图 16-3　多层感知机进行图像分类

卷积使用稀疏连接的层，如图 16-4 所示，并且其输入可以是矩阵，优于多层感知机，输入特征连接到局部编码节点。在多层感知机中，每个节点都有能力影响整个网络。而卷积神经网络将图像分解为区域(像素的小局部区域)，每个隐藏节点与输出层相关，输出层将接收的数据进行组合以查找相应的模式。

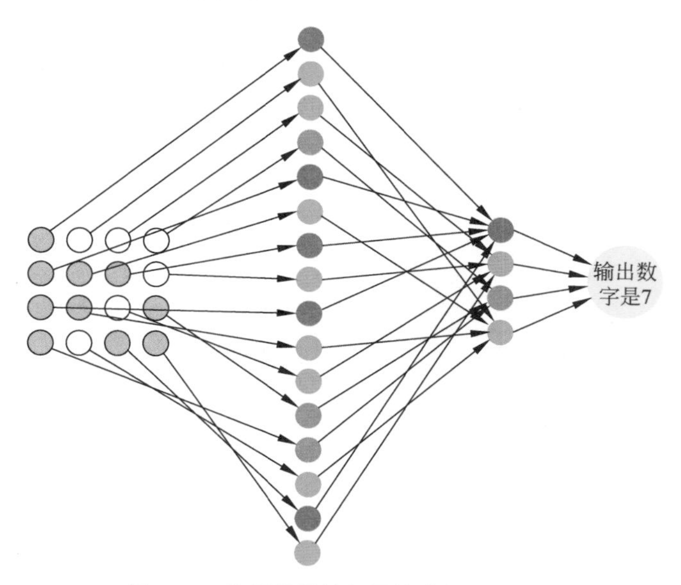

图 16-4　使用卷积神经网络进行图像分类

16.2.2　神经元的感知野

在继续可视化卷积神经网络的工作之前，我们将讨论卷积神经网络中存在的过滤器感知野。

假设有一个两层的卷积神经网络，并且正在通过该网络使用 3×3 卷积核。如图 16-5 所示，第 2 层中以黄色标记的居中像素实际上是对第 1 层中的中心像素进行卷积运算的结果（通过使用 3×3 卷积核且步幅＝1）。同样，第 3 层中存在的中心像素是对第 2 层中存在的中心像素进行卷积运算的结果[①]。

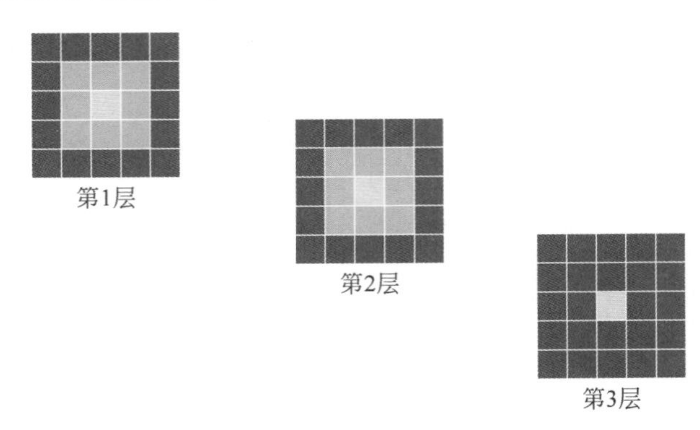

图 16-5　中心像素是卷积运算的结果（图片来源：https://miro.medium.com/max/1466/1*GcTKBEkq27rFzwBR4mSBLQ.png）

神经元的感受野定义为输入图像中可影响卷积层中神经元的区域，也就是原始图像中有多少个像素在影响卷积层中存在的神经元。

显然，第 3 层中的中心像素取决于上一层（第 2 层）的 3×3 邻域；第 2 层中存在的 9 个连续像素（用粉红色标记）包括中心像素，对应于第 1 层中的 5×5 区域。随着深入网络，位于较深层的像素将具有较高的感知野，即对原始图像感兴趣的区域将更大，如图 16-6 所示。

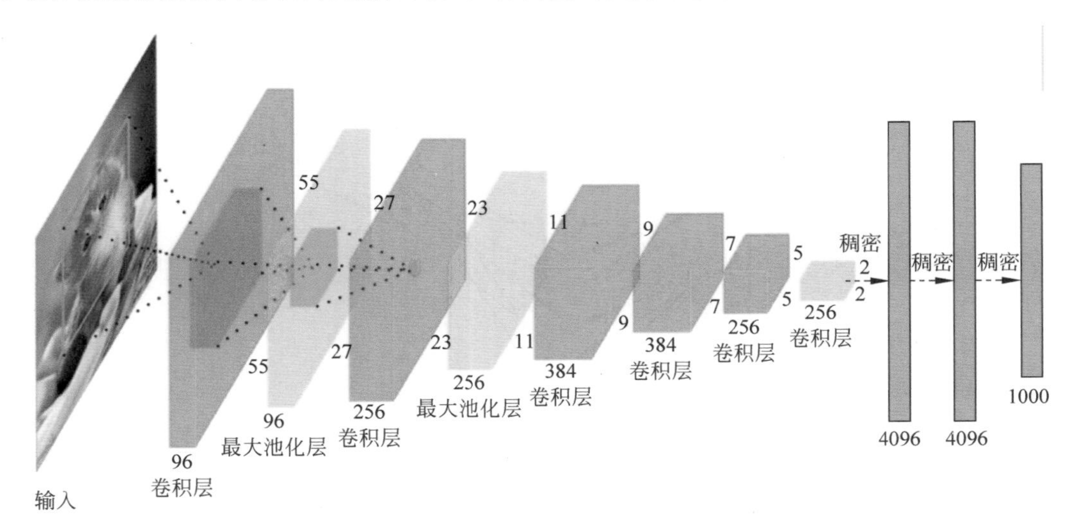

图 16-6　更深层的像素具有更高的感知野

① https://towardsdatascience.com/visualizing-convolution-neural-networks-using-pytorch-3dfa8443e74e。

从图 16-6 中我们可以观察到，第 2 个卷积层中存在的高亮的像素对于原始输入图像具有较高的感知野。

16.3　计算机如何查看输入的图像

看着图片并解释其含义对于人类来说是很简单的一件事情。我们使用自己的主要感觉器官（即眼睛）"拍摄"环境快照，然后将其传递到视网膜。这一切看起来很有趣，现在让我们想象一台计算机也在做同样的事情。

计算机使用一组 0～255 的像素值来解释图像。计算机查看这些像素值并理解它们，它并不知道图像中有什么物体，也不知道其颜色，只能识别出像素值，图像对于计算机来说就相当于一组像素值。之后，通过分析像素值，计算机会慢慢了解图像是灰度图还是彩色图。灰度图只有一个通道，每个像素代表一种颜色的强度，0 表示黑色，255 表示白色，二者之间的值表明其他不同等级的灰色。彩色图像有 3 个通道，红色、绿色和蓝色，它们分别代表 3 种颜色（三维矩阵）的强度，当三者的值同时变化时会产生大量颜色，类似于一个调色板。之后，计算机识别图像中物体的曲线和轮廓。

下面使用 PyTorch 加载数据集并在图像上应用过滤器，代码如下：

```
//第 16 章/加载数据集并在图像上应用过滤器
import torch                                                    #导入 torch 模块
import numpy as np                                              #导入 numpy 模块
from torchvision import datasets                                #导入数据集
import torchvision.transforms as transforms                     #导入转换模块
#设置参数
num_workers = 0                                                 #设置加载数据的线程数目
batch_size = 20                                                 #设置批量规格
transform = transforms.ToTensor()                               #将图片转换为张量
train_data = datasets.MNIST(root = 'data', train = True, download = True, transform = transform)                                                      #设置训练集下载器
test_data = datasets.MNIST(root = 'data', train = False, download = True, transform = transform)                                                      #设置测试集下载器
#下载数据
train_loader = torch.utils.data.DataLoader(train_data, batch_size = batch_size, num_workers = num_workers)                                                  #加载训练集
test_loader = torch.utils.data.DataLoader(test_data, batch_size = batch_size, num_workers = num_workers)                                                  #加载测试集
import matplotlib.pyplot as plt                                 #导入 matplotlib 模块
%matplotlib inline
```

```
dataiter = iter(train_loader)
images, labels = dataiter.next()
images = images.numpy()
fig = plt.figure(figsize = (25, 4))
for image in np.arange(20):
    ax = fig.add_subplot(2, 20/2, image + 1, xticks = [], yticks = [])
    ax.imshow(np.squeeze(images[image]), cmap = 'gray')
ax.set_title(str(labels[image].item()))
```

得到的输出如图 16-7 所示。

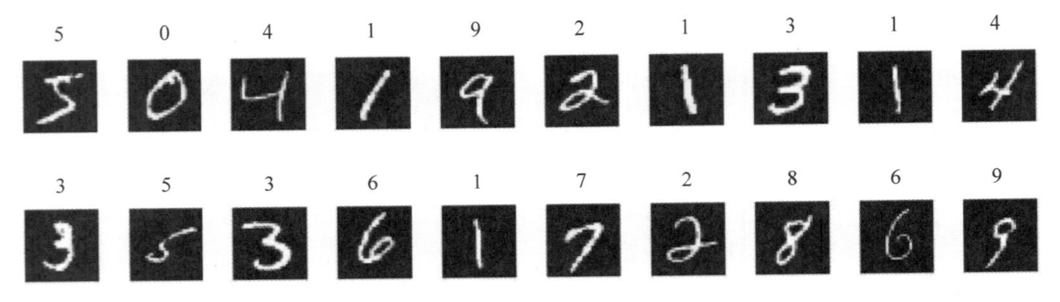

图 16-7　查看 20 个手写数字图片

接下来看如何将单个图像输入神经网络,代码如下:

```
//第 16 章/将图片输入神经网络
img = np.squeeze(images[7])        #从数组的形状中删除单维条目,即把 shape 中为 1 的维度去掉
fig = plt.figure(figsize = (12,12))
ax = fig.add_subplot(111)
ax.imshow(img, cmap = 'gray')
width, height = img.shape
#标准化限制在 0 到 1 范围内
thresh = img.max()/2.5
for x in range(width):
    for y in range(height):
        val = round(img[x][y],2) if img[x][y] != 0 else 0
        ax.annotate(str(val), xy = (y,x),
            color = 'white' if img[x][y]< thresh else 'black')
```

上述代码将数字 3 图像分解为像素。在一组手写数字中随机选择 3,并且将实际像素值(0～255)标准化,将它们限制在 0 到 1 的范围内,如图 16-8 所示,归一化操作能够加快模型训练的收敛速度。

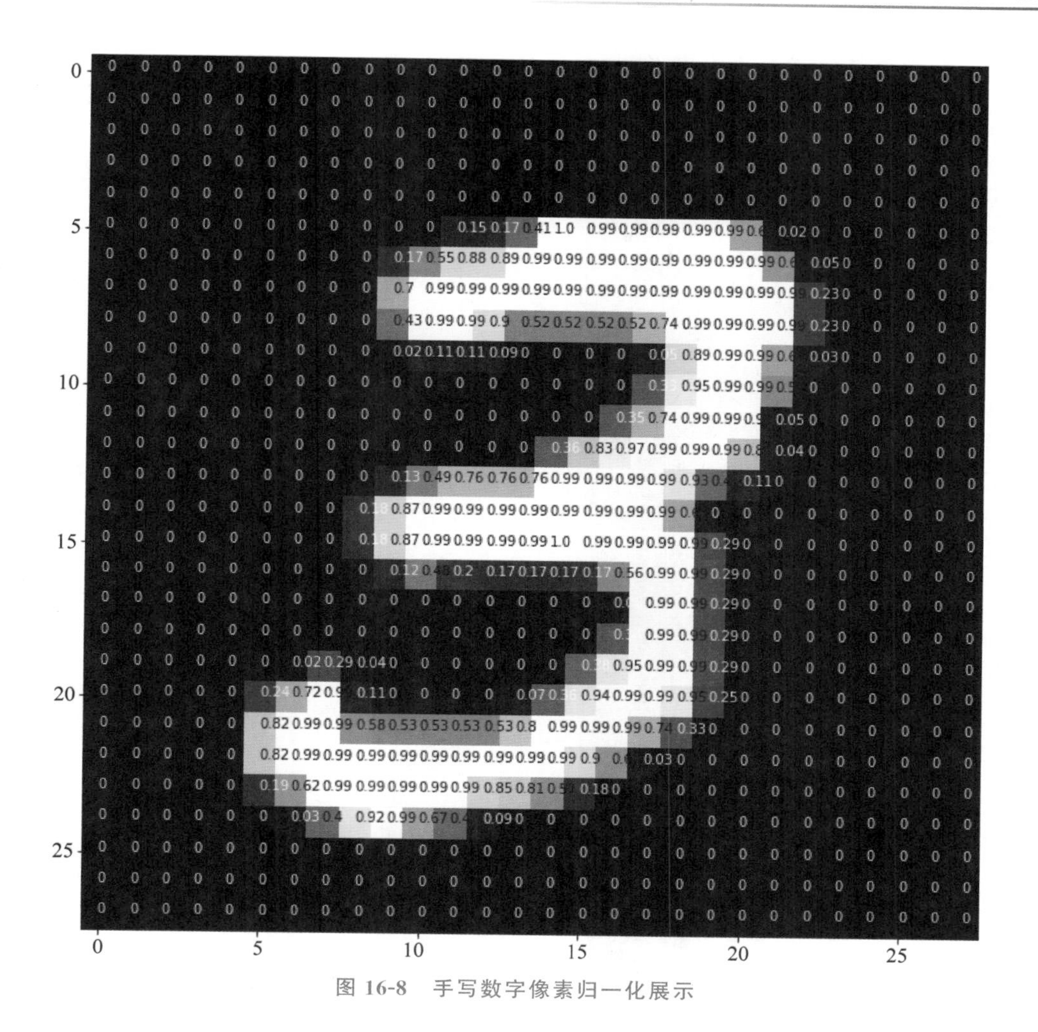

图 16-8　手写数字像素归一化展示

16.4　构建过滤器

过滤器顾名思义作用是过滤信息，在使用卷积神经网络处理图像时过滤像素信息。为什么需要过滤呢？计算机需要经历理解图像的学习过程，这与孩子的学习过程非常相似，但学习时间会少得多。网络必须首先知道图像中的所有原始部分，即边缘、轮廓和其他低级特征。检测到这些低级特征之后，传递给后面更深的隐藏层，提取更高级、更抽象的特征。过滤器提供了一种提取用户需要的信息的方式，而不是盲目地传递数据，因为计算机不会理解图像的结构。在初始情况下，计算机可以通过特定过滤器来提取低级特征，这里的过滤器也是一组像素值，类似于图像，可以理解为连接卷积神经网络中的权重。这些权重或过滤器与输入相乘得到中间图像，描绘了计算机对图像的部分理解。之后，中间层输出将与多个过滤器相乘以扩展其视图，最后提取一些抽象的信息，例如人脸等。

过滤器的类型有很多，例如模糊滤镜、锐化滤镜、变亮、变暗、边缘检测等。

下面用一些代码片段来理解过滤器的特征，代码如下：

```
//第 16 章/过滤器的特征
import matplotlib.pyplot as plt
import matplotlib.image as mpimg                            # 导入 image 模块
import cv2                                                  # 导入 opencv 模块
import numpy as np
# 创建新的 figure
fig = plt.figure()
image1 = mpimg.imread('snake.jpg')
image2 = mpimg.imread('dd_tree.jpg')
image3 = mpimg.imread('cat_dog.png')
image4 = mpimg.imread('spider.png')
# 绘制 1×4 的一行 4 列共 4 个图，编号从 1 开始
ax = fig.add_subplot(221)
ax.imshow(image1)
ax = fig.add_subplot(222)
ax.imshow(image2)
ax = fig.add_subplot(223)
ax.imshow(image3)
ax = fig.add_subplot(224)
ax.imshow(image4)
plt.show()
```

得到输入的 4 张图片如图 16-9 所示。

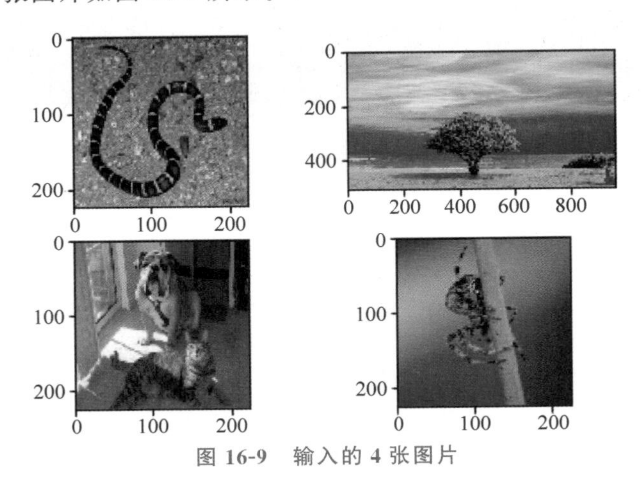

图 16-9　输入的 4 张图片

使用 sobel 算子进行过滤，代码如下：

```
//第 16 章/sobel 算子
gray1 = cv2.cvtColor(image1, cv2.COLOR_RGB2GRAY)            # 转换为灰度图
gray2 = cv2.cvtColor(image2, cv2.COLOR_RGB2GRAY)
```

```
gray3 = cv2.cvtColor(image3, cv2.COLOR_RGB2GRAY)
gray4 = cv2.cvtColor(image4, cv2.COLOR_RGB2GRAY)
#定义 sobel 过滤器
sobel_y = np.array([[-1, -2, -1],[0, 0, 0],[1, 2, 1]])
#应用 sobel 过滤器
filtered_image1 = cv2.filter2D(gray1, -1, sobel_y)
filtered_image2 = cv2.filter2D(gray2, -1, sobel_y)
filtered_image3 = cv2.filter2D(gray3, -1, sobel_y)
filtered_image4 = cv2.filter2D(gray4, -1, sobel_y)
fig = plt.figure()
#绘制 1×4 的一行 4 列共 4 个图,编号从 1 开始
ax = fig.add_subplot(221)
ax.imshow(filtered_image1,cmap = 'gray')
ax = fig.add_subplot(222)
ax.imshow(filtered_image2,cmap = 'gray')
ax = fig.add_subplot(223)
ax.imshow(filtered_image3,cmap = 'gray')
ax = fig.add_subplot(224)
ax.imshow(filtered_image4,cmap = 'gray')
plt.show()
```

应用 sobel 边缘检测滤镜后图像如图 16-10 所示，可以看到检测出的轮廓信息。

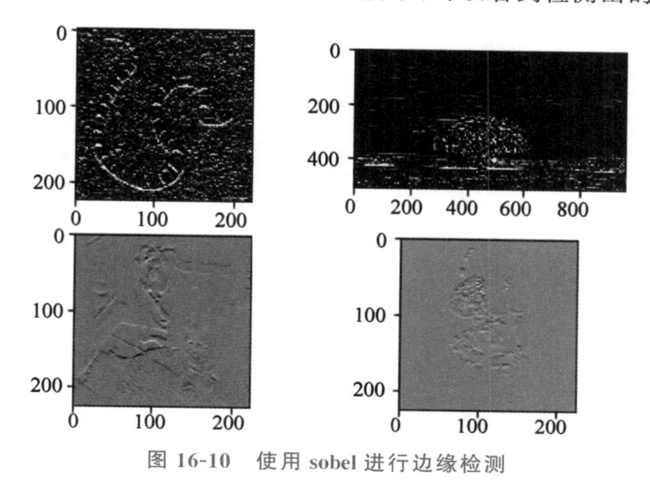

图 16-10　使用 sobel 进行边缘检测

16.5　完整的卷积神经网络结构

到目前为止，已经讲解了如何使用滤镜从图像中提取特征。现在要完成整个卷积神经网络的可视化，卷积神经网络使用卷积层(Convolutional layer)、池化层(Pooling layer)和全连接层(Fully connected layer)。

典型的卷积神经网络的网络结构由上述 3 类层构成，如图 16-11 所示。

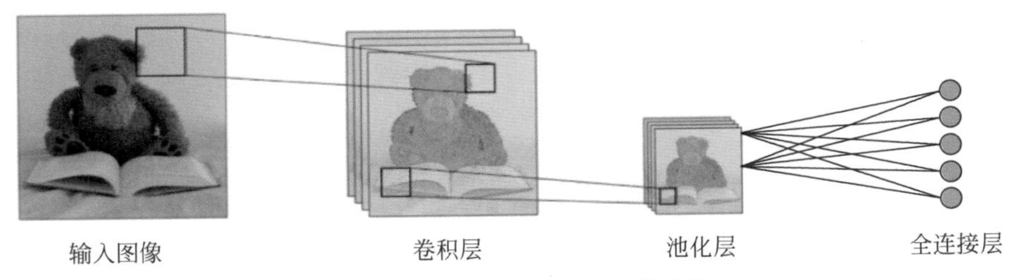

图 16-11　典型的卷积神经网络结构

卷积层：使用过滤器执行卷积操作。它扫描输入图像的尺寸，它的超参数包括滤波器大小，可以是 2×2、3×3、4×4、5×5(或其他)和步长 S。输出结果 O 称为特征映射或激活映射，具有使用输入层计算的所有特征和过滤器，应用卷积的工作过程如图 16-12 所示。

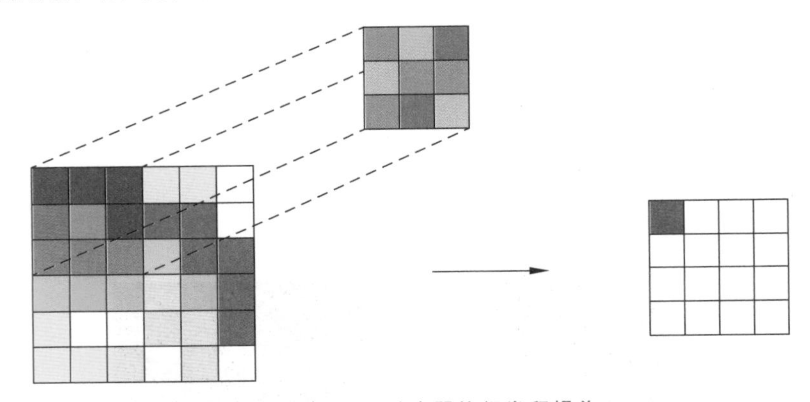

图 16-12　使用过滤器执行卷积操作

池化层：用于特征的下采样，通常在卷积层之后应用。池化处理方式有多种类型，常见的是最大池化和平均池化，分别采用特征的最大值和平均值。

最大池化如图 16-13 所示。

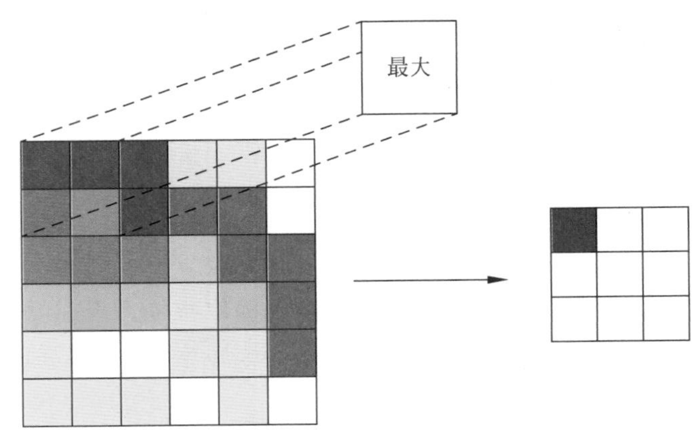

图 16-13　最大池化

平均池化如图 16-14 所示。

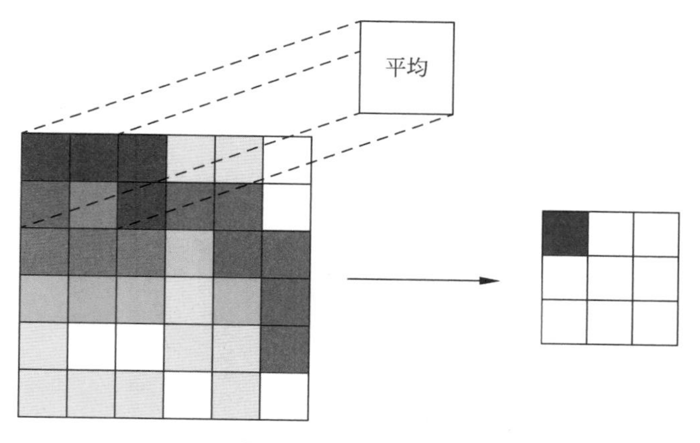

图 16-14 平均池化

全连接层：在展开的特征上进行操作，其中每个输入连接到所有的神经元，通常在网络末端用于将隐藏层连接到输出层，如图 16-15 所示。

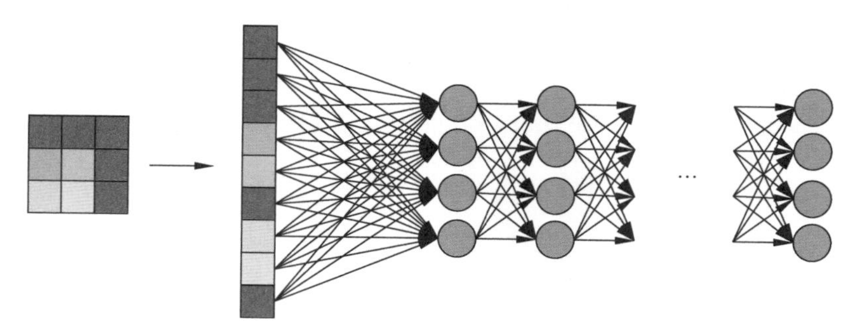

图 16-15 全连接层的工作过程

16.6 可视化一个简单的卷积神经网络

在了解了卷积神经网络的全部构件后，现在使用 PyTorch 框架实现一个简单的卷积神经网络结构。

步骤 1：加载输入图像，代码如下：

```
//第 16 章/加载图像
import cv2
import matplotlib.pyplot as plt
%matplotlib inline
img_path = 'dog.png'
bgr_img = cv2.imread(img_path)                    #默认为颜色图片
```

```
gray_img = cv2.cvtColor(bgr_img, cv2.COLOR_BGR2GRAY)             #转成灰度图片
#归一化
gray_img = gray_img.astype("float32")/255                         #图片归一化
plt.imshow(gray_img, cmap = 'gray')                               #展示灰度图
plt.show()
```

得到输出的灰度图如图 16-16 所示。

图 16-16　输出小狗的灰度图

步骤 2：对过滤器进行可视化，以更好地了解将使用哪些过滤器，代码如下：

```
//第 16 章/可视化过滤器
import numpy as np
filter_vals = np.array([                                          #自定义初始过滤器
  [ -1, -1, 1, 1],
  [ -1, -1, 1, 1],
  [ -1, -1, 1, 1],
  [ -1, -1, 1, 1]
])
print('Filter shape: ', filter_vals.shape)
#定义过滤器
filter_1 = filter_vals
filter_2 = -filter_1                                              #反向过滤器
filter_3 = filter_1.T                                             #转置过滤器
filter_4 = -filter_3
filters = np.array([filter_1, filter_2, filter_3, filter_4])
#检查过滤器
fig = plt.figure(figsize = (10, 5))                               #设置展示图像大小
for i in range(4):
    ax = fig.add_subplot(1, 4, i+1, xticks = [], yticks = [])
    ax.imshow(filters[i], cmap = 'gray')                          #图片灰度化
```

```
    ax.set_title('Filter %s' % str(i+1))
    width, height = filters[i].shape                    #获得过滤器的规格
#上色
    for x in range(width):
        for y in range(height):
            ax.annotate(str(filters[i][x][y]), xy=(y,x),
                        color='white' if filters[i][x][y]<0 else 'black')
```

输出过滤器可视化结果如图 16-17 所示。

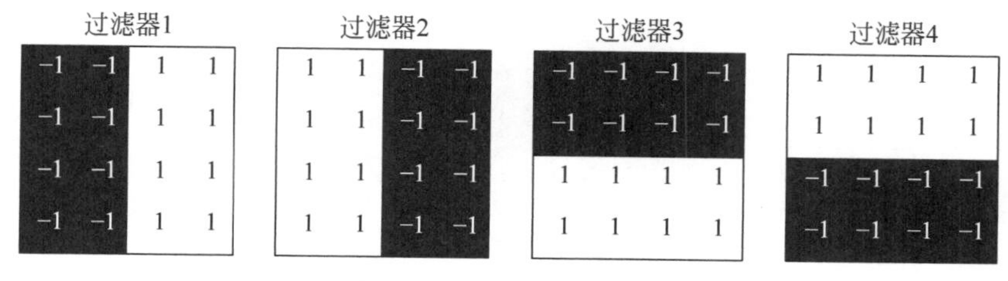

图 16-17 过滤器可视化

步骤 3：定义卷积神经网络模型。本节构建的卷积神经网络模型具有卷积层和最大池化层，并且使用上述过滤器初始化权重，代码如下：

```
//第 16 章/定义卷积神经网络模型
import torch                                            #导入 torch
import torch.nn as nn                                   #导入 nn 包
import torch.nn.functional as F                         #导入 torch 函数模块
class Net(nn.Module):                                   #定义网络
    def __init__(self, weight):
        super(Net, self).__init__()
        #将卷积层的权重初始化为 4 个已定义的过滤器的权重
        k_height, k_width = weight.shape[2:]
        #假设这里有 4 个灰度过滤器
        self.conv = nn.Conv2d(1, 4, kernel_size=(k_height, k_width), bias=False)
        #初始化卷积层的所有权重
        self.conv.weight = torch.nn.Parameter(weight)
        #定义池化层
        self.pool = nn.MaxPool2d(2, 2)
    def forward(self, x):
        conv_x = self.conv(x)                           #计算卷积层的输出
        activated_x = F.ReLU(conv_x)                    #前-和后-激活
        pooled_x = self.pool(activated_x)               #使用池化层
        return conv_x, activated_x, pooled_x            #返回所有的层
#实例化模型并设置权重
weight = torch.from_numpy(filters).unsqueeze(1).type(torch.FloatTensor)
model = Net(weight)
#打印网络的层结构
print(model)
```

输出结果如下：

```
Net(
  (conv): Conv2d(1, 4, kernel_size=(4, 4), stride=(1, 1), bias=False)
  (pool): MaxPool2d(kernel_size=2, stride=2, padding=0, dilation=1, ceil_mode=False)
)
```

步骤 4：快速浏览一下所使用的过滤器，代码如下：

```
//第 16 章/浏览过滤器
def viz_layer(layer, n_filters= 4):                          #显示过滤器
    fig = plt.figure(figsize=(20, 20))                       #设置图框大小
    for i in range(n_filters):                               #设置 4 个图片的输出位置
        ax = fig.add_subplot(1, n_filters, i+1)
        ax.imshow(np.squeeze(layer[0,i].data.numpy()), cmap='gray')
        ax.set_title('Output %s' % str(i+1))                 #设置标题
fig = plt.figure(figsize=(12, 6))
fig.subplots_adjust(left=0, right=1.5, bottom=0.8, top=1, hspace=0.05, wspace=0.05)
for i in range(4):
    ax = fig.add_subplot(1, 4, i+1, xticks=[], yticks=[])
    ax.imshow(filters[i], cmap='gray')
    ax.set_title('Filter %s' % str(i+1))                     #设置过滤器标题
gray_img_tensor = torch.from_numpy(gray_img).unsqueeze(0).unsqueeze(1)
```

打印结果如图 16-18 所示。

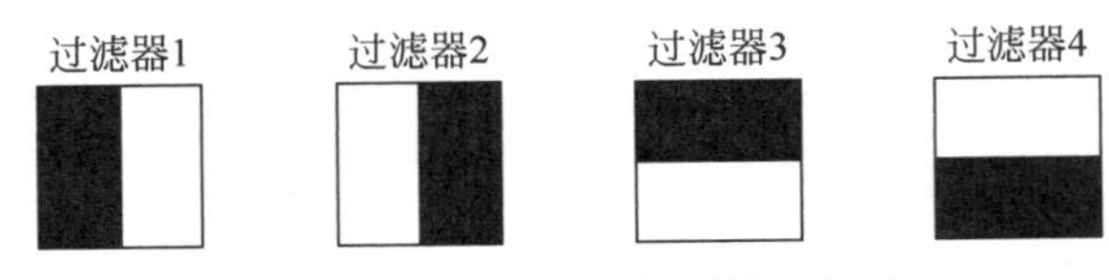

图 16-18　快速浏览使用的过滤器

步骤 5：卷积层和池化层输出的图像如图 16-19 和图 16-20 所示。

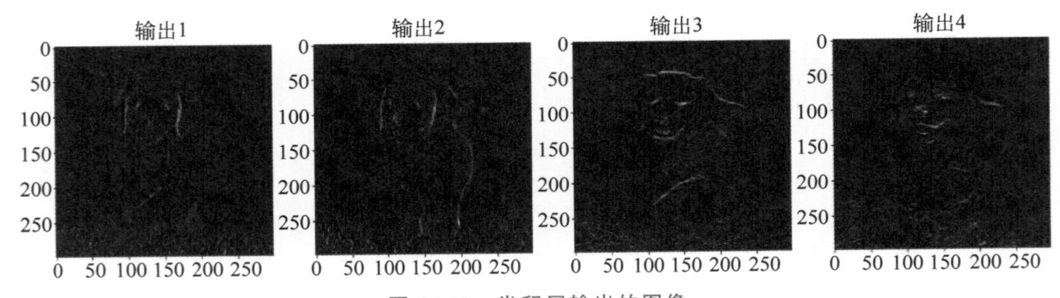

图 16-19　卷积层输出的图像

不同层结构得到的效果会有所差别，正是由于不同层提取到的特征不同，在输出层集合到的特征才能很好地抽象出图像信息。

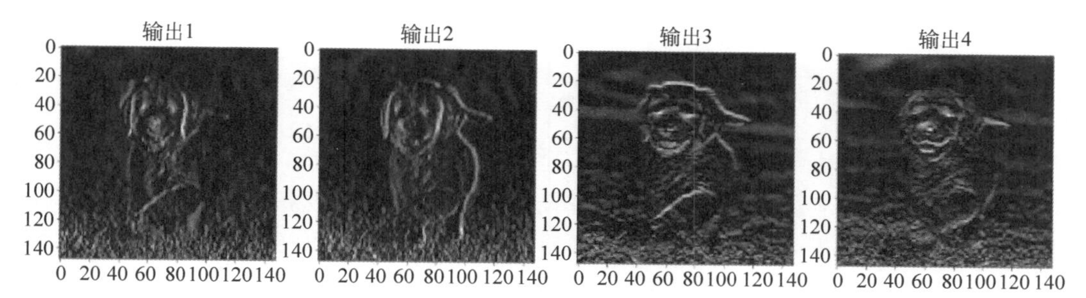

图 16-20　池化层输出的图像

16.7　使用预训练的 AlexNet 进行各层卷积可视化

16.7.1　输入图片可视化

本节将使用 ImageNet 数据集中包含 1000 个类别的一小部分来可视化 AlexNet 模型的过滤器。为了可视化数据集，我们将实现自定义函数 imshow，代码如下：

```
//第 16 章/自定义 imshow
def imshow(img, title):
    """用 matplotlib 自定义函数来展示图片"""
    #定义标准差矫正
    std_correction = np.asarray([0.229, 0.224, 0.225]).reshape(3, 1, 1)
    #定义平均值矫正
    mean_correction = np.asarray([0.485, 0.456, 0.406]).reshape(3, 1, 1)
    #把张量图片转换成 numpy 格式图片并解归一化
    npimg = np.multiply(img.numpy(), std_correction) + mean_correction
    #画 numpy 图片
    plt.figure(figsize = (batch_size * 4, 4))
    plt.axis("off")
    plt.imshow(np.transpose(npimg, (1, 2, 0)))
    plt.title(title)
    plt.show()
```

imshow 函数接收两个参数，张量图像和图像标题。首先对 ImageNet 均值和标准偏差值进行反归一化，然后用 matplotlib 显示图像，如图 16-21 所示。

16.6 节进行了过滤器的可视化，但是随着网络层层递进，各层的过滤器所获取的特征会有变化。本节将使用经过 ImageNet 数据集预训练的 AlexNet 架构去看看各层的获取特征情况，代码如下：

图 16-21　输入样本图片

```
#import model zoo in torchvision
import torchvision.models as models
alexnet = models.alexnet(pretrained = True)
#用 ImageNet 数据预训练的 AlexNet 网络
```

AlexNet 包含 5 个卷积层和 3 个全连接层。ReLU 在每次卷积操作后进行。注意，在三维(RGB)图像的卷积运算中，卷积核在通道数维度上没有移动，因为卷积核和图像的深度相同。我们将以两种方式可视化这些过滤器(卷积核)：通过组合 3 个通道作为 RGB 图像来可视化每个过滤器使用热图独立地显示过滤器中的每个通道。绘制权重的主要功能是 plot_weights。该函数有 4 个参数：

model：AlexNet 模型或任何训练好的模型；

layer_num：要可视化权重的卷积层索引；

single_channel：可视化模式；

collated：仅适用于单通道可视化。

代码如下：

```
//第 16 章/定义图像权重
def plot_weights(model, layer_num, single_channel = True, collated = False):
    #在特定层索引下抽取特征
    layer = model.features[layer_num]
    #检查层是否是卷积层
    if isinstance(layer, nn.Conv2d):
    #获得权重张量数据
        weight_tensor = model.features[layer_num].weight.data
        if single_channel:                                  #判断是否为单色图片
            if collated:
                plot_filters_single_channel_big(weight_tensor)
            else:
                plot_filters_single_channel(weight_tensor)
        else:
            if weight_tensor.shape[1] == 3:                 #判断是否为彩色图片
                plot_filters_multi_channel(weight_tensor)
            else:
                print("Can only plot weights with three channels with single channel = False")
    else:
        print("Can only visualize layers which are convolutional")
    #AlexNet 可视化权重：第 1 个卷积层
    plot_weights(alexnet, 0, single_channel = False)
```

在 plot_weights 函数中，我们采用训练好的模型，并读取指定层号处存在的层。在 AlexNet(PyTorch 模型动物园)中，第 1 个卷积层的层索引为零。一旦提取与该索引关联的层后，将检查该层是否为卷积层，因为我们可以只可视化卷积层。验证层索引后，提取该层中存在的已学习的权重数据，代码如下：

```
#获取权重张量数据
weight_tensor = model.features [layer_num] .weight.data
```

根据输入参数 single_channel 我们可以将权重数据绘制为单通道或多通道图像。AlexNet 的第 1 个卷积层具有 64 个大小为 11×11 的过滤器。我们将以两种不同的方式绘制这些过滤器，并了解过滤器学习哪种模式。

16.7.2 可视化过滤器——多通道

设置 single_channel=False，将有 64 个深度为 3(RGB)的过滤器。我们将每个过滤器的 RGB 通道合并为一个 11×11×3 大小的 RGB 图像，将获得 64 个 RGB 图像作为输出，代码如下：

```
#可视化 AlexNet 的权重:第 1 个卷积层
plot_weights(alexnet,0,single_channel = False)
```

卷积层可视化输出结果如图 16-22 所示。

图 16-22 可视化第 1 个卷积层

我们可以解释为卷积核似乎学习了模糊的边缘、轮廓、边界，例如图 16-21 中的图 4 表示过滤器正在尝试学习边界，图 37 表示过滤器已经了解了有助于解决图像分类问题的轮廓。

16.7.3 可视化过滤器——单通道

设置 single_channel=True，将过滤器中存在的每个通道解释为单独的图像。对于每个滤波器，由于第 1 次卷积操作的卷积核通道数为 3，我们将获得 3 个独立图像，每个图像分别代表每一个通道。总共将有 64×3 个图像作为可视化输出，如图 16-23 所示。

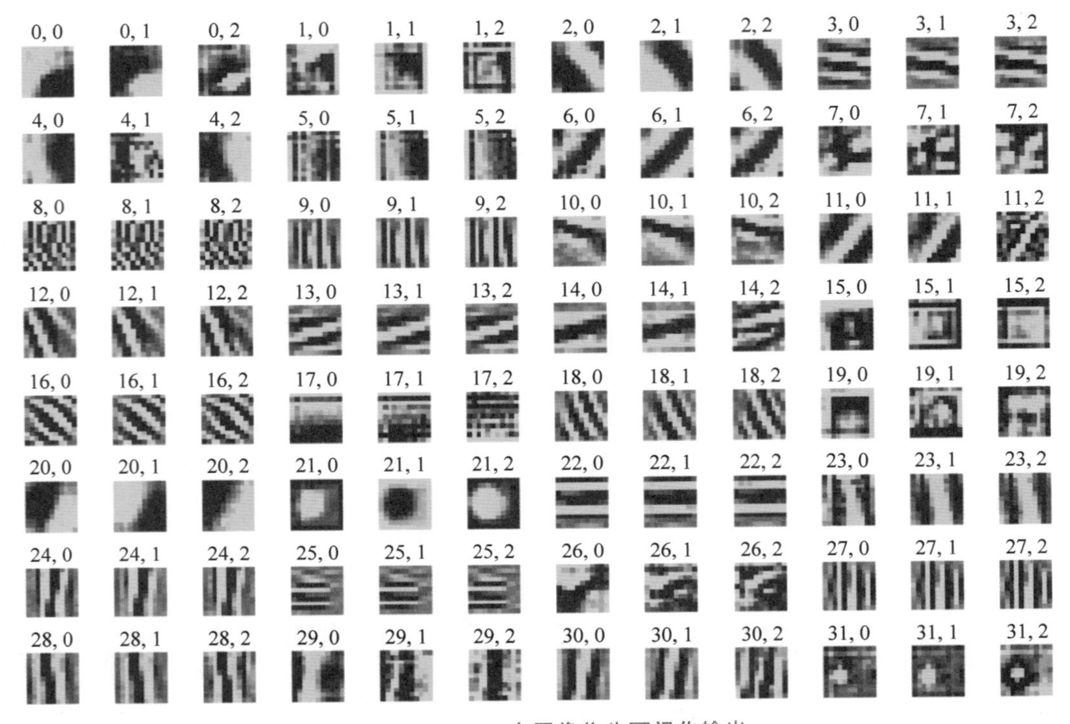

图 16-23　64×3 个图像作为可视化输出

1. 从 AlexNet 中的第 1 卷积层过滤(192 个图像中的一个子集)

如图 16-22 所示，总共有 64 个过滤器(0～63)，每个过滤器通道都是单独显示的。例如图 0,0 代表第 0 个过滤器的第 0 个通道。类似地，图 0,1 代表第 0 个过滤器的第 1 个通道，以此类推。

分别可视化过滤器的通道能更直观地了解基于输入数据的不同过滤器要尝试学习什么。仔细查看过滤器可视化，可以清楚地看到在同一过滤器的一些通道中发现的模式是不同的。这意味着并非在过滤器中的所有通道都试图从输入图像中学习相同的信息。随着网络的深入，过滤器模式变得越来越复杂，倾向于捕获高级信息，例如狗或猫的脸。

随着对网络的深入研究，用于卷积的滤波器数量也在增加，不可能将所有这些过滤器通道都单独可视化为单个图像或将每个通道单独可视化。AlexNet 的第 2 个卷积层(在 PyTorch 顺序模型结构中索引为第 3 层)具有 192 个过滤器，因此将获得 192×64＝12 288 个能可视化的单个过滤器通道图。绘制这些过滤器的方法是将所有这些图像连接到一个灰度形式的单个热图中，代码如下：

```
#绘制单通道图像
plot_weights(alexnet,0,single_channel = True,collated= True)
```

得到的单个热图如图 16-24 所示。

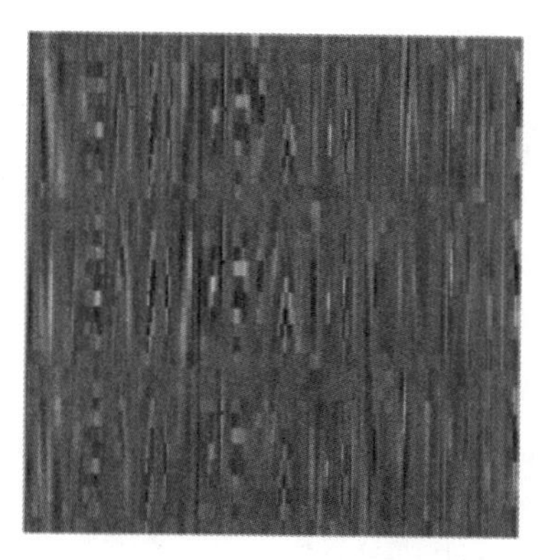

图 16-24　单通道图像

2. 来自 AlexNet 中第 1 卷积层的筛选器-归类值

绘制第 2 卷积层的代码如下：

```
#绘制单通道图像:第 2 卷积层
plot_weights(alexnet,3,single_channel = True,collated = True)
```

输出结果如图 16-25 所示。

图 16-25　绘制第 2 卷积层的单通道图像

绘制第 3 卷积层的代码如下：

```
#绘制单通道图像:第 3 卷积层
plot_weights(alexnet,6,single_channel = True,collated = True)
```

输出结果如图 16-26 所示。

3. 来自 AlexNet 中第 3 卷积层的筛选器-归类值

第 1 卷积层的图像中有一些可解释的特征，例如边缘、角度和边界。但是随着深入网络，解释过滤器变得越来越困难。

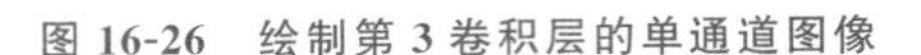

图 16-26　绘制第 3 卷积层的单通道图像

16.8　图像遮挡实验

进行遮挡实验的目的是确定图像的哪些色块最大限度地贡献了神经网络的输出。

在图像分类的问题中，如何知道模型实际上是在拾取感兴趣的目标而不是周边的背景图片(例如车轮)，如图 16-27 所示。

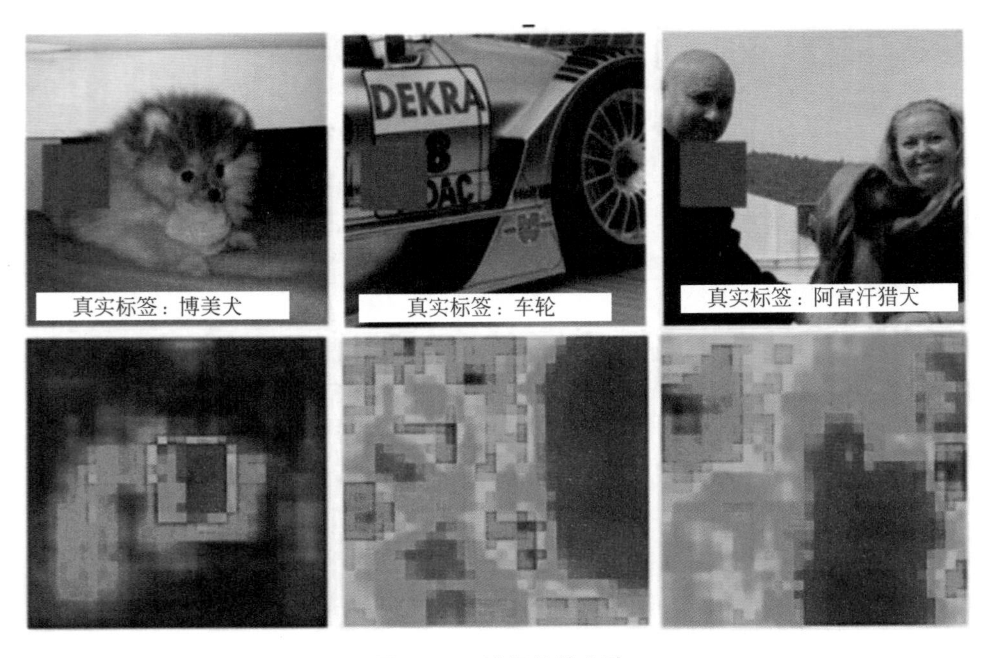

图 16-27　进行遮挡实验

在遮挡实验中，我们通过使用设置为零的灰色补丁遮挡图像的一部分并监视分类器的概率，系统地遍历图像的所有区域。例如，将图像的左上角变灰来开始遮挡实验，并将修改后的图像输入网络中进行传递来计算特定类别的概率。同样，我们将遍历图像的所有区域，并查看每个实验的分类器概率。图 16-26 中的热图清楚地表明，如果遮挡感兴趣的对象，例如车轮或狗的脸(深蓝色区域)，则真实类别的概率会大大降低。

遮挡实验告诉我们，卷积神经网络实际上正在学习一些有意义的模式，例如从输入中检测狗的脸。这意味着该模型实际上是在拾取狗的位置，而不是根据周围环境背景例如沙发进行识别。

为了清楚地理解这个概念，让我们从数据集中获取一张图像，如图 16-28 所示，并对它进行遮挡实验。

图 16-28　抽取一张图片进行验证

对于遮挡实验，我们将使用在 ImageNet 数据集上训练好的 VGG-16，代码如下：

```
#为了可视化，我们将使用在 ImageNet 数据模型上预训练好的 VGG-16
model = models.vgg16(pretrained = True)
```

为了进行实验，我们需要编写一个自定义函数来对输入图像进行遮挡。occlusion 函数接收 6 个参数：模型、输入图像、输入图像标签和遮挡超参数，遮挡超参数包括遮挡片的大小、遮挡步幅和遮挡像素值，代码如下：

```
//第 16 章/自定义函数进行遮挡实验
def occlusion(model, image, label, occ_size = 50, occ_stride = 50, occ_pixel = 0.5):
    #获取图片的宽和高
    width, height = image.shape[-2], image.shape[-1]
    #设置输出图片的高和宽
    output_height = int(np.ceil((height - occ_size)/occ_stride))
    output_width = int(np.ceil((width - occ_size)/occ_stride))
    #创建定义的白色图像
    heatmap = torch.zeros((output_height, output_width))
    #在图像每行每列滑动遮挡块
    for h in range(0, height):
        for w in range(0, width):
            h_start = h * occ_stride
            w_start = w * occ_stride
            h_end = min(height, h_start + occ_size)
            w_end = min(width, w_start + occ_size)
            if (w_end) >= width or (h_end) >= height:
                continue
```

```
        input_image = image.clone().detach()
        #用指定位置的 occ_pixel(grey)替换图像中的所有像素信息
        input_image[:, :, w_start:w_end, h_start:h_end] = occ_pixel
        #对修改后的图像进行推断
        output = model(input_image)
        output = nn.functional.softmax(output, dim = 1)
        prob = output.tolist()[0][label]
        #将热力图位置设置为概率
        heatmap[h, w] = prob
    return heatmap
```

首先在函数中，我们获得输入图像的宽度和高度；然后，基于输入图像尺寸和遮挡补丁尺寸来计算输出图像的宽度和高度；最后，基于输出的高度和宽度初始化热图张量。

现在我们将遍历热图中存在的每个像素。每次迭代计算要在原始图像中被替换的遮挡片尺寸。然后，我们使用指定位置的遮挡补丁替换图像中的所有像素信息，即通过用灰色补丁替换特定区域来修改输入图像。有了修改后的输入后，我们会将其传递给模型进行推断并且计算出真实类别的概率。最后使用概率值更新对应位置的热图，代码如下：

```
//第 16 章/计算遮挡热图
heatmap = occlusion(model, images, pred[0].item(), 32, 14)
#使用 seaborn 热图显示图像,并设置最大梯度值的概率
imgplot = sns.heatmap(heatmap, xticklabels = False, yticklabels = False, vmax = prob_no_occ)
figure = imgplot.get_figure()
```

一旦获得热图，我们将使用 seaborn 绘图仪显示热图，并将梯度的最大值设置为概率，如图 16-29 所示。

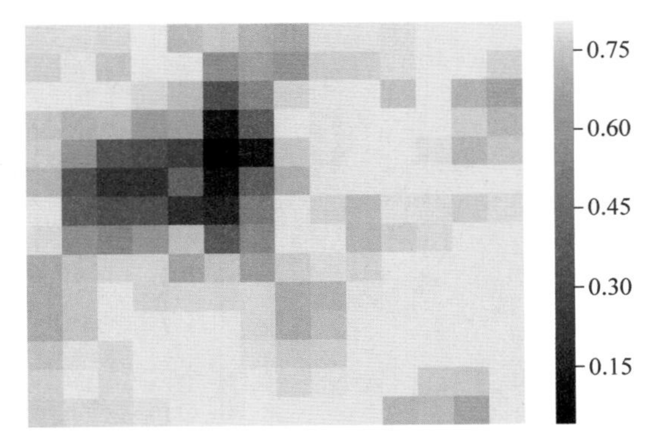

图 16-29　使用 seaborn 显示遮挡热图

热图中较深的颜色表示较小的概率，这意味着该区域的遮挡非常有效。如果我们在原始图像中用较深的颜色遮挡或覆盖了该区域，那么网络对图像进行分类的能力将大大降低（小于 0.15）。

16.9 总结

本章由浅入深，从过滤器的可视化到一个卷积池化所提取的特征，再到用预训练的AlexNet网络结构对各层的卷积可视化，最后通过图像遮挡实验讲解了图片分类的工作机理。通过本章的学习，读者能在广泛的应用中对神经网络模型进行可视化，从而更直观地了解如何提高模型性能。

第 17 章　基于 Keras 实现 Kaggle 猫狗大战

17.1　猫狗大战背景介绍

Kaggle 是一个为开发商和数据科学家提供举办机器学习竞赛、托管数据库、编写和分享代码的平台，里面有非常多的好项目、好资源可供机器学习、深度学习爱好者学习之用。

猫狗大战(Dogs vs. Cats)来源于 2014 年 Kaggle 举办的一场比赛，任务为给定一个数据集，设计一种算法对测试集中的猫狗图片进行判别，如图 17-1 所示。本章将讲解如何使用 Keras 创建一个 2D 卷积神经网络，这个网络有可能赢得比赛。

图 17-1　猫狗大战

从 Kaggle 官网下载数据，数据集下载网址为 https://www.kaggle.com/c/dogs-vs-cats-redux-kernels-edition/data。

数据是深度学习的基础，此次使用的猫狗分类图像一共 25 000 张，猫和狗分别 12 500 张。从下载文件里可以看到有两个文件夹 train 和 test，分别用于训练和测试。以 train 为例，打开文件夹可以看到非常多的小猫图片，图片名字从 0.jpg 一直编码到 9999.jpg，一共有 10 000 张图片用于训练。而 test 文件夹中的小猫图片只有 2500 张。

训练集图片如图 17-2 所示。

图 17-2　猫狗大战训练集图片

测试集图片如图 17-3 所示。

图 17-3　猫狗大战测试集图片

仔细看小猫，可以发现它们姿态不一，有的站着，有的眯着眼睛，有的甚至和其他可识别物体例如桶、人混在一起。同时，小猫们的图片尺寸也不一致，有的是竖放的长方形，有的是横放的长方形，但我们最终需要的是合理尺寸的正方形。小狗的图片也类似，在这里不再重复。

我们将创建一个包含 3 个子集的新数据集，一个子集包含 16 000 张训练集图像，一个子集包含 4500 张验证集图像，一个子集包含 4500 张测试集图像。

我们从一个基本的神经网络开始，它在预测一个图像是否包含猫或狗方面有 84%的准确率。然后添加 dropout，最后添加数据增强，最终达到 92.8%的分类准确率。在下一个部分中，我们将看到如何调整在 ImageNet 上预先训练的网络，并利用迁移学习达到 98.6%的准确率(获胜的条目得分为 98.9%)。

17.2 Keras 介绍及安装配置

17.2.1 什么是 Keras

本书除了介绍 PyTorch 这个具有动态计算图的网络框架外，还将引入一个更容易上手和进行实验的网络框架 Keras[①]。

Keras 于 2015 年 3 月首次发布，是能够在 TensorFlow、CNTK、Theano 或 MXNet 上运行的高级 API(或作为 TensorFlow 内的 tf.contrib)。Keras 的突出特点在于其易用性，它是迄今为止最容易上手且能够快速运行的框架。此外，Keras 能够直观地定义函数式 API 的使用令用户可以将网络的层定义为函数。

关于 Keras，以下是你需要知道的：

(1) Keras 使用 Python 语言。

(2) Keras 是一个深度学习库，基本可以满足用户对深度学习的一般要求。

(3) Keras 是一个高层的库。意思是 Keras 对底层深度学习框架(TensorFlow、CNTK 或者 Theano)进行了封装。当你调用 Keras 的语句时，实际上，你所搭载的后台框架进行了一长串的操作。很多时候，TensorFlow 等框架十几行的语句在 Keras 中只是一行命令。也正是因为这样的封装，使 Keras 变得十分简单。

在选择 Keras 还是 PyTorch 时，如图 17-4 所示，建议初学者从 Keras 开始。Keras 绝对是理解和使用起来最简单的框架，能够很快地上手运行。用户完全不需要担心 GPU 设置、

图 17-4　Keras 与 PyTorch 的选择

① https://zhuanlan.zhihu.com/p/36551413。

处理抽象代码以及其他任何复杂的事情，甚至可以在不接触任何 TensorFlow 单行代码的情况下实现自定义层和损失函数。但如果你开始深度了解深度网络的更细粒度层面或者正在实现一些非标准的事情，PyTorch 则是你的首选库。使用 PyTorch 需要进行一些额外操作，但这不会减缓进程，用户依然能够快速实现、训练和测试网络，并享受简单调试带来的额外益处。

17.2.2　安装 TensorFlow

本次的 Keras 安装选用以 TensorFlow 为后台。

首先使用 conda 创建环境，指定环境为 Python 3.7。因为在 Windows 系统下，TensorFlow 支持 Python 3.5.x、3.6.x 和 3.7.x。Linux 和 Mac 系统对 Python 版本没有要求。本章统一使用 Python 3.7。以下的安装命令在 Windows、Linux 和 Mac 系统下都适用，代码如下：

```
#创建环境
conda create --name py37 python=3.7
#进入环境
activate py37
#检查 Python 版本,应该返回 Python 3.7.x
python --version
>> Python 3.7.3
```

在环境中，使用 conda 进行 TensorFlow 的安装。conda 会自动安装依赖的第三方包，不需要更多的操作。这里需要注意的是，要确定安装哪种 TensorFlow，是使用 CPU 还是 GPU 的 TensorFlow。

(1) 仅支持 CPU 的 TensorFlow。如果系统没有英伟达的显卡，即 NVIDIA® GPU，就必须安装此版本。这是一个比较容易安装的版本(安装用时通常为 5～10min)，并且是最基础的版本，所以即使有 NVIDIA GPU，也可以预先安装此版本。

(2) 支持 GPU 的 TensorFlow。如果系统中有 NVIDIA® GPU，那么 GPU 可以大大提速 TensorFlow 程序的运行。这时候可以选择安装此版本。

要安装仅支持 CPU 的 TensorFlow 版本，请输入以下命令：

```
conda install tensorflow
```

要安装 GPU 版本的 TensorFlow，请输入以下命令：

```
conda install tensorflow-gpu
```

GPU 版本的 TensorFlow 依赖的包比较多，所以需要的时间较长，由十几分钟到几十分钟不等。

无论是 CPU 版本还是 GPU 版本，在安装完成后都可以使用以下代码测试 TensorFlow 是否已安装，代码如下：

```
#Python
import tensorflow as tf                        #导入 TensorFlow
hello = tf.constant('Hello, TensorFlow!')      #设置 hello 的值
sess = tf.Session()                            #控制和输出文件的执行语句
print(sess.run(hello))                         #获得运算结果
```

如果完成安装,在命令运行完之后可以看到如下输出:

```
Hello, TensorFlow!                             #打印的运算结果
```

到这里,我们已经成功安装了 TensorFlow。更多的安装知识,可以参考 TensorFlow 官网的安装页面 https://www.tensorflow.org/install/。

17.2.3 安装 Keras

在 TensorFlow 搭建成功之后,安装 Keras 很简单。

在相同的环境下(例如现在使用的 py37),输入以下命令:

```
pip install keras                              #安装 Keras
```

同样地,Keras 的安装也可以参考官网指南 https://keras.io/#installation。

提示安装完成后,进入 Python,载入 Keras,无报错即安装成功,代码如下:

```
#Python
import keras                                   #导入 Keras
```

17.3 基于卷积神经网络的猫狗大战

17.3.1 构建第 1 个网络

本节将使用 Keras sequential API 来构建一个非常简单的网络,这个网络由许多二维卷积层和池化层组成,在最后用一个密集连接(全连接)来进行猫或狗的预测,如图 17-5 所示。

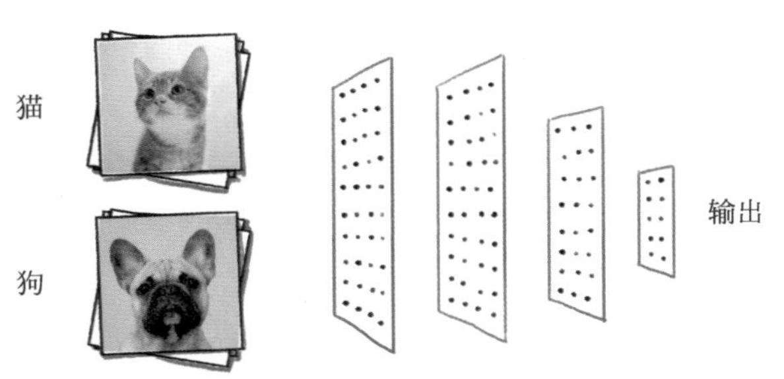

图 17-5　使用卷积层和池化层进行猫狗分类

构建网络的代码如下：

```
//第 17 章/构建第 1 个网络
from keras import layers, models, optimizers                    #导入 Keras
model = models.Sequential()                                     #导入 sequentia()函数
model.add(layers.Conv2D(32, (3, 3), activation='ReLU', input_shape=(224, 224, 3)))
                                                                #设置第 1 个卷积层和激活函数
model.add(layers.MaxPool2D(2, 2))                               #设置最大池化
model.add(layers.Conv2D(64, (3, 3), activation='ReLU'))
model.add(layers.MaxPool2D(2, 2))
model.add(layers.Conv2D(128, (3, 3), activation='ReLU'))
model.add(layers.MaxPool2D(2, 2))
model.add(layers.Conv2D(128, (3, 3), activation='ReLU'))
model.add(layers.MaxPool2D(2, 2))
model.add(layers.Flatten())                                     #排平
model.add(layers.Dense(512, activation='ReLU'))                 #全连接隐藏层
model.add(layers.Dense(1, activation='sigmoid'))                #全连接输出层
model.compile(loss='binary_crossentropy',
            optimizer=optimizers.RMSprop(lr=1e-4),
            metrics=['acc'])                                    #设置 RMSprop 优化器
```

输出结果如下：

```
Using TensorFlow backend                                        #以 TensorFlow 为后端
WARNING: tensorflow: From /home/wtf/anaconda3/envs/tf_gpu/lib/python3.6/site-packages/
tensorflow/python/framework/op_def_library.py:263: colocate_with (from tensorflow.python.
framework.ops) is deprecated and will be removed in a future version.
Instructions for updating:
Colocations handled automatically by placer.
```

我们将创建一些生成器对图像进行预处理，并将其调整为224×224像素，代码如下：

```
//第 17 章/对图像预处理
from keras.preprocessing.image import ImageDataGenerator
#缩放像素值,从[0,255]到[0,1]
train_datagen = ImageDataGenerator(rescale=1./255)
test_datagen = ImageDataGenerator(rescale=1./255)
#类别的列表将自动从 train_dir 下的 subdirectory names/structure 中推断出来
train_generator = train_datagen.flow_from_directory(
    train_dir,
    target_size=(224, 224),        #调整所有图像为 224×224
    batch_size=50,
    class_mode='binary')           #因为我们使用二值交叉熵损失函数,所以需要二进制标签
validation_generator = test_datagen.flow_from_directory(
    validation_dir,
```

```
    target_size = (224, 224),                       #设置目标图像大小
    batch_size = 50,                                #设置批量规格
class_mode = 'binary')
```

输出结果如下：

```
Found 16000 images belonging to 2 classes.
Found 4500 images belonging to 2 classes.
```

我们来看看其中一个生成器的输出。它生成成批的 224×224 RGB 图像(shape(50，224，224，3))和二进制标签(shape(50,))，每一批有 50 个样品(批大小)，代码如下：

```
for data_batch, labels_batch in train_generator:          #训练数据生成器
    print('data batch shape:', data_batch.shape)
    print('labels batch shape:', labels_batch.shape)
    break
```

输出结果如下：

```
data batch shape: (50, 224, 224, 3)
labels batch shape: (50,)
```

现在训练这个网络 30 轮次，代码如下：

```
//第 17 章/训练网络 30 轮次
history = model.fit_generator(                        #返回的 history 记录损失变化
    train_generator,
steps_per_epoch = 320,                                #在生成器中每批有 50 张图片，
                                                      #所以需要 320 个批次才能得到 16000 张图像
epochs = 30,
    validation_data = validation_generator,
    validation_steps = 90)                            #90×50 = 4500
```

输出结果如下：

```
WARNING: tensorflow: From /home/wtf/anaconda3/envs/tf _ gpu/lib/python3. 6/site - packages/
tensorflow/python/ops/math_ops.py:3066: to_int32 (from tensorflow.python.ops.math_ops) is
deprecated and will be removed in a future version.
Instructions for updating:
Use tf.cast instead.
Epoch 1/30
320/320 [ ============================== ] - 48s 150ms/step - loss: 0.6070 - acc:
0.6579 - val_loss: 0.5263 - val_acc: 0.7413
Epoch 2/30
```

```
320/320 [ ================================ ] - 45s 142ms/step - loss: 0.5145
…
Epoch 29/30
320/320 [ ================================ ] - 46s 143ms/step - loss: 0.0133 - acc:
0.9959 - val_loss: 0.9195 - val_acc: 0.8349
Epoch 30/30
320/320 [ ================================ ] - 46s 143ms/step - loss: 0.0133 - acc:
0.9965 - val_loss: 0.8704 - val_acc: 0.8351
```

绘制结果如图 17-6 所示。

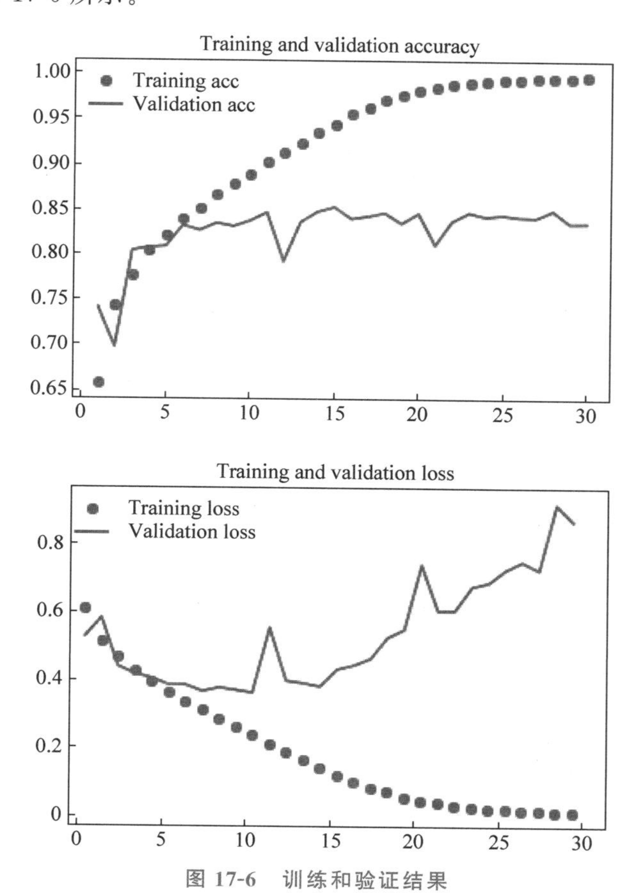

图 17-6 训练和验证结果

```
plot_accuracy_and_loss(history)                    #绘制损失函数和准确率变化情况
```

我们可以看到,模型几乎立即开始过度拟合训练数据。训练的准确性不断提高,直到接近 100%,而验证集最高可达到 84%左右,随着训练的继续,损失会降低。在最后的轮次中,验证集达到了 83.5%的准确率,我们快速地再次在测试集上检查一下以进行比较,代码如下:

```
//第 17 章/在测试集上验证
test_generator = test_datagen.flow_from_directory(
    test_dir,                                    #设置目标图像路径
    target_size = (224, 224),                    #设置测试图像规格
    batch_size = 50,                             #设置测试批量大小
    class_mode = 'binary')                       #二进制标签
test_loss, test_acc = model.evaluate_generator(test_generator, steps = 90)
print('test acc:', test_acc)                     #打印测试准确率
```

输出结果如下：

```
Found 4500 images belonging to 2 classes.
test acc: 0.8406666629844242
```

一方面，这种准确率并不可怕，即使瞎蒙每次也有 50%的准确率挑出狗来；另一方面，我们可以做得更好。

17.3.2 增加丢弃

我们可以添加丢弃(dropout)来规范模型。在训练期间每次更新时，添加 dropout 来随机删除一定百分比的神经元(将其值设置为 0)，有助于防止过度拟合。随机丢弃数据有助于防止网络变得过于敏感，并从本质上记忆训练数据，从而更好地推广到新数据，代码如下：

```
//第 17 章/添加 dropout 层
from keras import layers, models, optimizers
model = models.Sequential()
model.add(layers.Conv2D(32, (3, 3), activation = 'ReLU', input_shape = (224, 224, 3)))
model.add(layers.MaxPool2D(2, 2))
model.add(layers.Conv2D(64, (3, 3), activation = 'ReLU'))
model.add(layers.MaxPool2D(2, 2))
model.add(layers.Conv2D(128, (3, 3), activation = 'ReLU'))
model.add(layers.MaxPool2D(2, 2))
model.add(layers.Conv2D(128, (3, 3), activation = 'ReLU'))
model.add(layers.MaxPool2D(2, 2))
model.add(layers.Flatten())
model.add(layers.Dropout(0.5))                #注意唯一的改变是添加了 dropout
model.add(layers.Dense(512, activation = 'ReLU'))
model.add(layers.Dense(1, activation = 'sigmoid'))
model.compile(loss = 'binary_crossentropy',
              optimizer = optimizers.RMSprop(lr = 1e - 4),
              metrics = ['acc'])
```

输出结果如下：

```
WARNING: tensorflow: From /home/wtf/anaconda3/envs/tf _ gpu/lib/python3. 6/site - packages/keras/backend/tensorflow_backend. py:3445: calling dropout (from tensorflow. python. ops. nn_ops) with keep_prob is deprecated and will be removed in a future version.
Instructions for updating:
Please use 'rate' instead of 'keep_prob'. Rate should be set to 'rate = 1 - keep_prob'.
```

这个网络模型表现得如何如图 17-7 所示。

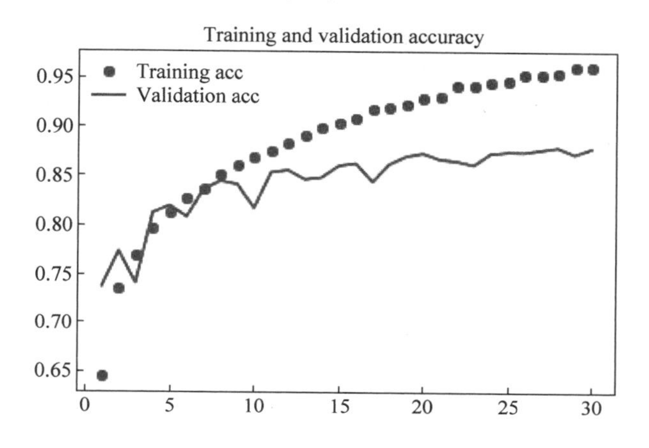

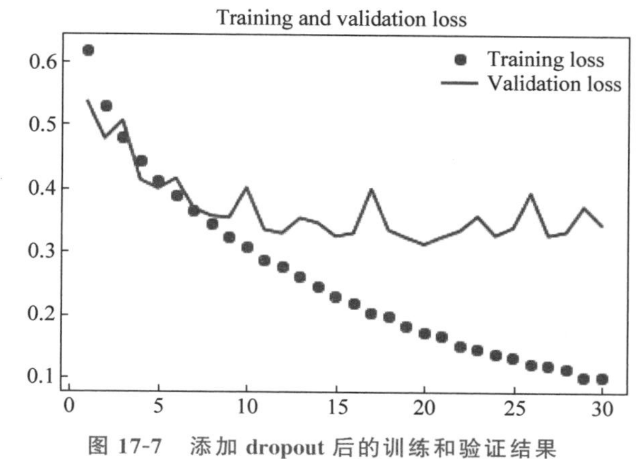

图 17-7　添加 dropout 后的训练和验证结果

```
Epoch 1/30
320/320 [ ============================== ] - 46s 145ms/step - loss: 0.6166 - acc: 0.6449 - val_loss: 0.5348 - val_acc: 0.7378
Epoch 2/30
320/320 [ ============================== ] - 46s 143ms/step - loss: 0.5280 - acc: 0.7364 - val_loss: 0.4777 - val_acc: 0.7733
Epoch 3/30
320/320 [ ============================== ] - 46s 143ms/step - loss: 0.4804 - acc: 0.7685 - val_loss: 0.5058 - val_acc: 0.7413
```

```
Epoch 4/30
320/320 [ ================================ ] - 46s 143ms/step - loss: 0.4425 - acc: 0.7960 - val_loss: 0.4131 - val_acc: 0.8122
…
320/320 [ ================================ ] - 46s 144ms/step - loss: 0.1158 - acc: 0.9538 - val_loss: 0.3325 - val_acc: 0.8789
Epoch 29/30
320/320 [ ================================ ] - 46s 144ms/step - loss: 0.1037 - acc: 0.9603 - val_loss: 0.3722 - val_acc: 0.8720
Epoch 30/30
320/320 [ ================================ ] - 46s 144ms/step - loss: 0.1030 - acc: 0.9604 - val_loss: 0.3444 - val_acc: 0.8780
```

结果似乎仍在过度拟合，但没有那么严重。我们将验证的准确率提高到了87.8%，这算是一个胜利。我们可以尝试调优网络架构或丢弃数量，但接下来先尝试其他的方法。

17.3.3 增加数据增强

Keras包含一个ImageDataGenerator类，它允许在一个图像上生成许多随机转换。我们训练了16 000张图片，可以用这些图片创建新图片来帮助网络学习。尽管这种方法的作用是有限的，但是仍可获得一个相当不错的准确性提升，代码如下：

```
//第17章/数据增强
from keras.preprocessing.image import ImageDataGenerator
    datagen = ImageDataGenerator(              #图片生成器
    rotation_range = 40,                       #整数，数据提升时图片随机转动的角度
    #浮点数，图片宽度的某个比列，数据提升时图片水平偏移的幅度
    width_shift_range = 0.2
    #浮点数，图片高度的某个比例，数据提升时图片竖直偏移的幅度
    height_shift_range = 0.2,
    shear_range = 0.2,                         #浮点数，剪切强度(逆时针方向的剪切变换角度)
    #浮点数或形如[lower,upper]的列表，随机缩放的幅度若为浮点数，则相当于
    #[lower,upper] = [1 - zoom_range, 1 + zoom_range]
    zoom_range = 0.2,
    horizontal_flip = True,                    #布尔值，进行随机水平翻转
#'constant','nearest','reflect'或'wrap'之一，当进行变换时超出边界的点将根
#据本参数给定的方法进行处理
fill_mode = 'nearest')
```

上面创建了一个数据生成器，它从训练集中获取一个图像并返回一个稍微修改过的图像。让我们可视化一下这是怎么回事，代码如下：

```
//第 17 章/数据增强可视化
from keras.preprocessing import image
fnames = [os.path.join(train_cats_dir, fname) for fname in os.listdir(train_cats_dir)]
img_path = fnames[4]                              #选择一个图片去增强
                                                  #载入图片并调整大小
img = image.load_img(img_path, target_size=(224, 224))
x = image.img_to_array(img)                       #转化到大小为 (224, 224, 3)的 numpy 数组
x = x.reshape((1,) + x.shape)                     #改变图像规格
#生成批量随机转换的图像
#无限循环,一旦有 3 个图片生成就要用 break 跳出循环
i = 0
for batch in datagen.flow(x, batch_size=1):
    plt.figure(i)
    imgplot = plt.imshow(image.array_to_img(batch[0]))
    i += 1
    if i % 3 == 0:                                #生成 3 个图片就跳出循环
        break
plt.show()
```

数据增强结果如图 17-8 所示。

使用与前一步相同的网络架构生成类似的图像,代码如下:

```
//第 17 章/图像增强
train_datagen = ImageDataGenerator(
    rescale=1./255,                                        #把像素规范到 0~1 的数
    rotation_range=40,
    width_shift_range=0.2,
    height_shift_range=0.2,
    shear_range=0.2,
    zoom_range=0.2,
    horizontal_flip=True)
test_datagen = ImageDataGenerator(rescale=1./255)  #注意,验证数据不应该被增强
train_generator = train_datagen.flow_from_directory(
    train_dir,
    target_size=(224, 224),
    batch_size=50,
    class_mode='binary')
validation_generator = test_datagen.flow_from_directory(
    validation_dir,
    target_size=(224, 224),
    batch_size=50,
    class_mode='binary')
```

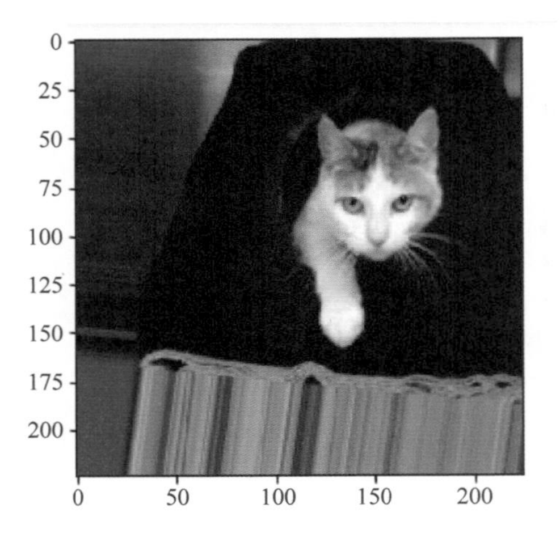
0
25
50
75
100
125
150
175
200
0
50
100
150
200

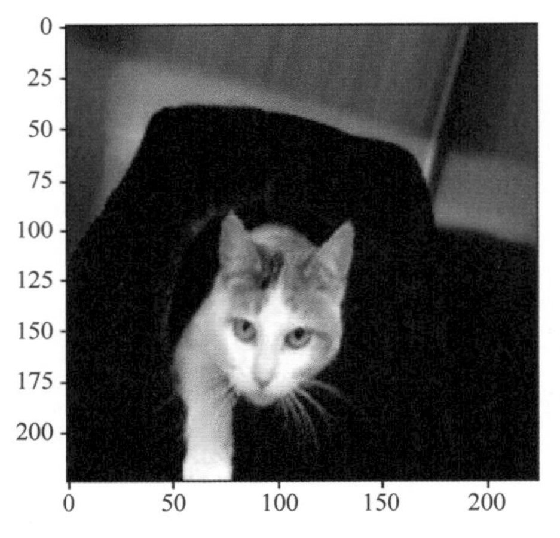
0
25
50
75
100
125
150
175
200
0
50
100
150
200

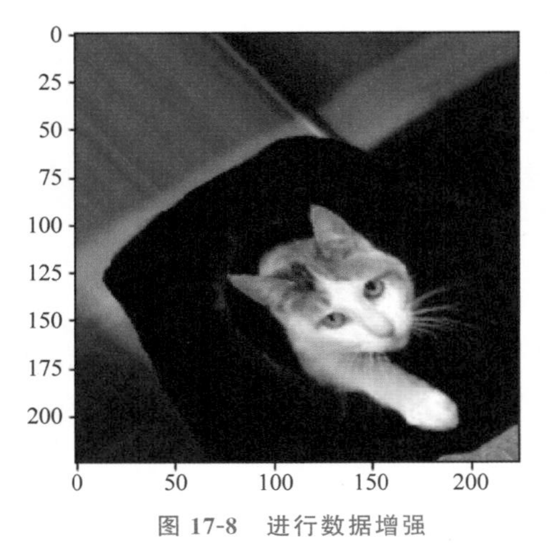
0
25
50
75
100
125
150
175
200
0
50
100
150
200

图 17-8　进行数据增强

输出结果如下：

```
Found 16000 images belonging to 2 classes.
Found 4500 images belonging to 2 classes.
```

然后将每轮的步数提高 3 倍，这样我们就可以训练 48 000 张图像，而不是 16 000 张。运行需要花费一段时间，如果你能使用最新的硬件或租用云中的 GPU，训练应该会快得多，代码如下：

```
//第 17 章/训练网络
history = model.fit_generator(
    train_generator,
steps_per_epoch = 960,            #960 × 50 = 48000 (每轮不止一次显示不同的增强图片)
    epochs = 30,                  #设置轮次为 30 次
    validation_data = validation_generator,
    validation_steps = 90)        #90 × 50 = 4500
```

训练结果如下：

```
Epoch 1/30
960/960 [ ============================== ] - 411s 429ms/step - loss: 0.6202 - acc:
0.6428 - val_loss: 0.5285 - val_acc: 0.7413
…
Epoch 26/30
960/960 [ ============================== ] - 410s 428ms/step - loss: 0.2421 - acc:
0.8993 - val_loss: 0.2783 - val_acc: 0.8856
Epoch 27/30
960/960 [ ============================== ] - 409s 427ms/step - loss: 0.2405 - acc:
0.9009 - val_loss: 0.3364 - val_acc: 0.8627
Epoch 28/30
960/960 [ ============================== ] - 410s 427ms/step - loss: 0.2375 - acc:
0.9018 - val_loss: 0.1788 - val_acc: 0.9269
Epoch 29/30
960/960 [ ============================== ] - 409s 426ms/step - loss: 0.2323 - acc:
0.9057 - val_loss: 0.2284 - val_acc: 0.9136
Epoch 30/30
960/960 [ ============================== ] - 413s 430ms/step - loss: 0.2330 - acc:
0.9040 - val_loss: 0.1821 - val_acc: 0.9222
```

训练和验证的损失与准确率变化情况如图 17-9 所示。

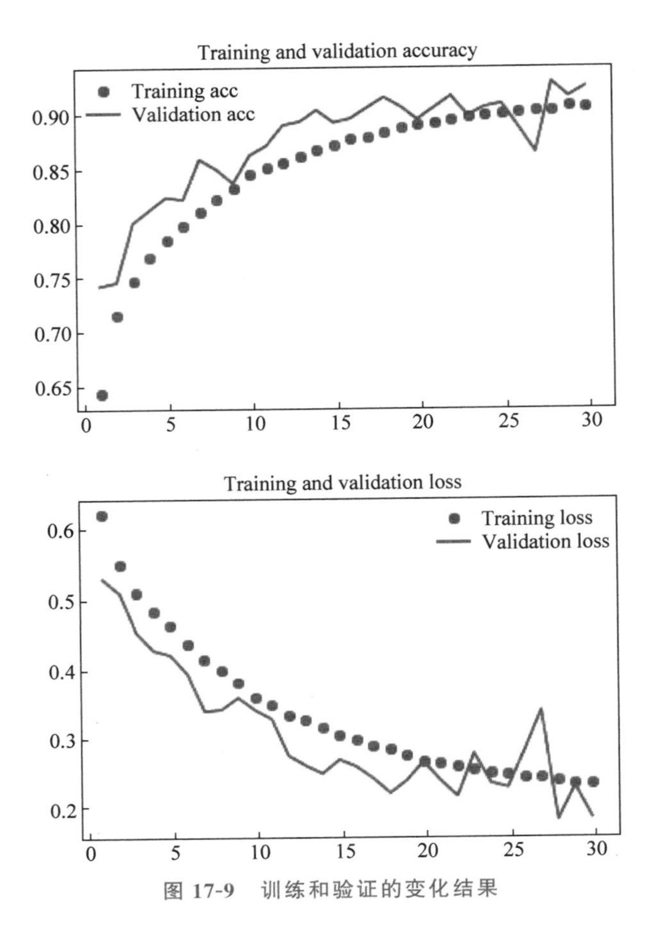

图 17-9 训练和验证的变化结果

最后用测试集测试来进行比较,代码如下:

```
//第 17 章/测试比较
test_generator = test_datagen.flow_from_directory(
    test_dir,
    target_size = (224, 224),
    batch_size = 50,
    class_mode = 'binary')
test_loss, test_acc = model.evaluate_generator(test_generator, steps = 90)
print('test acc:', test_acc)
```

输出结果如下:

```
Found 4500 images belonging to 2 classes.
test acc: 0.928444442484114
```

除了增加 dropout 外,在增加了数据增强后,在测试集上准确率达到了 92.8%,在验证数据上也看到了类似的数字，而且过度拟合似乎不是什么大问题了。读者还可以继续尝试去改善这些结果。17.4 节将讲解如何利用转移学习来达到 98.6%的准确率。

17.4 基于迁移学习的猫狗大战

17.3 节通过 dropout、数据增强的方法使卷积神经网络的性能提升到了准确率为 92%的程度，非常了不起。本节将介绍一个更了不起的实现方法：迁移学习。

迁移学习（Transfer learning）就是把已训练好的模型参数迁移到新的模型来帮助新模型训练。大部分数据或任务是存在相关性的，所以通过迁移学习我们可以将用更大的数据集学到的模型参数（也可理解为模型学到的知识）通过某种方式分享给新模型从而加快并优化模型的学习效率，不用像大多数网络那样从零开始学习。

本节使用 VGG16 模型用于迁移学习，最终得到一个能对猫狗图片进行辨识的卷积神经网络，测试集用来验证模型是否能够很好地工作。

17.4.1 VGG16 简介

我们将使用 Karen Simonyan 和 Andrew Zisserman 在论文 *Very Deep Convolutional Networks for Large-Scale Image Recognition* 中的 VGG16 架构。使用它是因为它有一个相对简单的架构，并且 Keras 附带了一个在 ImageNet 上预先训练过的模型。

Keras 包含许多额外预训练的网络，读者也可以尝试自己构建 VGG16 网络，Keras 实现的代码：https://github.com/keras-team/keras-applications/blob/master/keras_applications/vgg16.py。

VGG16 由 2D 卷积层、2D 最大池化层、一个密集网络和 Softmax 激活函数构成。VGG16 的具体结构如图 17-10 所示。

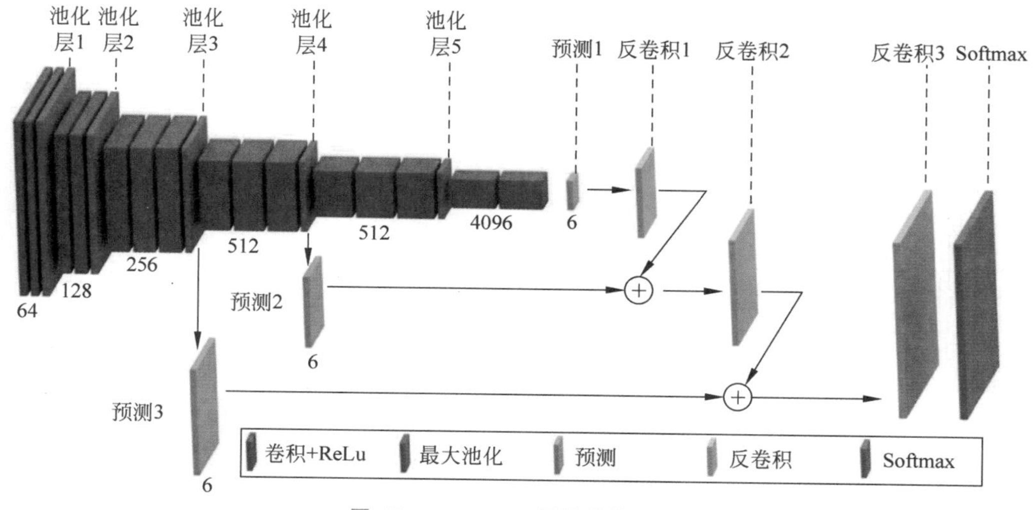

图 17-10　VGG16 网络具体结构

网络构造的代码如下：

```
//第 17 章/导入 VGG16
from keras.applications import VGG16
conv_base = VGG16(weights = 'imagenet',        #默认 None 代表随机初始化,即不加载预训练权重。
                                               #'imagenet'代表加载预训练权重
                  include_top = True,          #是否保留顶层的 3 个全连接网络
                  input_shape = (224, 224, 3)) #设置输入规格图片的宽和高必须大于 48
conv_base.summary()                            #输出模型的结构配置
```

输出结果如下：

```
Layer(type)                  Output Shape              Param #
=================================================================
input_2(InputLayer)          (None, 224, 224, 3)       0
_________________________________________________________________
block1_conv1(Conv2D)         (None, 224, 224, 64)      1792
_________________________________________________________________
block1_conv2(Conv2D)         (None, 224, 224, 64)      36928
_________________________________________________________________
block1_pool(MaxPooling2D)    (None, 112, 112, 64)      0
_________________________________________________________________
block2_conv1(Conv2D)         (None, 112, 112, 128)     73856
_________________________________________________________________
block2_conv2(Conv2D)         (None, 112, 112, 128)     147584
_________________________________________________________________
block2_pool(MaxPooling2D)    (None, 56, 56, 128)       0
_________________________________________________________________
block3_conv1(Conv2D)         (None, 56, 56, 256)       295168
_________________________________________________________________
block3_conv2(Conv2D)         (None, 56, 56, 256)       590080
_________________________________________________________________
block3_conv3(Conv2D)         (None, 56, 56, 256)       590080
_________________________________________________________________
block3_pool(MaxPooling2D)    (None, 28, 28, 256)       0
_________________________________________________________________
block4_conv1(Conv2D)         (None, 28, 28, 512)       1180160
_________________________________________________________________
block4_conv2(Conv2D)         (None, 28, 28, 512)       2359808
_________________________________________________________________
block4_conv3(Conv2D)         (None, 28, 28, 512)       2359808
_________________________________________________________________
block4_pool(MaxPooling2D)    (None, 14, 14, 512)       0
_________________________________________________________________
block5_conv1(Conv2D)         (None, 14, 14, 512)       2359808
_________________________________________________________________
```

```
block5_conv2(Conv2D)         (None, 14, 14, 512)      2359808
_________________________________________________________________
block5_conv3(Conv2D)         (None, 14, 14, 512)      2359808
_________________________________________________________________
block5_pool(MaxPooling2D)    (None, 7, 7, 512)        0
_________________________________________________________________
flatten(Flatten)             (None, 25088)            0
_________________________________________________________________
fc1(Dense)                   (None, 4096)             102764544
_________________________________________________________________
fc2(Dense)                   (None, 4096)             16781312
_________________________________________________________________
predictions(Dense)           (None, 1000)             4097000
=================================================================
Total params: 138,357,544
Trainable params: 138,357,544
Non-trainable params: 0
```

17.4.2 使用 VGG16 预测图像包含什么内容

首先对数据中的一张图片所包含的内容进行预测。本节提供的 Keras VGG16 模型是在包含 1000 个类别的 ILSVRC ImageNet 图像上训练的。

ILSVRC 数据集网址为 http://www.image-net.org/challenges/LSVRC/。

在这种情况下尤其有用，因为 1000 个类别中有 90 个是狗的种类。

首先看一个图片，如图 17-11 所示。

```
//第 17 章/看一个图片
from keras.preprocessing import image
from matplotlib.pyplot import imshow
fnames = [os.path.join(train_dogs_dir, fname) for fname in os.listdir(train_dogs_dir)]
img_path = fnames[1]                          #选择看一个图片
                                              #载入图片并调整大小
img = image.load_img(img_path, target_size=(224, 224))
x = image.img_to_array(img)                   #转化到一个大小为(224, 224, 3)的 numpy 数组
x = x.reshape((1,) + x.shape)
plt.imshow(image.array_to_img(x[0]))
```

继续查看模型，判断图片的内容是什么，代码如下：

```
//第 17 章/模型预处图片内容
from keras.applications.imagenet_utils import decode_predictions
from keras.applications import VGG16
model = VGG16(weights='imagenet', include_top=True)   #VGG16 模型
features = model.predict(x)                            #预测图片
decode_predictions(features, top=5)                    #查看排名前 5 的预测结果
```

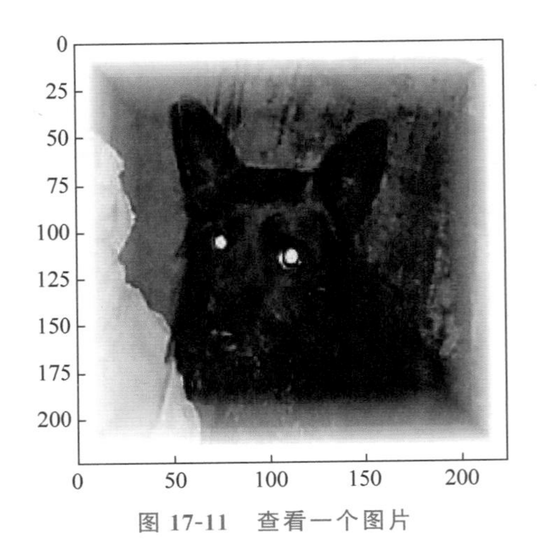

图 17-11　查看一个图片

输出结果如下：

```
[[('n02097298', 'Scotch_terrier', 0.84078884),
  ('n02105412', 'kelpie', 0.07755529),
  ('n02105056', 'groenendael', 0.048816346),
  ('n02106662', 'German_shepherd', 0.006882491),
  ('n02104365', 'schipperke', 0.005642254)]]
```

模型认为有 84%的可能性它是一条苏格兰梗犬(Scotch terrier)，其他得分高的预测都是狗类，预测结果很合理。

17.4.3　训练猫狗大战分类器

我们也可以要求 Keras 提供在 ImageNet 上训练过的模型，但不包括顶层的全连接层，然后添加上我们自己的全连接层(注意，由于我们在进行二分类，所以在最后一层中使用了 sigmoid 激活函数)，并告诉模型只训练我们创建的全连接层(不再训练从 ImageNet 学到的低层了)。

全连接层训练的效果很好，因为 ImageNet 有大量的动物图片，所以低层已经有了什么是狗和猫的概念，代码如下：

```
//第 17 章/猫狗大战分类网络
from keras import layers, models, optimizers
conv_base = VGG16(weights = 'imagenet',
                  include_top = False,                  #丢弃原有的全连接层
                  input_shape = (224, 224, 3))
model = models.Sequential()
model.add(conv_base)                                    #引入 VGG16 的底层
model.add(layers.Flatten())
model.add(layers.Dropout(0.5))
```

```
model.add(layers.Dense(256, activation = 'ReLU'))                #创建我们自己的全连接层
model.add(layers.Dense(1, activation = 'sigmoid'))               #sigmoid 激活输出
conv_base.trainable = False
model.compile(loss = 'binary_crossentropy',
         optimizer = optimizers.RMSprop(lr = 2e - 5),            #设置学习率和学习函数
           metrics = ['acc'])                                    #准确率度量
```

打印出迁移后的网络结构：

```
Layer (type)                 Output Shape              Param #
=================================================================
vgg16 (Model)                (None, 7, 7, 512)         14714688
_________________________________________________________________
flatten_1 (Flatten)          (None, 25088)             0
_________________________________________________________________
dropout_1 (Dropout)          (None, 25088)             0
_________________________________________________________________
dense_1 (Dense)              (None, 256)               6422784
_________________________________________________________________
dense_2 (Dense)              (None, 1)                 257
=================================================================
Total params: 21,137,729
Trainable params: 6,423,041
Non - trainable params: 14,714,688
```

为图片创建生成器，代码如下：

```
//第 17 章/创建生成器
from keras.applications.vgg16 import preprocess_input
from keras.preprocessing.image import ImageDataGenerator
train_datagen = ImageDataGenerator(preprocessing_function = preprocess_input)
test_datagen = ImageDataGenerator(preprocessing_function = preprocess_input)
#类别的列表将自动从 train_dir 下的 subdirectory names/structure 中推断出来 train_generator
= train_datagen.flow_from_directory(
   train_dir,
   target_size = (224, 224),             #调整所有图片的大小为 224×224
   batch_size = 50,
   class_mode = 'binary')                #因为使用二值交叉熵,所以需要二进制标签
validation_generator = test_datagen.flow_from_directory(
   validation_dir,
   target_size = (224, 224),             #调整所有图片大小为 224×224
   batch_size = 50,
   class_mode = 'binary')                #二进制输出标签
```

输出结果如下：

```
Found 16000 images belonging to 2 classes.
Found 4500 images belonging to 2 classes.
```

然后进行训练，代码如下：

```
//第 17 章/模型训练
history = model.fit_generator(
    train_generator,
steps_per_epoch = 320,                  #生成器中每批有 50 个图片数据,
                                        #所以需要 320 个批次才能获得 16000 张图像
epochs = 30,
    validation_data = validation_generator,
    validation_steps = 90)              #生成器中每批有 50 个图片,
                                        #因此需要 90 个批次才能获得 4500 个图片
```

输出结果如下：

```
WARNING: tensorflow: From /home/wtf/anaconda3/envs/tf _ gpu/lib/python3. 6/site - packages/
tensorflow/python/ops/math_ops.py:3066: to_int32 (from tensorflow. python. ops. math_ops) is
deprecated and will be removed in a future version. Instructions for updating: Use tf. cast
instead. Epoch 1/30 320/320 [ ================================ ] - 139s 434ms/step -
loss: 0.7365 - acc: 0.9238 - val_loss: 0.2217 - val_acc: 0.9751 Epoch
2/30 320/320 [ ================================ ] - 137s 428ms/step -
loss: 0.2950 - acc: 0.9689 - val_loss: 0.2579 - val_acc: 0.9736 Epoch
3/30 320/320 [ ================================ ] - 137s 428ms/step -
loss: 0.2126 - acc: 0.9769 - val_loss: 0.2014 - val_acc: 0.9771 Epoch 4/30 3
…
0.0212 - acc: 0.9970 - val_loss: 0.1939 - val_acc: 0.9827 Epoch 28/30
320/320 [ ================================ ] - 137s 429ms/step - loss:
0.0200 - acc: 0.9976 - val_loss: 0.2050 - val_acc: 0.9820 Epoch 29/30
320/320 [ ================================ ] - 137s 429ms/step - loss:
0.0206 - acc: 0.9977 - val_loss: 0.2079 - val_acc: 0.9818 Epoch 30/30
320/320 [ ================================ ] - 137s 429ms/step - loss:
0.0146 - acc: 0.9982 - val_loss: 0.2063 - val_acc: 0.9824
```

训练中的准确性和损失变化情况如图 17-12 所示。

似乎有点过度拟合(并且训练轮次本来可以设置为远小于 30 轮次)，但是结果仍然很好。我们在测试集比较一下。

```
//第 17 章/在训练集上测试
test_generator = test_datagen.flow_from_directory(
    test_dir,                               #目标路径
    target_size = (224, 224),
    batch_size = 50,
    class_mode = 'binary')
test_loss, test_acc = model.evaluate_generator(test_generator, steps = 90)
print('test acc:', test_acc)                #打印准确率
```

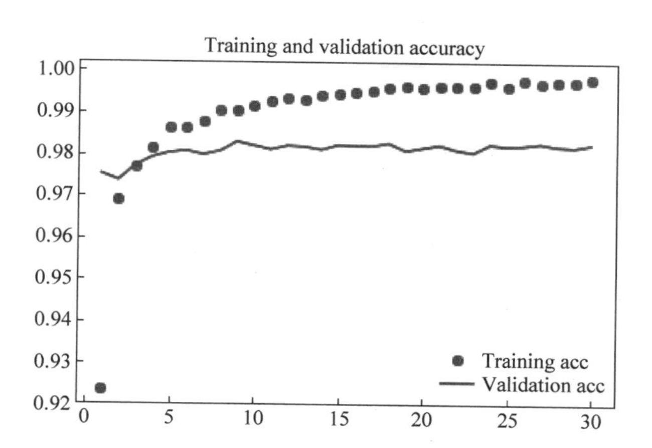

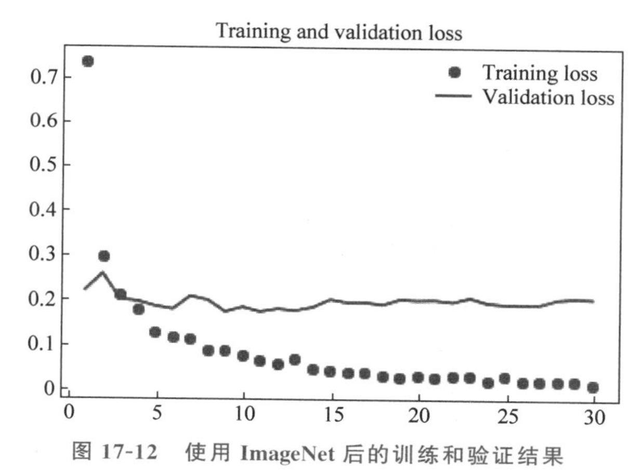

图 17-12　使用 ImageNet 后的训练和验证结果

输出结果如下：

```
Found 4500 images belonging to 2 classes.
test acc: 0.9833333353201549
```

验证准确率为 98.2%，测试准确率为 98.3%。效果很不错，我们可以看看是否能做得更好。

17.4.4　转移学习/微调模型

使用 VGG16 重新训练后面的卷积层，代码如下：

```
//第 17 章/训练后面的卷积层进行模型微调
conv_base = VGG16(weights = 'imagenet',
                  include_top = False,      # 丢弃原来的全连接层
                  input_shape = (224, 224, 3))
```

```
conv_base.trainable = True
set_trainable = False
for layer in conv_base.layers:
    if layer.name == 'block5_conv1':
        set_trainable = True
    if set_trainable:
        layer.trainable = True
    else:
        layer.trainable = False
model = models.Sequential()
model.add(conv_base)
model.add(layers.Flatten())
model.add(layers.Dropout(0.5))
model.add(layers.Dense(256, activation = 'ReLU'))
model.add(layers.Dense(1, activation = 'sigmoid'))
model.compile(loss = 'binary_crossentropy',
              optimizer = optimizers.RMSprop(lr = 1e-5),
              metrics = ['acc'])
```

然后训练这个模型，代码如下：

```
//第 17 章/微调后模型训练
history = model.fit_generator(
    train_generator,
steps_per_epoch = 320,                          # 生成器每批有 50 个图片数据,
                                                # 因此需要 320 个批次去获得 16000 个图片

    epochs = 30,
    validation_data = validation_generator,
validation_steps = 90)                          # 生成器每批有 50 个图片数据,
                                                # 因此需要 90 个批次去获得 4500 个图片
```

输出结果如下：

```
Epoch 1/30 320/320 [ ============================== ] - 151s 471ms/step - loss:
0.7004 - acc: 0.9150 - val_loss: 0.1462 - val_acc: 0.9720 Epoch 2/30
320/320 [ ============================== ] - 150s 469ms/step - loss: 0.1335 - acc:
0.9716 - val_loss: 0.0935 - val_acc: 0.9784 Epoch 3/30
320/320 [ ============================== ] - 150s 470ms/step - loss: 0.0622 - acc:
0.9851 - val_loss: 0.1020 - val_acc: 0.9820 Epoch 4/30
320/320 [ ============================== ] - 150s 470ms/step - loss: 0.0428 - acc:
0.9895 - val_loss: 0.1056 - val_acc: 0.9833 Epoch 5/30
…
320/320 [ ============================== ] - 151s 470ms/step - loss: 0.0032 - acc:
0.9997 - val_loss: 0.1529 - val_acc: 0.9858 Epoch 29/30
```

```
320/320 [==============================] - 151s 470ms/step - loss: 0.0035 - acc:
0.9998 - val_loss: 0.1489 - val_acc: 0.9858 Epoch 30/30
320/320 [==============================] - 151s 470ms/step - loss: 0.0040 - acc:
0.9996 - val_loss: 0.1471 - val_acc: 0.9867
```

准确率和损失情况如图 17-13 所示。

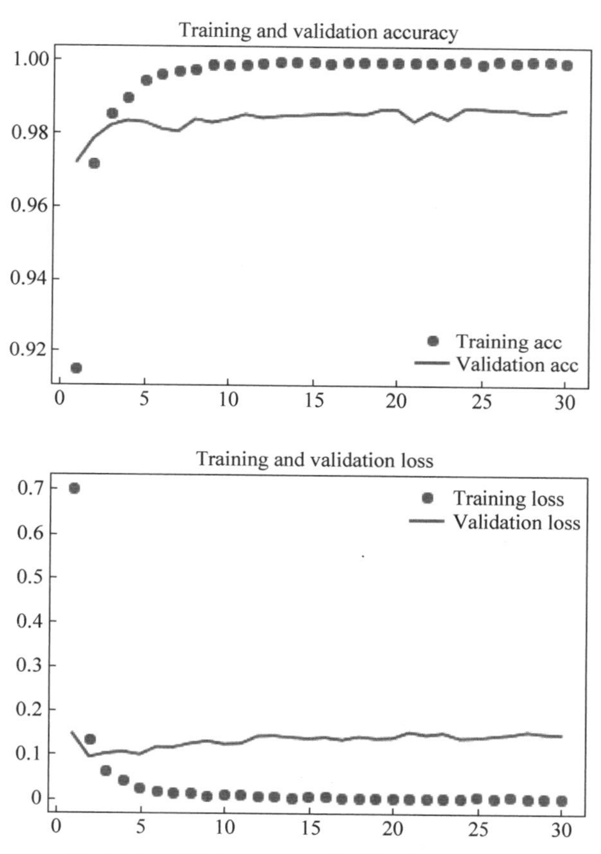

图 17-13 使用 VGG16 后的训练和验证结果

似乎仍然有点过度拟合，这表明网络还有优化空间。在本节中，最顶层的参数是相当随意的。读者可以进一步改进性能作为练习。我们也只训练了可用的 25 000 张图片中的 16 000 张。如果比赛还在进行，可以用额外的 9000 张图像重新训练，可能会有更好的结果。

最后在测试集上测试，代码如下：

```
//第 17 章/在测试集上测试
test_generator = test_datagen.flow_from_directory(
    test_dir,
```

```
    target_size = (224, 224),           # 目标规格
    batch_size = 50,                    # 批量规格
    class_mode = 'binary')
test_loss, test_acc = model.evaluate_generator(test_generator, steps = 90)
print('test acc:', test_acc)            # 打印准确率
```

输出结果如下：

```
Found 4500 images belonging to 2 classes.
test acc: 0.9862222280767229
```

准确率达到了98.6%，我们很幸运。与许多之前最先进的解决方案相比，这个结果是有竞争力的，我们只用Keras和几行Python代码就可以实现了。

第18章 基于PyTorch实现一个DCGAN案例

18.1 介绍

本章将通过一个示例介绍深度卷积生成对抗网络。我们将训练一个生成式对抗网络(GAN),在展示许多真实名人的照片后,生成新的名人照片。这里的大部分代码来自于PyTorch/examples中的深度卷积生成对抗网络实现,本章将对实现进行详细的说明,并讲解这个模型是如何工作的以及为什么会工作。不要担心,我们不需要预先了解GAN,但是初学者可能需要花一些时间来推测底层到底发生了什么。此外,为了节省训练和测试时间,我们需要一个或两个GPU来进行网络加速。

18.2 生成对抗网络

本节只对生成对抗网络做粗略介绍,如需详细了解,还请翻看之前的理论章节。

18.2.1 什么是GAN

GAN是一个用于训练深度学习模型的架构以捕获训练数据的分布,这样我们就可以从同样的分布中生成新的数据。GAN由Ian Goodfellow在2014年发明,并首次在论文*Generative Adversarial Nets*中进行了描述。GAN由两个不同的模型组成,一个生成器和一个判别器。生成器的工作是生成看起来像训练图像的"假"图像;判别器的工作是查看图像并判断它是训练生成器的真实图像还是生成出来的假图像。在训练过程中,生成器不断尝试生成越来越好的假图像来欺骗判别器,而判别器则努力成为更好的法官,正确地对真假图像进行分类。这个游戏的平衡点是在当生成器生成看起来像是直接来自训练数据集获取的"完美假货"时,判别器一直能对生成器生成的图片是真还是假的判决有50%的可信度。

首先从判别器开始,x表示图像的数据。$D(x)$表示一个判别器网络,能够输出x来自训练数据。因为我们处理的是图像,所以$D(x)$的输入是CHW(通道数、高度、宽度)格式的$3\times64\times64$的图像。直观地说,当x来自训练数据时,$D(x)$应该是高值;当x来自生成器时，$D(x)$应该是低值。$D(x)$也可以看作传统的二进制分类器。

对于生成器的符号，设 z 为隐藏空间向量，从标准正态分布中采样。$G(z)$表示生成器函数，用来将隐藏空间向量 z 映射到数据空间。G 的目的是估计训练数据的实际分布 P_{data}，这样它就可以从估计的分布(P_G)中生成假数据。

因此，$D(G(z))$是生成器 G 输出图像被判定为真实的概率(标量)。正如 Goodfellow 的论文所述[17]，D 和 G 玩了一个极大极小的游戏，其中判别器试图最大限度地提高它正确分类真实图片和生成图片的概率($\log D(x)$)，而 G 试图最小化 D 发现自己制造假货的概率($\log(1-D(G(x)))$)。从中可知，GAN 的损失函数为

$$\min_G \max_D V(D,G) = E_{x\sim p_{data}(x)}[\log D(x)] + E_{z\sim p_z(z)}[\log(1-D(G(z)))] \quad (18\text{-}1)$$

理论上，这个极大极小游戏的解是 $P_G = P_{data}$ 且判别器判定真假样本的概率相同。然而，GAN 的收敛理论仍在积极研究中，在现实中模型并不只训练到这一点。

18.2.2 什么是 DCGAN

深度卷积生成对抗网络是上述 GAN 的直接扩展，只是它分别在判别器和生成器中使用了卷积层和卷积转置层。Radford 等人在论文 *Unsupervised Representation Learning With Deep Convolutional Generative Adversarial Networks* 中首次对其进行了描述[18]。论文中的判别器由跨步卷积层、批归一化层和 LeakyReLU 激活层组成。输入是一个 3×64×64 的图像，输出是一个标量，表示输入是来自真实数据分布的概率。该生成器由卷积转置层、批归一化层和 ReLU 激活层组成。输入是一个隐藏空间向量 z，它取自于标准正态分布，输出是一个 3×64×64 的 RGB 图像。跨步卷积转置层允许隐藏空间向量转换成与图像相同的形状。在这篇论文中，作者也给出了一些关于如何设置优化器，如何计算损失函数，以及如何初始化模型权重的技巧，所有这些将在接下来的部分进行解释，代码如下：

```
//第 18 章/设置随机种子
from _future_import print_function
# %matplotlib inline
import argparse
import os
import random                                    #导入随机模块
import torch
import torch.nn as nn
import torch.nn.parallel
import torch.backends.cudnn as cudnn             #导入 cudnn
import torch.optim as optim
import torch.utils.data
import torchvision.datasets as dset              #导入 3dataset 数据集
import torchvision.transforms as transforms
import torchvision.utils as vutils
import numpy as np
import matplotlib.pyplot as plt
```

```
import matplotlib.animation as animation                    #制作动画
from IPython.display import HTML                            #将 HTML 嵌入到 IPython 输出中
#为了可复制功能设定随机种子
manualSeed = 999
#manualSeed = random.randint(1, 10000)                      #如果想要新的结果使用本行代码
print("Random Seed: ", manualSeed)
random.seed(manualSeed)
torch.manual_seed(manualSeed)
```

18.2.3 输入

定义一些输入如下。

dataroot：数据集文件根目录的路径。18.2.4节将详细讨论数据集。

worker：用DataLoader加载数据的工作线程的数量。

batch_size：用于训练的批大小。深度卷积生成对抗网络的批大小为128[18]。

image_size：用于训练的图像的空间大小，默认为64×64。如果需要其他尺寸，则必须改变判别器和生成器的结构。

nc：输入图像中颜色通道数，彩色图像有3个通道。

nz：隐藏空间向量的长度。

ngf：生成器中特征图的大小。

ndf：判别器中特征图的大小。

num_epoch：训练轮数。更长时间的训练可能会带来更好的结果，但需要很长的时间。

lr：训练的学习率。如深度卷积生成对抗网络论文所述，这个数字应该是0.0002[18]。

beta1：用于Adam优化器的超参数。正如参考文献[28]所述，这个数字应该是0.5。

ngpu：可用GPU的数量。如果为0，代码将在CPU模式下运行；如果这个数字大于0，它将在一些GPU上运行，数量由ngpu决定，代码如下：

```
//第 18 章/定义一些输入
#数据集的根目录
dataroot = "data/celeba"
#数据下载器的工作流程数量
workers = 2
#用于训练的批大小
batch_size = 128
#训练图片的空间大小. 所有图片都将通过一个转换器裁剪为这个图片大小
image_size = 64
#输入图像中颜色通道数,彩色图像有 3 个通道
nc = 3
#隐藏空间向量的长度 (即生成器输入的大小)
nz = 100
```

```
#生成器中特征图的大小
ngf = 64
#判别器中特征图的大小
ndf = 64
#训练轮数
num_epochs = 5
#训练的学习率
lr = 0.0002
#用于Adam优化器的超参数
beta1 = 0.5
#可用GPU的数量。如果为0,代码将在CPU模式下运行
ngpu = 1
```

18.2.4 数据

本节将使用在链接站点 http://mmlab.ie.cuhk.edu.hk/projects/CelebA.html 或百度网盘中下载的 Celeb-A Faces 数据集。数据集的文件名为 img_align_celeba.zip。下载后，创建一个名为 celeba 的目录并将 zip 文件解压缩到该目录中。然后，将计算机上的 dataroot 输入设置为刚才创建的 celeba 目录。得到的目录结构应该是：

```
/path/to/celeba
    -> img_align_celeba
        -> 188242.jpg
        -> 173822.jpg
        -> 284702.jpg
        -> 537394.jpg
           ...
```

这是一个重要的步骤，因为我们将使用 ImageFolder dataset 类，它要求在数据集的根文件夹中有子目录。现在，我们可以创建数据集、创建数据下载器 dataloader、设置设备在其上运行，最后可视化一些训练数据，代码如下：

```
//第18章/创建数据集
#可以使用已经设置好的图像文件夹数据集的方式
#创建数据集
dataset = dset.ImageFolder(root = dataroot,
                           transform = transforms.Compose([
                               transforms.Resize(image_size),
                               transforms.CenterCrop(image_size),
                               transforms.ToTensor(),
                               transforms.Normalize((0.5, 0.5, 0.5), (0.5, 0.5, 0.5)),
                           ]))
```

```
#创建下载器
dataloader = torch.utils.data.DataLoader(dataset, batch_size = batch_size,
                        shuffle = True, num_workers = workers)
#选择想运行的设备
device = torch.device("cuda:0" if (torch.cuda.is_available() and ngpu > 0) else "cpu")
#画一些训练图片
real_batch = next(iter(dataloader))
plt.figure(figsize = (8,8))
plt.axis("off")
plt.title("Training Images")
plt.imshow(np.transpose(vutils.make_grid(real_batch[0].to(device)[:64], padding = 2,
normalize = True).cpu(),(1,2,0)))
```

得到了一些训练图片,如图 18-1 所示。

图 18-1　一些训练图片

18.2.5 实现

设置好输入参数并准备好数据集之后就可以进入实现了。我们将从权重初始化策略开始,然后详细讨论生成器、判别器、顺序函数和训练循环。

1. 权重初始化

在深度卷积生成对抗网络的原始论文中,作者规定了所有的模型权值应该从均值=0,标准差=0.02 的正态分布中随机初始化[18]。weights_init 函数接收一个初始化的模型作为输入,并重新初始化所有的卷积层、卷积转置层和批归一化层,以满足这个条件。该函数在初始化后立即应用于模型,代码如下:

```
//第 18 章/权重初始化
#在生成器和判别器上调用权值初始化
def weights_init(m):
    classname = m.__class__.__name__                    #获取对象名称
    if classname.find('Conv') != -1:                    #卷积层的初始化,只有权重无偏置
        nn.init.normal_(m.weight.data, 0.0, 0.02)
    elif classname.find('BatchNorm') != -1:             #批归一化层的初始化
        nn.init.normal_(m.weight.data, 1.0, 0.02)       #权重
        nn.init.constant_(m.bias.data, 0)               #偏置
```

2. 搭建生成器

生成器用于将隐藏空间向量映射到数据空间。由于我们的数据是图像,将 z 转换为数据空间意味着最终创建一个与训练图像大小相同的 RGB 图像(即 3×64×64)。在实践中,这是通过一系列跨步二维卷积转置层来实现的,每个转置层对应一个二维批归一化层和一个 ReLU 激活层。生成器的输出通过 tanh 函数进行反馈,将其返回到输入数据范围[−1,1]。值得注意的是,在卷积转置层之后,存在批归一化函数,这是深度卷积生成对抗网络原始论文的一个重要贡献。这些层有助于训练中梯度的传递。深度卷积生成对抗网络原始论文的生成器如图 18-2 所示[18]。

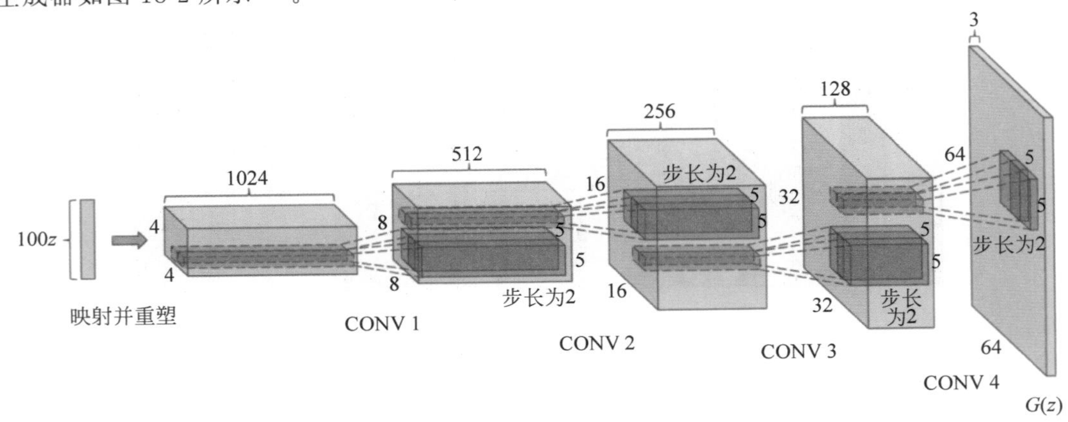

图 18-2 生成器

注意，我们如何在输入部分（nz、ngf 和 nc）中设置影响代码的生成器架构。nz 是 z 输入向量的长度，ngf 与通过生成器传播的特征图的大小有关，nc 是输出图像中的通道数（对于 RGB 图像设置为 3）。代码如下：

```
//第 18 章/定义生成器
class Generator(nn.Module):
    def __init__(self, ngpu):
        super(Generator, self).__init__()
        self.ngpu = ngpu
        self.main = nn.Sequential(
            #输入是 z, 输入一个卷积网络(转置卷积)
            nn.ConvTranspose2d(nz, ngf * 8, 4, 1, 0, bias = False),
            nn.BatchNorm2d(ngf * 8),
            nn.ReLU(True),
            #转置卷积后大小为(ngf×4)×8×8
            nn.ConvTranspose2d(ngf * 8, ngf * 4, 4, 2, 1, bias = False),
            nn.BatchNorm2d(ngf * 4),
            nn.ReLU(True),
            #转置卷积后大小为(ngf×2)×16×16
            nn.ConvTranspose2d(ngf * 4, ngf * 2, 4, 2, 1, bias = False),
            nn.BatchNorm2d(ngf * 2),
            nn.ReLU(True),
            #转置卷积后大小为(ngf)×32×32
            nn.ConvTranspose2d(ngf * 2, ngf, 4, 2, 1, bias = False),
            nn.BatchNorm2d(ngf),
            nn.ReLU(True),
            #转置卷积后大小为(nc)×64×64
            nn.ConvTranspose2d(ngf, nc, 4, 2, 1, bias = False),
            nn.Tanh()
        )
    def forward(self, input):
        return self.main(input)
```

现在，我们可以实例化生成器并应用 weights_init 函数。检查打印的模型去看看生成器对象是如何构造的，代码如下：

```
//第 18 章/构造生成器对象
#创建生成器
netG = Generator(ngpu).to(device)
#如果需要,使用多个 GPU
if (device.type == 'cuda') and (ngpu > 1):
    netG = nn.DataParallel(netG, list(range(ngpu)))
#应用 weights_init 函数将所有权重随机初始化为 mean = 0, stdev = 0.2
```

```
netG.apply(weights_init)
#打印模型
print(netG)
```

输出结果如下：

```
Generator(
  (main): Sequential(
    (0): ConvTranspose2d(100, 512, kernel_size = (4, 4), stride = (1, 1), bias = False)
    (1): BatchNorm2d(512, eps = 1e-05, momentum = 0.1, affine = True, track_running_stats = True)
    (2): ReLU(inplace = True)
    (3): ConvTranspose2d(512, 256, kernel_size = (4, 4), stride = (2, 2), padding = (1, 1),
bias = False)
    (4): BatchNorm2d(256, eps = 1e-05, momentum = 0.1, affine = True, track_running_stats = True)
    (5): ReLU(inplace = True)
    (6): ConvTranspose2d(256, 128, kernel_size = (4, 4), stride = (2, 2), padding = (1, 1),
bias = False)
    (7): BatchNorm2d(128, eps = 1e-05, momentum = 0.1, affine = True, track_running_stats = True)
    (8): ReLU(inplace = True)
    (9): ConvTranspose2d(128, 64, kernel_size = (4, 4), stride = (2, 2), padding = (1, 1), bias =
False)
    (10): BatchNorm2d(64, eps = 1e-05, momentum = 0.1, affine = True, track_running_stats = True)
    (11): ReLU(inplace = True)
    (12): ConvTranspose2d(64, 3, kernel_size = (4, 4), stride = (2, 2), padding = (1, 1), bias =
False)
    (13): Tanh()
  )
)
```

3. 搭建判别器

如前所述，判别器是一个二进制分类网络，它将图像作为输入，并判断输出输入图像是真实(而不是虚假)的标量概率。这里，判别器获取一个 3×64×64 的输入图像，通过一系列 Conv2d、BatchNorm2d 和 LeakyReLU 层对其进行处理，并通过一个 Sigmoid 激活函数输出最终的概率。如果有必要，可以使用更多的层来扩展这个架构，但是使用跨步卷积、批归一化和 LeakyReLU 层具有重要意义。深度卷积生成对抗网络的原始论文提到，使用跨步卷积而不是池化下采样是一个很好的实践，因为它让网络学习自己的池化函数[18]。批归一化和 LeakyReLU 激活函数也促进梯度的良好流动，这对判别器和生成器的训练学习过程都是至关重要的，代码如下：

```
//第 18 章/定义判别器
class Discriminator(nn.Module):
    def __init__(self, ngpu):
        super(Discriminator, self).__init__()
```

```
        self.ngpu = ngpu                            # 获得 GPU 数目
        self.main = nn.Sequential(                  # 输入是(nc) × 64 × 64
            nn.Conv2d(nc, ndf, 4, 2, 1, bias = False),
            nn.LeakyReLU(0.2, inplace = True),      # 申明大小为(ndf) × 32 × 32
            nn.Conv2d(ndf, ndf * 2, 4, 2, 1, bias = False),
            nn.BatchNorm2d(ndf * 2),
            nn.LeakyReLU(0.2, inplace = True),      # 申明大小为(ndf × 2) × 16 × 16
            nn.Conv2d(ndf * 2, ndf * 4, 4, 2, 1, bias = False),
            nn.BatchNorm2d(ndf * 4),
            nn.LeakyReLU(0.2, inplace = True),      # 申明大小为(ndf × 4) × 8 × 8
            nn.Conv2d(ndf * 4, ndf * 8, 4, 2, 1, bias = False),
            nn.BatchNorm2d(ndf * 8),
            nn.LeakyReLU(0.2, inplace = True),      # 申明大小为(ndf × 8) × 4 × 4
            nn.Conv2d(ndf * 8, 1, 4, 1, 0, bias = False),
            nn.Sigmoid()
        )
    def forward(self, input):
        return self.main(input)
```

现在，与生成器一样，我们可以创建判别器，应用 weights_init 函数，并打印模型的结构，代码如下：

```
//第 18 章/打印模型结构
# 创建生成器
netD = Discriminator(ngpu).to(device)
# 使用多个 GPU
if (device.type == 'cuda') and (ngpu > 1):
    netD = nn.DataParallel(netD, list(range(ngpu)))
# 应用 weights_init 函数将所有权重随机初始化为 mean = 0, stdev = 0.2
netD.apply(weights_init)
# 打印模型
print(netD)
```

输出结果如下：

```
Discriminator(
  (main): Sequential(
    (0): Conv2d(3, 64, kernel_size = (4, 4), stride = (2, 2), padding = (1, 1), bias = False)
    (1): LeakyReLU(negative_slope = 0.2, inplace = True)
    (2): Conv2d(64, 128, kernel_size = (4, 4), stride = (2, 2), padding = (1, 1), bias = False)
    (3): BatchNorm2d(128, eps = 1e-05, momentum = 0.1, affine = True, track_running_stats = True)
    (4): LeakyReLU(negative_slope = 0.2, inplace = True)
    (5): Conv2d(128, 256, kernel_size = (4, 4), stride = (2, 2), padding = (1, 1), bias = False)
    (6): BatchNorm2d(256, eps = 1e-05, momentum = 0.1, affine = True, track_running_stats = True)
```

```
    (7): LeakyReLU(negative_slope=0.2, inplace=True)
    (8): Conv2d(256, 512, kernel_size=(4, 4), stride=(2, 2), padding=(1, 1), bias=False)
    (9): BatchNorm2d(512, eps=1e-05, momentum=0.1, affine=True, track_running_stats=True)
    (10): LeakyReLU(negative_slope=0.2, inplace=True)
    (11): Conv2d(512, 1, kernel_size=(4, 4), stride=(1, 1), bias=False)
    (12): Sigmoid()
  )
)
```

4. 损失函数和优化器

设置好生成器和判别器后，我们就可以指定它们如何通过损失函数和优化器学习。我们将使用二元交叉熵损失(BCELoss)函数，在 PyTorch 中定义为

$$L(x,y)=L=\{L_1,\cdots,L_N\}^{\mathrm{T}},\quad L_n=-[y_n\log x_n+(1-y_n)\log(1-x_n)] \tag{18-2}$$

注意这个函数如何计算在目标函数中的 log 分量(即 $\log(D(x))$ 和 $\log(1-D(G(\boldsymbol{z})))$。我们可以指定使用 y 输入的 BCE 方程的哪一部分。这是在即将到来的训练循环中完成的，但重要的是理解如何通过改变 y(即 GT 标签)来选择希望计算的组件。

接下来，我们将真实标签定义为 1，假标签定义为 0，这些标签将用于计算判别器和生成器的损失函数[18]。最后，我们建立了两个独立的优化器，一个用于判别器；另一个用于生成器。如深度卷积生成对抗网络原始论文中所述，它们都是 Adam 优化器，学习率为 0.0002，Beta1=0.5[18]。为了跟踪生成器的学习进程，我们将从高斯分布(即 fixed_noise)中生成一批固定批量的隐藏空间向量。在训练循环中，我们周期性地将这个 fixed_noise 输入生成器中，随着迭代的进行，我们将看到从噪声中形成的图像，代码如下：

```
//第 18 章/设置损失和优化器
#使用 BCE 损失函数
criterion = nn.BCELoss()
#创建一批隐藏空间向量，用它们可视化生成器的进程
fixed_noise = torch.randn(64, nz, 1, 1, device=device)
#训练过程中对真实标签和假标签约定
real_label = 1
fake_label = 0
#为生成器和判别器设置 Adam 优化器
optimizerD = optim.Adam(netD.parameters(), lr=lr, betas=(beta1, 0.999))
optimizerG = optim.Adam(netG.parameters(), lr=lr, betas=(beta1, 0.999))
```

5. 训练

我们现在已经定义了 GAN 框架的所有部分，可以对它开始进行训练。请注意，GAN 的训练在某种程度上是一种艺术形式，因为不正确的超参数设置会导致模式崩溃，而且几乎无法解释出错的原因。在这里，我们将严格遵循 Goodfellow 的论文中的算法，同时遵循

ganhacks 中展示的一些最佳实践。也就是说，我们将“为真假图像构建不同的小批量”，并调整生成器的目标函数，使 $\log D(G(z))$ 最大化。训练分为两个主要部分，第 1 部分更新判别器；第 2 部分更新生成器。

1）训练判别器

回忆一下，训练判别器的目的是最大限度地提高将给定输入分类为真假的概率。Goodfellow 的论文中希望“通过提升其随机梯度来更新判别器”。实际上，我们想要最大化 $\log(D(x))+\log(1-D(G(z)))$，ganhacks 提供了单独的小批量建议，将分两个步骤进行计算。首先从训练集中构造一批真实样本，向前遍历判别器，计算损失（$\log(D(x))$），然后计算后向遍历的梯度；其次，用当前的生成器构造一批伪样本，将这批样本向前通过判别器，计算损失（$\log(1-D(G(z)))$，然后用反向传递累积梯度。现在，从全为真的批量和全为假的批量累积梯度，作为判别器优化器的一个步骤。

2）训练生成器

我们希望通过最小化 $\log(1-D(G(z))$ 来训练生成器，以生成更好的假数据。如前所述，Goodfellow 证明了这一点，即没有提供足够的梯度，特别是在训练过程的早期。作为修复，我们反而希望最大化 $\log(D(G(z)))$。我们通过以下步骤来完成此任务：使用判别器对第 1 部分的生成器输出进行分类，使用实际数据标签（GT）计算生成器的损失，计算生成器在后向传递中的梯度，最后使用优化器更新生成器的参数。为损失函数使用真实标签作为 GT 标签似乎是违反直觉的，但这仅允许我们使用 BCELoss 的 $\log(x)$ 部分（而不是 $\log(1-x)$ 部分），这正是我们想要的。

最后做一些统计报告，在每一轮结束时，将使用 fixed_noise 的批量通过生成器来直观地跟踪生成器的训练进度。训练统计数字如下：

Loss_D：判别器损失，计算为所有真批量和所有假批量的损失之和（$\log(D(x))+\log(1-D(G(z)))$）。

Loss_G：生成器损失 $\log(D(G(z)))$。

$D(x)$：判别器对于所有真实批量的平均输出。从接近 1 开始，当生成器变得更好时，理论上收敛到 0.5（想想为什么会这样）。

$D(G(z))$：所有假批量的平均判别器输出。第 1 个数字在判别器更新之前，第 2 个数字在判别器更新之后。这些数字从 0 附近开始，当生成器变得更好时收敛到 0.5（想想为什么会这样）。

提示

这个步骤可能需要一段时间，这取决于运行多少轮数，以及是否从数据集中删除了一些数据。

训练生成器和判别器的代码如下：

```
//第 18 章/训练生成器和判别器
#一个训练周期
#用列表跟踪进度
img_list = []
G_losses = []
D_losses = []
iters = 0
print("Starting Training Loop...")
#对于每一轮
for epoch in range(num_epochs):
#对于数据下载器的每一批
    for i, data in enumerate(dataloader, 0):
        ##########################
        #(1) 更新判别器网络: 最大化 log(D(x)) + log(1 - D(G(z)))
        ##########################
        ##训练全为真实的批量
        netD.zero_grad()
        #批量格式化
        real_cpu = data[0].to(device)
        b_size = real_cpu.size(0)
        label = torch.full((b_size,), real_label, device=device)
        #前向传递真实批量通过判别器
        output = netD(real_cpu).view(-1)
        #计算所有真实批量的损失
        errD_real = criterion(output, label)
        #反向传递过程中计算判别器的梯度
        errD_real.backward()
        D_x = output.mean().item()
        ##用全都是假的批量训练
        #生成一批隐藏空间向量
        noise = torch.randn(b_size, nz, 1, 1, device=device)
        #用生成器生成假批量
        fake = netG(noise)
        label.fill_(fake_label)
        #用判别器分类所有的假批量
        output = netD(fake.detach()).view(-1)
        #在全为假的批量上计算判别器损失
        errD_fake = criterion(output, label)
        #计算这一批的梯度值
        errD_fake.backward()
        D_G_z1 = output.mean().item()
        #从全为真和全为假的批量上增加梯度
        errD = errD_real + errD_fake
        #更新判别器
        optimizerD.step()
```

```
        ##############################
        #(2) 更新生成器网络: maximize log(D(G(z)))
        ##############################
        netG.zero_grad()
        label.fill_(real_label)          #假标签对于生成器损失是真实的
        #执行另一个全为假的批量通过判别器,因为我们刚才更新了判别器
        output = netD(fake).view(-1)
        #基于这个输出情况判别器的损失
        errG = criterion(output, label)
        #计算生成器的梯度
        errG.backward()
        D_G_z2 = output.mean().item()
        #更新生成器
        optimizerG.step()
        #输出训练数据
        if i % 50 == 0: print('[%d/%d][%d/%d]\tLoss_D: %.4f\tLoss_G: %.4f\tD(x):
%.4f\tD(G(z)): %.4f / %.4f'
                  % (epoch, num_epochs, i, len(dataloader),
                   errD.item(), errG.item(), D_x, D_G_z1, D_G_z2))
        #为后面的作图保留损失
        G_losses.append(errG.item())
        D_losses.append(errD.item())
        #通过把生成器的输出保存在固定的fixed_noise上检查生成器的输出情况
        if (iters % 500 == 0) or ((epoch == num_epochs - 1) and (i == len(dataloader) - 1)):
            with torch.no_grad():
                fake = netG(fixed_noise).detach().cpu()
            img_list.append(vutils.make_grid(fake, padding=2, normalize=True))
        iters += 1
```

输出结果如下：

```
Starting Training Loop...
[4/5][1000/1583]    Loss_D: 1.2112  Loss_G: 3.5857  D(x): 0.9132    D(G(z)): 0.6178 / 0.0374
[4/5][1050/1583]    Loss_D: 0.7277  Loss_G: 1.2704  D(x): 0.6119    D(G(z)): 0.1542 / 0.3314
[4/5][1100/1583]    Loss_D: 0.5190  Loss_G: 3.4882  D(x): 0.8453    D(G(z)): 0.2576 / 0.0422
[4/5][1150/1583]    Loss_D: 0.6321  Loss_G: 3.6550  D(x): 0.9329    D(G(z)): 0.3949 / 0.0338
[4/5][1200/1583]    Loss_D: 0.4582  Loss_G: 2.8142  D(x): 0.8498    D(G(z)): 0.2307 / 0.0725
[4/5][1250/1583]    Loss_D: 0.4774  Loss_G: 2.0007  D(x): 0.8044    D(G(z)): 0.2026 / 0.1674
[4/5][1300/1583]    Loss_D: 1.5836  Loss_G: 3.9708  D(x): 0.9276    D(G(z)): 0.6999 / 0.0354
[4/5][1350/1583]    Loss_D: 0.8098  Loss_G: 4.3165  D(x): 0.9136    D(G(z)): 0.4724 / 0.0194
[4/5][1400/1583]    Loss_D: 0.7443  Loss_G: 3.2609  D(x): 0.9148    D(G(z)): 0.4429 / 0.0517
[4/5][1450/1583]    Loss_D: 0.4025  Loss_G: 2.7907  D(x): 0.7864    D(G(z)): 0.1264 / 0.0852
[4/5][1500/1583]    Loss_D: 0.6212  Loss_G: 2.3992  D(x): 0.7420    D(G(z)): 0.2250 / 0.1174
[4/5][1550/1583]    Loss_D: 0.9891  Loss_G: 4.7321  D(x): 0.9006    D(G(z)): 0.5353 / 0.0137
```

18.2.6 结果

最后，检查一下我们做得如何，有 3 个不同的结果。首先我们将看到训练时判别器和生成器的损失是如何改变的；其次，每一轮在 fixed_noise 批量上可视化生成器的输出；最后是一组真实的数据。

1. 损失与训练迭代次数

画出判别器和生成器的损失与训练迭代次数关系，代码如下：

```
//第 18 章/判别器和生成器损失与迭代次数
plt.figure(figsize=(10,5))                    #设置图像规格
plt.title("Generator and Discriminator Loss During Training")
plt.plot(G_losses,label="G")                  #画出生成器损失
plt.plot(D_losses,label="D")                  #画出判别器损失
plt.xlabel("iterations")                      #为 x 轴加标题
plt.ylabel("Loss")                            #为 y 轴加标题
plt.legend()                                  #给图像加上图例
plt.show()
```

判别器和生成器训练时的损失变化情况如图 18-3 所示。

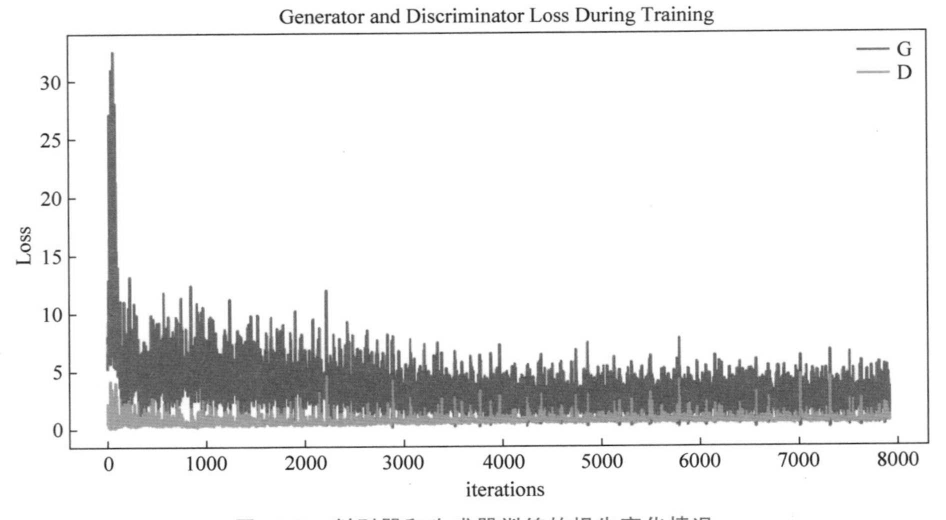

图 18-3 判别器和生成器训练的损失变化情况

2. 生成器进程的可视化

还记得我们如何在每次训练之后将生成器的输出保存到 fixed_noise 批量中吗？现在，我们可以用动画来可视化生成器的训练过程。按“播放”按钮开始动画，如图 18-4 所示。

3. 真实图片与假图片

最后，让我们一起来看一些真实的和假的图像，代码如下：

图 18-4 用动画可视化生成器图片

```
//第 18 章/看真实的和假的图片
#从 dataloader 中获取一批真实的图像
real_batch = next(iter(dataloader))
#绘制真实图片
plt.figure(figsize = (15,15))
plt.subplot(1,2,1)
plt.axis("off")
plt.title("Real Images")
plt.imshow(np.transpose(vutils.make_grid(real_batch[0].to(device)[:64], padding = 5,
normalize = True).cpu(),(1,2,0)))
#绘制上轮的假图像
plt.subplot(1,2,2)
plt.axis("off")
plt.title("Fake Images")
plt.imshow(np.transpose(img_list[-1],(1,2,0)))
plt.show()
```

真实图片和生产的假图片进行对比，如图 18-5 所示。

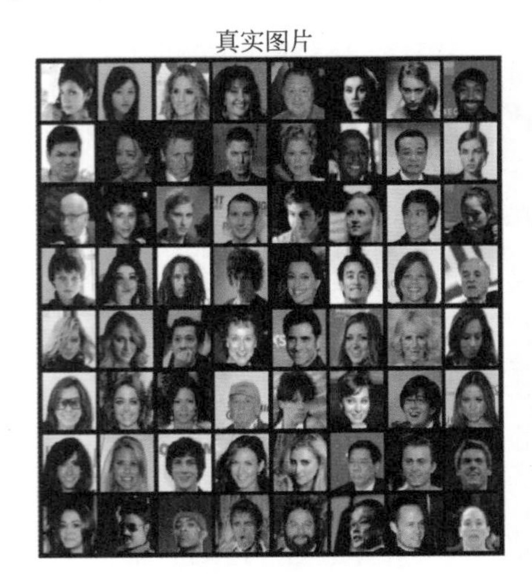

图 18-5　真实图片与生产的假图片

18.2.7　未来

我们已到达了本章旅程的终点，但从这里出发可以进一步去探讨发现。这里有一些建议，首先是训练更长的时间，看看效果有多好；其次是修改模型以获取不同的数据集，也可更改图像的大小和模型架构；再次看看其他一些很好的 GAN 项目；最后创建生成音乐的 GAN。

第 19 章

从零出发实现基于RNN的3个应用

讲解完深度学习对计算机视觉领域的巨大推动后，本章将从计算机视觉领域进入自然语言处理领域，从最经典的 RNN 模型出发，实现 3 个自然语言处理的小案例。

19.1 RNN 网络结构及原理

RNN 背后的想法是利用顺序的信息。在传统的神经网络中，我们假设所有输入（和输出）彼此独立。如果想预测句子中的下一个单词，就要知道它前面有哪些单词，甚至要看到后面的单词才能够给出正确的答案。RNN 之所以称为循环，就是因为它们对序列的每个元素都执行相同的任务，所有的输出都取决于先前的计算。从另一个角度讲 RNN 是有“记忆”的，可以捕获到目前为止计算的信息。理论上，RNN 可以在任意长的序列中使用信息，但实际上它们仅限于回顾几个步骤。循环神经网络的提出便是基于记忆模型的想法，期望网络能够记住前面出现的特征并依据特征推断后面的结果，而且整体的网络结构不断循环，因此得名循环神经网络。

循环神经网络的基本结构特别简单，就是将网络的输出保存在一个记忆单元中，这个记忆单元和下一次的输入一起进入神经网络。网络在输入的时候会联合记忆单元一起作为输入，网络不仅输出结果，还会将结果保存到记忆单元中，一个最简单的循环神经网络在输入时的结构示意图如图 19-1 所示。

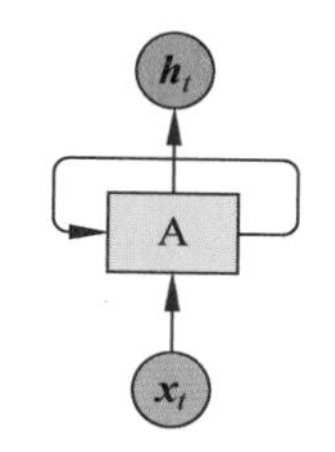

图 19-1　最简单的循环神经网络

RNN 可以看作同一神经网络的多次赋值，每个神经网络模块会把消息传递给下一个，我们将这个图的结构展开，如图 19-2 所示。

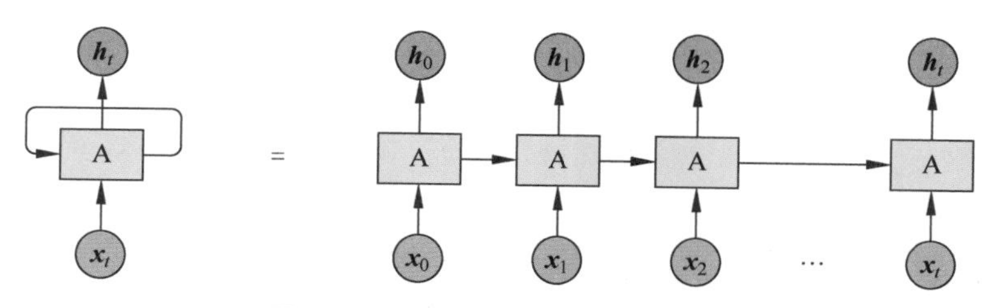

图 19-2　循环神经网络的展开结构

网络中具有循环结构，这也是循环神经网络名字的由来，同时根据循环神经网络的结构也可以看出它在处理序列类型的数据上具有天然的优势，因为网络本身就是一个序列结构，这也是所有循环神经网络最本质的结构。

循环神经网络具有特别好的记忆特性，能够将记忆内容应用到当前情景下，但是网络的记忆能力并没有想象得那么有效。记忆最大的问题在于它有遗忘性，我们总是更加清楚地记得最近发生的事情而遗忘很久之前发生的事情，循环神经网络同样有这样的问题。

PyTorch 中使用 nn.RNN 类来搭建基于序列的循环神经网络：

```
rnn = RNN(input_size,hidden_size,num_layers = 1,batch_first,bidirectional)
```

它的构造函数有以下几个参数。

input_size：输入数据 x 特征值的数目。

hidden_size：隐藏层的神经元数量，也就是隐藏层的特征数量。

num_layers：循环神经网络的层数，默认值是 1。

bias：默认为 True，如果为 false 则表示神经元不使用 bias 偏移参数。

batch_first：如果设置为 True，则输入数据的维度中第 1 个维度就是 batch 值，默认为 False。默认情况下第 1 个维度是序列的长度，第 2 个维度才是--batch，第 3 个维度是特征数目。

dropout：如果不为空，则表示最后跟一个 dropout 层抛弃部分数据，抛弃数据的比例由该参数指定。

RNN 中最主要的参数是 input_size 和 hidden_size，这两个参数务必要搞清楚。其余的参数通常不用设置，采用默认值就可以了，代码如下：

```
//第 19 章/构造 RNN
rnn = torch.nn.RNN(20,50,2)                    #定义 RNN
input = torch.randn(100, 32, 20)               #初始化输入数据
h_0 = torch.randn(2, 32, 50)                   #初始化上一时刻的隐藏状态
output,hn = rnn(input ,h_0)                    #output 为当前时刻的输出
print(output.size(),hn.size())                 #打印当前时刻输出和上一时刻隐藏状态
```

输出结果如下：

```
torch.Size([100, 32, 50]) torch.Size([2, 32, 50])
```

19.2 使用字符级 RNN 对姓名进行分类

我们将构建和训练一个基础的字符级 RNN 来对单词进行分类。本节以及后面的两节将展示如何从头开始进行数据预处理以完成 NLP 建模，尤其在不使用 torchtext 的许多便利功能情况下，读者可以了解到 NLP 建模的预处理是如何从低层进行的。

字符级 RNN 将单词作为一系列字符读取：在每个步骤输出预测和隐藏状态，将其先前的隐藏状态输入所有的下一步。我们将最终的预测作为输出，即单词属于哪个类别。具体来说，我们将训练来自 18 种起源语言的数千种姓氏，并根据拼写来预测姓名的来源，代码如下：

```
//第 19 章/预测姓名来源
$ python predict.py Hinton                #预测 Hinton 来自哪种语言
(-0.47) Scottish
(-1.52) English
(-3.57) Irish
$ python predict.py Schmidhuber           #预测 Schmidhuber 来自哪种语言
(-0.19) German
(-2.48) Czech
(-2.68) Dutch
```

19.2.1 准备数据注意

提示

下载数据并将其解压到当前目录。下载地址为 https://download.pytorch.org/tutorial/data.zip。

在 data/names 目录下有 18 个命名为[Language].TXT 的文本文件。每个文件包含一堆名称，每行一个名称，大多数都是罗马化的（但我们仍然需要从 Unicode 转换为 ASCII）。

最后讲一个字典，这个字典列出了每种语言的所有姓名：{language: [names ...]}。

为了随后的可扩展性使用通用变量 category 和 line（在本例中为语言和姓名），代码如下：

```
//第 19 章/准备数据
from __future__ import unicode_literals, print_function, division
from io import open
import glob
import os
def findFiles(path): return glob.glob(path)
print(findFiles('data/names/*.txt'))
import unicodedata
import string
all_letters = string.ascii_letters + " .,;'"
n_letters = len(all_letters)
```

```
#感谢 https://stackoverflow.com/a/518232/2809427
#将 Unicode 字符串转换为纯 ASCII
def unicodeToAscii(s):
    return ''.join(
        c for c in unicodedata.normalize('NFD', s)
        if unicodedata.category(c) != 'Mn'
        and c in all_letters
    )
print(unicodeToAscii('Ślusàrski'))
#构建包含了每种语言姓名列表的 category_lines 字典
category_lines = {}
all_categories = []
#读取文件并把文件分成若干行
def readLines(filename):
    lines = open(filename, encoding = 'utf - 8').read().strip().split('\n')
    return [unicodeToAscii(line) for line in lines]
for filename in findFiles('data/names/ * .txt'):
    category = os.path.splitext(os.path.basename(filename))[0]
    all_categories.append(category)
    lines = readLines(filename)
    category_lines[category] = lines
n_categories = len(all_categories)
#将每个类别(语言)映射到行(姓名)列表,还跟踪了 all_categories(只包含语言类别的列表),
#n_categories 供以后参考
print(category_lines['Italian'][:5])        #打印属于 Italina 语言的 5 个姓名
```

输出结果如下：

```
['data/names/French.txt', 'data/names/Czech.txt', 'data/names/Dutch.txt', 'data/names/Polish.
txt', 'data/names/Scottish.txt', 'data/names/Chinese.txt', 'data/names/English.txt', 'data/
names/Italian.txt', 'data/names/Portuguese.txt', 'data/names/Japanese.txt', 'data/names/
German.txt', 'data/names/Russian.txt', 'data/names/Korean.txt', 'data/names/Arabic.txt', '
data/names/Greek.txt', 'data/names/Vietnamese.txt', 'data/names/Spanish.txt', 'data/names/
Irish.txt']
Slusarski
['Abandonato', 'Abatangelo', 'Abatantuono', 'Abate', 'Abategiovanni']
```

19.2.2 将姓名转换为张量

我们已经组织好了所有姓名，为了充分利用，需要将它们转换为张量表示单个字母，我们使用大小为<1 x n_letters>的 one-hot 向量。一个 one-hot 向量是指，除了表示当前字母的索引处的值为 1 外，其余被填充为 0，例如<1 x n_letters>"b"=<0 1 0 0 0 …>。

为了得到一个词，我们将一堆的一维向量词合并成二维矩阵 <line_length x 1 x n_letters>。

额外的一维向量是因为 PyTorch 假定所有东西都是成批的：我们在这里使用的批量大小只是一个，代码如下：

```
//第 19 章/将姓名转换为张量
import torch
#从 all_letters 中查找字母索引。例如"a" = 0
def letterToIndex(letter):
    return all_letters.find(letter)
#为了演示，把一个字母转换成一个<1 x n_letters>张量
def letterToTensor(letter):
    tensor = torch.zeros(1, n_letters)
    tensor[0][letterToIndex(letter)] = 1
    return tensor
#将一行转换为<line_length x 1 x n_letters>,
#或 one-hot 字母向量组成的一个数组
def lineToTensor(line):
    tensor = torch.zeros(len(line), 1, n_letters)
    for li, letter in enumerate(line):
        tensor[li][0][letterToIndex(letter)] = 1
    return tensor
print(letterToTensor('J'))
print(lineToTensor('Jones').size())
```

输出结果如下：

```
tensor([[0., 0., 0., 0., 0., 0., 0., 0., 0., 0., 0., 0., 0., 0., 0., 0., 0., 0.,
         0., 0., 0., 0., 0., 0., 0., 0., 0., 0., 0., 0., 0., 0., 0., 0., 0., 1.,
         0., 0., 0., 0., 0., 0., 0., 0., 0., 0., 0., 0., 0., 0., 0., 0., 0., 0.,
         0., 0., 0.]])
torch.Size([5, 1, 57])
```

19.2.3 创建网络

在进行自动求导前，在 Torch 中创建一个递归神经网络需要在多个时间步上复制一个图层的参数。图层保留了隐藏状态和一些梯度值，这些梯度值将完全由动态计算图本身处理。这意味着你可以用非常纯粹的方式实现 RNN，正如常规的前馈层一样。

如图 19-3 所示，这个 RNN 模块仅有两个线性层，这两个线性层在输入和隐藏合并的状态下运行，输出之后再经过 LogSoftmax 层。

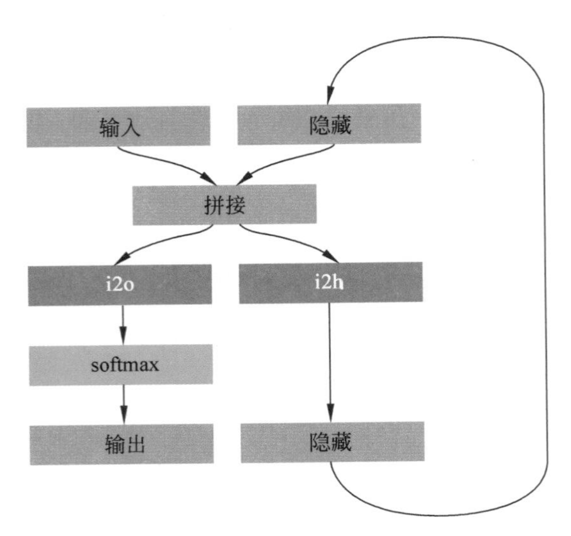

图 19-3　自定义的 RNN 网络

自定义的 RNN 网络代码如下：

```
//第 19 章/创建网络
import torch.nn as nn
class RNN(nn.Module):
    def __init__(self, input_size, hidden_size, output_size):
        super(RNN, self).__init__()
        self.hidden_size = hidden_size              #隐藏状态长度
                                                    #保留输出
        self.i2h = nn.Linear(input_size + hidden_size, hidden_size)
                                                    #获得输出
        self.i2o = nn.Linear(input_size + hidden_size, output_size)
        self.softmax = nn.LogSoftmax(dim = 1)       #通过 softmax 判断类别
    def forward(self, input, hidden):
        combined = torch.cat((input, hidden), 1)
        hidden = self.i2h(combined)                 #隐藏是合并的状态
        output = self.i2o(combined)                 #输出是合并的状态
        output = self.softmax(output)
        return output, hidden
    def initHidden(self):
        return torch.zeros(1, self.hidden_size)
n_hidden = 128                                      #隐藏状态的长度是 128
rnn = RNN(n_letters, n_hidden, n_categories)
```

要运行这个网络，需要传递输入(在本例中为当前字母的张量)和先前的隐藏状态(首先将其初始化为零)。我们将得到输出(每种语言的概率)并返回下一个隐藏状态(将其保留用于下一步)，代码如下：

```
input = letterToTensor('A')                          # 转换为张量
hidden = torch.zeros(1, n_hidden)                    # 初始化隐藏层状态为全 0 的张量
output, next_hidden = rnn(input, hidden)             # 获得输出和下一个时刻隐藏状态
```

为了提高效率，我们不想为每个步骤都创建一个新的 Tensor，因此使用 lineToTensor 代替 letterToTensor 并且使用 slice。这样可以通过预先计算一批张量来进一步优化，代码如下：

```
input = lineToTensor('Albert')                       # 转换为张量
hidden = torch.zeros(1, n_hidden)                    # 用零值初始化隐茂状态
output, next_hidden = rnn(input[0], hidden)          # 获得输出和下一个时刻隐态
print(output)
```

输出结果如下：

```
tensor([[ - 2.9759, - 2.9542, - 2.8446, - 2.9832, - 2.9407, - 2.8729, - 2.8126, - 2.7943,
        - 2.8450, - 2.8565, - 2.8855, - 2.8933, - 2.8804, - 2.9081, - 2.9052, - 2.9453,
        - 2.8572, - 2.8959]], grad_fn = < LogSoftmaxBackward >)
```

输出为张量< 1 x n_categories >，其中每一项都是该类别的可能性（值越高，可能性越大）。

19.2.4 训练

1. 准备训练

在接受训练之前构造一些辅助函数。首先解释网络的输出，我们知道输出是每个类别的可能性，可以使用 Tensor.topk 来获取概率值最大的索引，代码如下：

```
//第 19 章/获得概率值最大的索引
def categoryFromOutput(output):
    top_n, top_i = output.topk(1)                      # 最大索引
    category_i = top_i[0].item()                       # 取出索引
    return all_categories[category_i], category_i     # 从表中获得最大概率的姓名
print(categoryFromOutput(output))
```

输出结果如下：

```
('Italian', 7)
```

其次还需要一种快速的方法来获取训练示例（姓名及其起源语言），代码如下：

```
//第 19 章/获取训练示例的快速方法
import random
def randomChoice(l):
```

```
    return l[random.randint(0, len(l) - 1)]             #随机数
def randomTrainingExample():                            #随机抽取训练集
    category = randomChoice(all_categories)
    line = randomChoice(category_lines[category])
    category_tensor = torch.tensor([all_categories.index(category)], dtype = torch.long)
                                                        #类别张量化
    line_tensor = lineToTensor(line)
    return category, line, category_tensor, line_tensor
for i in range(10):
    category, line, category_tensor, line_tensor = randomTrainingExample()
    print('category =', category, '/ line =', line)
```

输出结果如下：

```
category = Chinese / line = Chu
category = Scottish / line = Gordon
category = Portuguese / line = Araujo
category = Polish / line = Chmiel
category = Czech / line = Pudel
category = Japanese / line = Mitsubishi
category = Greek / line = Grammatakakis
category = Chinese / line = Hiu
category = English / line = Peacock
category = Arabic / line = Gaber
```

2. 训练网络

训练该网络所需要做的就是向它展示大量示例，让它进行猜测，并告诉它是否错误。选择损失函数 nn.NLLLoss 是合适的，因为 RNN 的最后一层是 nn.LogSoftmax，代码如下：

```
criterion = nn.NLLLoss()                                #使用 NLL 损失函数
```

每个训练循环将创建输入张量和目标张量、创建归零的初始隐藏状态、阅读每个字母并且为下一个字母保留隐藏状态、比较最终的输出与目标、反向传播并返回输出和损失，代码如下：

```
//第 19 章/定义训练过程
#如果设置太高会爆炸，如果设置太低则不能学习
learning_rate = 0.005
def train(category_tensor, line_tensor):
    hidden = rnn.initHidden()
    rnn.zero_grad()                                     #梯度置零
    for i in range(line_tensor.size()[0]):
```

```
        output, hidden = rnn(line_tensor[i], hidden)        #计算输出和隐藏状态
    loss = criterion(output, category_tensor)               #计算损失
    loss.backward()                                         #误差反传
    #更新参数，将参数的梯度添加到它们的值中并乘以学习率
    for p in rnn.parameters():
        p.data.add_( - learning_rate, p.grad.data)
    return output, loss.item()
```

现在，我们只需要运行大量数据。由于 train 函数同时返回输出和损失，因此可以打印其猜测并跟踪绘制损失。由于有 1000 个数据，因此仅每隔 print_every 打印示例，并对损失进行平均，代码如下：

```
//第 19 章/打印预测值并跟踪损失
import time
import math
n_iters = 100000
print_every = 5000
plot_every = 1000
#为了画图，记录损失情况
current_loss = 0
all_losses = []
def timeSince(since):                                      #打印时间
    now = time.time()                                      #设置开始时间
    s = now - since
    m = math.floor(s / 60)                                 #获得分钟
    s -= m * 60                                            #获得秒
    return '%dm %ds' % (m, s)
start = time.time()
for iter in range(1, n_iters + 1):
    category, line, category_tensor, line_tensor = randomTrainingExample()
output, loss = train(category_tensor, line_tensor)
    current_loss += loss                                   #损失求和
if iter % print_every == 0:                                #打印 iter 索引、损失、姓名和猜测
        guess, guess_i = categoryFromOutput(output)        #分类正确打钩，错误打叉
        correct = '√' if guess == category else '× (%s)' % category
        print('%d %d%% (%s) %.4f %s / %s %s' % (iter, iter / n_iters * 100,
timeSince(start), loss, line, guess, correct))            #将当前损失平均添加到损失列表中
    if iter % plot_every == 0:
        all_losses.append(current_loss / plot_every)
        current_loss = 0
```

输出结果如下：

```
5000 5 % (0m 13s) 2.6109 Pinho / Vietnamese × (Portuguese)
10000 10 % (0m 22s) 1.9358 Kobayashi / Polish × (Japanese)
15000 15 % (0m 31s) 2.0289 Rocha / Spanish × (Portuguese)
20000 20 % (0m 40s) 1.2893 Chung / Vietnamese × (Korean)
25000 25 % (0m 49s) 1.7897 Bhrighde / Japanese × (Irish)
30000 30 % (0m 58s) 0.4575 Iitaka / Japanese √
35000 35 % (1m 7s) 1.9158 Gaber / German × (Arabic)
40000 40 % (1m 16s) 1.6272 Wilchek / Polish × (Czech)
45000 45 % (1m 25s) 2.0916 Strand / Scottish × (German)
50000 50 % (1m 34s) 2.3219 Burns / Vietnamese × (Scottish)
55000 55 % (1m 43s) 0.7379 Seo / Korean √
60000 60 % (1m 52s) 0.3190 Gomolka / Polish √
65000 65 % (2m 1s) 0.9422 Song / Chinese × (Korean)
70000 70 % (2m 10s) 3.4991 Khan / Vietnamese × (English)
75000 75 % (2m 19s) 4.6348 Mckay / Scottish × (Irish)
80000 80 % (2m 28s) 0.2263 Valdez / Spanish √
85000 85 % (2m 37s) 1.3892 Bazzoli / Polish × (Italian)
90000 90 % (2m 46s) 0.7445 Mo / Korean √
95000 95 % (2m 55s) 1.0238 Nazari / Arabic √
100000 100 % (3m 4s) 2.2453 Muhlbauer / German × (Czech)
```

3. 绘制结果

绘制历史损失和 all_losses 显示网络学习情况，代码如下：

```
import matplotlib.pyplot as plt                 #导入 pyplot 模块
import matplotlib.ticker as ticker              #导入 ticker 模块
plt.figure()
plt.plot(all_losses)                            #绘制所有损失
```

结果如图 19-4 所示。

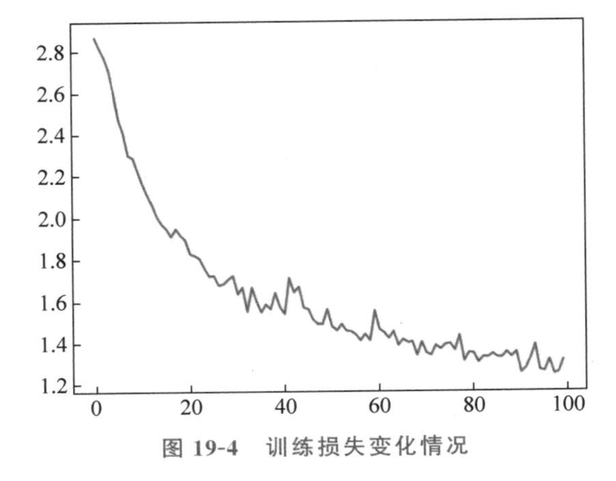

图 19-4 训练损失变化情况

4. 评估结果

为了查看网络在不同类别上的表现如何，我们将创建一个混淆矩阵，为每种真实语言(行)指示网络猜测(列)哪种语言。使用 evaluate()计算混淆矩阵，网络运行样本，evaluate()相当于 train()不使用反向传播，代码如下：

```
//第 19 章/评估结果
#记录混淆矩阵中正确的猜测
confusion = torch.zeros(n_categories, n_categories)
n_confusion = 10000
#给定一行,返回输出
def evaluate(line_tensor):
    hidden = rnn.initHidden()
    for i in range(line_tensor.size()[0]):
        output, hidden = rnn(line_tensor[i], hidden)
    return output
#训练大量的数据并记录哪些是正确的猜测
for i in range(n_confusion):
    category, line, category_tensor, line_tensor = randomTrainingExample()
    output = evaluate(line_tensor)
    guess, guess_i = categoryFromOutput(output)
    category_i = all_categories.index(category)
    confusion[category_i][guess_i] += 1
#通过每一行除以它的和来标准化
for i in range(n_categories):
    confusion[i] = confusion[i] / confusion[i].sum()
fig = plt.figure()
ax = fig.add_subplot(111)
cax = ax.matshow(confusion.numpy())
fig.colorbar(cax)
ax.set_xticklabels([''] + all_categories, rotation=90)
ax.set_yticklabels([''] + all_categories)
#在每个标记处进行标记
ax.xaxis.set_major_locator(ticker.MultipleLocator(1))
ax.yaxis.set_major_locator(ticker.MultipleLocator(1))
#sphinx_gallery_thumbnail_number = 2
plt.show()
```

不同语言类别的预测情况如图 19-5 所示。

我们可以从主轴上挑出一些亮点，以显示它猜错了哪些语言，例如把西班牙语猜测成了意大利语。这个网络似乎最容易识别希腊语，对英语的识别就很差(可能是因为英语与其他语言重叠)。

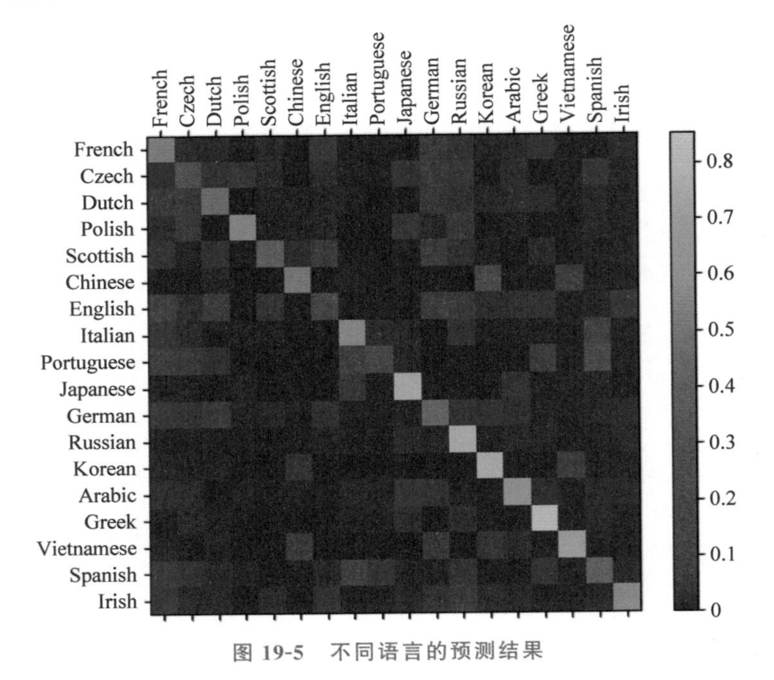

图 19-5　不同语言的预测结果

5. 在用户输入上运行

```
//第 19 章/在用户输入上运行
def predict(input_line, n_predictions = 3):
    print('\n> %s' % input_line)
    with torch.no_grad():
        output = evaluate(lineToTensor(input_line))
        #获取得分最高的分类
        topv, topi = output.topk(n_predictions, 1, True)
        predictions = []
        for i in range(n_predictions):
            value = topv[0][i].item()
            category_index = topi[0][i].item()
            print('(%.2f) %s' % (value, all_categories[category_index]))
            predictions.append([value, all_categories[category_index]])
predict('Dovesky')
predict('Jackson')
predict('Satoshi')
```

输出结果如下：

```
> Dovesky
(-0.28) Russian
(-1.84) Czech
(-3.15) Polish
```

```
> Jackson
(-0.58) Scottish
(-1.28) English
(-2.33) Russian

> Satoshi
(-0.98) Italian
(-1.75) Portuguese
(-2.66) Japanese
```

19.3　使用字符级 RNN 生成名称

这是从零开始的 NLP 的 3 个小项目中的第 2 个。19.2 节使用 RNN 将姓名分类为其起源语言。本节将反过来从语言生成姓名，示例如下：

```
> python sample.py Russian RUS
Rovakov
Uantov
Shavakov
> python sample.py German GER
Gerren
Ereng
Rosher
> python sample.py Spanish SPA
Salla
Parer
Allan
> python sample.py Chinese CHI
Chan
Hang
Iun
```

我们仍编写带有一些线性层的小型 RNN，不是读入名称中的所有字母完成预测类别，而是输入类别并一次输出一个字母。反复预测字符以形成语言(这也可以用单词或其他高阶结构来完成)通常称为语言模型。

19.3.1　准备数据

提示

下载数据并将其解压到当前目录。下载地址为 https://download.pytorch.org/tutorial/data.zip。

有关本过程的更多详细信息，请参见 19.2 节，有大量纯文本文件 data/names/[Language].txt，每行都有一个名称。将行分割成一个数组，将 Unicode 转换为 ASCII，最后得到一个 dictionary：{language：[names ...]}，代码如下：

```
//第 19 章/准备数据
from __future__ import unicode_literals, print_function, division
from io import open
import glob
import os
import unicodedata
import string
all_letters = string.ascii_letters + " .,;'-"
n_letters = len(all_letters) + 1                    #添加 EOS 标记
def findFiles(path): return glob.glob(path)
#感谢 https://stackoverflow.com/a/518232/2809427
#将 Unicode 字符串转换为纯 ASCII
def unicodeToAscii(s):
    return ''.join(
        c for c in unicodedata.normalize('NFD', s)
        if unicodedata.category(c) != 'Mn'
        and c in all_letters
    )
#读取文件并分成几行
def readLines(filename):
    lines = open(filename, encoding='utf-8').read().strip().split('\n')
    return [unicodeToAscii(line) for line in lines]
#构建 category_lines 字典，即每个类别的行列表
category_lines = {}
all_categories = []
for filename in findFiles('data/names/*.txt'):
    category = os.path.splitext(os.path.basename(filename))[0] #获取文件名，并删除扩展名
    all_categories.append(category)
    lines = readLines(filename)
    category_lines[category] = lines
n_categories = len(all_categories)
if n_categories == 0:
    raise RuntimeError('Data not found. Make sure that you downloaded data '#抛出错误：类别不
                                                                            #能为 0 个数
        'from https://download.pytorch.org/tutorial/data.zip and extract it to '
        'the current directory.')
print('#categories:', n_categories, all_categories)
print(unicodeToAscii("O'Néàl"))
```

输出结果如下：

```
#categories: 18 ['French', 'Czech', 'Dutch', 'Polish', 'Scottish', 'Chinese', 'English', 'Italian',
'Portuguese', 'Japanese', 'German', 'Russian', 'Korean', 'Arabic', 'Greek', 'Vietnamese', 'Spanish',
'Irish']
O'Neal
```

19.3.2　构建网络

本网络扩展了19.2节的RNN,使用了一个额外的参数,该参数与其他张量串联在一起。类别张量是一个one-hot向量,就像字母输入一样。

我们将输出理解为下一个字母的概率。采样时,最有可能的输出字母用作下一个输入字母,然后添加第2个线性层o2o(在将隐藏和输出结合在一起后),以使它具有更多的功能。还有一个丢弃层,它以给定的概率(此处为0.1)将输入的一部分随机归零,通常用于模糊输入以防止过拟合。如图19-6所示,网络的末端使用丢弃层来故意添加一些混杂并增加采样的多样性。

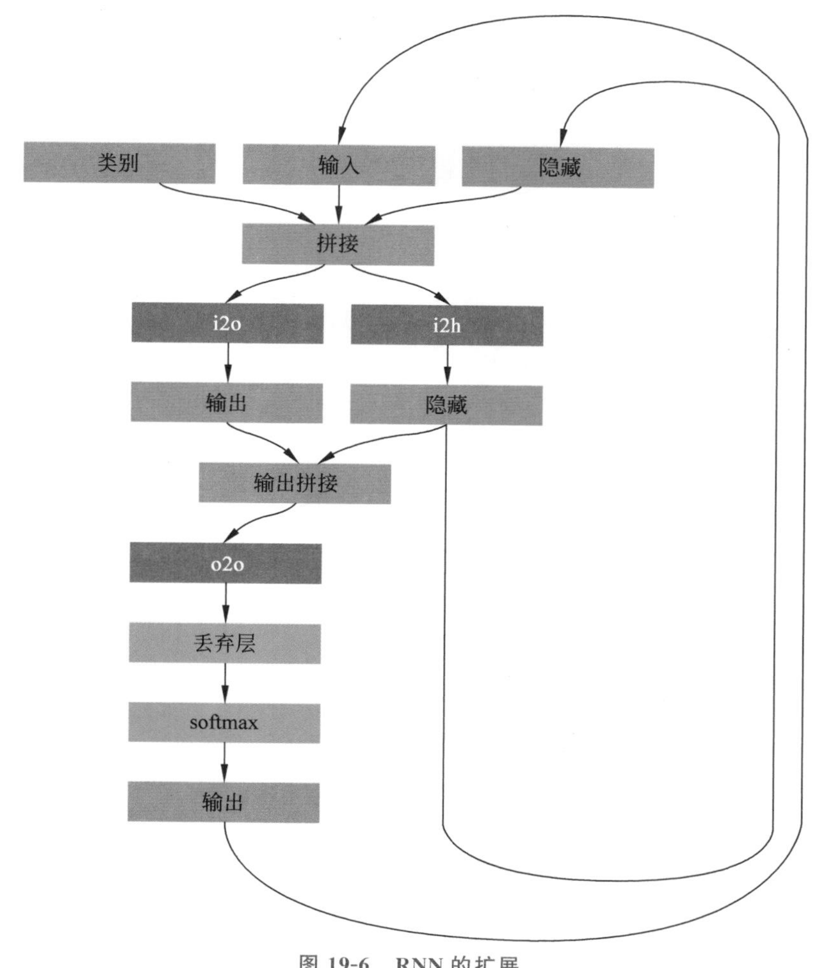

图19-6　RNN的扩展

```
//第19章/构建网络
import torch
```

```
import torch.nn as nn                                      #导入神经网络模块
class RNN(nn.Module):                                      #构建网络模型
    def __init__(self, input_size, hidden_size, output_size):
        super(RNN, self).__init__()
        self.hidden_size = hidden_size                     #设置隐藏单元规格
        self.i2h = nn.Linear(n_categories + input_size + hidden_size, hidden_size)
                                                           #全连接层得到隐藏层 i2h
        self.i2o = nn.Linear(n_categories + input_size + hidden_size, output_size)
                                                           #全连接层获得输出层 i2o
        self.o2o = nn.Linear(hidden_size + output_size, output_size)
        self.dropout = nn.Dropout(0.1)                     #设置 dropout 层
        self.softmax = nn.LogSoftmax(dim=1)                #使用 LogSoftmax 损失函数
    def forward(self, category, input, hidden):            #定义前向函数
        input_combined = torch.cat((category, input, hidden), 1)
        hidden = self.i2h(input_combined)
        output = self.i2o(input_combined)                  #张量拼接
        output_combined = torch.cat((hidden, output), 1)
        output = self.o2o(output_combined)
        output = self.dropout(output)
        output = self.softmax(output)
        return output, hidden
    def initHidden(self):                                  #用零值初始化隐藏状态
        return torch.zeros(1, self.hidden_size)
```

19.3.3 训练

1. 准备训练

首先使用 helper 函数获取随机对(类别、行),代码如下:

```
//第 19 章/获取随机对
import random
#从列表中随机抽取每一项
def randomChoice(l):
    return l[random.randint(0, len(l) - 1)]
#从类别中获取一个随机的类别和一个随机的行
def randomTrainingPair():
    category = randomChoice(all_categories)
    line = randomChoice(category_lines[category])
    return category, line
```

对于每个时间步(即训练词中的每个字母),网络的输入将为(category, current letter, hidden state),输出将为(next letter, next hidden state)。因此,每个训练集都需要类别、一组输入字母和一组输出或目标字母。

因为我们正在预测每个时间步中当前字母的下一个字母,所以字母对是一行中连续的

字母组。例如，如图 19-7 所示，对于"ABCD<EOS>"我们将创建("A","B"),("B","C"),("C","D"),("D","EOS")。

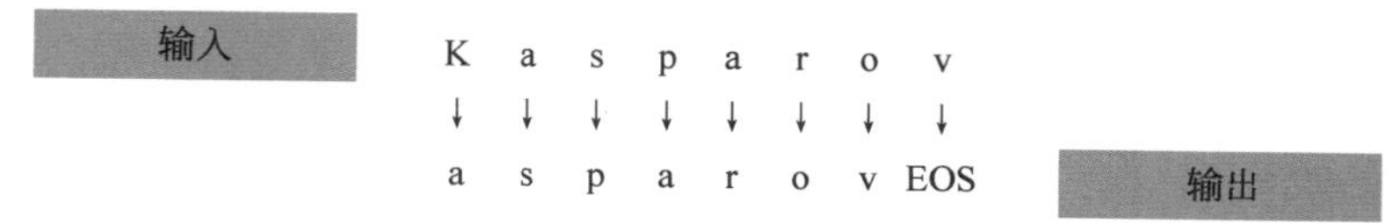

图 19-7　字母对是一行中连续的字母组合

类别张量是大小为<1 x n_categories> 的 one-hot 向量。训练时，在每个时间步，我们将类别张量输入到网络中：这是一种设计选择，它可以作为初始隐藏状态或某些其他策略的一部分，代码如下：

```
//第 19 章/类别张量作为输入
#类别的 one - hot 向量
def categoryTensor(category):
    li = all_categories.index(category)
    tensor = torch.zeros(1, n_categories)
    tensor[0][li] = 1
    return tensor
#作为输入，将从一个字母到最后一个字母组成 one - hot 矩阵(不包括 EOS)
def inputTensor(line):
    tensor = torch.zeros(len(line), 1, n_letters)    #n_letters 为字母长度，例如英文 26 个字母，
                                                     #这里是 27，包含<EOS>表示句子结束
    for li in range(len(line)):
        letter = line[li]
        tensor[li][0][all_letters.find(letter)] = 1      #返回字母的索引号
    return tensor
#将第 2 个字母到末尾的 EOS 构成的 LongTensor 作为目标
def targetTensor(line):
    letter_indexes = [all_letters.find(line[li]) for li in range(1, len(line))]
    letter_indexes.append(n_letters - 1)                 #EOS
    return torch.LongTensor(letter_indexes)
```

为了方便训练，我们将创建一个 randomTrainingExample 函数以随机获取(类别、行)对并将其转换为所需的(类别、输入、目标)张量，代码如下：

```
//第 19 章/创建一个 randomTrainingExample
#从一个随机类别、随机行对得到类别张量、输入张量和目标张量
def randomTrainingExample():
    category, line = randomTrainingPair()              #随机获取一行字母表
    category_tensor = categoryTensor(category)
    input_line_tensor = inputTensor(line)
    target_line_tensor = targetTensor(line)
    return category_tensor, input_line_tensor, target_line_tensor
```

2. 训练网络

与仅使用最后一个输出作为分类不同，本网络在每个步骤都进行预测，因此在每个步骤都计算损失。

自动求导的神奇之处在于，可以简单地将每一步的损失相加，然后在末尾调用 backward，代码如下：

```
//第 19 章/网络训练过程
criterion = nn.NLLLoss()                                        # 使用 NLL 损失函数
learning_rate = 0.0005                                          # 设置学习率
def train(category_tensor, input_line_tensor, target_line_tensor):
    target_line_tensor.unsqueeze_(-1)                           # 改变维度
    hidden = rnn.initHidden()                                   # 初始化隐藏状态
    rnn.zero_grad()                                             # 梯度值设置为 0
    loss = 0                                                    # 定义损失量
    for i in range(input_line_tensor.size(0)):
        output, hidden = rnn(category_tensor, input_line_tensor[i], hidden)
                                                                # 获得输出
        l = criterion(output, target_line_tensor[i])
        loss = loss + l                                         # 损失累加
    loss.backward()
    for p in rnn.parameters():                                  # 参数更新
        p.data.add_(-learning_rate, p.grad.data)                # 获得平均损失
    return output, loss.item() / input_line_tensor.size(0)
```

为了跟踪训练需要多长时间，添加了一个 timeSince(timestamp)返回可读的字符串函数，代码如下：

```
//第 19 章/跟踪训练时间
import time                                                     # 导入时间模块
import math
def timeSince(since):
    now = time.time()
    s = now - since
    m = math.floor(s / 60)                                      # 设置分钟
    s -= m * 60                                                 # 设置秒
    return '%dm %ds' % (m, s)
```

训练多次，然后等待几分钟，打印每隔 print_every 示例的当前时间和损失，并保存每隔 plot_every 个示例的平均损失，从而得到 all_losses 供以后绘制结果，代码如下：

```
//第 19 章/记录损失
rnn = RNN(n_letters, 128, n_letters)                #创建 RNN 实例
n_iters = 100000                                    #迭代总数
print_every = 5000
plot_every = 500
all_losses = []
total_loss = 0                                      #重置每个 plot_every 的所有损失和为 0
start = time.time()
for iter in range(1, n_iters + 1):
    output, loss = train( * randomTrainingExample())
    total_loss += loss
    if iter % print_every == 0:                     #打印平均损失
        print('%s (%d %d%%) %.4f' % (timeSince(start), iter, iter / n_iters * 100,
loss))
    if iter % plot_every == 0:                      #画出平均损失
        all_losses.append(total_loss / plot_every)
        total_loss = 0                              #重置为 0
```

输出结果如下：

```
0m 19s (5000 5%) 2.7119
0m 38s (10000 10%) 2.6099
0m 58s (15000 15%) 3.3359
1m 18s (20000 20%) 2.7156
1m 38s (25000 25%) 3.1002
1m 58s (30000 30%) 2.0945
2m 18s (35000 35%) 2.7857
2m 38s (40000 40%) 3.4509
2m 58s (45000 45%) 1.7871
3m 18s (50000 50%) 2.1838
3m 38s (55000 55%) 1.8027
3m 58s (60000 60%) 2.2229
4m 18s (65000 65%) 2.8909
4m 38s (70000 70%) 3.2163
4m 58s (75000 75%) 2.0717
5m 18s (80000 80%) 1.8351
5m 38s (85000 85%) 2.4111
5m 58s (90000 90%) 2.5394
6m 18s (95000 95%) 2.5777
6m 37s (100000 100%) 3.2862
```

19.3.4　绘制损失

绘制 all_losses 的历史损失来显示网络学习情况，代码如下：

```
import matplotlib.pyplot as plt
import matplotlib.ticker as ticker              # 导入 ticker 模块
plt.figure()
plt.plot(all_losses)                            # 绘制损失变化
```

结果如图 19-8 所示。

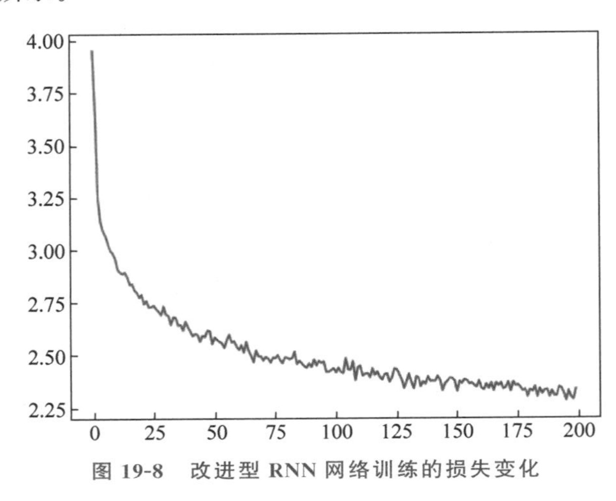

图 19-8 改进型 RNN 网络训练的损失变化

19.3.5 网络采样

为了示例，我们给网络一个字母，询问下一个字母是什么，将预测值作为下一个字母输入，并重复直到 EOS 令牌：

(1) 为输入类别，用起始字母和空隐藏状态创建张量。

(2) 用起始字母创建一个字符串 output_name。

(3) 直到一个最大输出长度：

- 将当前字母输入网络。
- 从输出的最高值中获取下一个字母，以及下一个隐藏状态。
- 如果字母是 EOS，在此处停止。
- 如果是普通字母，添加 output_name 并继续。

(4) 返回姓氏。

提示

还有一种策略是不必给网络一个开始字母，而是在训练中包括一个“字符串开始”令牌，并让网络选择开始字母。

网络采样代码如下：

```
//第 19 章/网络采样
max_length = 20
def sample(category, start_letter = 'A'):         #从类别和开始字母中取样
    with torch.no_grad():                         #不必去追踪采样历史,不需要求导,只预测
        category_tensor = categoryTensor(category)
        input = inputTensor(start_letter)         #输入初始化
        hidden = rnn.initHidden()                 #隐藏状态初始化
        output_name = start_letter
        for i in range(max_length):
            output, hidden = rnn(category_tensor, input[0], hidden)
            topv, topi = output.topk(1)           #选择分数最高的作为预测,topk 返回分数和索引
            topi = topi[0][0]
            if topi == n_letters - 1:             #如果是<EOS>结束符,说明句子结束
                break
            else:
                letter = all_letters[topi]        #从字母表中获取索引对应的字母
                output_name += letter
            input = inputTensor(letter)           #新的字母作为新的输入
        return output_name
#从一个类别和多个开始字母中获得多个样本
def samples(category, start_letters = 'ABC'):
    for start_letter in start_letters:
        print(sample(category, start_letter))
samples('Russian', 'RUS')
samples('German', 'GER')
samples('Spanish', 'SPA')
samples('Chinese', 'CHI')
```

输出结果如下：

```
Romonak
Uarinov
Sharanov
Gerren
Ereng
Rouner
Salera
Panera
Arana
Cha
Han
Ion
```

19.4 使用序列到序列的网络和注意机制完成翻译

这是一个翻译项目，我们在其中编写自己的类和函数来预处理数据以完成 NLP 建模任务。我们希望在学习完本节后，读者继续紧随本书，学习如何用 torchtext 处理许多预处理问题。

这个项目将讲述将法语翻译成英语的神经网络，代码如下：

```
//第 19 章/法语翻译成英语
[KEY: > input, = target, < output]
> il est en train de peindre un tableau.
 = he is painting a picture.
< he is painting a picture.
> pourquoi ne pas essayer ce vin delicieux ?
 = why not try that delicious wine ?
< why not try that delicious wine ?
> elle n est pas poete mais romanciere.
 = she is not a poet but a novelist.
< she not not a poet but a novelist.
> vous etes trop maigre.
 = you re too skinny.
< you re all alone.
```

序列到序列的网络虽然简单但功能强大，使翻译成为可能，如图 19-9 所示，两个递归神经网络共同协作将一个序列转换为另一序列。编码器网络将输入序列压缩为一个向量，解码器网络将该向量展开为一个新序列。

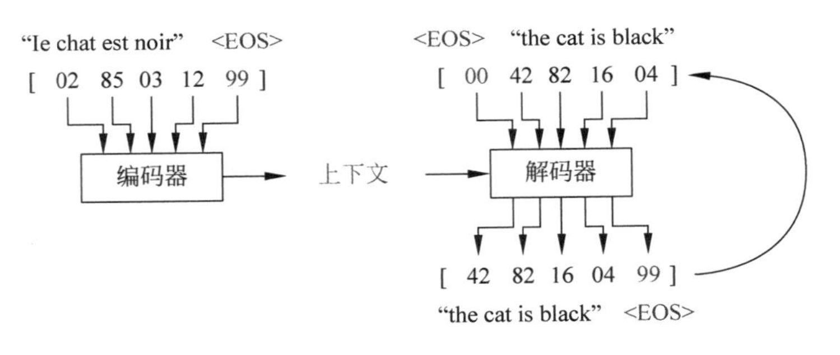

图 19-9 序列到序列的网络

为了改进这个模型，我们将使用一种注意机制，该机制可使解码器在输入序列的某特定范围内集中学习，代码如下：

```
//第 19 章/导入模块
from __future__ import unicode_literals, print_function, division
from io import open
import unicodedata
import string
import re
import random
import torch
import torch.nn as nn
from torch import optim
import torch.nn.functional as F
#优先使用 GPU 进行加速
device = torch.device("cuda" if torch.cuda.is_available() else "cpu")
```

19.4.1　加载数据文件

该项目的数据是一个集合，包含了成千上万英语到法语的翻译对。

提示

下载数据这个问题在 Open Data Stack Exchange 上建议我们打开翻译网站 https://tatoeba.org/，有可以下载的文件 https://tatoeba.org/eng/downloads，更好的是，有人做了更多的工作，将语言对分成单个文本文件 https://www.manythings.org /anki/。

英文与法文对太大了，无法包含在仓库(Repo)中，因此请先下载至 data/eng-fra.txt，然后再继续。该文件是制表符(Tab)分隔的翻译对列表：

```
I am cold.      J'ai froid.                    #英语与法语对
```

提示

下载数据并将其解压缩到当前目录，下载地址为 https://download.pytorch.org/tutorial/data.zip。

与字符级 RNN 中使用的字符编码类似，我们把一种语言中的每个单词表示为一个 one-hot 向量，如图 19-10 所示，或者一个由 0 组成的巨大向量(除了表示一个单词的索引号的值为 1)。虽然一种语言中可能只存在数十个字符，但是所组成的单词实在是数不胜数，因此这个编码向量要大得多。我们可以做个“欺骗”策略：修建数据以使每种语言仅使用几千个单词。

稍后需要每个单词的唯一索引，以用作网络的输入和目标。为了记录所有这些信息，我

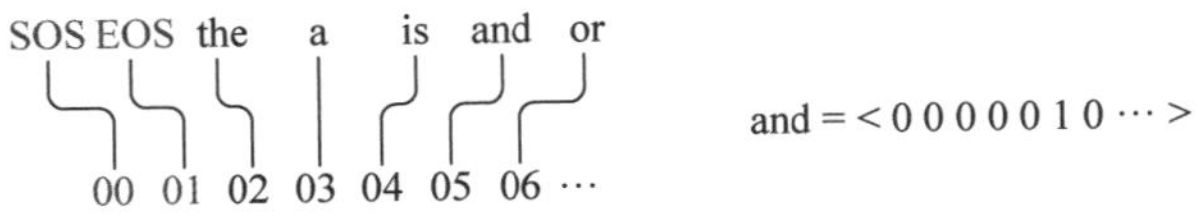

SOS EOS the a is and or

00 01 02 03 04 05 06 …

and = < 0 0 0 0 0 1 0 … >

图 19-10　把每个单词表示为一个 one-hot 向量

们将使用一个名为 Lang 的帮助器类，该类拥有单词→索引(word2index)和索引→单词(index2word)的字典，以及每个单词的计数(word2count)，为了以后替换稀有单词，代码如下：

```
//第 19 章/定义 Lang 类
SOS_token = 0
EOS_token = 1
class Lang:
    def __init__(self, name):
        self.name = name
        self.word2index = {}                                   #单词到索引
        self.word2count = {}                                   #过滤一些低频词
        #之后训练用 batch_size = 1,所以没有设置 PAD
        self.index2word = {0: "SOS", 1: "EOS"}                 #索引到单词
        self.n_words = 2                                       #计算词表长度
    def addSentence(self, sentence):
        for word in sentence.split(' '):                       #英文可以使用空格切分
            self.addWord(word)
    def addWord(self, word):                                   #增加单词
        if word not in self.word2index:
            self.word2index[word] = self.n_words
            self.word2count[word] = 1
            self.index2word[self.n_words] = word
            self.n_words += 1
        else:
            self.word2count[word] += 1
```

这些文件全部为 Unicode 格式，为了简化起见，我们将 Unicode 字符转换为 ASCII，将所有内容都转换为小写，并修剪绝大多数标点符号，代码如下：

```
//第 19 章/将 Unicode 字符串转换为纯 ASCII
#感谢 https://stackoverflow.com/a/518232/2809427
def unicodeToAscii(s):                                  #将 Unicode 字符转换为 ASCII
    return ''.join(
        c for c in unicodedata.normalize('NFD', s)
        if unicodedata.category(c) != 'Mn'
    )
```

```
def normalizeString(s):                                    #小写、修剪和删除非字母字符
    s = unicodeToAscii(s.lower().strip())
    s = re.sub(r"([.!?])", r" \1", s)                      #把.!?替换为\|
    s = re.sub(r"[^a-zA-Z.!?]+", r" ", s)                  #去除非字母或.!?的字符
    return s
```

要读取数据文件，需要将文件分成若干行，然后将行分成两对。这些文件都是从英语翻译为其他语言的，因此，如果我们要从其他语言翻译为英语，需添加 reverse 标记来进行反转，代码如下：

```
//第19章/定义数据读取方法
def readLangs(lang1, lang2, reverse=False):
    print("Reading lines...")
    #读取文件并分成若干行
    lines = open('data/%s-%s.txt' % (lang1, lang2), encoding='utf-8').\
        read().strip().split('\n')
    #将每一行分成两对进行归一化
    pairs = [[normalizeString(s) for s in l.split('\t')] for l in lines]
    #反转对,生成 Lang 实例
    if reverse:
        pairs = [list(reversed(p)) for p in pairs]
        input_lang = Lang(lang2)
        output_lang = Lang(lang1)
    else:
        input_lang = Lang(lang1)
        output_lang = Lang(lang2)
    return input_lang, output_lang, pairs
```

由于有大量的例句，但我们想快速训练一些东西，因此需要将数据集修剪为相对较短和简单的句子。在这里，最大长度为 10 个单词(包括结尾标点符号)，并且正在过滤可转换为 I am 或 He is 等形式的句子(在解释之前撇号已被替换)，代码如下：

```
//第19章/过滤句子
MAX_LENGTH = 10                                            #设置句子最大长度是10个单词
eng_prefixes = (                                           #过滤 I am 或 He is 形式
    "i am ", "i m ",
    "he is", "he s ",
    "she is", "she s ",
    "you are", "you re ",
    "we are", "we re ",
    "they are", "they re "
)
def filterPair(p):
```

```
    return len(p[0].split(' ')) < MAX_LENGTH and \        # 过滤句子,保证长度小于 MAX_LENGTH
        len(p[1].split(' ')) < MAX_LENGTH and \
        p[1].startswith(eng_prefixes)
def filterPairs(pairs):
    return [pair for pair in pairs if filterPair(pair)]
```

准备数据的完整过程是读取文本文件并拆分成若干行,将行拆分为成对,规范文本,按长度和内容过滤,成对地建立句子中的单词列表,代码如下:

```
//第 19 章/准备数据
def prepareData(lang1, lang2, reverse = False):          # 定义准备数据函数
    input_lang, output_lang, pairs = readLangs(lang1, lang2, reverse)
    print("Read %s sentence pairs" % len(pairs))
    pairs = filterPairs(pairs)
    print("Trimmed to %s sentence pairs" % len(pairs))
    print("Counting words...")
    for pair in pairs:
        input_lang.addSentence(pair[0])                  # 设置输入
        output_lang.addSentence(pair[1])                 # 设置输出
    print("Counted words:")
    print(input_lang.name, input_lang.n_words)
    print(output_lang.name, output_lang.n_words)
    return input_lang, output_lang, pairs
input_lang, output_lang, pairs = prepareData('eng', 'fra', True)
print(random.choice(pairs))
```

输出结果如下:

```
Reading lines...
Read 135842 sentence pairs
Trimmed to 10599 sentence pairs
Counting words...
Counted words:
fra 4345
eng 2803
['je suis content de ma nouvelle veste .', 'i m pleased with my new jacket .']
```

19.4.2 seq2seq 模型

递归神经网络(RNN)是在序列上运行并将其自身的输出用作后续步骤输入的网络。一个序列到序列网络(seq2seq 网络),或编码器解码器网络,由两个分别称为编码器和解码器的 RNN 模型构成。编码器读取输入序列并输出单个向量,解码器读取该向量以产生输出序列。

与使用单个 RNN 进行序列预测(每个输入对应一个输出)不同,seq2seq 模型使我们摆脱了序列长度和顺序的限制,非常适合在两种语言之间进行翻译。例如这个句子 Je ne suis pas le chat noir→I am not the black cat。输入句子中的大多数单词在输出句子中都有直接翻译,但顺序略有不同,例如 chat noir 和 black cat。由于这个 ne/pas 结构,因此在输入句子中还有一个单词。所以直接从输入单词的序列中产生正确的翻译是很困难的。

如果使用 seq2seq 模型,编码器创建一个矢量,在理想情况下,该矢量将输入序列的含义编码为单个矢量,在句子的 N 维空间中表示为单个点。

1. 编码器

seq2seq 网络的编码器是 RNN,输入的句子通过这个网络得到每个单词的某个值。对于每个输入词,编码器输出一个向量和一个隐藏状态,并将隐藏状态用于下一个输入词,如图 19-11 所示。

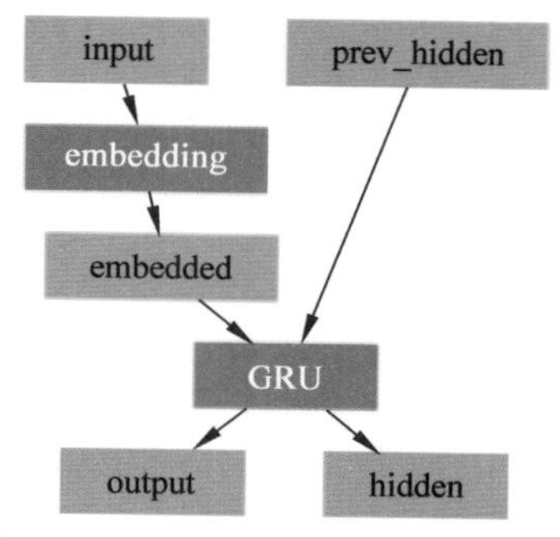

图 19-11　seq2seq 网络的编码器结构

自定义编码器代码如下:

```
//第 19 章/自定义编码器
class EncoderRNN(nn.Module):
    def __init__(self, input_size, hidden_size):
        super(EncoderRNN, self).__init__()
        self.hidden_size = hidden_size                      #设置隐藏状态规格
                                                            #使用词嵌入
        self.embedding = nn.Embedding(input_size, hidden_size)
                                                            #创建 GRU 模型
        self.gru = nn.GRU(hidden_size, hidden_size)
    def forward(self, input, hidden):                       #定义前向函数
        embedded = self.embedding(input).view(1, 1, -1)
        output = embedded
        output, hidden = self.gru(output, hidden)           #使用 GRU 单元
        return output, hidden
    def initHidden(self):                                   #初始化隐藏状态
        return torch.zeros(1, 1, self.hidden_size, device=device)
```

2. 解码器

解码器也是一个 RNN,它使用编码器的输出矢量并输出一串单词序列来实现翻译功能。

1) 简单解码器

最简单的 seq2seq 解码器仅使用编码器的最后一个输出。最后的输出有时称为上下文向量,因为它对整个序列中的上下文进行编码。该上下文向量用作解码器的初始隐藏状态。

在解码的每个步骤中,seq2seq 为解码器提供输入令牌和隐藏状态。初始输入令牌是字符串开始的< SOS >令牌,第 1 个隐藏状态是上下文向量(编码器的最后一个隐藏状态),如图 19-12 所示。

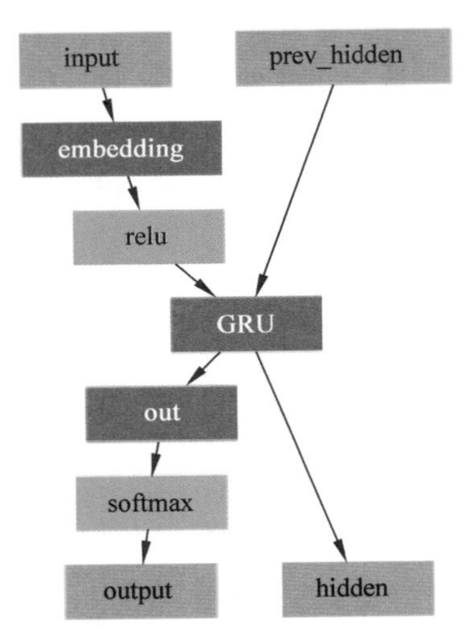

图 19-12　seq2seq 网络的解码器

自定义的 RNN 解码器，代码如下：

```
//第 19 章/设置 RNN 解码器
class DecoderRNN(nn.Module):
    def __init__(self, hidden_size, output_size):
        super(DecoderRNN, self).__init__()
        #设置隐藏状态大小
        self.hidden_size = hidden_size
        #设置嵌入模块
        self.embedding = nn.Embedding(output_size, hidden_size)
        #设置 GRU 模块
        self.gru = nn.GRU(hidden_size, hidden_size)
        #设置全连接层
        self.out = nn.Linear(hidden_size, output_size)
        self.softmax = nn.LogSoftmax(dim = 1)
        #定义前向函数
    def forward(self, input, hidden):
        output = self.embedding(input).view(1, 1, -1)
        output = F.ReLU(output)
        output, hidden = self.gru(output, hidden)
        output = self.softmax(self.out(output[0]))
        return output, hidden
        #初始化隐藏状态
    def initHidden(self):
        return torch.zeros(1, 1, self.hidden_size, device = device)
```

在这里，鼓励读者训练并观察该模型的结果，但是为了节省空间并得到更好的效果，我们将引入注意机制。

2）注意解码器

如果仅上下文向量在编码器和解码器之间传递，则该单个向量承担对整个句子进行编码的责任。

注意机制允许解码器网络，在解码器自身输出的每一步中，都能“聚焦”于编码器输出结果的不同部分，如图 19-13 所示。首先计算一组注意权重，将这些注意权重与编码器的输出向量相乘以创建加权组合。结果（在代码中名为 attn_applied）应包含有关输入序列特定部分的信息，从而帮助解码器选择正确的输出字。

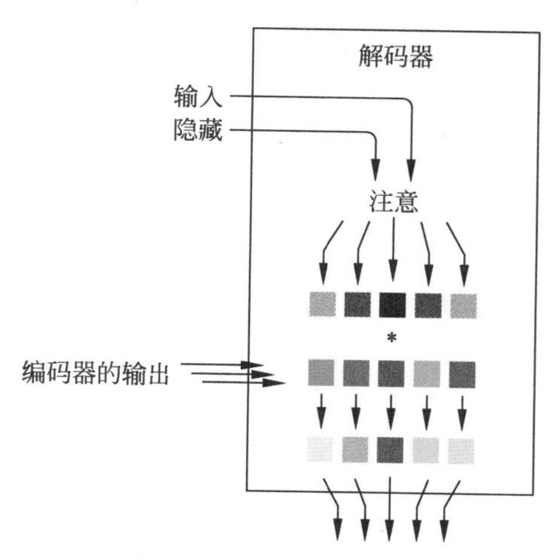

图 19-13　注意解码器

attn 使用解码器的输入和隐藏状态作为输入，在另一个前馈层中完成注意力权重的计算。由于训练数据中包含各种长短的句子，为了能够创建和训练该层，我们必须选择可以使用的最大句子长度（输入长度，用于编码器输出）。最大长度的句子将使用所有注意权重，而较短的句子仅使用前几个注意权重。注意解码器的网络结构如图 19-14 所示。

自定义的注意解码器结构，代码如下：

```
//第 19 章/设置带注意力机制的解码器
class AttnDecoderRNN(nn.Module):
    def __init__(self, hidden_size, output_size, dropout_p = 0.1, max_length = MAX_LENGTH):
        super(AttnDecoderRNN, self).__init__()
        self.hidden_size = hidden_size
        self.output_size = output_size
        self.dropout_p = dropout_p                          #设置 dropout 防止过度拟合
        self.max_length = max_length
        self.embedding = nn.Embedding(self.output_size, self.hidden_size)
        self.attn = nn.Linear(self.hidden_size * 2, self.max_length)   #适应长短的输出一致
        self.attn_combine = nn.Linear(self.hidden_size * 2, self.hidden_size)
                                                    #线性层，相当于编码输出乘以权重
        self.dropout = nn.Dropout(self.dropout_p)
        self.gru = nn.GRU(self.hidden_size, self.hidden_size)
```

```
        self.out = nn.Linear(self.hidden_size, self.output_size)
    def forward(self, input, hidden, encoder_outputs):
        embedded = self.embedding(input).view(1, 1, -1)
        embedded = self.dropout(embedded)
        attn_weights = F.softmax(
            self.attn(torch.cat((embedded[0], hidden[0]), 1)), dim=1)
        #bmm 张量乘法,这里是注意机制
        attn_applied = torch.bmm(attn_weights.unsqueeze(0),encoder_outputs.unsqueeze(0))
        output = torch.cat((embedded[0], attn_applied[0]), 1)
        output = self.attn_combine(output).unsqueeze(0)
        output = F.ReLU(output)
        output, hidden = self.gru(output, hidden)
        output = F.log_softmax(self.out(output[0]), dim=1)
        return output, hidden, attn_weights
    def initHidden(self):
        return torch.zeros(1, 1, self.hidden_size, device=device)
```

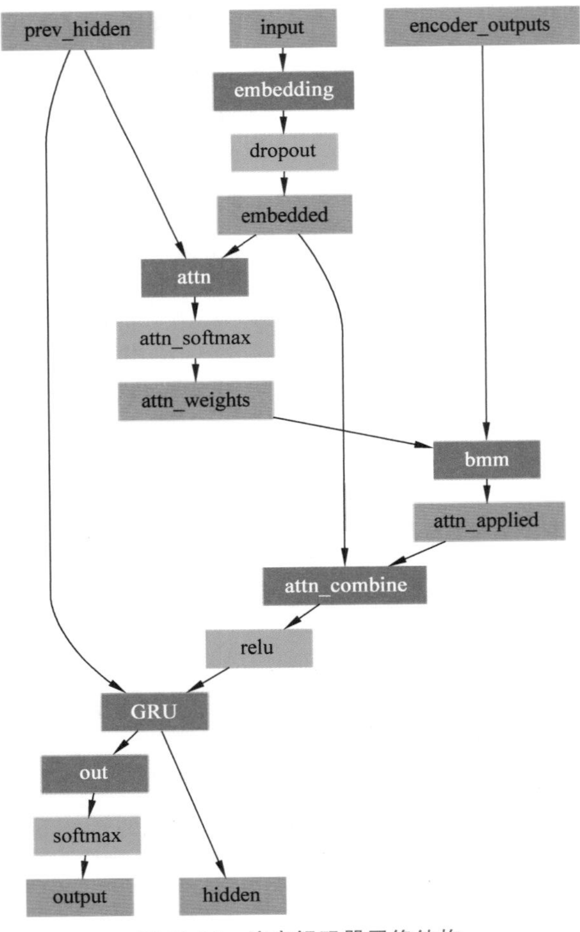

图 19-14　注意解码器网络结构

提示

下载数据和其他形式的注意机制，可以使用相对位置方法来解决长度限制问题。可阅读 *Effective Approaches to Attention-based Neural Machine Translation* 有关“本地注意机制”的介绍，下载地址为 https://arxiv.org/abs/1508.04025。

19.4.3 训练

1. 准备训练数据

为了训练，每一对需要一个输入张量（输入句子中单词的索引）和目标张量（目标句子中单词的索引）。创建这些张量时，将 EOS 令牌附加到两个序列中，代码如下：

```
//第 19 章/准备训练数据
def indexesFromSentence(lang, sentence):
    return [lang.word2index[word] for word in sentence.split(' ')]
def tensorFromSentence(lang, sentence):
    indexes = indexesFromSentence(lang, sentence)
    indexes.append(EOS_token)
    return torch.tensor(indexes, dtype = torch.long, device = device).view( - 1, 1)
def tensorsFromPair(pair):
    input_tensor = tensorFromSentence(input_lang, pair[0])
    target_tensor = tensorFromSentence(output_lang, pair[1])
    return (input_tensor, target_tensor)
```

2. 训练模型

为了进行训练，我们通过编码器运行输入语句，并跟踪每个输出和最新的隐藏状态。然后，为解码器提供< SOS >令牌作为其第 1 个输入，并把编码器提供的最后一个隐藏状态作为解码器的第 1 个隐藏状态。

教师强制是将真实目标输出用作下一个输入，而不是将解码器的预测作为下一个输入。使用教师强制能够收敛得更快，但是当使用受过训练的网络时，它可能会显示不稳定。

我们可以观察到教师强制的网络输出阅读的是连贯的语法，但是偏离了正确的翻译。直观地说，它已经学会了表示输出语法，并且一旦老师说了最初的几个单词就可以理解含义，但是还没有正确地学习如何从翻译中创建句子。

由于 PyTorch 的自动求导机制带给我们的便利，我们可以通过简单的 if 语句随意选择是否使用教师强制。调高 teacher_forcing_ratio 值表示使用更多的教师强制，代码如下：

```
//第 19 章/训练模型
teacher_forcing_ratio = 0.5
def train (input_tensor, target_tensor, encoder, decoder, encoder_optimizer, decoder_
optimizer, criterion, max_length = MAX_LENGTH):
```

```
    encoder_hidden = encoder.initHidden()              #初始化编码器输入的隐藏状态
    encoder_optimizer.zero_grad()
    decoder_optimizer.zero_grad()
    input_length = input_tensor.size(0)
    target_length = target_tensor.size(0)
    encoder_outputs = torch.zeros(max_length, encoder.hidden_size, device = device)
    loss = 0
    for ei in range(input_length):                     #遍历输入单词,迭代隐藏状态
        encoder_output, encoder_hidden = encoder(
            input_tensor[ei], encoder_hidden)
        encoder_outputs[ei] = encoder_output[0, 0]
    decoder_input = torch.tensor([[SOS_token]], device = device)   #起始符为解码器首次输入
    decoder_hidden = encoder_hidden
    #随机使用"教师强制"
    use_teacher_forcing = True if random.random() < teacher_forcing_ratio else False
    if use_teacher_forcing:
        #教师强制:输入目标作为下一个输入
        for di in range(target_length):
            decoder_output, decoder_hidden, decoder_attention = decoder(
                decoder_input, decoder_hidden, encoder_outputs)
            loss = loss + criterion(decoder_output, target_tensor[di])
            decoder_input = target_tensor[di]              # Teacher forcing
    else:
        #不用教师强制:使用它自己的预测作为下一个输入
        for di in range(target_length):
            decoder_output, decoder_hidden, decoder_attention = decoder(
                decoder_input, decoder_hidden, encoder_outputs)
            topv, topi = decoder_output.topk(1)
            decoder_input = topi.squeeze().detach()        # detach from history as input
            loss = loss + criterion(decoder_output, target_tensor[di])
            if decoder_input.item() == EOS_token:
                break
    loss.backward()
    encoder_optimizer.step()
    decoder_optimizer.step()
    return loss.item() / target_length
```

下面实现一个帮助函数,用于在给定当前时间和进度百分比的情况下打印经过的时间和估计的剩余时间,代码如下:

```
//第 19 章/设置时间
import time                                  #导入时间模块
import math                                  #导入数学模块
def asMinutes(s):                            #时间转换
    m = math.floor(s / 60)
    s -= m * 60
```

```
    return '%dm %ds' % (m, s)
def timeSince(since, percent):      #计算当前所消耗的时间
    now = time.time()
    s = now - since
    es = s / (percent)
    rs = es - s
    return '%s (- %s)' % (asMinutes(s), asMinutes(rs))
```

整个训练过程如下：启动计时器，初始化优化器和损失函数，创建一组训练对，启动空损失阵列进行绘图，然后多次调用 train，偶尔打印进度（示例的百分比、到目前为止所用的时间、估计的时间）和平均损失，代码如下：

```
#第 19 章/打印训练损失
def trainIters(encoder, decoder, n_iters, print_every=1000, plot_every=100, learning_rate
=0.01):
    start = time.time()
    plot_losses = []
    print_loss_total = 0                    #重置所有的 print_every
    plot_loss_total = 0                     #重置所有的 plot_every
    encoder_optimizer = optim.SGD(encoder.parameters(), lr=learning_rate)
    decoder_optimizer = optim.SGD(decoder.parameters(), lr=learning_rate)
    training_pairs = [tensorsFromPair(random.choice(pairs)) for i in range(n_iters)]
    criterion = nn.NLLLoss()
    for iter in range(1, n_iters + 1):
        training_pair = training_pairs[iter - 1]
        input_tensor = training_pair[0]
        target_tensor = training_pair[1]
        loss = train(input_tensor, target_tensor, encoder, decoder, encoder_optimizer,
decoder_optimizer, criterion)
        print_loss_total += loss.item()
        plot_loss_total += loss.item()
        if iter % print_every == 0:
            print_loss_avg = print_loss_total / print_every
            print_loss_total = 0
            print('%s (%d %d%%) %.4f' % (timeSince(start, iter / n_iters),
                  iter, iter / n_iters * 100, print_loss_avg))
        if iter % plot_every == 0:
            plot_loss_avg = plot_loss_total / plot_every
            plot_losses.append(plot_loss_avg)
            plot_loss_total = 0
    showPlot(plot_losses)
```

19.4.4　绘图结果

使用 matplotlib 进行绘图，使用训练时保存的损失值数组 plot_losses，代码如下：

```
//第 19 章/matplotlib 绘图
import matplotlib.pyplot as plt
plt.switch_backend('agg')
import matplotlib.ticker as ticker
import numpy as np
def showPlot(points):
    plt.figure()
    fig, ax = plt.subplots()
    #定位器在固定的时间间隔放置滴答声
    loc = ticker.MultipleLocator(base=0.2)
    ax.yaxis.set_major_locator(loc)
    plt.plot(points)
```

19.4.5 评估

评估与训练基本相同，但是没有目标，因此我们只需将解码器的预测反馈给每一步。每当它预测一个单词时，将其添加到输出字符串中，如果预测到 EOS 令牌，将在此处停止。我们还将存储解码器的注意机制输出，供以后显示，代码如下：

```
//第 19 章/模型评估
def evaluate(encoder, decoder, sentence, max_length=MAX_LENGTH):
    with torch.no_grad():
        input_tensor = tensorFromSentence(input_lang, sentence)     #获取输入
        input_length = input_tensor.size()[0]
        encoder_hidden = encoder.initHidden()                       #初始化隐藏状态
        #定义一个全零编码器输出，用来存储输出
        encoder_outputs = torch.zeros(max_length, encoder.hidden_size, device=device)
        for ei in range(input_length):
            encoder_output, encoder_hidden = encoder(input_tensor[ei],encoder_hidden)
            encoder_outputs[ei] += encoder_output[0, 0]     #将输出添加到 encoder_outputs
        decoder_input = torch.tensor([[SOS_token]], device=device)
        #EOS
        decoder_hidden = encoder_hidden
        decoded_words = []
        #定义一个全零张量，用来存储注意力机制
        decoder_attentions = torch.zeros(max_length, max_length)
        for di in range(max_length):
            decoder_output, decoder_hidden, decoder_attention = decoder(
                decoder_input, decoder_hidden, encoder_outputs)
            #将注意力机制添加到 decoder_attentions 中
            decoder_attentions[di] = decoder_attention.data
            topv, topi = decoder_output.data.topk(1)最大输出的分数和索引
            if topi.item() == EOS_token:
                decoded_words.append('<EOS>')                   #判断结束
                break
            else:
                decoded_words.append(output_lang.index2word[topi.item()])  #输出索引转单词
            decoder_input = topi.squeeze().detach()
        return decoded_words, decoder_attentions[:di + 1]
```

我们可以从训练集中随机评估句子，并打印输入、目标和输出以做出一些主观的质量检测，代码如下：

```
//第 19 章/定义随机评估方法
def evaluateRandomly(encoder, decoder, n = 10):
    for i in range(n):                                    #随机选择 10 个句子
        pair = random.choice(pairs)                       #随机选择句子对
        print('>', pair[0])
        print('=', pair[1])
        output_words, attentions = evaluate(encoder, decoder, pair[0])
        output_sentence = ' '.join(output_words)          #组合
        print('<', output_sentence)
        print('')
```

19.4.6　训练与评估

有了这些帮助器函数后（看起来像是额外的工作，但它能使运行多个实验变得更加容易），我们可以初始化网络并开始训练。

输入句子已被严格过滤。小的数据集可以使用具有 256 个隐藏节点和单个 GRU 层的相对较小的网络。在 MacBook CPU 上运行约 40min 后，我们将获得一些比较合理的结果，代码如下：

```
//第 19 章/设置参数
#设置隐藏状态长度
hidden_size = 256
#设置 RNN 编码器并放到 GPU 上
encoder1 = EncoderRNN(input_lang.n_words, hidden_size).to(device)
#设置 RNN 解码器并放到 GPU 上
attn_decoder1 = AttnDecoderRNN(hidden_size, output_lang.n_words, dropout_p = 0.1).to
(device)
#设置训练器
trainIters(encoder1, attn_decoder1, 75000, print_every = 5000)
```

提示

如果运行 notebook 文件，可以训练，中断内核，评估，然后继续训练。注释初始化编码器和解码器的行，然后再次运行 trainIters。

训练损失情况如图 19-15 所示。

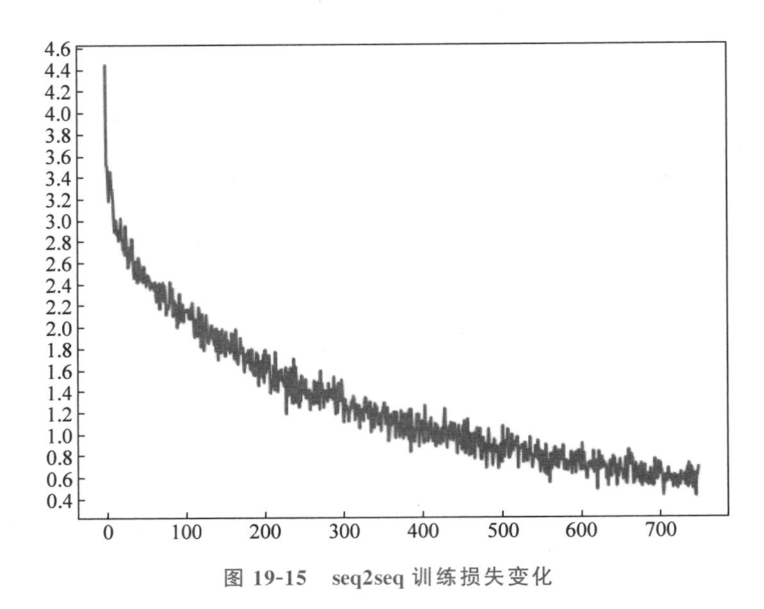

图 19-15 seq2seq 训练损失变化

输出结果如下：

```
1m 58s (- 27m 33s) (5000 6%) 2.8525
3m 48s (- 24m 44s) (10000 13%) 2.2735
5m 40s (- 22m 42s) (15000 20%) 1.9848
7m 34s (- 20m 50s) (20000 26%) 1.7303
9m 29s (- 18m 58s) (25000 33%) 1.5075
11m 24s (- 17m 6s) (30000 40%) 1.3712
13m 16s (- 15m 10s) (35000 46%) 1.1974
15m 7s (- 13m 14s) (40000 53%) 1.0806
17m 2s (- 11m 21s) (45000 60%) 1.0058
18m 57s (- 9m 28s) (50000 66%) 0.8819
20m 48s (- 7m 34s) (55000 73%) 0.8411
22m 40s (- 5m 40s) (60000 80%) 0.7417
24m 32s (- 3m 46s) (65000 86%) 0.6836
26m 24s (- 1m 53s) (70000 93%) 0.6356
28m 17s (- 0m 0s) (75000 100%) 0.5804
```

进行随机评估，代码如下：

```
evaluateRandomly(encoder1, attn_decoder1)                #随机评估
```

输出结果如下：

```
> il travaille de nuit ce soir.
 =  he is on night duty tonight.
< he s afraid for her evening. < EOS >
> vous allez perdre.
 =  you re going to lose.
< you re going to lose. < EOS >
> j ai tres sommeil.
 =  i m very sleepy.
< i m very sleepy. < EOS >
> nous sommes desormais des gens completement differents.
 =  we re totally different people now.
< we re totally. < EOS >
> je ne crains personne.
 =  i m not scared of anybody.
< i m not scared of a. . < EOS >
> je n en ai pas encore termine.
 =  i m not finished yet.
< i m not finished yet. < EOS >
> il embrasse tres bien.
 =  he s a great kisser.
< he s well a right. < EOS >
> vous etes fort sage.
 =  you re very wise.
< you re very wise. < EOS >
> je suis certain.
 =  i am sure.
< i m certain. < EOS >
> on s emmerde.
 =  we re bored.
< we re being. < EOS >
```

19.4.7　可视化注意机制

注意机制的一个特性是其可高度解释输出。因为它用加权输入序列的特定编码器输出，所以我们可以想象一下在每个时间步长上网络最关注的位置。

运行 plt.matshow(attentions)以矩阵形式显示注意机制输出，其中列为输入步，行为输出步，代码如下：

```
output_words, attentions = evaluate(                    #使用注意力机制
    encoder1, attn_decoder1, "je suis trop froid .")
plt.matshow(attentions.numpy())                         #矩阵显示
```

矩阵形式显示的注意机制输出如图 19-16 所示。

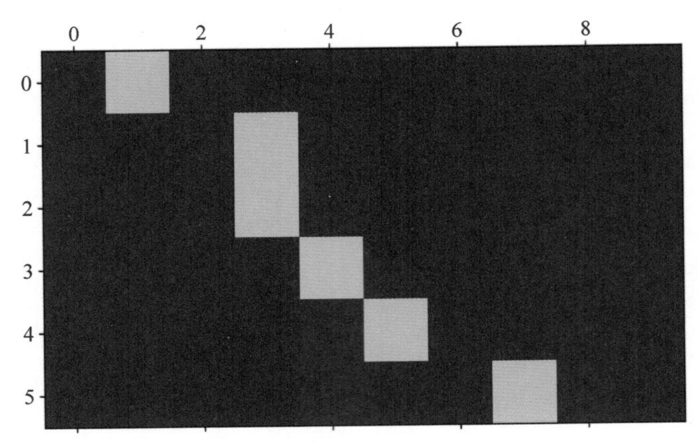

图 19-16 矩阵形式显示的注意机制输出

为了获得更好的视觉体验，我们将做一些额外的工作，例如添加轴和标签，代码如下：

```
//第 19 章/可视化注意机制
def showAttention(input_sentence, output_words, attentions):
    #用 colorbar 设置图形
    fig = plt.figure()
    ax = fig.add_subplot(111)
    cax = ax.matshow(attentions.numpy(), cmap = 'bone')
    fig.colorbar(cax)
    #设置轴
    ax.set_xticklabels([''] + input_sentence.split(' ') + ['<EOS>'], rotation = 90)
    ax.set_yticklabels([''] + output_words)
    #在每个标记处显示标签
    ax.xaxis.set_major_locator(ticker.MultipleLocator(1))
    ax.yaxis.set_major_locator(ticker.MultipleLocator(1))
    plt.show()
def evaluateAndShowAttention(input_sentence):            #可视化注意力
    output_words, attentions = evaluate(
        encoder1, attn_decoder1, input_sentence)
    print('input =', input_sentence)
    print('output =', ' '.join(output_words))
    showAttention(input_sentence, output_words, attentions)
evaluateAndShowAttention("elle a cinq ans de moins que moi .")
evaluateAndShowAttention("elle est trop petit .")
evaluateAndShowAttention("je ne crains pas de mourir .")
evaluateAndShowAttention("c est un jeune directeur plein de talent .")
```

抽出 4 个例子进行注意机制可视化，如图 19-17 所示。

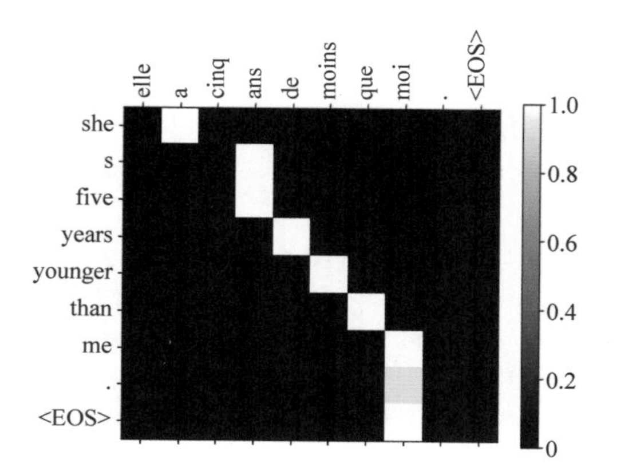

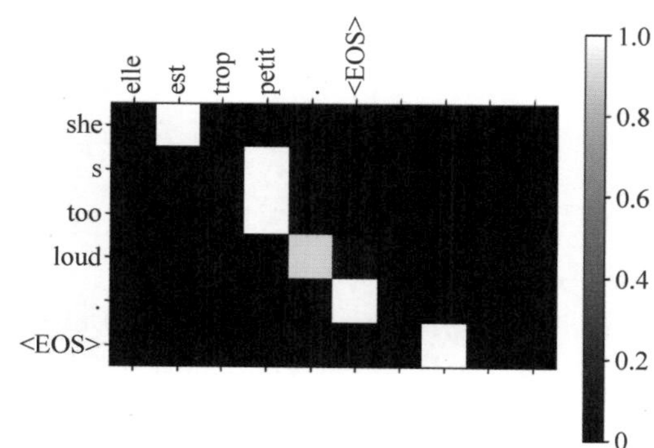

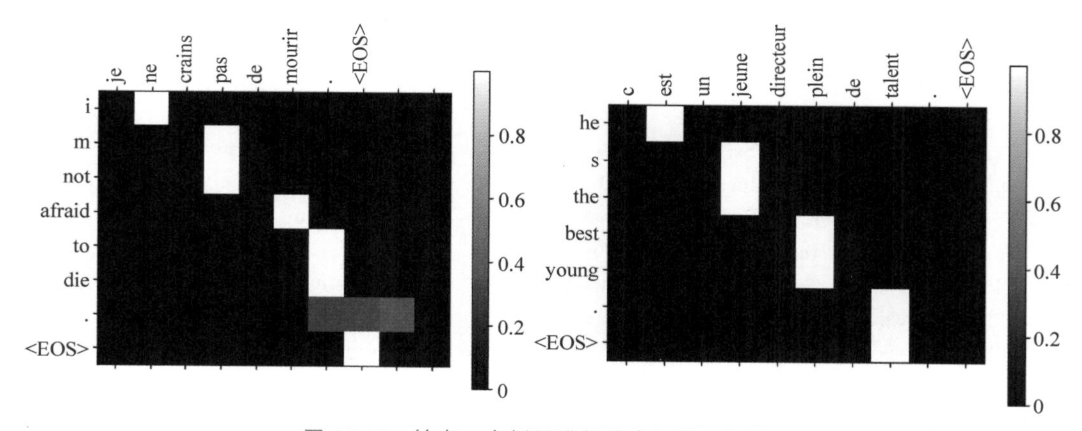

图 19-17　抽出 4 个例子进行注意机制可视化

输出结果如下：

```
input = elle a cinq ans de moins que moi.
output = she s five years younger than me. < EOS >
input = elle est trop petit.
output = she s too loud. < EOS >
input = je ne crains pas de mourir.
output = i m not afraid to die. < EOS >
input = c est un jeune directeur plein de talent.
output = he s the best young. < EOS >
```

参考文献

[1] Loffe S, Szegedy C. Batch Normalization: Accelerating Deep Network Training by Reducing Internal Covariate Shift[C]. ICML, 2015.

[2] Srivastava, Nitish, Hinton, et al. Dropout: A Simple Way to Prevent Neural Networks from Overfitting[J]. Mach. Learn. Res. , 2014,15(1): 1929-1958.

[3] Krizhevsky A, Sutskever I, Hinton G. Imagenet Classification with Deep Convolutional Neural Networks[C]. NIPS, 2012.

[4] LeCun Y, Bottou L, Bengio Y, et al. Gradient-based Learning Applied to Document Recognition[J]. Proceedings of the IEEE, 86(11): 2278-2324, November 1998.

[5] Simonyan K, Zisserman A. Very Deep Convolutional Networks for Large-scale Image Recognition [C]. ICLR, 2015.

[6] Aroa S,Bhaskara A, Ge R, et al. Provable Bounds for Learning Some Deep Representations,[C]. ICML,2013.

[7] Prabhavalkar R, Rao K, Sainath T N B, et al. A Comparison of Sequence-to-sequence Models for Speech Recognition[J]. Proc. Interspeech, 2017: 939-943.

[8] Vaswani A, Shazeer N, Parmar N, et al. Attention is all you need[J]. In Advances in Neural Information Processing Systems,2017: 6000-6010.

[9] Kingma D, Welling M. Auto-Encoding Variational Bayes[C]. 2014.

[10] Phillip I, Zhu J, Zhou T, et al. Image-to-Image Translation with Conditional Adversarial Networks [J]. IEEE Conference on Computer Vision and Pattern Recognition (CVPR),2016: 5967-5976.

[11] Zhu J, Park T, Isola P, et al. Unpaired Image-to-Image Translation Using Cycle-Consistent Adversarial Networks[J]. IEEE International Conference on Computer Vision (ICCV),2017: 2242-2251.

[12] Zhang H, Xu T, Li H, et al. StackGAN: Text to Photo-realistic Image Synthesis with Stacked Generative Adversarial Networks [J]. IEEE International Conference on Computer Vision ICCV,2017.

[13] Tero K, Aila T, Laine S, et al. Progressive Growing of GANs for Improved Quality, Stability, and Variation[C]. ArXiv abs/1710. 10196,2018.

[14] Tero K, Laine S, Aila T. A Style-Based Generator Architecture for Generative Adversarial Networks[J]. IEEE/CVF Conference on Computer Vision and Pattern Recognition (CVPR),2019: 4396-4405.

[15] Arjovsky M, Bottou L. Towards Principled Methods for Training Generative Adversarial Networks [J]. Stat, 2017.

[16] Arjovsky M, Chintala S, Bottou L. Wasserstein GAN[C]. ArXiv abs/1701. 07875,2017

[17] Goodfellow J, Pouget-Abadie J, Mirza M, et al. Generative Adversarial Networks[C]. ArXiv abs/1406. 2661,2014.

[18] Alec R, Metz L, Chintala S. Unsupervised Representation Learning with Deep Convolutional Generative Adversarial Networks[C]. CoRR abs/1511. 06434,2015.